本书前身《高等数学简明教程(第一、二、三册)》
获 2002 年全国普通高等学校
优秀教材一等奖

本书第一版被教育部列为
普通高等教育“十五”国家级规划教材

本书第二版被教育部列为
普通高等教育“十一五”国家级规划教材

高等数学

(第三版)

(上册)

李 忠 周建莹 编著

图书在版编目(CIP)数据

高等数学.上册/李忠,周建莹编著.—3版.—北京:北京大学出版社,2023.6

ISBN 978-7-301-34063-9

Ⅰ.①高… Ⅱ.①李… ②周… Ⅲ.①高等数学-高等学校-教材 Ⅳ.①O13

中国国家版本馆CIP数据核字(2023)第097301号

书　　名 高等数学(第三版)(上册)

GAODENG SHUXUE (DI-SAN BAN) (SHANG CE)

著作责任者 李　忠　周建莹　编著

责 任 编 辑 曾琬婷　刘　勇

标 准 书 号 ISBN 978-7-301-34063-9

出 版 发 行 北京大学出版社

地　　址 北京市海淀区成府路205号　100871

网　　址 http://www.pup.cn

电 子 信 箱 zpup@pup.cn

新 浪 微 博 @北京大学出版社

电　　话 邮购部010-62752015　发行部010-62750672　编辑部010-62754819

印 刷 者 大厂回族自治县彩虹印刷有限公司

经 销 者 新华书店

650毫米×980毫米　16开本　27.25印张　474千字

2004年6月第1版　2009年8月第2版

2023年6月第3版　2025年6月第3次印刷(总第30次印刷)

定　　价 69.00元

未经许可,不得以任何方式复制或抄袭本书之部分或全部内容。

版权所有,侵权必究

举报电话:010-62752024　电子信箱:fd@pup.pku.edu.cn

图书如有印装质量问题,请与出版部联系,电话:010-62756370

第三次修订说明

党的二十大报告对实施科教兴国战略、强化现代化建设人才支撑作出重大部署，明确指出："教育、科技、人才是全面建设社会主义现代化国家的基础性、战略性支撑." 为了更好地完成"为党育人，为国育才，全面提高人才自主培养质量"的目标，对本书进行了适时的修订.

本书是普通高等院校理工科非数学类各专业(尤其是物理类专业)本科生的"高等数学"教材. 全书分上、下两册，其中上册除绪论外，共有六章，内容包括：函数与极限、微积分的基本概念、积分的计算及应用、微分中值定理与泰勒公式、向量代数与空间解析几何、多元函数微分学；下册共有六章，内容包括：重积分、曲线积分与曲面积分、常微分方程、无穷级数、广义积分与含参变量的积分、傅里叶级数.

本书是作者在北京大学进行教学试点的成果，它对传统高等数学课程的内容体系做了适当的整合，力求突出数学概念与理论的实质，避免过分形式化，使读者对所讲内容感到朴实自然. 另外，本书强调数学理论与其他学科的联系. 书中附有历史的注记，简要叙述相关概念和理论的发展演变过程以及重要数学家的贡献. 本书语言流畅、叙述简洁、深入浅出、例题丰富，便于读者自学. 每小节配有适量习题，每章设置综合练习题，书末附有习题答案或提示，以供读者参考.

本次修订的指导思想是：在保持第二版的框架与内容结构不变的基础上，做了必要的修改与补充，以使本书更进一步贴近读者，更好地体现教学基本要求. 具体做法是：对重要的数学概念和定理增加了解释性文字与具体实例，使学生便于理解与掌握；订正了原书中的一些误漏，并对语言进行了润色，使本书更好读易懂，便于学生自学；重新审定了原书中的"历史的注记". 北京理工大学数学与统计学院的方丽萍教授执笔完成本次修订的大部分内容.

本书有配套的学习辅导书，请读者参考《高等数学解题指南》(周建莹、李正元，北京大学出版社，2002).

第二次修订版前言

本书的前身是1998年出版的《高等数学简明教程(第一、二、三册)》. 2004年做了第一次全面修订,在内容上做了一定的调整,由三册改为两册,并更名为《高等数学》. 本次修订是第二次修订.

本书的主要读者是高等学校中物理类专业的学生. 高等数学(或者简单地说,微积分)对于这些专业而言,其重要性是不言而喻的. 然而,这个课程对一部分学生来说,往往又是难学的,甚至是让人"望而生畏的". 本书编写的主要指导思想就是希望通过调整某些传统讲法,使微积分的讲授,能够"返璞归真",平实自然,有趣有用. 具体想法请参见原版前言.

本书出版后,十余年来在北京大学以及其他许多高校得到了广泛的采用. 十余年来的教学实践经验为本次修订提供了基础. 这次修订的想法是希望在保持原有的框架与内容结构不变的基础上,对教材做少量必要的更改与补充,以使本书更进一步贴近读者,更好地体现教学的基本要求.

在这次修订中,我们在书中若干地方,增加了解释性文字与具体实例,希望以此为读者铺设一条更为平坦的学习之路.

在第一次修订版中,增添了历史的注记与人物注记,以简短扼要的文字,叙述有关重要数学概念的来源和发展以及数学家的故事,以使读者有较宽广的视野和必要的数学历史知识. 在教材近五年的使用中,这些注记普遍受到读者的欢迎. 在这次修订中,除了对原有的这些注记做了重新审定之外,还适当增加了一些新的内容.

在这次修订中,原来的习题(包括每一章的综合练习题)一般没有更动,但去掉了少数的几个题目. 作者一向不赞成在初学阶段引导学生做难题、偏题,那样做是得不偿失的.

在这次修订中,我们删去了若干定理的证明,其中包括闭区间上连续函数有界性定理、介值定理、最大值与最小值定理、隐函数存在性定理等的证明. 这种删改并不表示教学基本要求的改变,而是恰恰相反. 这些定理的证明在原书中或者以附录的形式出现,或者明确注明超出教学大纲的要求,不必在课堂讲授. 尽管如此,把它们写在书中,毕竟有可能对教师或学生产生误导,模糊了教学的基本要求,并增加了教师与学生不必要的心理负担,不如干脆去掉为好.因此,这样做是为了使本书更明确地体现教学的基本要求.

多年来,北京大学出版社理科编辑室主任刘勇同志为本书的出版以及各种修订做了大量工作.现在,本书即将出版第二版之际,作者要特别向他表示衷心的感谢!同时,也向那些曾经给本书提过宝贵意见的读者与专家们表示致谢!

李 忠

2009年2月23日

于北京大学

原版前言

1996年秋至1998年春,我们在为北京大学物理系、无线电电子学系及技术物理系讲授高等数学期间,在课程内容体系上做了一些改革的尝试.现在出版的这套《高等数学简明教程》就是在当时试用讲义的基础上修改补充而成的.

全书共分三册,供综合性大学及师范院校物理类各专业作为三学期或两学期教材使用.第一册是关于一元函数微积分及空间解析几何;第二册是关于多元函数微积分与常微分方程;第三册是关于级数、参变量积分、傅氏级数与傅氏积分、概率论与数理统计.

现在我们就这套教材的内容处理做以下几点说明:

(一)与传统的教材相比,这套教材在讲授内容的次序上做了一定的调整

目前国内多数高等数学教材是先讲微分学,后讲积分学.这样做的好处是数学理论体系清晰,其缺点则是积分概念出来过晚,使初学者对微分概念与积分概念有割裂之感.另外,由于积分概念出现过晚而使数学课在与其他课程,如力学与普通物理等课的配合上出现了严重脱节现象.

在本教材中,我们把微积分的基本概念及计算放在一起先讲,在讲完微积分基本定理及积分的计算之后,才开始讲微分中值定理与泰勒公式.这样调整的主要目的是为了让初学者尽可能早地了解与把握微积分的基本思想,掌握它的最核心、最有用、最生动的部分.在试验过程中,学生们在第一学期期中考试前已经学完了微商、微分、不定积分、定积分的概念及全部运算,对微积分的概念初步形成一个比较完整的认识.同时,这样的调整也缓解了与其他课程在配合上的矛盾.因此,我们认为这种调整或许是解决物理类专业在大学一年级数学课与其他基础课脱节问题的途径之一.

微积分就其原始的核心思想与形式是朴素的、自然的,容易被人理解与接受的.随着历史的发展,逻辑基础的加固和各种研究的深化,它已经变成了一个“庞然大物”,让初学者望而生畏.现在,如何选取其中要紧的东西以及用怎样的方式将它们在较短的时间内展示给学生,不能说不是一个问题,值得我们思考与探索.

（二）关于极限概念的处理

关于极限概念和有关实数理论的处理历来是微积分教学改革中争论的焦点之一. 我们认为,极限的严格定义,即“ε-δ”与“ε-N”的说法是应该讲的,并且要认真讲. 因为它在处理一些复杂极限过程,特别是涉及函数项级数一致收敛性等问题时,是必不可少的. 物理类专业的学生可能还要学许多更高深的数学,不掌握极限的严格定义也是不行的.

但是,我们也不赞成在一开头就花很大力气去反复训练“ε-δ”,而形成一种“大头极限论”. 我们希望随着课程的深入,让学生在反复使用中逐渐熟悉它,掌握它. 在现在的教材中没有出现大量的用“ε-δ”求证具体函数极限的练习,更没有做十分困难的极限习题,因为做过多的这类练习意义不大. 极限的概念在这套教材中既是严谨的,又保留其朴素、直观、自然的品格.

与极限概念密切联系在一起的是关于实数域完备性的几个定理. 我们采用了分散处理的办法. 在全书的一开头就把单调有界序列有极限作为实数完备性的一种数学描述加以介绍. 有了它,这在有关极限的许多讨论中已足够了. 闭区间上连续函数的性质在第一章中只叙述而不加证明,其证明只作为附录,供有兴趣的读者自行阅读. 在讨论级数之前再次涉及实数域的完备性,这时才介绍柯西收敛原理,以满足级数讨论的需要. 这种分散处理的办法,不仅分散了难点,而且使初学者更容易看清这些基础性定理在所涉及问题中的意义.

（三）本书坚持了传统教材中的基本内容与基本训练不变,但拓宽了内容范围

在内容的取舍上,我们采取了相当慎重的态度. 近来对高等数学课的内容现代化改革呼声很高. 但是,作为一门数学基础课似乎不宜简单地以现代化作为其改革的主要目标. 数学学科中概念的连贯性使得它不可能像电子器件一样去“更新换代”和“以新弃旧”. 而且现在看来掌握好微积分的基本概念、基本理论与基本训练,对于一个理工科大学生而言依然是必不可少的. 当然,计算机的广泛使用以及数学软件功能的日益提高,正促使我们思考在高等数学课中简化或减少某些计算的内容. 然而,就目前的情况,我们尚难以下定决心取消某些内容. 为了慎重从事,这次改革试验中,我们保留了传统教材中的基本内容与基本训练.

我们认为目前对高等数学课而言重要的不是去更新内容,而是避免教学中烦琐主义的倾向,不要在一些枝节问题上大做文章. 那样做既歪曲了数学，又使学生苦不堪言.

在本书的表述上，我们尽可能注意了文字的简洁、例子的典型性以及对基本概念背景及意义的解释，以便于读者自学. 除每节的练习题之外，每一章之后又附加了总练习题，以使读者有机会做一些综合练习.

国际著名数学家柯朗曾经尖锐地批评过数学教育. 他指出：“两千年来，掌握一定的数学知识已被视为每个受教育者必须具备的智力. 数学在教育中的这种特殊地位，今天正在出现严重危机. 不幸的是，数学教育工作者对此应负其责. 数学的教学逐渐流于无意义的单纯演算习题的训练. 固然这可以发展形式演算能力，但却无助于对数学的真正理解，无助于提高独立思考能力. ……”①

柯朗的话是对的. 数学教育需要改革，我们任重道远.

最后，我们应该提到，这次改革试点工作先后在北京大学及北京市教委正式立项并得到了他们的支持，借此机会我们向北京市教委及北京大学教务处与教材科的有关同志表示衷心的感谢. 北京大学数学科学学院院长姜伯驹教授一直十分关心这项工作，并给予多方面的鼓励与帮助. 此外，彭立中教授、黄少云教授与刘西垣教授也很关心这项工作，并对试用讲义提出了许多宝贵意见. 北京大学出版社邱淑清编审及刘勇同志大力支持这套教材的出版. 刘勇同志作为本书的责任编辑为本书的出版做了大量工作，付出了辛勤的劳动. 我们在这里一并对这些同志表示感谢！

毫无疑问，这套教材会有许多不成熟之处，甚至有不少错误. 我们诚恳地希望数学界同人加以批评指正，以便改正.

李　忠　周建莹

1998年2月15日于
北京大学中关园
（2004年元月略做删改）

① 见《数学是什么》（柯朗与罗宾斯著，汪浩、朱煜民译，湖南教育出版社，1985）第一版序.

目　录

绪　论

在开始介绍课程内容之前，我们先来谈谈什么是数学以及数学跟科学技术的关系. 希望读者从中增进对数学的了解，看到学习数学的意义. 同时，我们还就怎样学好高等数学向初学者提出若干建议.

1. 数学的基本特征

一百多年之前，恩格斯就说过，**数学是研究现实世界中数量关系及空间形式的科学**. 尽管在这一百多年中数学的发展使它的研究内容早已超出了“数”与“形”的范畴，但是就其基本精神而言，恩格斯对数学的概括依然是正确的.

数学的基本特征是其研究对象的**高度抽象性**.

数本身就是抽象的. 数“1”是人们从 1 个苹果、1 只羊、1 个人等现象中舍去了苹果、羊、人等事物的具体特征，单从数量上抽象出来的. 除了人们容易理解的自然数外，数学中还有负数、无理数、超越数、复数等，它们的抽象程度则较自然数更高. 要想对一个没有中学数学知识的人解释清楚何为无理数未必容易，更不用说复数或 $\mathrm{i}=\sqrt{-1}$ 了.

初等几何中的点、直线、三角形及圆等也是抽象的. 它们是根据人们的生活经验抽象而来的，因此是容易被理解的. 我们生活的现实空间是三维空间，这一事实是抽象的结果，但容易接受. 至于四维空间，就变得难以理解了. 在物理中，人们通常把时间与三维空间合在一起视作四维空间. 然而，数学中还要研究一般的 n 维空间乃至无穷维空间，甚至更为抽象的流形或拓扑空间. 这些特别抽象的概念通常不是从人的直接生活经验与生产活动中得来的，而是从人类的科学研究（包括数学研究）、科学试验以及复杂的技术过程中抽象而来的，它们似乎超出了普通人的直接经验，也超出了自然现象的范畴. 数学研究对象的这种高度抽象性使得数学科学区别于自然科学，后者的研究对象是自然现象.

数学研究对象的高度抽象性决定了数学的另一特征：在论证方法上的**演绎性**.

人们说,数学是一门演绎科学. 这是对它的论证方法而言的. 具有中等数学训练的人都知道数学的推理过程是:

$$\text{假设} \xrightarrow[\text{logic}]{} \text{结论},$$

这里 logic 是指形式逻辑. 这就是说,在数学中论证一个结论成立,是根据假设(包括公理)按照形式逻辑推演出来的. 在一定意义上,可以说除了假设及逻辑推理之外,它不允许任何其他东西作为导出结论的依据.

在实验科学中,实验结果是结论的重要依据. 但在数学中则不能以任何实验结果作为结论的依据. 在生物学中,解剖几只麻雀之后即可断言“麻雀有胃”. 然而,在数学中则不能由测量若干个三角形内角而断言“三角形内角之和为 180°”. 数学中的这一结论是由平行公理推演得来的.

我们要做一点说明,说数学是一门演绎科学是对其论证方法而言的,而不是指其整个研究方法. 在数学研究中,尤其在探索阶段,实验、归纳、类比、猜测或假想同样是一些重要方法. 然而,最终论证一个结论成立则需要演绎. 在数学中,没有经过证明的命题最多只能是一种猜想.

数学在论证方法上的演绎性使数学理论构成一个严谨的形式体系,其中有公理、定义、定理,一环扣一环,演绎出许多公式与结论. 这里的公理是指那些无须证明的基本假定,而定义则用来规范和界定各种术语的内涵. 定理是关于一个数学命题的叙述,通常由两部分组成:条件与结论. 在数学书籍或文章中,通常还有“引理”或“命题”之类. 它们与定理在性质上相同,只是书籍或文章的作者认为讨论过程中它们的重要性不及定理而已.

人类历史上第一个完整的演绎体系是欧几里得(Euclid)的《几何原本》,它对人类文明产生了巨大影响. 欧几里得在该书中不是简单地罗列了前人的几何知识,而是由五条公理(在《几何原本》中称为公设)出发,用形式逻辑将其全部结论逐一推出. 爱因斯坦(Einstein)高度评价了这个演绎体系. 他说:“推理的这种令人惊叹的胜利,使人类的理智为今后的成就获得了所需要的信心.”

数学的第三个特征就是应用的**极度广泛性**. 这同样是由它的研究对象的高度抽象性所决定的. 简单地说,正是因为数学抽象,所以其结论的应用范围才广. 比如,数是由苹果、羊、人等许多事物抽象而来,因此 $2+3=5$ 不仅适用于苹果,而且还适用于羊、人等,也适用于一切可能谈论数量的事物.

在数学中,同一方程完全可能代表着互不相干的事物的某种相同规律,如同一拉普拉斯方程可能代表许多不同的物理现象,某种生物种类群体的数量变化可能与市场中某种商品的价格涨落满足同一数学模型. 所有这些就是数学抽象力量的所在.

数学应用的极度广泛性的一个重要标志是数学在其他科学中的特殊地位与作用. 伽利略(Galileo)曾说:"自然界这部伟大的书是用数学语言写成的. "事实上,数学是各门科学的语言. 物理定律及原理都是用数学语言描述的. 数学在天文学、力学与物理学中的地位与作用是人所共知的,无须多言. 数学在化学中的应用已不是过去说的只有线性方程组,而数学在生物学中的应用也早已不是零了,分子生物学中 DNA 的复杂立体结构跟数学中拓扑学里的纽结理论有关. 过去人们认为数学在社会科学中作用不大,这种看法也已过时了. 管理科学、质量控制、产品设计、金融投资中的风险分析、保险业、市场预测等领域正在广泛地应用着数学. 数学在经济学理论的发展中扮演着重要角色. 在近些年经济学诺贝尔奖获得者中,半数以上的人有从事数学研究的历史背景. 数学在众多学科中的这种特殊地位与作用是任何其他学科所不能比的.

有些人认为数学是"丝毫不反映现实世界的纯形式体系",从而也就从根本上否认了数学的应用价值. 令人遗憾的是,某些数学家也持此种看法. 一位著名的数学家曾宣称:"我的任何一项发明都没有,或者说都不可能为这个世界的安逸带来哪怕是微小的变化……他们(指数学家)所做的工作和我同样无用. "具有讽刺意味的是,这位数学家的言论很快被自己的成果推翻. 他的一篇纯数学研究论文中的定理被应用于生物遗传学上,并以他的名字命名这项遗传学上的定律.

还有一些人认为数学的形式系统是数学家们"自由创作"的结果,就像小说家设计人物、对话和情节一样,没有任何必然性.

这些看法之所以错误,是因为它们不符合数学被广泛应用的现实,不符合数学及其他科学的发展历史,更不能解释数学内部的高度和谐与统一,不能解释数学与物理学及其他科学的一致性. 我们认为,数学内部的统一性以及它跟其他科学的一致性是宇宙统一性的反映.

这里我们想简单提一下数学与物理学的关系. 谁都知道,数学为物理学提供了描述现象与规律的语言与工具,反过来,物理现象也为数学概念的建立提供了原型. 实际上,数学中有不少概念首先是由物理学家提出,然后由数学家逐步严谨化的. 这种现象屡见不鲜. 还常常有这种情况,数学家与物理学家在各自的领域内进行研究,彼此并不知道他们的研究有任何关联,用着不同的术语与方法,过了若干年之后,他们惊异地发现,他们的研究竟是相通的,或者说是同一东西的不同侧面.杨振宁与米尔斯(Mills)所研究的规范场论和陈省身所研究的纤维丛理论之间的紧密关系就是一个有趣的例子.

还应当指出,人类对未知世界的探索是一种永远不会停息的顽强追求,这种追求有时超越了直接的功利目的.某些数学研究常常是纯粹的数学问题,既看不到实际应用的背景,也无法预测它们的应用前景.人们对这类问题的研究,单从研究动机上看似乎和艺术一样,是对某种永恒与完美的追求.我们对这种追求的意义也不应有任何忽视.

数学研究的基本动力来自外部社会实践的要求,然而,也不可否认还有相当大的一部分动力来自数学内部.数学内部的矛盾,数学研究中所遇到的重大问题,往往会激起数学家们巨大的研究兴趣,促使数学家们做出不懈的努力.这些问题是纯数学形式的,然而,这种纯数学问题的研究往往推动了数学新理论与新方法的产生,而后者在科学或技术上有重要价值.数学发展的历史证明了这一点.

欧几里得《几何原本》的第五公设(平行公理)曾经引起了许多人的研究兴趣,他们试图用其他四个公设将它推导出来.两千多年间不知有多少数学家为此绞尽脑汁而最后都失败了,其中不乏一些著名数学家.两千多年的失败经验促使高斯(Gauss)、罗巴切夫斯基(Н.И.Лобачевский)和波尔约(J.Bolyai)等人做出相反的大胆思考,于是诞生了非欧几何.平行公理问题,自然是一个纯数学问题,当时很难说清它的研究价值.然而,如果没有这样的讨论,就不会有非欧几何以及黎曼(Riemann)几何的出现,从而也就没有爱因斯坦的相对论和他的时空观.

2. 数学发展的历史回顾

为了使读者对数学以及上述观点有更具体的了解,让我们回顾一下数学发展的历史.

从历史上看,数学的形成与发展经历了以下几个历史阶段:

公元前600年以前是**数学的形成时期**.在这一漫长的历史时期中,人类在生产活动中逐渐掌握了计数的知识,会做加减乘除四则运算,具有了初步的算术知识,并且积累了几何方面片断的知识.

公元前600年至17世纪中叶被认为是**初等数学时期**.在这个时期内有了完整的几何知识,尤其是有了欧几里得的《几何原本》.此外,代数、三角、对数都有了完整的系统理论，成为独立的学科. 在这一时期中，一个重大的事件是无理数的发现. 它冲破了原先人们的认知——一切量均可以用整数表示，而这一认知曾是毕达哥拉斯(Pythagoras)学派的基本观点. 他们认为宇宙间一切皆数(指整数)，任何量均可由整数表示. 特别地，他们认为任意两条线段可用某条(第三条)线段作为公度(任意两条线段的长度都是某条线段长度的整数倍). 毕达哥拉斯时代许多几何定理(如相似三角形对应边成比例及关于三角形面积的某些定理)的证明都是建立在这一假定基础之上的.

无理数的发现完全动摇了这一学派的逻辑基础，形成所谓的第一次数学危机. 这一危机后来依靠古希腊数学家欧多克索斯(Eudoxus)提出的方法而得以克服.

数学发展的第三个时期是**变量数学时期**，大约在自 17 世纪中叶至 19 世纪 20 年代. 标志着这一时期数学发展的两件大事是：第一，笛卡儿(Descartes)引入了坐标，并建立了解析几何的观念. 解析几何沟通了数学中两个基本研究对象——数与形之间的联系，从而可以用代数运算去处理几何问题. 这一发现为处理一般变量之间的依赖关系提供了几何模型. 第二，牛顿(Newton)与莱布尼茨(Leibniz)两人独立地创立了微积分. 他们破天荒地为变量建立了一种新型的行之有效的运算规则，用以描述因变量在一个短暂瞬间相对于自变量的变化率，以及在自变量的某个变化过程中因变量的某种整体积累. 前者称为微商，而后者称为积分. 为了解释他们的发现，我们举两个例子.

设想一个沿直线运动的质点，在 t 时刻的位移为 $s=t^3$，问：它在 t_0 时刻的速度为多少？

为了回答这一问题，牛顿提出如下方法：考虑 t_0 时刻之后一个极短的瞬间 $\mathrm{d}t$. 在这一瞬间质点的位移为

$$\mathrm{d}s=(t_0+\mathrm{d}t)^3-t_0^3=3t_0^2\,\mathrm{d}t+3t_0(\mathrm{d}t)^2+(\mathrm{d}t)^3.$$

这样，在这一瞬间的速度应该是

$$\frac{\mathrm{d}s}{\mathrm{d}t}=3t_0^2+3t_0(\mathrm{d}t)+(\mathrm{d}t)^2,$$

由于这一瞬间极短，可以认为 $\mathrm{d}t=0$，因此质点在 t_0 时刻的速度就是 $3t_0^2$. 牛顿将 $3t_0^2$ 称为函数 $s=t^3$ 在点 t_0 处的流数. 后来人们把它称作**微商**或**导数**. 粗略地说，一个函数 $y=f(x)$在点 x_0 处的微商就是指当自变量 x 在点 x_0 处有一个微小变动时，因变量的变化与自变量变化之比.

我们以变动着的力所做的功来解释什么叫积分. 设一个物体沿直线自点 a 移动到点 b(见图 1). 在移动过程中任意一点 x 处所受的拉力为 $f(x)$,其方向与位移一致,问:拉力所做的功是多少?

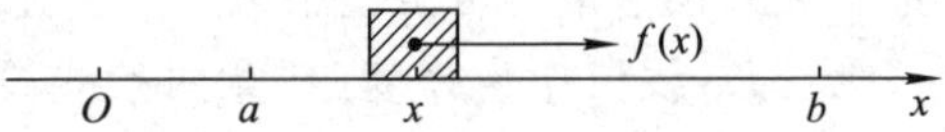

图 1

若 $f(x)$是一个常数,则很容易解决,所求的功就是该常数乘以位移 $b-a$. 但当 $f(x)$不是常数时,我们就不知道如何计算它了. 牛顿与莱布尼茨所建议的方法如下:在任意一点 x 处考虑一个极小位移 $\mathrm{d}x$,然后拿这个极小位移与 $f(x)$的积作为拉力在这一小段位移上所做的功. 换句话说,力在点 x 处对功的贡献是 $f(x)\mathrm{d}x$. 把力在每一点的贡献"加"起来就是总的功. 按照莱布尼茨的记号,这个总的功记作

$$\int_a^b f(x)\mathrm{d}x,$$

其中$\int_a^b$ 表示自点a 至点b 对量 $f(x)\mathrm{d}x$ 求和. 这就是所谓的函数 $f(x)$ 从 a 到 b 的**积分**. 由此可见,积分就是因变量的一种累积值.

牛顿与莱布尼茨所发现的这一方法有很高的典型性与普遍性. 最为重要的是,牛顿与莱布尼茨发现了积分运算与微分运算(包括求导运算和求微分运算)互为逆运算,从而给出了计算积分的公式.

牛顿与莱布尼茨的发现为一大批几何问题及力学问题提供了有效的解答,从而震撼了整个学术界. 从此微积分被迅速地应用到各种理论研究与工程技术之中. 特别值得一提的是,牛顿利用微积分在开普勒(Kepler)三大定律的基础上导出了万有引力定律. 或者说,牛顿利用微积分与万有引力定律从理论上证明了开普勒三大定律,后者原本是基于观测总结出来的.

然而,微积分在它创立的初期有严重的逻辑混乱. 在上面的讨论中,用 $\mathrm{d}t$ 去除 $\mathrm{d}s$ 时显然是认为 $\mathrm{d}t$ 不等于零,而除完之后又认为在式子

$$3t_0^2+3t_0(\mathrm{d}t)+(\mathrm{d}t)^2$$

中的 $\mathrm{d}t$ 为零. 无论是牛顿还是莱布尼茨,都无法对他们称为"一瞬"或"无穷小量"的 $\mathrm{d}t$ 到底是零还是不是零提供合理的解释. 当时著名的红衣大主教贝克莱(Berkeley)对于微积分的逻辑混乱提出了尖锐的批评,他冷嘲热讽地说:"无穷小量是已死的量的幽灵."

微积分所面临的逻辑基础危机通常称作第二次数学危机. 一百多年之

后，经过柯西(Cauchy)等人的努力，微积分在初期的逻辑混乱才得以澄清. 这里的关键之处在于：将无穷小量看作一个趋向于零的变量，而不是看成一个固定的量. 相应地，把微商与积分也都看作一个极限. 从此微积分才有了严格的理论基础.

无论如何，牛顿与莱布尼茨所创立的微积分把数学乃至整个科学带入了一个新时代.

通常人们认为 19 世纪 20 年代至 20 世纪 40 年代是**近代数学时期**. 在这一时期中具有里程碑式的重大事件是罗巴切夫斯基几何的诞生，从此几何从欧几里得的《几何原本》中解放出来. 由于阿贝尔(Abel)与伽罗瓦(Galois)的贡献发展了群论，产生了近世代数. 此外，在微积分基础上发展起来的微分几何、复变函数论、拓扑学也逐渐形成各自的体系并有了长足的发展. 非欧几何的出现促使人们加强了对数学基础的研究，对公理体系和集合论的研究吸引着很多人的注意力.

现代数学时期是以 20 世纪 40 年代计算机的发明为标志而开始的. 这时，一方面，大大加强了数学的应用，从而形成或发展了许多应用数学的学科. 计算数学、运筹与控制、数学物理、经济数学、概率论与数理统计等有了飞速的发展. 另一方面，数学的核心部分，即数理逻辑、数论与代数、几何与拓扑、函数论与泛函分析及微分方程等学科，则向着更抽象、更综合的方向发展. 分支学科的界限日益淡化，并出现了许多新的分支学科. 历史上的若干难题获得解决或取得重大进展.

计算机的发明一般归功于两位数学家：图灵(Turing)与冯·诺伊曼(von Neumann). 数学科学是推动计算机的发明与广泛使用的基础. 反过来，计算机的广泛使用使数学在科学与技术中的地位也发生了巨大变化. 计算机的广泛使用使数学的应用范围正在日益扩大. 过去由于计算量过大而不能实际计算的问题，现在有了大型快速计算机就迎刃而解了. 数学的理论与方法跟计算机的结合产生了五花八门的新技术，从医疗手段到视频动画的制作，从指纹或签字的识别到自动排版技术，从战争的指挥到用于和平建设的各种辅助设计……这些新技术已经渗透人类活动的方方面面，并形成一种新型产业(有人建议称之为“头脑产业”). 过去许多抽象数学研究如今正迅速广泛地应用于社会实际生活.

数学在信息时代的这种重要意义正日益为更多的人所认识. 1985 年，美国国家研究委员会在一份报告中把数学科学称作“一个统一的、大有潜力的资源”，认为“数学是推动计算机技术发展及促进这些技术在其他领域中应用的基础学科”. 曾任美国总统科学顾问的爱德华·大卫(Edward David)指出:“迄今为止,很少人认识到当今如此广泛称颂的高技术在本质上是一种数学技术.”这种见解是富有远见的.

3. 学习数学的目的以及怎样学好高等数学

我们正处在一个科学技术飞速发展的新时代,它对现在理工科大学生,这些未来的科技工作者,提出了许多挑战,具有较高的数学素养就是其中之一.

作为非数学专业的理工科大学生,他们学习数学的主要目的在于“用数学”. 这不仅是因为在大学期间许多课程中需要用数学,而且在大学毕业之后的各种实际工作中仍需要用数学. 因此,掌握好数学应该视作具有长远意义的一种基本训练.

根据前面对数学发展史的回顾,我们可以看出中学时所学的数学基本上是初等数学,是 17 世纪中叶以前的数学. 现在,在大学阶段所学的数学才是变量数学时期及其以后的数学,即 17 世纪中叶以后的数学. 从广义上讲,不妨把它们称作高等数学. 然而,作为理工科大学生的一门数学基础课,高等数学的含义是十分狭窄的. 在我国,习惯上高等数学的主要内容是微积分、无穷级数、常微分方程等. 从现有的内容来看,高等数学的基本内容实际上尚未涉及近代数学与现代数学. 介绍近代数学和现代数学是今后其他数学课程的任务. 不过,我们要特别强调指出,微积分无论是在理论上还是在实用上都有重大的意义与价值,没有微积分就不可能有现代数学. 掌握好微积分应该是理工科大学生所必须具备的基本训练.

数学教育对人的素质的提高会产生深远而重要的影响. 通过数学的训练,可以培养人们分析问题、解决问题的能力,抽象事物的能力和逻辑推理能力. 对数学问题的思考又常常培养了人们的探索精神和创新精神. 无论你将来做什么工作,这些能力与精神都是不可缺少的.

要学好高等数学,首先要特别注意对其中基本概念的理解与掌握. 一般来说,高等数学的内容比初等数学的内容较为复杂、抽象. 特别值得提出的是,初学者要花较多的气力在基本概念的把握上,多去思考这些概念的本质、意义以及它们与其他事物的联系,以真正理解它们. 数学概念常常以某种抽象数学语言叙述,了解它们的直观意义或物理背景往往是透过抽象形式理解其本质的一条重要途径. 正面或反面的典型例子对帮助理解某些抽象概念也是十分重要的.

其次,在学习高等数学的过程中,多做一些习题是需要的. 学习高等数学在一定意义上讲也是一种基本技能的训练. 能够熟练地进行微积分的基本运算是高等数学的教学目标之一. 只有通过做习题才能熟练掌握所学的理论. 但是,我们认为做习题应当是在基本掌握了有关概念与定理的基础上进行的,不要盲目地做习题. 初学者要改变中学里"只知做习题"的习惯,而应该花较多的时间去思考所学的基本概念及基本定理. 此外,我们也不主张做过多的难题、偏题,它无助于对数学思想的理解,并违背数学教学的根本宗旨.

数学的特点之一在于其逻辑的严谨性,初学者在学习过程中要特别注意表述的确切性、论证推理的严密性,养成一个科学严谨的思考习惯. 这就要求初学者在做习题时十分注意文字表达的严谨性.

最后,我们要谈谈如何读数学书. 读数学书与读其他书有鲜明的差别. 由于数学书在表述形式上的抽象性,使得数学书往往有些难懂. 读者不能期望数学书一读就懂,复杂的地方要反复读和反复思考,直到弄懂为止. 在读数学书时要特别留意定义及定理的叙述. 我们不主张单纯记忆或背诵. 但是,在理解的基础上,适当地记忆某些最基本的公式、重要定义的叙述以及定理的条件与结论也是必要的.

为了加深理解,在读数学书时,手边放些草稿纸,边读边做练习或画草图是非常有益的. 为了突出重点或节省篇幅,数学书中经常要省略一些推导或演算,有时会将"显然"或"经过简单计算表明"之类的话放在某个结论之前. 凡是对你来说并不是那么"显然"的事实,或者你认为有必要去验算的地方,不妨去试着补上自己的证明或计算. 这对加深初学者对内容的理解是一个很好的练习.

学好数学需要独立思考的精神. 勤于思考,不满足于成法,善于或敢于提出问题,努力把所学知识跟其他领域中的问题联系起来加以钻研,都是十分可贵的.

学好数学并不是一件难事,但需要你付出必要的努力. 数学不应当是枯燥乏味的,只要你钻进去就会感到趣味盎然. 数学不是一堆烦琐无用的公式,掌握了它的真谛,它就会给你增添智慧与力量.

第一章　函数与极限

变量与函数是微积分的基本研究对象,而极限论是微积分研究的基本工具. 本章的内容将为今后的讨论奠定基础.

§1　实　　数

1. 有理数与无理数

实数在微积分中扮演着一个重要角色. 因此,我们先来讨论实数域的若干基本性质.

人类最早知道的是**自然数**:1,2,3,….[①]通常全体自然数用 **N** 表示,称之为**自然数集**. 由于做加法逆运算的需要,人们增添了 0 及负整数,从而将自然数扩充为**整数**. 今后,我们用 **Z** 表示全体整数,称之为**整数集**. 乘法的逆运算又导致分数的产生,而分数又称为**有理数**. 通常用 **Q** 表示全体有理数(称为**有理数集**),即

$$\mathbf{Q}=\left\{\frac{m}{n}\middle| m,n\in\mathbf{Z},n>0,(m,n)=1\right\},$$

其中(m,n)表示 m 与 n 的最大公约数. $(m,n)=1$ 表明 m 与 n 没有大于 1 的公约数,因而此时 $\frac{m}{n}$ 是既约分数.

有理数集 **Q** 的一个重要特征是对加减乘除(除数不为零)四则运算封闭,即这个集合之中的任意两个数做上述四种运算时,其结果仍在这个集合之中.

粗略地说,对加减乘除四则运算封闭的数集合叫作**数域**. 因此,有理数集 **Q** 是一个数域,称之为**有理数域**.

公元前五百多年,古希腊人发现了等腰直角三角形的腰与斜边没有公度,从而证明了 $\sqrt{2}$ 不是有理数. 这样,人类首次知道了无理数的存在.

---

① 现在为了便于讨论问题,也把 0 归为自然数.

命题 1 $\sqrt{2}$ 不是有理数.

证 用反证法. 假设 $\sqrt{2}$ 是有理数,这时存在两个正整数 m 及 n,使得 $(m,n)=1$,且

$$\sqrt{2}=\frac{m}{n}.$$

对上式两边取平方,即得到 $2n^2=m^2$.这表明 m^2 是偶数. 因此,m 一定是偶数. 设 $m=2l$(l 是某个正整数),则有

$$n^2=2l^2.$$

这又表明 n^2 是偶数,从而 n 也是偶数. 既然 m 与 n 均为偶数,那么 2 就是它们的公约数. 这与$(m,n)=1$ 矛盾. 证毕.

后来人们发现了更多的无理数,比如 $\sqrt{3}$,$\sqrt{5}$,…,以及 π 与 e.

究竟什么是无理数? 在本书中,我们不打算给出其严格的定义,而只是把它们形式地视作一个无穷不循环小数. 从中学的数学课本中我们知道,有理数可以表示成有穷小数或无穷循环小数,比如

$$\frac{6}{5}=1.2,\quad \frac{11}{7}=1.571\,428\,571\,428\cdots.$$

反过来,任何有穷小数或无穷循环小数一定是有理数. 因此,我们认为无理数是无穷不循环小数.

设 $\alpha=m.a_1a_2\cdots a_n\cdots$ 是一个正无理数,其中 $m\geqslant 0$ 是一个整数,$a_k(k=1,2,\cdots)$是在 $0,1,\cdots,9$ 中取值的整数,它是 α 的第k 位小数. 我们考虑 α 的近似小数

$$\alpha_n=m.a_1\cdots a_n,$$

即只保留其前 n 位小数所得到的数. 显然,α_n 是一个有理数,并且它与 α 的差的绝对值不超过 $\frac{1}{10^n}$. 当 n 无限增大时,α_n 可以任意接近于 α.

显然,当 α 是一个负无理数时,类似的讨论也成立.

因此,可以认为一个无理数是一串有理数无限逼近的结果.

根据这一看法,我们可以将有理数的加减乘除四则运算扩充到无理数之间或无理数与有理数之间. 这里我们承认这一事实,而不加详细论证.

通常我们把有理数与无理数统称为**实数**,并把全体实数组成的集合记作 **R**,称为**实数集**.

2. 实数集 R 的基本性质

实数集 **R** 具有以下基本性质:

(1) **R 是一个数域**(称为**实数域**)：任意两个实数做加减乘除(除数不为零)四则运算后仍然是一个实数.

(2) **对乘法和加法满足交换律、结合律与分配律**：对于任意的 $a,b,c\in\mathbf{R}$,总有

$$a\cdot b=b\cdot a,\quad a+b=b+a;$$
$$(a\cdot b)\cdot c=a\cdot(b\cdot c),\quad (a+b)+c=a+(b+c);$$
$$a\cdot(b+c)=a\cdot b+a\cdot c.$$

(3) **实数域是一个有序数域**. 确切地说,**R** 中任意两个不同的数 a 与 b 都有大小关系,即 $a<b$ 与 $b<a$ 中有且只有一种情况成立,并且这种大小关系在做加法与乘法运算时满足下列关系：

$$a<b,c<d\Longrightarrow a+c<b+d;$$
$$0<a,b<c\Longrightarrow a\cdot b<a\cdot c.$$

顺便指出,今后我们用记号 $a\leqslant b$ 表示 $a<b$ 或 $a=b$. 这也是一个常用的记号. 显然,若 $a\leqslant b$ 且 $b\leqslant a$,则必有 $a=b$.

前面所讲的关于实数集 **R** 的三条性质显然对于有理数集 **Q** 也成立. 也就是说,有理数集 **Q** 也是一个满足交换律、结合律与分配律的有序数域.

(4) **实数域具有完备性**. 有理数域 **Q** 与实数域 **R** 有着实质性的差异. 这主要体现在：有理数域对极限运算不是封闭的(有理数序列的极限可能不再是有理数),而实数域对极限运算是封闭的(若实数序列有极限,则其极限仍是实数). 实数域 **R** 的这一性质通常称为**完备性**.

实数域的完备性从直观上来看就是实数布满了整个数轴,连绵不断,没有空隙. 因此,实数域的完备性有时也称为**连续性**. 有理数在数轴上虽是密密麻麻的,但没有布满.

对于如何描述实数域的完备性,有许多彼此等价的说法. 本书中采用下述命题作为实数域完备性的一种刻画：

在实数域中,任意一个单调有界序列一定有极限存在.

现在我们来解释这一命题. 所谓的序列 $\{a_n\}$ 是有界的,是指 $a_n(n=1,2,\cdots)$ 的绝对值 $|a_n|$ 有一个公共的上界,即存在一个正数 M,使得 $|a_n|\leqslant M(n=1,2,\cdots)$. 比如,$\left\{1+\dfrac{1}{2^n}\right\}$ 中每一项的绝对值均小于 2,因而它是一个有界序列;而 $\{n^2\,|\,n\in\mathbf{Z}\}$ 则是一个无界序列.

若序列 $\{a_n\}$ 中每一项都不超过其后一项,即 $a_n\leqslant a_{n+1}(n=1,2,\cdots)$,则称 $\{a_n\}$ **单调递增**;若序列 $\{a_n\}$ 中每一项都大于或等于其后一项,即 $a_n\geqslant$

$a_{n+1}(n=1,2,\cdots)$，则称$\{a_n\}$**单调递减**. 单调递增或单调递减的序列统称为**单调序列**.

关于什么是极限，本章后面的几节中将详细讨论，目前无须深究，只要做一个朴素的理解即可：所谓的常数 l 是序列$\{a_n\}$的极限，是指当 n 充分大时，a_n 可以任意接近于 l.

在实数域中单调有界序列总有极限存在，这一性质体现了实数域的完备性. 而在有理数域中这一条性质不成立. 比如，对于逼近 $\sqrt{2}$ 的有理数序列 1.4，1.41，1.414，…，虽然它是一个单调递增的有界序列，但是它在有理数域中却没有极限.

在本书中，我们承认实数集 **R** 自然具有性质(1)，(2)，(3)，(4)，而无须证明，它们构成我们今后讨论的基础. 用一句话来概括：实数集 **R** 是一个完备的有序数域.

3. 数轴与区间

笛卡儿引入了空间坐标的概念，把空间中一点用三个数来表示，这样做的前提是把实数集 **R** 与一条直线上的点集合建立一一对应关系. 正如在中学所学过的，在一条直线上，取定一点 O，称为**坐标原点**(简称**原点**)，然后取定一个单位长度并在直线上选定一个方向(见图 1.1). 对于任意实数 x，若 $x=0$，则将 x 对应于原点 O；若 $x>0$，则将 x 对应于直线上一点 P，使得自原点 O 移动至点 P 的方向与所选定方向一致，且线段 OP 的长度恰好是单位长度的 x 倍；若 $x<0$，则点 P 的选择办法类似，只不过是自原点 O 至点 P 的移动方向与选定方向相反. 这样一来，这条直线上的每个点都可以看作一个实数；反之，每个实数也可以看作这条直线上的一个点. 因此，我们把这样的直线称作**数轴**.

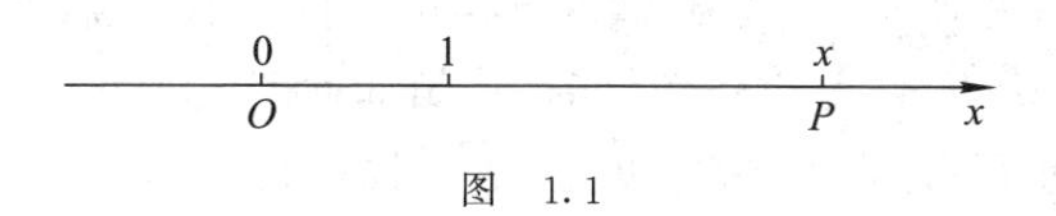

图 1.1

在引入数轴的概念之后，我们常常把实数集 **R** 与数轴等同起来，把实数与数轴上的点等同起来，并把一个实数 x 称作**点** x.

有了数轴的概念之后，两个实数 a 与 b 的大小关系 $a<b$ 则有了清楚的几何意义：$a<b$ 表示点 a 在点 b 的左侧(假定数轴箭头指向右方). 实数集的有序性正反映了数轴上点的有序性.

在微积分中,我们要用到区间的概念. 给定两个实数 $a,b(a<b)$. 我们把数集合$\{x\mid a\leqslant x\leqslant b\}$称作**闭区间**,记作$[a,b]$;把数集合$\{x\mid a<x<b\}$称作**开区间**,记作$(a,b)$. 类似地,可定义**半开半闭区间**$(a,b]$或$[a,b)$:

$$(a,b]=\{x\mid a<x\leqslant b\},$$

$$[a,b)=\{x\mid a\leqslant x<b\}.$$

此外,有时我们也可将整个数轴或实数集 $\mathbf{R}$ 表示成**无穷区间**$(-\infty,+\infty)$(应该特别强调,这里$-\infty$与$+\infty$只是两个记号而已,它们不是两个数,不能做任何运算). 在某些情况下,我们还会考虑下列**无穷区间**:

$$(a,+\infty)=\{x\mid a<x<+\infty\},$$

$$(-\infty,b)=\{x\mid -\infty<x<b\}.$$

据此,读者可以自己定义**无穷区间**$[a,+\infty)$及$(-\infty,b]$. 我们把闭区间、开区间、半开半闭区间及无穷区间统称为**区间**.

开区间(a,b)或闭区间$[a,b]$的**长度**定义为 $b-a$,并称点 $c=\dfrac{a+b}{2}$ 为(a,b)或$[a,b]$的中心,也称 $\dfrac{b-a}{2}$ 为这两个区间的**半径**.

4. 绝对值不等式

在微积分中,我们经常要使用绝对值不等式来描述变量的变化. 因此,熟练地运用绝对值不等式是十分重要的.

为此,我们要复习一下在中学时学过的绝对值的概念.

实数 x 的绝对值记作$|x|$,它的定义是

$$|x|=\begin{cases}x, & x\geqslant 0,\\ -x, & x<0.\end{cases}$$

因此,实数 x 的绝对值$|x|$总是非负的,并且代表在数轴上点 x 到原点 O 的距离,不论实数 x 是正的还是负的,都是如此.

根据绝对值的定义,立即可以推出下列命题:

命题 2　对于任意的 $x,y\in\mathbf{R}$,我们有:

(1) $|x|\geqslant 0$,其中等号当且仅当 $x=0$ 时成立;

(2) $|x|=|-x|$;

(3) $|x+y|\leqslant|x|+|y|$.

一般来说,给定两个实数 a 与 b,则 $a-b$ 的绝对值$|a-b|$在数轴上代表点 a 到点 b 的距离(见图 1.2).

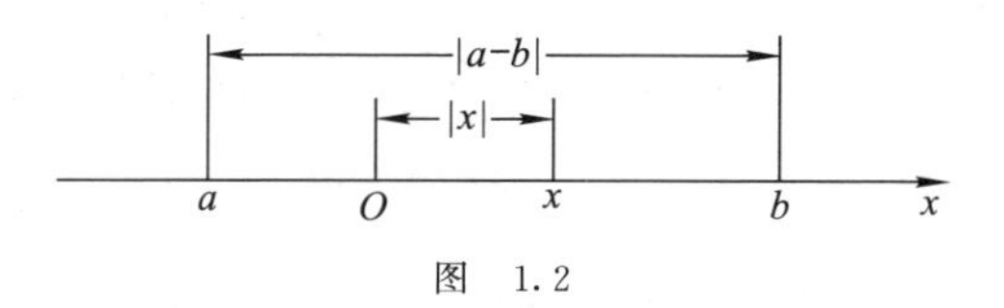

图　1.2

在命题 2 中，令 $x=a-b$，$y=b-c$，立即推出下列命题：

命题 3　对于任意实数 a,b,c，我们有：

(1) $|a-b|\geqslant 0$，其中等号当且仅当 $a=b$ 时成立；

(2) $|a-b|=|b-a|$；

(3) $|a-c|\leqslant|a-b|+|b-c|$.

命题 3 中的结论(3)称作**三角不等式**. 它的几何意义是：点 c 到点 a 的距离小于或等于点 b 到点 a 的距离与点 c 到点 b 的距离之和. 当 a,b,c 是平面上的三点且不在一条直线上时，这一结论便是三角形中两边之和大于第三边. 这就是我们称(3)为三角不等式的缘由.

今后，我们会经常用到形如 $|x-a|<r$ 的不等式. 此不等式在数轴上的几何意义是：点 x 到点 a 的距离小于 r. 于是，点 x 必然落入以点 a 为中心、r 为半径的区间 $(a-r,a+r)$ 之内，即 $a-r<x<a+r$(见图 1.3). 通常我们也将区间 $(a-r,a+r)$ 称为点 a 的 r **邻域**(简称**邻域**)，记为 $U_r(a)$；而将 $U_r(a)\setminus\{a\}$ 称为点 a 的**空心 r 邻域**(简称**空心邻域**)，记为 $\overset{\circ}{U}_r(a)$. 有时也将 $U_r(a)$ 和 $\overset{\circ}{U}_r(a)$ 分别简记为 $U(a)$ 和 $\overset{\circ}{U}(a)$.

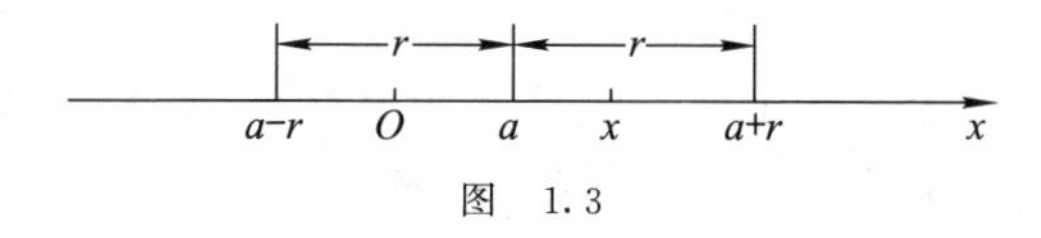

图　1.3

反过来，若实数 x 满足 $a-r<x<a+r$，则表明点 x 到点 a 的距离小于 r，即 $|x-a|<r$.

总之，我们证明了下列命题：

命题 4　$|x-a|<r \iff a-r<x<a+r$.

例　证明：$||x|-|y||\leqslant|x-y|$.

证　由命题 2 得到

$$|x|=|x-y+y|\leqslant|x-y|+|y|,$$

于是我们有

$$|x|-|y|\leqslant|x-y|.$$

又由于$|x-y|=|y-x|$，在上式中交换 x 与 y 的位置后即得到

$$|y|-|x|\leqslant|x-y|,$$

这样，我们得到

$$-|x-y|\leqslant|x|-|y|\leqslant|x-y|,$$

即实数$|x|-|y|$在以$-|x-y|$，$|x-y|$为端点的闭区间之内，从而$|x|-|y|$的绝对值不超过$|x-y|$. 证毕.

历史的注记

无理数的发现是数学史中的一件大事. 公元前五百多年古希腊有一个毕达哥拉斯学派. 他们认为任意两条线段都有公度，即对于任意给定的长度分别为 a 与 b 的线段，总存在一条长度为 d 的线段，使得 $a=md$，$b=nd$，其中 m 与 n 是正整数. 该学派所证明的许多定理都是建立在这一假定的基础上的. 后来该学派中有人发现了一个惊人的事实：等腰直角三角形的斜边与腰没有公度. 这一发现相当于证明了$\sqrt{2}$不是有理数. 这导致了毕达哥拉斯学派的逻辑体系的危机. 直到公元前 370 年，古希腊数学家欧多克索斯才巧妙地克服了这一困难. 但他只定义了什么是两个长度的比（包含无公度的情况），却没有回答什么是无理数.

完整的实数概念出现在 19 世纪，通常人们将其归功于戴德金（Dedekind）及康托尔（Cantor）等人. 他们分别给出了实数的严格定义. 他们给出的定义形异而实同，本质上都是将无理数视作有理数逼近的结果. 严格的实数理论的建立是分析学发展的必然结果，它与极限理论的基础及连续函数的基本性质的证明紧密相关.

毕达哥拉斯是古希腊著名数学家、哲学家和天文学家. 他组织的学派十分重视数学，试图用数解释万物. 当时他们已掌握一批几何定理的证明，其中包括勾股定理. 该学派对欧几里得《几何原本》的出现有重要影响.

习　题　1.1

1. 证明：$\sqrt{3}$为无理数.

2. 设 p 是正素数，证明：$\sqrt{p}$是无理数.

3. 解下列不等式：

(1) $|x|+|x-1|<3$； (2) $|x^2-3|<2$.

4. 设 a 与 b 为任意实数.

(1) 证明：$|a+b|\geqslant|a|-|b|$；

(2) 设 $|a-b|<1$，证明：$|a|<|b|+1$.

5. 解下列不等式：

(1) $|x+6|>0.1$； (2) $|x-a|>l$ $(a,l\in\mathbf{R})$.

6. 设 $a>1$，证明：$0<\sqrt[n]{a}-1<\dfrac{a-1}{n}$，其中 n 为大于 1 的正整数.

*7. 设 (a,b) 为任意一个开区间，证明：(a,b) 中必有有理数.

*8. 设 (a,b) 为任意一个开区间，证明：(a,b) 中必有无理数.

注 第 7,8 题告诉我们，对于任意区间 (a,b)，无论它的长度如何小，其中总有有理数和无理数. 具有此种性质的数集合称作在数轴上**处处稠密**的. 因此，由这两题可知，**有理数集与无理集在数轴上都是处处稠密的.**

§2 变量与函数

1. 函数的定义

世间万物无时不在运动、发展与变化着. 自然现象是如此，社会现象也是如此. 物质的运动、发展与变化是普遍的、绝对的，而静止、稳定不变则是暂时的、相对的. 因此，在我们对某个特定的自然现象、社会现象或某个技术过程进行观察时，其中出现的各种量一般也在不断变化着. 比如，某个飞行器在飞行中的高度与速度、某个地区的气温与湿度、一个电路中某处的电压与电流等都在不断变化着. 这些不断变化着的量称为**变量**.

高等数学与初等数学的重要区别在于：高等数学主要是处理变量的，而初等数学大体上是处理常量的. 变量是微积分的基本研究对象.

在自然和社会现象中，常常会看到一个变量依赖于另外一个或几个变量. 例如，金属杆的长度 l 依赖于温度 T 的变化：

$$l=l_0(1+\alpha T),$$

其中 l_0,α 为常数；一定量气体的体积 V 依赖于温度 T 与压力 p：

$$V=c\,\frac{T}{p},$$

其中 c 为常数；若某快递员的月收入 x（单位：元）不超过 8000 元，则他每月交纳的个人所得税金额 y（单位：元）与 x 有如下关系：

$$y=\begin{cases}0, & 0\leqslant x\leqslant 5000,\\ (x-5000)\times 3\%, & 5000<x\leqslant 8000.\end{cases}$$

在上述例子中,l,V,y 分别由 T,p,x 所确定. 因而,我们称 T,p,x 为自变量,并称 l,V,y 为因变量. 在这三个例子中,因变量由自变量的值唯一确定. 变量之间的这种确定的依赖关系称为**函数关系**. 有些变量之间也有某种依赖关系,但不是确定的关系. 比如,农作物的产量与浇水量和施肥量有关,但浇水量和施肥量并不唯一决定产量,因而产量与浇水量和施肥量不是一种函数关系. 在微积分中,我们只讨论变量之间的那种确定的依赖关系,即函数关系.

函数的确切定义如下:

定义 1　设 x 与 y 是两个变量,分别在实数集合 X 与 Y 中取值. 假如有一种规则 f,使得对于每个数 $x\in X$,都能找到唯一确定的数 $y\in Y$ 与之相对应,则我们称 f 是一个**函数**,记作 $f: X\to Y$,并称 X 为 f 的**定义域**. 这里的 x 称为**自变量**,y 称为**因变量**. 这时,也称 y 是 x 的函数.

这里与 x 相对应的 y 称作 f 在点 x 的**函数值**,记作 $f(x)$. 而 Y 中一切可能被取到的函数值组成的集合称作 f 的**值域**,记作 $f(X)$. 显然,$f(X)$ 是 Y 的一个子集合.

函数 $f: X\to Y$ 通常也记为

$$y=f(x),\quad x\in X,$$

或者简单地记为 $y=f(x)$ 或 $f(x)$.

现在,对定义 1 做几点解释. 通常见到的函数多数是由表达式给出的,比如 $s=\dfrac{1}{2}gt^2$,其中 t 到 s 的对应关系是由一个表达式给出的. 有时用一个表达式不够,要用几个表达式给出,正像我们在前面关于快递员纳税的例子中看到的. 这种函数通常称作**分段函数**. 但是,并不是所有的函数都可以用一个或几个表达式给出的. 比如,股市上某个交易日某种股票的价格显然是时间的函数. 我们可以用图形表示它的起伏状况,但无法用一个表达式来表达.

函数的定义域是根据具体函数的定义来确定的. 对于一个由表达式给出的函数,通常认为其定义域是使得表达式有意义的自变量的一切值. 比如,$y=\sqrt{x-1}$ 的定义域是 $\{x\mid x\geqslant 1\}$. 对于在物理问题或其他问题中提出的函数,其定义域要根据所讨论的问题来确定.

在微积分中所讨论函数的定义域通常是一个闭区间 $[a,b]$,或开区间 (a,b),或半开半闭区间 $[a,b)$,$(a,b]$,有时是无穷区间甚至整个数轴 $\mathbf{R}$.

最后,关于函数的定义我们还要指出: 因变量 y 的变化范围 Y 不一定恰好就是函数的值域 $f(X)$. 比如,定义在 $X=\{x\mid x\geqslant 1\}$ 上的函数 $y=f(x)=\sqrt{x-1}$ 的值域是 $\{y\mid y\geqslant 0\}$,但我们仍然可以认为 y 的变化范围是 $\mathbf{R}$,并记该函数为 $f: X\to\mathbf{R}$.

在中学时,我们已经接触过序列(也称数列)$\{a_n\}$,它是依次排列起来的一串实数:

$$a_1, a_2, \cdots, a_n, \cdots,$$

其中 a_n 称为序列的**通项**. 对于任意一个正整数 n,我们都有唯一确定的一个数 a_n 与之对应. 在这种看法之下,序列 $\{a_n\}$ 便是定义在正整数集 $\mathbf{N}^*$(全体正整数组成的组合)上的一个函数.

2. 基本初等函数

在中学数学课本中,我们已经遇到过很多函数,如三角函数、幂函数、指数函数、反三角函数、对数函数等. 这些函数都是基本初等函数.

下面六类函数称作**基本初等函数**:

(1) **常数函数**: $y=c$(c 为常数),即无论自变量 x 为何值,其函数值总是 c. 显然,常数函数 $y=c$ 的定义域为 $\mathbf{R}$.

(2) **幂函数**: $y=x^\alpha(\alpha\neq 0)$.

当 α 为正整数时,其定义域为 $\mathbf{R}$;

当 α 为负整数时,其定义域为 $\mathbf{R}\setminus\{0\}$;

当 α 为有理数时,$\alpha=\dfrac{n}{m}$,其中 $m,n\in\mathbf{Z}, m>0, (m,n)=1$,这时我们认为

$$x^{\frac{n}{m}}=(x^n)^{\frac{1}{m}}.$$

因此,当 α 为有理数 $\dfrac{n}{m}$ 时,函数 $y=x^\alpha$ 的定义域依赖于 α 的符号以及分母的奇偶性. 比如,当 $\alpha>0$,而 m 为奇数时,其定义域为 $\mathbf{R}$;当 $\alpha>0$,而 m 为偶数时,其定义域为 $[0,+\infty)$. $\alpha<0$ 的情况留给读者自己考虑.

当 α 为无理数时,x^α 被理解为 x^{α_n} 的极限,其中 $\alpha_n(n=1,2,\cdots)$ 是任意一串趋向于 α 的有理数. 由于 α_n 表示成分数式时其分母可能出现偶数,所以要求 x 非负. 因此,当 α 为正无理数时,$y=x^\alpha$ 的定义域为 $[0,+\infty)$;而当 α 为负无理数时,其定义域为 $(0,+\infty)$.

不论上述哪种情况,幂函数 $y=x^\alpha$ 的定义域总包含 $(0,+\infty)$.

(3) **指数函数**: $y=a^x(a>0, a\neq 1)$.

指数函数 $y=a^x$ 的定义域为 $\mathbf{R}$.

(4) **对数函数**：$y=\log_a x$ $(a>0, a\neq 1)$.

对数函数 $y=\log_a x$ 的定义域为 $(0,+\infty)$.

在本教材中，$\ln x$ 表示以 e 为底的自然对数.

(5) **三角函数**：$y=\sin x$，$y=\cos x$，$y=\tan x$，$y=\cot x$，$y=\sec x$，$y=\csc x$.

正弦函数 $y=\sin x$ 与余弦函数 $y=\cos x$ 的定义域均为 $\mathbf{R}$，正切函数 $y=\tan x$ 与正割函数 $y=\sec x$ 的定义域均为 $\mathbf{R}\backslash\left\{\left(n+\frac{1}{2}\right)\pi\,\middle|\,n\in\mathbf{Z}\right\}$，余切函数 $y=\cot x$ 与余割函数 $y=\csc x$ 的定义域均为 $\mathbf{R}\backslash\{n\pi\,|\,n\in\mathbf{Z}\}$.

在微积分中，三角函数中的角度用弧度制表示.

(6) **反三角函数**：$y=\arcsin x$，$y=\arccos x$，$y=\arctan x$，$y=\operatorname{arccot} x$.

反正弦函数 $y=\arcsin x$ 与反余弦函数 $y=\arccos x$ 的定义域均为 $[-1,1]$，反正切函数 $y=\arctan x$ 与反余切函数 $y=\operatorname{arccot} x$ 的定义域均为 $(-\infty,+\infty)$.

我们假定读者通过中学数学课程对上述六类基本初等函数的性质及其图形已有足够的了解. 因此，本教材略去关于它们的性质的叙述及其图形的描述.

现在我们来定义复合函数.

定义 2　假定我们有两个函数 $f: X\to Y$ 及 $g: Y^*\to Z$，并且假定 $f(X)\subset Y^*$. 这时，对于每个数 $x\in X$，都有唯一确定的数 $y=f(x)\in Y$ 与之相对应. 对于这个数 $y=f(x)$，由于它一定属于 Y^*，因而又有唯一确定的数 $z=g(y)\in Z$ 与之相对应. 这样一来，我们就建立了一个从 x 到 z 的对应，从而得到一个新的函数. 这个函数称为函数 f 与 g 的**复合函数**，记作 $z=g(f(x))$ 或 $g\circ f(x)$.

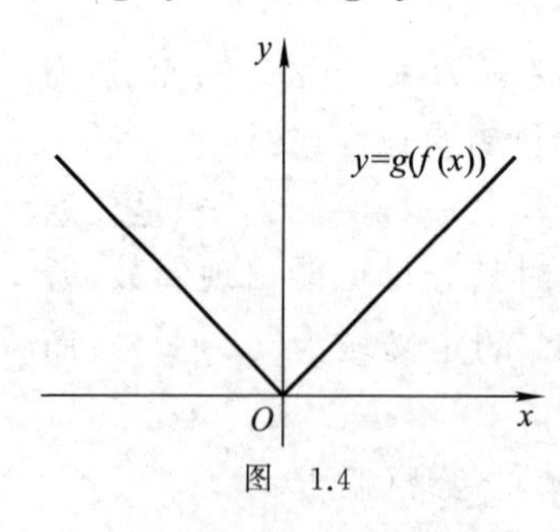

图　1.4

例 1　设函数 $f(x)=\sin x$，$g(y)=\mathrm{e}^y$，则

$$g(f(x))=\mathrm{e}^{\sin x}.$$

例 2　设函数 $f(x)=x^2$，$g(y)=\sqrt{y}$，则 $g(f(x))=\sqrt{x^2}=|x|$　(见图 1.4).

例 3　设函数 $f(x)=\sin x$，$g(x)=\arcsin x$，求复合函数 $f\circ g(x)$，$g\circ f(x)$ 的定义域和值域，并画出这两个复合函数的图形.

解　$g(x)=\arcsin x$ 的定义域为 $[-1,1]$，值域为 $\left[-\frac{\pi}{2},\frac{\pi}{2}\right]$. 对于任

意的 $x\in[-1,1]$，记 $y=\arcsin x$，则 $x=\sin y$，$y\in\left[-\frac{\pi}{2},\frac{\pi}{2}\right]$，且

$$f\circ g(x)=\sin(\arcsin x)=\sin y=x.$$

故 $f\circ g(x)$ 的定义域是 $[-1,1]$，值域也是 $[-1,1]$，它的图形如图 1.5 所示.

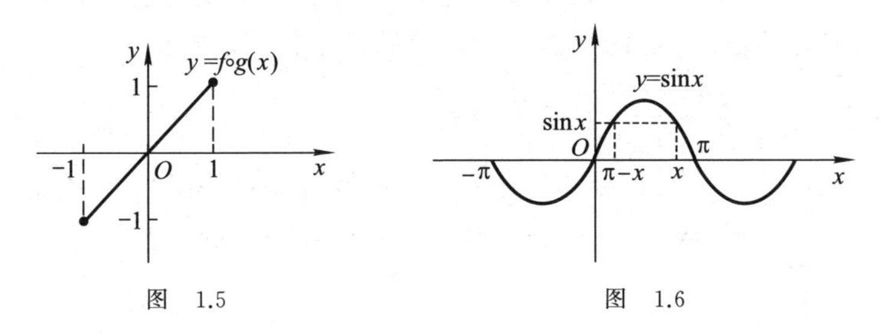

图 1.5　　　　图 1.6

$f(x)=\sin x$ 的定义域为 $(-\infty,+\infty)$，值域为 $[-1,1]$，故 $g\circ f(x)=\arcsin(\sin x)$ 的定义域为 $(-\infty,+\infty)$，且 $g\circ f(x)$ 以 2π 为周期. 对于任意的 $x\in\left[-\frac{\pi}{2},\frac{\pi}{2}\right]$，记 $y=\sin x$，则 $x=\arcsin y$，且

$$g\circ f(x)=\arcsin y=x.$$

对于任意的 $x\in\left[\frac{\pi}{2},\frac{3\pi}{2}\right]$，有 $\pi-x\in\left[-\frac{\pi}{2},\frac{\pi}{2}\right]$，且 $\sin x=\sin(\pi-x)$. 记 $y=\sin x$，则 $\arcsin y=\pi-x$（参考图 1.6），从而

$$g\circ f(x)=\arcsin(\sin x)=\arcsin y=\pi-x.$$

于是，$g\circ f(x)$ 在一个周期内的表达式为

$$g\circ f(x)=\begin{cases}x, & x\in\left[-\frac{\pi}{2},\frac{\pi}{2}\right],\\ \pi-x, & x\in\left[\frac{\pi}{2},\frac{3\pi}{2}\right].\end{cases}$$

$g\circ f(x)$ 的定义域为 $(-\infty,+\infty)$，值域为 $\left[-\frac{\pi}{2},\frac{\pi}{2}\right]$，它的图形如图 1.7 所示.

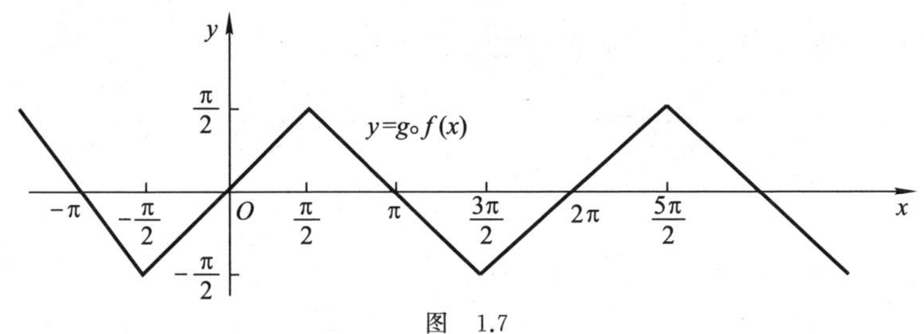

图 1.7

例 4 证明：$\sin(\arccos x)=\sqrt{1-x^2}$.

证 对于任意的 $x\in[-1,1]$，记 $y=\arccos x$，则 $x=\cos y, y\in[0,\pi]$，且

$$\sin(\arccos x)=\sin y=\sqrt{1-\cos^2 y}=\sqrt{1-x^2}.$$

由有限个基本初等函数经过有限次四则运算及复合运算所得到的函数，称为**初等函数**. 上面两个例子中的函数都是初等函数.

例 5 $y=\sum\limits_{k=1}^{n}\dfrac{\sin kx}{k}$ 是初等函数.

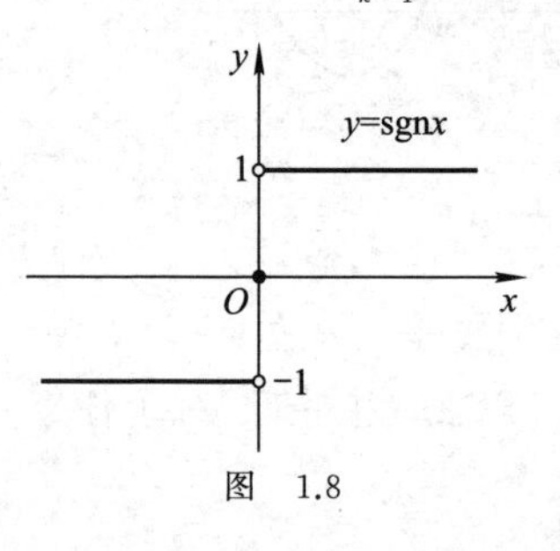

图 1.8

并非所有函数都是初等函数，如今后经常会遇到的符号函数就是一个例子：

$$y=\operatorname{sgn}x=\begin{cases}1, & x>0,\\ 0, & x=0,\\ -1, & x<0.\end{cases}$$

以后我们将会说明这个函数不是初等函数. 函数 $y=\operatorname{sgn}x$ 的图形见图 1.8.

例 6 设函数 $y=\operatorname{sh}x=\dfrac{e^x-e^{-x}}{2}$，$y=\operatorname{ch}x=\dfrac{e^x+e^{-x}}{2}$，它们分别称为**双曲正弦函数**、**双曲余弦函数**. 类似于三角函数，还可以定义双曲正切函数 $y=\operatorname{th}x=\dfrac{\operatorname{sh}x}{\operatorname{ch}x}$，**双曲余切函数** $y=\operatorname{coth}x=\dfrac{\operatorname{ch}x}{\operatorname{sh}x}$，**双曲正割函数** $y=\operatorname{sech}x=\dfrac{1}{\operatorname{ch}x}$，**双曲余割函数** $y=\operatorname{csch}x=\dfrac{1}{\operatorname{sh}x}$. 证明：

(1) $\operatorname{ch}^2x-\operatorname{sh}^2x=1$；

(2) $\operatorname{sh}(x\pm y)=\operatorname{sh}x\operatorname{ch}y\pm\operatorname{ch}x\operatorname{sh}y$

(3) $\operatorname{ch}(x\pm y)=\operatorname{ch}x\operatorname{ch}y\pm\operatorname{sh}x\operatorname{sh}y$.

证 (1)
$$\begin{aligned}\operatorname{ch}^2x-\operatorname{sh}^2x&=\left(\frac{e^x+e^{-x}}{2}\right)^2-\left(\frac{e^x-e^{-x}}{2}\right)^2\\&=\frac{e^{2x}+2+e^{-2x}}{4}-\frac{e^{2x}-2+e^{-2x}}{4}=1.\end{aligned}$$

(2) 只证关于 $\operatorname{sh}(x+y)$ 的公式：

$$\begin{aligned}\operatorname{sh}x\operatorname{ch}y+\operatorname{ch}x\operatorname{sh}y&=\frac{e^x-e^{-x}}{2}\cdot\frac{e^y+e^{-y}}{2}+\frac{e^x+e^{-x}}{2}\cdot\frac{e^y-e^{-y}}{2}\\&=\frac{e^{x+y}+e^{x-y}-e^{-x+y}-e^{-x-y}}{4}\\&\quad+\frac{e^{x+y}-e^{x-y}+e^{-x+y}-e^{-x-y}}{4}\end{aligned}$$

$$=\frac{2e^{x+y}-2e^{-x-y}}{4}=\frac{e^{x+y}-e^{-(x+y)}}{2}$$

$$=\mathrm{sh}(x+y).$$

(3) 只证关于 $\mathrm{ch}(x+y)$的公式：

$$\mathrm{ch}x\,\mathrm{ch}y+\mathrm{sh}x\,\mathrm{sh}y=\frac{e^{x}+e^{-x}}{2}\cdot\frac{e^{y}+e^{-y}}{2}+\frac{e^{x}-e^{-x}}{2}\cdot\frac{e^{y}-e^{-y}}{2}$$

$$=\frac{e^{x+y}+e^{x-y}+e^{-x+y}+e^{-x-y}}{4}$$

$$+\frac{e^{x+y}-e^{x-y}-e^{-x+y}+e^{-x-y}}{4}$$

$$=\frac{2e^{x+y}+2e^{-x-y}}{4}=\frac{e^{x+y}+e^{-(x+y)}}{2}$$

$$=\mathrm{ch}(x+y).$$

例 7 设函数 $y=x-[x]$,其中 $[x]$表示不超过 x 的最大整数,例如 $[5]=5$,$[\pi]=3$,$[-e]=-3$. 显然,该函数的值域为$[0,1)$. 当 $0\leqslant x<1$ 时,$y=x-[x]=x$;当 $1\leqslant x<2$ 时,$y=x-[x]=x-1$;依此类推. 故该函数的图形如图 1.9 所示.

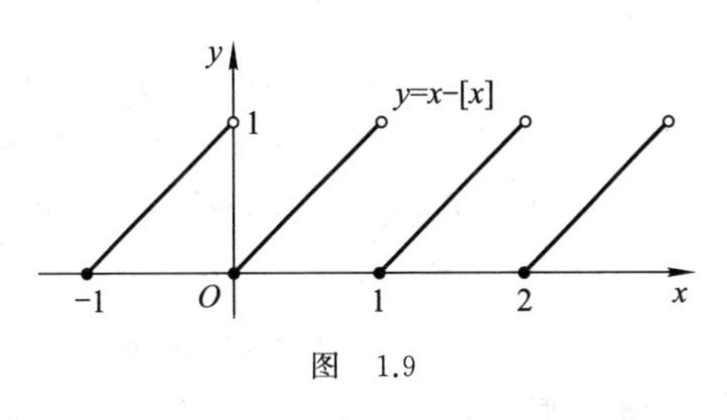

图 1.9

这个函数也不是初等函数,但它有很多用途,在数论中常用到它,在某些工程计算中也会用到它. 在数学文献中把这个函数记作 $y=\{x\}$,并把 $\{x\}\equiv x-[x]$称为 x 的**小数部分**. 不过这里我们要提醒读者：当 $x>0$ 时,$\{x\}$就是人们通常理解的 x 的小数部分,比如$\{3.14\}=0.14$;但当 $x<0$ 时,情形就不同了,比如 $x=-3.14$,这时$[x]=-4$,故$\{-3.14\}=-3.14+4=0.86$,而不是 -0.14.

容易验证下面两条性质：

(1) 对任意实数 x,有$[x]\leqslant x<[x]+1$;

(2) $y=x-[x]$是以 1 为周期的函数.

例 8 下面的函数称为**狄利克雷**(Dirichlet)**函数**,或称为**狄氏函数**：

$$D(x)=\begin{cases}1, & x\text{ 为有理数},\\ 0, & x\text{ 为无理数}.\end{cases}$$

人们很难画出这个函数的图形. 因为在任意的小区间中都有有理数和无理

数(见习题1.1中的第7题与第8题),所以其图形是分别分布在x轴上及直线$y=1$上“密密麻麻”的点. 可见,函数的图形可以不是由一条或若干条曲线组成的.

狄利克雷函数常被用来澄清某些概念.

函数概念的一般化就是集合之间的映射. 下面介绍有关映射的一些术语.

我们说$f: E\to F$是集合E与F之间的一个**映射**,如果对于每个元素$x\in E$都有唯一确定的元素$y\in F$与之相对应. 这时,我们将y记作$f(x)$,并称之为x的**像点**. 全体像点组成的集合

$$\{y\in F \mid \text{存在 } x\in E, \text{使得 } y=f(x)\}$$

称为E的**像集合**,记作$f(E)$. 显然,$f(E)\subset F$.

函数是一般映射的特殊情况. 函数与一般映射的区分在于前者要求其定义域与值域都是数集合.

若映射$f: E\to F$的像集合$f(E)=F$,则表明F中的每个元素都是一个像点. 这时,我们称$f: E\to F$为**满射**.

若映射$f: E\to F$具有下列性质,则称f为**一一映射**或**单射**:

$$\forall x_1, x_2\in E,\ x_1\neq x_2 \implies f(x_1)\neq f(x_2).$$

若映射$f: E\to F$既是满射,又是一一映射,则对于每个元素$y\in F$,都有唯一确定的x,使得$f(x)=y$. 这就自然形成一个自F到E的映射. 这个映射称为f的**逆映射**,记作$f^{-1}: F\to E$.

例 9　设函数$f(x)=\sin x$,则f是$\mathbf{R}\to[-1,1]$的满射,但不是一一映射.

此例中若将f的定义域改换成$\left[-\frac{\pi}{2},\frac{\pi}{2}\right]$,也即

$$f: \left[-\frac{\pi}{2},\frac{\pi}{2}\right]\to[-1,1],$$
$$x\mapsto \sin x,$$

其中$x\mapsto\sin x$表示点x对应的函数值为$\sin x$. 这时,映射变成一一的满射,因此有逆映射存在.

若函数$f: X\to Y$作为映射是一一的满射,则其逆映射$f^{-1}: Y\to X$称作f的**反函数**.

正像大家所熟知的,$y=\ln x$是$x=\mathrm{e}^y$的反函数. 由于习惯上以x为自变量,y为因变量,所以通常说$y=\ln x$是$y=\mathrm{e}^x$的反函数.

可以像定义复合函数一样来定义**复合映射**,比如映射 $f: E\to F$ 及 $g: F^*\to G$ (假定 $F\subset F^*$)的复合映射 $g\circ f$ 是 $E\to G$ 的一个映射,它将每个元素 $x\in E$ 映为 $g(f(x))$.

3. 有界函数

在结束本节之前,我们讨论有界函数的概念. 我们称函数 $f: X\to Y$ 是**有上界**的,如果存在一个实数 M,使得

$$f(x)\leqslant M,\quad \forall x\in X.$$

这时,M 就称为 f 的一个**上界**.

显然,函数 $y=\sin x$ 及 $y=-\mathrm{e}^x$ 在其定义域 $\mathbf{R}$ 上是有上界的. 这是因为 $\sin x\leqslant 1$,而 $-\mathrm{e}^x\leqslant 0$. 但函数 $y=x^2$ 在其定义域 $\mathbf{R}$ 上则是无上界的.

在这里,1 是 $\sin x$ 的一个上界,而且任何一个大于 1 的数也是 $\sin x$ 的上界. 可见,有上界的函数的上界不是唯一的,可以有无穷多个.

类似地,可定义有下界的函数. 若存在一个实数 N,使得函数 $f: X\to Y$ 满足

$$f(x)\geqslant N,\quad \forall x\in X,$$

则称 f 是**有下界**的,并称 N 是 f 的一个**下界**.

在前面提到的例子中,函数 $y=\sin x$ 及 $y=x^2$ 在其定义域 $\mathbf{R}$ 上是有下界的. 这是因为 $\sin x\geqslant -1$,$x^2\geqslant 0$. 但函数 $y=-\mathrm{e}^x$ 在其定义域 $\mathbf{R}$ 上是没有下界的. 请读者画出 $y=-\mathrm{e}^x$ 的草图,从中立即可看出这一事实.

既有上界又有下界的函数称为**有界函数**. 换句话说,我们称 $f: X\to Y$ 是有界函数,如果存在两个实数 M 与 N,使得

$$N\leqslant f(x)\leqslant M,\quad \forall x\in X.$$

从直观上看,一个有界函数的图形是介于两条水平线 $y=M$ 及 $y=N$ 之间的(见图 1.10).

这里我们提醒读者:一个定义在区间 $[a,b]$ 上函数 $y=f(x)$,虽然对每个点 $x\in[a,b]$,$f(x)$ 都是一个有限数,但函数 $y=f(x)$ 在 $[a,b]$ 上仍可能是无界的. 请看下面的例子.

例 10 函数

$$y=f(x)=\begin{cases}\dfrac{1}{x}, & 0<x\leqslant a,\\ 0, & x=0\end{cases}$$

在区间$[0,a]$上有定义,但它是一个无界函数(见图1.11).

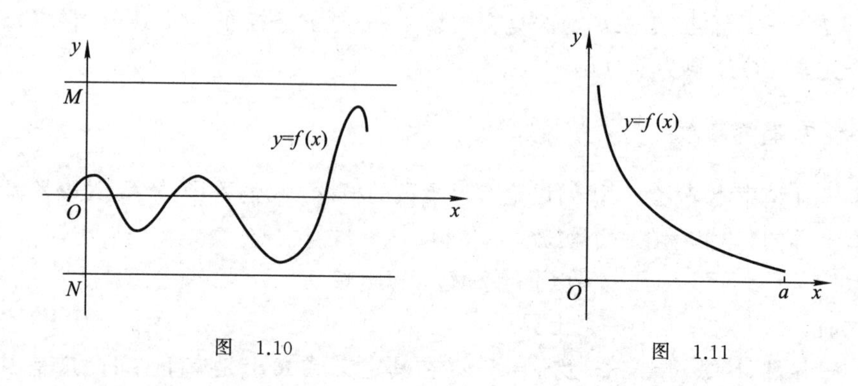

图　1.10　　　　　　图　1.11

思考题　证明:函数$f:X\to Y$为有界函数的充要条件是,存在一个常数C,使得

$$|f(x)|\leqslant C,\quad \forall x\in X.$$

历史的注记

16世纪之前的数学大体上是初等数学,而且占中心地位的是几何学,其中很少涉及变量的概念.欧洲文艺复兴后,由于航海、机械制造、天文观测和军事等方面的需要,关于运动的研究成为自然科学的中心问题之一.这就要求人们去研究变量以及它们之间的关系.笛卡儿观察到描述空间一点的位置需要三个参数这一重要事实,引进了坐标的概念,为描述空间点的运动和变量之间的关系提供了重要途径.他把分析学和几何学联系在一起,创立了解析几何.他的贡献也为微积分的诞生奠定了基础.这样,数学从过去只研究常量而拓展到研究变量.这是数学发展史上的一大转折.

函数概念在一开始是十分模糊的.人们经常用一些初等表达式去刻画变量之间的依赖关系,例如自由落体运动中时间t与位移s之间的关系是$s=\frac{1}{2}gt^2$(g为重力加速度).那时人们心中的函数就是常见的表达式.例如,欧拉认为函数必须有分析表达式,而拉格朗日(Lagrange)则认为函数应该可以用幂级数展开.第一个摈弃这种观点的是柯西.1821年,柯西在他的《分析教程》中明确提出函数是变量之间的对应关系.而现代所讲的函数定义应归于狄利克雷.他把函数看作数集合之间的一种确定的对应规则.他举出了著名的例子:在有理点处取1,而在无理点处取0的函数.狄利克雷的函数定义使函数的概念从分析表达式的束缚中挣脱出来,并有了一个严格的定义.它扩大了函数概念的内涵,使那些未必有分析表达式的变量关系也成为数学研究的对象.

笛卡儿是法国的哲学家和科学家、西方近代哲学的奠基人、解析几何的创始人.他在1637年发表了三篇论文《折光学》《气象学》和《几何学》,并为此写了一篇序言《科学中正确运用理性和追求真理的方法论》(哲学史上简称为《方法论》).在《几何学》中他十分完整地叙述了解析几何的理论.此后,他又出版了《形而上学的沉思》和《哲学原理》等书籍.他扛起了新哲学的大旗,批判经院哲学,提倡重视科学的认识论和方法论.他相信理性的权威,要把一切放到理性的天平上校正;他提倡科学的怀疑,把怀疑看成积极的理性活动;他强调认知过程中人的主观能动性.他的"我思故我在"的名言,至今广为流传.

作为一位杰出的数学家,笛卡儿对世界数学的最大贡献莫过于引入空间点的坐标概念,并创立了解析几何.解析几何把数学的两个基本研究对象"数"与"形"自然地统一在一起,并为变量的研究提供了基础.由于他的贡献,数学研究发生了历史性的转折.

笛卡儿认为数学是其他科学的模型和理想化.他提出以数学为基础、演绎方法为核心的方法论.他的这些观点,连同上述的哲学思想,对后世的自然科学、数学及哲学的发展曾产生过巨大的积极影响.

习　题　1.2

1. 求下列函数的定义域:

(1) $y=\ln(x^2-4)$;　　(2) $y=\ln\sqrt{\dfrac{1+x}{1-x}}$;

(3) $y=\sqrt{\ln\dfrac{5x-x^2}{4}}$;　　(4) $y=\dfrac{1}{\sqrt{2x^2+5x-3}}$;

(5) $y=\arccos(2\sin x)$.

2. 求下列函数的值域 $f(X)$,其中 X 为题中指定的定义域:

(1) $f(x)=x^2+1$, $X=(0,3)$;

(2) $f(x)=\ln(1+\sin x)$, $X=\left(-\dfrac{\pi}{2},\pi\right]$;

(3) $f(x)=\sqrt{3+2x-x^2}$, $X=[-1,3]$;

(4) $f(x)=\sin x+\cos x$, $X=(-\infty,+\infty)$.

3. 求函数值:

(1) 设函数 $f(x)=\dfrac{\ln x^2}{\ln 10}+1$,求 $f(-1),f(-0.001),f(100)$;

(2) 设函数 $f(x)=\arcsin\dfrac{x}{1+x^2}$,求 $f(0),f(1),f(-1)$;

(3) 设函数 $f(x)=\begin{cases}\ln(1-x), & -\infty<x\leqslant 0,\\ -x, & 0<x<+\infty,\end{cases}$ 求 $f(-3),f(0),f(5)$;

(4) 设函数

$$f(x)=\begin{cases}\cos x, & 0\leqslant x<1,\\ 1/2, & x=1,\\ 2^x, & 1<x\leqslant 3,\end{cases}$$

求 $f(0),f(1),f\left(\dfrac{3}{2}\right),f(2)$.

4. 设函数 $f(x)=\dfrac{2+x}{2-x},x\neq\pm 2$,求 $f(-x),f(x+1),f(x)+1,f\left(\dfrac{1}{x}\right),\dfrac{1}{f(x)}$.

5. 设函数 $f(x)=x^3$,求

$$\frac{f(x+\Delta x)-f(x)}{\Delta x},$$

其中 Δx 为一个不等于零的量.

6. 设函数 $f(x)=\ln x\ (x>0),g(x)=x^2\ (-\infty<x<+\infty)$,试求 $f(f(x))$,$g(g(x)),f(g(x)),g(f(x))$.

7. 设函数

$$f(x)=\begin{cases}0, & x\geqslant 0,\\ -x, & x<0,\end{cases}\qquad g(x)=\begin{cases}x, & x\geqslant 0,\\ 1-x, & x<0,\end{cases}$$

求 $f(g(x)),g(f(x))$.

8. 作出下列函数的略图:

(1) $y=[x]$;　　(2) $y=|x|+x$;

(3) $y=\operatorname{sh}x=\dfrac{1}{2}(\mathrm{e}^x-\mathrm{e}^{-x})$;　　(4) $y=\operatorname{ch}x=\dfrac{1}{2}(\mathrm{e}^x+\mathrm{e}^{-x})$;

(5) $y=\begin{cases}x^2, & 0\leqslant x<1,\\ x-1, & -1\leqslant x<0.\end{cases}$

9. 设函数 $f(x)=\begin{cases}x^2, & x\geqslant 0,\\ x, & x<0,\end{cases}$ 求下列函数并作出它们的图形:

(1) $y=f(x^2)$;　　(2) $y=|f(x)|$;

(3) $y=f(-x)$;　　(4) $y=f(|x|)$.

10. 求下列函数的反函数:

(1) $y=\dfrac{x}{2}-\dfrac{2}{x}\ (0<x<+\infty)$;

(2) $y=\text{sh}x$ $(-\infty<x<+\infty)$；

(3) $y=\text{ch}x$ $(0\leqslant x<+\infty)$.

11. 证明：$\text{ch}^2x-\text{sh}^2x=1$.

12. 下列函数在指定的区间内是不是有界函数？

(1) $y=\mathrm{e}^{x^2}$, $x\in(-\infty,+\infty)$；

(2) $y=\mathrm{e}^{x^2}$, $x\in(0,10^{10})$；

(3) $y=\ln x$, $x\in(0,1)$；

(4) $y=\ln x$, $x\in(r,1)$，其中 $r>0$；

(5) $y=\dfrac{\mathrm{e}^{-x^2}}{2+\sin x}+\cos 2^x$, $x\in(-\infty,+\infty)$；

(6) $y=x^2\sin x$, $x\in(-\infty,+\infty)$；

(7) $y=x^2\cos x$, $x\in(-10^{10},10^{10})$.

13. 证明：函数

$$y=\sqrt{1+x}-\sqrt{x}$$

在区间$(1,+\infty)$内是有界函数.

14. 研究函数

$$y=\frac{x^6+x^4+x^2}{1+x^6}$$

在区间$(-\infty,+\infty)$内是否有界.

15. 证明：$f: X\to Y$ 是有界函数的充要条件是，存在一个常数 C，使得

$$|f(x)|\leqslant C,\quad \forall x\in X.$$

16. 设 $f: X\to Y$, $g: X\to Y$ 是两个有界函数，证明：$f\cdot g$ 也是有界函数.

§3 序 列 极 限

极限的概念与理论是微积分的基础. 微积分中的两个基本概念导数（微商）与定积分，都是建立在极限概念的基础之上的.

与其说极限的概念产生于自然现象，不如说它是我们认识某些复杂的量的一种方法. 比如圆的面积，原本我们不会计算，但我们会计算圆内接正 n 边形的面积($n\geqslant 3$)，于是就将圆的面积作为内接正 n 边形的面积当 n 无限增大时的极限. 我们将在以后的讨论中看到极限概念在微积分中的重要意义.

我们的讨论涉及两类极限：序列的极限与函数的极限. 本节只讨论序列的极限.

1. 序列极限的定义

设$\{a_n\}$是一个给定的序列. 我们关心的是,在 n 无限增大的过程中通项 a_n 的变化趋势.

我们先看几个具体的例子.

在序列$\left\{\frac{1}{2^n}\right\}$中,每一项都是大于零的,然而,当 n 趋向于无穷大时,通项 $\frac{1}{2^n}$ 可以任意接近于零. 我们说零是这个序列的极限. 在这个例子中,序列中的项是永远达不到其极限的,但可以任意地接近于它的极限.

我们来考虑序列

$$\frac{0}{1},\ \frac{2}{2},\ \frac{0}{3},\ \frac{2}{4},\ \cdots,\ \frac{1+(-1)^n}{n},\ \cdots.$$

当 n 无限增大时,这个序列的通项显然要么本身为零,要么本身不为零而可任意接近于零. 对于这种情况,我们仍然把零称作这个序列的极限.

我们再看一个例子:

$$\frac{1}{1},\ \frac{5}{2},\ \frac{5}{3},\ \cdots,\ \frac{2n+(-1)^n}{n},\ \cdots.$$

显然,它的通项可以表示成

$$2+\frac{(-1)^n}{n}.$$

因此,当 n 无限增大时,它可以任意接近于 2. 不过,它不是递减或递增地接近于 2,而是在 2 的左右摆动. 对于这种情况,我们仍然称它的极限是 2. 换句话说,不断摆动地趋向于某个数时,仍把这个数作为极限.

但是,并非所有序列都有一个固定的变化趋势. 比如,对于序列

$$a_n=\sin\frac{n\pi}{2},\quad n=1,2,\cdots,$$

当 n 为偶数时,$a_n=0$;而当 $n=2k+1$ 时,$a_n=(-1)^k$. 可见,在 n 趋向于无穷大的过程中,a_n 在$-1,0,1$ 三个值中变来变去,没有一个固定的趋势. 这时,我们称$\{a_n\}$没有极限.

通过上面这些例子,我们看到若序列$\{a_n\}$在 n 趋向于无穷大的过程中有一个确定的趋势,也就是说,a_n 可任意接近于某个常数 l,就称 l 为$\{a_n\}$的极限.

什么叫 a_n 可任意接近于 l 呢? 为此,我们应当考查点 a_n 到点 l 的距

离$|a_n-l|$. 所谓的a_n可任意接近于l,就是趋向于l,是指当n充分大时,$|a_n-l|$可以任意小.

这里必须进一步说明何为当n充分大时,$|a_n-l|$任意小. 现在我们以序列

$$a_n=\frac{2n+(-1)^n}{n},\quad n=1,2,\cdots$$

为例. 这时,极限$l=2$. 当$n>10$时,$|a_n-2|<\frac{1}{10}$. 当$n>10^2$时,$|a_n-2|<\frac{1}{10^2}$. 一般地,当$n>10^k$时,$|a_n-2|<\frac{1}{10^k}$. 这就是说,$|a_n-2|$可以小于任意给定的一个正数,只要其中n大于某个正整数.

下面给出序列极限的正式定义.

定义 设$\{a_n\}$是一个给定的序列. 若存在一个常数l,对于任意给定的正数ε,无论它多么小,都存在一个正整数N,使得

$$|a_n-l|<\varepsilon,\quad 只要 n>N,$$

则我们称$\{a_n\}$以l为**极限**,记作$\lim\limits_{n\to\infty}a_n=l$. 这时,也称$n$趋向于无穷大时$a_n$趋向于$l$,记作

$$a_n\to l\quad(n\to\infty).$$

假若序列$\{a_n\}$以某个常数l为极限,则称该序列的**极限存在**.

通常把上述定义中的这种严格说法称作ε-N**说法**.

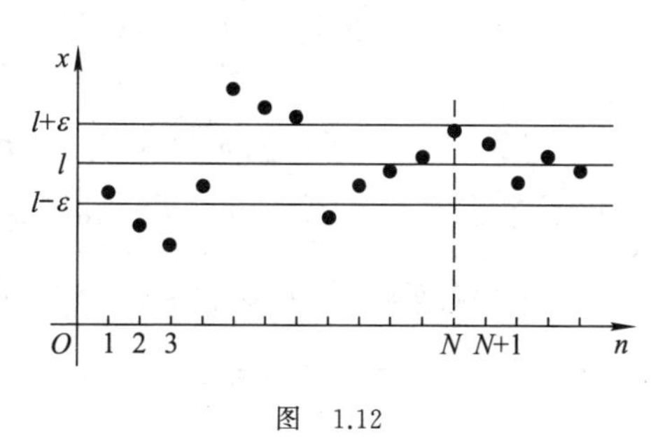

图 1.12

从直观上来看,上述定义中的条件实际上是说,对于任意小的$\varepsilon>0$,都有一个正整数N,使得第N项之后的各项a_n都满足

$$l-\varepsilon<a_n<l+\varepsilon\quad(见图 1.12).$$

也就是说,在n无限增大过程中,总有一个时刻N,在此之后点a_n到点l的距离小于事先任意给定的正数ε.

显然,若序列$\{a_n\}$的极限存在,则其极限值必是唯一的,因为在n无限增大过程中,a_n不可能同时任意靠近两个不同的数.

现在我们用ε-N说法证明几个常见序列的极限.

例 1 证明:$\lim\limits_{n\to\infty}\frac{1}{n}=0$.

证　对于任意给定的 $\varepsilon>0$,要使

$$\left|\frac{1}{n}-0\right|<\varepsilon,$$

只要 $n>\varepsilon^{-1}$. 因此,我们取 $N=[\varepsilon^{-1}]+1$,即有

$$\left|\frac{1}{n}-0\right|<\varepsilon,\quad \text{只要 } n>N.$$

证毕.

这里$[\varepsilon^{-1}]$是 ε^{-1} 的整数部分. 当 $\varepsilon>1$ 时,$[\varepsilon^{-1}]=0$,为了保证 N 为正整数,我们取 N 等于$[\varepsilon^{-1}]+1$.

从这个简单的例子中我们看到,N 是根据 ε 找的. 一般来说,N 要依赖于 ε. 另外,只要找到符合要求的 N 即可,而不要求它是最小的. 比如,在这个例子中取 $N=[\varepsilon^{-1}]+5$,自然也是可以的.

例 2　证明: $\lim\limits_{n\to\infty}\frac{1}{n^\alpha}=0(\alpha>0)$.

证　类似于例 1,对于任意给定的 $\varepsilon>0$,要使

$$\left|\frac{1}{n^\alpha}-0\right|<\varepsilon,$$

只要 $n^\alpha>\varepsilon^{-1}$,故只要 $n>\sqrt[\alpha]{\varepsilon^{-1}}$. 因此,我们取 $N=[\sqrt[\alpha]{\varepsilon^{-1}}]+1$,即有

$$\left|\frac{1}{n^\alpha}-0\right|<\varepsilon,\quad \text{只要 } n>N,$$

证毕.

例 3　设 $a>1$ 是给定的实数,证明:

$$\lim_{n\to\infty}\sqrt[n]{a}=1.$$

证　注意到 $a>1$,我们有 $a^{\frac{1}{n}}>1$.对于任意给定的 $\varepsilon>0$,要使 $\left|a^{\frac{1}{n}}-1\right|<\varepsilon$,只要 $a^{\frac{1}{n}}-1<\varepsilon$,即只要 $a^{\frac{1}{n}}<1+\varepsilon$. 此式两边取以 a 为底的对数即得

$$\frac{1}{n}<\log_a(1+\varepsilon)\quad\text{或}\quad n>(\log_a(1+\varepsilon))^{-1}.$$

于是,我们取 $N=[(\log_a(1+\varepsilon))^{-1}]+1$,即有

$$|a^{\frac{1}{n}}-1|<\varepsilon,\quad \text{只要 } n>N.$$

证毕.

注　类似可证明 $\lim\limits_{n\to\infty}\sqrt[n]{a}=1(0<a\leqslant 1)$.

上面的三个例子告诉我们,证明某个序列的极限为 l,这一问题可归结

为解不等式

$$|a_n - l| < \varepsilon \quad 或 \quad l - \varepsilon < a_n < l + \varepsilon.$$

但不是求出所有满足不等式的 n，而是要求找到一个 N，使得 $n > N$ 时上述不等式成立即可.

例 4 设 q 为常数，$|q| < 1$，证明：

$$\lim_{n\to\infty} q^n = 0.$$

证 若 $q = 0$，则 $q^n = 0$ 对于一切 $n = 1, 2, \cdots$ 成立. 这时，显然有

$$\lim_{n\to\infty} q^n = 0.$$

假定 $q \neq 0$，这时 $0 < |q| < 1$. 对于任意给定的 $\varepsilon > 0$，要使 $|q^n - 0| < \varepsilon$，只要 $n\ln|q| < \ln\varepsilon$，即只要

$$n > \frac{\ln \varepsilon}{\ln|q|}.$$

这里当 $\varepsilon > 1$ 时，$\dfrac{\ln\varepsilon}{\ln|q|}$ 为负数，这时可取 $N = 1$；当 $0 < \varepsilon < 1$ 时，我们取

$$N = \left[\frac{\ln\varepsilon}{\ln|q|}\right] + 1.$$

这样，当 $n > N$ 时，便有 $|q^n - 0| < \varepsilon$. 证毕.

在这个例子中，我们要区别 ε 的取值范围来决定 N 的取法. 今后为了简便起见，在证此类题时，不妨一开始就假定 $0 < \varepsilon < 1$. 这样假定是合理的，这是因为对于较小的 ε 找到的 N，一定也适用于较大的 ε.

例 5 证明：$\lim\limits_{n\to\infty} \dfrac{n+2}{n^2+1} = 0$.

证 对于任意给定的 $\varepsilon > 0$，取 $N = \max\left\{2, \left[\dfrac{2}{\varepsilon}\right]\right\}$，当 $n > N$ 时，首先有 $n > 2$，那么

$$\left|\frac{n+2}{n^2+1} - 0\right| = \frac{n+2}{n^2+1} < \frac{n+n}{n^2} = \frac{2}{n};$$

其次有 $n > \left[\dfrac{2}{\varepsilon}\right]$，则 $n > \dfrac{2}{\varepsilon}$，从而

$$\left|\frac{n+2}{n^2+1} - 0\right| < \frac{2}{n} < \varepsilon.$$

证毕.

在这个证明过程中，由 $\left|\dfrac{n+2}{n^2+1} - 0\right| < \varepsilon$ 去找合适的 N 有困难. 为了求

得 N,我们先将 $\left|\frac{n+2}{n^2+1}-0\right|$ 适当放大到 $\frac{2}{n}$,这个放大过程是在 $n>2$ 的前提条件下进行的;再根据 $\frac{2}{n}<\varepsilon$ 确定 N,并将前提条件考虑进去. 这种适当放大的方法是常用且有效的.

例 6 证明:$\lim\limits_{n\to\infty}\frac{n^2+3n+10}{3n^2-n+2}=\frac{1}{3}$.

证 注意到,当 $n>3$ 时,有

$$\begin{aligned}\left|\frac{n^2+3n+10}{3n^2-n+2}-\frac{1}{3}\right| &= \left|\frac{10n+28}{3(3n^2-n+2)}\right| \\ &= \frac{10n+28}{3[2n^2+n(n-1)+2]} \\ &< \frac{10n+10n}{3\cdot 2n^2}=\frac{10}{3n},\end{aligned}$$

故对于任意给定的 $\varepsilon>0$,取 $N=\max\left\{3,\left[\frac{10}{3\varepsilon}\right]\right\}$,那么

$$\left|\frac{n^2+3n+10}{3n^2-n+2}-\frac{1}{3}\right|<\frac{10}{3n}<\varepsilon,\quad 只要\ n>N.$$

证毕.

例 7 设 $a_n\geqslant 0(n=1,2,\cdots)$,且 $\lim\limits_{n\to\infty}a_n=a\geqslant 0$,证明:

$$\lim_{n\to\infty}\sqrt{a_n}=\sqrt{a}.$$

证 若 $a=0$,对于任意给定的 $\varepsilon>0$,由 $\lim\limits_{n\to\infty}a_n=0$ 知,存在一个正整数 N,使得

$$|a_n-0|<\varepsilon^2,\quad 只要\ n>N,$$

那么

$$|\sqrt{a_n}-0|<\varepsilon,\quad 只要\ n>N,$$

即得到

$$\lim_{n\to\infty}\sqrt{a_n}=\sqrt{a}.$$

下面设 $a>0$. 对于任意给定的 $\varepsilon>0$,由 $\lim\limits_{n\to\infty}a_n=a$ 知,存在一个正整数 N,使得

$$|a_n-a|<\sqrt{a}\,\varepsilon,\quad 只要\ n>N,$$

则只要 $n>N$,就有

$$|\sqrt{a_n}-\sqrt{a}|=\frac{|a_n-a|}{\sqrt{a_n}+\sqrt{a}}\leqslant\frac{|a_n-a|}{\sqrt{a}}<\varepsilon.$$

于是，当 $a>0$ 时，也得到

$$\lim_{n\to\infty}\sqrt{a_n}=\sqrt{a}.$$

例 8 证明：$\lim\limits_{n\to\infty}0.\underbrace{99\cdots9}_{n个9}=1$.

证 记 $a_n=0.\underbrace{99\cdots9}_{n个9}$. 我们先将 a_n 表示成分数形式：

$$\begin{aligned}a_n&=\frac{9}{10}+\frac{9}{10^2}+\cdots+\frac{9}{10^n}=\frac{9}{10}\left(1+\frac{1}{10}+\cdots+\frac{1}{10^{n-1}}\right)\\&=\frac{9}{10}\cdot\frac{1-\frac{1}{10^n}}{1-\frac{1}{10}}=1-\frac{1}{10^n}.\end{aligned}$$

对于任意给定的 $\varepsilon>0$，不妨设 $0<\varepsilon<1$，取 $N=\left[\ln\frac{1}{\varepsilon}\Big/\ln10\right]+1$，则当 $n>N$ 时，$n>\ln\frac{1}{\varepsilon}\Big/\ln10$，从而

$$|a_n-1|=\frac{1}{10^n}<\varepsilon,$$

即 $\lim\limits_{n\to\infty}a_n=1$.证毕.

希望读者记住例 2、例 3 及例 4 的结论，以后我们会经常用到它们.

2. 夹逼定理

下面我们介绍一个很有用的定理，俗称**夹逼定理**.

定理 1 设 $\{a_n\}$，$\{b_n\}$，$\{c_n\}$ 为三个序列，且存在一个正整数 N_0，使得

$$c_n\leqslant a_n\leqslant b_n,\quad \forall n\geqslant N_0.$$

若 $\{c_n\}$ 与 $\{b_n\}$ 都有极限存在，且都等于 l，则 $\{a_n\}$ 的极限存在，且也等于 l.

证 根据定理的假定，对于任意给定的 $\varepsilon>0$，存在正整数 N_1 与 N_2，使得

$$|b_n-l|<\varepsilon,\quad 只要\ n>N_1,$$
$$|c_n-l|<\varepsilon,\quad 只要\ n>N_2,$$

即

$$b_n<l+\varepsilon,\quad 只要\ n>N_1,$$

$$l-\varepsilon<c_n, \quad \text{只要 } n>N_2,$$

现在,我们取 $N=\max\{N_0,N_1,N_2\}$,则有

$$l-\varepsilon<c_n\leqslant a_n\leqslant b_n<l+\varepsilon, \quad \text{只要 } n>N,$$

即

$$|a_n-l|<\varepsilon, \quad \text{只要 } n>N.$$

证毕.

这个定理的用途之一是：当 a_n 的表达式比较复杂,一时难以处理时,不妨对它做适当的放大与缩小,只要适当放大与缩小后的序列有相同的极限,则序列 $\{a_n\}$ 就也有极限.

例 9　设 $a>1$ 是任意给定的常数. 考查序列

$$a_n=\frac{a^n}{n!}, \quad n=1,2,\cdots$$

是否有极限.

乍一看很难对这个序列是否有极限做出判断,因为分子与分母都会无限增大(当 n 无限增大时). 但是,当我们将它改写为下面的形式时,就立刻能得出结论. 当 $n>[a]+1$ 时,有

$$0\leqslant a_n=\frac{a^{[a]}}{[a]!}\cdot\frac{a}{[a]+1}\cdot\cdots\cdot\frac{a}{n}<\frac{a^{[a]}}{[a]!}\cdot\frac{a}{n},$$

即

$$0\leqslant a_n<\frac{a^{[a]}}{[a]!}\cdot\frac{a}{n}, \quad n>[a]+1.$$

注意到 a 给定后 $\dfrac{a^{[a]}}{[a]!}$ 是一个常数,很容易看出

$$\lim_{n\to\infty}\frac{a^{[a]}}{[a]!}\cdot\frac{a}{n}=0.$$

另外,a_n 的下界为 0,又显然 $\lim\limits_{n\to\infty}0=0$,于是应用定理 1 可得

$$\lim_{n\to\infty}\frac{a^n}{n!}=0.$$

例 10　设 k 为大于 1 的整数,证明：

$$\lim_{n\to\infty}\frac{n^{k-1}}{(n-1)(n-2)\cdots(n-k)}=0.$$

证　令 $a_n=\dfrac{n^{k-1}}{(n-1)(n-2)\cdots(n-k)}$,其中 $n>k$. 用 n^k 同除 a_n 的分子与分母,得

$$0 \leqslant a_n = \frac{\frac{1}{n}}{\left(1-\frac{1}{n}\right)\left(1-\frac{2}{n}\right)\cdots\left(1-\frac{k}{n}\right)},$$

当 $n>2k$ 时,上式右端的分母中因子 $1-\frac{i}{n}(i=1,2,\cdots,k)$ 均大于 $\frac{1}{2}$,于是我们得到不等式

$$0 \leqslant a_n \leqslant 2^k \cdot \frac{1}{n}, \quad n > 2k.$$

注意到上述不等式左端构成的序列与右端构成的序列的极限均为零,由定理 1 即得 $\lim\limits_{n\to\infty} a_n=0$. 证毕.

例 11 设 $a>1$ 是一个常数,证明:

$$\lim_{n\to\infty} \frac{n}{a^n}=0.$$

证 令 $h=a-1$,则 $h>0$,且

$$\begin{aligned} a^n &= (1+h)^n \\ &= 1+nh+\frac{n(n-1)}{2!}h^2+\cdots \\ &\quad +\frac{n(n-1)\cdots(n-k)}{(k+1)!}h^{k+1}+\cdots+h^n. \end{aligned}$$

因此,当 $n>1$ 时, $a^n \geqslant \frac{n(n-1)}{2}h^2$,从而

$$0 \leqslant \frac{n}{a^n} \leqslant \frac{n}{\frac{1}{2}n(n-1)h^2}=\frac{2}{(n-1)h^2}.$$

应用定理 1 即得到 $\lim\limits_{n\to\infty}\frac{n}{a^n}=0$. 证毕.

利用 $a^n>\frac{n(n-1)\cdots(n-k)}{(k+1)!}h^{k+1}$ 及例 10,可进一步证明,当 $a>1$ 时,对于任意正整数 k,我们有

$$\lim_{n\to\infty} \frac{n^k}{a^n}=0.$$

通过上述例子可以看出,虽然序列 $\{n\}$(或 $\{n^k\}$),$\{a^n\}(a>1)$ 及 $\{n!\}$ 都是趋向于无穷大的,但其趋向于无穷大的“速度”不同:$\{n\}$ 较 $\{a^n\}$ 慢,而 $\{a^n\}$ 较 $\{n!\}$ 慢.

3. 极限不等式

下面两个定理是关于极限不等式的，它们同样是经常要用的、有关极限的基本定理.

定理 2 设序列$\{a_n\}$及$\{b_n\}$分别有极限l_1及l_2，并且$l_1>l_2$，则存在一个正整数N，使得

$$a_n > b_n, \quad 只要 n > N.$$

也就是说，在两个序列的极限存在的条件下，项数充分大之后，极限较大的序列的项要大于极限较小的序列的对应项. 这个结论直观上是显而易见的事实.

证 对于任意给定的$\varepsilon>0$，存在正整数N_1及N_2，使得

$$|a_n - l_1| < \varepsilon, \quad 只要 n > N_1;$$
$$|b_n - l_2| < \varepsilon, \quad 只要 n > N_2.$$

取$N=\max\{N_1,N_2\}$，那么当$n>N$时，$|a_n-l_1|<\varepsilon$，$|b_n-l_2|<\varepsilon$，即

$$l_1 - \varepsilon < a_n < l_1 + \varepsilon,$$
$$l_2 - \varepsilon < b_n < l_2 + \varepsilon.$$

因此，当$n>N$时，$a_n-b_n>l_1-l_2-2\varepsilon$. 由于$\varepsilon$是任意给定的正数，故事先可取$0<\varepsilon<\frac{1}{2}(l_1-l_2)$. 在这种取法下，当$n>N$时，$a_n-b_n>0$，即$a_n>b_n$. 证毕.

推论 设序列$\{a_n\}$有极限l且$l>0$(或<0)，则存在一个正整数N，使得当$n>N$时，$a_n>0$(或<0).

此推论的证明是显然的，只要在定理 2 中令$b_n=0$即可.

由定理 2 立即推出下面的定理.

定理 3 设序列$\{a_n\}$及$\{b_n\}$分别有极限l_1及l_2，并且存在正整数N_0，使得

$$a_n \geqslant b_n, \quad 只要 n > N_0,$$

则$l_1\geqslant l_2$.

证 用反证法. 若$l_1<l_2$，则由定理 2 推出，存在一个正整数N，使得当$n>N$时，$a_n<b_n$. 这与已知条件矛盾. 由此推出$l_1\geqslant l_2$. 证毕.

定理 3 告诉我们：如果从自某项开始，一个序列的项总是大于或等于另一序列的对应项，则它们的极限也有同样的大小次序.

不过，我们要提醒读者，即使是a_n严格大于b_n，即

$$a_n > b_n, \quad n=1,2,\cdots,$$

但仍然只能推出

$$\lim_{n\to\infty} a_n \geqslant \lim_{n\to\infty} b_n.$$

这里“=”是可能发生的. 比如,对于

$$a_n = \frac{2n+4}{n}, \quad b_n = \frac{2n+1}{n}, \quad n=1,2,\cdots,$$

显然有 $a_n > b_n (n=1,2,\cdots)$,但它们有相同的极限.

4. 极限的四则运算

定理 4 设序列 $\{a_n\}$ 与 $\{b_n\}$ 都有极限,它们的极限分别为 l_1 与 l_2,则有

$$\lim_{n\to\infty}(a_n \pm b_n) = l_1 \pm l_2, \quad \lim_{n\to\infty} a_n b_n = l_1 l_2,$$

并且当 $l_2 \neq 0$ 时,有

$$\lim_{n\to\infty} \frac{a_n}{b_n} = \frac{l_1}{l_2}.$$

注 若 $l_2 \neq 0$,根据定理 2 的推论,当 n 充分大时,$b_n \neq 0$,因而 $\frac{a_n}{b_n}$ 在 n 充分大时是有意义的.

证 设 ε 是任意给定的正数. 对于 $\frac{\varepsilon}{2}$ 这个正数,可以找到正整数 N_1 及 N_2,使得

$$|a_n - l_1| < \frac{\varepsilon}{2}, \quad \text{只要 } n > N_1,$$

$$|b_n - l_2| < \frac{\varepsilon}{2}, \quad \text{只要 } n > N_2.$$

取 $N = \max\{N_1, N_2\}$,则我们有

$$\begin{aligned} |(a_n \pm b_n) - (l_1 \pm l_2)| &\leqslant |a_n - l_1| + |b_n - l_2| \\ &< \frac{\varepsilon}{2} + \frac{\varepsilon}{2} = \varepsilon, \quad \text{只要 } n > N. \end{aligned}$$

这就证明了 $\lim\limits_{n\to\infty}(a_n \pm b_n) = l_1 \pm l_2$.

为了证明 $\lim\limits_{n\to\infty} a_n b_n = l_1 l_2$,我们将 $|a_n b_n - l_1 l_2|$ 做适当放大:

$$\begin{aligned} |a_n b_n - l_1 l_2| &= |(a_n - l_1) b_n + l_1 (b_n - l_2)| \\ &\leqslant |b_n|\,|a_n - l_1| + |l_1|\,|b_n - l_2|. \end{aligned}$$

对于 $\varepsilon_0=1$,我们可以找到一个正整数 N',使得

$$|b_n-l_2|<1,\quad \text{只要 } n>N',$$

从而 $|b_n|-|l_2|<1$,只要 $n>N'$,即

$$|b_n|<1+|l_2|,\quad \text{只要 } n>N'.$$

因此,当 $n>N'$时,我们有

$$|a_nb_n-l_1l_2|\leqslant(1+|l_2|)|a_n-l_1|+|l_1||b_n-l_2|.$$

设 ε 是任意给定的正数. 根据假定 $\lim\limits_{n\to\infty}a_n=l_1$,对于正数 $\varepsilon'=\dfrac{\varepsilon}{2(1+|l_2|)}$,存在一个正整数 N_1,使得

$$|a_n-l_1|<\varepsilon',\quad \text{只要 } n>N_1.$$

根据假定 $\lim\limits_{n\to\infty}b_n=l_2$,对于正数 $\varepsilon''=\dfrac{\varepsilon}{2(1+|l_1|)}$,存在一个正整数 N_2,使得

$$|b_n-l_2|<\varepsilon'',\quad \text{只要 } n>N_2.$$

取 $N=\max\{N_1,N_2,N'\}$,那么当 $n>N$ 时,

$$\begin{aligned}|a_nb_n-l_1l_2|&<(1+|l_2|)\varepsilon'+|l_1|\varepsilon''\\&\leqslant\frac{\varepsilon}{2}+\frac{\varepsilon}{2}=\varepsilon.\end{aligned}$$

这就证明了 $\lim\limits_{n\to\infty}a_nb_n=l_1l_2$.

下面证明

$$\lim_{n\to\infty}\frac{a_n}{b_n}=\frac{l_1}{l_2}\quad(l_2\neq0).$$

为了证明这个公式,只要证明

$$\lim_{n\to\infty}\frac{1}{b_n}=\frac{1}{l_2}\quad(l_2\neq0)$$

就足够了. 事实上,若能证明此式,则要证的公式就可以由已证明的极限乘法公式推出.

根据 $\lim\limits_{n\to\infty}b_n=l_2$ 及 $l_2\neq0$ 的假定,我们有 $\lim\limits_{n\to\infty}b_nl_2=l_2^2>0$,故存在一个正整数 N_0,使得

$$b_nl_2>\frac{1}{2}l_2^2,\quad \text{只要 } n>N_0.$$

因此,当 $n>N_0$ 时,我们有

$$\left|\frac{1}{b_n}-\frac{1}{l_2}\right|=\frac{1}{|b_nl_2|}|b_n-l_2|\leqslant\frac{2}{l_2^2}|b_n-l_2|.$$

对于任意给定的 $\varepsilon>0$，取 $\varepsilon'=\dfrac{l_2^2\varepsilon}{2}$. 根据 $\lim\limits_{n\to\infty}b_n=l_2$，对于 $\varepsilon'>0$，存在一个正整数 N_1，使得

$$|b_n-l_2|<\varepsilon'=\frac{l_2^2\varepsilon}{2},\quad \text{只要 } n>N_1.$$

因此，当 $n>\max\{N_0,N_1\}$ 时，

$$\left|\frac{1}{b_n}-\frac{1}{l_2}\right|<\varepsilon,$$

即 $\lim\limits_{n\to\infty}\dfrac{1}{b_n}=\dfrac{1}{l_2}$. 证毕.

这个定理告诉我们：在所涉及的序列都有极限的情况下，极限运算可以与四则运算交换次序. 这为求极限提供了很大方便.

对初学者而言，重要的不是这个定理的证明，而是其灵活应用.

例 12 求极限 $\lim\limits_{n\to\infty}\dfrac{n^3+5n+1}{4n^3+8}$.

解 原式中的分子与分母都没有极限，故不能直接应用定理 4. 但是，用 n^3 同除分子与分母后即可应用定理 4：

$$\lim_{n\to\infty}\frac{n^3+5n+1}{4n^3+8}=\lim_{n\to\infty}\frac{1+\dfrac{5}{n^2}+\dfrac{1}{n^3}}{4+\dfrac{8}{n^3}}=\frac{\lim\limits_{n\to\infty}\left(1+\dfrac{5}{n^2}+\dfrac{1}{n^3}\right)}{\lim\limits_{n\to\infty}\left(4+\dfrac{8}{n^3}\right)}=\frac{1}{4}.$$

例 13 求极限 $\lim\limits_{n\to\infty}\left(\sqrt{n+\sqrt{n}}-\sqrt{n}\right)$.

解 因为 $\left\{\sqrt{n+\sqrt{n}}\right\}$ 及 $\{\sqrt{n}\}$ 均无极限，所以我们不能直接应用定理 4. 这时，我们做如下变形：

$$\sqrt{n+\sqrt{n}}-\sqrt{n}=\frac{\sqrt{n}}{\sqrt{n+\sqrt{n}}+\sqrt{n}}=\frac{1}{\sqrt{1+\dfrac{1}{\sqrt{n}}}+1},$$

这里等式右端分母的极限为 2.由此推出

$$\lim_{n\to\infty}\left(\sqrt{n+\sqrt{n}}-\sqrt{n}\right)=\frac{1}{2}.$$

显然，定理 4 可以被推广到有限次加减乘除四则运算的情况. 但是，对无限次四则运算不一定成立. 这一点初学者要特别注意. 例如，考虑序列

$$a_n=\frac{1}{n+1}+\frac{1}{n+2}+\cdots+\frac{1}{n+n},\quad n=1,2,\cdots,$$

其中每一项当 $n\to\infty$ 时均趋向于零,因此有人会误认为 $a_n\to 0\ (n\to 0)$. 但这是不对的,因为这个和式中共有 n 项,这里的项数随着 n 增大而无限增多,从而加法运算的次数不是有限的,不能使用定理 4. 另外,很容易看出

$$a_n>\frac{n}{n+n}=\frac{1}{2},\quad n=1,2,\cdots.$$

可见,即使 $\{a_n\}$ 有极限,$\{a_n\}$ 也不可能以零为极限.

在讨论序列的极限问题时,常常涉及序列的子序列概念. **子序列**是在原序列中抽出一部分项(必须抽出无穷多项)并保持原来项的次序所组成的新序列. 比如,我们在序列 $\{a_n\}$ 中抽出其全部奇数项

$$a_1,\ a_3,\ a_5,\ \cdots,\ a_{2k-1},\ \cdots,$$

它们就组成一个子序列. 这个子序列中的第 k 项恰好是原序列 $\{a_n\}$ 中的第 $2k-1$ 项.

一般来说,如果我们在序列 $\{a_n\}$ 中首先挑出 a_{n_1} 作为子序列的第 1 项,然后在 a_{n_1} 后面又挑一项 a_{n_2} 作为第 2 项……如此下去,我们就得 $\{a_n\}$ 的一个子序列:

$$a_{n_1},\ a_{n_2},\ \cdots,\ a_{n_k},\ \cdots.$$

该子序列的第 k 项 a_{n_k} 恰好是原序列 $\{a_n\}$ 的第 n_k 项. 在奇数项组成的子序列中 $n_k=2k-1$.

根据挑选的次序,不难看出

$$n_k\geqslant k;\quad n_{k_1}<n_{k_2},\text{如果 } k_1<k_2.$$

定理 5　设序列 $\{a_n\}$ 有极限 l,则它的任意一个子序列 $\{a_{n_k}\}$ 也以 l 为极限.

证　对于任意给定的 $\varepsilon>0$,由假定可知存在一个正整数 N,使得

$$|a_n-l|<\varepsilon,\quad \text{只要 } n>N.$$

特别地,我们有

$$|a_{n_k}-l|<\varepsilon,\quad \text{只要 } n_k>N.$$

因 $n_k\geqslant k$,故当 $k>N$ 时,$n_k>N$,从而有 $|a_{n_k}-l|<\varepsilon$. 这就证明了 $\{a_{n_k}\}$ 以 l 为极限. 证毕.

这个定理的意义不仅在于保证了子序列的极限等于原序列的极限,而且还在于告诉我们:只要在一个序列中找到两个子序列,它们都有极限,但极限值不同,原序列就不可能有极限. 例如,在前面举的例子 $\left\{\sin\frac{n\pi}{2}\right\}$ 中,就

可以取出有不同极限的两个子序列,从而严格证明了它的极限不存在.

5. 一个重要极限

现在我们要介绍**一个重要极限**:

$$\lim_{n\to\infty}\left(1+\frac{1}{n}\right)^n=\mathrm{e}.$$

首先证明序列$\left\{\left(1+\frac{1}{n}\right)^n\right\}$有极限.

例 14 当 $n\to\infty$ 时,序列$\left\{\left(1+\frac{1}{n}\right)^n\right\}$有极限.

证 为了证明这个序列有极限,我们需证明两个事实:

(1) $\left\{\left(1+\frac{1}{n}\right)^n\right\}$是有界的. 事实上,由牛顿二项式定理有

$$\begin{aligned}\left(1+\frac{1}{n}\right)^n &=1+n\cdot\frac{1}{n}+\frac{1}{2!}\cdot\frac{n(n-1)}{n^2}\\ &\quad+\frac{1}{3!}\cdot\frac{n(n-1)(n-2)}{n^3}+\cdots+\frac{1}{n!}\cdot\frac{n!}{n^n}\\ &<1+1+\frac{1}{2!}+\frac{1}{3!}+\cdots+\frac{1}{n!}\\ &<1+1+\frac{1}{1\cdot 2}+\frac{1}{2\cdot 3}+\cdots+\frac{1}{n(n-1)}\\ &=1+1+\left(1-\frac{1}{2}\right)+\left(\frac{1}{2}-\frac{1}{3}\right)\\ &\quad+\cdots+\left(\frac{1}{n-1}-\frac{1}{n}\right)\\ &=3-\frac{1}{n}<3.\end{aligned}$$

(2) $\left\{\left(1+\frac{1}{n}\right)^n\right\}$是单调递增的. 这是很容易验证的:我们将$\left(1+\frac{1}{n}\right)^n$与$\left(1+\frac{1}{n+1}\right)^{n+1}$展开:

$$\left(1+\frac{1}{n}\right)^n=1+1+\sum_{k=2}^{n}\frac{1}{k!}\left(1-\frac{1}{n}\right)\cdots\left(1-\frac{k-1}{n}\right),$$

$$\left(1+\frac{1}{n+1}\right)^{n+1}=1+1+\sum_{k=2}^{n}\frac{1}{k!}\left(1-\frac{1}{n+1}\right)\cdots\left(1-\frac{k-1}{n+1}\right)+\left(\frac{1}{n+1}\right)^{n+1}.$$

比较上面两个式子右端两个求和号中的对应项,显然前者的项较小,又 $\left(\frac{1}{n+1}\right)^{n+1}>0$,于是

$$\left(1+\frac{1}{n}\right)^{n}<\left(1+\frac{1}{n+1}\right)^{n+1}.$$

根据实数域的完备性,在实数域中单调有界序列有极限. 特别地,单调递增有上界的序列有极限. 因此,序列 $\left\{\left(1+\frac{1}{n}\right)^{n}\right\}$ 有极限. 通常人们把这个序列的极限记为 e. 雅各布・伯努利(Jacob Bernoulli)在研究复利计算时发现了这个极限,而欧拉(Euler)首先使用 e 来代表这个极限,并把它作为自然对数的底. e 的引进大大简化了许多计算,成为数学中最重要的常数之一.

根据前面的讨论,我们知道 e 介于 2 与 3 之间. 可以证明 e 是一个无理数. e 的近似值为

$$\mathrm{e}\approx 2.718\,281\,8.$$

常数 e 及自然对数的引入为科学计算带来很大方便. 这一点会在今后的讨论中逐步显露出来.

例 15　求极限 $\lim\limits_{n\to\infty}\left(1+\frac{1}{n}\right)^{2n}$.

解　由于

$$\left(1+\frac{1}{n}\right)^{2n}=\left[\left(1+\frac{1}{n}\right)^{n}\right]^{2},$$

故有

$$\lim_{n\to\infty}\left(1+\frac{1}{n}\right)^{2n}=\mathrm{e}^{2}.$$

例 16　求极限 $\lim\limits_{n\to\infty}\left(\frac{n+3}{n+1}\right)^{n+1}$.

解　我们有

$$\begin{aligned}\left(\frac{n+3}{n+1}\right)^{n+1}&=\left(\frac{n+2}{n+1}\cdot\frac{n+3}{n+2}\right)^{n+1}\\&=\left(1+\frac{1}{n+1}\right)^{n+1}\left(1+\frac{1}{n+2}\right)^{n+2}\cdot\left(1+\frac{1}{n+2}\right)^{-1}.\end{aligned}$$

根据极限定义可证明下列事实: 若 $\lim\limits_{n\to\infty}a_n=l$,则对于任意正整数 k,都有 $\lim\limits_{n\to\infty}a_{n+k}=l$. 故有

$$\lim_{n\to\infty}\left(\frac{n+3}{n+1}\right)^{n+1}=\mathrm{e}\cdot\mathrm{e}\cdot 1^{-1}=\mathrm{e}^{2}.$$

例 17 求极限 $\lim\limits_{n\to\infty}\left(1-\dfrac{1}{n}\right)^n$.

解 由于

$$\left(1-\frac{1}{n}\right)^n=\left(\frac{n-1}{n}\right)^n=\frac{1}{\left(\dfrac{n}{n-1}\right)^n}=\frac{1}{\left(1+\dfrac{1}{n-1}\right)^{n-1}}\cdot\frac{1}{1+\dfrac{1}{n-1}},$$

故有

$$\lim_{n\to\infty}\left(1-\frac{1}{n}\right)^n=\frac{1}{\mathrm{e}}\cdot\frac{1}{1}=\mathrm{e}^{-1}.$$

历史的注记

朴素的极限概念在我国古代很早就萌芽了. 我国《庄子》中就记载着许多名家关于无穷的论述. 比如,"至大无外谓之大一,至小无内谓之小一",这里的"大一"就是无穷大,而"小一"就是无穷小. 又比如,《庄子》中还记载着下列名言:

"一尺之棰,日取其半,万世不竭."

它用一个生动的例子,描述了趋向于零而总不是零的一个无穷过程.

公元 3 世纪魏晋时期刘徽的"割圆术"是有关极限思想的另一个著名例子. 所谓的割圆术,就是用圆内接正多边形的面积去逼近圆的面积. 他从正六边形出发,每次边数加倍,逐次计算其面积,一直计算到正 192 边形的面积,从而得到圆周率的估计:

$$3.14+\frac{24}{62\,500}<\pi<3.14+\frac{169}{62\,500}.$$

这在历史上是一项了不起的成就. 刘徽指出:"割之弥细,所失弥少,割之又割,以至于不可割,则与圆合体而无所失矣."两千多年前刘徽的思想与当今的极限论观点何其相近. 当然,我们应当指出,达到"不可割,则与圆合体"的过程是一个无穷过程,而不是一个有限过程.

习 题 1.3

1. 设 $x_n=\dfrac{n}{n+2}$ $(n=1,2,\cdots)$,证明:$\lim\limits_{n\to\infty}x_n=1$(对于任意给定的 $\varepsilon>0$,求出正整数 N,使得当 $n>N$ 时,$|x_n-1|<\varepsilon$);并填下表:

ε	0.1	0.01	0.001	0.0001
N				

2. 设 $\lim\limits_{n\to\infty}a_n=l$，证明：$\lim\limits_{n\to\infty}|a_n|=|l|$.

3. 设序列$\{a_n\}$有极限 l，证明：

(1) 存在一个正整数 N，使得当 $n>N$ 时，$|a_n|<|l|+1$；

(2) $\{a_n\}$是一个有界序列，即存在一个常数 M，使得$|a_n|\leqslant M$ $(n=1,2,\cdots)$.

4. 用 ε-N 说法证明下列极限式：

(1) $\lim\limits_{n\to\infty}\dfrac{3n+1}{2n-3}=\dfrac{3}{2}$；　　(2) $\lim\limits_{n\to\infty}\dfrac{\sqrt[3]{n^2}\sin n}{n+1}=0$；

(3) $\lim\limits_{n\to\infty}n^2q^n=0$ $(|q|<1)$；　　(4) $\lim\limits_{n\to\infty}\dfrac{n!}{n^n}=0$；

(5) $\lim\limits_{n\to\infty}\left[\dfrac{1}{1\times 2}+\dfrac{1}{2\times 3}+\cdots+\dfrac{1}{(n-1)n}\right]=1$；

(6) $\lim\limits_{n\to\infty}\left[\dfrac{1}{(n+1)^{\frac{3}{2}}}+\cdots+\dfrac{1}{(2n)^{\frac{3}{2}}}\right]=0$.

5. 设 $\lim\limits_{n\to\infty}a_n=0$，又设$\{b_n\}$是有界序列，即存在一个常数 M，使得$|b_n|<M$ $(n=1,2,\cdots)$，证明：$\lim\limits_{n\to\infty}a_nb_n=0$.

6. 证明：$\lim\limits_{n\to\infty}\sqrt[n]{n}=1$.

7. 求下列极限：

(1) $\lim\limits_{n\to\infty}(\sqrt{n+1}-\sqrt{n})$；　　(2) $\lim\limits_{n\to\infty}\dfrac{n^3+3n^2-100}{4n^3-n+2}$；

(3) $\lim\limits_{n\to\infty}\dfrac{(2n+10)^4}{n^4+n^3}$；　　(4) $\lim\limits_{n\to\infty}\left(1+\dfrac{1}{n}\right)^{-2n}$；

* (5) $\lim\limits_{n\to\infty}\left(1-\dfrac{1}{n}\right)^{n^2}$；　　* (6) $\lim\limits_{n\to\infty}\left(1-\dfrac{1}{n^2}\right)^{n}$.

8. 利用单调有界序列有极限证明下列序列的极限存在：

(1) $x_n=\dfrac{1}{1}+\dfrac{1}{2^2}+\cdots+\dfrac{1}{n^2}$ $(n=1,2,\cdots)$；

(2) $x_n=\dfrac{1}{2+1}+\dfrac{1}{2^2+1}+\cdots+\dfrac{1}{2^n+1}$ $(n=1,2,\cdots)$；

(3) $x_n=\dfrac{1}{n+1}+\dfrac{1}{n+2}+\cdots+\dfrac{1}{n+n}$ $(n=1,2,\cdots)$；

(4) $x_n=1+1+\dfrac{1}{2!}+\cdots+\dfrac{1}{n!}$ $(n=1,2,\cdots)$.

9. 证明：

$$\mathrm{e}=\lim_{n\to\infty}\left(1+1+\frac{1}{2!}+\cdots+\frac{1}{n!}\right).$$

10. 设序列$\{x_n\}$满足下列条件：

$$|x_{n+1}|\leqslant k|x_n|,\quad n=1,2,\cdots,$$

其中 k 是小于 1 的正数，证明：$\lim\limits_{n\to\infty}x_n=0$.

§4 函数的极限

在上一节中，我们讨论了序列的极限，这只是一般函数极限的特殊情况. 事实上，序列是定义在正整数集上的一种函数，只不过其自变量 n 的变化是离散的而已. 在考虑序列极限时，自变量的变化过程只有一种，即 n 趋向于无穷大，记作 $n\to\infty$. 但是，当我们考查函数 $y=f(x)$的极限时，自变量 x 的变化过程是连续的，并有多种可能性. 比如：

(1) x 从点 a 的右侧趋向于点 a，这时记作 $x\to a+0$；x 从点 a 的左侧趋向于点 a，记作 $x\to a-0$.

(2) x 同时从点 a 的两侧趋向于点 a，记作 $x\to a$.

(3) x 无限制地增大，记作 $x\to+\infty$；x 无限制地减小，记作 $x\to-\infty$.

(4) x 的绝对值$|x|$无限制地增大，即 x 沿 x 轴的正向与负向同时无限远离原点，记作 $x\to\infty$.

1. 单侧极限

现在我们讨论第一种情况，即 $x\to a+0$ 或 $x\to a-0$ 的情况.

先看几个具体例子：

符号函数 $y=\operatorname{sgn}x$：直观上看(见图 1.8)，当 $x\to0+0$ 时，即当 x 自原点右侧趋向于原点时，$\operatorname{sgn}x$ 趋向于 1；而当 $x\to0-0$ 时，即当 x 自原点左侧趋向于原点时，$\operatorname{sgn}x$ 趋向于-1. 这时，我们称符号函数 $y=\operatorname{sgn}x$ 在原点处的右极限为 1，左极限为-1.

函数 $y=\{x\}\xlongequal{\text{def}}x-[x]$(见图 1.9)：显然，当 $x\to1+0$ 时，$\{x\}$趋向于零；而当 $x\to1-0$ 时，$\{x\}$趋向于 1. 这时，我们称函数 $y=\{x\}$在点 $x=1$ 处的右极限为零，左极限为 1.

函数 $y=\sin x$：当 $x\to\dfrac{\pi}{2}+0$ 时，$\sin x$ 趋向于 1；而当 $x\to\dfrac{\pi}{2}-0$ 时，也

有 $\sin x$ 趋向于 1，故函数 $y=\sin x$ 在点 $x=\frac{\pi}{2}$ 处的左、右极限都是 1.

函数 $y=\sin\frac{1}{x}$：当 $x\to 0+0$ 或 $x\to 0-0$ 时，函数值不断地在 -1 及 1 之间摆动，这时无极限可言(见图 1.13).

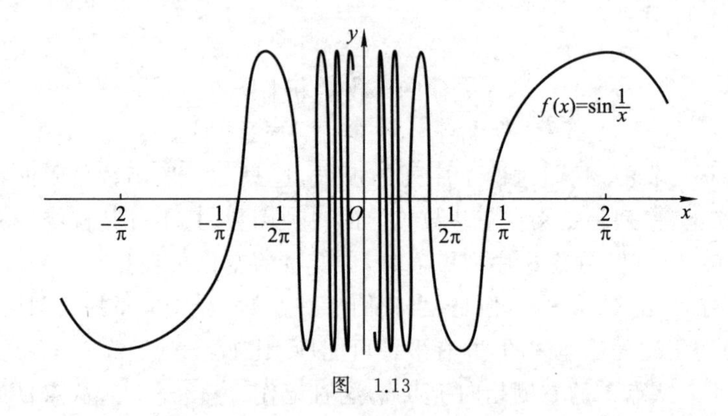

图　1.13

函数 $y=x\sin\frac{1}{x}$：当 x 自原点右侧或左侧趋向于原点时，虽然函数值也在不断地上下摆动，但其"振幅"却在不断减小，并且任意接近于零(见图 1.13). 这时，我们把零称作这个函数在原点处的左、右极限.

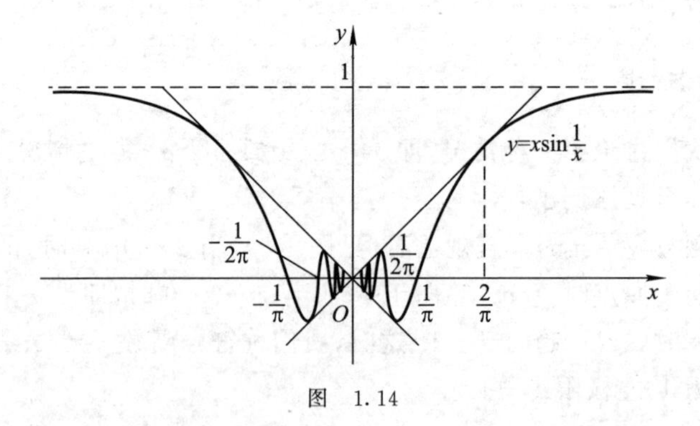

图　1.14

对于序列 $\{a_n\}$ 的极限，我们有严格的 ε-N 说法，其中 ε 用来描述 a_n 的值与极限值之间的偏离程度，而 N 用来描述序列的项数 n"接近于 ∞"的程度. 现在讨论函数 $f(x)$ 的极限，当然仍用 ε 来描述函数值 $f(x)$ 与极限值之间的偏离程度，而自变量 x 与点 a 的接近程度应该换成用一个充分小的正数来描述,通常用 δ 来表示这个正数(δ 是希腊字母,读作 delta). 所谓的"x 从点 a 的右侧充分接近于点 a",可以用 $0<x-a<\delta$ 来描述,其中 δ 是充分小的正数. 类似地,可以用 $0<a-x<\delta$ 来描述 x 从点 a 左侧充分接近于点 a. 在这种看法下,过去对序列的 ε-N 说法,对函数就换成 ε-δ 说法.

定义 1 设 $y=f(x)$是定义在区间(a,b)上的一个函数. 若存在一个常数 l,对于任意给定的 $\varepsilon>0$,无论它多么小,都存在一个 $\delta>0$,使得

$$|f(x)-l|<\varepsilon, \quad 只要 0<x-a<\delta,$$

则我们称当 $x\to a+0$ 时,$f(x)$以 l 为**右极限**,记作 $\lim\limits_{x\to a+0} f(x)=l$,或者说当 $x\to a+0$ 时,$f(x)$趋向于 l,记作

$$f(x)\to l \quad (x\to a+0).$$

可用完全类似的方法定义 $x\to a-0$ 时 $f(x)$的**左极限**,只要设 $f(x)$在 a 的左侧附近有定义并在上述定义中将 $0<x-a<\delta$ 换成 $0<a-x<\delta$ 即可.

为了直观地了解左、右极限的几何意义,请读者画一张草图来表示 ε 与 δ 的意义.

以上两种情况的极限称作**单侧极限**. 从前面的例子可以看出,一个函数的右极限与左极限可能不相等,也可能相等.

2. 双侧极限

下面讨论自变量 x 从点 a 的两侧趋向于点 a 的情况. 这种情况下的极限就是**双侧极限**.

有了单侧极限的讨论,我们便很容易给出 $x\to a$ 时 $f(x)$的极限定义,只要将前面单侧极限定义中的条件 $0<x-a<\delta$ 或 $0<a-x<\delta$ 换成 $0<|x-a|<\delta$ 即可.

定义 2 设 $y=f(x)$是定义在点 a 的空心邻域

$$U_r(a)\backslash\{a\}=(a-r,a)\cup(a,a+r)$$

上的一个函数. 若存在一个常数 l,对于任意给定的 $\varepsilon>0$,无论它多么小,都存在一个 $\delta>0$,使得

$$|f(x)-l|<\varepsilon, \quad 只要 0<|x-a|<\delta,$$

则我们称当 $x\to a$ 时,$f(x)$以 l 为**极限**,记作

$$\lim_{x\to a} f(x)=l,$$

或者说,当 $x\to a$ 时,$f(x)$趋向于 l,记作

$$f(x) \to l \quad (x \to a).$$

当 $x \to a$ 时,若 $f(x)$以某个常数 l 为极限,则称当 $x \to a$ 时,$f(x)$的**极限存在**.

从定义 2 立即看出,若 $\lim\limits_{x \to a} f(x)$存在,则 $\lim\limits_{x \to a-0} f(x)$与 $\lim\limits_{x \to a+0} f(x)$也存在并且相等;反之亦然,即若 $\lim\limits_{x \to a+0} f(x)$与 $\lim\limits_{x \to a-0} f(x)$都存在并且相等,则 $\lim\limits_{x \to a} f(x)$也存在.

这样,若两个单侧极限中有一个不存在,或虽都存在但不相等,则双侧极限不存在.

例 1 符号函数 $y=\operatorname{sgn}x$ 在原点 $x=0$ 处没有双侧极限. 事实上,$\lim\limits_{x \to 0+0} \operatorname{sgn}x=1$,$\lim\limits_{x \to 0-0} \operatorname{sgn}x=-1$,故 $y=\operatorname{sgn}x$ 在原点 $x=0$ 处的双侧极限不存在.

在上述极限的定义中,我们没有要求函数 $y=f(x)$在点 a 处有定义,而只是要求它在点 a 的空心邻域内有定义. 这里我们所关心的是,当自变量 x 自点 a 左、右两侧趋向于点 a(没有达到点 a)时,函数值的变化趋势. 因此,$y=f(x)$在点 a 处可以没有定义. 即使有定义,$y=f(x)$在点 a 处的值 $f(a)$与 $x \to a$ 时 $f(x)$的极限之间没有必然的联系. 例如,$\lim\limits_{x \to 0} |\operatorname{sgn}x|=1$,但是 $\operatorname{sgn}0=0$.

下面我们通过几个具体例子说明如何用 ε-δ 说法去证明一个极限式.

例 2 证明:$\lim\limits_{x \to 2} \sqrt{3x-2}=2$.

证 考虑

$$\sqrt{3x-2}-2=\frac{3(x-2)}{\sqrt{3x-2}+2} \quad \left(x \geqslant \frac{2}{3}\right).$$

于是,我们有

$$|\sqrt{3x-2}-2| \leqslant \frac{3}{2}|x-2| \quad \left(x \geqslant \frac{2}{3}\right).$$

对于任意给定的 $\varepsilon>0$,要使 $|\sqrt{3x-2}-2|<\varepsilon$,只要 $\frac{3}{2}|x-2|<\varepsilon$,即只要 $|x-2|<\frac{2}{3}\varepsilon$. 另外,考虑到函数 $\sqrt{3x-2}$ 的定义域为 $\left[\frac{2}{3},+\infty\right)$. 因此,应有 $x-2 \geqslant -\frac{4}{3}$. 可见,为了保证 x 落在 $\sqrt{3x-2}$ 的定义域,还应要求 $|x-2|<\frac{4}{3}$. 这样,我们取 $\delta=\min\left\{\frac{4}{3},\frac{2}{3}\varepsilon\right\}$,即有

$$|\sqrt{3x-2}-2|<\varepsilon, \quad \text{只要}\ 0<|x-2|<\delta.$$

证毕.

例 3 证明：$\lim\limits_{x\to 2}\dfrac{x^2-x-2}{x^2-4}=\dfrac{3}{4}$.

证 考虑

$$\frac{x^2-x-2}{x^2-4}-\frac{3}{4}=\frac{(x+1)(x-2)}{(x+2)(x-2)}-\frac{3}{4}$$

$$=\frac{x+1}{x+2}-\frac{3}{4}=\frac{x-2}{4(x+2)} \quad (x\neq 2,-2).$$

对于任意给定的 $\varepsilon>0$，要使 $\left|\dfrac{x^2-x-2}{x^2-4}-\dfrac{3}{4}\right|<\varepsilon$，只要 $\left|\dfrac{x-2}{4(x+2)}\right|<\varepsilon$. 由此解出满足条件的 x 会很困难. 这里我们所关心的是，x 在点 2 附近时函数值的变化趋势，因此可先约束 x 的范围. 设 $|x-2|<1$，此时 $1<x<3$，$3<x+2<5$，进而

$$\left|\frac{x-2}{4(x+2)}\right|<\frac{|x-2|}{12}.$$

只要 x 能满足 $\dfrac{|x-2|}{12}<\varepsilon$，就有 $\left|\dfrac{x-2}{4(x+2)}\right|<\varepsilon$. 故取 $\delta=\min\{1,12\varepsilon\}$，当 $0<|x-2|<\delta$ 时，因为 $\delta\leqslant 1$，所以

$$\left|\frac{x^2-x-2}{x^2-4}-\frac{3}{4}\right|=\left|\frac{x-2}{4(x+2)}\right|<\frac{|x-2|}{12}.$$

又 $\delta\leqslant 12\varepsilon$，于是

$$\left|\frac{x^2-x-2}{x^2-4}-\frac{3}{4}\right|<\frac{\delta}{12}\leqslant\varepsilon.$$

证毕.

例 4 证明：$\lim\limits_{x\to a}\sin x=\sin a$.

从直观上看，这个极限式的成立是十分自然的事. 下面我们用 ε-δ 说法严格证明它.

证 我们有不等式

$$|\sin x-\sin a|=\left|2\sin\frac{x-a}{2}\cos\frac{x+a}{2}\right|$$

$$\leqslant 2\left|\sin\frac{x-a}{2}\right|.$$

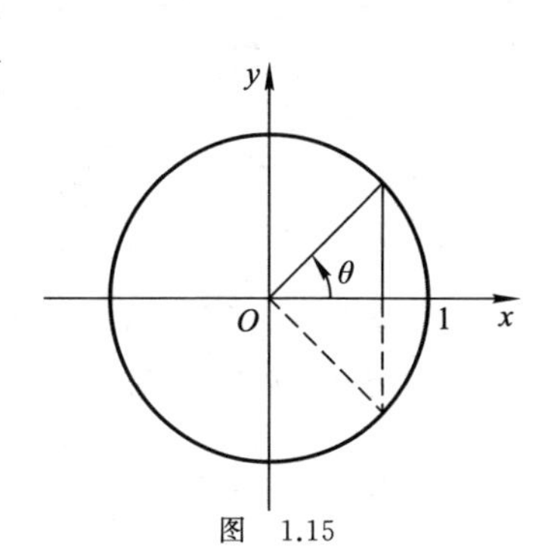

图 1.15

利用弧长大于弦长，由图 1.15 很容易看出 $|\sin\theta|\leqslant|\theta|$. 可见，由上述不等式有

$$|\sin x-\sin a|\leqslant|x-a|.$$

这样，要使$|\sin x-\sin a|<\varepsilon$，只要$|x-a|<\varepsilon$即可. 对于任意给定的正数$\varepsilon$，我们取$\delta=\varepsilon$，则有

$$|\sin x-\sin a|<\varepsilon,\quad \text{只要 } 0<|x-a|<\delta.$$

证毕.

从上面几个例子中我们看出，若要证明一个函数$f(x)$当$x\to a$时的极限为l，首先要考虑$|f(x)-l|$，并对它做适当的变形和放大，尽可能使之成为依赖于$|x-a|$的一个量，然后让放大后的表达式小于给定的ε，从而决定要找的δ.

3. 关于函数极限的定理

有关序列极限的全部定理对于函数的极限都成立，其证明也类似. 现在我们仅就双侧极限的情况将它们列出而略去其证明.

定理 1　设有$f(x)$，$g(x)$及$h(x)$三个函数定义在点a的一个空心邻域内，并且满足不等式

$$h(x)\leqslant f(x)\leqslant g(x).$$

假如$\lim\limits_{x\to a}g(x)=l$且$\lim\limits_{x\to a}h(x)=l$，则$\lim\limits_{x\to a}f(x)=l$.

例 5　证明：$\lim\limits_{x\to 0}\dfrac{\sin x}{x}=1$.

前面已经指出极限$\lim\limits_{n\to\infty}\left(1+\dfrac{1}{n}\right)^n=\mathrm{e}$是一个重要极限. 现在的这个极限$\lim\limits_{x\to 0}\dfrac{\sin x}{x}=1$是微积分中**又一个重要极限**，其重要性在后面讨论导数时会看出：利用它导出$\sin x$的导数为$\cos x$.

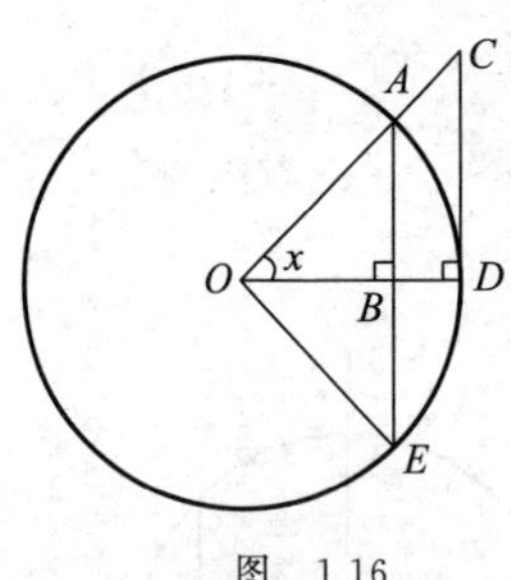

图　1.16

证　我们先考虑$0<x<\dfrac{\pi}{2}$的情况. 为此，我们作图 1.16，其中圆半径为 1，而圆弧$\overset{\frown}{AD}$的长度为x，即它所对的圆心角的弧度为x.

一方面，从图 1.16 中容易看出$\sin x<x$. 另一方面，扇形OAD的面积小于三角形OCD的面积，即

$$\frac{1}{2}x<\frac{1}{2}\tan x.$$

这样，我们有

$$\sin x < x < \frac{\sin x}{\cos x}, \quad 0 < x < \frac{\pi}{2},$$

即

$$\cos x < \frac{\sin x}{x} < 1, \quad 0 < x < \frac{\pi}{2}.$$

上式对 $-\frac{\pi}{2} < x < 0$ 的情况也成立. 这是因为 $\cos x$ 与 $\frac{\sin x}{x}$ 都是偶函数，即当将 x 换成 $-x$ 时其函数值不变. 注意到 $\lim\limits_{x\to 0}\cos x = 1$ 及常数函数 $y=1$ 的极限是 1，由上式及定理 1 立即得出我们所要的结论. 证毕.

例 6 求极限 $\lim\limits_{x\to 0} x\left[\frac{1}{x}\right]$.

解 对于任意的 $x\neq 0$，有 $\left[\frac{1}{x}\right] \leqslant \frac{1}{x} < \left[\frac{1}{x}\right]+1$，即

$$\frac{1}{x} - 1 < \left[\frac{1}{x}\right] \leqslant \frac{1}{x}$$

若 $x>0$，则 $1-x < x\left[\frac{1}{x}\right] \leqslant 1$. 而 $\lim\limits_{x\to 0+0}(1-x)=1$. 利用夹逼定理，有

$$\lim_{x\to 0+0} x\left[\frac{1}{x}\right] = 1.$$

若 $x<0$，则 $1 \leqslant x\left[\frac{1}{x}\right] < 1-x$. 同理可得

$$\lim_{x\to 0-0} x\left[\frac{1}{x}\right] = 1.$$

函数 $y = x\left[\frac{1}{x}\right]$ 在点 0 处的左极限和右极限都存在且等于 1，于是

$$\lim_{x\to 0} x\left[\frac{1}{x}\right] = 1.$$

定理 2 设 $f(x)$ 及 $g(x)$ 是定义在点 a 的一个空心邻域内的函数. 若

$$\lim_{x\to a} f(x) = l_1, \quad \lim_{x\to a} g(x) = l_2,$$

则有

$$\lim_{x\to a}(f(x)\pm g(x)) = l_1 \pm l_2, \quad \lim_{x\to a} f(x)g(x) = l_1 l_2,$$

并且 $l_2\neq 0$ 时有

$$\lim_{x\to a}\frac{f(x)}{g(x)} = \frac{l_1}{l_2}.$$

例 7　求极限 $\lim\limits_{x\to 0}\dfrac{\sqrt{1+x}-1}{x+\sin x}$.

解　这个求极限的函数表达式中分子与分母的极限都是零,因而不能直接应用定理 2. 将分子与分母除以 x(注意在 $x\to 0$ 的过程中 $x\neq 0$),立即得到

$$\frac{\sqrt{1+x}-1}{x+\sin x}=\frac{\dfrac{\sqrt{1+x}-1}{x}}{1+\dfrac{\sin x}{x}}.$$

在做了这样的形变后,分母的极限不再为零,这时便可应用定理 2. 当 $x\to 0$ 时,$1+\dfrac{\sin x}{x}\to 2$,而

$$\frac{\sqrt{1+x}-1}{x}=\frac{1+x-1}{x(\sqrt{1+x}+1)}=\frac{1}{\sqrt{1+x}+1}\to\frac{1}{2},$$

于是
$$\lim_{x\to 0}\frac{\sqrt{1+x}-1}{x+\sin x}=\frac{1}{4}.$$

这里用到 $\sqrt{1+x}\to 1\ (x\to 0)$这一事实,它可以直接证明.

例 8　求极限 $\lim\limits_{x\to 0}\dfrac{\sin 5x-\tan 3x}{2x}$.

解　由 $\dfrac{\sin 5x}{2x}=\dfrac{\sin 5x}{5x}\cdot\dfrac{5}{2}$ 可以推出

$$\lim_{x\to 0}\frac{\sin 5x}{2x}=\lim_{x\to 0}\frac{\sin 5x}{5x}\cdot\frac{5}{2}=\lim_{y\to 0}\frac{\sin y}{y}\cdot\frac{5}{2}=\frac{5}{2}.$$

这里我们做了一个变量替换: $y=5x$. 同理,可以推出

$$\begin{aligned}\lim_{x\to 0}\frac{\tan 3x}{2x}&=\lim_{x\to 0}\frac{1}{\cos 3x}\cdot\lim_{x\to 0}\frac{\sin 3x}{3x}\cdot\frac{3}{2}\\&=\lim_{y\to 0}\frac{1}{\cos y}\cdot\lim_{y\to 0}\frac{\sin y}{y}\cdot\frac{3}{2}=\frac{3}{2}.\end{aligned}$$

这里用到 $\lim\limits_{y\to 0}\cos y=1$.

总结前面的结果,我们有

$$\lim_{x\to 0}\frac{\sin 5x-\tan 3x}{2x}=\frac{5}{2}-\frac{3}{2}=1.$$

序列极限中有关极限不等式的定理,在函数极限中同样成立.

定理 3　设 $f(x)$及 $g(x)$是定义在点 a 的一个空心邻域内的函数,且

$$\lim_{x\to a} f(x)=l_1, \quad \lim_{x\to a} g(x)=l_2.$$

若 $l_1>l_2$，则存在一个 $\delta>0$，使得

$$f(x)>g(x), \quad 只要\ 0<|x-a|<\delta.$$

推论 设 $\lim\limits_{x\to a} f(x)=l>0$，则存在一个 $\delta>0$，使得

$$f(x)>0, \quad 只要\ 0<|x-a|<\delta.$$

也就是说，若一个函数当自变量趋向于一点 a 时的极限大于零，则它在点 a 的某个小的空心邻域内都大于零. 这个结论很容易从定理 3 中推出，只要将其中的函数 $y=g(x)$ 取成恒等于零的函数即可. 它的几何意义也是十分明显的.

定理 4 设 $f(x)$ 及 $g(x)$ 是定义在点 a 的一个空心邻域内的函数，且在这个空心邻域内满足 $f(x)\geqslant g(x)$. 若当 $x\to a$ 时函数 $f(x)$ 及 $g(x)$ 的极限均存在，则

$$\lim_{x\to a} f(x)\geqslant \lim_{x\to a} g(x).$$

现在我们来讨论函数极限与序列极限之间的关系. 我们有下面的定理.

定理 5 设函数 $f(x)$ 在点 a 的一个空心邻域内有定义，并且 $\lim\limits_{x\to a} f(x)=l$. 假若 $\{x_n\}$ 是一个在该空心邻域内取值的序列，且

$$\lim_{n\to\infty} x_n=a,$$

则有

$$\lim_{n\to\infty} f(x_n)=l.$$

证 根据假定 $\lim\limits_{x\to a} f(x)=l$，对于任意给定的 $\varepsilon>0$，存在一个 $\delta>0$，使得

$$|f(x)-l|<\varepsilon, \quad 只要\ 0<|x-a|<\delta.$$

特别地，$|f(x_n)-l|<\varepsilon$，只要 $0<|x_n-a|<\delta$. 然而，根据定理中 $x_n\to a$ $(n\to\infty)$ 的假定，对于这个 $\delta>0$，存在一个正整数 N，使得

$$|x_n-a|<\delta, \quad 只要\ n>N.$$

注意到序列 $\{x_n\}$ 只在点 a 的空心邻域内取值，故对于一切 n，有 $x_n\neq a$，即有 $|x_n-a|>0$. 于是，我们有

$$|f(x_n)-l|<\varepsilon, \quad 只要\ n>N.$$

证毕.

这个定理为我们提供了**一种证明函数极限不存在的方法**：对于一个定义在点 a 的某个空心邻域内的函数 $f(x)$，如果能找到两个序列 $\{x_n'\}$ 与

$\{x''_n\}$，它们都在该空心邻域内取值，且当 $n\to\infty$ 时都以 a 为极限，而极限 $\lim\limits_{n\to\infty} f(x'_n)$ 与 $\lim\limits_{n\to\infty} f(x''_n)$ 都存在但不相等，则当 $x\to a$ 时，$f(x)$ 不可能有极限.

例 9　当 $x\to 0$ 时，函数 $\sin\dfrac{1}{x}$ 没有极限.

事实上，取 $x'_n=\dfrac{1}{2n\pi}$，则 $\sin\dfrac{1}{x'_n}=0$；而取 $x''_n=\left(2n\pi+\dfrac{\pi}{2}\right)^{-1}$，则 $\sin\dfrac{1}{x''_n}=1$. 这时，显然有 $x'_n\to 0(n\to\infty)$，$x''_n\to 0(n\to\infty)$，且

$$\lim_{n\to\infty}\sin\frac{1}{x'_n}\neq\lim_{n\to\infty}\sin\frac{1}{x''_n}.$$

因此，当 $x\to 0$ 时，函数 $\sin\dfrac{1}{x}$ 没有极限.

例 10　讨论 $\lim\limits_{x\to a} x\mathrm{D}(x)$ 的存在性.

解　注意到，对于任意实数 x，有

$$-|x|\leqslant x\mathrm{D}(x)\leqslant |x|.$$

若 $a=0$，由于 $\lim\limits_{x\to 0}|x|=0$，$\lim\limits_{x\to 0}(-|x|)=0$. 利用夹逼定理，得

$$\lim_{x\to a}x\mathrm{D}(x)=0.$$

若 $a\neq 0$，利用习题 1.1 中的第 7,8 题可知，有理数集与无理数集在数轴上都是处处稠密的，即对于任意正整数 n，$\left(a-\dfrac{1}{n},a+\dfrac{1}{n}\right)$ 中总有有理数，记为 x'_n，也总有无理数，记为 x''_n，则

$$a-\frac{1}{n}<x'_n<a+\frac{1}{n},\quad a-\frac{1}{n}<x''_n<a+\frac{1}{n}.$$

于是 $\lim\limits_{n\to\infty}x'_n=\lim\limits_{n\to\infty}x''_n=a$，而

$$x'_n\mathrm{D}(x'_n)=x'_n,\quad \lim_{n\to\infty}x'_n\mathrm{D}(x'_n)=a,$$

$$x''_n\mathrm{D}(x''_n)=0,\quad \lim_{n\to\infty}x''_n\mathrm{D}(x''_n)=0$$

因此，当 $a\neq 0$ 时，$\lim\limits_{x\to a}x\mathrm{D}(x)$ 不存在.

4. 自变量趋向于无穷大时函数的极限

正如本节开始时所指出的，自变量 x 趋向于无穷大有三种情况：$x\to+\infty$，$x\to-\infty$ 及 $x\to\infty$. 前两种情况意义十分明白，而第三种情况 $x\to\infty$ 则要特别注意它要求自变量 x 沿 x 轴的正向与负向同时无限远离原点，也

相当于要求$|x|\to+\infty$. 因此,$x\to\infty$ 的过程实际上包含了 $x\to+\infty$ 与 $x\to-\infty$ 两个过程,这一点读者应当注意.

定义 3 设函数 $f(x)$在区间$(a,+\infty)$内有定义. 若有一个常数 l,对于任意给定的正数 ε,都存在一个 $A>a$,使得

$$|f(x)-l|<\varepsilon,\quad 只要\ x>A,$$

则我们称当 $x\to+\infty$ 时,$f(x)$以 l 为**极限**,记作 $\lim\limits_{x\to+\infty}f(x)=l$.

对于极限 $\lim\limits_{x\to-\infty}f(x)$,可用类似的方式定义.

例 11 证明: $\lim\limits_{x\to+\infty}e^{-x}=0$.

证 对于任意给定的 $\varepsilon>0$,要使$|e^{-x}-0|<\varepsilon$,只要 $e^{-x}<\varepsilon$,即只要 $x>-\ln\varepsilon$. 因此,可取 $A=-\ln\varepsilon$,这时有

$$|e^{-x}-0|<\varepsilon,\quad 只要\ x>A.$$

这就证明了 $\lim\limits_{x\to+\infty}e^{-x}=0$. 证毕.

定义 4 设函数 $f(x)$在$\{x\,|\,|x|>a\}$内有定义. 若有一个常数 l,对于任意给定的 $\varepsilon>0$,存在一个 $A>a$,使得当$|x|>A$ 时,$|f(x)-l|<\varepsilon$,则我们称当 $x\to\infty$ 时,$f(x)$以 l 为**极限**,记作 $\lim\limits_{x\to\infty}f(x)=l$.

现在,我们要特别指出: $\lim\limits_{x\to\infty}f(x)$**存在的充要条件是** $\lim\limits_{x\to+\infty}f(x)$**与** $\lim\limits_{x\to-\infty}f(x)$**都存在并且相等**. 若 $\lim\limits_{x\to+\infty}f(x)$与 $\lim\limits_{x\to-\infty}f(x)$中有一个不存在,或它们都存在但不相等,则 $\lim\limits_{x\to\infty}f(x)$不存在.

例如,$\lim\limits_{x\to\infty}e^{-x}$不存在,因为 $\lim\limits_{x\to-\infty}e^{-x}$不存在. 又如,$\lim\limits_{x\to\infty}\operatorname{sgn}x$ 也不存在,因为 $\lim\limits_{x\to+\infty}\operatorname{sgn}x=1$,而 $\lim\limits_{x\to-\infty}\operatorname{sgn}x=-1$.

根据定义 4 很容易看出,当 $\lim\limits_{x\to\infty}f(x)$存在时,$\lim\limits_{y\to0}f\left(\frac{1}{y}\right)$也存在,且有

$$\lim_{x\to\infty}f(x)=\lim_{y\to0}f\left(\frac{1}{y}\right);$$

反之亦然.

例 12 求极限 $\lim\limits_{x\to\infty}\dfrac{x^4+x^2+1}{(x+1)^4}$.

解 做如下变形:

$$\frac{x^4+x^2+1}{(x+1)^4}=\frac{1+\dfrac{1}{x^2}+\dfrac{1}{x^4}}{\left(1+\dfrac{1}{x}\right)^4}.$$

由于 $\lim\limits_{y\to 0}y^n=0$，所以 $\lim\limits_{x\to\infty}\dfrac{1}{x^n}=0$（$n$ 为正整数），于是

$$\lim_{x\to\infty}\frac{x^4+x^2+1}{(x+1)^4}=\frac{\lim\limits_{x\to\infty}\left(1+\dfrac{1}{x^2}+\dfrac{1}{x^4}\right)}{\lim\limits_{x\to\infty}\left(1+\dfrac{1}{x}\right)^4}=1.$$

我们还要指出：关于极限过程 $x\to a$ 的夹逼定理、极限四则运算以及极限不等式，对 $x\to+\infty$，$x\to-\infty$ 以及 $x\to\infty$ 等极限过程也都成立，这里不再重述.

下面，我们通过例子的形式来讨论一个重要极限，它是 $\left(1+\dfrac{1}{n}\right)^n\to\mathrm{e}$（$n\to\infty$）的推广.

例 13　证明：$\lim\limits_{x\to\infty}\left(1+\dfrac{1}{x}\right)^x=\mathrm{e}$.

证　对于任意的 $x>1$，我们有

$$\left(1+\frac{1}{[x]+1}\right)^{[x]}\leqslant\left(1+\frac{1}{x}\right)^x\leqslant\left(1+\frac{1}{[x]}\right)^{[x]+1}.$$

而

$$\begin{aligned}\lim_{x\to+\infty}\left(1+\frac{1}{[x]+1}\right)^{[x]}&=\lim_{n\to\infty}\left(1+\frac{1}{n+1}\right)^n\\&=\lim_{n\to\infty}\left(1+\frac{1}{n+1}\right)^{n+1}\left(1+\frac{1}{n+1}\right)^{-1}=\mathrm{e},\\\lim_{x\to+\infty}\left(1+\frac{1}{[x]}\right)^{[x]+1}&=\lim_{n\to\infty}\left(1+\frac{1}{n}\right)^{n+1}\\&=\lim_{n\to\infty}\left(1+\frac{1}{n}\right)^n\left(1+\frac{1}{n}\right)=\mathrm{e},\end{aligned}$$

由夹逼定理即得

$$\lim_{x\to+\infty}\left(1+\frac{1}{x}\right)^x=\mathrm{e}.$$

现在考虑 $x\to-\infty$ 的极限过程. 令 $y=-x$，则 $y\to+\infty$. 利用上面所得的结果，有

$$\begin{aligned}\lim_{x\to-\infty}\left(1+\frac{1}{x}\right)^x&=\lim_{y\to+\infty}\left(1-\frac{1}{y}\right)^{-y}=\lim_{y\to+\infty}\left(1+\frac{1}{y-1}\right)^y\\&=\lim_{y\to+\infty}\left[\left(1+\frac{1}{y-1}\right)^{y-1}\left(1+\frac{1}{y-1}\right)\right]=\mathrm{e}.\end{aligned}$$

由 $\lim\limits_{x\to+\infty}\left(1+\dfrac{1}{x}\right)^x=\lim\limits_{x\to-\infty}\left(1+\dfrac{1}{x}\right)^x=\mathrm{e}$ 即得

$$\lim_{x\to\infty}\left(1+\frac{1}{x}\right)^x=\mathrm{e}.$$

证毕.

由极限 $\lim\limits_{x\to\infty}\left(1+\dfrac{1}{x}\right)^x=\mathrm{e}$ 可以推出

$$\lim_{y\to0}(1+y)^{\frac{1}{y}}=\mathrm{e}.$$

这只要做变量替换 $y=\dfrac{1}{x}$ 即可.

例 14 设 k 为正整数,证明:

(1) $\lim\limits_{x\to\infty}\left(1+\dfrac{1}{x}\right)^{kx}=\mathrm{e}^k$; (2) $\lim\limits_{x\to0}(1+kx)^{\frac{1}{x}}=\mathrm{e}^k$.

证 (1) 由

$$\left(1+\frac{1}{x}\right)^{kx}=\left[\left(1+\frac{1}{x}\right)^x\right]^k$$

及极限的乘法公式,立即推出结论.

(2) 我们令 $y=(kx)^{-1}$,则有

$$(1+kx)^{\frac{1}{x}}=\left(1+\frac{1}{y}\right)^{ky}.$$

注意到当 $x\to0$ 时,$y\to\infty$,于是由(1)又得

$$\lim_{x\to0}(1+kx)^{\frac{1}{x}}=\lim_{y\to\infty}\left(1+\frac{1}{y}\right)^{ky}=\mathrm{e}^k.$$

证毕.

5. 无穷大量

最后,我们介绍无穷大量的概念. 存在一些函数,其绝对值在自变量的一个特定变化过程中无限制地增大. 比如,当 $x\to+\infty$ 时,e^x 无限增大. 这种绝对值无限增大的量就称为无穷大量. 无穷大量的确切定义如下:

定义 5 设函数 $f(x)$在点 x_0 的一个空心邻域内有定义. 若对于任意给定的正数 M,不论它有多么大,总存在一个 $\delta>0$,使得当 $0<|x-x_0|<\delta$ 时,就有 $|f(x)|>M$,则称当 $x\to x_0$ 时,$f(x)$为**无穷大量**,记作

$$\lim_{x\to x_0}f(x)=\infty$$

或
$$f(x) \to \infty \quad (x \to x_0).$$

读者可以仿照此定义自己给出自变量在其他变化过程中的无穷大量的定义.

显然,若当 $x \to x_0$ 时,$f(x)$是无穷大量,则当 $x \to x_0$ 时,$f(x)$没有极限.

这里应该特别提醒读者:**尽管将无穷大量 $f(x)$ 写成 $\lim\limits_{x \to x_0} f(x) = \infty$ 的形式,但是我们仍然认为当 $x \to x_0$ 时,$f(x)$ 的极限不存在;通常关于极限四则运算的定理对于无穷大量而言不成立.**

无穷大量又有两种特殊情况:
$$f(x) \to +\infty \ (x \to x_0) \quad 及 \quad f(x) \to -\infty \ (x \to x_0).$$
它们的含义是清楚的,读者自己可以给出其确切定义.

历史的注记

在本节中,我们证明了极限 $\lim\limits_{x \to \infty}\left(1+\dfrac{1}{x}\right)^x = \mathrm{e}$,其中 e 是自然对数的底.这使我们不能不提到它的引入者——欧拉.

欧拉生于瑞士的巴塞尔,卒于俄国的彼得堡.他 15 岁大学毕业,18 岁开始发表数学论文,20 岁应邀赴俄国彼得堡科学院从事研究.14 年后又转到柏林科学院工作,在柏林工作长达 25 年之久,1766 年再次回到彼得堡.

欧拉是 18 世纪中最杰出的数学家之一.他在分析学、力学、数论等方面做了大量的研究工作,共发表学术论文 800 余篇,是一个无与伦比的高产科学家.

欧拉的最大功绩之一是拓展了微积分的研究领域与应用范围,为级数理论、变分法、微分方程和微分几何等领域的产生与发展奠定了重要基础.此外,他是复变函数论和理论流体力学的先驱者.至今,在现代数学众多分支中很多重要公式或定理都以欧拉命名.

欧拉不仅具有非凡的研究才能,而且具有惊人的毅力.他晚年双目失明,但仍然坚持研究工作.他凭借着超人的记忆力与心算技巧,通过助手记录他的口述,继续他的研究工作并完成大量的重要著作.

习 题 1.4

1. 直接用 ε-δ 说法证明下列各极限式:

(1) $\lim\limits_{x\to a}\sqrt{x}=\sqrt{a}\ (a>0)$；　　(2) $\lim\limits_{x\to a}x^2=a^2$；

(3) $\lim\limits_{x\to a}\mathrm{e}^x=\mathrm{e}^a$；　　(4) $\lim\limits_{x\to a}\cos x=\cos a$.

2. 设 $\lim\limits_{x\to a}f(x)=l$（$l$ 为常数），证明：存在点 a 的一个空心邻域 $(a-\delta,a+\delta)\setminus\{a\}$，使得 $f(x)$ 在该空心邻域内是有界函数.

3. 求下列极限：

(1) $\lim\limits_{x\to 0}\dfrac{(1+x)^2-1}{2x}$；　　(2) $\lim\limits_{x\to 0}\dfrac{1-\cos x}{x^2}$；

(3) $\lim\limits_{x\to 0}\dfrac{\sqrt{x+a}-\sqrt{a}}{x}\ (a>0)$；　　(4) $\lim\limits_{x\to 1}\dfrac{x^2-x-2}{2x^2-2x-3}$；

(5) $\lim\limits_{x\to 0}\dfrac{x^2-x-2}{2x^2-2x-3}$；　　(6) $\lim\limits_{x\to\infty}\dfrac{(2x-3)^{20}(3x+2)^{10}}{(2x+1)^{30}}$；

(7) $\lim\limits_{x\to 0}\dfrac{\sqrt{1+x}-\sqrt{1-x}}{x}$；　　(8) $\lim\limits_{x\to -1}\left(\dfrac{1}{x+1}-\dfrac{3}{x^3+1}\right)$；

(9) $\lim\limits_{x\to 4}\dfrac{\sqrt{1+2x}-3}{\sqrt{x}-2}$；　　(10) $\lim\limits_{x\to 1}\dfrac{x^n-1}{x-1}$（$n$ 为正整数）；

(11) $\lim\limits_{x\to\infty}\left(\sqrt{x^2+1}-\sqrt{x^2-1}\right)$；

(12) $\lim\limits_{x\to 0}\dfrac{a_0x^m+a_1x^{m-1}+\cdots+a_m}{b_0x^n+b_1x^{n-1}+\cdots+b_n}\ (b_n\neq 0)$；

(13) $\lim\limits_{x\to +\infty}\dfrac{a_0x^m+a_1x^{m-1}+\cdots+a_m}{b_0x^n+b_1x^{n-1}+\cdots+b_n}\ (a_0b_0\neq 0)$；

(14) $\lim\limits_{x\to\infty}\dfrac{\sqrt{x^4+8}}{x^2+1}$；　　(15) $\lim\limits_{x\to 0}\dfrac{\sqrt[3]{1+3x}-\sqrt[3]{1-2x}}{x+x^2}$；

(16) $\lim\limits_{x\to a+0}\dfrac{\sqrt{x}-\sqrt{a}+\sqrt{x-a}}{\sqrt{x^3-a^3}}\ (a>0)$.

4. 利用 $\lim\limits_{x\to 0}\dfrac{\sin x}{x}=1$ 及 $\lim\limits_{x\to\infty}\left(1+\dfrac{1}{x}\right)^x=\mathrm{e}$ 求下列极限：

(1) $\lim\limits_{x\to 0}\dfrac{\sin\alpha x}{\tan\beta x}\ (\beta\neq 0)$；　　(2) $\lim\limits_{x\to 0}\dfrac{\sin 2x^2}{3x}$；

(3) $\lim\limits_{x\to 0}\dfrac{\tan 3x-\sin 2x}{\sin 5x}$；　　(4) $\lim\limits_{x\to 0+0}\dfrac{x}{\sqrt{1-\cos x}}$；

(5) $\lim\limits_{x\to a}\dfrac{\sin x-\sin a}{x-a}$；　　(6) $\lim\limits_{x\to\infty}\left(1+\dfrac{k}{x}\right)^{-x}$；

(7) $\lim\limits_{y\to 0}(1-5y)^{\frac{1}{y}}$；　　(8) $\lim\limits_{x\to\infty}\left(1+\dfrac{1}{x}\right)^{x+100}$.

5. 给出

$$\lim_{x\to a} f(x) = +\infty \quad 及 \quad \lim_{x\to -\infty} f(x) = -\infty$$

的严格定义.

§5　连续函数

本节要讨论一类重要函数,即连续函数.我们所常见的基本初等函数在其定义域内都是连续函数.从直观上看,所谓的连续函数就是指这样一类函数,其图形是一条连续的曲线(如果其定义域是一个区间).

连续函数是微积分研究的基本对象.连续函数的基本性质构成微积分的重要基础.

1. 连续性的定义

我们从具体例子讲起.从直观上看,函数 $y=\sin x$ 的图形是一条连续的曲线,而函数 $y=\operatorname{sgn} x$ 的图形是一条断开的曲线.那么,用什么办法去刻画一个函数的连续性呢?我们注意到,对于函数 $y=\sin x$,在任意一点 x_0 处都有

$$\lim_{x\to x_0} \sin x = \sin x_0,$$

即函数 $y=\sin x$ 在任意一点处的双侧极限恰好等于在该点处的函数值.而函数 $y=\operatorname{sgn} x$ 不具备这样的性质,它在点 $x=0$ 处没有双侧极限.这样,我们看到一个函数 $y=f(x)$ 在一点 x_0 处的连续性可以用极限 $\lim\limits_{x\to x_0} f(x) = f(x_0)$ 来描述.

定义 1　假定函数 $y=f(x)$ 在区间 (a,b) 内有定义.若 $y=f(x)$ 在点 $x_0\in(a,b)$ 处有双侧极限,且极限值等于函数值 $f(x_0)$,即 $\lim\limits_{x\to x_0} f(x) = f(x_0)$,则称 $y=f(x)$ **在点** x_0 **处连续**.若 $y=f(x)$ 在 (a,b) 的每一点处都连续,则称它**在** (a,b) **上连续**.这时,也称 $y=f(x)$ 在 (a,b) 上是**连续函数**.

例 1　函数 $y=\sin x$, $y=\cos x$, $y=e^x x^n$ (n 为正整数)在 $\mathbf{R}$ 上是连续函数,函数 $y=\sqrt{x}$ 在区间 $(0,+\infty)$ 上是连续函数(见§4中的例4及习题1.4中的第1题).

函数 $y=[x]$ 在每个整数点处都是不连续的,而在其他点处都是连续的;狄利克雷函数处处不连续.

我们也可以用 ε-δ 说法给出函数 $y=f(x)$ 在点 x_0 处连续的定义:对于任意给定的 $\varepsilon>0$,存在一个 $\delta>0$,使得

$$|f(x)-f(x_0)|<\varepsilon, \quad \text{只要}|x-x_0|<\delta.$$

与极限的定义相比较,我们发现:首先,这里要求 $f(x)$ 在点 x_0 处有定义,且以 $f(x_0)$ 作为极限值.其次,这里没有要求 $|x-x_0|>0$.这是因为,当 $x-x_0=0$ 时,不等式 $|f(x)-f(x_0)|<\varepsilon$ 自然成立.

例 2 若函数 $y=f(x)$ 在区间 (a,b) 内满足下列条件[①]:

$$|f(x_1)-f(x_2)|\leqslant L|x_1-x_2|, \quad \forall x_1,x_2\in(a,b),$$

其中 L 为正的常数,则 $y=f(x)$ 在 (a,b) 上连续.

证 对于任意一点 $x_0\in(a,b)$ 以及任意给定的 $\varepsilon>0$,取 $\delta=\dfrac{\varepsilon}{L}$,则当 $|x-x_0|<\delta$ 时,$|f(x)-f(x_0)|\leqslant L|x-x_0|<\varepsilon$.证毕.

有时我们需要左连续与右连续的概念.若

$$\lim_{x\to x_0+0}f(x)=f(x_0),$$

则称 $y=f(x)$ 在点 x_0 处**右连续**;若

$$\lim_{x\to x_0-0}f(x)=f(x_0),$$

则称 $y=f(x)$ 在点 x_0 处**左连续**.显然,$y=f(x)$ 在点 x_0 处连续的充要条件是它在点 x_0 处左连续且右连续.

定义 2 假定函数 $y=f(x)$ 在区间 $[a,b]$ 上有定义.若 $y=f(x)$ 在区间 (a,b) 上连续,且在点 a 处右连续,在点 b 处左连续,则称 $y=f(x)$ **在 $[a,b]$ 上连续**,或称 $y=f(x)$ 在 $[a,b]$ 上是**连续函数**.

函数 $y=x-[x]$ 在每个整数点处右连续,但不左连续.

函数 $y=x-[x]$ 在区间 $\left[0,\dfrac{1}{2}\right]$ 上是连续函数,但它在区间 $[0,1]$ 上不是连续函数.

根据函数极限的四则运算法则,立即推出函数的四则运算保持函数的连续性,即有下面的定理成立.

定理 1 设函数 $y=f(x)$ 及 $y=g(x)$ 在点 x_0 附近有定义,且在点 x_0 处连续,则 $y=f(x)\pm g(x)$,$y=f(x)g(x)$ 及 $y=\dfrac{f(x)}{g(x)}(g(x_0)\neq 0)$ 在点 x_0 处连续.

由这个定理立即推出下例中的结论.

例 3 正切函数 $y=\tan x$ 与余切函数 $y=\cot x$ 在各自的定义域内是连

① 此条件称作李普希茨(Lipschitz)条件.

续函数.

2. 复合函数的连续性

下面的定理告诉我们：连续函数复合以连续函数仍是连续函数.

定理 2　设函数 $f:(a,b)\to(c,d)$ 在点 x_0 处连续，而函数 $g:(c,d)\to\mathbf{R}$ 在点 $y_0=f(x_0)$ 处连续，则复合函数 $g\circ f$ 在点 x_0 处是连续的.

证　设 $h=g(f(x))$，那么对于任意给定的 $\varepsilon>0$，存在一个 $\delta_1>0$，使得

$$|g(y)-g(y_0)|<\varepsilon,\quad \text{只要}\,|y-y_0|<\delta_1.$$

对于这个 $\delta_1>0$，则存在一个 $\delta>0$，使得

$$|f(x)-f(x_0)|<\delta_1,\quad \text{只要}\,|x-x_0|<\delta.$$

这样，我们有

$$|g(f(x))-g(f(x_0))|<\varepsilon,\quad \text{只要}\,|x-x_0|<\delta.$$

证毕.

这个证明形式上似乎有点抽象，但如果画个图形就一目了然了(见图 1.17). 这里建议读者在读数学式子时尽量画个图形，将它翻译成几何直观的东西，这样会有助于理解.

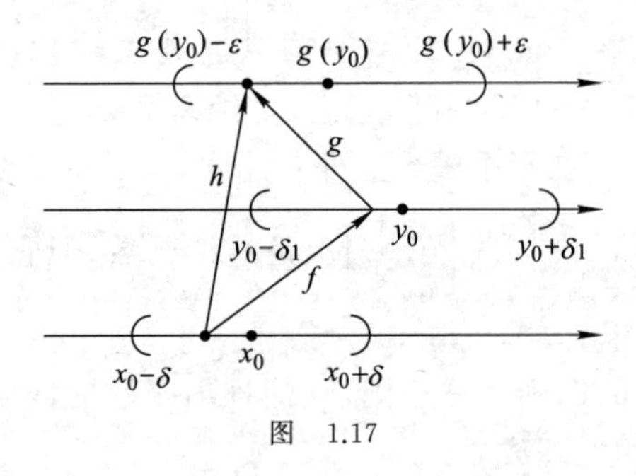

图　1.17

定理 2 告诉我们：常见的基本初等函数的复合函数，如

$$y=\sin x^n,\quad y=\mathrm{e}^{\sin x},\quad y=\cos\mathrm{e}^x,\quad y=\cos(\sin x)$$

等，在 $\mathbf{R}$ 上是连续函数.

定理 2 可以稍做推广，而写成下列形式：

定理 3　假定函数 $g:(c,d)\to\mathbf{R}$ 在点 $y_0\in(c,d)$ 处连续，又假定

$$\lim_{x\to a}f(x)=y_0,$$

那么

$$\lim_{x\to a} g(f(x)) = g(y_0).$$

（注：这里 a 可以换成 $+\infty$，$-\infty$ 或 ∞.）

比较定理 2 与定理 3，立即发现其差别在于：定理 3 中没有假定 $f(x)$ 在点 a 处连续，甚至没有假定它在点 a 处有定义.

定理 3 的结论可以写成下列形式：

$$\lim_{x\to a} g(f(x)) = g(\lim_{x\to a} f(x)).$$

也就是说，在定理 3 的条件下，极限运算符号 $\lim\limits_{x\to a}$ 可以与函数符号 g 交换次序.

例 4 $\lim\limits_{x\to\infty}\cos\left(1+\dfrac{1}{x}\right)^x = \cos\left(\lim\limits_{x\to\infty}\left(1+\dfrac{1}{x}\right)^x\right) = \cos e.$

例 5 $\lim\limits_{x\to+\infty}\sin(\sqrt{x+1}-\sqrt{x}) = \sin 0 = 0.$

这里用到了

$$\lim_{x\to+\infty}(\sqrt{x+1}-\sqrt{x}) = \lim_{x\to+\infty}\frac{1}{\sqrt{x+1}+\sqrt{x}} = 0.$$

例 6 $\lim\limits_{x\to 0}\dfrac{\ln(1+x)}{x} = 1.$

事实上，我们有

$$\lim_{x\to 0}(1+x)^{\frac{1}{x}} = \lim_{y\to\infty}\left(1+\frac{1}{y}\right)^y = e.$$

于是，由对数函数的连续性（见下一小节）及上面的定理 3 立即有

$$\lim_{x\to 0}\frac{\ln(1+x)}{x} = \ln\left(\lim_{x\to 0}(1+x)^{\frac{1}{x}}\right) = \ln e = 1.$$

3. 反函数的连续性

我们先讨论单调函数的概念.

定义 3 设 $f: X\to Y$ 是一个函数. 如果 f 满足下列条件：

$$f(x_1) \leqslant f(x_2), \quad 只要\ x_1, x_2 \in X,\ x_1 < x_2,$$

则我们称 f 是**递增**的. 如果 f 满足更强的条件：

$$f(x_1) < f(x_2), \quad 只要\ x_1, x_2 \in X,\ x_1 < x_2,$$

则我们称 f 是**严格递增**的.

类似地，可以定义函数 f **递减**和**严格递减**的概念，只要在上述定义中交换 $f(x_1)$ 与 $f(x_2)$ 的位置而其他叙述不改即可.

一个函数称为**单调**（**严格单调**）的，如果它是**递增**或**递减**（**严格递增**或**严

格递减)的.

在基本初等函数中,正弦函数和余弦函数在区间$(-\infty,+\infty)$内显然不是单调函数,但它们分别在区间$\left(-\frac{\pi}{2},\frac{\pi}{2}\right)$及$(0,\pi)$上是严格单调的;而对数函数在区间$(0,+\infty)$内,指数函数在区间$(-\infty,+\infty)$内都是严格单调的;常数函数是单调函数,但不是严格单调的.

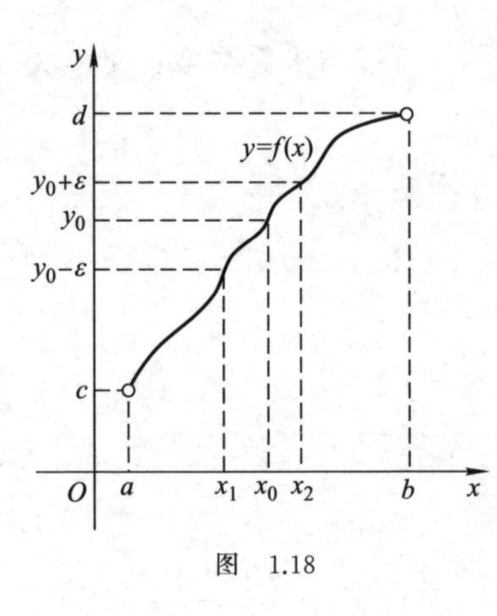

图　1.18

定理 4　设 $f:(a,b)\to(c,d)$是一一满射,并且作为函数是严格单调的,则 f 是区间(a,b)上的连续函数,并且其反函数 f^{-1}是区间(c,d)上的连续函数.

证　证明是容易的. 从图 1.18 便可以看出如何根据 ε 找到所要的 δ. 设 $x_0\in(a,b)$是任意给定的一点,$y_0=f(x_0)$. 又设 ε 是任意给定的足够小的正数,使得

$$c<y_0-\varepsilon<y_0<y_0+\varepsilon<d.$$

不失一般性,我们假定 f 是严格递增的(见图 1.18). 令

$$x_1=f^{-1}(y_0-\varepsilon),\quad x_2=f^{-1}(y_0+\varepsilon),$$

则 $x_1<x_0<x_2$.

显然,这时由 f 的严格递增性有

$$y_0-\varepsilon<f(x)<y_0+\varepsilon,\quad \text{只要 } x_1<x<x_2.$$

取 $\delta=\min\{x_2-x_0,x_0-x_1\}$,则 $U_\delta(x_0)\subset(x_1,x_2)$,从而有

$$|f(x)-f(x_0)|<\varepsilon,\quad \text{只要 } |x-x_0|<\delta.$$

这表明,f 在点 x_0 处是连续的. 由于 x_0 是(a,b)内任意的一点,故 f 在(a,b)上连续.

又因为当 f 严格单调时,不难证明 f^{-1}也严格单调,因而上述证明也完全适用于 f^{-1},故 f^{-1}在(c,d)上也是连续的. 证毕.

从上述证明中可以看出,若将定理 4 中的区间(a,b)与(c,d)同时改为闭区间或半开半闭区间,结论同样成立.

下面我们应用定理 4 来证明**基本初等函数在其定义域内的连续性**.

关于基本初等函数,我们认为它们在中学数学课本中已经有定义,并且承认已为大家所熟知的性质,如正弦函数 $y=\sin x$ 在区间$\left[-\frac{\pi}{2},\frac{\pi}{2}\right]$上严

格单调,且将区间$\left[-\frac{\pi}{2},\frac{\pi}{2}\right]$映满区间$[-1,1]$. 本教材中我们承认这些结论而不打算深究其理由.

基于正弦函数 $y=\sin x$ 在区间$\left[-\frac{\pi}{2},\frac{\pi}{2}\right]$上的上述性质,由定理 4 即推出反正弦函数 $y=\arcsin x$ 在区间$[-1,1]$上的连续性. 一般地,我们有下例中的结论.

例 7 反三角函数 $y=\arcsin x$, $y=\arccos x$, $y=\arctan x$ 及 $y=\operatorname{arccot} x$ 在各自的定义域内是连续函数.

类似地,基于指数的单调性及其取值范围,我们可以得到指数函数与对数函数的连续性.

例 8 对数函数 $y=\log_a x$ 与指数函数 $y=a^x$ $(a>0,a\neq1)$分别在区间$(0,+\infty)$及$(-\infty,+\infty)$上连续.

例 9 求极限 $\lim\limits_{x\to+\infty}\left(1+\frac{1}{x}\right)^{x+\sqrt{x}}$.

解 我们有

$$\left(1+\frac{1}{x}\right)^{x+\sqrt{x}}=e^{(x+\sqrt{x})\ln\left(1+\frac{1}{x}\right)}=e^{x\left(1+\frac{1}{\sqrt{x}}\right)\ln\left(1+\frac{1}{x}\right)}.$$

利用对数函数的连续性,有

$$\lim_{x\to+\infty}x\ln\left(1+\frac{1}{x}\right)=\lim_{x\to+\infty}\ln\left(1+\frac{1}{x}\right)^x=\ln\left(\lim_{x\to+\infty}\left(1+\frac{1}{x}\right)^x\right)=\ln e=1.$$

故

$$\lim_{x\to+\infty}x\left(1+\frac{1}{\sqrt{x}}\right)\ln\left(1+\frac{1}{x}\right)=1.$$

再由 e^x 的连续性有

$$\begin{aligned}\lim_{x\to+\infty}\left(1+\frac{1}{x}\right)^{x+\sqrt{x}}&=\lim_{x\to+\infty}e^{x\left(1+\frac{1}{\sqrt{x}}\right)\ln\left(1+\frac{1}{x}\right)}\\&=e^{\lim\limits_{x\to+\infty}x\left(1+\frac{1}{\sqrt{x}}\right)\ln\left(1+\frac{1}{x}\right)}=e.\end{aligned}$$

在基本初等函数中,我们已证明了三角函数、反三角函数、指数函数及对数函数的连续性. 下面我们来证明一般幂函数 $y=x^\alpha$ 在区间$(0,+\infty)$内是连续的.

事实上,$y=x^\alpha$ 可以写成

$$y=x^\alpha=e^{\alpha\ln x},$$

即 $y=x^{\alpha}$ 可以看作对数函数与指数函数的复合函数. 这样,由对数函数与指数函数的连续性即推出 $y=x^{\alpha}$ 的连续性.

总之,我们证明了,所有基本初等函数在其定义域内是连续的.

我们知道,任意一个初等函数都是基本初等函数经过有限次四则运算及复合运算的结果,而四则运算及复合运算保持函数的连续性不变. 因此,**每个初等函数在其定义域中任意一个区间上都是连续的**[①].

4. 间断点的分类

若函数 $y=f(x)$ 在一点 x_0 附近有定义但不连续,则称 x_0 为其一个**间断点**. 根据此定义,假定 x_0 是 $y=f(x)$ 的一个间断点,那么有下列两种可能性:

(1) $\lim\limits_{x\to x_0+0} f(x)$ 与 $\lim\limits_{x\to x_0-0} f(x)$ 都存在,但它们彼此不相等,或者它们相等但不等于函数值 $f(x_0)$,此时称 x_0 为**第一类间断点**.

当 $\lim\limits_{x\to x_0+0} f(x)=\lim\limits_{x\to x_0-0} f(x)\neq f(x_0)$ 时,人们可以通过修改在点 x_0 处的函数值而使得函数 $f(x)$ 在点 x_0 处连续,故此时称 x_0 为**可去间断点**.

(2) $\lim\limits_{x\to x_0+0} f(x)$ 与 $\lim\limits_{x\to x_0-0} f(x)$ 中至少有一个不存在,此时称 x_0 为**第二类间断点**.

显然, 函数 $y=x-[x]$ 的间断点都是第一类间断点(见图 1.19); 函数 $y=\operatorname{sgn}x^2$ 的间断点 $x=0$ 是第一类间断点,并且是可去间断点(见图 1.20); 函数

$$y=\begin{cases}\sin\dfrac{1}{x}, & x\neq 0,\\ 0, & x=0\end{cases}$$

的间断点 $x=0$ 是第二类间断点.

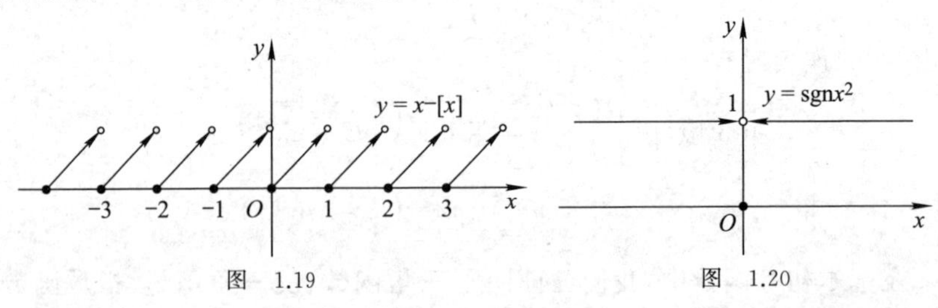

图 1.19　　　图 1.20

---

① 初等函数的定义域可能包含孤立点,例如 $y=\sqrt{x^2(x-1)(x+1)}$ 的定义域为 $(-\infty,-1]\cup\{0\}\cup[1,+\infty)$,其中 $x=0$ 就是一个孤立点. 根据现有函数连续性的定义,我们不能在孤立点谈论函数的连续性. 故这里我们只断言: 初等函数在其定义域中的任意一个区间上是连续的,这里的区间可以是开区间、闭区间、半开半闭区间或无穷区间.

例 10 指出函数 $f(x)=\begin{cases}\dfrac{\sin x}{x(1-x)}, & x\neq 0,1,\\ -1, & x=0,\\ 1, & x=1\end{cases}$ 的间断点及其类型,若是可去间断点,请修改在该点处的函数值,使得 $f(x)$在该点处连续.

解 因为

$$\lim_{x\to 0}\frac{\sin x}{x(1-x)}=\lim_{x\to 0}\frac{\sin x}{x}\cdot\frac{1}{1-x}=1,\quad f(0)=-1,$$

所以 $x=0$ 是可去间断点. 故修改点 $x=0$ 处的函数值,定义 $f(0)=1$,则 $f(x)$在点 $x=0$ 处连续.

因为 $\lim\limits_{x\to 1+0}\dfrac{\sin x}{x(1-x)}=-\infty$,所以 $x=1$ 是第二类间断点.

习 题 1.5

1. 试用 ε-δ 说法证明:

(1) 函数 $\sqrt{1+x^2}$ 在点 $x=0$ 处连续;

(2) 函数 $\sin 5x$ 在任意一点 $x=a$ 处连续.

2. 设函数 $y=f(x)$在点 x_0 处连续,并且 $f(x_0)>0$,证明:存在一个 $\delta>0$,使得

$$f(x)>0,\quad 只要\ |x-x_0|<\delta.$$

3. 设函数 $y=f(x)$在区间(a,b)上连续,证明:函数 $y=|f(x)|$在(a,b)上也连续. 问:其逆命题是否成立?

4. 适当选取 a,使下列函数处处连续:

(1) $f(x)=\begin{cases}\sqrt{1+x^2}, & x<0,\\ a+x, & x\geqslant 0;\end{cases}$　　(2) $f(x)=\begin{cases}\ln(1+x), & x\geqslant 1,\\ a\cos\pi x, & x<1.\end{cases}$

5. 利用初等函数的连续性及定理 3 求下列极限:

(1) $\lim\limits_{x\to+\infty}\cos\dfrac{\sqrt{x+1}-\sqrt{x}}{x}$;　　(2) $\lim\limits_{x\to 2}x^{\sqrt{x}}$;

(3) $\lim\limits_{x\to 0}\mathrm{e}^{\frac{\sin 2x}{\sin 3x}}$;　　(4) $\lim\limits_{x\to\infty}\arctan\dfrac{\sqrt{x^4+8}}{x^2+1}$;

(5) $\lim\limits_{x\to\infty}\sqrt{(\sqrt{x^2+1}-\sqrt{x^2-2})|x|}$.

6. 设 $\lim\limits_{x\to x_0}f(x)=a>0$,$\lim\limits_{x\to x_0}g(x)=b$,证明:$\lim\limits_{x\to x_0}f(x)^{g(x)}=a^b$.

7. 指出下列函数的间断点及其类型,若是可去间断点,请修改在可去间断点处的函数值,使之成为连续函数:

(1) $f(x)=\cos\pi(x-[x])$;　　(2) $f(x)=\mathrm{sgn}(\sin x)$;

(3) $f(x)=\begin{cases} x^2, & x\neq 1, \\ \dfrac{1}{2}, & x=1; \end{cases}$　　(4) $f(x)=\begin{cases} x^2+1, & 0\leqslant x\leqslant 1, \\ \sin\dfrac{\pi}{x-1}, & 1<x\leqslant 2; \end{cases}$

(5) $f(x)=\begin{cases} \dfrac{1}{2-x}, & 0\leqslant x\leqslant 1, \\ x, & 1<x\leqslant 2, \\ \dfrac{1}{1-x}, & 2<x\leqslant 3. \end{cases}$

8. 设 $y=f(x)$ 在 $\mathbf{R}$ 上是连续函数，而函数 $y=g(x)$ 在 $\mathbf{R}$ 上有定义，但在点 x_0 处间断，问：函数 $h(x)=f(x)+g(x)$ 及 $\varphi(x)=f(x)g(x)$ 在点 x_0 处是否一定间断？

§6　闭区间上连续函数的性质

闭区间上连续函数的基本性质是微分学及积分学中某些理论的基础，其重要性在今后的讨论中将会逐渐显露出来.

现在我们列出三条定理. 它们在直观上是很容易接受的事实，但其证明并非轻而易举并且超出了教学大纲，故我们略去其证明.

定理 1 (介值定理)　设 $f:[a,b]\to\mathbf{R}$ 是闭区间 $[a,b]$ 上的连续函数，并且 $f(a)\neq f(b)$，则对于任意一个值 η：$f(b)<\eta<f(a)$（或 $f(a)<\eta<f(b)$），存在一点 $\xi\in(a,b)$，使得

$$f(\xi)=\eta.$$

这条定理的直观解释如下：设想 x 自点 a 连续地向点 b 移动，这时平面上的点 $(x,f(x))$ 在一条连续曲线上自点 $(a,f(a))$ 连续地向点 $(b,f(b))$ 移动. 因为这条曲线的端点分别处在直线 $y=\eta$ 的两侧，故这条曲线必与该直线在某处相交，而交点的 x 坐标就是所要找的 ξ（见图 1.21）.

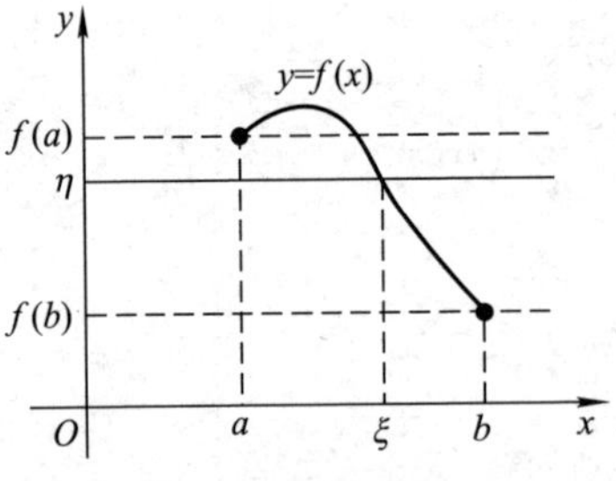

图　1.21

不连续的函数，如符号函数，显然没有定理 1 所说的性质.

例 1　证明：方程 $x-\cos x=0$ 在区间 $\left(0,\dfrac{\pi}{2}\right)$ 中有唯一解.

证　设 $f(x)=x-\cos x$，则 $f(x)$ 在闭区间 $\left[0,\dfrac{\pi}{2}\right]$ 上连续，并且

$$f(0)=-1,\quad f\left(\frac{\pi}{2}\right)=\frac{\pi}{2}.$$

取 $\eta=0$,则 $f(0)<\eta<f\left(\frac{\pi}{2}\right)$. 利用介值定理,存在一点 $\xi\in\left(0,\frac{\pi}{2}\right)$,使得 $f(\xi)=\eta$,即 ξ 是方程 $x-\cos x=0$ 在 $\left(0,\frac{\pi}{2}\right)$ 中的解.

假设还有一个 $\xi'\in\left(0,\frac{\pi}{2}\right)$ 是方程 $x-\cos x=0$ 的解. 不妨设 $\xi>\xi'$. 因为 $\xi-\cos\xi=0,\xi'-\cos\xi'=0$,所以

$$\xi-\cos\xi=\xi'-\cos\xi',$$

即

$$\xi-\xi'=\cos\xi-\cos\xi'.$$

上式左端大于零,而 $\cos x$ 在 $\left[0,\frac{\pi}{2}\right)$ 上严格递减,从而上式右端小于零,得到相互矛盾的结果,所以假设不成立,ξ 是方程 $x-\cos x=0$ 在 $\left(0,\frac{\pi}{2}\right)$ 中的唯一解.

定理 2 (最大值与最小值定理) 设 $f:[a,b]\to\mathbf{R}$ 是闭区间 $[a,b]$ 上的连续函数,则它的函数值有最大值与最小值,即存在 $x_1\in[a,b]$ 及 $x_2\in[a,b]$,使得

$$f(x_1)\leqslant f(x)\leqslant f(x_2),\quad \forall x\in[a,b].$$

定理 2 的几何意义可以由图 1.22 看出.

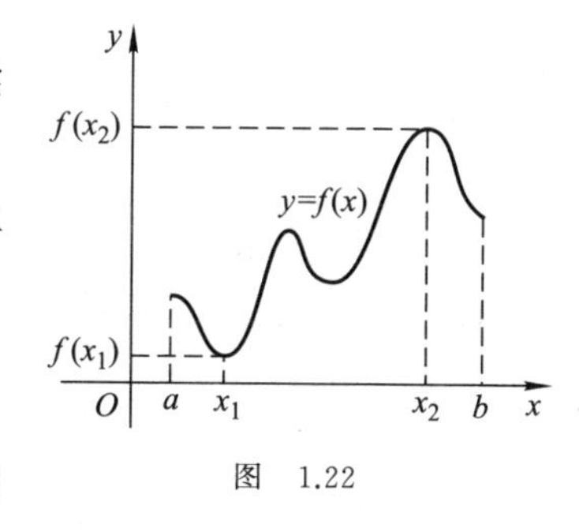

图 1.22

定理 3 (有界性定理) 闭区间上的连续函数是有界函数.

所谓的函数 $y=f(x)$ 在闭区间 $[a,b]$ 上有界,是指存在两个常数 M 与 N,使得

$$N\leqslant f(x)\leqslant M,\quad \forall x\in[a,b].$$

显然,定理 3 是定理 2 的推论.

开区间上的连续函数可能是无界的,如函数 $f(x)=\frac{1}{x},x\in(0,1)$.

开区间上的连续函数即使是有界的,其函数值也未必有最大值或最小值,如函数 $f:(0,1)\to\mathbf{R},x\mapsto x^2$ 在开区间 $(0,1)$ 上连续,其值域为 $(0,1)$,但这个集合中无最大值,也无最小值.

由定理1与定理2可以推出,闭区间上连续函数的值域是一个闭区间.

下面我们举例说明连续函数的这些定理的用途.

例2 实系数多项式

$$P(x)=a_0x^5+a_1x^4+\cdots+a_5 \quad (a_0>0)$$

至少有一个实根.

证 我们将$P(x)$写成

$$P(x)=x^5\left(a_0+\frac{a_1}{x}+\cdots+\frac{a_5}{x^5}\right), \quad |x|>0.$$

当$x\to\infty$时,

$$a_0+\frac{a_1}{x}+\cdots+\frac{a_5}{x^5}\to a_0>0.$$

因此,当$|x|$充分大时,$a_0+\frac{a_1}{x}+\cdots+\frac{a_5}{x^5}>0$,这时$P(x)$与$x^5$有相同的符号.由此知

$$P(x)\to+\infty\ (x\to+\infty), \quad P(x)\to-\infty\ (x\to-\infty).$$

这样,存在一点b,使得$P(b)>0$;并且存在一点a,使得$P(a)<0$.多项式是初等函数,因而在$\mathbf{R}$上连续.根据介值定理,在a与b之间存在一点c,使得$P(c)=0$.这样,c就是多项式$P(x)$的实根.证毕.

从上述证明立即看出,任意奇数次实系数多项式至少有一个实根.

例3 设函数$f(x)$在区间(a,b)上连续.若$f(x)$在(a,b)上是一一映射,即$x'\neq x'' \Longrightarrow f(x')\neq f(x'')$,则$f(x)$在$(a,b)$上是严格单调的.

证 用反证法.设$f(x)$不是严格单调的,则存在$x_1,x_2,x_3\in[a,b]$,使得$x_1<x_2<x_3$,但

$$f(x_2)<\min\{f(x_1),f(x_3)\} \quad 或 \quad f(x_2)>\max\{f(x_1),f(x_3)\}.$$

图1.23及图1.24分别表示了这两种情况.

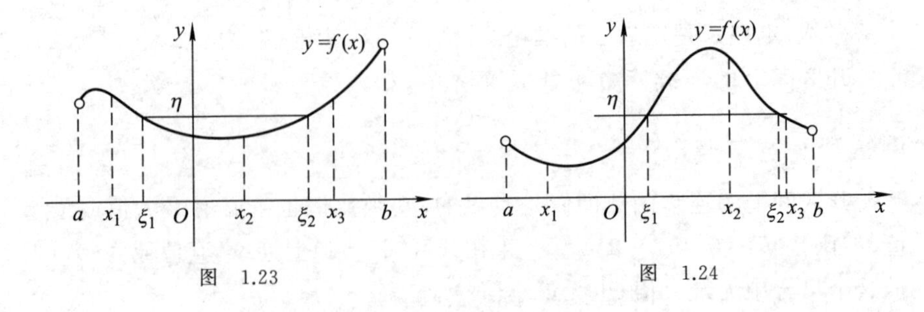

图 1.23 图 1.24

这样，根据介值定理，对于任意满足

$$f(x_2) < \eta < \min\{f(x_1), f(x_3)\}$$

或

$$\max\{f(x_1), f(x_3)\} < \eta < f(x_2)$$

的 η，存在 $\xi_1(x_1<\xi_1<x_2)$ 及 $\xi_2(x_2<\xi_2<x_3)$，使得

$$\eta = f(\xi_1) \quad 且 \quad \eta = f(\xi_2)$$

(见图 1.23 或图 1.24). 但 $\xi_1 \neq \xi_2$，故上两式表明两个不同的点对应于同一函数值. 这与 $f(x)$ 是一一映射矛盾. 这就证明了 $f(x)$ 是严格单调的. 证毕.

这个例子告诉我们：两个区间之间连续的一一满射，作为函数一定是严格单调的. 因此，由上一节中的定理 4，我们立刻推出下列定理：

定理 4 设 $f(x)$ 是区间 (a,b) 上的连续函数，其值域为区间 (c,d). 若 $f(x)$ 是一一映射，则其反函数在 (c,d) 上连续.

这就是说，**如果一个连续函数有单值反函数，则其反函数必连续**.

习 题 1.6

1. 证明：任意一个奇数次实系数多项式至少有一个实根.

2. 设 $0<\varepsilon<1$，证明：对于任意一个 $y_0 \in \mathbf{R}$，方程

$$y_0 = x - \varepsilon \sin x$$

有解，并且解是唯一的.

3. 设函数 $f(x)$ 在区间 (a,b) 上连续，又设 $x_1, x_2 \in (a,b)$，$m_1, m_2 > 0$，证明：存在一点 $\xi \in (a,b)$，使得

$$f(\xi) = \frac{m_1 f(x_1) + m_2 f(x_2)}{m_1 + m_2}.$$

4. 设函数 $f(x)$ 在区间 $[0,1]$ 上连续，并且

$$0 \leqslant f(x) \leqslant 1, \quad \forall x \in [0,1],$$

证明：在 $[0,1]$ 中存在一点 t，使得

$$f(t) = t.$$

*5. 设函数 $f(x)$ 在区间 $[0,2]$ 上连续，并且 $f(0)=f(2)$，证明：在 $[0,2]$ 中存在两点 x_1 与 x_2，使得

$$|x_1 - x_2| = 1 \quad 且 \quad f(x_1) = f(x_2).$$

第一章总练习题

1. 求解下列不等式：

(1) $\left|\dfrac{5x-8}{3}\right|\geqslant 2$；　(2) $\left|\dfrac{2}{5}x-3\right|\leqslant 3$；　(3) $|x+1|\geqslant|x-2|$.

2. 设 $y=2x+|2-x|$，试将 x 表示成 y 的函数.

3. 求出满足不等式

$$\sqrt{1+x}<1+\frac{1}{2}x$$

的全部 x.

4. 用数学归纳法证明下列等式：

(1) $\dfrac{1}{2}+\dfrac{2}{2^2}+\dfrac{3}{2^3}+\cdots+\dfrac{n}{2^n}=2-\dfrac{n+2}{2^n}$；

(2) $1+2x+3x^2+\cdots+nx^{n-1}=\dfrac{1-(n+1)x^n+nx^{n+1}}{(1-x)^2}\ (x\neq 1)$.

5. 设函数 $f(x)=\dfrac{|2+x|-|x|-2}{x}$.

(1) 求 $f(-4)$，$f(-1)$，$f(-2)$，$f(2)$的值.

(2) 将 $f(x)$表示成分段函数.

(3) 当 $x\to 0$ 时，$f(x)$是否有极限？

(4) 当 $x\to -2$ 时，$f(x)$是否有极限？

6. 设函数 $f(x)=[7x^2-14]$，即 $f(x)$是不超过 $7x^2-14$ 的最大整数.

(1) 求 $f(0)$，$f\left(\dfrac{3}{2}\right)$，$f(\sqrt{2})$的值.

(2) $f(x)$在点 $x=0$ 处是否连续？

(3) $f(x)$在点 $x=\sqrt{2}$ 处是否连续？

7. 设两个常数 a 与 b 满足 $0\leqslant a<b$. 对于一切正整数 n，证明：

(1) $\dfrac{b^{n+1}-a^{n+1}}{b-a}<(n+1)b^n$；　(2) $(n+1)a^n<\dfrac{b^{n+1}-a^{n+1}}{b-a}$.

8. 对 $n=1,2,\cdots$令

$$a_n=\left(1+\frac{1}{n}\right)^n,\quad b_n=\left(1+\frac{1}{n}\right)^{n+1},$$

证明：序列$\{a_n\}$单调递增，而序列 $\{b_n\}$单调递减，并且 $a_n<\mathrm{e}<b_n$.

9. 求极限

$$\lim_{n\to\infty}\left(1-\frac{1}{2^2}\right)\left(1-\frac{1}{3^2}\right)\left(1-\frac{1}{4^2}\right)\cdots\left(1-\frac{1}{n^2}\right).$$

10. 作函数 $f(x)=\lim\limits_{n\to\infty}\dfrac{nx}{nx^2+a}$ $(a\neq0)$的图形.

11. 在§2中关于有界函数的定义下，证明：函数 $y=f(x)$在区间$[a,b]$上为有界函数的充要条件是，存在一个正的常数 M，使得

$$|f(x)|<M,\quad \forall x\in[a,b].$$

12. 证明：若函数 $f(x)$及 $g(x)$在区间$[a,b]$上均为有界函数，则函数 $f(x)+g(x)$及 $f(x)g(x)$也都是$[a,b]$上的有界函数.

13. 证明：函数 $f(x)=\dfrac{1}{x}\cos\dfrac{\pi}{x}$ 在点 $x=0$ 的任意一个邻域内都是无界的，但当 $x\to0$ 时，$f(x)$不是无穷大量.

14. 证明：$\lim\limits_{n\to\infty}n\left(x^{\frac{1}{n}}-1\right)=\ln x$.

15. 设函数 $f(x)$及 $g(x)$在 $\mathbf{R}$ 上有定义且连续，证明：若 $f(x)$与 $g(x)$在 $\mathbf{Q}$ 上处处相等，则它们在 $\mathbf{R}$ 上处处相等.

16. 证明：$\lim\limits_{x\to0}\dfrac{1-\cos x}{x^2}=\dfrac{1}{2}$.

17. 证明：

(1) $\lim\limits_{y\to0}\dfrac{\ln(1+y)}{y}=1$;　　(2) $\lim\limits_{x\to0}\dfrac{e^{x+a}-e^a}{x}=e^a$.

18. 设函数 $f(x)$在点 a 附近有定义且有极限 $\lim\limits_{x\to a}f(x)=0$，又设 $y=g(x)$在点 a 附近有定义且是有界函数，证明：$\lim\limits_{x\to a}f(x)g(x)=0$.

19. 设函数 $f(x)$在区间$(-\infty,+\infty)$上连续，又设 c 为正的常数，并定义函数 $g(x)$如下：

$$g(x)=\begin{cases}f(x), & |f(x)|\leqslant c,\\ c, & f(x)>c,\\ -c, & f(x)<-c.\end{cases}$$

试画出 $g(x)$的略图，并证明：$g(x)$在区间$(-\infty,+\infty)$上连续.

20. 设函数 $f(x)$在区间$[a,b]$上连续，又设

$$\eta=\frac{1}{3}(f(x_1)+f(x_2)+f(x_3)),$$

其中 $x_1,x_2,x_3\in[a,b]$，证明：存在一点 $c\in[a,b]$，使得 $f(c)=\eta$.

21. 设函数 $f(x)$在点 x_0 处连续，而函数 $g(x)$在点 x_0 附近有定义，但在点 x_0 处不连续，问：$kf(x)+lg(x)$是否在点 x_0 处连续？这里 k,l 为常数.

22. 证明：狄利克雷函数处处不连续.

23. 求出下列极限：

(1) $\lim\limits_{x\to\infty}\left(\dfrac{1+x}{1+2x}\right)^{|x|}$；　　(2) $\lim\limits_{x\to+\infty}(\arctan x)\sin\dfrac{1}{x}$；

(3) $\lim\limits_{x\to0}\dfrac{\tan5x}{\ln(1+x^2)+\sin x}$；　　(4) $\lim\limits_{x\to1}(\sqrt{x})^{\frac{1}{\sqrt{x}-1}}$.

24. 设函数 $f(x)$在区间$[0,+\infty)$上连续，且满足 $0\leqslant f(x)\leqslant x$，又设 $a_1\geqslant0$ 是任意一个数，并假定 $a_2=f(a_1),a_3=f(a_2),\cdots,a_{n+1}=f(a_n),\cdots$，证明：序列$\{a_n\}$单调递减，且极限 $\lim\limits_{n\to\infty}a_n$ 存在；若 $l=\lim\limits_{n\to\infty}a_n$，则 l 是方程 $f(x)=x$ 的根，即 $l=f(l)$.

25. 设 $x_{n+1}=\sin x_n(n=0,1,\cdots)$，证明：对于任意选定的 x_0，有 $\lim\limits_{n\to\infty}x_n=0$.

第二章　微积分的基本概念

本章的主要内容包括：导数的概念与计算、微分的概念、不定积分与定积分、微积分基本定理(牛顿-莱布尼茨公式)．它们是微积分的核心内容．

§1　导数的概念

1．导数的定义

导数的概念最初来自力学上关于瞬时速度的计算以及几何学上关于切线斜率的计算．我们先看两个典型的例子．

物体沿直线运动的瞬时速度　假设一个物体沿着某条直线做运动．在该直线上取定坐标系(将物体运动的起点作为原点)后，物体的运动规律可以由函数 $s=s(t)$ 表示，其中 $s(t)$ 表示 t 时刻物体的位置，即物体在时间 t 内的位移．我们的问题是：若物体的运动规律是已知的，应该如何计算它在某一 t_0 时刻的瞬时速度呢？当物体做匀速运动时，它在任一时刻的速度很容易求出：用时间去除位移即可．当物体不是做匀速度运动时，问题变得困难起来．它的瞬时速度是指什么？这就需要有新的观念来处理这个问题．

我们考虑自变量 t 在点 t_0 处的一个改变量 Δt（这里 Δ 是大写希腊字母，读作 delta)，$\Delta t\neq 0$．Δt 可正可负，通常称为自变量 t 的**增量**．这样就得到 t_0 时刻附近的另一时刻 $t_0+\Delta t$，而物体从 t_0 时刻到 $t_0+\Delta t$ 时刻的位移应为 $s(t_0+\Delta t)-s(t_0)$，它是位移的改变量，称为函数或因变量 s 的**增量**，记作 Δs．那么，在这段时间内，物体的平均速度为

$$\bar{v}_{\Delta t}=\frac{\Delta s}{\Delta t}=\frac{s(t_0+\Delta t)-s(t_0)}{\Delta t}.$$

一般来说，时间段 Δt 越小，平均速度 $\bar{v}_{\Delta t}$ 也就越接近于物体在 t_0 时刻的瞬时速度．因此，我们可以认为 $\Delta t\to 0$ 时平均速度 $\bar{v}_{\Delta t}$ 的极限就是 t_0 时刻的瞬时速度，即认为物体在 t_0 时刻的瞬时速度等于

$$v(t_0)=\lim_{\Delta t\to 0}\frac{\Delta s}{\Delta t}=\lim_{\Delta t\to 0}\frac{s(t_0+\Delta t)-s(t_0)}{\Delta t}.$$

现在我们以自由落体运动为例. 已知下落物体的运动规律为

$$s=\frac{1}{2}gt^2,$$

其中 g 是重力加速度. 根据上面的说法,下落物体在 t 时刻的瞬时速度为

$$\begin{aligned}v(t)&=\lim_{\Delta t\to 0}\frac{\frac{1}{2}g(t+\Delta t)^2-\frac{1}{2}gt^2}{\Delta t}\\&=\lim_{\Delta t\to 0}\frac{1}{2}g(2t\Delta t+\Delta t^2)\frac{1}{\Delta t}=gt.\end{aligned}$$

用同样的办法可得到瞬时加速度的概念. 将某个时间段 Δt 内瞬时速度的改变量除以 Δt,得到平均加速度,再令 $\Delta t\to 0$,由平均加速度取极限即得到在 t 时刻的瞬时加速度:

$$a(t)=\lim_{\Delta t\to 0}\frac{\Delta v}{\Delta t}=\lim_{\Delta t\to 0}\frac{v(t+\Delta t)-v(t)}{\Delta t}.$$

按照这个公式计算,自由落体运动在 t 时刻的瞬时加速度为常数 g:

$$a(t)=\lim_{\Delta t\to 0}\frac{g(t+\Delta t)-gt}{\Delta t}=g.$$

曲线在一点处的切线　我们来考虑任一曲线在一点处的切线问题.

当曲线是直线或圆周时,这个几何问题的解答是明显的. 当曲线是一条任意的曲线时,这个几何问题的解答就不那么简单了. 有趣的是,这个几何问题的处理办法却与上述力学问题的处理办法完全相似,并且在数学表达形式上完全一致.

我们考虑一个连续函数 $y=f(x)$,它定义在区间(a,b)上. 这时,它的图形在 Oxy 平面上是一条连续曲线.

设想我们要研究这条曲线在一点(x_0,y_0) $(y_0=f(x_0))$处的切线. 我们借助极限的方法,将此切线看作过点(x_0,y_0)的一系列割线的极限位置(见图 2.1).

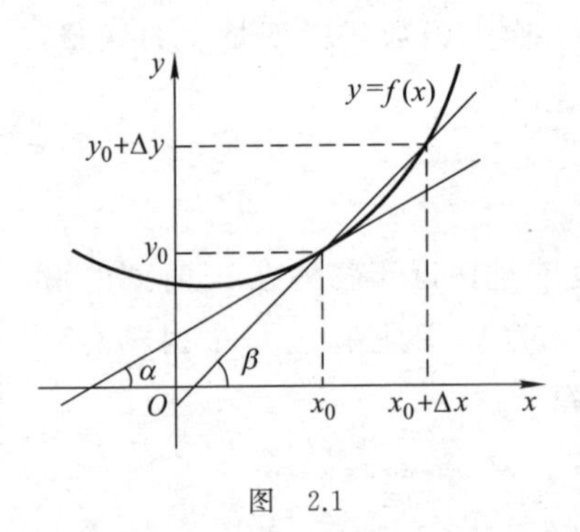

图　2.1

现在我们考虑该切线的斜率. 在这条曲线上取另外一点(x,y),其中 $y=f(x)$. 这时,x 的增量为 $\Delta x=x-x_0$,y 的增量为 $\Delta y=y-y_0=f(x_0+\Delta x)-f(x_0)$. 过点$(x_0,y_0)$,$(x,y)$的直线是这条曲线的一条割线,而该割线的斜率为

$$\tan\beta=\frac{\Delta y}{\Delta x}=\frac{f(x_0+\Delta x)-f(x_0)}{\Delta x},$$

其中 β 是该割线与 x 轴正向的夹角. 显然,β 依赖于 Δx,故记为 $\beta_{\Delta x}$. 当 Δx 趋向于零时,假如割线有一个极限位置,那么在这个极限位置上的直线就是切线. 设切线与 x 轴正向的夹角为 α,就有

$$\tan\alpha=\lim_{\Delta x\to 0}\tan\beta_{\Delta x}=\lim_{\Delta x\to 0}\frac{f(x_0+\Delta x)-f(x_0)}{\Delta x}.$$

也就是说,我们认为切线的斜率是割线斜率的极限. 这样的看法使我们得以将求切线的斜率归结为求函数的增量与自变量的增量之比的极限. 在形式上,这个极限与求瞬时速度时遇到的极限完全相同.

我们还可以举出许多其他例子,要求人们根据一个已知的函数关系 $y=f(x)$,去计算函数的增量 $\Delta y=f(x+\Delta x)-f(x)$ 与自变量的增量 Δx 之比的极限. 如果这个极限存在,则称之为导数或微商. 导数或微商的更严格的定义如下:

定义 设函数 $y=f(x)$ 在一个开区间 (a,b) 内有定义. 对于给定的一点 $x_0\in(a,b)$,考虑一个增量 Δx,$\Delta x\neq 0$,并且使得 $x=x_0+\Delta x\in(a,b)$. 函数的增量为 $\Delta y=f(x_0+\Delta x)-f(x_0)$. 若极限

$$\lim_{\Delta x\to 0}\frac{\Delta y}{\Delta x}=\lim_{\Delta x\to 0}\frac{f(x_0+\Delta x)-f(x_0)}{\Delta x}$$

存在,则称这个函数在点 x_0 处**可导**,并称该极限值为这个函数在点 x_0 处的**导数**或**微商**,记作 $f'(x_0)$,$y'|_{x=x_0}$,$\left.\frac{\mathrm{d}y}{\mathrm{d}x}\right|_{x=x_0}$,$\left.\frac{\mathrm{d}f}{\mathrm{d}x}\right|_{x=x_0}$ 或 $\left.\frac{\mathrm{d}}{\mathrm{d}x}f(x)\right|_{x=x_0}$.

根据前面的讨论可以看出,一个函数 $y=f(x)$ 在一点处的导数,从数量的角度去看,就是因变量对自变量的变化率;从图形上去看,则是曲线 $y=f(x)$ 在相应点处切线的斜率.

应当指出,并非所有函数在其定义域内都是可导的,即极限

$$\lim_{\Delta x\to 0}\frac{\Delta y}{\Delta x}=\lim_{\Delta x\to 0}\frac{f(x_0+\Delta x)-f(x_0)}{\Delta x}$$

未必总存在. 下面将会看到这样的例子.

我们还要指出,导数定义中的极限是双侧极限.

若单侧极限

$$\lim_{\Delta x\to 0+0}\frac{f(x_0+\Delta x)-f(x_0)}{\Delta x}$$

存在,则称之为 $f(x)$ 在点 x_0 处的**右导数**,记为 $f'(x_0+0)$. 类似地,若单侧

极限

$$\lim_{\Delta x \to 0-0} \frac{f(x_0 + \Delta x) - f(x_0)}{\Delta x}$$

存在,则称之为 $f(x)$在点 x_0 处的**左导数**,记为 $f'(x_0-0)$.

显然,函数在一点处可导的充要条件是其左、右导数都存在且相等.

我们考虑函数 $y=|x|$. 在点 $x=0$ 处,该函数的右导数为

$$\lim_{\Delta x \to 0+0} \frac{|\Delta x|-0}{\Delta x} = \lim_{\Delta x \to 0+0} \frac{\Delta x}{\Delta x} = 1,$$

而左导数为

$$\lim_{\Delta x \to 0-0} \frac{|\Delta x|-0}{\Delta x} = \lim_{\Delta x \to 0-0} \frac{-\Delta x}{\Delta x} = -1.$$

因此,该函数在点 $x=0$ 处是不可导的.

后面我们还将给出一个函数在某点处左导数或右导数不存在的例子.

例 1　请指出下列极限是什么函数在哪一点处的导数:

(1) $\lim\limits_{\Delta x \to 0} \dfrac{(4+\Delta x)^2-16}{\Delta x}$;　　(2) $\lim\limits_{h \to 0} \dfrac{2(5+h)^3-2\times 5^3}{h}$;

(3) $\lim\limits_{x \to 3} \dfrac{\frac{2}{x}-\frac{2}{3}}{x-3}$;　　(4) $\lim\limits_{x \to t} \dfrac{\frac{2}{x}-\frac{2}{t}}{x-t}$.

解　(1) 设 $f(x)=x^2$,记 $x_0=4$,则

$$\lim_{\Delta x \to 0} \frac{(4+\Delta x)^2-16}{\Delta x} = \lim_{\Delta x \to 0} \frac{f(x_0+\Delta x)-f(x_0)}{\Delta x}.$$

可见,此极限是 $f(x)=x^2$ 在点 $x_0=4$ 处的导数.

(2) 将 h 换成 Δx,就可看出此极限是 $f(x)=2x^3$ 在点 $x_0=5$ 处的导数.

(3) 记 $\Delta x=x-3$,做如下变形:

$$\frac{\frac{2}{x}-\frac{2}{3}}{x-3} = \frac{\frac{2}{3+\Delta x}-\frac{2}{3}}{\Delta x}.$$

当 $x\to 3$ 时,$\Delta x \to 0$,则

$$\lim_{x \to 3} \frac{\frac{2}{x}-\frac{2}{3}}{x-3} = \lim_{\Delta x \to 0} \frac{\frac{2}{3+\Delta x}-\frac{2}{3}}{\Delta x}.$$

可见,此极限是 $f(x)=\dfrac{2}{x}$ 在点 $x_0=3$ 处的导数.

(4) 此极限是 $f(x)=\dfrac{2}{x}$ 在点 $x_0=t$ 处的导数.

注 函数 $y=f(x)$ 在点 x_0 处的导数定义有如下等价形式:

$$f'(x_0)=\lim_{x\to x_0}\frac{f(x)-f(x_0)}{x-x_0}.$$

例 2 设函数 $y=f(x)$ 在点 x_0 处可导且 $f'(x_0)=1$,求极限 $\lim\limits_{\Delta x\to 0}\dfrac{f(x_0+\Delta x)-f(x_0-2\Delta x)}{\Delta x}$.

解 做如下变形:

$$\frac{f(x_0+\Delta x)-f(x_0-2\Delta x)}{\Delta x}=\frac{f(x_0+\Delta x)-f(x_0)}{\Delta x}-(-2)\cdot\frac{f(x_0-2\Delta x)-f(x_0)}{-2\Delta x}.$$

因为 $f'(x_0)=1$,而

$$f'(x_0)=\lim_{\Delta x\to 0}\frac{f(x_0+\Delta x)-f(x_0)}{\Delta x},$$

所以利用极限的性质有

$$\lim_{\Delta x\to 0}\frac{f(x_0+\Delta x)-f(x_0-2\Delta x)}{\Delta x}=f'(x_0)-(-2)f'(x_0)=3.$$

若函数 $f(x)$ 在区间 (a,b) 内每一点 x 处都可导,则称 $f(x)$ 在 (a,b) 内**可导**. 这时,每一点 $x\in(a,b)$ 都对应一个导数值 $f'(x)$,这样便定义了一个新的函数 $f'(x)$,称之为 $f(x)$ 的**导函数**. 在不引起混淆的情况下,也将导函数简称为导数.

例 3 设 $f(x)\equiv c$(c 为常数),即 $f(x)$ 为常数函数. 这时,对于任一点 x 及 $\Delta x\neq 0$,总有 $\Delta y=f(x+\Delta x)-f(x)=0$,因而 $f'(x)\equiv 0$. 简单地说,常数函数的导数为零.

这个例子的几何意义是很明显的:在 Oxy 平面上,一条水平直线上每一点处的切线都是水平的.

反过来,若一个函数 $f(x)$ 在其定义域内每一点都有导数 $f'(x)$,且 $f'(x)$ 恒等于零,那么它的图形在每一点处的切线都是水平的. 从直观上看,$f(x)$ 的图形一定是一条水平线. 换句话说,就是 $f(x)$ 恒等于一个常数.

这样,我们从直观上说明了一个命题:在一个区间内**导数恒等于零的函数是一个常数函数**. 此命题的严格证明要用到微分中值定理,留待以后在第四章中完成.

例 4　$(\sin x)'=\cos x$.

事实上,对于 $y=\sin x$ 以及任意给定的 x 和 $\Delta x\neq 0$,有

$$\Delta y=\sin(x+\Delta x)-\sin x=2\sin\frac{\Delta x}{2}\cos\left(x+\frac{\Delta x}{2}\right),$$

因而

$$\begin{aligned}\lim_{\Delta x\to 0}\frac{\Delta y}{\Delta x}&=\lim_{\Delta x\to 0}2\frac{\sin\frac{\Delta x}{2}}{\Delta x}\cos\left(x+\frac{\Delta x}{2}\right)\\&=\lim_{\Delta x\to 0}\frac{\sin\frac{\Delta x}{2}}{\frac{\Delta x}{2}}\cdot\lim_{\Delta x\to 0}\cos\left(x+\frac{\Delta x}{2}\right)\\&=\cos x,\end{aligned}$$

最后一步用到了余弦函数的连续性以及重要极限 $\lim\limits_{x\to 0}\frac{\sin x}{x}=1$(见第一章§4中的例5).

由上述证明可知,正弦函数的导数为余弦函数这一简单而优美的事实是建立在极限 $\lim\limits_{x\to 0}\frac{\sin x}{x}=1$ 的基础之上的. 这里要着重指出:这一极限公式成立又是建立在正弦函数的自变量 x 采用弧度制的基础之上的. 如果我们不采用弧度制,而采用其他制,那时 $\sin x$ 与 x 之比在 $x\to 0$ 时的极限就不再是1,而是另外一个常数. 这就会导致正弦函数的导数是余弦函数乘以某个常数,将会在计算上带来麻烦. 这就是为什么在科学计算中三角函数使用弧度制的原因之一.

例 5　$(\cos x)'=-\sin x$.

留给读者自行证明.

例 6　设 m 为一个正整数,则 $(x^m)'=mx^{m-1}$.

事实上,对于 $y=x^m$ 以及任意的 x 和 $\Delta x\neq 0$,有

$$\begin{aligned}\Delta y&=(x+\Delta x)^m-x^m\\&=mx^{m-1}\Delta x+\frac{1}{2!}m(m-1)x^{m-2}(\Delta x)^2+\cdots+(\Delta x)^m,\end{aligned}$$

从而

$$\frac{\Delta y}{\Delta x}=mx^{m-1}+\frac{1}{2!}m(m-1)x^{m-2}\Delta x+\cdots+(\Delta x)^{m-1}.$$

注意到上式中自第二项开始都包含有 Δx 的方幂,因此它们在 $\Delta x\to 0$ 时趋

向于零,这就得到

$$\lim_{\Delta x \to 0} \frac{\Delta y}{\Delta x} = m x^{m-1}.$$

后面我们还要证明,当 m 不是正整数而是一般的实数时,例 6 给出的公式依然成立.

例 7 $(e^x)' = e^x$.

这是一个非常奇妙的事实:一个函数的导数值处处等于函数本身的值. 在常见的函数中,除函数 $y = c e^x$(c 为常数)之外,没有具有这种性质的函数.

现在我们来证明例 7 的结论.

对于 $y = e^x$ 以及任意的 x 和 $\Delta x \neq 0$,有

$$\Delta y = e^{x+\Delta x} - e^x = e^x (e^{\Delta x} - 1).$$

令 $\eta = e^{\Delta x} - 1$,则当 $\Delta x \to 0$ 时,显然有 $\eta \to 0$. 另外,有 $\Delta x = \ln(1+\eta)$. 于是

$$\begin{aligned} \lim_{\Delta x \to 0} \frac{\Delta y}{\Delta x} &= e^x \lim_{\Delta x \to 0} \frac{e^{\Delta x} - 1}{\Delta x} = e^x \lim_{\eta \to 0} \frac{\eta}{\ln(1+\eta)} \\ &= e^x \lim_{\eta \to 0} \frac{1}{\ln(1+\eta)^{\frac{1}{\eta}}}. \end{aligned}$$

根据第一章 § 4 中例 13 的结论,有

$$\lim_{\eta \to 0} (1+\eta)^{\frac{1}{\eta}} = \lim_{\xi \to \infty} \left(1 + \frac{1}{\xi}\right)^{\xi} = e.$$

再由对数函数的连续性,并注意到 $\ln x$ 表示以 e 为底的对数,可得

$$\lim_{\eta \to 0} \frac{1}{\ln(1+\eta)^{\frac{1}{\eta}}} = 1,$$

从而立即得到我们所要的结论.

例 8 对于一般的指数函数 $y = a^x$ $(a > 0, a \neq 1)$,我们有

$$(a^x)' = a^x \ln a.$$

此结论的证明与例 7 类似:我们改令 $\eta = a^{\Delta x} - 1$,这时就有 $\Delta x = \log_a(1+\eta)$,于是

$$\lim_{\Delta x \to 0} \frac{\Delta y}{\Delta x} = a^x \lim_{\eta \to 0} \frac{\eta}{\log_a(1+\eta)} = a^x \frac{1}{\log_a e} = a^x \ln a.$$

从上面两个例子中我们看到,以常数 e 为底时指数函数的导数表达式最简单. 也正是由于这个原因,在一般科学计算中多数采用以 e 为底的对数. 大家知道,自然对数的引进要归功于欧拉.

现在我们来讨论可导与连续的关系. 假定函数 $f(x)$在点 $x=x_0$ 处可导,这时我们有极限

$$\lim_{\Delta x\to 0}\frac{f(x_0+\Delta x)-f(x_0)}{\Delta x}=f'(x_0).$$

也就是说,$\dfrac{f(x_0+\Delta x)-f(x_0)}{\Delta x}-f'(x_0)\to 0(\Delta x\to 0)$. 我们令

$$\eta(\Delta x)=\frac{f(x_0+\Delta x)-f(x_0)}{\Delta x}-f'(x_0),$$

那么当 $\Delta x\to 0$ 时,$\eta(\Delta x)\to 0$,且

$$f(x_0+\Delta x)-f(x_0)=f'(x_0)\Delta x+\eta(\Delta x)\Delta x\to 0,$$

即 $f(x_0+\Delta x)\to f(x_0)(\Delta x\to 0)$. 这表明,$f(x)$在点 x_0 处连续. 总之,我们证明了:**若函数 $f(x)$在一点处可导,则该函数在这一点处连续**. 可见,一个函数 $f(x)$若在区间(a,b)上可导,则 $f(x)$必在(a,b)上连续. 因此,连续是可导的必要条件.

但是,**连续不是可导的充分条件**. 确切地说,函数 $f(x)$在点 x_0 处连续并不意味着它在点 x_0 处可导. 比如,函数

$$y=x^{\frac{1}{3}}$$

在点 $x=0$ 处是连续的,但它在该点处是不可导的. 事实上,在该点处有 $\dfrac{\Delta y}{\Delta x}=\dfrac{1}{(\Delta x)^{\frac{2}{3}}}$,因而当 $\Delta x\to 0$ 时,$\dfrac{\Delta y}{\Delta x}$ 趋向于 ∞,而不趋向于一个有限数. 另外,我们已经知道函数

$$y=|x|$$

在点 $x=0$ 处也是不可导的,但它在点 $x=0$ 处是连续的. 在前一个例子中,曲线 $y=x^{\frac{1}{3}}$在点$(0,0)$处的切线垂于 x 轴,因而其与 x 轴正向夹角的正切为 ∞,导致导数不存在. 在后一个例子中,曲线 $y=|x|$在点$(0,0)$处是一个尖角,两侧的割线有不同的极限位置,故在该点处没有切线.

下面的函数是另外一个连续而不可导的例子:

$$y=f(x)=\begin{cases}x\sin\dfrac{1}{x}, & x\neq 0,\\ 0, & x=0.\end{cases}$$

由于$|f(x)|\leqslant|x|$,故该函数在点 $x=0$ 处显然是连续的. 但它在点 $x=0$ 处是不可导的. 事实上,在点 $x=0$ 处,

$$\frac{\Delta y}{\Delta x}=\frac{f(\Delta x)-f(0)}{\Delta x}=\sin\frac{1}{\Delta x}$$

在 $\Delta x\to 0$ 的过程中没有极限.

从几何上看，在这个例子中，曲线 $y=f(x)$ 的过点 $(0,0)$，$(0+\Delta x,y_0+\Delta y)$ $(y_0=f(0))$ 的割线在 $\Delta x\to 0$ 的过程中摇摆不定（见图 2.2）.

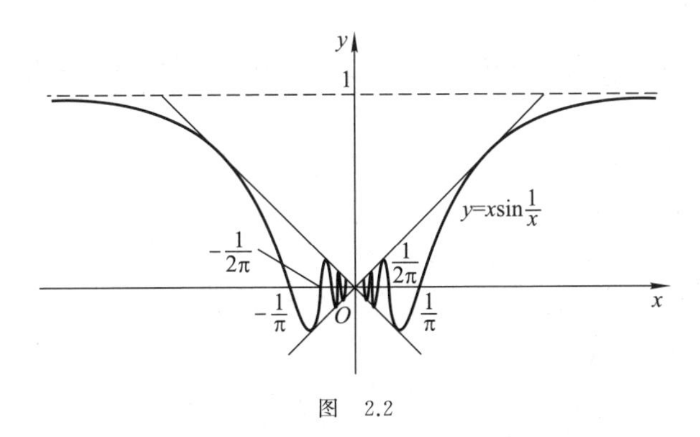

图 2.2

我们曾经说过，初等函数在其有定义的区间内是连续的. 但初等函数可能在其有定义的区间内的个别点处是不可导的. 例如，上面例子中 $y=x^{\frac{1}{3}}$ 与 $y=|x|=\sqrt{x^2}$ 都是初等函数，它们在点 $x=0$ 处均不可导.

魏尔斯特拉斯（K.Weierstrass）举出了一个著名例子，说明一个处处连续的函数可以处处不可导. 构造这样的例子超出我们目前的知识范围，不在这里讲述.

例 9 求出 a 和 b 的值，使得函数 $f(x)=\begin{cases}ax+b, & x<2,\\ x^2, & x\geqslant 2\end{cases}$ 处处可导.

解 $f(x)$ 在点 $x\neq 2$ 处可导，故只需讨论 $f(x)$ 在点 $x=2$ 处的性质. 首先，要 $f(x)$ 在点 $x=2$ 处可导，那么 $f(x)$ 在点 $x=2$ 处连续，从而有

$$\lim_{x\to 2+0}f(x)=\lim_{x\to 2+0}x^2=4=\lim_{x\to 2-0}f(x)=\lim_{x\to 2-0}(ax+b)=2a+b,$$

即 a 和 b 应满足 $2a+b=4$. 再利用可导性知，极限 $\lim\limits_{x\to 2+0}\dfrac{f(x)-f(2)}{x-2}$ 和 $\lim\limits_{x\to 2-0}\dfrac{f(x)-f(2)}{x-2}$ 都存在且相等. 而

$$\lim_{x\to 2+0}\frac{f(x)-f(2)}{x-2}=\lim_{x\to 2+0}\frac{x^2-2^2}{x-2}=\lim_{x\to 2+0}(x+2)=4,$$

$$\lim_{x\to 2-0}\frac{f(x)-f(2)}{x-2}=\lim_{x\to 2-0}\frac{(ax+b)-4}{x-2},$$

利用前面得到的条件 $2a+b=4$，则有

$$\lim_{x\to 2-0}\frac{f(x)-f(2)}{x-2}=\lim_{x\to 2-0}\frac{(ax+b)-(2a+b)}{x-2}=a,$$

于是 $a=4$，再由 $2a+b=4$ 得 $b=-4$.

2. 导数的四则运算

根据导数的定义及极限的四则运算法则，很容易给出导数的四则运算法则.

定理 设函数 $f(x)$ 及 $g(x)$ 在一个共同的区间 (a,b) 上有定义，并且在每一点 $x\in(a,b)$ 处都可导，则我们有

$$(f(x)\pm g(x))'=f'(x)\pm g'(x),$$
$$(f(x)g(x))'=f'(x)g(x)+f(x)g'(x),$$

并且当 $g(x)\neq 0$ 时，

$$\left(\frac{f(x)}{g(x)}\right)'=\frac{f'(x)g(x)-f(x)g'(x)}{(g(x))^2}.$$

特别地，对于任意常数 c，有

$$(cf(x))'=cf'(x).$$

证 关于函数和、差的导数公式，很容易由导数的定义以及函数和、差的极限公式推出. 下面证明函数积的导数公式. 首先，将 $\Delta(f(x)g(x))$ 做变形：

$$\begin{aligned}\Delta(f(x)g(x))&=f(x+\Delta x)g(x+\Delta x)-f(x)g(x)\\&=(f(x+\Delta x)-f(x))\cdot g(x+\Delta x)\\&\quad+f(x)(g(x+\Delta x)-g(x));\end{aligned}$$

然后，注意到 $g(x)$ 的连续性：$g(x+\Delta x)\to g(x)\ (\Delta x\to 0)$，用 Δx 除上式，并取极限即得到关于函数积的导数公式.

类似地，对于 $g(x)\neq 0$ 的情况，由

$$\begin{aligned}\Delta\left(\frac{f(x)}{g(x)}\right)&=\frac{f(x+\Delta x)}{g(x+\Delta x)}-\frac{f(x)}{g(x)}=\frac{f(x+\Delta x)g(x)-f(x)g(x+\Delta x)}{g(x)g(x+\Delta x)}\\&=\frac{(f(x+\Delta x)-f(x))g(x)-f(x)(g(x+\Delta x)-g(x))}{g(x)g(x+\Delta x)}\end{aligned}$$

就可推出函数商的导数公式. 证毕.

例 10 $(\sin x\cos x)'=\cos^2 x-\sin^2 x=\cos 2x$.

例 11 $(\tan x)'=\left(\dfrac{\sin x}{\cos x}\right)'=\dfrac{\cos^2 x+\sin^2 x}{\cos^2 x}=\dfrac{1}{\cos^2 x}=\sec^2 x$.

例 12　$(\cos x+x^3+e^x)'=-\sin x+3x^2+e^x$.

例 13　设 m 是正整数,证明:

$$(x^{-m})'=-mx^{-m-1}.$$

证　利用函数商的导数公式,有

$$(x^{-m})'=\left(\frac{1}{x^m}\right)'=\frac{(1)'\cdot x^m-1\cdot(x^m)'}{(x^m)^2}=\frac{-mx^{m-1}}{x^{2m}}=-mx^{-m-1}.$$

证毕.

历史的注记

在牛顿与莱布尼茨时代,导数(牛顿称之为流数)的概念是含混不清的,并引起了广泛争议. 第一个给出导数的明确定义的是柯西. 柯西把函数 $y=f(x)$ 在一点 x 处的导数定义为差商的极限:

$$\lim_{\Delta x\to 0}\frac{\Delta y}{\Delta x}=\lim_{\Delta x\to 0}\frac{f(x+\Delta x)-f(x)}{\Delta x}.$$

柯西的这一定义澄清了近一个世纪关于导数的争议.

柯西的代表性著作是 1821 年出版的《分析教程》. 在这本书中,他以严格化为目标,对微积分的基本概念,如变量、函数、极限、导数、微分、无穷级数收敛等概念,给出了严格的定义,其中最重要的是不再将无穷小量看成一个固定的数,而看成一个以零为极限的变量. 柯西的论述已十分接近现代的形式. 使分析学进一步严格化的是魏尔斯特拉斯.

魏尔斯特拉斯是德国著名的数学家. 他将柯西的极限论中"无限趋向于"的笼统说法改进为严格的 ε-δ 或 ε-N 说法. 这种严格化为分析学的进一步发展奠定了坚实的基础. 比如,它导致了无穷函数项级数的一致收敛概念的出现,并由此消除了过去无穷级数理论中的许多混乱. 他据此所举出的处处连续但处处不可导的函数例子,震惊了当时的数学界. 这在直观上似乎一时难以接受,该函数的图形极为复杂(见图 2.3). 有趣的是,这种复杂的函数图形却正是现代数学中分形学研究的对象.

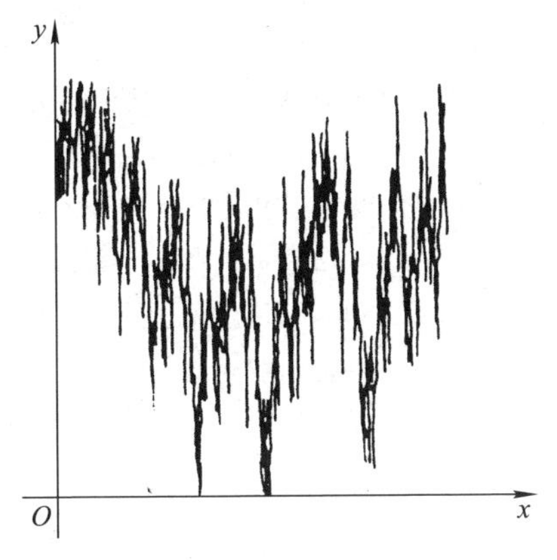

图　2.3

习　题　2.1

1. 设函数 $f(x)=x^2$，证明：$f'(0)=0, f'\left(\frac{1}{2}\right)=1$. 由此说明：曲线 $y=x^2$ 在点 $(0,0)$ 处的切线平行于 x 轴；该曲线在点 $\left(\frac{1}{2},\frac{1}{4}\right)$ 处的切线与 x 轴正向的夹角为 $\frac{\pi}{4}$.

2. 根据定义求下列函数的导数：

(1) $y=ax^3$（a 为常数）；　　(2) $y=\sqrt{2px}$ $(p>0)$；

(3) $y=\sin 5x$.

3. 求下列曲线在指定点 M 处的切线方程：

(1) $y=2^x$, $M(0,1)$；　　(2) $y=x^2+2$, $M(3,11)$.

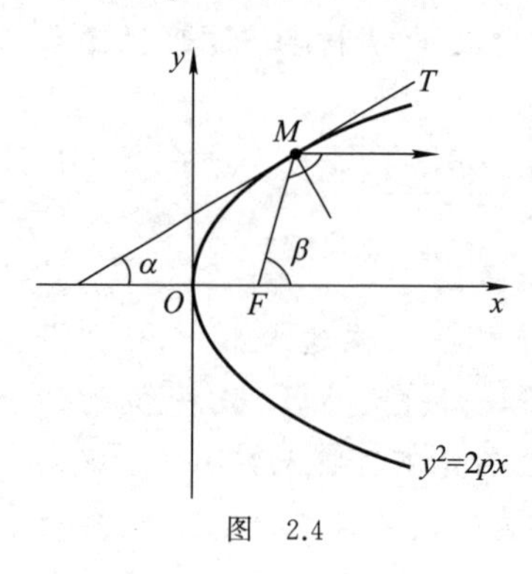

图　2.4

4. 试求抛物线 $y^2=2px$ $(p>0)$ 上任意一点 $M(x,y)(x,y>0)$ 处的切线斜率；并证明：从该抛物线的焦点 $F\left(\frac{p}{2},0\right)$ 向点 M 发射光线时，其反射光线一定平行于 x 轴(见图 2.4).

5. 曲线 $y=x^2+2x+3$ 上哪一点处的切线与直线 $y=4x-1$ 平行？求出此曲线在该点处的切线方程和法线方程.

6. 离地球中心 r 处的重力加速度 g 是 r 的函数，其表达式为

$$g=g(r)=\begin{cases}\dfrac{GMr}{R^3}, & r<R,\\[2mm] \dfrac{GM}{r^2}, & r\geqslant R,\end{cases}$$

其中 R 是地球的半径，M 是地球的质量，G 为万有引力常数.

(1) 问：$g(r)$是否为 r 的连续函数？

(2) 作出 $g(r)$的草图.

(3) $g(r)$是否为 r 的可导函数？

7. 若点$(1,3)$在曲线 $y=P(x)$上，并且 $P'(0)=3, P'(2)=1$，求二次多项式 $P(x)$.

8. 求下列函数的导数：

(1) $y=8x^3+x+7$；　　(2) $y=(5x+3)(6x^2-2)$；

(3) $y=(x+1)(x-1)\tan x$；　　(4) $y=\dfrac{9x+x^2}{5x+6}$；

(5) $y=\dfrac{1+x}{1-x}$；　　(6) $y=\dfrac{2}{x^3-1}$；

(7) $y=\dfrac{x^2+x+1}{e^x}$;　　　　(8) $y=x\cdot 10^x$;

(9) $y=x\cos x+\dfrac{\sin x}{x}$;　　　　(10) $y=e^x\sin x$.

9. 若多项式 $P(x)$ 可表示为

$$P(x)=(x-x_0)^m g(x),\quad \text{且}\quad g(x_0)\neq 0,$$

其中 $g(x)$ 也为多项式,则称 x_0 是 $P(x)$ 的 m 重根. 若已知 x_0 是 $P(x)$ 的 $k(k\geqslant 2)$ 重根,证明: x_0 是 $P'(x)$ 的 $k-1$ 重根.

10. 若函数 $f(x)$ 在区间 $(-a,a)$ 上有定义,并且满足 $f(-x)=f(x)$,则称 $f(x)$ 为偶函数. 设 $f(x)$ 是偶函数,且 $f'(0)$ 存在,证明: $f'(0)=0$.

11. 设函数 $f(x)$ 在点 x_0 处可导,证明:

$$\lim_{\Delta x\to 0}\frac{f(x_0+\Delta x)-f(x_0-\Delta x)}{2\Delta x}=f'(x_0).$$

12. 一个质点沿曲线 $y=x^2$ 运动,已知 $t\left(0<t<\dfrac{\pi}{2}\right)$ 时刻该质点所在位置 $P(x(t),y(t))$ 满足: 直线 OP 与 x 轴正向的夹角恰为 t(见图 2.5). 求 t 时刻该质点的位置、速度及加速度.

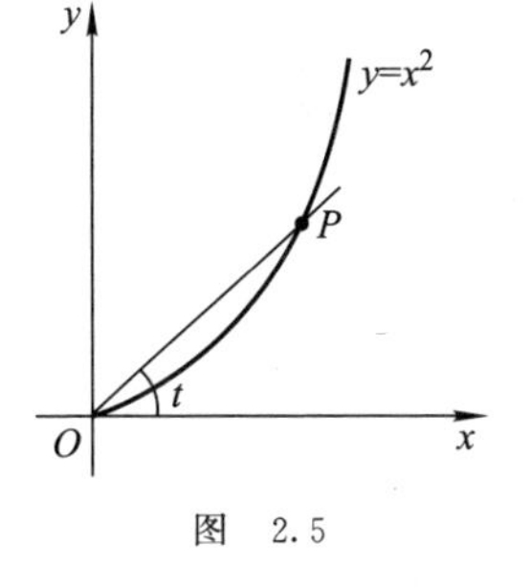

图 2.5

13. 求函数

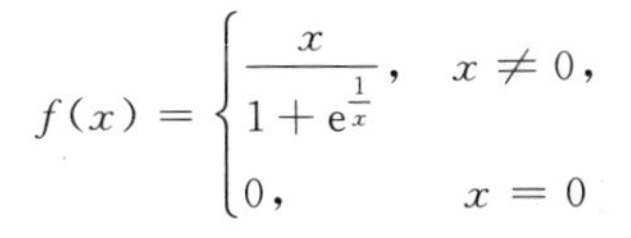

$$f(x)=\begin{cases}\dfrac{x}{1+e^{\frac{1}{x}}}, & x\neq 0,\\ 0, & x=0\end{cases}$$

在点 $x=0$ 处的左、右导数.

14. 设函数 $f(x)=|x-a|\varphi(x)$,其中函数 $\varphi(x)$ 在点 $x=a$ 处连续,并且 $\varphi(a)\neq 0$,证明: $f(x)$ 在点 $x=a$ 处不可导.

§2 复合函数与反函数的导数

上一节我们讨论了导数的概念及部分基本初等函数的导数. 现在,我们讨论复合函数与反函数的导数. 有了前面一节的结果,再加上复合函数与反函数的求导公式,我们就会计算所有初等函数的导数.

设 $y=f(x)$ 是定义在区间 (a,b) 上的函数,其值域包含于区间 (A,B),又设 $z=g(y)$ 是定义在 (A,B) 上的函数,这时复合函数 $z=g(f(x))$ 在 (a,b) 上是有定义的. 现在假定 $g(y)$ 及 $f(x)$ 在各自的定义域内都有导数,我们的问题是: 复合函数 $g(f(x))$ 是否可导? 如何求 $g(f(x))$ 的导数?

对于任意一点 $x_0 \in (a,b)$ 及自变量 x 的一个增量 $\Delta x \neq 0$，我们有

$$\Delta z = g(f(x_0 + \Delta x)) - g(f(x_0)).$$

要求 $z = g(f(x))$ 在点 x_0 处的导数，实际上就是要求极限

$$\lim_{\Delta x \to 0} \frac{\Delta z}{\Delta x} = \lim_{\Delta x \to 0} \frac{g(f(x_0 + \Delta x)) - g(f(x_0))}{\Delta x}.$$

令 $y_0 = f(x_0)$，则由 $\Delta y = f(x_0 + \Delta x) - f(x_0)$ 有 $f(x_0 + \Delta x) = y_0 + \Delta y$，于是上式化成

$$\lim_{\Delta x \to 0} \frac{\Delta z}{\Delta x} = \lim_{\Delta x \to 0} \frac{g(y_0 + \Delta y) - g(y_0)}{\Delta x}.$$

现在我们忽略某些细节问题，做如下不太严谨的讨论：

$$\begin{aligned}
\lim_{\Delta x \to 0} \frac{\Delta z}{\Delta x} &= \lim_{\Delta x \to 0} \frac{g(y_0 + \Delta y) - g(y_0)}{\Delta y} \cdot \frac{\Delta y}{\Delta x} \\
&= \lim_{\Delta x \to 0} \frac{g(y_0 + \Delta y) - g(y_0)}{\Delta y} \cdot \frac{f(x_0 + \Delta x) - f(x_0)}{\Delta x} \\
&= \lim_{\Delta y \to 0} \frac{g(y_0 + \Delta y) - g(y_0)}{\Delta y} \cdot \lim_{\Delta x \to 0} \frac{f(x_0 + \Delta x) - f(x_0)}{\Delta x} \\
&= g'(y_0) f'(x_0).
\end{aligned}$$

这就是说，复合函数 $g(f(x))$ 的导数可以由函数 $g(y)$ 的导数与函数 $f(x)$ 的导数的乘积表示.

仔细审查上述推导过程就会发现有两个问题. 第一，上面的讨论有一步曾将自变量 $\Delta x \to 0$ 换成 $\Delta y \to 0$. 这需要一定的条件，即当 $\Delta x \to 0$ 时应有 $\Delta y \to 0$. 显然，这是成立的. 事实上，由上一节可知，在点 $x = x_0$ 处有导数蕴含着函数在该点处连续，即

$$\Delta y = f(x_0 + \Delta x) - f(x_0) \to 0 \quad (\Delta x \to 0).$$

因此，这个问题很容易解决. 第二，在上述讨论中，用 Δy 作分母，这要求 $\Delta y = f(x_0 + \Delta x) - f(x_0)$ 不等于零. 然而，在 $\Delta x \to 0$ 的过程中，Δy 有可能为零，这时用 Δy 去除 Δz 就变得没有意义. 这是上述推导过程中的一个重要漏洞. 为了弥补这个漏洞，我们采用下述证明方法，其中避免了用 Δy 去除 Δz 的步骤.

因 $g(y)$ 在点 y_0 处有导数，故

$$\lim_{\Delta y \to 0} \frac{g(y_0 + \Delta y) - g(y_0)}{\Delta y} = g'(y_0),$$

即

$$\lim_{\Delta y\to 0}\left(\frac{g(y_0+\Delta y)-g(y_0)}{\Delta y}-g'(y_0)\right)=0.$$

令

$$\eta(\Delta y)=\frac{g(y_0+\Delta y)-g(y_0)}{\Delta y}-g'(y_0)\quad(\Delta y\neq 0),$$

则 $\lim\limits_{\Delta y\to 0}\eta(\Delta y)=0$,且

$$g(y_0+\Delta y)-g(y_0)=g'(y_0)\Delta y+\eta(\Delta y)\Delta y\quad(\Delta y\neq 0).$$

我们补充定义 $\eta(0)=0$,则上式不仅对 $\Delta y\neq 0$ 成立,而且对 $\Delta y=0$ 也成立.这样,不论 $\Delta y=f(x_0+\Delta x)-f(x_0)$是否等于零,当 $\Delta x\neq 0$ 时,我们总有

$$\frac{\Delta z}{\Delta x}=g'(y_0)\frac{f(x_0+\Delta x)-f(x_0)}{\Delta x}+\eta(\Delta y)\frac{f(x_0+\Delta x)-f(x_0)}{\Delta x},$$

其中 $\Delta z=g(y_0+\Delta y)-g(y_0)=g(f(x_0+\Delta x))-g(f(x_0))$. 令 $\Delta x\to 0$,则上式右端第一项趋向于 $g'(y_0)f'(x_0)$,而第二项趋向于零. 这样,我们得到复合函数 $z=g(f(x))$在点 x_0 处可导,并且

$$\left.\frac{\mathrm{d}z}{\mathrm{d}x}\right|_{x=x_0}=g'(y_0)f'(x_0).$$

总之,我们证明了如下定理:

定理 1 设函数 $y=f(x)$在区间(a,b)上有定义,且其值域包含于区间(A,B),又设函数 $z=g(y)$在(A,B)上有定义. 若 $y=f(x)$在点 $x_0\in(a,b)$处可导,并且 $z=g(y)$在相应的点 $y_0=f(x_0)$处可导,则复合函数 $g(f(x))$在点 x_0 处可导,并且

$$\left.\frac{\mathrm{d}}{\mathrm{d}x}g(f(x))\right|_{x=x_0}=g'(y_0)f'(x_0),$$

或写成

$$\left.\frac{\mathrm{d}z}{\mathrm{d}x}\right|_{x=x_0}=\left.\frac{\mathrm{d}z}{\mathrm{d}y}\right|_{y=y_0}\cdot\left.\frac{\mathrm{d}y}{\mathrm{d}x}\right|_{x=x_0}.$$

在定理 1 中,如果 $y=f(x)$及 $z=g(y)$在各自的定义域内可导,则对于任意一点 $x\in(a,b)$,我们有

$$\frac{\mathrm{d}}{\mathrm{d}x}g(f(x))=g'(f(x))f'(x),$$

或写成

$$\frac{\mathrm{d}z}{\mathrm{d}x}=\frac{\mathrm{d}z}{\mathrm{d}y}\cdot\frac{\mathrm{d}y}{\mathrm{d}x},$$

其中 $\frac{\mathrm{d}z}{\mathrm{d}y}$ 表示将 z 视作 y 的函数时对 y 的导数. 这就是**复合函数求导公式**，它是导数计算中非常基本的公式，读者应通过练习熟练掌握它.

例 1　求函数 $\sin 2x$ 的导数.

解　令 $z=\sin y$，其中 $y=2x$，y 为中间变量，则

$$\frac{\mathrm{d}z}{\mathrm{d}x}=\frac{\mathrm{d}z}{\mathrm{d}y}\cdot\frac{\mathrm{d}y}{\mathrm{d}x}=\cos y\cdot 2=2\cos 2x.$$

例 2　求函数 e^{x^2} 的导数.

解　令 $z=\mathrm{e}^{x^2}$. 引入中间变量 $y=x^2$，这时 $z=\mathrm{e}^y$，于是

$$\frac{\mathrm{d}z}{\mathrm{d}x}=\frac{\mathrm{d}z}{\mathrm{d}y}\cdot\frac{\mathrm{d}y}{\mathrm{d}x}=\mathrm{e}^y\cdot 2x=2x\mathrm{e}^{x^2}.$$

对初学者而言，在刚开始时引入中间变量是必要的，但是做过一定练习之后，就不必将中间变量明显地写出，只要心中默记什么是中间变量即可.

例 3　求函数 $(x^2+3x^3)^5$ 的导数.

解　在计算这个函数的导数时，首先我们将括号内的量看作一个中间变量，并对这个变量的 5 次方幂求导数，然后乘以这个变量对 x 的导数：

$$[(x^2+3x^3)^5]'=5(x^2+3x^3)^4(2x+9x^2).$$

例 4　求函数 $\cos 2x\cdot\tan x^2$ 的导数.

解　由函数积的导数公式有

$$(\cos 2x\cdot\tan x^2)'=(\cos 2x)'\tan x^2+\cos 2x(\tan x^2)'$$

而 $(\cos 2x)'=-\sin 2x\cdot 2$，$(\tan x^2)'=\sec^2 x^2\cdot 2x$，故

$$(\cos 2x\cdot\tan x^2)'=-2\sin 2x\cdot\tan x^2+2x\cos 2x\cdot\sec^2 x^2.$$

在一些较复杂的函数表达式中，用一个中间变量不够，尚需引入多个. 例如，求 $\mathrm{e}^{\sin x^2}$ 的导数时，我们需要两个中间变量 $y=x^2$，$w=\sin y$，而将 $\mathrm{e}^{\sin x^2}$ 视作 e^w. 即使是这样的情形，也不必把两个中间变量写出，只需一次次地在心中将某部分表达式作为一个整体而反复运用复合函数求导公式就可以了. 在上述例子中，我们先把 $\sin x^2$ 作为一个整体，用一次复合函数求导公式，再将 x^2 作为一个整体，又用一次复合函数求导公式，即得出结果：

$$\begin{aligned}(\mathrm{e}^{\sin x^2})'&=\mathrm{e}^{\sin x^2}(\sin x^2)'=\mathrm{e}^{\sin x^2}\cos x^2(x^2)'\\&=2x\cos x^2\mathrm{e}^{\sin x^2}.\end{aligned}$$

现在我们讨论一个函数的导数与其反函数的导数的关系.

定理 2　设函数 $y=f(x)$ 在区间 (a,b) 内连续、严格单调且其值域为

区间(A,B)，又设其反函数 $x=g(y)$在(A,B)内点 y_0 处有导数且不为零，则 $y=f(x)$在对应点 $x_0=g(y_0)$处有导数，并且

$$f'(x_0)=\frac{1}{g'(y_0)} \quad \text{或} \quad f'(x_0)=\frac{1}{g'(f(x_0))}$$

(这里 $g'(f(x_0))$是 $g(y)$先对 y 求导数，然后将其中的 y 以 $f(x_0)$代入的结果).

这个定理告诉我们：**一个函数在一点处的导数恰好等于其反函数在对应点处的导数的倒数**.

上述结论也可以由复合函数求导公式获得. 事实上，我们有 $g(f(x))=x$. 对此式两边求导数，得 $g'(f(x))f'(x)=1$.

定理 2 中的公式 $f'(x_0)=\dfrac{1}{g'(y_0)}$有明显的几何意义：在 Oxy 平面上，$y=f(x)$与 $x=g(y)$代表的是同一曲线. 该曲线在一点(x_0,y_0)处的切线关于 x 轴的斜率是它关于 y 轴的斜率的倒数(见图 2.6).

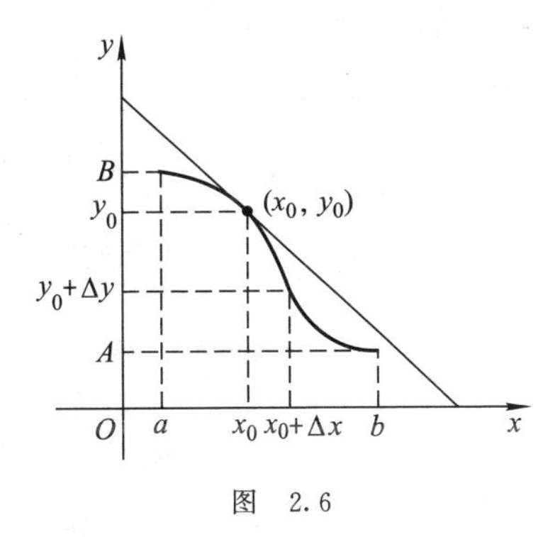

图 2.6

证 设 $x_0\in(a,b)$使得 $f(x_0)=y_0$，取 $\Delta x\neq 0$ 充分小，使得 $x_0+\Delta x\in(a,b)$(见图 2.6)，这时 $\Delta y=f(x_0+\Delta x)-f(x_0)\neq 0$(若不然，则 $f(x_0+\Delta x)=f(x_0)$，这与 $f(x)$严格单调矛盾). 根据 $f(x)$在点 x_0 处连续，当 $\Delta x\to 0$ 时，$\Delta y\to 0$. 另外，Δx 又可视作 Δy 的函数，并不难看出 $\Delta x=g(y_0+\Delta y)-g(y_0)$. 再由 $g'(y_0)$存在并不等于零，立即推出

$$\lim_{\Delta x\to 0}\frac{\Delta y}{\Delta x}=\lim_{\Delta y\to 0}\frac{1}{\dfrac{\Delta x}{\Delta y}}=\lim_{\Delta y\to 0}\frac{1}{\dfrac{g(y_0+\Delta y)-g(y_0)}{\Delta y}}=\frac{1}{g'(y_0)}.$$

证毕.

在这个定理中，若假定 $g(y)$在(A,B)内处处有导数且导数不为零，则有

$$f'(x)=\frac{1}{g'(y)}, \quad \text{其中 } y=f(x),\ \forall\, x\in(a,b),$$

或

$$f'(x)=\frac{1}{g'(f(x))},\quad \forall x\in(a,b).$$

这就是**反函数求导公式**.

例 5　设函数 $y=f(x)=x^5+2x+1$,而 $x=f^{-1}(y)$是它的反函数,求$(f^{-1})'(4)$.

解　容易求出 $f(1)=4$,则 $f^{-1}(4)=1$. 利用定理 2,有

$$(f^{-1})'(4)=\frac{1}{f'(1)}.$$

而 $f'(x)=5x^4+2$, $f'(1)=7$,所以$(f^{-1})'(4)=\frac{1}{7}$.

例 6　求函数 $y=\arcsin x$ $(x\in(-1,1))$的导数.

解　显然,$y=\arcsin x$ 在区间$(-1,1)$内连续且严格单调,其值域为区间$\left(-\frac{\pi}{2},\frac{\pi}{2}\right)$,又知其反函数 $x=\sin y$ 在$\left(-\frac{\pi}{2},\frac{\pi}{2}\right)$内的导数为$(\sin y)'=\cos y\neq 0$. 由定理 2 立即得到

$$(\arcsin x)'=\frac{1}{\cos y},\quad 其中\ y=\arcsin x,$$

即

$$(\arcsin x)'=\frac{1}{\cos(\arcsin x)},\quad \forall x\in(-1,1).$$

另外,$\cos(\arcsin x)=\sqrt{1-x^2}$,故

$$(\arcsin x)'=\frac{1}{\sqrt{1-x^2}},\quad \forall x\in(-1,1).$$

我们已经知道,正弦函数、余弦函数、正切函数、余切函数等三角函数的导数仍是三角函数. 现在我们看到,反正弦函数的导数却不再是三角函数或反三角函数,而是一个无理式.

例 7　利用与例 6 类似的方法可以证明

$$(\arccos x)'=-\frac{1}{\sqrt{1-x^2}},\quad \forall x\in(-1,1).$$

这个公式还可以由大家熟知的公式

$$\arcsin x+\arccos x=\frac{\pi}{2}$$

及例 6 中的结果推出.

例 8　证明:

$$(\arctan x)'=\frac{1}{1+x^2},\quad (\operatorname{arccot} x)'=-\frac{1}{1+x^2}.$$

证 令 $y=\arctan x$,则 $x=\tan y$,$y\in\left(-\frac{\pi}{2},\frac{\pi}{2}\right)$. 根据定理 2,有

$$(\arctan x)'=\frac{1}{\sec^2 y},\quad 其中\ y=\arctan x.$$

因为

$$\sec^2 y=1+\tan^2 y=1+\tan^2(\arctan x)=1+x^2,$$

所以

$$(\arctan x)'=\frac{1}{1+x^2}.$$

同理可证

$$(\operatorname{arccot} x)'=-\frac{1}{\csc^2 y}=-\frac{1}{1+x^2}.$$

这样我们看到,反正切函数及反余切函数的导数是一个简单的二次有理式.

例 9 证明:

$$(\ln|x|)'=\frac{1}{x},\quad x\neq 0.$$

证 先讨论 $x>0$ 的情况. 此时,函数 $y=\ln x\,(x>0)$是 $x=e^y$ 的反函数,那么根据定理 2 有

$$(\ln x)'=\frac{1}{e^y},\quad 其中\ y=\ln x\ (x>0),$$

即

$$(\ln x)'=\frac{1}{e^{\ln x}}=\frac{1}{x}\quad (x>0).$$

当 $x<0$ 时,令 $t=-x$,这时 $t>0$ 且 $\ln|x|=\ln t$. 将 t 视作中间变量,利用复合函数求导公式及刚才的结果即得

$$\frac{d}{dx}\ln|x|=\frac{d(\ln t)}{dt}\cdot\frac{dt}{dx}=\frac{1}{t}\cdot(-1)=\frac{1}{x}\quad (x<0),$$

因而这时 $\ln|x|$的导数仍是 $\frac{1}{x}$.

这样我们看到,对数函数的导数竟是一个十分简单的函数——倒数函数.

例 10 以前我们曾证明过,当 m 为非零整数时,$(x^m)'=mx^{m-1}$. 现在我们将这一公式推广到 m 为一般实数的情形. 证明:

(1) 设 α 为任意实数,则有

$$(x^\alpha)'=\alpha x^{\alpha-1} \quad (x>0).$$

(2) 设 $\alpha=\dfrac{p}{q}$,其中 $p\in\mathbf{Z}$,q 是奇数,并且 p,q 的最大公因子为 1,则

(a) $(x^\alpha)'=\alpha x^{\alpha-1}(x\neq 0)$;

(b) 若 $\alpha>1$,则 $y=x^\alpha$ 在点 $x=0$ 处可导,且导数为零.

证　(1) 当 $\alpha=0$ 时,$x^\alpha\equiv 1$,故其导数为零,从而结论成立.

现在设 $\alpha\neq 0$,这时 x^α 可以写成 $x^\alpha=e^{\alpha\ln x}$,故由复合函数求导公式有

$$(x^\alpha)'=e^{\alpha\ln x}(\alpha\ln x)'=x^\alpha\cdot\alpha\cdot\frac{1}{x}=\alpha x^{\alpha-1} \quad (x>0).$$

(2) 设 $\alpha=\dfrac{p}{q}$,其中 $p\in\mathbf{Z}$,q 是奇数,并且 p,q 的最大公因子是 1.

(a) 先考虑 $\alpha=\dfrac{1}{q}$ 的情形. 利用

$$a^q-b^q=(a-b)(a^{q-1}+a^{q-2}b+\cdots ab^{q-2}+b^{q-1}),$$

则有

$$\frac{a-b}{a^q-b^q}=\frac{1}{a^{q-1}+a^{q-2}b+\cdots+ab^{q-2}+b^{q-1}}.$$

设 $f(x)=x^{\frac{1}{q}}$. 对于任意的 $x_0\neq 0$,有

$$\begin{aligned}
f'(x_0)&=\lim_{x\to x_0}\frac{x^{\frac{1}{q}}-x_0^{\frac{1}{q}}}{x-x_0}=\lim_{x\to x_0}\frac{x^{\frac{1}{q}}-x_0^{\frac{1}{q}}}{\left(x^{\frac{1}{q}}\right)^q-\left(x_0^{\frac{1}{q}}\right)^q}\\
&=\lim_{x\to x_0}\frac{1}{\left(x^{\frac{1}{q}}\right)^{q-1}+\left(x^{\frac{1}{q}}\right)^{q-2}x_0^{\frac{1}{q}}+\cdots+x^{\frac{1}{q}}\left(x_0^{\frac{1}{q}}\right)^{q-2}+\left(x_0^{\frac{1}{q}}\right)^{q-1}}\\
&=\frac{1}{qx_0^{1-\frac{1}{q}}}=\frac{1}{q}x_0^{\frac{1}{q}-1}.
\end{aligned}$$

即
$$\left(x^{\frac{1}{q}}\right)'=\frac{1}{q}x^{\frac{1}{q}-1} \quad (x\neq 0).$$

因 p 是整数,利用复合函数求导公式,对于任意的 $x\neq 0$,有

$$\left(x^{\frac{p}{q}}\right)'=\left[\left(x^{\frac{1}{q}}\right)^p\right]'=p\left(x^{\frac{1}{q}}\right)^{p-1}\left(x^{\frac{1}{q}}\right)'=px^{\frac{p-1}{q}}\cdot\frac{1}{q}x^{\frac{1}{q}-1}=\frac{p}{q}x^{\frac{p}{q}-1}.$$

综上所述,有

$$(x^\alpha)'=\alpha x^{\alpha-1} \quad (x\neq 0).$$

(b) 设 $\alpha>1$,则 $\alpha-1>0$,从而

$$\lim_{x\to 0}\frac{x^{\alpha}-0^{\alpha}}{x-0}=\lim_{x\to 0}x^{\alpha-1}=0,$$

即 $y=x^{\alpha}$ 在点 $x=0$ 处的导数为零. 证毕.

连同上一节已知的若干基本初等函数的导数,至此全部基本初等函数的导数已经求出,得到如下**导数表**:

(1) $(x^{\alpha})'=\alpha x^{\alpha-1}$ ($x>0$,α 为任意实数).

(2) $(\sin x)'=\cos x$, $(\cos x)'=-\sin x$;

$(\tan x)'=\sec^2 x$, $(\cot x)'=-\csc^2 x$.

(3) $(\arcsin x)'=\dfrac{1}{\sqrt{1-x^2}}$, $|x|<1$;

$(\arccos x)'=-\dfrac{1}{\sqrt{1-x^2}}$, $|x|<1$;

$(\arctan x)'=\dfrac{1}{1+x^2}$, $(\operatorname{arccot} x)'=-\dfrac{1}{1+x^2}$.

(4) $(a^x)'=a^x\ln a\,(a>0,a\neq 1)$. 特别地,$(\mathrm{e}^x)'=\mathrm{e}^x$.

(5) $(\ln|x|)'=\dfrac{1}{x}$, $x\neq 0$.

有了基本初等函数的这一导数表,再加上导数的四则运算法则及复合函数求导公式,我们就可以计算所有初等函数的导数. 另外,我们可以断言,**若初等函数可导,则其导数仍是初等函数**.

基本初等函数的导数表是计算初等函数导数的基本依据,也是今后求不定积分的基础,因此要求读者在大量练习中记熟它,用熟它. 它在微积分计算中的重要性,犹如初等四则运算中的九九乘法口决表.

在结束本节前,我们要指出利用对数求导数在某些情况下会带来方便.

例 11 求函数 $y=x^x\,(x>0)$的导数.

解 我们将这个函数改写为

$$y=\mathrm{e}^{x\ln x},$$

再用复合函数求导公式得

$$\begin{aligned}\frac{\mathrm{d}y}{\mathrm{d}x}&=\mathrm{e}^{x\ln x}\frac{\mathrm{d}}{\mathrm{d}x}(x\ln x)=\mathrm{e}^{x\ln x}(\ln x+1)\\&=x^x(\ln x+1).\end{aligned}$$

取对数的另外一个好处是,可将乘法运算化为加法运算,将除法运算化为减法运算,从而使求导数的过程简化.

例 12　设函数 $y=\sqrt[3]{\dfrac{(x+1)^2(2-x)}{(3-x)^2(x-4)}}$,求 y'.

解　在函数表达式两边取绝对值并取对数：

$$\ln|y|=\frac{1}{3}(2\ln|x+1|+\ln|2-x|-2\ln|3-x|-\ln|x-4|);$$

再两边对 x 求导数,即得

$$\frac{y'}{y}=\frac{1}{3}\left(\frac{2}{x+1}-\frac{1}{2-x}+\frac{2}{3-x}-\frac{1}{x-4}\right).$$

故有

$$y'=\frac{1}{3}\sqrt[3]{\frac{(x+1)^2(2-x)}{(3-x)^2(x-4)}}\left(\frac{2}{x+1}-\frac{1}{2-x}+\frac{2}{3-x}-\frac{1}{x-4}\right).$$

对于这个函数,如果用通常办法求导数,将十分麻烦.

习　题　2.2

1. 下列各题的计算是否正确？若不正确,指出错误并加以改正.

(1) $(\cos\sqrt{x})'=-\sin\sqrt{x}$；　　(2) $(\ln(1-x))'=\dfrac{1}{1-x}$；

(3) $(x^2\sqrt{1+x^2})'=(x^2)'(\sqrt{1+x^2})'=2x\dfrac{x}{\sqrt{1+x^2}}$；

(4) $(\ln|x+2\sin^2x|)'=\dfrac{1}{x+2\sin^2x}(1+4\sin x)\cos x$.

2. 记 $f'(g(x))=f'(u)|_{u=g(x)}$. 现设函数 $f(x)=x^2+1$.

(1) 求 $f'(x),f'(0),f'(x^2),f'(\sin x)$.

(2) 求 $\dfrac{\mathrm{d}}{\mathrm{d}x}f(x^2),\dfrac{\mathrm{d}}{\mathrm{d}x}f(\sin x)$.

(3) $f'(g(x))$与$(f(g(x)))'$是否相同？指出两者的关系.

3. 求下列函数的导数：

(1) $y=\dfrac{2}{x^3-1}$;　　(2) $y=\sec x$；

(3) $y=\sin3x+\cos5x$；　　(4) $y=\sin^3x\cos3x$；

(5) $y=\dfrac{1+\sin^2x}{\cos x^2}$；　　(6) $y=\dfrac{1}{3}\tan^3x-\tan x+x$；

(7) $y=\mathrm{e}^{ax}\sin bx$ (a,b 为常数)；　　(8) $y=\cos^5\sqrt{1+x^2}$；

(9) $y=\ln\left|\tan\left(\dfrac{x}{2}+\dfrac{\pi}{4}\right)\right|$；　　(10) $y=\dfrac{1}{2a}\ln\left|\dfrac{x-a}{x+a}\right|$ $(a>0)$.

4. 求下列函数的导数：

(1) $y=\arcsin\dfrac{x}{a}\ (a>0)$；　　(2) $y=\dfrac{1}{a}\arctan\dfrac{x}{a}\ (a>0)$；

(3) $y=x^2\arccos x$；　　(4) $y=\arctan\dfrac{1}{x}$；

(5) $y=\dfrac{x}{2}\sqrt{a^2-x^2}+\dfrac{a^2}{2}\arcsin\dfrac{x}{a}\ (a>0)$；

(6) $y=\dfrac{x}{2}\sqrt{x^2+a^2}+\dfrac{a^2}{2}\ln\dfrac{x+\sqrt{x^2+a^2}}{a}\ (a>0)$；

(7) $y=\arcsin\dfrac{2x}{x^2+1}$；

(8) $y=\dfrac{2}{\sqrt{a^2-b^2}}\arctan\left(\sqrt{\dfrac{a-b}{a+b}}\tan\dfrac{x}{2}\right)\ (a>b\geqslant 0)$；

(9) $y=(1+\sqrt{x})(1+\sqrt{2x})(1+\sqrt{3x})$；

(10) $y=\sqrt{1+x+2x^2}$；　　(11) $y=\sqrt{x^2+a^2}$；

(12) $y=\sqrt{a^2-x^2}$；　　(13) $y=\ln(x+\sqrt{x^2+a^2})$；

(14) $y=(x-1)\sqrt[3]{(3x+1)^2(2-x)}$；

(15) $y=\mathrm{e}^x+\mathrm{e}^{\mathrm{e}^x}$；　　(16) $y=x^{a^a}+a^{x^a}+a^{a^x}\ (a>0)$.

5. 一台雷达探测器瞄准着一枚安置在发射台上的火箭，它与发射台之间的水平距离是 400 m(见图 2.7). 设 $t=0$ s 时垂直向上发射火箭，初速度为 0 m/s，火箭以 8 m/s^2 的匀加速度垂直向上运动. 若雷达探测器始终瞄准火箭，问：自火箭发射后 10 s，雷达探测器的仰角 $\theta(t)$ 的变化率是多少？

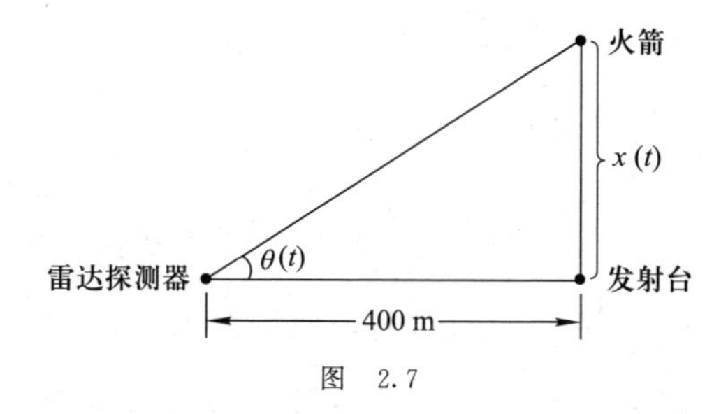

图 2.7

6. 在图 2.8 的装置中，飞轮的半径为 2 m，且以每秒旋转 4 圈的匀角速度按顺时针方向旋转. 问：当飞轮的旋转角 $\alpha(t)=\dfrac{\pi}{2}$ 时，活塞向右移动的速度是多少？

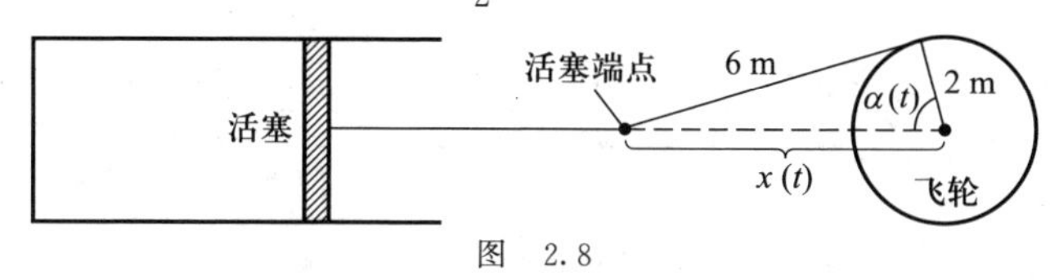

图 2.8

§3 无穷小量与微分

1. 无穷小量的概念

所谓的**无穷小量,是指以零为极限的变量**. 比如,当 $n\to\infty$ 时,$\frac{1}{n}$,q^n($|q|<1$)及 $\frac{1}{n!}$ 都是无穷小量. 当 $x\to 0$ 时,x,$\cos x-1$ 及 $\ln(1+x)$都是无穷小量.

假定函数 $y=f(x)$在点 x_0 处可导,那么导数 $f'(x_0)$则是无穷小量 Δy 与无穷小量 Δx 之比的极限. 今后,我们还会知道,函数的积分可以看作无限多个无穷小量求和. 因此,微积分在一定意义上就是对无穷小量进行分析,微积分有时也称作无穷小分析.

微分的概念是建立在无穷小量概念的基础之上的. 为了讨论微分,现在我们介绍有关无穷小量的几个概念.

设 $f(x)$及 $g(x)$当 $x\to a$ 时是两个无穷小量. 那么,当 $x\to a$ 时,$f(x)+g(x)$及 $f(x)g(x)$均是无穷小量,但 $\frac{f(x)}{g(x)}$ 却不一定是无穷小量,它有多种可能性. 若 $g(x)\neq 0$,且

$$\frac{f(x)}{g(x)}\to 1\quad (x\to a),$$

则称 $f(x)$与 $g(x)$是**等价无穷小量**,记为 $f(x)\sim g(x)\ (x\to a)$.

例 1 $\sin x\sim x\ (x\to 0)$.

例 2 $\ln(1+x)\sim x\ (x\to 0)$(见第一章§5中的例6).

例 3 $1-\cos x\sim\frac{1}{2}x^2(x\to 0)$[见习题1.4中的第3(2)题].

例 4 证明:$(1+x)^\alpha-1\sim\alpha x(x\to 0)$,其中 α 为常数.

证 记 $u=(1+x)^\alpha-1$,则

$$(1+x)^\alpha=1+u,\quad \alpha\ln(1+x)=\ln(1+u),$$

从而

$$\begin{aligned}\frac{(1+x)^\alpha-1}{\alpha x}&=\frac{(1+x)^\alpha-1}{\alpha\ln(1+x)}\cdot\frac{\alpha\ln(1+x)}{\alpha x}\\&=\frac{u}{\ln(1+u)}\cdot\frac{\ln(1+x)}{x}.\end{aligned}$$

当 $x\to0$ 时，$u\to0$，利用例 2 有

$$\lim_{x\to0}\frac{(1+x)^{\alpha}-1}{\alpha x}=\lim_{x\to0}\frac{u}{\ln(1+u)}\cdot\frac{\ln(1+x)}{x}=1,$$

即 $(1+x)^{\alpha}-1\sim\alpha x\ (x\to0)$. 证毕.

很容易发现，无穷小量趋向于零的速度有可能不同. 比如，当 $n\to\infty$ 时，$\frac{1}{n!}$ 比 $\frac{1}{n}$ 趋向于零的速度要快. 又比如，由例 2 及例 3 可知，当 $x\to0$ 时，$1-\cos x$ 比 $\ln(1+x)$ 趋向于零的速度要快.

一般来说，在 $x\to a$ 的过程中，当一个无穷小量 $\alpha(x)$ 比另一个无穷小量 $\beta(x)$ 趋向于零的速度要快时，我们称 $\alpha(x)$ 是比 $\beta(x)$ 高阶的无穷小量. 更确切地说，当存在一个无穷小量 $\eta(x)$，使得

$$\alpha(x)=\eta(x)\beta(x)$$

时，我们称 $\alpha(x)$ **是比 $\beta(x)$ 高阶的无穷小量**，记为

$$\alpha(x)=o(\beta(x))\quad(x\to a).$$

例 5 $x\sin x^2=o(x^2)\ (x\to0)$，$\mathrm{e}^{-n}=o\left(\frac{1}{n}\right)\ (n\to\infty)$（读者自己验证）.

当 $\beta(x)\neq0$ 时，为了证明无穷小量 $\alpha(x)$ 与 $\beta(x)$ 有下述关系：

$$\alpha(x)=o(\beta(x))\quad(x\to a),$$

只要验证 $\lim\limits_{x\to a}\frac{\alpha(x)}{\beta(x)}=0$ 即可.

符号"o"是分析学中常用的符号之一，表达式 $\alpha(x)=o(\beta(x))(x\to a)$ 的含义是存在一个函数 $\eta(x)\to0(x\to a)$，使得

$$\alpha(x)=\eta(x)\beta(x),$$

因此 $o(\beta(x))$ 代表一个无穷小量乘以 $\beta(x)$.

借助于符号"o"，可得到下面的性质.

性质 $f(x)\sim g(x)(x\to a)$ 的充要条件是

$$f(x)-g(x)=o(g(x))\quad(x\to a),$$

即

$$f(x)=g(x)+o(g(x))\quad(x\to a).$$

证 必要性 设 $f(x)\sim g(x)(x\to a)$，则

$$\lim_{x\to a}\frac{f(x)-g(x)}{g(x)}=\lim_{x\to a}\left(\frac{f(x)}{g(x)}-1\right)=0.$$

因此

$$f(x)-g(x)=o(g(x))\quad(x\to a).$$

充分性 设 $f(x)-g(x)=o(g(x))(x\to a)$，即

$$\lim_{x\to a}\frac{f(x)-g(x)}{g(x)}=0,$$

那么可得出 $\lim\limits_{x\to a}\frac{f(x)}{g(x)}=1$. 故 $f(x)\sim g(x)(x\to a)$. 证毕.

下面引入同阶无穷小量的概念.

若 $\alpha(x)$ 与 $\beta(x)$ 当 $x\to a$ 时均为无穷小量,并且有

$$\lim_{x\to a}\frac{\alpha(x)}{\beta(x)}=l,\quad l\neq 0,$$

则称 $\alpha(x)$ 与 $\beta(x)$ 为**同阶无穷小量**.

当 $x\to a$ 时,若 $\alpha(x)$ 与 $(x-a)^n$ 为同阶无穷小量,则称 $\alpha(x)$ 为 $x-a$ 的 n **阶无穷小量**. 比如,当 $x\to 0$ 时,$\sin^3 x$ 是 x 的三阶无穷小量,而 $1-\cos x$ 是 x 的二阶无穷小量.

例 6　当 $x\to 0$ 时,$\tan x-\sin x$ 是 x 的三阶无穷小量.

事实上,我们有

$$\lim_{x\to 0}\frac{\tan x-\sin x}{x^3}=\lim_{x\to 0}\frac{\tan x}{x}\cdot\frac{1-\cos x}{x^2}=\frac{1}{2}.$$

最后,我们指出:若 $x\to a$ 时 $f(x)$ 是一个无穷大量,则 $x\to a$ 时 $f(x)$ 的倒数 $\frac{1}{f(x)}$ 是一个无穷小量;反之,若 $x\to a$ 时 $\alpha(x)$ 是一个无穷小量,并且 $\alpha(x)\neq 0$,则 $x\to a$ 时 $\alpha(x)$ 的倒数 $\frac{1}{\alpha(x)}$ 是一个无穷大量.

2. 微分的概念

设函数 $y=f(x)$ 在点 x_0 附近有定义. 现在我们用无穷小量的观点去观察自变量的增量 Δx 与函数的增量 $\Delta y=f(x_0+\Delta x)-f(x_0)$ 之间的关系.

我们假定 $y=f(x)$ 在点 x_0 处可导. 这时,$y=f(x)$ 在点 x_0 处是连续的,因而

$$\Delta y=f(x_0+\Delta x)-f(x_0)\to 0\quad(\Delta x\to 0).$$

可见,当 $\Delta x\to 0$ 时,Δy 是一个无穷小量. 另外,根据导数的存在性,我们有

$$\lim_{\Delta x\to 0}\frac{\Delta y}{\Delta x}=f'(x_0).$$

我们进一步考查

$$\eta(\Delta x)=\frac{\Delta y}{\Delta x}-f'(x_0).$$

这时，当 $\Delta x\to 0$ 时，$\eta(\Delta x)$也是无穷小量. 这样，我们得到

$$\Delta y=f'(x_0)\Delta x+\eta(\Delta x)\Delta x.$$

上式告诉我们一个重要事实：当函数 $y=f(x)$在点 x_0 处可导时，函数的增量

$$\Delta y=f(x_0+\Delta x)-f(x_0)$$

可以分作两部分，其中第一部分是一个常数乘以 Δx，而第二部分是一个比 Δx 高阶的无穷小量. 换句话说，当 $y=f(x)$在点 x_0 处可导时，函数的增量可以写成

$$\Delta y=f'(x_0)\Delta x+o(\Delta x)\quad(\Delta x\to 0).$$

由此可见，当 Δx 很小时，Δy 可以用 $f'(x_0)\Delta x$ 近似地代替.

以上是在 $y=f(x)$在点 x_0 处可导的条件下进行讨论的. 现在我们放弃这样的假定，考虑一个一般性问题：何时 $y=f(x)$在点 x_0 处的增量可以写成

$$\Delta y=f(x_0+\Delta x)-f(x_0)=A\Delta x+o(\Delta x)? \tag{2.1}$$

这里 A 为常数.

根据前面的讨论，当 $y=f(x)$在点 x_0 处可导时，上式成立，且

$$A=f'(x_0).$$

反过来，假定(2.1)式成立，两边除以 Δx 并令 $\Delta x\to 0$，立即推出

$$\lim_{\Delta x\to 0}\frac{\Delta y}{\Delta x}=A.$$

可见，这时推出 $y=f(x)$在点 x_0 处可导，且 $A=f'(x_0)$.

现在我们给出函数 $y=f(x)$在点 x_0 处可微及其微分的定义.

定义 设 $y=f(x)$在点 x_0 附近有定义. 假定有一个常数 A，使得

$$f(x_0+\Delta x)-f(x_0)=A\Delta x+o(\Delta x)\quad(\Delta x\to 0),$$

则称 $y=f(x)$在点 x_0 处**可微**，并把 $A\Delta x$ 称作 $y=f(x)$在点 x_0 处的**微分**，记作 $\mathrm{d}f$ 或 $\mathrm{d}y$.

根据前面的论述，我们已经证明了：函数 $y=f(x)$在点 x_0 处可微的充要条件是 $y=f(x)$在点 x_0 处可导. 前面的论述还告诉我们：在 $f(x)$可导的条件下，$\mathrm{d}f=f'(x_0)\Delta x$.

这里我们要提醒读者：虽然可微与可导是相互等价的，但它们从概念上讲是不同的. 我们还要指出：可微与可导的等价性也仅限于一元函数(只含有一个自变量的函数)的情形. 在多元函数的情形中，各偏导数存在并不意味着可微(相关内容见第六章).

现在我们来解释一下微分概念的意义. 根据定义，表达式

$$\Delta y = A\Delta x + o(\Delta x) \quad (\Delta x \to 0)$$

中 $A\Delta x$ 是 $y=f(x)$ 在点 x_0 处的微分. 首先 $A\Delta x$ 是 Δx 的线性函数，其次它与 Δy 之差是一个比 Δx 高阶的无穷小量. 因此，我们说**微分是函数增量的线性主要部分**.

若函数 $y=f(x)$ 在区间 (a,b) 中的每一点处都可微，则称它在 (a,b) 内可微.

假定 $y=f(x)$ 在 (a,b) 内可微，那么它在点 $x\in(a,b)$ 处的微分应当是

$$\mathrm{d}f = f'(x)\Delta x.$$

这时，微分 $\mathrm{d}f$ 不仅依赖于 Δx，而且还依赖于点 x.

现在考查一个特殊函数 $y=x$. 这时 $\mathrm{d}y=y'\Delta x=\Delta x$，即 $\mathrm{d}x=\Delta x$. 这告诉我们：对于自变量 x 而言，它的微分与增量总相等.

因此，公式 $\mathrm{d}f=f'(x)\Delta x$ 可改写成下列形式：

$$\mathrm{d}f = f'(x)\mathrm{d}x.$$

这种形式给我们带来许多方便，故通常使用这种形式.

例 7　$\mathrm{d}(\sin^2 x)=2\sin x\cos x\,\mathrm{d}x$.

例 8　$\mathrm{d}(x\mathrm{e}^x)=\mathrm{e}^x(1+x)\mathrm{d}x$.

在公式 $\mathrm{d}f=f'(x)\mathrm{d}x$ 中两边用 $\mathrm{d}x$ 去除，即得

$$\frac{\mathrm{d}f}{\mathrm{d}x} = f'(x).$$

这告诉我们：函数在一点处的导数是其因变量的微分与自变量的微分之商. 也正是这个原因，我们才把导数称为微商.

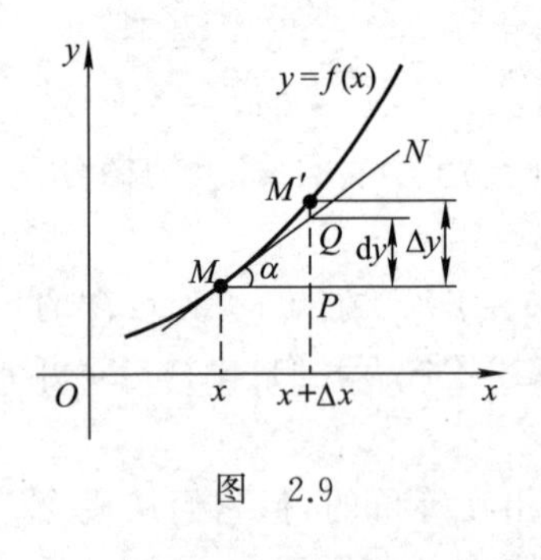

图　2.9

在前面我们引入导数记号时，$\dfrac{\mathrm{d}f}{\mathrm{d}x}$ 是作为一个整体记号表示导数的. 现在有了微分的记号，就可以把它看作两个微分之商了. 可见，**微商者，微分之商也.**

微分 dy 的几何意义　在图 2.9 中，M 是点 $(x,f(x))$，M' 是点 $(x+\Delta x,f(x+\Delta x))$，$P$ 是点 $(x+\Delta x,f(x))$. 另外，Q 是曲线 $y=f(x)$ 在点 M 处的切线 MN 与直线 $M'P$ 的交点. 注意到切线 MN 的斜率是 $f'(x)$，不难看到 $\mathrm{d}y=f'(x)\Delta x$ 恰好就是线段 QP 的长度. 以上说明，切线上两点(M 与 Q)的纵坐标之差，是曲线上相

应两点(M 与 M')的纵坐标之差的主要部分.

在力学、物理学问题或其他实际问题的讨论中,经常用 $\mathrm{d}y$ 去替代 Δy,或者对两者不加区分,就是因为当 $\Delta x\to 0$ 时,$\Delta y-\mathrm{d}y=o(\Delta x)$. 也就是说,用 $\mathrm{d}y$ 去替代 Δy 所差的量是一个比 Δx 高阶的无穷小量. 这在实际问题的讨论中一般不会导致谬误.

根据求导运算的规则,我们可以得到下列求微分运算的规则:

(1) $\mathrm{d}(f(x)\pm g(x))=\mathrm{d}(f(x))\pm \mathrm{d}(g(x))$;

(2) $\mathrm{d}(f(x)g(x))=g(x)\mathrm{d}(f(x))+f(x)\mathrm{d}(g(x))$;

(3) $\mathrm{d}\left(\dfrac{f(x)}{g(x)}\right)=\dfrac{g(x)\mathrm{d}(f(x))-f(x)\mathrm{d}(g(x))}{g^2(x)}$.

对于基本初等函数,我们已经有了导数公式,因此求初等函数的微分不会有任何困难.

例 9
$$\begin{aligned}\mathrm{d}(x-\mathrm{e}^x+\arctan x)&=\mathrm{d}x-\mathrm{d}(\mathrm{e}^x)+\mathrm{d}(\arctan x)\\&=\mathrm{d}x-\mathrm{e}^x\mathrm{d}x+\frac{1}{1+x^2}\mathrm{d}x\\&=\left(1-\mathrm{e}^x+\frac{1}{1+x^2}\right)\mathrm{d}x.\end{aligned}$$

例 10
$$\begin{aligned}\mathrm{d}(\mathrm{e}^x\sin x)&=\sin x\,\mathrm{d}(\mathrm{e}^x)+\mathrm{e}^x\mathrm{d}(\sin x)=\mathrm{e}^x\sin x\,\mathrm{d}x+\mathrm{e}^x\cos x\,\mathrm{d}x\\&=\mathrm{e}^x(\sin x+\cos x)\mathrm{d}x.\end{aligned}$$

例 11
$$\begin{aligned}\mathrm{d}\left(\frac{1+x}{1+x^2}\right)&=\frac{(1+x^2)\mathrm{d}(1+x)-(1+x)\mathrm{d}(1+x^2)}{(1+x^2)^2}\\&=\frac{(1+x^2)\mathrm{d}x-(1+x)\cdot 2x\,\mathrm{d}x}{(1+x^2)^2}\\&=\frac{1-2x-x^2}{(1+x^2)^2}\mathrm{d}x.\end{aligned}$$

历史的注记

在微积分创立的初期,无穷小量一词被广泛使用,但其概念很模糊,并引发了微积分的逻辑基础问题. 当时,在牛顿与莱布尼茨看来,无穷小量是一个很小很小的数(而不是像现在这样将其视作趋向于零的变量),时而把它看作不为零的量,并用它作为除数,时而又把它作为零而加以抛弃. 比如,牛顿写道:

“我把时间看作连续的流动或增长,而其他量则随时间而连续变化. 我从时间的流动性出发,把所有其他量的增长速率称为流数,又从时间的瞬息性出发,把任何其他量在瞬息时间内产生的部分称为瞬.”

这里的“流数”即现代的导数,而“瞬”则指的是微分.

牛顿用英文小写字母“o”来代表时间的瞬息变化. 那么,为了求得 $y=x^m$(m 为正整数)的流数,牛顿采用如下办法: $y=x^m$ 在“o”时间内的变化率为

$$\dot{y}=\frac{(x+o)^m-x^m}{o}=mx^{m-1}+\frac{m(m-1)}{2}x^{m-2}o+\cdots+o^{m-1}.$$

又由于“o”很小很小,可以作为零而抛弃,因而牛顿得到

$$\dot{y}=mx^{m-1}.$$

前面将“o”作为除数,而后又把它作为零,显然逻辑上有毛病.

莱布尼茨及其追随者们直接使用无穷小量一词,并把它当作一个小到不能再小的数. 他们把自变量的无穷小变化而引起函数值的差称作微分,把导数视作函数的微分与自变量的微分之商,并且使用了记号$\frac{\mathrm{d}f}{\mathrm{d}x}$. 莱布尼茨还引进了高阶微分的概念. 同样,他们在导出导数的公式时又把 $\mathrm{d}x$ 当作零处理.

微积分中无穷小量问题曾招致广泛的关注,引起许多争议. 这些都刺激着数学家们努力寻求解决问题的途径. 经过近一百年的努力,在柯西与魏尔斯特拉斯建立了完整的极限理论之后,这一问题才得到澄清. 正如前面已经指出的,这时无穷小量不再被看作一个固定的数,而是一个以零为极限的变量;而导数被看作函数的增量与自变量的增量这两个无穷小量之商的极限. 极限论为分析学奠定了一个牢固的逻辑基础,并使之得以进一步发展.

但是,关于无穷小量的故事并没有结束. 20 世纪 60 年代,美国一位数理逻辑学家利用现代数理逻辑的成就,把无穷小量与无穷大量作为两个理想数,添入实数域 $\mathbf{R}$ 中,并在扩充后的数域中定义了运算与次序. 他以此为基础建立了一种新的分析学,称之为“非标准分析”. 在非标准分析中,无穷小量是一个数,其绝对值小于任意正数,但又不是零. 在非标准分析中,莱布尼茨关于无穷小量的种种说法及运算得到合理的解释.

尽管有非标准分析的出现,然而现代分析学中绝大多数的研究依然是建立在标准分析基础之上的.

§4 一阶微分的形式不变性及其应用

本节我们要介绍所谓的一阶微分的形式不变性，并利用这种不变性给出隐函数及由参数方程所确定函数的求导公式.

设函数 $y=f(x)$ 在区间 (a,b) 内可导，并且其值域包含于区间 (A,B)，又设函数 $z=g(y)$ 在 (A,B) 内可导. 根据前面的讨论，复合函数 $z=g(f(x))$ 在 (a,b) 内可导，且

$$(g(f(x)))'=g'(f(x))f'(x),\quad \forall x\in(a,b).$$

这样，我们就得到 $z=g(f(x))$ 的关于 x 的微分：

$$\begin{aligned}\mathrm{d}z&=(g(f(x)))'\mathrm{d}x\\&=g'(f(x))f'(x)\mathrm{d}x.\end{aligned}$$

但因 $\mathrm{d}y=f'(x)\mathrm{d}x$，故上式又可写成 $\mathrm{d}z=g'(y)\mathrm{d}y$，其中 $y=f(x)$.

当 y 是自变量时，$z=g(y)$ 关于 y 的微分同样是

$$\mathrm{d}z=g'(y)\mathrm{d}y.$$

我们在不同的情况下得到形式上完全相同的公式：在前一种情况下，$\mathrm{d}z$ 是关于 x 的微分，其中 y 不是自变量，而是 x 的函数；在后一种情况中，$\mathrm{d}z$ 是关于 y 的微分，y 是自变量. 这就是说，**不论 y 是自变量，还是中间变量，当 $z=g(y)$ 时，公式 $\mathrm{d}z=g'(y)\mathrm{d}y$ 总是成立的**. 这就是所谓的**一阶微分的形式不变性**.

这种不变性仅对一阶微分成立，而对高阶微分不成立. 这一点在以后讨论高阶微分时会看到.

一阶微分的形式不变性为微分的计算在形式上带来了方便. 它告诉我们：在计算一阶微分时不必注意 $\mathrm{d}z$ 是关于那个自变量的微分，也不必注意 y 是自变量还是中间变量，公式 $\mathrm{d}z=g'(y)\mathrm{d}y$ 总成立，放心大胆地用就是了. 例如：

$$\begin{aligned}\mathrm{d}(\mathrm{e}^{\sin x^2})&=\mathrm{e}^{\sin x^2}\mathrm{d}(\sin x^2)=\mathrm{e}^{\sin x^2}\cos x^2\mathrm{d}(x^2)\\&=2x\cos x^2\mathrm{e}^{\sin x^2}\mathrm{d}x.\end{aligned}$$

例 1 求函数 $y=\mathrm{e}^{x^2+\sin^2x+\sqrt{x}}$ 的微分.

解 *方法一* 利用复合函数求导公式.

$$\mathrm{d}y=(\mathrm{e}^{x^2+\sin^2x+\sqrt{x}})'\mathrm{d}x=\mathrm{e}^{x^2+\sin^2x+\sqrt{x}}\left(2x+2\sin x\cos x+\frac{1}{2\sqrt{x}}\right)\mathrm{d}x.$$

方法二 利用一阶微分的形式不变性. 令 $u=x^2+\sin^2x+\sqrt{x}$，则

$y=e^u$，从而

$$dy=e^u du.$$

而 $du=\left(2x+2\sin x\cos x+\frac{1}{2\sqrt{x}}\right)dx$，于是

$$dy=e^{x^2+\sin x+\sqrt{x}}\left(2x+2\sin x\cos x+\frac{1}{2\sqrt{x}}\right)dx.$$

一阶微分的形式不变性还可以用来求隐函数及由参数方程所确定函数的导数.

在某些问题中，函数关系 $y=f(x)$ 并不是由 x 的一个表达式给出，而是由 x 与 y 的一个方程给出的，如

$$x^2+y^2=R^2 \quad (R>0),$$

$$y-x-\varepsilon\sin y=0 \quad (0<\varepsilon<1)$$

等. 这里第一个方程在 Oxy 平面上代表一个以原点为中心、R 为半径的圆周，从这个方程中我们可以解得两个连续可微函数：

$$y=\sqrt{R^2-x^2}, \quad y=-\sqrt{R^2-x^2} \quad (-R\leqslant x\leqslant R).$$

这两个函数都称为由方程 $x^2+y^2=R^2$ 所确定的隐函数.

一般来说，若函数 $y=f(x)$ 代入一个二元方程 $F(x,y)=0$ 时使得 $F(x,f(x))\equiv 0$，则称 $y=f(x)$ 是方程 $F(x,y)=0$ 所确定的**隐函数**.

有时对于一个给定的方程 $F(x,y)=0$，要想把 y 从中解出来并非易事，比如在上面的方程 $y-x-\varepsilon\sin y=0$ 中，可以证明对于任意给定的 x，有唯一确定的 y 满足这个方程，然而 y 却不能表示成 x 的初等函数.

我们现在的问题是：在不求解方程 $F(x,y)=0$ 的情况下，如何计算由该方程所确定隐函数的导数 $\frac{dy}{dx}$？

仍以方程 $y-x-\varepsilon\sin y=0$ 为例. 对此方程两端求微分，并根据一阶微分的形式不变性，我们得到

$$dy-dx-\varepsilon\cos y\,dy=0,$$

即

$$\frac{dy}{dx}-1-\varepsilon\cos y\frac{dy}{dx}=0,$$

也即

$$\frac{dy}{dx}=\frac{1}{1-\varepsilon\cos y}.$$

在求隐函数的导数时，$\frac{dy}{dx}$ 的最后表达式中有时还含有 y. 这是允许的，

因为 y 往往不能表示成 x 的一个明显的表达式.

例 2 设 $y=f(x)$ 是由方程 $e^{xy}+x^2y-1=0$ 所确定的隐函数,求 y'.

解 对方程 $e^{xy}+x^2y-1=0$ 两端关于 x 求导数,其中注意 y 是 x 的函数,于是利用复合函数求导公式得

$$e^{xy}(y+xy')+2xy+x^2y'=0,$$

解得

$$y'=-\frac{ye^{xy}+2xy}{xe^{xy}+x^2}.$$

由参数方程所确定的函数是指这样的函数,其中自变量与因变量的关系是由参数方程

$$\begin{cases} x=\varphi(t), \\ y=\psi(t), \end{cases} \quad \alpha \leqslant t \leqslant \beta$$

所确定的,这里的变量 t 称作参变量. 这样的函数有时也称作**参变量函数**. 比如,对于参数方程

$$\begin{cases} x=R\cos\theta, \\ y=R\sin\theta, \end{cases} \quad 0 \leqslant \theta \leqslant 2\pi,$$

很容易看出,它代表 Oxy 平面上的一个圆周,其圆心在原点,而半径为 R. 这里参变量 θ 有明显的几何意义,它是原点到点 (x,y) 的连线与 x 轴正向的夹角.

如果将上述参数方程中的 R 略做更换,就得到椭圆周的参数方程:

$$\begin{cases} x=a\cos\theta, \\ y=b\sin\theta, \end{cases} \quad 0 \leqslant \theta \leqslant 2\pi,\ 0<b<a.$$

这时,a,b 分别为椭圆的长半轴与短半轴,参变量 θ 的几何意义较之前复杂(见图 2.10).

对于由参数方程所确定的函数,同样可以不求出 y 关于 x 的表达式而直接求出其导数. 这不仅仅是因为一般求函数表达式较复杂,更重要的原因是参数往往具有物理意义或几何意义,我们希望所求的导数也由参数表示.

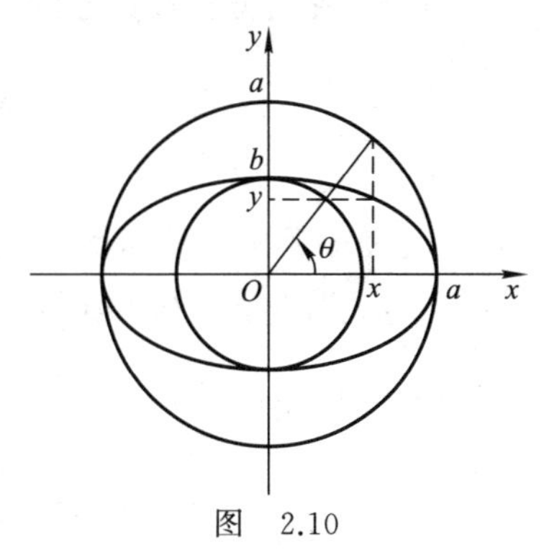

图 2.10

设函数 $y=f(x)$ 由参数方程

$$\begin{cases} x=\varphi(t), \\ y=\psi(t), \end{cases} \quad \alpha \leqslant t \leqslant \beta$$

给出，假定 φ 及 ψ 对 t 均是可微的，且 $\varphi'(t)\neq 0$. 这时

$$\begin{cases} \mathrm{d}x=\varphi'(t)\mathrm{d}t, \\ \mathrm{d}y=\psi'(t)\mathrm{d}t, \end{cases}$$

用 $\mathrm{d}x$ 去除 $\mathrm{d}y$ 即得

$$\frac{\mathrm{d}y}{\mathrm{d}x}=\frac{\psi'(t)}{\varphi'(t)}.$$

对于这样做的合理性，也可以做如下解释：当求 $\frac{\mathrm{d}y}{\mathrm{d}x}$ 时，我们将 y 看作 x 的函数，参数 t 是过渡性的中间变量，即 y 是 t 的函数 $y=\psi(t)$，而 t 是 x 的函数($x=\varphi(t)$的反函数). 根据一阶微分的形式不变性，我们有 $\mathrm{d}y=\psi'(t)\mathrm{d}t$，而根据反函数求导公式，又有 $\mathrm{d}t=\frac{\mathrm{d}x}{\varphi'(t)}$，于是有上述结果.

例 3　求出椭圆周

$$\begin{cases} x=a\cos\theta, \\ y=b\sin\theta, \end{cases} \quad 0\leqslant\theta\leqslant 2\pi$$

在 $\theta=\frac{\pi}{4}$ 时的切线与 x 轴正向的夹角 φ.

解　根据前面的公式，有

$$\frac{\mathrm{d}y}{\mathrm{d}x}=-\frac{b}{a}\cot\theta,$$

故 $\theta=\frac{\pi}{4}$ 时椭圆周的切线与 x 轴正向的夹角为

$$\varphi=\arctan\left(-\frac{b}{a}\right).$$

例 4　弹道方程在不考虑空气阻力的情况下可以写作：

$$\begin{cases} x=v_0t\cos\alpha, \\ y=v_0t\sin\alpha-\frac{1}{2}gt^2, \end{cases}$$

其中 v_0 是炮弹的初始速度，α 为发射角，t 为发射后所经过的时间，g 为重力加速度. 试求炮弹在 t 时刻的运动方向与水平线的夹角 φ(见图2.11).

解　显然，在这个问题中，所求角的正切即 $\frac{\mathrm{d}y}{\mathrm{d}x}$，故

$$\varphi=\arctan\frac{\mathrm{d}y}{\mathrm{d}x}=\arctan\frac{v_0\sin\alpha-gt}{v_0\cos\alpha}.$$

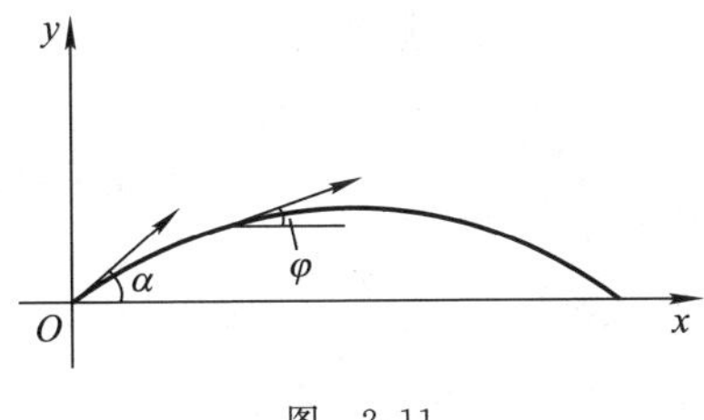

图 2.11

例 5 设 $y=f(x)$是由参数方程$\begin{cases}x=\ln(1+t^2)\\y=t-\arctan t\end{cases}$所确定的函数,求 $\dfrac{\mathrm{d}y}{\mathrm{d}x}$.

解 $$\frac{\mathrm{d}y}{\mathrm{d}x}=\frac{\frac{\mathrm{d}y}{\mathrm{d}t}}{\frac{\mathrm{d}x}{\mathrm{d}t}}=\frac{(t-\arctan t)'}{(\ln(1+t^2))'}=\frac{1-\frac{1}{1+t^2}}{\frac{2t}{1+t^2}}=\frac{t}{2}.$$

§5 微分与近似计算

微分的概念可应用于函数值的近似计算. 假设函数 $y=f(x)$在点 x_0 处可微,那么当 $\Delta x\to 0$ 时,有

$$f(x_0+\Delta x)=f(x_0)+f'(x_0)\Delta x+o(\Delta x),$$

这里当 Δx 很小时,$o(\Delta x)$的值很小. 由此导出一个近似值公式:

$$f(x_0+\Delta x)\approx f(x_0)+f'(x_0)\Delta x.$$

因此,若我们知道 $f(x_0)$及 $f'(x_0)$的值,则可计算出 $f(x_0+\Delta x)$的近似值.

例 1 计算 $\sqrt{4.6}$ 和 $\sqrt{8.2}$ 的近似值.

解 设 $f(x)=\sqrt{x}$,则 $f'(x)=\dfrac{1}{2\sqrt{x}}$.

先求 $\sqrt{4.6}$ 的近似值. 取 $x_0=4$,$\Delta x=0.6$,这时有

$$f(4+0.6)\approx f(4)+f'(4)\times 0.6,$$

$$\sqrt{4.6}\approx\sqrt{4}+\frac{1}{2\sqrt{4}}\times 0.6=2.15.$$

再求 $\sqrt{8.2}$ 的近似值. 这时,我们取 $x_0=9$,$\Delta x=-0.8$,得

$$f(9-0.8)\approx f(9)+f'(9)\times(-0.8),$$

$$\sqrt{8.2}\approx\sqrt{9}+\frac{1}{2\sqrt{9}}\times(-0.8)\approx 2.867.$$

例 2　计算 $\tan\left(\frac{\pi}{4}+0.01\right)$的近似值.

解　取 $f(x)=\tan x, x_0=\frac{\pi}{4}, \Delta x=0.01$,这时我们有

$$\tan\left(\frac{\pi}{4}+0.01\right)=\tan\frac{\pi}{4}+\sec^2\frac{\pi}{4}\times 0.01$$

$$=1+\frac{1}{(\sqrt{2}/2)^2}\times 0.01\approx 1.02.$$

在处理某些实际问题时,如果精密度要求不高,利用上述办法常常是有效的.

应当指出,我们目前尚无法给出上述办法所获得的近似值与其精确值之间的误差估计,以后会给出这种误差估计.

利用上述办法,我们很容易获得下列近似公式:

$$e^x\approx 1+x,\quad \ln(1+x)\approx x,$$

$$(1+x)^\alpha\approx 1+\alpha x\quad (\alpha>0),$$

其中要求 x 的绝对值很小.

习　题　2.5

1. 当 $x\to 0$ 时,下列函数是 x 的几阶无穷小量?

(1) $y=x+10x^2+100x^3$;

(2) $y=(\sqrt{x+2}-\sqrt{2})\sin x$;

(3) $y=x(1-\cos x)$.

2. 已知当 $x\to 0$ 时,$\alpha(x)=o(x^2)$,证明:$\alpha(x)=o(x)$.

3. 设 $\alpha(x)=o(x)(x\to 0)$,$\beta(x)=o(x)(x\to 0)$,证明:

$$\alpha(x)+\beta(x)=o(x).$$

上述结果有时可写成:$o(x)+o(x)=o(x)$.

4. 计算下列函数在指定点 x_0 处的微分:

(1) $x\sin x, x_0=\frac{\pi}{4}$;　　　　(2) $(1+x)^\alpha, x_0=0$ (α 是正的常数).

5. 求下列函数的微分:

(1) $y=\frac{1-x}{1+x}$;　　　　(2) $y=xe^x$.

6. 设函数 $y=\frac{2}{x-1}$,计算当自变量 x 由 3 变到 3.001 时,函数的增量与相应的微分.

7. 计算 $\sqrt[5]{32.16}$ 的近似值.

8. 求由下列方程所确定隐函数的导数：

(1) $x^{\frac{2}{3}}+y^{\frac{2}{3}}=a^{\frac{2}{3}}(a>0)$；

(2) $(x-a)^2+(y-b)^2=c^2(a,b,c$ 为常数)；

(3) $\arctan\dfrac{y}{x}=\ln\sqrt{x^2+y^2}$；

(4) $y\sin x-\cos(x-y)=0$.

9. 求由下列方程所确定的隐函数在指定点 M 处的导数：

(1) $y^2-2xy-x^2+2x-4=0,M(3,7)$；

(2) $\mathrm{e}^{xy}-5x^2y=0,M\left(\dfrac{\mathrm{e}^2}{10},\dfrac{20}{\mathrm{e}^2}\right)$.

10. 设函数 $y=f(x)$ 由下列参数方程所确定，求 $y'=\dfrac{\mathrm{d}y}{\mathrm{d}x}$：

(1) $\begin{cases}x=2t-t^2,\\ y=3t-t^3;\end{cases}$ (2) $\begin{cases}x=t\ln t,\\ y=\mathrm{e}^t;\end{cases}$

(3) $\begin{cases}x=\arccos\dfrac{1}{\sqrt{1+t^2}},\\ y=\arcsin\dfrac{t}{\sqrt{1+t^2}}.\end{cases}$

11. 试求椭圆周 $\dfrac{x^2}{a^2}+\dfrac{y^2}{b^2}=1(a,b>0)$ 上点 $M_0(x_0,y_0)$ 处的切线方程与法线方程，并证明：从椭圆的一个焦点向椭圆周上任意一点 M 发射的光线，其反射光线必通过椭圆的另一个焦点.

§6 高阶导数与高阶微分

设函数 $y=f(x)$ 在一个区间 (a,b) 上有定义. 若 $y=f(x)$ 在每一点 $x\in(a,b)$ 处都有导数存在，则其导数 $f'(x)$ 在 (a,b) 上也是一个函数. 自然，我们可以考虑函数 $f'(x)$ 在点 $x_0\in(a,b)$ 处是否还有导数的问题. 如果 $f'(x)$ 在点 x_0 处有导数，则称此导数为 $y=f(x)$ 在点 x_0 处的**二阶导数**，记作 $f''(x_0)$，$y''\big|_{x=x_0}$ 或 $f^{(2)}(x_0)$，有时也记为 $\left.\dfrac{\mathrm{d}^2y}{\mathrm{d}x^2}\right|_{x=x_0}$ 或 $\left.\dfrac{\mathrm{d}^2f}{\mathrm{d}x^2}\right|_{x=x_0}$.

在物理学中，若已知一个质点运动的位移函数为 $s=s(t)$，那么该质点运动的速度为 $v(t)=s'(t)$，而其加速度为

$$a(t)=v'(t)=s''(t).$$

二阶导数在几何上也有重要意义,这要留待后面专门讲解.

类似地,我们把 $y=f(x)$ 的二阶导数 $f''(x)$ 在点 x_0 处的导数定义为**三阶导数**,并记作 $f'''(x_0)$,$f^{(3)}(x_0)$ $y^{(3)}|_{x=x_0}$,$\left.\frac{d^3y}{dx^3}\right|_{x=x_0}$ 或 $\left.\frac{d^3f}{dx^3}\right|_{x=x_0}$.

依次类推,可以由 $n-1$ 阶导数定义 n 阶导数. $y=f(x)$ 在点 x_0 处的 n 阶导数记作 $f^{(n)}(x_0)$ $y^{(n)}|_{x=x_0}$,$\left.\frac{d^ny}{dx^n}\right|_{x=x_0}$ 或 $\left.\frac{d^nf}{dx^n}\right|_{x=x_0}$.

二阶及二阶以上的导数称为**高阶导数**. 相应地,也称 $f'(x)$ 为**一阶导数**.

例 1　$(\sin x)'=\cos x=\sin\left(x+\frac{\pi}{2}\right)$,

$$(\sin x)''=\cos\left(x+\frac{\pi}{2}\right)=\sin(x+\pi),$$

$$(\sin x)'''=\cos(x+\pi)=\sin\left(x+\frac{3\pi}{2}\right).$$

一般地,可以用数学归纳法证明 $\sin x$ 的 n 阶导数为

$$(\sin x)^{(n)}=\sin\left(x+\frac{n\pi}{2}\right).$$

类似地,可以证明

$$(\cos x)^{(n)}=\cos\left(x+\frac{n\pi}{2}\right).$$

例 2　可以证明

$$\left(\frac{1}{x}\right)^{(n)}=(-1)^n\frac{n!}{x^{n+1}}.$$

事实上,$\left(\frac{1}{x}\right)'=-\frac{1}{x^2}$,$\left(\frac{1}{x}\right)''=\frac{2!}{x^3}$. 若对于 $n=k-1$,有

$$\left(\frac{1}{x}\right)^{(k-1)}=(-1)^{k-1}\frac{(k-1)!}{x^k},$$

那么对于 $n=k$,将上式两边求导数,即得

$$\left(\frac{1}{x}\right)^{(k)}=(-1)^k\frac{k!}{x^{k+1}}.$$

利用例 2 的结果立即又推出下面例子的结论.

例 3　$(\ln(1+x))^{(n)}=(-1)^{n-1}\frac{(n-1)!}{(1+x)^n}$,其中约定 $0!=1$.

一般来说,要求出某个函数的 n 阶导数公式,这并非易事,利用下面命

题给出的莱布尼茨公式有时会有所帮助.

命题 设函数 $y=f(x)$ 及 $y=g(x)$ 在区间 (a,b) 内有 n 阶导数，则它们之积的 n 阶导数满足下列公式：

$$(f(x)g(x))^{(n)}=\sum_{k=0}^{n}C_n^k f^{(k)}(x)g^{(n-k)}(x),\tag{2.2}$$

其中 $f^{(0)}(x)=f(x),g^{(0)}(x)=g(x)$.

(2.2)式称为**莱布尼茨公式**. 这个公式很像牛顿二项展开式，只不过是把牛顿二项展开式中方幂的次数换成导数的阶数而已.

当 $n=1$ 时，上述公式是

$$(f(x)g(x))'=f'(x)g(x)+f(x)g'(x),$$

这是已知的公式. 对上式再一次求导数，即得

$$\begin{aligned}(f(x)g(x))^{(2)}&=f''(x)g(x)+2f'(x)g'(x)+f(x)g''(x)\\&=\sum_{k=0}^{2}C_2^k f^{(k)}(x)g^{(2-k)}(x).\end{aligned}$$

对于一般情况，可用数学归纳法证明，请读者自己完成.

例 4 设函数 $y=x^2\sin x$，求 y 的五阶导数.

解 注意到 $(x^2)^{(k)}\equiv 0\ (k>2)$，由莱布尼茨公式得到

$$\begin{aligned}y^{(5)}&=x^2(\sin x)^{(5)}+5(x^2)'(\sin x)^{(4)}+10(x^2)''(\sin x)^{(3)}\\&=x^2\sin\left(\frac{\pi}{2}+x\right)+10x\sin x+20\sin\left(x+\frac{3\pi}{2}\right)\\&=(x^2-20)\cos x+10x\sin x.\end{aligned}$$

例 5 设函数 $y=e^{\sin x}$，求 $\dfrac{d^2y}{dx^2}$.

解 利用复合函数求导公式，得

$$\frac{dy}{dx}=e^{\sin x}\cos x,$$

$$\frac{d^2y}{dx^2}=e^{\sin x}\cos x\cdot\cos x+e^{\sin x}(-\sin x).$$

这里提醒读者：要求复合函数的高阶导数，需重复使用求复合函数一阶导数的方法，并没有一般公式.

下面通过例题来说明求隐函数和由参数方程所确定函数的二阶导数的方法. 用同样的方法可求得三阶及三阶以上的导数.

例 6 设 $y=y(x)$ 是由方程 $x^3+y^3-3xy=0$ 所确定的隐函数，求 y''.

解 *方法一* 方程 $x^3+y^3-3xy=0$ 两端关于 x 求导数，其中注意 y

是 x 的函数，得到

$$3x^2+3y^2y'-3y-3xy'=0, \tag{2.3}$$

解得

$$y'=\frac{x^2-y}{x-y^2}.$$

再对它关于 x 求导数，其中注意 y 是 x 的函数，得到

$$y''=\frac{(2x-y')(x-y^2)-(x^2-y)(1-2yy')}{(x-y^2)^2}.$$

将 $y'=\dfrac{x^2-y}{x-y^2}$ 代入上式，就得到 y'' 的表达式. 大家会觉得 y'' 的表达式过于复杂.但此表达式中的 x,y 不是没有关系的，它们满足方程 $x^3+y^3-3xy=0$. 利用此方程，可适当化简 y'' 的表达式，最后得到

$$y''=\frac{2xy}{(x-y^2)^3}.$$

方法二　对(2.3)式两端关于 x 求导数，其中注意 y,y' 是 x 的函数，得到

$$6x+6yy'\cdot y'+3y^2y''-3y'-3y'-3xy''=0,$$

解得

$$y''=\frac{2x+2yy'\cdot y'-2y'}{x-y^2}.$$

将 $y'=\dfrac{x^2-y}{x-y^2}$ 代入上式，并利用方程 $x^3+y^3-3xy=0$ 化简，得到

$$y''=\frac{2xy}{(x-y^2)^3}.$$

例 7　设函数 $y=f(x)$ 是由参数方程 $\begin{cases}x=t-\sin t,\\ y=1-\cos t\end{cases}$ 所确定，求 $\dfrac{\mathrm{d}^2y}{\mathrm{d}x^2}$.

解　$\dfrac{\mathrm{d}y}{\mathrm{d}x}=\dfrac{\frac{\mathrm{d}y}{\mathrm{d}t}}{\frac{\mathrm{d}x}{\mathrm{d}t}}=\dfrac{\sin t}{1-\cos t}.$

参数方程所确定函数 $y=f(x)$ 的导数 $\dfrac{\mathrm{d}y}{\mathrm{d}x}$ 的表达式中含有 t，而 $\dfrac{\mathrm{d}y}{\mathrm{d}x}$ 仍是 x 的函数，也要由参数方程 $\begin{cases}x=t-\sin t,\\ \dfrac{\mathrm{d}y}{\mathrm{d}x}=\dfrac{\sin t}{1-\cos t}\end{cases}$ 给出，因此

$$\frac{\mathrm{d}^2 y}{\mathrm{d}x^2}=\frac{\frac{\mathrm{d}}{\mathrm{d}t}\left(\frac{\mathrm{d}y}{\mathrm{d}x}\right)}{\frac{\mathrm{d}x}{\mathrm{d}t}}=\frac{\frac{\cos t(1-\cos t)-\sin t\sin t}{(1-\cos t)^2}}{1-\cos t}$$

$$=\frac{\cos t-1}{(1-\cos t)^3}=-\frac{1}{(1-\cos t)^2}.$$

现在我们来讲**高阶微分**,即二阶及二阶以上的微分.

假定 $y=f(x)$有 n 阶导数,那么它的微分

$$\mathrm{d}f=f'(x)\mathrm{d}x$$

依赖于两个变量: x 与 $\mathrm{d}x$. 当 $\mathrm{d}x$ 给定后,$\mathrm{d}f$ 就是 x 的函数. 因此,又可以对它求微分,这就是二阶微分:

$$\mathrm{d}(\mathrm{d}f)=(f'(x)\mathrm{d}x)'\mathrm{d}x=f''(x)\mathrm{d}x^2.$$

这里应注意,在求二阶微分时,$\mathrm{d}x$ 作为常量,而记号 $\mathrm{d}x^2$ 表示$(\mathrm{d}x)^2$. 我们将 $\mathrm{d}(\mathrm{d}f)$记作 $\mathrm{d}^2 f$,那么上式可写成

$$\mathrm{d}^2 f=f''(x)\mathrm{d}x^2.$$

因此,我们有

$$\frac{\mathrm{d}^2 f}{\mathrm{d}x^2}=f''(x).$$

也就是说,函数的二阶导数是它的二阶微分除以自变量微分的平方. 前面将二阶导数记作 $\frac{\mathrm{d}^2 f}{\mathrm{d}x^2}$,也就是这个原因.

依次类推,可以得到 n 阶微分

$$\mathrm{d}^n f=f^{(n)}(x)\mathrm{d}x^n,$$

并且有

$$\frac{\mathrm{d}^n f}{\mathrm{d}x^n}=f^{(n)}(x).$$

这里应当提醒读者,高阶微分不具有形式不变性. 也就是说,当 y 是自变量时,$z=g(y)$的二阶微分是

$$\mathrm{d}^2 z=g''(y)\mathrm{d}y^2,$$

但是当 y 是 x 的函数,即 $y=f(x)$时,上述形式不再成立. 事实上,这时 $z=g(f(x))$,并且有

$$\begin{aligned}
\mathrm{d}z&=g'(f(x))f'(x)\mathrm{d}x,\\
\mathrm{d}^2 z&=g''(f(x))(f'(x))^2\mathrm{d}x^2+g'(f(x))f''(x)\mathrm{d}x^2\\
&=g''(y)\mathrm{d}y^2+g'(y)\mathrm{d}^2 y,
\end{aligned}$$

这里恰好多出来了一项 $g'(y)\mathrm{d}^2y$. 只有当 y 是 x 的线性函数时，$\mathrm{d}^2y\equiv 0$，但其他情况下 d^2y 不恒为零.

例 8　设函数 $y=\mathrm{e}^x\cos 2x$，求 d^2y.

解　$\mathrm{d}y=(\mathrm{e}^x\cos 2x-2\mathrm{e}^x\sin 2x)\mathrm{d}x$，

$$\begin{aligned}\mathrm{d}^2y&=(\mathrm{e}^x\cos 2x-2\mathrm{e}^x\sin 2x-2\mathrm{e}^x\sin 2x-4\mathrm{e}^x\cos 2x)\mathrm{d}x^2\\&=(-3\mathrm{e}^x\cos 2x-4\mathrm{e}^x\sin 2x)\mathrm{d}x^2.\end{aligned}$$

习　题　2.6

1. 求下列函数的 n 阶导数：

(1) $y=x^n$；　　(2) $y=\mathrm{e}^x$；

(3) $y=\dfrac{1}{1+x}$；　　(4) $y=\dfrac{1}{x(x+1)}$.

2. 设函数 $y(x)=\mathrm{e}^x\cos x$，证明：$y''-2y'+2y=0$.

3. 设函数 $y=\dfrac{x-3}{x+4}\ (x\neq -4)$，证明：$2y'^2=(y-1)y''$.

4. 设函数 $y=(1-x)(2x+1)^2(3x-1)^3$，求 $y^{(6)}$，$y^{(7)}$.

5. 要使函数 $y=\mathrm{e}^{\lambda x}$ 满足方程

$$y''+py'+qy=0\quad (p,q\text{ 为常数}),$$

问：λ 该取哪些值？

6. 一个飞轮绕一条定轴转动，转过的角度 θ 与时间 t 的关系为 $\theta=t^3-2t^2+3t-1$，求该飞轮转动的角速度与角加速度.

7. 设函数 $f(x)=\dfrac{1}{(1-x)^n}$，其中 n 为一个正整数，求 $f^{(k)}(0)$，k 为某一正整数.

8. 设函数 $y=x^2\ln(1+x)$，求 $y^{(50)}$.

9. 验证函数 $y=C_1\mathrm{e}^{ax}+C_2\mathrm{e}^{bx}$（$C_1$，$C_2$ 为任意常数）满足方程

$$y''-(a+b)y'+aby=0\quad (a,b\text{ 为常数}).$$

10. 验证函数 $y=(C_1x+C_2)\mathrm{e}^{ax}$（$C_1$，$C_2$ 为任意常数）满足方程

$$y''-2ay'+a^2y=0\quad (a\text{ 为常数}).$$

11. 验证函数 $y=C_1\cos\omega t+C_2\sin\omega t$（$C_1$，$C_2$ 为任意常数）满足分方程

$$y''+\omega^2y=0\quad (\omega\text{ 为常数}).$$

§7　不定积分

前面讲述了导数及微分的概念，现在我们开始讲述微积分中的另一个基本概念——积分. 积分有两种：不定积分与定积分. 本节先讲不定积分.

如果我们把求导数看作一种运算(称为求导运算)的话,那么求不定积分则是求导运算的逆运算. 求导运算是求出已知函数 $y=f(x)$ 的导数 $f'(x)$. 反过来,现在的问题是:已知函数 $y=f(x)$,要求出一个函数 $F(x)$,使得它的导数恰好就是 $f(x)$,即

$$F'(x)=f(x),$$

并且我们还希望求出所有这样的函数.

现在我们引入一个概念:

定义 若函数 $F(x)$ 的导数 $F'(x)=f(x)$,对于一切 $x\in(a,b)$ 都成立,则称 $F(x)$ 是函数 $f(x)$ 在区间 (a,b) 上的一个**原函数**.

若 $F(x)$ 是 $f(x)$ 在 (a,b) 上的一个原函数,则对于任意常数 C,函数 $F(x)+C$ 也是 $f(x)$ 在 (a,b) 上的原函数. 可见,一个函数的原函数不止一个,而是有无穷多个. 反过来,$f(x)$ 在 (a,b) 上的任意一个原函数都可表示成 $F(x)+C$ 的形式. 事实上,若 $G(x)$ 是 $f(x)$ 在 (a,b) 上的一个原函数,则 $G(x)-F(x)$ 的导数在 (a,b) 上恒为零. 前面我们曾指出:一个区间内导数恒等于零的函数必为常数. 因此,$G(x)-F(x)\equiv C$,其中 C 为常数,即

$$G(x)=F(x)+C.$$

对于一个给定的函数 $y=f(x)$,其原函数的一般表达式称为 $f(x)$ 的**不定积分**,并记作

$$\int f(x)\mathrm{d}x,$$

这里函数 $f(x)$ 称作**被积函数**,$f(x)\mathrm{d}x$ 称为**被积表达式**.

根据前面的讨论,假若已知 $F(x)$ 是 $f(x)$ 的一个原函数,那么 $F(x)+C$ (C 为任意常数)便是 $f(x)$ 的原函数的一般表达式,即

$$\int f(x)\mathrm{d}x=F(x)+C.$$

例如, $\sin x$ 是 $\cos x$ 的一个原函数,因此

$$\int\cos x\,\mathrm{d}x=\sin x+C.$$

又比如,$\frac{1}{2}x^2$ 是 x 的一个原函数,所以

$$\int x\,\mathrm{d}x=\frac{1}{2}x^2+C.$$

求不定积分的问题在微积分中是很重要的. 以后我们会看到定积分的

计算要归结为求被积函数的原函数，所以不定积分的计算是定积分计算的基础. 不仅如此，不定积分的计算也是求解常微分方程的基础. 因此，初学者应当通过做相当数量的题目，掌握好求不定积分的基本方法，并熟练运用不定积分的基本公式.

为了求不定积分，首先要熟记一些重要初等函数的不定积分. 我们将它们列成下表(称为**基本积分表**，这张表是由基本初等函数的导数表反转而成的)：

(1) $\int x^{\alpha}\mathrm{d}x=\frac{1}{\alpha+1}x^{\alpha+1}+C\ (\alpha\neq-1)$. 特别地，$\int 1\mathrm{d}x=x+C$.

(2) $\int \cos x\,\mathrm{d}x=\sin x+C$；　$\int \sin x\,\mathrm{d}x=-\cos x+C$；

$\int \sec^2 x\,\mathrm{d}x=\tan x+C$；　$\int \csc^2 x\,\mathrm{d}x=-\cot x+C$.

(3) $\int \frac{\mathrm{d}x}{\sqrt{1-x^2}}=\arcsin x+C\overset{\text{或}}{=\!=}-\arccos x+C$.

$\int \frac{\mathrm{d}x}{1+x^2}=\arctan x+C\overset{\text{或}}{=\!=}-\operatorname{arccot} x+C$.

(4) $\int a^x\mathrm{d}x=\frac{1}{\ln a}a^x+C\ (a>0,a\neq1)$. 特别地，$\int \mathrm{e}^x\mathrm{d}x=\mathrm{e}^x+C$.

(5) $\int \frac{1}{x}\mathrm{d}x=\ln|x|+C$.

验证这张表中每个公式的正确性是十分容易的，只要将公式右端的函数求导数，看看所得结果是否等于不定积分中的被积函数即可.

除去上述基本积分表之外，读者还应当掌握基本的求不定积分的法则. 目前我们要求读者掌握下列法则：

$$\int (f(x)\pm g(x))\mathrm{d}x=\int f(x)\mathrm{d}x\pm\int g(x)\mathrm{d}x$$

及

$$\int cf(x)\mathrm{d}x=c\int f(x)\mathrm{d}x,$$

其中 c 为非零常数.

这两条法则的证明是容易的. 事实上，一方面，若 $F(x)$ 及 $G(x)$ 分别为 $f(x)$ 及 $g(x)$ 的一个原函数，那么

$$\int f(x)\mathrm{d}x = F(x) + C_1,$$

$$\int g(x)\mathrm{d}x = G(x) + C_2,$$

其中 C_1 与 C_2 为任意常数. 因此,我们有

$$\int f(x)\mathrm{d}x \pm \int g(x)\mathrm{d}x = F(x) \pm G(x) + C,$$

其中 $C=C_1 \pm C_2$. 显然,C 也是一个任意常数. 另一方面,

$$(F(x) \pm G(x))' = f(x) \pm g(x).$$

可见,$F(x) \pm G(x)$是 $f(x) \pm g(x)$的一个原函数,因而

$$\int (f(x) \pm g(x))\mathrm{d}x = F(x) \pm G(x) + C.$$

于是

$$\int (f(x) \pm g(x))\mathrm{d}x = \int f(x)\mathrm{d}x \pm \int g(x)\mathrm{d}x.$$

请读者自己验证第二条法则.

有了上述法则,我们就可以根据前述基本积分表,求出许多函数的不定积分.

例 1 求不定积分 $\int \left(3x^3 + \sin x + \dfrac{5}{x}\right)\mathrm{d}x$.

解 $\int \left(3x^3 + \sin x + \dfrac{5}{x}\right)\mathrm{d}x = \dfrac{3}{4}x^4 - \cos x + 5\ln|x| + C.$

例 2 求不定积分 $\int \dfrac{(x+1)^2}{\sqrt{x}}\mathrm{d}x$.

解

$$\int \frac{(x+1)^2}{\sqrt{x}}\mathrm{d}x = \int \left(x^{\frac{3}{2}} + 2x^{\frac{1}{2}} + x^{-\frac{1}{2}}\right)\mathrm{d}x$$

$$= \frac{2}{5}x^{\frac{5}{2}} + \frac{4}{3}x^{\frac{3}{2}} + 2x^{\frac{1}{2}} + C.$$

例 3 求不定积分 $\int \left(\mathrm{e}^x + \dfrac{3x^2}{1+x^2}\right)\mathrm{d}x$.

解

$$\int \left(\mathrm{e}^x + \frac{3x^2}{1+x^2}\right)\mathrm{d}x = \int \mathrm{e}^x\mathrm{d}x + 3\int \frac{x^2}{1+x^2}\mathrm{d}x$$

$$= \mathrm{e}^x + C + 3\int \left(1 - \frac{1}{1+x^2}\right)\mathrm{d}x$$

$$= \mathrm{e}^x + 3x - 3\arctan x + C.$$

例 4　设 $f''(x)=3x+1$,求 $f(x)$.

解　因为 $f''(x)=(f'(x))'$,而

$$f'(x)=\frac{3}{2}x^2+x+C_1,$$

所以

$$f(x)=\frac{1}{2}x^3+\frac{1}{2}x^2+C_1x+C_2,$$

其中 C_1,C_2 是任意常数.

作为求导运算的逆运算,求不定积分有其直接应用价值. 读者可从下面两个例子中体会到这一点.

例 5　设 $s=s(t)$满足方程

$$\frac{\mathrm{d}^2 s}{\mathrm{d}t^2}=-g,$$

其中 g 为常数,并且 $s(0)=h_0, s'(0)=v_0, h_0$ 及 v_0 为已知常数,求 $s=s(t)$ 的表达式.

解　显然,如果不考虑 $s(t)$及 $s'(t)$在点 $t=0$ 处的限制,那么 $\frac{\mathrm{d}s}{\mathrm{d}t}$ 的一般表达式应为

$$\frac{\mathrm{d}s}{\mathrm{d}t}=-\int g\,\mathrm{d}t=-gt+C_1,$$

而 $s=s(t)$的一般表达式应为

$$s=\int(-gt+C_1)\mathrm{d}t=-\frac{1}{2}gt^2+C_1t+C_2,$$

其中 C_1,C_2 为任意常数. 再考虑到 $s(t)$与 $s'(t)$在点 $t=0$ 处的条件,我们有

$$C_2=h_0,\quad C_1=v_0.$$

于是,最终我们得到

$$s(t)=-\frac{1}{2}gt^2+v_0t+h_0.$$

这就是大家在中学时已熟知的自由落体运动的位移公式. 这里 $\frac{\mathrm{d}^2 s}{\mathrm{d}t^2}=-g$ 是根据牛顿第二定律列出的微分方程(微分方程的概念具体见本教材下册第九章),而不定积分为求解该微分方程提供了工具. 这是一个十分简单的例子,但它说明了求不定积分的意义.

例 6　已知放射性元素的衰变率与当时放射性物体的现存质量成正

比,求放射性物体质量的变化规律.

解 设一种放射性物体的质量为 $m=m(t)$,其中 t 为时间. 它的衰变率应该是 $-\dfrac{\mathrm{d}m}{\mathrm{d}t}$,于是我们得到微分方程

$$-\frac{\mathrm{d}m}{\mathrm{d}t}=km(t),$$

其中 $k(k>0)$ 为比例常数. 为了把这个方程的求解问题归结为求不定积分的问题,我们令 $y(t)=\ln m(t)$. 这时,有

$$\frac{\mathrm{d}y}{\mathrm{d}t}=\frac{m'(t)}{m(t)}=-k.$$

于是,我们得到

$$y(t)=-kt+C,$$

即

$$m(t)=\mathrm{e}^{C}\cdot\mathrm{e}^{-kt}.$$

如果已知 $m(t)$的初始值 $m(0)=m_0$,那么

$$m(t)=m_0\mathrm{e}^{-kt}.$$

这便是放射性物体质量的变化规律.

例 7 已知曲线 $y=f(x)$上任意一点$(x,f(x))$处的切线斜率为 $4x^3$,且此曲线通过点(1,2),求此曲线的方程 $y=f(x)$.

解 由条件 $f'(x)=4x^3$ 知,此曲线的方程满足

$$y=f(x)=\int 4x^3\mathrm{d}x=x^4+C.$$

又 $f(1)=2$,代入上式,得 $2=1+C$,$C=1$,故所求的曲线方程为

$$y=f(x)=x^4+1.$$

关于求不定积分的方法,我们将在下一章中更系统地讲解. 而关于微分方程的求解,则在本教材下册中有专门的一章对其进行讨论.

习 题 2.7

求下列不定积分:

1. $\displaystyle\int\left(\frac{a}{\sqrt{x}}-\frac{b}{x^2}+3c\sqrt[3]{x^2}\right)\mathrm{d}x$ (a,b,c 为常数).

2. $\displaystyle\int(1+\sqrt{x})^2\mathrm{d}x$.

3. $\displaystyle\int a\sec^2 t\,\mathrm{d}t$ (a 为常数).

4. $\displaystyle\int\tan^2 t\,\mathrm{d}t$.

5. $\int \cot^2\varphi \mathrm{d}\varphi$.

6. $\int \frac{x^2+3}{1+x^2}\mathrm{d}x$.

7. $\int\left(\frac{3}{\sqrt{x}}+\frac{4}{\sqrt{1-x^2}}\right)\mathrm{d}x$.

8. $\int(1+\cos^2 x)\sec^2 x\,\mathrm{d}x$.

9. $\int \frac{1-x}{1-\sqrt[3]{x}}\mathrm{d}x$.

10. $\int\left(\frac{1}{x}+\frac{2}{x^2}+\frac{3}{x^3}\right)\mathrm{d}x$.

11. $\int \frac{(1-x)^2}{x\sqrt[3]{x}}\mathrm{d}x$.

12. $\int(2\mathrm{ch}x-\mathrm{sh}x)\mathrm{d}x$.

13. $\int\left[\frac{3x^2-1}{x^2}+\frac{(x+1)^2}{\sqrt{x}}\right]\mathrm{d}x$.

14. $\int \frac{1}{\sin^2 x\cos^2 x}\mathrm{d}x$.

15. $\int \frac{2^{x+1}+3^{x-2}}{6^x}\mathrm{d}x$.

16. $\int \frac{1}{x^2(1+x^2)}\mathrm{d}x$.

17. 求解微分方程

$$y''(x)=a+b\mathrm{e}^{-x}\quad(a,b\text{ 为常数}).$$

18. 设 $f(x)$满足微分方程

$$xf'(x)+f(x)=x^3+1,$$

求 $f(x)$.

§8　定　积　分

1. 定积分的概念

我们先看两个例子.

曲边梯形的面积　从中学数学课本中,我们已学会计算一些直线所围成图形的面积和圆的面积. 但是,我们没有一般的方法用以计算一般曲线所围成图形的面积. 现在定积分就给我们提供了一种计算面积的普遍方法.

假定连续函数 $y=f(x)$定义在区间$[a,b]$上,且其图形在 x 轴上方. 那么,$y=f(x)$的图形与直线 $x=a$,$x=b$ 及 x 轴围成一个**曲边梯形**(见图 2.12). 如果能计算这个曲边梯形的面积,则我们能计算相当一般的曲线所围成图形的面积. 而在我们常见的图形中,一般都能分割为若干曲边梯形的并.

思考题　请将椭圆盘分割成几个曲边梯形之并.

在考虑图 2.12 中这个曲边梯形的面积问题时,我们采取下面的"策略":先求近似值,再通过取极限以达到精确值.

我们在$[a,b]$上插入一串分点$\{x_i\,|\,i=0,1,\cdots,n\}$:

$$a=x_0<x_1<x_2<\cdots<x_{n-1}<x_n=b.$$

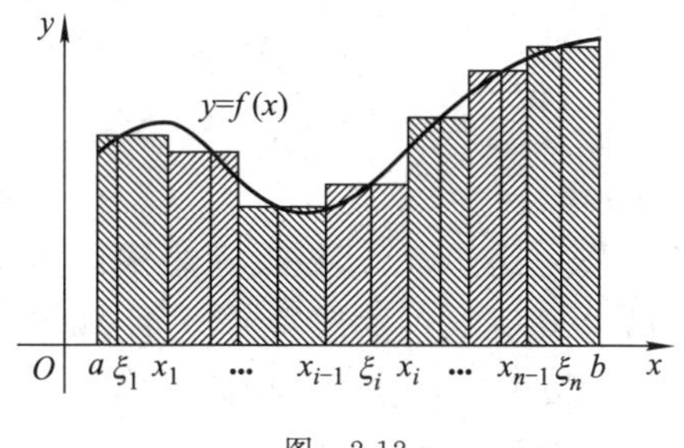

图 2.12

在每个小区间$[x_{i-1},x_i]$($i=1,2,\cdots,n$)上,函数 $y=f(x)$的图形与直线 $x=x_{i-1},x=x_i$ 相应地形成一个小曲边梯形. 而这些小曲边梯形的面积 S_i($i=1,2,\cdots,n$)有如下近似值:

$$S_i \approx f(\xi_i)(x_i - x_{i-1}) = f(\xi_i)\Delta x_i,$$

其中 ξ_i($i=1,2,\cdots,n$)是$[x_{i-1},x_i]$中的任意一点(见图 2.12),$\Delta x_i = x_i - x_{i-1}$. 这样,可得整个曲边梯形的面积 S 的近似值:

$$S = \sum_{i=1}^{n} S_i \approx \sum_{i=1}^{n} f(\xi_i)\Delta x_i.$$

从直观上看,当分点越密时,这个近似值就越接近于曲边梯形面积 S 的值. 因此,自然会把这个近似值的极限值作为曲边梯形面积 S 的值,即

$$S = \lim_{\lambda\to 0}\sum_{i=1}^{n} f(\xi_i)\Delta x_i,$$

其中 $\lambda=\max\{\Delta x_i \mid i=1,2,\cdots,n\}$是 Δx_i($i=1,2,\cdots,n$)中的最大者.

变力做功 设一个质量为 m 的物体沿直线运动. 假定该物体所受的外力大小可以表示为它的位移 s 的函数 $f(s)$,方向与运动方向一致. 我们要求该物体从 $s=a$ 到 $s=b$ 时外力所做的功 W.

同样,在区间$[a,b]$内插入一串分点:

$$a = s_0 < s_1 < s_2 < \cdots < s_{n-1} < s_n = b.$$

从 s_{i-1} 到 s_i 时外力所做的功近似等于

$$f(\xi_i)(s_i - s_{i-1}) = f(\xi_i)\Delta s_i,$$

其中 $\xi_i \in [s_{i-1},s_i]$,$\Delta s_i = s_i - s_{i-1}$,$i=1,2,\cdots,n$. 当分点增加使分割变细时,近似值

$$\sum_{i=1}^{n} f(\xi_i)\Delta s_i$$

将越来越接近于我们所求的值. 于是,问题再一次归结为求如下形式的极

限：

$$W=\lim_{\lambda\to 0}\sum_{i=1}^{n} f(\xi_i)\Delta s_i, \tag{2.4}$$

其中 $\lambda=\max\{\Delta s_i \mid i=1,2,\cdots,n\}$.

这样的例子还有很多，比如，已知做变速直线运动物体的速度，求该物体在一定时间内的位移（或所经过的路程）. 这时，我们同样可以通过这种分割、近似代替、求和、取极限的步骤，将问题化成求一个已知函数的上述形式的极限. 这个极限就是已知函数的定积分.

思考题　已知一个沿直线运动的质点的瞬时速度为 $v(t)$ $(0\leqslant t\leqslant a)$. 请将该质点自 $t=0$ 时刻到 $t=a$ 时刻的位移写成(2.4)式的极限形式.

现在我们给出定积分的正式定义.

定义　设 $f(x)$ 是定义在区间 $[a,b]$ 上的函数. 对 $[a,b]$ 插入分点 x_i $(i=0,1,\cdots,n)$，使它们满足

$$a=x_0<x_1<x_2<\cdots<x_{n-1}<x_n=b,$$

我们称之为 $[a,b]$ 的一种**分割**，记为 T. 又记 $\Delta x_i=x_i-x_{i-1}$ $(i=1,2,\cdots,n)$，$\lambda(T)=\max\{\Delta x_i \mid i=1,2,\cdots,n\}$. 若对于任意的分割 T 及任意选取的中间点 $\xi_i\in[x_{i-1},x_i]$ $(i=1,2,\cdots,n)$，极限

$$\lim_{\lambda(T)\to 0}\sum_{i=1}^{n} f(\xi_i)\Delta x_i$$

都存在，则称这个极限值为 $f(x)$ 在 $[a,b]$ 上的**定积分**，记为

$$\int_a^b f(x)\mathrm{d}x,$$

这里 $f(x)$ 称为**被积函数**，而 b 与 a 分别称为**积分上限与积分下限**，x 称为**积分变量**，$[a,b]$ 称为**积分区间**.

如果函数 $f(x)$ 的上述极限存在，则称 $f(x)$ 在区间 $[a,b]$ 上**可积**.

定积分定义中的和式 $\sum\limits_{i=1}^{n} f(\xi_i)\Delta x_i$ 称为**黎曼和**，上述定积分称作**黎曼积分**，而可积也称作**黎曼可积**.

定积分有明显的几何意义：

当区间 $[a,b]$ 上的连续函数 $f(x)\geqslant 0$ 时，其定积分

$$I=\int_a^b f(x)\mathrm{d}x$$

恰好代表由曲线 $y=f(x)$，直线 $x=a$，$x=b$ 及 x 轴所围成曲边梯形的面积；当 $f(x)\leqslant 0$ 时，定积分 I 代表相应曲边梯形的面积乘以 -1；当 $f(x)$ 的

值在$[a,b]$上有正有负时,定积分 I 则等于在 x 轴上方和下方的若干曲边梯形面积(参见图 2.13)的代数和(在 x 轴上方的曲边梯形面积取正值,在 x 轴下方的曲边梯形面积取负值).

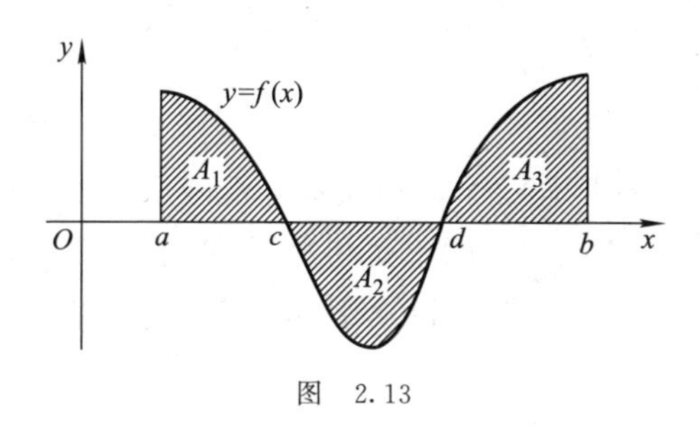

图 2.13

在图 2.13 所示的情形中,有

$$I=\int_a^b f(x)\mathrm{d}x=\int_a^c f(x)\mathrm{d}x+\int_c^d f(x)\mathrm{d}x+\int_d^b f(x)\mathrm{d}x$$
$$=A_1-A_2+A_3,$$

其中 A_1,A_2,A_3 代表图中相应曲边梯形的面积.

思考题 请给出定积分 $s=\int_0^a v(t)\mathrm{d}t$ 的物理解释,其中 $v(t)$为质点的瞬时速度,并假定 $v(t)$在区间$[0,b)$与$(c,a]$上大于零,而在区间$[b,c]$上小于或等于零.

在定积分的定义中,要求积分上限 b 大于积分下限 a. 为了今后运算方便,我们约定:

(1) 当 $b=a$ 时,$\int_a^b f(x)\mathrm{d}x=0$;

(2) 当 $b<a$ 时,$\int_a^b f(x)\mathrm{d}x=-\int_b^a f(x)\mathrm{d}x$.

这种约定不仅在运算上带来方便,而且在物理上也是合理的. 比如,变力从 a 到 b 所做的功是从 b 到 a 所做的功的负值.

在定积分的定义中,黎曼和 $\sum\limits_{i=1}^{n} f(\xi_i)\Delta x_i$ 并不是$\lambda(T)$的函数,甚至不是分割 T 的函数. 因此,定义中的极限

$$\lim_{\lambda(T)\to 0}\sum_{i=1}^{n} f(\xi_i)\Delta x_i$$

应当有明确定义. 下面我们用 ε-δ 说法给出它的定义.

我们说极限

$$\lim_{\lambda(T)\to 0}\sum_{i=1}^{n} f(\xi_i)\Delta x_i$$

存在并等于 I 是指：对于任意给定的 $\varepsilon>0$，存在 $\delta>0$，使得对于任意分割 T 及任意 $\xi_i\in[x_{i-1},x_i]$ $(i=1,2,\cdots,n)$，都有

$$\left|\sum_{i=1}^{n} f(\xi_i)\Delta x_i - I\right| < \varepsilon, \quad 只要\ \lambda(T)<\delta.$$

并非所有函数都是可积的，比如狄利克雷函数 $\mathrm{D}(x)$ 在任意区间 $[a,b]$ 上都不可积. 事实上，在 $\mathrm{D}(x)$ 的黎曼和中，若所有 ξ_i 都取有理数，则其黎曼和等于 $b-a$；若所有 ξ_i 都取无理数，则其黎曼和等于零. 可见，其黎曼和无极限可言.

关于函数可积性的讨论已超出本教材的要求范围，这里无法详细讨论. 现在我们不加证明地指出：闭区间上的连续函数或单调函数都是该区间上的可积函数. 我们还要指出：一个可积函数一定是有界函数.

例　利用定义求定积分 $\int_0^1 2^x\,\mathrm{d}x$.

解　记 $f(x)=2^x$，则函数 $f(x)$ 在区间 $[0,1]$ 上连续，从而它在 $[0,1]$ 上可积. 于是，对于 $[0,1]$ 的任意分割 T，任意选取中间点所得到的黎曼和，当 $\lambda(T)\to 0$ 时，都有极限. 要求出 $\int_0^1 2^x\,\mathrm{d}x$，我们只需选择适当的分割和中间点，使所得到的黎曼和更容易求出极限.

对于任意的正整数 n，将 $[0,1]$ 进行 n 等分，得到分割

$$T:\ x_0=0<x_1<\cdots<x_n=1,$$

其中 $x_i=\dfrac{i}{n}(i=0,1,\cdots,n)$. 取 $\xi_i=\dfrac{i}{n}\in[x_{i-1},x_i](i=1,2,\cdots,n)$，得到黎曼和

$$\sum_{i=1}^{n} f(\xi_i)\Delta x_i=\sum_{i=1}^{n}2^{\frac{i}{n}}\ \frac{1}{n}=2^{\frac{1}{n}}\ \frac{1-2^{\frac{n}{n}}}{1-2^{\frac{1}{n}}}\cdot\frac{1}{n}=\frac{\dfrac{1}{n}}{2^{\frac{1}{n}}-1}\cdot 2^{\frac{1}{n}}.$$

此时 $\lambda(T)=\dfrac{1}{n}$，所以当 $n\to\infty$ 时，$\lambda(T)\to 0$. 因为

$$\lim_{n\to\infty}\frac{2^{\frac{1}{n}}-1}{\dfrac{1}{n}}=\ln 2,\quad \lim_{n\to\infty}2^{\frac{1}{n}}=1,$$

所以

$$\lim_{\lambda(T)\to 0}\sum_{i=1}^{n} f(\xi_i)\Delta x_i = \frac{1}{\ln 2}.$$

于是

$$\int_0^1 2^x \mathrm{d}x = \frac{1}{\ln 2}.$$

2. 定积分的性质

上面我们用黎曼和的极限定义了定积分，并给出了黎曼和极限的严格定义. 尽管黎曼和的极限不同于一般函数的极限，但过去讲过的有关极限的定理，如有关极限的四则运算和极限不等式的定理，对于黎曼和的极限而言依旧成立. 利用这些定理，立即可推出定积分的若干基本性质：

(1) 设函数 $y=f(x)$ 在区间 $[a,b]$ 上可积，且 $f(x)\geqslant 0$，则

$$\int_a^b f(x)\mathrm{d}x \geqslant 0.$$

(2) 设函数 $y=f(x)$ 及 $y=g(x)$ 在区间 $[a,b]$ 上可积，则函数 $y=f(x)\pm g(x)$ 在 $[a,b]$ 上也可积，且

$$\int_a^b (f(x)\pm g(x))\mathrm{d}x = \int_a^b f(x)\mathrm{d}x \pm \int_a^b g(x)\mathrm{d}x.$$

(3) 若函数 $y=f(x)$ 及 $y=g(x)$ 在区间 $[a,b]$ 上可积，且 $f(x)\geqslant g(x)$，则

$$\int_a^b f(x)\mathrm{d}x \geqslant \int_a^b g(x)\mathrm{d}x.$$

(4) 若函数 $y=f(x)$ 在区间 $[a,b]$ 上可积，则对于任意常数 c，函数 $y=cf(x)$ 在 $[a,b]$ 上也可积，且

$$\int_a^b cf(x)\mathrm{d}x = c\int_a^b f(x)\mathrm{d}x.$$

(5) 设函数 $y=f(x)$ 在区间 $[a,b]$ 上可积，则对于任意 $c\in(a,b)$，$y=f(x)$ 在区间 $[a,c]$ 及 $[c,b]$ 上都可积，且

$$\int_a^b f(x)\mathrm{d}x = \int_a^c f(x)\mathrm{d}x + \int_c^b f(x)\mathrm{d}x.$$

注 由此可推出更一般的结论：当 $c\notin[a,b]$ 时，只要 $f(x)$ 还在区间 $[c,a]$ 或 $[b,c]$ 上可积，则上述公式仍成立. 事实上，若 $c<a$，这时可将 a 看作 $[c,b]$ 内的一点而套用上述公式，得

$$\int_c^b f(x)\mathrm{d}x = \int_c^a f(x)\mathrm{d}x + \int_a^b f(x)\mathrm{d}x,$$

再移项即得

$$\int_a^b f(x)\mathrm{d}x = \int_c^b f(x)\mathrm{d}x - \int_c^a f(x)\mathrm{d}x$$
$$= \int_c^b f(x)\mathrm{d}x + \int_a^c f(x)\mathrm{d}x.$$

同理可证，当 $c>b$ 时，公式也成立.

(6) 设函数 $y=f(x)$ 在区间 $[a,b]$ 上可积，又设函数 $y=g(x)$ 在 $[a,b]$ 上有定义，且仅在有限个点处与 $y=f(x)$ 取不同值，那么 $y=g(x)$ 在 $[a,b]$ 上也可积，且

$$\int_a^b f(x)\mathrm{d}x = \int_a^b g(x)\mathrm{d}x.$$

这一性质告诉我们：仅在有限个点处改变函数值并不影响函数的可积性及积分值.

这一性质可以根据定积分的定义直接证明. 事实上，对于 $[a,b]$ 的同一分割 T 及相同的中间点 ξ_i 的选取，$f(x)$ 的黎曼和与 $g(x)$ 的黎曼和中至多有有限项不同. 当 $\lambda(T)\to 0$ 时，这有限项之和的极限为零. 因此，两个黎曼和有相同的极限.

(7) 若函数 $y=f(x)$ 在区间 $[a,b]$ 上可积，则函数 $y=|f(x)|$ 在 $[a,b]$ 上也可积，且

$$\left|\int_a^b f(x)\mathrm{d}x\right| \leqslant \int_a^b |f(x)|\mathrm{d}x.$$

我们略去这一性质的证明.

最后，我们指出：定积分只依赖于被积函数及积分区间，而与定积分中所使用的变量符号无关. 比如，

$$\int_a^b f(x)\mathrm{d}x = \int_a^b f(t)\mathrm{d}t.$$

这是因为，定积分是黎曼和的极限，当分割取定且每个小区间的中间点 ξ_i 取定后，函数 f 的黎曼和就唯一确定了，而与函数 f 的自变量是用 x 表示还是用 t 表示毫无关系. 因此，定积分中积分变量符号的更换不影响它的值.

历史的注记

在牛顿与莱布尼茨时代，定积分并没有严格的定义. 牛顿把求导运算称作“流数术”，而把积分运算作为求导运算的逆运算，称作“反流数术”. 莱

布尼茨则把定积分视作无限个无穷小量之和.起初他用 omn 表示积分运算,后来改用 $\int$ 来表示积分运算.这里的积分号 $\int$ 是“sum”的首字母“s”的拉长.在莱布尼茨看来,如果 $\frac{dz}{dx}=f(x)$,即 $dz=f(x)dx$,那么

$$z=\int dz=\int f(x)dx.$$

至今人们仍使用着莱布尼茨这种记号,它为人们带来很大方便.

关于定积分的明确定义首先是由柯西给出的.他假定函数 $y=f(x)$ 在区间 $[x_0,x]$ 上连续,将 $[x_0,x]$ 用有序的分点 $x_0,x_1,\cdots,x_n=x$ 划分成若干小区间,并考虑和式

$$S=\sum_{i=1}^{n}f(x_{i-1})(x_i-x_{i-1}).$$

他定义 $f(x)$ 在 $[x_0,x]$ 上的定积分就是分割后小区间长度趋向于零时和式 S 的极限.柯西证明了闭区间上连续函数的上述定积分是存在的,并在此基础上对微积分基本定理(牛顿-莱布尼茨公式)给予严格的表述与证明.

黎曼研究了一般函数的可积性问题,把柯西关于连续函数定积分的定义加以修改,其中 $f(x_{i-1})$ 换成 $f(\xi_i)$,ξ_i 是 $[x_{i-1},x_i]$ 中的任意一点.因此,现代形式的定积分定义是由黎曼给出的.

20 世纪初,法国数学家勒贝格(H.Lebesgue)引入了点集合测度的概念,并在此基础上建立了一种新的积分.这种积分称为勒贝格积分.勒贝格积分克服了黎曼积分的某些局限性,成为近代分析学乃至其他数学领域的基础.

黎曼是 19 世纪最富有开创性的德国数学家,逝世时年仅 40 岁.1851 年,他的博士论文为复变函数与黎曼曲面论奠定了基础,其中一条定理后来被称为黎曼映射定理,成为几何函数论的基础.1854 年,他在格丁根大学任教就职讲演中提出了全新的几何观念,这成为现代黎曼几何的发端.1858 年,他关于素数分布的论文研究了黎曼 ζ 函数,为解析数论奠定了基础.他所提出的关于黎曼 ζ 函数零点分布的猜想至今尚未解决.现代数学的许多分支处处可以看到黎曼的影响.

习　题　2.8

1. 根据定积分的定义直接求下列定积分:

(1) $\int_a^b k\,dx$,其中 k 为常数;　　(2) $\int_a^b x\,dx$.

2. 设函数 $x=\varphi(y)$在区间$[c,d]$上连续，且 $\varphi(y)>0$，试用定积分表示由曲线 $x=\varphi(y)$，直线 $y=c$，$y=d$ 及 y 轴所围成曲边梯形的面积；又设 $c\geqslant 0$，$x=\varphi(y)$在$[c,d]$上严格递增，试求定积分和

$$\int_c^d \varphi(y)\mathrm{d}y+\int_a^b \psi(x)\mathrm{d}x,$$

其中 $y=\psi(x)$是 $x=\varphi(y)$的反函数，$a=\varphi(c)$，$b=\varphi(d)$.

3. 写出函数 $y=x^2$ 在区间$[0,1]$上的黎曼和，其中分割为 n 等分，中间点 ξ_i 取为分割后小区间的左端点. 求出当 $n\to\infty$ 时该黎曼和的极限.

4. 求定积分 $\int_0^1 \sqrt{x}\,\mathrm{d}x$.

5. 证明下列不等式：

(1) $\frac{\pi}{2}<\int_0^{\frac{\pi}{2}}(1+\sin x)\mathrm{d}x<\pi$；　　(2) $\sqrt{2}<\int_0^1 \sqrt{2+x-x^2}\,\mathrm{d}x<\frac{3}{2}$.

6. 判别下列各题中两个定积分值的大小：

(1) $\int_0^1 \mathrm{e}^x\mathrm{d}x$ 与 $\int_0^1 \mathrm{e}^{x^2}\mathrm{d}x$；　　(2) $\int_0^{\frac{\pi}{2}} x^2\mathrm{d}x$ 与 $\int_0^{\frac{\pi}{2}}(\sin x)^2\mathrm{d}x$；

(3) $\int_0^1 x\,\mathrm{d}x$ 与 $\int_0^1 \sqrt{1+x^2}\,\mathrm{d}x$.

7. 设函数 $y=f(x)$在区间$[a,b]$上有定义，并且假定 $y=f(x)$在$[a,b]$的任何闭子区间上有最大值与最小值. 对于任意一个分割

$$T: x_0=a<x_1<x_2<\cdots<x_{n-1}<x_n=b,$$

记 $m_i(i=1,2,\cdots,n)$为 $y=f(x)$在$[x_{i-1},x_i]$中的最小值，而 $M_i(i=1,2,\cdots,n)$为 $y=f(x)$在$[x_{i-1},x_i]$中的最大值. 证明：$y=f(x)$在$[a,b]$上可积的充要条件是极限

$$\lim_{\lambda(T)\to 0}\sum_{i=1}^n m_i\Delta x_i \quad 与 \quad \lim_{\lambda(T)\to 0}\sum_{i=1}^n M_i\Delta x_i$$

存在并且相等.

§9　变上限的定积分

前面我们引入了不定积分与定积分的概念. 本节我们讨论连续函数的变上限的定积分，从而沟通定积分与不定积分之间的联系.

设函数 $f(x)$在区间$[a,b]$上连续. 由上一节的讨论知，这时 $f(x)$在$[a,b]$上可积，从而对于任意一点 $x\in[a,b]$，$f(x)$在区间$[a,x]$上是可积的. 上限为 x 的定积分

$$\int_a^x f(t)\mathrm{d}t \quad (x\in[a,b])$$

称作 $f(x)$的**变上限积分**. 这里，我们在定积分中把函数 $f(x)$的自变量写

成 t,主要是为了避免与积分上限 x 发生混淆. 显然,上述变上限积分是关于 x 的一个函数.

后面我们将要证明：当函数 $f(x)$在区间$[a,b]$上连续时,变上限积分 $\int_a^x f(t)\mathrm{d}t$ 就是 $f(x)$的一个原函数. 为此,我们先证明一个预备性定理——积分中值定理.

定理 1 (积分中值定理) 设函数 $f(x)$在区间$[a,b]$上连续,则在$[a,b]$内至少存在一点 c,使得

$$\int_a^b f(x)\mathrm{d}x = f(c)(b-a).$$

证 因为 $f(x)$在$[a,b]$上连续,它在$[a,b]$上就有最大值 M 与最小值 m,即

$$m \leqslant f(x) \leqslant M, \quad \forall x \in [a,b].$$

由 §8 中定积分的性质(3)有

$$\int_a^b m\mathrm{d}x \leqslant \int_a^b f(x)\mathrm{d}x \leqslant \int_a^b M\mathrm{d}x,$$

由此推出

$$m \leqslant \frac{\int_a^b f(x)\mathrm{d}x}{b-a} \leqslant M.$$

再由连续函数的介值定理知,存在 $c \in [a,b]$,使得

$$f(c) = \frac{\int_a^b f(x)\mathrm{d}x}{b-a},$$

即

$$\int_a^b f(x)\mathrm{d}x = f(c)(b-a).$$

证毕.

从几何上来看,定理 1 的意义是：以曲线弧 $y=f(x)$ $(a \leqslant x \leqslant b)$为曲边的曲边梯形面积,恰好相当于过该曲线弧上某点$(c,f(c))$处的水平线段所对应的矩形面积(见图 2.14).

例 1 设函数 $f(x)=2^x$,求 c,使得 $\int_0^1 f(x)\mathrm{d}x = f(c)(1-0)$.

解 利用 §8 中例子的结果 $\int_0^1 2^x\mathrm{d}x = \frac{1}{\ln 2}$,再根据积分中值定理,存在 $c \in [0,1]$,使得

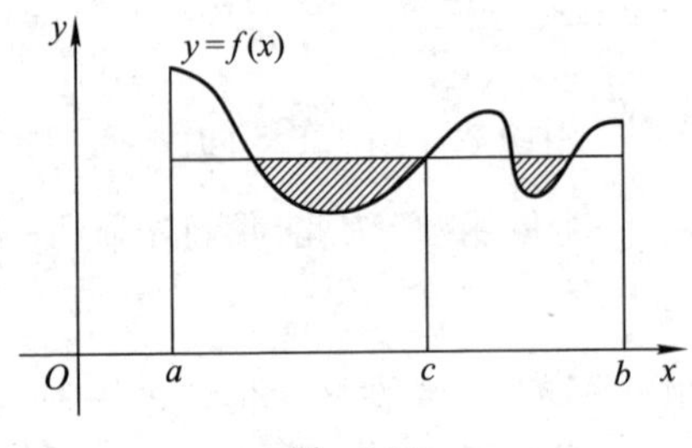

图　2.14

$$\frac{1}{\ln 2}=2^{c}(1-0).$$

由此解出

$$c=-\frac{\ln\ln 2}{\ln 2}.$$

思考题　试利用积分中值定理说明：一个沿直线运动的质点，在任何一段时间内的平均速度总是这段时间内某个时刻的瞬时速度.

定理 2　设函数 $f(x)$在区间$[a,b]$上连续，则其变上限积分

$$F_0(x)=\int_a^x f(t)\mathrm{d}t$$

是$[a,b]$上的连续函数，且在(a,b)内可导，并有

$$F_0'(x)=f(x),\quad \forall x\in(a,b).$$

证　由积分中值定理，对于任意一点 $x_0\in[a,b)$以及 $x>x_0$，$x\in(a,b]$，当 $x\to x_0+0$ 时，我们有

$$F_0(x)-F_0(x_0)=\int_{x_0}^x f(t)\mathrm{d}t=f(c)(x-x_0)\to 0,$$

其中 $x_0<c<x$. 由此推出

$$\lim_{x\to x_0+0}F_0(x)=F_0(x_0).$$

以上证明了 $F_0(x)$在点 x_0 处右连续. 由于 x_0 是$[a,b)$中的任意一点，这也就证明了 $F_0(x)$在$[a,b)$中每一点处都右连续.

对于任意一点 $x_0\in(a,b]$以及 $x<x_0$，$x\in[a,b)$，同理可证

$$\lim_{x\to x_0-0}F_0(x)=F_0(x_0),$$

即 $F_0(x)$在$(a,b]$中每一点处都左连续. 再结合刚才所得 $F_0(x)$在$[a,b)$上右连续的结论，我们便证明了 $F_0(x)$在$[a,b]$上的连续性.

设 $x_0\in(a,b)$及 $x\in(a,b)$，则由定理 1 可知在 x 与 x_0 之间存在一点

c,使得

$$F_0(x)-F_0(x_0)=\int_{x_0}^{x} f(t)\mathrm{d}t=f(c)(x-x_0).$$

由此推出

$$\frac{F_0(x)-F_0(x_0)}{x-x_0}=f(c).$$

当 $x\to x_0$ 时,$c\to x_0$. 于是,由 $f(x)$的连续性可知,当 $x\to x_0$ 时,$f(c)\to f(x_0)$,因而

$$\lim_{x\to x_0}\frac{F_0(x)-F_0(x_0)}{x-x_0}=f(x_0).$$

证毕.

这个定理告诉我们:**一个连续函数的变上限积分就是该函数的一个原函数**. 变上限积分将定积分与不定积分联系在一起. 这个定理是证明微积分基本定理的基础.

变上限积分有明显的物理意义与几何意义. 瞬时速度为 $v(t)$的运动质点自 $t=0$ 时刻到 $t=x$ 时刻的位移为

$$s(x)=\int_0^x v(t)\mathrm{d}t.$$

那么,位移函数的导数就是瞬时速度,即 $s'(x)=v(x)$,这是再自然不过的事了.

当我们把变上限积分

$$S(x)=\int_a^x f(t)\mathrm{d}t$$

看作变动中的曲边梯形的面积时(见图 2.15),定理 2 的几何意义就十分清楚了:曲边梯形的面积 $S(x)$在一点 x 处的变化率 $\frac{\mathrm{d}S}{\mathrm{d}x}$ 恰好等于 $f(x)$.

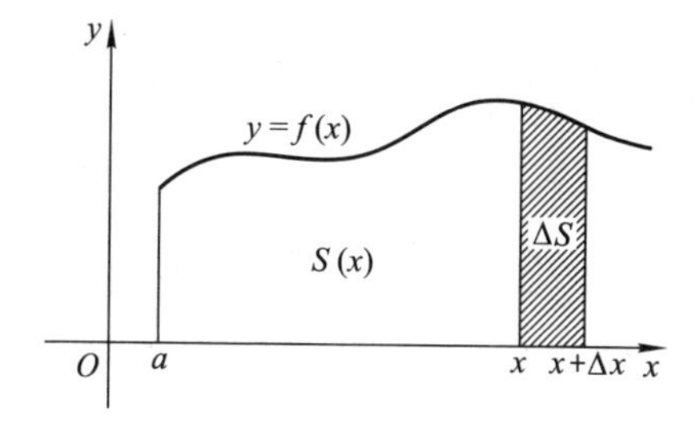

图 2.15

前面讨论中我们只考虑了 $x>a$ 的情况. 实际上,当 $x<a$ 时,公式

$$\frac{\mathrm{d}}{\mathrm{d}x}\int_a^x f(t)\,\mathrm{d}t=f(x)$$

同样成立,只要其中的函数 $f(x)$ 在所考虑的区间上连续即可.

例 2　设函数

$$F(x)=\int_0^{2x+1}\mathrm{e}^t\sin 5t\,\mathrm{d}t,$$

求 $F'(x)$.

解　我们将 $F(x)$ 视为函数

$$G(y)=\int_0^y \mathrm{e}^t\sin 5t\,\mathrm{d}t$$

与 $y=2x+1$ 的复合函数. 于是,我们有

$$F'(x)=G'(y)y'=\mathrm{e}^y\sin 5y\cdot 2=2\mathrm{e}^{2x+1}\sin 5(2x+1).$$

有时,我们还需要考虑**变下限积分**

$$\int_x^b f(t)\,\mathrm{d}t.$$

这时,由于它可以变换成变上限积分:

$$\int_x^b f(t)\,\mathrm{d}t=-\int_b^x f(t)\,\mathrm{d}t,$$

所以在 $f(x)$ 连续的条件下有

$$\frac{\mathrm{d}}{\mathrm{d}x}\int_x^b f(t)\,\mathrm{d}t=-f(x).$$

例 3　求函数

$$F(x)=\int_{x^2}^x \sqrt{1+t}\,\mathrm{d}t$$

的导数.

解　将 $F(x)$ 写成

$$F(x)=\int_0^x \sqrt{1+t}\,\mathrm{d}t+\int_{x^2}^0 \sqrt{1+t}\,\mathrm{d}t,$$

于是我们得到

$$F'(x)=\sqrt{1+x}-2x\sqrt{1+x^2}.$$

例 4　设函数 $G(x)=\int_1^x xf(t)\,\mathrm{d}t$,其中 $f(x)$ 是区间 $(-\infty,+\infty)$ 上的连续函数,求 $G'(x)$.

解　将 $G(x)$ 写成

$$G(x)=x\int_1^x f(t)\mathrm{d}t,$$

则

$$G'(x)=\int_1^x f(t)\mathrm{d}t+xf(x).$$

例 5 设函数 $F(x)=\int_1^x t^3\mathrm{d}t$.

(1) 求 $F'(x)$;

(2) 求微分方程 $\dfrac{\mathrm{d}y}{\mathrm{d}x}=x^3$ 满足当 $x=1$ 时,$y=0$ 的解;

(3) 求定积分 $\int_1^4 t^3\mathrm{d}t$.

解 (1) 利用定理 2,得 $F'(x)=x^3$.

(2) 所给的方程两端积分,得

$$y=\int x^3\mathrm{d}x=\frac{1}{4}x^4+C.$$

再根据条件"当 $x=1$ 时,$y=0$",有

$$0=\frac{1}{4}+C,\quad C=-\frac{1}{4},$$

于是所求的解为

$$y=\frac{1}{4}x^4-\frac{1}{4}.$$

(3) 我们注意到 $F(x)=\int_1^x t^3\mathrm{d}t$ 是(2)中微分方程的解,则

$$F(x)=\frac{1}{4}x^4-\frac{1}{4}.$$

所以

$$\int_1^4 t^3\mathrm{d}t=F(4)=\frac{1}{4}\times 4^4-\frac{1}{4}=\frac{255}{4}.$$

从例 5 我们发现

$$\int_1^4 t^3\mathrm{d}t=F(4)-F(1),$$

其中 $F'(x)=x^3$,即 $F(x)$是被积函数 $f(x)=x^3$ 的一个原函数. 这个结论是否对其他函数也成立? 下一节中介绍的微积分基本定理回答了这个问题.

习 题 2.9

1. 求下列变上限(或下限)积分所定义函数的导数：

(1) $F(x)=\int_1^{x^2}\frac{\mathrm{d}t}{1+t^2}$； (2) $G(x)=\int_0^{1+x^2}\sin t^2\,\mathrm{d}t$；

(3) $H(x)=\int_x^1 t^2\cos t\,\mathrm{d}t$； (4) $L(x)=\int_x^{x^2}\mathrm{e}^{-t^2}\,\mathrm{d}t$.

2. 设函数 $f(x)$在区间$[a,b]$上连续,证明：变上限积分

$$F_0(x)=\int_a^x f(t)\,\mathrm{d}t$$

在点 $x=a$ 处有右导数,且 $F_0'(a+0)=f(a)$.

3. 设函数 $f(x)$在区间$[a,b]$上连续,假定 $f(x)$有一个原函数 $F(x)$,且 $F(a)=0$,证明：当 $a\leqslant x\leqslant b$ 时,有

$$F(x)=\int_a^x f(t)\,\mathrm{d}t.$$

4. 证明：当 $x\in(0,+\infty)$时,有

$$\ln x=\int_1^x\frac{\mathrm{d}t}{t}.$$

5. 设函数 $f(x)$在区间$[a,b]$上可积,且$|f(x)|\leqslant L$ $(x\in[a,b])$,其中 L 为常数,证明：变上限积分

$$F(x)=\int_a^x f(t)\,\mathrm{d}t$$

在$[a,b]$上满足李普希茨条件：

$$|F(x_1)-F(x_2)|\leqslant L|x_1-x_2|,\quad \forall x_1,x_2\in[a,b].$$

6. 求函数

$$G(x)=\int_0^x\left(\mathrm{e}^t\int_0^t\sin z\,\mathrm{d}z\right)\mathrm{d}t$$

的二阶导数.

§10 微积分基本定理

下面我们要证明微积分理论中最重要的一个定理——微积分基本定理. 它将告诉我们：**一个连续函数的定积分可通过该函数的一个原函数在积分区间两个端点处的值来计算**. 这样,定积分的计算就归结为求原函数.

在牛顿与莱布尼茨创立微积分之前,人们早就知道利用求极限的方法来计算某些图形的面积,比如我国古代的割圆术. 定积分概念的引入使这种方法得到一般化. 然而,如果没有一个有效的计算定积分的方法,那么其

应用价值将大受限制. 通过习题 2.8 中的第 3 题可以看出,根据定义计算定积分

$$\int_0^1 x^2 \mathrm{d}x,$$

要用到求和公式

$$1^2+2^2+3^2+\cdots+n^2=\frac{1}{6}n(n+1)(2n+1).$$

但是,用此方法去计算其他定积分就会遇到很大困难,甚至束手无策. 比如,计算定积分

$$\int_0^1 \mathrm{e}^x \sin x \,\mathrm{d}x.$$

这时,问题归结为求极限

$$\lim_{n\to\infty}\sum_{k=1}^{n}\frac{1}{n}\mathrm{e}^{\frac{k}{n}}\sin\frac{k}{n},$$

而这是十分困难的. 牛顿与莱布尼茨建立了一个公式:

$$\int_a^b f(x)\mathrm{d}x=F(b)-F(a),$$

其中 $F(x)$ 是 $f(x)$ 的一个原函数. 这为计算定积分给出了一种一般方法. 这个公式把求定积分的问题归结为求原函数的问题.

定理 (微积分基本定理) 设函数 $f(x)$ 在闭区间 $[a,b]$ 上连续,又设 $F(x)$ 是 $f(x)$ 在开区间 (a,b) 上的一个原函数,即

$$F'(x)=f(x), \quad \forall x\in(a,b),$$

并且 $F(x)$ 在 $[a,b]$ 上连续,这时我们有

$$\int_a^b f(x)\mathrm{d}x=F(b)-F(a).$$

这个公式称为**牛顿-莱布尼茨公式.**

证 令

$$F_0(x)=\int_a^x f(t)\mathrm{d}t,$$

由上一节中的定理 2 有

$$F_0'(x)=f(x), \quad \forall x\in(a,b).$$

这样, $F'(x)-F_0'(x)=0$, 于是

$$F(x)=F_0(x)+C, \quad \forall x\in(a,b),$$

其中 C 是一个常数. 再由 $F(x)$ 及 $F_0(x)$ 在 $[a,b]$ 上的连续性有

$$F(a)=\lim_{x\to a+0}F(x)=\lim_{x\to a+0}(F_0(x)+C)$$

$$=F_0(a)+C=C.$$

同理可得 $F(b)=F_0(b)+C$. 于是

$$F_0(b)=\int_a^b f(t)\mathrm{d}t=F(b)-C=F(b)-F(a).$$

证毕.

牛顿-莱布尼茨公式可以写成

$$\int_a^b \frac{\mathrm{d}F}{\mathrm{d}x}\mathrm{d}x=F(b)-F(a) \quad 或 \quad \int_a^b \mathrm{d}F=F(x)\Big|_a^b,$$

其中 $F(x)\Big|_a^b$ 表示 $F(b)-F(a)$. 这种写法充分体现了积分运算与微分运算的互逆关系.

例 1　求定积分 $\int_0^1(\mathrm{e}^x+x)\mathrm{d}x$.

解　很容易验证 $\left(\mathrm{e}^x+\frac{1}{2}x^2\right)'=\mathrm{e}^x+x$，也就是说，$\mathrm{e}^x+\frac{1}{2}x^2$ 是 e^x+x 的一个原函数，并且它们在区间$[0,1]$上满足微积分基本定理的条件. 于是，根据牛顿-莱布尼茨公式，我们得到

$$\int_0^1(\mathrm{e}^x+x)\mathrm{d}x=\left(\mathrm{e}^x+\frac{1}{2}x^2\right)\Big|_0^1=\mathrm{e}-\frac{1}{2}.$$

例 2　验证

$$F(x)=\frac{1}{2}\mathrm{e}^x(\sin x-\cos x)$$

是 $f(x)=\mathrm{e}^x\sin x$ 的一个原函数，并计算定积分 $\int_0^1\mathrm{e}^x\sin x\,\mathrm{d}x$.

解　我们有

$$F'(x)=\frac{1}{2}\mathrm{e}^x(\sin x-\cos x)+\frac{1}{2}\mathrm{e}^x(\cos x+\sin x)=\mathrm{e}^x\sin x.$$

可见，$F(x)$是 $f(x)=\mathrm{e}^x\sin x$ 的一个原函数. 于是，我们无须处理复杂的极限而得到

$$\int_0^1\mathrm{e}^x\sin x\,\mathrm{d}x=F(1)-F(0)=\frac{\mathrm{e}}{2}(\sin 1-\cos 1)+\frac{1}{2}.$$

当然，在这个例子中是在已知 $f(x)=\mathrm{e}^x\sin x$ 的原函数 $F(x)$的条件下求得定积分值的. 在下一章我们将系统地讲授原函数的求法.

例 3　由微积分基本定理不难验证下列公式：

$$\arcsin x=\int_0^x\frac{\mathrm{d}t}{\sqrt{1-t^2}} \quad (-1<x<1),$$

$$\arctan x = \int_0^x \frac{dt}{1+t^2}, \qquad \ln x = \int_1^x \frac{dt}{t} \quad (x > 0).$$

这三个公式告诉我们一个有趣的事实：反三角函数及对数函数可以表示成某些简单函数的积分. 特别地，我们有

$$\frac{\pi}{4} = \int_0^1 \frac{dt}{1+t^2}.$$

例 4 求极限 $\lim\limits_{n\to\infty}\sum\limits_{k=1}^{n}\left(\frac{k}{n}+1\right)^3 \frac{1}{n}$.

解 设 $f(x)=(x+1)^3$. 将区间$[0,1]$进行 n 等分：

$$x_0 = 0 < x_1 < \cdots < x_n = 1,$$

其中 $x_k = \frac{k}{n}(k=0,1,\cdots,n)$，于是 $\Delta x_k = \frac{1}{n}(k=1,2,\cdots,n)$. 取 $\xi_k = \frac{k}{n} \in [x_{k-1}, x_k](k=1,2,\cdots,n)$，得到黎曼和

$$\sum_{k=1}^{n} f(\xi_k)\Delta x_k = \sum_{k=1}^{n}\left(\frac{k}{n}+1\right)^3 \frac{1}{n}.$$

因为 $f(x)=(x+1)^3$ 在$[0,1]$上可积，并且利用牛顿-莱布尼茨公式有

$$\int_0^1 (x+1)^3 dx = \frac{1}{4}(x+1)^4 \Big|_0^1 = \frac{1}{4}(2^4-1) = \frac{15}{4}.$$

所以

$$\lim_{n\to\infty}\sum_{k=1}^{n}\left(\frac{k}{n}+1\right)^3 \frac{1}{n} = \int_0^1 (x+1)^3 dx = \frac{15}{4}.$$

例 5 求定积分 $\int_{-1}^{2} |x|[x]dx$.

解 记

$$f(x) = |x|[x] = \begin{cases} x, & -1 \leqslant x < 0, \\ 0, & 0 \leqslant x < 1, \\ x, & 1 \leqslant x \leqslant 2. \end{cases}$$

由定积分的性质知道，$f(x)$在区间$[-1,2]$上可积. 但是，不能直接使用牛顿-莱布尼茨公式计算 $\int_{-1}^{2} f(x)dx$. 我们将此定积分改成若干子区间上定积分之和：

$$\int_{-1}^{2} f(x)dx = \int_{-1}^{0} f(x)dx + \int_0^1 f(x)dx + \int_1^2 f(x)dx.$$

然后，对上式右端各项分别使用牛顿-莱布尼茨公式，得到

$$\int_{-1}^{2}|x|[x]\mathrm{d}x=\int_{-1}^{0}x\,\mathrm{d}x+\int_{0}^{1}0\cdot\mathrm{d}x+\int_{1}^{2}x\,\mathrm{d}x$$
$$=\frac{1}{2}x^{2}\Big|_{-1}^{0}+0+\frac{1}{2}x^{2}\Big|_{1}^{2}=1.$$

例 6　求由曲线 $y=x^2$ 及 $y=\sqrt{x}$ 所围成图形的面积.

解　由图 2.16 很容易看出,所求的面积为

$$S=\int_{0}^{1}(\sqrt{x}-x^{2})\mathrm{d}x.$$

容易验证 $\frac{2}{3}x^{\frac{3}{2}}-\frac{1}{3}x^{3}$ 是 $\sqrt{x}-x^{2}$ 的一个原函数,故

$$S=\int_{0}^{1}(\sqrt{x}-x^{2})\mathrm{d}x=\left(\frac{2}{3}x^{\frac{3}{2}}-\frac{1}{3}x^{3}\right)\Big|_{0}^{1}=\frac{1}{3}.$$

在这个例子中,被积函数的原函数是很容易求出的. 但是,在很多情况下,求一个给定函数的原函数就不这样简单了. 在下一章中,我们将专门讨论求原函数的一般方法.

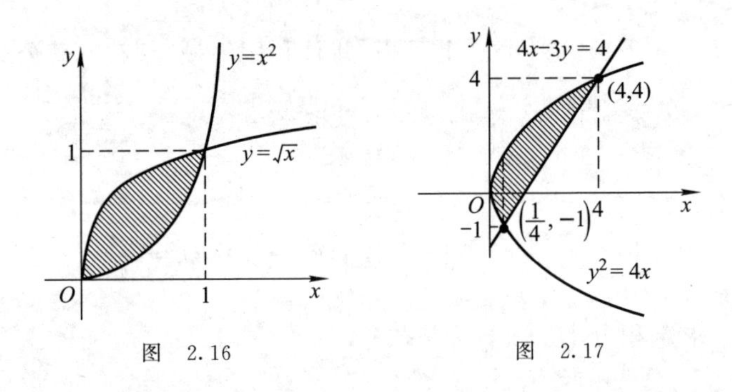

图　2.16　　　　图　2.17

例 7　求由曲线 $y^2=4x$ 和直线 $4x-3y=4$ 所围成图形的面积.

解　先求出所给曲线与直线的交点. 交点坐标满足方程组

$$\begin{cases}y^{2}=4x,\\4x-3y=4,\end{cases}$$

由此解得交点$(4,4)$,$\left(\frac{1}{4},-1\right)$(见图 2.17). 于是,所求的面积为

$$S=\int_{-1}^{4}\left(\frac{3y+4}{4}-\frac{y^{2}}{4}\right)\mathrm{d}y=\frac{1}{4}\int_{-1}^{4}(3y+4-y^{2})\mathrm{d}y$$
$$=\frac{1}{4}\left(\frac{3}{2}y^{2}+4y-\frac{1}{3}y^{3}\right)\Big|_{-1}^{4}=\frac{125}{24}.$$

注 此例题中所求的面积还可以利用如下式子求得：

$$S=\int_0^{\frac{1}{4}}[\sqrt{4x}-(-\sqrt{4x})]\mathrm{d}x+\int_{\frac{1}{4}}^4\left(\sqrt{4x}-\frac{4x-4}{3}\right)\mathrm{d}x.$$

最后，我们指出：在使用牛顿-莱布尼茨公式时要注意验证微积分基本定理的条件. 比如，在使用牛顿-莱布尼茨公式时，要求被积函数是连续的. 又比如，$F'(x)=f(x)$在积分区间内处处成立，不能有一点例外，否则有可能导致错误结果(见本节习题).

历史的注记

微积分的创立是科学史上的一件大事. 现在人们把微积分的创立归功于牛顿与莱布尼茨两个人，他们以不同的角度、记号与方法，彼此独立地建立了微积分的基本概念与基本定理. 在17世纪末至18世纪初，曾经发生了一场“谁是微积分的第一发明人”之争. 这场争论持续了很久，并在牛顿与莱布尼茨双方的追随者之间演变得十分激烈，造成当时欧洲大陆数学家与英国数学家的隔阂，直到牛顿与莱布尼茨都去世以后才逐渐平息. 经过人们对历史资料进行详细、公正考查，业已证实他们是彼此独立地创立了微积分. 在时间上，牛顿发明较早，而莱布尼茨正式发表较早；两人间没有“谁借鉴了谁”的问题. 关于“微积分优先权”的争论作为“最不幸的一章”留在了科学史上.

牛顿出生于英格兰一个农民家庭，1661年进入剑桥大学三一学院. 笛卡儿的《几何学》和沃利斯(Wallis)的《无穷算术》对其影响很深. 1665年夏至1667年春，因瘟疫流行，剑桥大学关闭，牛顿返回家乡. 在此期间他对微积分的探讨取得了突破性进展，先后建立了流数术(微分法)、反流数术(积分法)，并在1666年10月完成一篇总结性论文《流数简论》. 这篇论文在同事中传阅，但未正式发表.《流数简论》标志着牛顿创立的微积分的诞生. 在1667年返回剑桥大学后的25年间，他除了从事其他研究之外，依然坚持对微积分的探索，不断改进、完善与深化其理论. 在此期间，他先后完成了《运用无限多项方程的分析》《流数法与无穷级数》和《曲线求积术》. 1687年，牛顿出版了其力学名著《自然哲学的数学原理》，书中修正了他关于流数的观点. 他以几何直观为基础把流数解释为“消失量的最终比”，显露了某种模糊的极限思想，但终究未能为微积分奠定坚实的逻辑基础.

莱布尼茨出生于德国莱比锡的一个教授家庭. 他原先学习法律，并获法学博士学位，1672 年被派往巴黎任德国驻法大使. 在巴黎逗留的 4 年期间，与荷兰数学家、物理学家惠更斯(C.Huygens)的交往使他对数学的研究产生了兴趣. 从此他开始思考求曲线切线以及求曲线所围成平面图形的面积等问题. 这就是说，他不是从运动学的背景，而是从几何学的背景，开始对微积分的研究的. 他的研究颇受帕斯卡(Pascal)与巴罗(Barrow)等人的影响. 1684 年，莱布尼茨发表了关于微分学的论文《一种求极大值与极小值和求切线的新方法》. 应该说，这是有史以来第一篇正式发表的关于微积分的论文. 1686 年，他又发表了关于积分学的论文，其中叙述了求积问题与求切线问题的互逆关系. 应该特别指出：在这些论文中所广泛使用的 $\mathrm{d}y$, $\mathrm{d}x$, $\dfrac{\mathrm{d}y}{\mathrm{d}x}$ 和 $\int f(x)\mathrm{d}x$ 等记号，至今为我们所采用. 记号 d 与 $\int$ 生动地体现了求差与求和的特征以及它们之间的互逆关系.

应该指出：莱布尼茨的贡献是多方面的，即使在数学上，也不只限于微积分，他对二进制、符号逻辑、计算机的制造都有重要贡献.

习　题　2.10

1. 用牛顿-莱布尼茨公式计算下列定积分：

(1) $\int_0^1 x^3\mathrm{d}x$;　　(2) $\int_a^b \mathrm{e}^x\mathrm{d}x$;

(3) $\int_0^{2\pi}\sin x\,\mathrm{d}x$;　　(4) $\int_1^2 \dfrac{\mathrm{d}x}{x}$;

(5) $\int_0^{\pi}(2\sin x + x^3)\mathrm{d}x$;　　(6) $\int_0^1\left(x^5+\dfrac{1}{3}x^3+\dfrac{1}{2}x+1\right)\mathrm{d}x$.

2. 验证 $\dfrac{1}{2}x^2-\dfrac{1}{x}$ 是 $x+\dfrac{1}{x^2}$ 的一个原函数，并计算定积分

$$\int_2^4\left(x+\frac{1}{x^2}\right)\mathrm{d}x.$$

试问：等式

$$\int_{-1}^1\left(x+\frac{1}{x^2}\right)\mathrm{d}x=\left(\frac{1}{2}x^2-\frac{1}{x}\right)\Bigg|_{-1}^1$$

是否成立？为什么？

3. 将下列极限视作适当函数的黎曼和极限，然后使用牛顿-莱布尼茨公式求该极限的值：

(1) $\lim\limits_{n\to\infty}\sum\limits_{k=1}^n\dfrac{1}{n}\sin\dfrac{k}{n}$;　　(2) $\lim\limits_{n\to\infty}\sum\limits_{k=1}^n\dfrac{k^3}{n^4}$;　　(3) $\lim\limits_{n\to\infty}\sum\limits_{k=1}^n\dfrac{1}{n+k}$.

4. 将下列定积分改成若干区间上定积分之和，然后使用牛顿-莱布尼茨公式求出其值：

(1) $\int_{-1}^{1}|x|\,\mathrm{d}x$；　(2) $\int_{-1}^{1}\operatorname{sgn}x\,\mathrm{d}x$；　(3) $\int_{0}^{1}x\left|\frac{1}{2}-x\right|\mathrm{d}x$；

(4) $\int_{0}^{2\pi}|\sin x|\,\mathrm{d}x$；　(5) $\int_{0}^{2}(x-[x])\,\mathrm{d}x$.

5. 设函数 $F(x)$ 在区间 $[a,b]$ 上有连续的导数 $F'(x)$，试证：存在一点 $c\in[a,b]$，使得

$$F(b)-F(a)=F'(c)(b-a).$$

第二章总练习题

1. 讨论函数

$$f(x)=\begin{cases}|x-3|, & x\geqslant 1,\\ \dfrac{x^2}{4}-\dfrac{3}{2}x+\dfrac{13}{4}, & x<1\end{cases}$$

的连续性与可导性.

2. 设函数

$$f(x)=\begin{cases}2x-2, & x<-1,\\ Ax^3+Bx^2+Cx+D, & -1\leqslant x\leqslant 1,\\ 5x+7, & x>1,\end{cases}$$

试确定常数 A,B,C,D 的值，使 $f(x)$ 在区间 $(-\infty,+\infty)$ 上可导.

3. 设函数 $g(x)=\sin 2x\cdot f(x)$，其中函数 $f(x)$ 在点 $x=0$ 处连续，问：$g(x)$ 在点 $x=0$ 处是否可导？若可导，求出 $g'(0)$.

4. 函数 $f(x)=\dfrac{x^2+\sin^2 x}{1+x^2}$ 与 $g(x)=\dfrac{-\cos^2 x}{1+x^2}$ 为什么有相同的导数？

5. 设函数 $f(x)$ 在区间 $[-1,1]$ 上有定义，并且满足

$$x\leqslant f(x)\leqslant x^2+x,\quad -1\leqslant x\leqslant 1,$$

证明：$f'(0)$ 存在且等于 1.

6. 设函数 $f(x)=|x^2-4|$，求 $f'(x)$.

7. 设函数 $y=\dfrac{1+x}{1-x}$，求 $\dfrac{\mathrm{d}^3y}{\mathrm{d}x^3}$.

8. 设函数 $f(x)$ 在区间 $(-\infty,+\infty)$ 上有定义，并且满足下列性质：

(1) $f(a+b)=f(a)f(b)$，其中 a,b 为任意实数；

(2) $f(0)=1$；

(3) 在点 $x=0$ 处可导.

证明：对于任意 $x\in(-\infty,+\infty)$，都有

$$f'(x)=f'(0)f(x).$$

9. 设函数

$$f(x)=\begin{cases}1/2^{2n}, & x=1/2^n, \\ 0, & x\neq 1/2^n\end{cases}\quad (n=1,2,\cdots),$$

$$g(x)=\begin{cases}1/2^{n+1}, & x=1/2^n, \\ 0, & x\neq 1/2^n\end{cases}\quad (n=1,2,\cdots),$$

问：$f(x)$在点 $x=0$ 处是否可导？$g(x)$在点 $x=0$ 处是否可导？

10. 设函数 $f(x)$及 $g(x)$在区间$[a,b]$上连续，证明：

$$\left(\int_a^b f(x)g(x)\mathrm{d}x\right)^2 \leqslant \int_a^b f^2(x)\mathrm{d}x \cdot \int_a^b g^2(x)\mathrm{d}x.$$

11. 求出函数

$$f(x)=\frac{1}{2}x+\frac{1}{2^2}x^2+\cdots+\frac{1}{2^n}x^n$$

在点 $x=1$ 处的导数. 将 $f(x)$写成 $f(x)=\dfrac{\dfrac{x}{2}-\left(\dfrac{x}{2}\right)^{n+1}}{1-\dfrac{x}{2}}$ 的形式，再求 $f'(1)$. 由此证明下列等式：

$$\frac{1}{2}+\frac{2}{2^2}+\frac{3}{2^3}+\cdots+\frac{n}{2^n}=2-\frac{n+2}{2^n}$$

（此式在第一章总练习题中用数学归纳法证明过）.

12. 用类似于上题的方法证明：

$$1+2x+3x^2+\cdots+nx^{n-1}=\frac{1-(n+1)x^n+nx^{n+1}}{(1-x)^2},$$

其中 $x\neq 1$.

13. 设函数 $f(x)$在区间$[0,1]$上连续，并且在$[0,1]$上有 $f(x)>0$，证明：

$$\int_0^1 \frac{1}{f(x)}\mathrm{d}x \geqslant \frac{1}{\int_0^1 f(x)\mathrm{d}x}.$$

14. 利用公式 $\ln x=\int_1^x \frac{\mathrm{d}t}{t}$ 证明：

(1) $\dfrac{1}{n+1}<\ln\left(1+\dfrac{1}{n}\right)<\dfrac{1}{n}\ (n>0)$；

(2) $\dfrac{1}{2}+\dfrac{1}{3}+\cdots+\dfrac{1}{n}<\ln n<1+\dfrac{1}{2}+\cdots+\dfrac{1}{n-1}$；

(3) $\mathrm{e}^{1-\frac{1}{n+1}}<\left(1+\dfrac{1}{n}\right)^n<\mathrm{e}$.

第三章　积分的计算及应用

从微积分基本定理中，我们看到了求原函数（或者说不定积分）的重要性. 本章将系统地介绍求不定积分的方法，同时讨论定积分的计算及应用.

本章的内容多数属于技术性或方法性的，概念性或理论性内容讨论较少. 对读者而言，重要的是通过多做练习来掌握求积分（不定积分和定积分）的基本方法.

§1　不定积分的换元法

换元法是常见的求不定积分的一种方法. 我们先讲第一换元法.

1. 第一换元法

设 $F'(y)=f(y)$，函数 $y=\varphi(x)$ 可导. 由复合函数求导公式，我们得到

$$\frac{\mathrm{d}}{\mathrm{d}x}F(\varphi(x))=f(\varphi(x))\varphi'(x),$$

于是有

$$\int f(\varphi(x))\varphi'(x)\mathrm{d}x=F(\varphi(x))+C.$$

这就是所谓的**第一换元公式**.

这个公式启示我们：如果我们能将被积函数分为两部分，其中第一部分可以看作某个中间变量 y 的函数，且此函数的原函数是已知的，而第二部分恰好就是中间变量 y 的导数，这时不定积分就可以求出来. 利用第一换元公式去求不定积分的方法称作**第一换元法**.

第一换元公式也可写成下列更便于应用的形式：

$$\int f(\varphi(x))\mathrm{d}(\varphi(x))=F(\varphi(x))+C.$$

例 1　求不定积分 $\int\tan x\,\mathrm{d}x$.

解　我们将所求的不定积分写成 $\int \frac{\sin x}{\cos x} \mathrm{d}x$. 注意到 $\sin x = -(\cos x)'$, 令 $y=\cos x$, 则

$$\int \tan x \, \mathrm{d}x = -\int \frac{\mathrm{d}y}{y} = -\ln|y| + C = -\ln|\cos x| + C.$$

在例 1 中, 不引入 y 而写成如下形式可能更为方便:

$$\int \tan x \, \mathrm{d}x = \int \frac{\sin x}{\cos x} \mathrm{d}x = -\int \frac{\mathrm{d}(\cos x)}{\cos x} = -\ln|\cos x| + C.$$

从这里可看到莱布尼茨所创立的记号

$$\int f(x) \mathrm{d}x$$

给我们带来的方便.

例 2　求不定积分 $\int \sin(ax+b) \mathrm{d}x$, 其中 a, b 为常数且 $a \neq 0$.

解　显然, 我们应将 $y=ax+b$ 看作一个中间变量, 这时有

$$\begin{aligned} \int \sin(ax+b) \mathrm{d}x &= \frac{1}{a} \int \sin(ax+b) \mathrm{d}(ax+b) \\ &= -\frac{1}{a} \cos(ax+b) + C. \end{aligned}$$

例 3　求不定积分 $\int \frac{x \, \mathrm{d}x}{1+x^4}$.

解　这里的 $x \mathrm{d}x$ 可以看作 $\frac{1}{2} \mathrm{d}(x^2)$, 而 $y=x^2$ 作为中间变量, 于是

$$\int \frac{x \, \mathrm{d}x}{1+x^4} = \frac{1}{2} \int \frac{\mathrm{d}(x^2)}{1+x^4} = \frac{1}{2} \arctan x^2 + C.$$

例 4　求不定积分 $\int \sin nx \sin mx \, \mathrm{d}x \ (0 < n < m)$.

解　首先应将被积函数化作两个三角函数的和或差, 然后分别求其不定积分. 事实上, 有

$$\begin{aligned} \int \sin nx \sin mx \, \mathrm{d}x &= \frac{1}{2} \int [\cos(m-n)x - \cos(m+n)x] \mathrm{d}x \\ &= \frac{1}{2} \int \cos(m-n)x \, \mathrm{d}x - \frac{1}{2} \int \cos(m+n)x \, \mathrm{d}x \\ &= \frac{1}{2} \left\{ \frac{1}{m-n} \int \cos(m-n)x \, \mathrm{d}[(m-n)x] \right. \end{aligned}$$

$$-\frac{1}{m+n}\int\cos(m+n)x\,\mathrm{d}[(m+n)x]\Big\}$$

$$=\frac{1}{2}\left[\frac{1}{m-n}\sin(m-n)x-\frac{1}{m+n}\sin(m+n)x\right]+C.$$

例 5 求不定积分 $\int\frac{\mathrm{d}x}{a^2-x^2}\ (a>0)$.

解 与上题类似,我们先将被积函数化成两个简单函数之和,再求不定积分:

$$\begin{aligned}\int\frac{\mathrm{d}x}{a^2-x^2}&=\frac{1}{2a}\int\left(\frac{1}{a-x}+\frac{1}{a+x}\right)\mathrm{d}x\\&=\frac{1}{2a}\int\frac{1}{a-x}\mathrm{d}x+\frac{1}{2a}\int\frac{1}{a+x}\mathrm{d}x\\&=\frac{-1}{2a}\int\frac{1}{a-x}\mathrm{d}(a-x)+\frac{1}{2a}\int\frac{1}{a+x}\mathrm{d}(a+x)\\&=\frac{-1}{2a}\ln|a-x|+\frac{1}{2a}\ln|a+x|+C\\&=\frac{1}{2a}\ln\left|\frac{a+x}{a-x}\right|+C.\end{aligned}$$

例 6 求不定积分 $\int\frac{\mathrm{d}x}{a^2+x^2}\ (a\neq 0)$.

解 先提出分母中的因子 a^2,再用第一换元法:

$$\begin{aligned}\int\frac{\mathrm{d}x}{a^2+x^2}&=\frac{1}{a^2}\int\frac{\mathrm{d}x}{1+\left(\frac{x}{a}\right)^2}=\frac{1}{a}\int\frac{1}{1+\left(\frac{x}{a}\right)^2}\mathrm{d}\left(\frac{x}{a}\right)\\&=\frac{1}{a}\arctan\frac{x}{a}+C.\end{aligned}$$

例 7 求不定积分 $\int\frac{\mathrm{d}x}{\sqrt{a^2-x^2}}\ (a>0)$.

解 $$\begin{aligned}\int\frac{\mathrm{d}x}{\sqrt{a^2-x^2}}&=\int\frac{\mathrm{d}x}{\sqrt{a^2\left[1-\left(\frac{x}{a}\right)^2\right]}}=\int\frac{\frac{1}{a}\mathrm{d}x}{\sqrt{1-\left(\frac{x}{a}\right)^2}}\\&=\int\frac{1}{\sqrt{1-\left(\frac{x}{a}\right)^2}}\mathrm{d}\left(\frac{x}{a}\right)=\arcsin\frac{x}{a}+C.\end{aligned}$$

很多不定积分都可化成例 6 或例 7 中不定积分的形式,记住这两个不定积分的结果是有益的.

例 8　求不定积分$\int\frac{\mathrm{d}x}{\sin x}$.

解　$$\int\frac{\mathrm{d}x}{\sin x}=\int\frac{\mathrm{d}x}{2\sin\frac{x}{2}\cos\frac{x}{2}}=\int\frac{\mathrm{d}x}{2\tan\frac{x}{2}\cos^2\frac{x}{2}}$$
$$=\int\frac{\mathrm{d}\left(\frac{x}{2}\right)}{\tan\frac{x}{2}\cos^2\frac{x}{2}}=\int\frac{\mathrm{d}\left(\tan\frac{x}{2}\right)}{\tan\frac{x}{2}}=\ln\left|\tan\frac{x}{2}\right|+C,$$

或者

$$\int\frac{\mathrm{d}x}{\sin x}=\int\frac{\sin x\,\mathrm{d}x}{\sin^2 x}=-\int\frac{\mathrm{d}(\cos x)}{1-\cos^2 x}=\frac{1}{2}\ln\left|\frac{1-\cos x}{1+\cos x}\right|+C.$$

最后一步用到了例 5 的结果.

读者或许已发现,例 8 中两种解法的最终结果形式上不尽相同,但是利用半角公式很容易证实它们是完全一致的.

例 9　求不定积分$\int\sec x\,\mathrm{d}x$.

解　$$\int\sec x\,\mathrm{d}x=\int\frac{1}{\cos x}\mathrm{d}x=\int\frac{\cos x}{\cos^2 x}\mathrm{d}x=\int\frac{1}{1-\sin^2 x}\mathrm{d}(\sin x).$$

利用例 5 的结果,得

$$\int\sec x\,\mathrm{d}x=\frac{1}{2}\ln\left|\frac{1+\sin x}{1-\sin x}\right|+C.$$

我们做进一步化简:

$$\int\sec x\,\mathrm{d}x=\frac{1}{2}\ln\left|\frac{(1+\sin x)(1+\sin x)}{(1-\sin x)(1+\sin x)}\right|+C=\frac{1}{2}\ln\left|\frac{(1+\sin x)^2}{\cos^2 x}\right|+C$$
$$=\ln\left|\frac{1+\sin x}{\cos x}\right|+C=\ln|\sec x+\tan x|+C.$$

例 10　求不定积分$\int\sin^3 x\cos^2 x\,\mathrm{d}x$.

解　$$\int\sin^3 x\cos^2 x\,\mathrm{d}x=\int\sin^2 x\cos^2 x\cdot\sin x\,\mathrm{d}x$$
$$=-\int(1-\cos^2 x)\cos^2 x\,\mathrm{d}(\cos x)$$
$$=\int(\cos^4 x-\cos^2 x)\mathrm{d}(\cos x)$$

$$=\frac{1}{5}\cos^5 x-\frac{1}{3}\cos^3 x+C.$$

总结上述例子的经验，我们得到使用第一换元法求一个不定积分时，其要点是将被积函数的一部分移入微分号“d”内，使不定积分化成如下形式：

$$\int f(\varphi(x))\mathrm{d}(\varphi(x)),$$

而 $f(y)\mathrm{d}y$ 恰好又是某个 $F(y)$ 的微分. 这时，所求的不定积分便等于

$$F(\varphi(x))+C.$$

这种方法有时也称作**凑微分法**.

2. 第二换元法

在第一换元法中，我们引入了一个中间变量 $y=\varphi(x)$，它是积分变量 x 的函数. 而在第二换元法中，我们将积分变量 x 作为中间变量，视其为另一变量 t 的函数：$x=\varphi(t)$，希望将其代入不定积分后化简被积函数的形式，并最终求得原函数. **第二换元法**的一般做法如下：令 $x=\varphi(t)$，并假定 $\varphi(t)$ 可导，这时 $\mathrm{d}x=\varphi'(t)\mathrm{d}t$，被积函数变成 t 的函数，而 t 变成新的积分变量，从而得到**第二换元公式**

$$\int f(x)\mathrm{d}x=\int f(\varphi(t))\varphi'(t)\mathrm{d}t.$$

经过这样的变量替换之后，如果 $f(\varphi(t))\varphi'(t)$ 的原函数是已知的，比如是 $F(t)$，那么

$$\int f(x)\mathrm{d}x=F(t)+C=F(\varphi^{-1}(x))+C,$$

其中 φ^{-1} 为 φ 的反函数.

在使用第二换元法时，我们要求变量替换函数 $x=\varphi(t)$ 一定有反函数，并且在最后的结果中要将 t 换成 x 的函数.

例 11 求不定积分 $\displaystyle\int\frac{\mathrm{d}x}{\sqrt{x+1}+1}\ (x>-1)$.

解 令 $x=t^2-1\ (t>0)$，这时其反函数为 $t=\sqrt{x+1}$，并且 $\mathrm{d}x=2t\,\mathrm{d}t$，于是有

$$\int\frac{\mathrm{d}x}{\sqrt{x+1}+1}=\int\frac{2t\,\mathrm{d}t}{t+1}=2\int\left(1-\frac{1}{t+1}\right)\mathrm{d}t$$
$$=2(t-\ln(t+1))+C.$$

我们应当将变量 t 再换成 x 的函数，即将 $t=\sqrt{x+1}$ 代入上式，得到

$$\int \frac{\mathrm{d}x}{\sqrt{x+1}+1}=2(\sqrt{x+1}-\ln(\sqrt{x+1}+1))+C.$$

由本例看出,在使用第二换元法时,在求得关于 t 的原函数后还应当将 t 换成 $\varphi^{-1}(x)$.

例 12　求不定积分 $\int\sqrt{a^2-x^2}\,\mathrm{d}x\ (a>0)$.

解　令 $x=a\sin t\left(-\frac{\pi}{2}\leqslant t\leqslant\frac{\pi}{2}\right)$,这时我们有

$$\begin{aligned}\int\sqrt{a^2-x^2}\,\mathrm{d}x&=\int\sqrt{a^2-a^2\sin^2 t}\cdot a\cos t\,\mathrm{d}t=a^2\int\cos^2 t\,\mathrm{d}t\\&=\frac{a^2}{2}\int(1+\cos 2t)\,\mathrm{d}t=\frac{a^2}{2}\left(t+\frac{1}{2}\sin 2t\right)+C\\&=\frac{a^2}{2}(t+\sin t\cos t)+C\\&=\frac{a^2}{2}\left[\arcsin\frac{x}{a}+\frac{x}{a}\sqrt{1-\left(\frac{x}{a}\right)^2}\right]+C\\&=\frac{a^2}{2}\arcsin\frac{x}{a}+\frac{x}{2}\sqrt{a^2-x^2}+C.\end{aligned}$$

例 13　求不定积分 $\int\frac{\mathrm{d}x}{\sqrt{x^2+a^2}}\ (a>0)$.

解　令 $x=a\tan t\left(-\frac{\pi}{2}<t<\frac{\pi}{2}\right)$,则

$$\int\frac{\mathrm{d}x}{\sqrt{x^2+a^2}}=\int\frac{a\sec^2 t\,\mathrm{d}t}{\sqrt{a^2\sec^2 t}}=\int\sec t\,\mathrm{d}t.$$

利用例 9 的结果,得

$$\int\frac{\mathrm{d}x}{\sqrt{x^2+a^2}}=\int\sec t\,\mathrm{d}t=\ln|\sec t+\tan t|+C.$$

由图 3.1 所示的直角三角形可以看出,当 $\tan t=\frac{x}{a}$ 时,$\sec t=\frac{\sqrt{x^2+a^2}}{a}$. 代入上式,得

$$\begin{aligned}\int\frac{\mathrm{d}x}{\sqrt{x^2+a^2}}&=\ln\left|\frac{x}{a}+\frac{\sqrt{x^2+a^2}}{a}\right|+C\\&=\ln\left|x+\sqrt{x^2+a^2}\right|+C.\end{aligned}$$

在上式最后一步中,我们已将$-\ln a$ 合并到任意常数C 中.

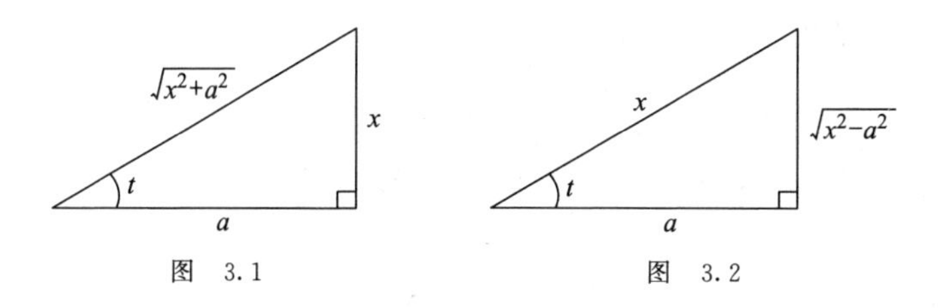

图 3.1　　图 3.2

例 14 求不定积分$\int\frac{\mathrm{d}x}{\sqrt{x^2-a^2}}$ $(a>0)$.

解 分$x>a$ 与$x<-a$ 两种情况讨论.

设$x>a$,这时令$x=a\sec t$,则t 的变化范围为$\left(0,\frac{\pi}{2}\right)$,并有

$$\begin{aligned}\int\frac{\mathrm{d}x}{\sqrt{x^2-a^2}}&=a\int\frac{1}{\sqrt{a^2\tan^2t}}\cdot\frac{\sin t}{\cos^2t}\mathrm{d}t\\&=\int\frac{\mathrm{d}t}{\cos t}\quad(\text{利用例 13})\\&=\ln|\sec t+\tan t|+C.\end{aligned}$$

由图 3.2 可以看出,当$\sec t=\frac{x}{a}$ 时,$\tan t=\frac{\sqrt{x^2-a^2}}{a}$. 因此,我们有

$$\begin{aligned}\int\frac{\mathrm{d}x}{\sqrt{x^2-a^2}}&=\ln\left|\frac{x}{a}+\frac{\sqrt{x^2-a^2}}{a}\right|+C\\&=\ln\left|x+\sqrt{x^2-a^2}\right|+C.\end{aligned}$$

当$x<-a$ 时,可令$x=-a\sec t$,这时t 的变化范围同样为$\left(0,\frac{\pi}{2}\right)$,用完全类似的方法可以求得,在这种情况下上述结果仍然成立.

总结例 13 与例 14 的结果,我们有

$$\int\frac{\mathrm{d}x}{\sqrt{x^2\pm a^2}}=\ln\left|x+\sqrt{x^2\pm a^2}\right|+C\quad(a>0).$$

这个公式今后会经常用到,建议读者记住它.

从上面的例子中我们可以看到,在第二换元法中做变量替换$x=\varphi(t)$,其目的在于使被积函数由原来的$f(x)$换成$f(\varphi(t))\varphi'(t)$,而后者较易于求不定积分. 在上述例子中,是通过适当的三角函数变换将$x^2\pm a^2$ 的无理

式化成三角函数的有理式的.

例 15　求不定积分$\int \frac{2x}{\sqrt{x^2+2x+26}}\mathrm{d}x$.

解

$$\int \frac{2x}{\sqrt{x^2+2x+26}}\mathrm{d}x=\int \frac{2x+2-2}{\sqrt{x^2+2x+26}}\mathrm{d}x$$

$$=\int \frac{2x+2}{\sqrt{x^2+2x+26}}\mathrm{d}x-2\int \frac{1}{\sqrt{x^2+2x+26}}\mathrm{d}x$$

$$=\int \frac{\mathrm{d}(x^2+2x+26)}{\sqrt{x^2+2x-26}}-2\int \frac{1}{\sqrt{(x+1)^2+5^2}}\mathrm{d}x$$

$$=2\sqrt{x^2+2x+26}-2\ln\left|x+1+\sqrt{(x+1)^2+5^2}\right|+C$$

$$=2\sqrt{x^2+2x+26}-2\ln\left|x+1+\sqrt{x^2+2x+26}\right|+C.$$

例 16　求不定积分$\int \frac{\sqrt{4-x^2}}{x}\mathrm{d}x$.

解　令 $x=2\sin t\left(-\frac{\pi}{2}\leqslant t\leqslant\frac{\pi}{2}\right)$，则 $\sqrt{4-x^2}=2\cos t$，$\mathrm{d}x=2\cos t\,\mathrm{d}t$，从而

$$\int \frac{\sqrt{4-x^2}}{x}\mathrm{d}x=\int \frac{2\cos t}{2\sin t}\cdot 2\cos t\,\mathrm{d}t=\int \frac{2\cos^2 t}{\sin t}\mathrm{d}t=2\int \frac{1-\sin^2 t}{\sin t}\mathrm{d}t$$

$$=2\int \frac{1}{\sin t}\mathrm{d}t-2\int \sin t\,\mathrm{d}t=\ln\left|\frac{1-\cos t}{1+\cos t}\right|+2\cos t+C$$

$$=\ln\left|\frac{2-2\cos t}{2+2\cos t}\right|+2\cos t+C$$

$$=\ln\left|\frac{2-\sqrt{4-x^2}}{2+\sqrt{4-x^2}}\right|+\sqrt{4-x^2}+C.$$

或者用另外一种换元方法来求：令 $u=\sqrt{4-x^2}$，则 $x^2=4-u^2$，$2x\,\mathrm{d}x=-2u\,\mathrm{d}u$，从而

$$\int \frac{\sqrt{4-x^2}}{x}\mathrm{d}x=\int \frac{\sqrt{4-x^2}}{x^2}x\,\mathrm{d}x=\int \frac{u}{4-u^2}(-u\,\mathrm{d}u)=\int \frac{-u^2}{4-u^2}\mathrm{d}u$$

$$=\int \frac{4-u^2-4}{4-u^2}\mathrm{d}u=\int \mathrm{d}u-4\int \frac{1}{4-u^2}\mathrm{d}u.$$

利用例 5 的结果，得

$$\int \frac{\sqrt{4-x^2}}{x}\mathrm{d}x=u-4\cdot\frac{1}{4}\ln\left|\frac{2+u}{2-u}\right|+C$$

$$=\sqrt{4-x^2}-\ln\left|\frac{2+\sqrt{4-x^2}}{2-\sqrt{4-x^2}}\right|+C.$$

习 题 3.1

求下列不定积分：

1. $\int \sqrt{1+2x}\,\mathrm{d}x$.

2. $\int \frac{3x}{(x^2+1)^2}\mathrm{d}x$.

3. $\int x\sqrt{2x^2+7}\,\mathrm{d}x$.

4. $\int \left(2x^{\frac{3}{2}}+1\right)^{\frac{2}{3}}\sqrt{x}\,\mathrm{d}x$.

5. $\int \frac{\mathrm{e}^{\frac{1}{x}}}{x^2}\mathrm{d}x$.

6. $\int \frac{\mathrm{d}x}{(2-x)^{100}}$.

7. $\int \frac{\mathrm{d}x}{3+5x^2}$.

8. $\int \frac{\mathrm{d}x}{\sqrt{7-3x^2}}$.

9. $\int \frac{\mathrm{d}x}{\sqrt{x}(1+x)}$.

10. $\int \frac{\mathrm{e}^x}{2+\mathrm{e}^{2x}}\mathrm{d}x$.

11. $\int \frac{\mathrm{d}x}{\sqrt{\mathrm{e}^{-2x}-1}}$.

12. $\int \frac{\mathrm{d}x}{\mathrm{e}^x-\mathrm{e}^{-x}}$.

13. $\int \frac{\ln\ln x}{x\ln x}\mathrm{d}x$.

14. $\int \frac{\mathrm{d}x}{1+\cos x}$.

15. $\int \frac{\mathrm{d}x}{1-\sin x}$.

16. $\int \frac{x^{14}}{(x^5+1)^4}\mathrm{d}x$.

17. $\int \frac{x^{2n-1}}{x^n-1}\mathrm{d}x$.

18. $\int \frac{\mathrm{d}x}{x(x^5+2)}$.

19. $\int \frac{\ln(x+2)-\ln x}{x(x+2)}\mathrm{d}x$.

20. $\int \frac{\mathrm{e}^{\arctan x}+x\ln(1+x^2)}{1+x^2}\mathrm{d}x$.

21. $\int \sin 2x\cos 2x\,\mathrm{d}x$.

22. $\int \sin^2\frac{x}{2}\cos\frac{x}{2}\mathrm{d}x$.

23. $\int \sin 5x\sin 6x\,\mathrm{d}x$.

24. $\int \frac{2x-1}{\sqrt{1-x^2}}\mathrm{d}x$.

25. $\int \frac{x^3+x}{\sqrt{1-x^2}}\mathrm{d}x$.

26. $\int \frac{\mathrm{d}x}{(a^2-x^2)^{\frac{3}{2}}}\ (a>0)$.

27. $\int \frac{\sqrt{x^2-a^2}}{x}\mathrm{d}x\ (a>0)$.

28. $\int \frac{x^2}{\sqrt{a^2-x^2}}\mathrm{d}x\ (a>0)$.

29. $\int \frac{\mathrm{d}x}{\sqrt{1+\mathrm{e}^{3x}}}$.

30. $\int \frac{x^3}{\sqrt{1+x^8}}\mathrm{d}x$.

31. $\int \frac{\mathrm{d}x}{x^6\sqrt{1+x^2}}$.

32. $\int \frac{\mathrm{e}^{2x}}{\sqrt[3]{1+\mathrm{e}^x}}\mathrm{d}x$.

33. $\int \frac{\mathrm{d}x}{\sqrt{3+x-x^2}}$.

34. $\int \sqrt{7+x-x^2}\,\mathrm{d}x$.

35. $\int \frac{\mathrm{d}x}{1+\sqrt{x-1}}$.

§2 不定积分的分部积分法

分部积分法是又一个求不定积分的常用方法.

设 $u(x)$ 与 $v(x)$ 都是可微函数. 根据函数积的求导公式,我们有

$$u(x)v'(x)=(u(x)v(x))'-u'(x)v(x).$$

上式两边取不定积分,即有

$$\int u(x)v'(x)\mathrm{d}x=u(x)v(x)-\int u'(x)v(x)\mathrm{d}x,$$

或者写成

$$\int u(x)\mathrm{d}(v(x))=u(x)v(x)-\int v(x)\mathrm{d}(u(x)).$$

这就是所谓的**分部积分公式**.

利用分部积分公式去求不定积分的方法称作**分部积分法**. 分部积分法的基本想法是:将求不定积分 $\int u(x)\mathrm{d}(v(x))$ 转化成求不定积分 $\int v(x)\mathrm{d}(u(x))$,如果不定积分 $\int v(x)\mathrm{d}(u(x))$ 容易求得,那么原来的不定积分也就随之求出来了.

例 1 求不定积分 $\int x\mathrm{e}^x\mathrm{d}x$.

解 我们首先把该不定积分写成 $\int x\mathrm{d}(\mathrm{e}^x)$,然后根据分部积分公式有

$$\int x\mathrm{d}(\mathrm{e}^x)=x\mathrm{e}^x-\int \mathrm{e}^x\mathrm{d}x=x\mathrm{e}^x-\mathrm{e}^x+C.$$

在这个例子中,如果一开始我们不是将 e^x 移入微分号“d”内,而是将 x 移入微分号“d”内,即写成 $\frac{1}{2}\int \mathrm{e}^x\mathrm{d}(x^2)$,则根据分部积分公式有

$$\int x\mathrm{e}^x\mathrm{d}x=\frac{1}{2}\int \mathrm{e}^x\mathrm{d}(x^2)=\frac{1}{2}x^2\mathrm{e}^x-\frac{1}{2}\int x^2\mathrm{d}(\mathrm{e}^x)=\frac{1}{2}x^2\mathrm{e}^x-\frac{1}{2}\int x^2\mathrm{e}^x\mathrm{d}x.$$

这样做是徒劳的,它只会将 x 的方幂次数升高而不会求出任何结果. 由此可见,选择被积函数的适当部分移入微分号“d”内是分部积分法的关键. 选

择的原则是：使用分部积分公式之后，公式的右端得以化简.

例 2 求不定积分 $\int x^2\cos x\,\mathrm{d}x$.

解

$$
\begin{aligned}
\int x^2\cos x\,\mathrm{d}x &= \int x^2\mathrm{d}(\sin x) = x^2\sin x - \int \sin x\,\mathrm{d}(x^2) \\
&= x^2\sin x - \int \sin x\cdot 2x\,\mathrm{d}x \\
&= x^2\sin x - 2\int x\sin x\,\mathrm{d}x.
\end{aligned}
$$

虽然还没有求出最终结果，但是用一次分部积分公式就将被积函数中 x 的方幂次数降低了一次. 很自然会想到，再用一次分部积分公式即可把被积函数中 x 的方幂次数降为零. 事实上，有

$$
\begin{aligned}
\int x\sin x\,\mathrm{d}x &= -\int x\,\mathrm{d}(\cos x) = -x\cos x + \int \cos x\,\mathrm{d}x \\
&= -x\cos x + \sin x + C.
\end{aligned}
$$

将此结果代入前面得到的等式，即得

$$
\begin{aligned}
\int x^2\cos x\,\mathrm{d}x &= x^2\sin x - 2(-x\cos x + \sin x) + C \\
&= x^2\sin x + 2x\cos x - 2\sin x + C.
\end{aligned}
$$

例 3 求不定积分 $\int x^3\ln x\,\mathrm{d}x$.

解

$$
\begin{aligned}
\int x^3\ln x\,\mathrm{d}x &= \frac{1}{4}\int \ln x\,\mathrm{d}(x^4) = \frac{1}{4}x^4\ln x - \frac{1}{4}\int x^4\,\mathrm{d}(\ln x) \\
&= \frac{1}{4}x^4\ln x - \frac{1}{4}\int x^3\,\mathrm{d}x \\
&= \frac{1}{4}x^4\ln x - \frac{1}{16}x^4 + C.
\end{aligned}
$$

在例 3 中，我们把 x^3 先移至微分号内，即将 $x^3\mathrm{d}x$ 写成 $\frac{1}{4}\mathrm{d}(x^4)$. 虽然 x 的方幂次数升高了，但是经过分部积分之后，不定积分的被积表达式变成 $x^4\mathrm{d}(\ln x) = x^4(\ln x)'\mathrm{d}x = x^3\mathrm{d}x$，对数函数不再出现. 这自然就化简了.

例 4 求不定积分 $\int \arctan x\,\mathrm{d}x$.

解 将 $\arctan x$ 视作分部积分公式中的 $u(x)$，而将 x 视作 $v(x)$，这时我们有

$$
\int \arctan x\,\mathrm{d}x = x\arctan x - \int x\,\mathrm{d}(\arctan x)
$$

$$
\begin{aligned}
&= x\arctan x - \int \frac{x\,\mathrm{d}x}{1+x^2} \\
&= x\arctan x - \frac{1}{2}\int \frac{\mathrm{d}(x^2+1)}{1+x^2} \\
&= x\arctan x - \frac{1}{2}\ln(1+x^2) + C.
\end{aligned}
$$

例 5 求不定积分 $\int \sqrt{a^2-x^2}\,\mathrm{d}x\,(a>0)$.

解 与上例类似,可得

$$
\begin{aligned}
\int \sqrt{a^2-x^2}\,\mathrm{d}x &= x\sqrt{a^2-x^2} + \int \frac{x^2}{\sqrt{a^2-x^2}}\mathrm{d}x \\
&= x\sqrt{a^2-x^2} - \int \frac{a^2-x^2}{\sqrt{a^2-x^2}}\mathrm{d}x + a^2\int \frac{\mathrm{d}x}{\sqrt{a^2-x^2}} \\
&= x\sqrt{a^2-x^2} - \int \sqrt{a^2-x^2}\,\mathrm{d}x + a^2\arcsin\frac{x}{a} + C.
\end{aligned}
$$

通过移项即得

$$
\int \sqrt{a^2-x^2}\,\mathrm{d}x = \frac{x}{2}\sqrt{a^2-x^2} + \frac{a^2}{2}\arcsin\frac{x}{a} + C.
$$

这与上一节中例 12 所得结果完全一致.

在例 5 中,经过分部积分和适当变形之后,又出现了我们要求的不定积分,但符号不同,这时经过移项即得要求的不定积分. 这种情况在许多求不定积分的问题中会遇到,下面的例 6、例 7 和例 8 也与此类似.

例 6 求不定积分 $\int \sqrt{a^2+x^2}\,\mathrm{d}x\,(a>0)$.

解

$$
\begin{aligned}
\int \sqrt{a^2+x^2}\,\mathrm{d}x &= x\sqrt{a^2+x^2} - \int x\cdot\frac{1}{2}\cdot\frac{2x}{\sqrt{a^2+x^2}}\mathrm{d}x \\
&= x\sqrt{a^2+x^2} - \int \frac{a^2+x^2-a^2}{\sqrt{a^2+x^2}}\mathrm{d}x \\
&= x\sqrt{a^2+x^2} + a^2\int \frac{1}{\sqrt{a^2+x^2}}\mathrm{d}x - \int \sqrt{a^2+x^2}\,\mathrm{d}x.
\end{aligned}
$$

利用上一节中例 13 的结果,再移项即得

$$
\int \sqrt{a^2+x^2}\,\mathrm{d}x = \frac{x}{2}\sqrt{a^2+x^2} + \frac{a^2}{2}\ln\left|x+\sqrt{a^2+x^2}\right| + C.
$$

此例还可以使用上一节中例 13 的换元方法来求:令 $x = a\tan t$

$\left(-\frac{\pi}{2}<t<\frac{\pi}{2}\right)$,则 $\sqrt{a^2+x^2}=a\sec t$, $\mathrm{d}x=a\sec^2 t\,\mathrm{d}t$,从而

$$\int\sqrt{a^2+x^2}\,\mathrm{d}x=\int a\sec t\cdot a\sec^2 t\,\mathrm{d}t=a^2\int\sec^3 t\,\mathrm{d}t.$$

下面我们来求 $\int\sec^3 t\,\mathrm{d}t$,所用方法还可用于求 $\int\sec^n t\,\mathrm{d}t\,(n>1)$:

$$\begin{aligned}\int\sec^3 t\,\mathrm{d}t&=\int\sec t\,\mathrm{d}(\tan t)=\sec t\tan t-\int\tan t\cdot\sec t\tan t\,\mathrm{d}t\\&=\sec t\tan t-\int\sec^3 t\,\mathrm{d}t+\int\sec t\,\mathrm{d}t\\&=\sec t\tan t+\ln|\sec t+\tan t|-\int\sec^3 t\,\mathrm{d}t.\end{aligned}$$

通过移项,得

$$\int\sec^3 t\,\mathrm{d}t=\frac{1}{2}\sec t\tan t+\frac{1}{2}\ln|\sec t+\tan t|+C.$$

于是

$$\begin{aligned}\int\sqrt{a^2+x^2}\,\mathrm{d}x&=\frac{a^2}{2}\sec t\tan t+\frac{a^2}{2}\ln|\sec t+\tan t|+C\\&=\frac{1}{2}x\sqrt{a^2+x^2}+\frac{a^2}{2}\ln\left|\frac{x}{a}+\frac{\sqrt{a^2+x^2}}{a}\right|+C\\&=\frac{1}{2}x\sqrt{a^2+x^2}+\frac{a^2}{2}\ln\left|x+\sqrt{a^2+x^2}\right|+C.\end{aligned}$$

例 7 求不定积分 $\int\sqrt{x^2-a^2}\,\mathrm{d}x\,(a>0)$.

解

$$\begin{aligned}\int\sqrt{x^2-a^2}\,\mathrm{d}x&=x\sqrt{x^2-a^2}-\int x\cdot\frac{1}{2}\cdot\frac{2x}{\sqrt{x^2-a^2}}\mathrm{d}x\\&=x\sqrt{x^2-a^2}-\int\frac{x^2-a^2+a^2}{\sqrt{x^2-a^2}}\mathrm{d}x\\&=x\sqrt{x^2-a^2}-\int\sqrt{x^2-a^2}\,\mathrm{d}x\\&\quad-a^2\int\frac{1}{\sqrt{x^2-a^2}}\mathrm{d}x.\end{aligned}$$

利用上一节中例 14 的结果,再移项得到

$$\int\sqrt{x^2-a^2}\,\mathrm{d}x=\frac{1}{2}x\sqrt{x^2-a^2}-\frac{a^2}{2}\ln\left|x+\sqrt{x^2-a^2}\right|+C.$$

例 8 求不定积分 $\int\mathrm{e}^{ax}\cos bx\,\mathrm{d}x\,(a,b>0)$.

解　我们先将 e^{ax} 移入微分号"d"内,再用分部积分公式:

$$\int e^{ax}\cos bx\,dx = \frac{1}{a}\int \cos bx\,d(e^{ax}) = \frac{1}{a}\left(\cos bx\cdot e^{ax} - \int e^{ax}\,d(\cos bx)\right)$$

$$= \frac{1}{a}\left(\cos bx\cdot e^{ax} + b\int e^{ax}\sin bx\,dx\right).$$

对上式最后一个等号右端的不定积分再用一次分部积分公式:

$$\int e^{ax}\sin bx\,dx = \frac{1}{a}\int \sin bx\,d(e^{ax}) = \frac{1}{a}\left(\sin bx\,e^{ax} - b\int e^{ax}\cos bx\,dx\right).$$

将上式代入前一式并记

$$J = \int e^{ax}\cos bx\,dx,$$

便得到关于 J 的一个方程式:

$$J = \left(\frac{1}{a}\cos bx + \frac{b}{a^2}\sin bx\right)e^{ax} - \frac{b^2}{a^2}J.$$

由此方程即可求得

$$J = \frac{1}{a^2+b^2}(a\cos bx + b\sin bx)e^{ax} + C.$$

同理可得

$$\int e^{ax}\sin bx\,dx = \frac{1}{a^2+b^2}(a\sin bx - b\cos bx)e^{ax} + C.$$

还有一类不定积分,用分部积分法不能直接得出其结果,但可导出一个递推公式.我们可由递推公式推出所要的结果.

例 9　求不定积分

$$I_n = \int \frac{dt}{(t^2+a^2)^n} \quad (n\text{ 为整数且 } n>1, a>0).$$

解　由分部积分法有

$$I_n = \frac{t}{(t^2+a^2)^n} + 2n\int \frac{t^2}{(t^2+a^2)^{n+1}}dt$$

$$= \frac{t}{(t^2+a^2)^n} + 2nI_n - 2na^2\int \frac{dt}{(t^2+a^2)^{n+1}}$$

$$= \frac{t}{(t^2+a^2)^n} + 2nI_n - 2na^2 I_{n+1}.$$

由此得到递推公式

$$I_{n+1} = \frac{2n-1}{2na^2}I_n + \frac{t}{2na^2(t^2+a^2)^n}.$$

利用这个递推公式可将 I_n 的下标依次降低,直到 I_1. 而

$$I_1=\int\frac{\mathrm{d}t}{t^2+a^2}=\frac{1}{a}\arctan\frac{t}{a}+C,$$

这样就可求得 I_n,比如

$$\begin{aligned}I_2&=\frac{1}{2a^2}I_1+\frac{t}{2a^2(t^2+a^2)}\\&=\frac{1}{2a^3}\arctan\frac{t}{a}+\frac{t}{2a^2(t^2+a^2)}+C.\end{aligned}$$

无论是分部积分法还是换元法,它们的适用范围都是有限的. 而且,在一个求不定积分的问题中应该用什么方法,这没有一定之规,只能通过对具体题目的观察和分析,通过摸索与不断总结经验找到门路.

求不定积分有相当的技巧性,而熟才能生巧,只有适当地多做些练习,才能掌握这些技巧.

除了基本积分表之外,我们还建议读者记住下列不定积分公式:

$$\int\tan x\,\mathrm{d}x=-\ln|\cos x|+C,$$

$$\int\cot x\,\mathrm{d}x=\ln|\sin x|+C,$$

$$\int\frac{\mathrm{d}x}{x^2+a^2}=\frac{1}{a}\arctan\frac{x}{a}+C\quad(a>0),$$

$$\int\frac{\mathrm{d}x}{x^2-a^2}=\frac{1}{2a}\ln\left|\frac{x-a}{x+a}\right|+C\quad(a>0),$$

$$\int\frac{\mathrm{d}x}{\sqrt{a^2-x^2}}=\arcsin\frac{x}{a}+C\quad(a>0),$$

$$\int\frac{\mathrm{d}x}{\sqrt{x^2\pm a^2}}=\ln\left|x+\sqrt{x^2\pm a^2}\right|+C.$$

在结束本节之前,我们要指出:并非所有初等函数的不定积分都是可以求出(或称“积出来”)的. 更确切地说,并非所有初等函数的原函数都是初等函数. 比如,人们业已证明

$$\int\frac{\sin x}{x}\mathrm{d}x,\quad\int\mathrm{e}^{-x^2}\mathrm{d}x,\quad\int\sin x^2\,\mathrm{d}x,$$

$$\int\cos x^2\,\mathrm{d}x,\quad\int\frac{\cos x}{x}\mathrm{d}x,\quad\int\frac{1}{\ln x}\mathrm{d}x,$$

$$\int\frac{\mathrm{d}x}{\sqrt{1-k^2\sin^2x}},\quad\int\sqrt{1-k^2\sin^2x}\,\mathrm{d}x\quad(0<k<1)$$

等都不能用初等函数表示,尽管它们的被积函数都十分简单.

习 题 3.2

求下列不定积分:

1. $\int x\ln x\,\mathrm{d}x$.

2. $\int x^2 \mathrm{e}^{ax}\,\mathrm{d}x$ (a 为常数).

3. $\int x\sin 2x\,\mathrm{d}x$.

4. $\int \arcsin x\,\mathrm{d}x$.

5. $\int \arctan x\,\mathrm{d}x$.

6. $\int \mathrm{e}^{2x}\cos 3x\,\mathrm{d}x$.

7. $\int \frac{\sin 3x}{\mathrm{e}^x}\mathrm{d}x$.

8. $\int \mathrm{e}^{ax}\sin bx\,\mathrm{d}x$ (a,b 为常数).

9. $\int \sqrt{1+9x^2}\,\mathrm{d}x$.

10. $\int x\,\mathrm{ch}x\,\mathrm{d}x$.

11. $\int \ln(x+\sqrt{1+x^2})\mathrm{d}x$.

12. $\int (\arccos x)^2\mathrm{d}x$.

13. $\int \frac{x\arccos x}{(1-x^2)^2}\mathrm{d}x$.

14. $\int \arctan\sqrt{x}\,\mathrm{d}x$.

15. $\int \frac{\arcsin x}{x^2}\mathrm{d}x$.

16. $\int x^3(\ln x)^2\mathrm{d}x$.

17. $\int \frac{x\arctan x}{(1+x^2)^{\frac{5}{2}}}\mathrm{d}x$.

18. $\int x\ln(x+\sqrt{1+x^2})\mathrm{d}x$.

§3 有理式的不定积分与有理化方法

我们曾经指出:有些被积函数的原函数不是初等函数,我们无法通过有限步把这些不定积分"积出来".那么,一个很自然的问题是:到底哪些函数的不定积分是可以"积出来"的呢?本节要告诉读者的是:自变量 x 的有理式、三角函数的有理式及某些根式的有理式的不定积分都是可以"积出来"的.

1. 有理式的不定积分

所谓的 x 的有理式,是指两个关于 x 的多项式之比,即

$$\frac{P(x)}{Q(x)} \equiv \frac{a_0x^n + a_1x^{n-1} + \cdots + a_n}{b_0x^m + b_1x^{m-1} + \cdots + b_m}.$$

通常我们假定多项式 $P(x)$ 与 $Q(x)$ 没有公因子,$a_0 \neq 0, b_0 \neq 0$.

当 $m > n$ 时,上述有理式称为**真分式**;否则,称为**假分式**.我们只讨论真

分式就足够了,因为任何一个假分式都可以表示成一个多项式加上一个真分式,而求多项式的不定积分是容易的.

对于一个有理真分式 $\frac{P(x)}{Q(x)}$,求不定积分的关键步骤是将 $\frac{P(x)}{Q(x)}$ 表示成部分分式之和. 所谓的**部分分式**,是指下列四种最简单的真分式:

$$\frac{A}{x-a}, \quad \frac{A}{(x-a)^n}, \quad \frac{Bx+D}{x^2+px+q}, \quad \frac{Bx+D}{(x^2+px+q)^n}$$

其中 A,B,D,a,p,q 为常数,n 为大于 1 的整数,x^2+px+q 是没有实根的二次三项式,即 $p^2<4q$.

要想将一个真分式 $\frac{P(x)}{Q(x)}$ 表示成部分分式之和,首先要找出有理式分母 $Q(x)$的根. 假定 $Q(x)$有 k 个互不相同的实根 $a_1,a_2,\cdots,a_k$,而它们的重数分别是 $n_1,n_2,\cdots,n_k$;又假定 $Q(x)$有 l 对互不相同的共轭复根 $\alpha_1\pm \mathrm{i}\beta_1,\alpha_2\pm \mathrm{i}\beta_2,\cdots,\alpha_l\pm \mathrm{i}\beta_l$,其重数分别为 $m_1,m_2,\cdots,m_l$. 这样,我们有

$$Q(x)=(x-a_1)^{n_1}\cdots(x-a_k)^{n_k}(x^2+p_1x+q_1)^{m_1}\cdots(x^2+p_lx+q_l)^{m_l},$$

其中 $p_i=-2\alpha_i,q_i=\alpha_i^2+\beta_i^2,p_i^2<4q_i(i=1,2,\cdots,l)$. 根据代数中的一个定理,$\frac{P(x)}{Q(x)}$ 可以表示成

$$\frac{P(x)}{Q(x)}=\sum_{j=1}^{k}\sum_{n=1}^{n_j}\frac{A_{nj}}{(x-a_j)^n}+\sum_{i=1}^{l}\sum_{m=1}^{m_i}\frac{B_{mi}x+D_{mi}}{(x^2+p_ix+q_i)^m},$$

其中 $A_{nj}(n=1,2,\cdots,n_j;j=1,2,\cdots,k)$, B_{mi}, $D_{mi}(m=1,2,\cdots,m_i;i=1,2,\cdots,l)$均为常数.

考虑到初学者可能对双重求和号不够熟悉,我们将上式写成更为明显的形式:

$$\begin{aligned}\frac{P(x)}{Q(x)}=&\frac{A_{11}}{(x-a_1)}+\frac{A_{21}}{(x-a_1)^2}+\cdots+\frac{A_{n_1 1}}{(x-a_1)^{n_1}}\\&+\cdots+\frac{A_{1k}}{(x-a_k)}+\frac{A_{2k}}{(x-a_k)^2}+\cdots+\frac{A_{n_k k}}{(x-a_k)^{n_k}}\\&+\frac{B_{11}x+D_{11}}{x^2+p_1x+q_1}+\cdots+\frac{B_{m_1 1}x+D_{m_1 1}}{(x^2+p_1x+q_1)^{m_1}}\\&+\cdots+\frac{B_{1l}x+D_{1l}}{x^2+p_lx+q_l}+\cdots+\frac{B_{m_l l}x+D_{m_l l}}{(x^2+p_lx+q_l)^{m_l}}.\end{aligned}$$

简单地说,**如果 $Q(x)$有一个 n 重实根 a,则 $\frac{P(x)}{Q(x)}$ 的部分分式中一定包含**

如下形式的 n 项部分分式之和：

$$\frac{A_1}{x-a}+\frac{A_2}{(x-a)^2}+\cdots+\frac{A_n}{(x-a)^n};$$

如果 $Q(x)$ 中包含因子 $(x^2+px+q)^m\,(p^2<4q)$，则 $\frac{P(x)}{Q(x)}$ 的部分分式中一定包含如下形式的 m 项部分分式之和：

$$\frac{B_1x+D_1}{x^2+px+q}+\frac{B_2x+D_2}{(x^2+px+q)^2}+\cdots+\frac{B_mx+D_m}{(x^2+px+q)^m}.$$

将 $Q(x)$ 的全体因子对应的这些部分分式之和全都加起来，就等于 $\frac{P(x)}{Q(x)}$.

现在我们举例说明上述结论. 比如，我们考虑某个真分式 $\frac{P(x)}{Q(x)}$，已知其分母 $Q(x)$ 可以表示成如下形式：

$$Q(x)=a(x-1)(x-2)^2(x^2+1)^3(x^2+x+1).$$

那么，这个分式可以分解成如下形式的部分分式之和：

$$\begin{aligned}&\frac{A_{11}}{x-1}+\left[\frac{A_{12}}{x-2}+\frac{A_{22}}{(x-2)^2}\right]\\&\quad+\left[\frac{B_{11}x+D_{11}}{x^2+1}+\frac{B_{21}x+D_{21}}{(x^2+1)^2}+\frac{B_{31}x+D_{31}}{(x^2+1)^3}\right]\\&\quad+\frac{B_{12}x+D_{12}}{x^2+x+1}.\end{aligned}$$

以后，我们会看到这里的常数 $A_{ij}\,(i,j=1,2)$，B_{st}，$D_{st}\,(s=1,2;t=1,2,3)$ 可以通过比较两端的系数逐一定出.

以上我们说明了任意一个真分式都可分解成若干部分分式之和，并指明了具体的分解方法. 这样一来，全部的问题归结为求上述四种部分分式的不定积分.

对于第一、第二种部分分式，其不定积分是显然的：

$$\int\frac{A\,\mathrm{d}x}{x-a}=A\ln|x-a|+C,$$

$$\int\frac{A\,\mathrm{d}x}{(x-a)^n}=\frac{A}{1-n}(x-a)^{1-n}+C\quad(n>1).$$

而第三种部分分式的不定积分也是不难求出的：

$$\int\frac{(Bx+D)\mathrm{d}x}{x^2+px+q}=\frac{B}{2}\int\frac{\mathrm{d}\left[\left(x+\frac{p}{2}\right)\right]^2}{\left(x+\frac{p}{2}\right)^2+\left(q-\frac{p^2}{4}\right)}$$

$$+\left(D-\frac{Bp}{2}\right)\int\frac{\mathrm{d}x}{\left(x+\frac{p}{2}\right)^2+\left(q-\frac{p^2}{4}\right)}$$

$$=\frac{B}{2}\ln|x^2+px+q|$$

$$+\frac{D-\frac{Bp}{2}}{\sqrt{q-\frac{p^2}{4}}}\arctan\frac{x+\frac{p}{2}}{\sqrt{q-\frac{p^2}{4}}}+C.$$

对于第四种部分分式,我们有

$$\int\frac{(Bx+D)\mathrm{d}x}{(x^2+px+q)^n}=\frac{B}{2}\int\frac{\mathrm{d}\left[\left(x+\frac{p}{2}\right)^2\right]}{\left[\left(x+\frac{p}{2}\right)^2+\left(q-\frac{p^2}{4}\right)\right]^n}$$

$$+\left(D-\frac{Bp}{2}\right)\int\frac{\mathrm{d}x}{\left[\left(x+\frac{p}{2}\right)^2+\left(q-\frac{p^2}{4}\right)\right]^n}$$

$$=\frac{B}{2(1-n)}\left[\left(x+\frac{p}{2}\right)^2+\left(q-\frac{p^2}{4}\right)\right]^{1-n}$$

$$+\left(D-\frac{Bp}{2}\right)\int\frac{\mathrm{d}x}{\left[\left(x+\frac{p}{2}\right)^2+\left(q-\frac{p^2}{4}\right)\right]^n}.$$

而上式最后一个不定积分可以用上一节中例 9 得到的递推公式来求.

以上我们证明了有理式的不定积分是可以“积出来”的,并且提供了求这种不定积分的实际途径.

例 1 求不定积分 $\int\frac{5x+3}{x^3-2x^2-3x}\mathrm{d}x$.

解 这里被积函数是真分式,其中分母为 $Q(x)=x^3-2x^2-3x$. 将 $Q(x)$ 因式分解:

$$Q(x)=x(x+1)(x-3).$$

可见,$Q(x)$ 有三个根: $x=0,x=-1,x=3$,都是单根. 于是,设

$$\frac{5x+3}{x(x+1)(x-3)}=\frac{A_1}{x}+\frac{A_2}{x+1}+\frac{A_3}{x-3},$$

其中 A_1,A_2,A_3 为待定常数. 上式右端通分后得到

$$\frac{5x+3}{x(x+1)(x-3)}=\frac{A_1(x+1)(x-3)+A_2x(x-3)+A_3x(x+1)}{x(x+1)(x-3)},$$

于是

$$\begin{aligned}5x+3&=A_1(x+1)(x-3)+A_2x(x-3)+A_3x(x+1)\\&=(A_1+A_2+A_3)x^2+(-2A_1-3A_2+A_3)x-3A_1.\end{aligned}$$

由上式两端同次幂的系数相等,得到方程组

$$\begin{cases}A_1+A_2+A_3=0,\\-2A_1-3A_2+A_3=5,\\-3A_1=3.\end{cases}$$

由此方程组解得 $A_1=-1,A_2=-\dfrac{1}{2},A_3=\dfrac{3}{2}$. 这样,我们有

$$\frac{5x+3}{x(x+1)(x-3)}=\frac{-1}{x}+\frac{-\frac{1}{2}}{x+1}+\frac{\frac{3}{2}}{x-3},$$

于是

$$\begin{aligned}\int\frac{5x+3}{x^3-2x^2-3x}\mathrm{d}x&=\int\left(\frac{-1}{x}+\frac{-\frac{1}{2}}{x+1}+\frac{\frac{3}{2}}{x-3}\right)\mathrm{d}x\\&=-\ln|x|-\frac{1}{2}\ln|x+1|+\frac{3}{2}\ln|x-3|+C.\end{aligned}$$

例 2　求不定积分 $\displaystyle\int\frac{x^3+1}{x(x-1)^3}\,\mathrm{d}x$.

解　这里被积函数是有理式,其分母有两个实根: $x=0$ 为单根,而 $x=1$ 为三重根. 因此,被积函数的部分分式分解应为

$$\frac{x^3+1}{x(x-1)^3}=\frac{A_{11}}{x}+\frac{A_{12}}{x-1}+\frac{A_{22}}{(x-1)^2}+\frac{A_{32}}{(x-1)^3},$$

其中 $A_{11},A_{12},A_{22},A_{32}$ 为待定常数,可通过比较系数法确定.

事实上,上式右端通分后得到

$$\frac{x^3+1}{x(x-1)^3}=\frac{A_{11}(x-1)^3+A_{12}x(x-1)^2+A_{22}x(x-1)+A_{32}x}{x(x-1)^3},$$

即

$$x^3+1=A_{11}(x-1)^3+A_{12}x(x-1)^2+A_{22}x(x-1)+A_{32}x.$$

令上式两端同次幂的系数相等,得到一个方程组

$$\begin{cases}1=A_{11}+A_{12},\\0=-3A_{11}-2A_{12}+A_{22},\\0=3A_{11}+A_{12}-A_{22}+A_{32},\\1=-A_{11}.\end{cases}$$

由此方程组可解得 $A_{11}=-1, A_{12}=2, A_{22}=1, A_{32}=2$. 这样,我们有

$$\frac{x^3+1}{x(x-1)^3}=\frac{-1}{x}+\frac{2}{x-1}+\frac{1}{(x-1)^2}+\frac{2}{(x-1)^3},$$

于是

$$\begin{aligned}\int\frac{(x^3+1)\mathrm{d}x}{x(x-1)^3}&=-\ln|x|+2\ln|x-1|-\frac{1}{x-1}-\frac{1}{(x-1)^2}+C\\&=\ln\frac{|x-1|^2}{|x|}-\frac{x}{(x-1)^2}+C.\end{aligned}$$

上面我们用比较等式两端 x 的同次幂系数的方法确定出了常数,有时也可以用其他方法来确定出这些常数. 比如,在例 2 中,我们可以在等式

$$x^3+1=A_{11}(x-1)^3+A_{12}x(x-1)^2+A_{22}x(x-1)+A_{32}x$$

的两端令 $x=0$,得 $A_{11}=-1$;令 $x=1$,得 $A_{32}=2$. 于是

$$x^3+1+(x-1)^3-2x=A_{12}x(x-1)^2+A_{22}x(x-1),$$

化简并约去两端的公因子 x,得到

$$2x^2-3x+1=A_{12}(x-1)^2+A_{22}(x-1),$$

即

$$(2x-1)=A_{12}(x-1)+A_{22}.$$

由此推出 $A_{12}=2, A_{22}=1$.

例 3 求不定积分 $\displaystyle\int\frac{4}{x^3+4x}\mathrm{d}x$.

解 被积函数的分母有实根 $x=0$ 及复根 $x=2\mathrm{i},-2\mathrm{i}$,都是单根,故设

$$\frac{4}{x^3+4x}=\frac{A}{x}+\frac{Bx+D}{x^2+4},$$

其中 A,B,D 为待定常数,于是

$$4=A(x^2+4)+Bx^2+Dx.$$

令 $x=0$,得 $A=1$. 代入上式,有 $Bx^2+Dx=4-(x^2+4)=-x^2$,即 $Bx+D=-x$. 由此推出 $B=-1, D=0$.

这样，我们得到

$$\frac{4}{x^3+4x}=\frac{1}{x}-\frac{x}{x^2+4},$$

于是

$$\int\frac{4\mathrm{d}x}{x^3+4x}=\ln|x|-\frac{1}{2}\ln(x^2+4)+C.$$

例 4　求不定积分 $\int\frac{x^3+x^2+2}{x(x^2+2)^2}\mathrm{d}x$.

解　被积函数的分母含有因子$(x^2+2)^2$，另外有一个实单根 $x=0$，故可设

$$\frac{x^3+x^2+2}{x(x^2+2)^2}=\frac{A}{x}+\frac{Bx+D}{x^2+2}+\frac{B'x+D'}{(x^2+2)^2},$$

其中 A,B,D,B',D' 为待定常数，于是

$$x^3+x^2+2=A(x^2+2)^2+(Bx+D)x(x^2+2)+B'x^2+D'x.$$

令 $x=0$，得 $A=\frac{1}{2}$，这样有

$$x^3+x^2+2-\frac{1}{2}(x^2+2)^2=(Bx+D)x(x^2+2)+B'x^2+D'x,$$

化简得

$$x^2-x-\frac{1}{2}x^3=Bx^3+Dx^2+2Bx+B'x+2D+D'.$$

比较上式两端 x 的同次幂系数，即得

$$B=-\frac{1}{2},\quad D=1,\quad B'=0,\quad 2D+D'=0,$$

也即 $D'=-2D=-2$. 因此

$$\begin{aligned}\int\frac{x^3+x^2+2}{x(x^2+2)^2}\mathrm{d}x&=\frac{1}{2}\int\frac{1}{x}\mathrm{d}x-\int\frac{\frac{1}{2}x-1}{x^2+2}\mathrm{d}x-\int\frac{2}{(x^2+2)^2}\mathrm{d}x\\&=\frac{1}{2}\ln|x|-\frac{1}{4}\ln|x^2+2|\\&\quad+\frac{1}{\sqrt{2}}\arctan\frac{x}{\sqrt{2}}-2\int\frac{\mathrm{d}x}{(x^2+2)^2}.\end{aligned}$$

对于上式最后一个不定积分，可用已知的递推公式(见上一节中的例 9)来求，这里直接用分部积分法来求：

$$\int \frac{\mathrm{d}x}{(x^2+2)^2} = -\int \frac{1}{2x}\mathrm{d}\left(\frac{1}{x^2+2}\right) = -\frac{1}{2x(x^2+2)} - \frac{1}{2}\int \frac{\mathrm{d}x}{x^2(x^2+2)}$$

$$= -\frac{1}{2x(x^2+2)} - \frac{1}{4}\int\left(\frac{1}{x^2} - \frac{1}{x^2+2}\right)\mathrm{d}x$$

$$= -\frac{1}{2x(x^2+2)} + \frac{1}{4}\cdot\frac{1}{x} + \frac{1}{4\sqrt{2}}\arctan\frac{x}{\sqrt{2}} + C.$$

总之,我们得到

$$\int \frac{x^3+x^2+2}{x(x^2+2)^2}\mathrm{d}x = \frac{1}{2}\ln|x| - \frac{1}{4}\ln|x^2+2| + \frac{1}{x(x^2+2)}$$

$$- \frac{1}{2x} + \frac{1}{2\sqrt{2}}\arctan\frac{x}{\sqrt{2}} + C.$$

例 5 求不定积分 $\int \frac{x^3}{x^2+x-2}\mathrm{d}x$.

解 这里被积函数是一个假分式,我们先把它表示成一个多项式加上一个真分式的形式:

$$\frac{x^3}{x^2+x-2} = \frac{x(x^2+x-2) - x^2 + 2x}{x^2+x-2}$$

$$= \frac{x(x^2+x-2) - (x^2+x-2) + 3x - 2}{x^2+x-2}$$

$$= x - 1 + \frac{3x-2}{x^2+x-2}.$$

再对真分式 $\frac{3x-2}{x^2+x-2}$ 做部分分式分解,设

$$\frac{3x-2}{x^2+x-2} = \frac{3x-2}{(x-1)(x+2)} = \frac{A_1}{x-1} + \frac{A_2}{x+2},$$

其中 A_1, A_2 为待定常数. 上式两端乘以 $(x-1)(x+2)$,得到

$$3x - 2 = A_1(x+2) + A_2(x-1).$$

令 $x=1$,得 $A_1 = \frac{1}{3}$;令 $x=-2$,得 $A_2 = \frac{8}{3}$. 因此

$$\int \frac{x^3}{x^2+x-2}\mathrm{d}x = \int\left(x - 1 + \frac{\frac{1}{3}}{x-1} + \frac{\frac{8}{3}}{x+2}\right)\mathrm{d}x$$

$$= \frac{1}{2}x^2 - x + \frac{1}{3}\ln|x-1| + \frac{8}{3}\ln|x+2| + C.$$

2. 三角函数的有理式的不定积分

下面我们讨论三角函数的有理式的不定积分. 所谓的三角函数的有理式,是指对三角函数及常数函数进行有限次加减乘除四则运算所得的表达式.

一般来说,若 $R(x,y)$是 x,y 的有理式(x,y 的两个多项式之商),则称 $R(\sin x,\cos x)$是一个三角函数的有理式.

例如,$\dfrac{\cos^2 x+\sin^5 x}{2\sin x}$ 是一个三角函数的有理式,而 $\sqrt{1+\sin^2 x}$ 则不是,$\sin\dfrac{1}{2}x+\sin x$ 也不是.

对于三角函数的有理式,求不定积分的一般方法是做变量替换

$$t=\tan\frac{x}{2}.$$

这个变量替换俗称**万能替换**,因为它将三角函数的有理式变为 t 的有理式,而后者总是可积的.

设 $R(x,y)$是 x,y 的有理式,而我们要求的不定积分是

$$\int R(\sin x,\cos x)\mathrm{d}x.$$

因 $\sin x=2\sin\dfrac{x}{2}\cos\dfrac{x}{2}=2\tan\dfrac{x}{2}\cdot\left(1+\tan^2\dfrac{x}{2}\right)^{-1}$,故 $\sin x=\dfrac{2t}{1+t^2}$. 又因为 $\cos x=2\cos^2\dfrac{x}{2}-1$,所以 $\cos x=\dfrac{1-t^2}{1+t^2}$. 而 $\mathrm{d}t=\dfrac{1}{2}\sec^2\dfrac{x}{2}\mathrm{d}x$,即 $\mathrm{d}x=2(1+t^2)^{-1}\mathrm{d}t$. 这样,在变量替换之后,上述不定积分变成

$$\int R\left(\frac{2t}{1+t^2},\frac{1-t^2}{1+t^2}\right)\frac{2}{1+t^2}\mathrm{d}t.$$

这时,被积函数变成 t 的一个有理式,而对于有理式的不定积分,我们是会求的.

例 6　求不定积分 $\displaystyle\int\frac{\cot x\,\mathrm{d}x}{\sin x+\cos x-1}$.

解　令 $t=\tan\dfrac{x}{2}$,则

$$\mathrm{d}x=\frac{2\mathrm{d}t}{1+t^2},\quad \sin x=\frac{2t}{1+t^2},\quad \cos x=\frac{1-t^2}{1+t^2},\quad \cot x=\frac{1-t^2}{2t},$$

从而

$$\int \frac{\cot x \mathrm{d}x}{\sin x + \cos x - 1} = \int \frac{\frac{1-t^2}{2t} \cdot \frac{2}{1+t^2}\mathrm{d}t}{\frac{2t}{1+t^2} + \frac{1-t^2}{1+t^2} - 1}$$

$$= \int \frac{1+t}{2t^2}\mathrm{d}t = \frac{1}{2}\int \frac{1}{t^2}\mathrm{d}t + \frac{1}{2}\int \frac{1}{t}\mathrm{d}t$$

$$= -\frac{1}{2t} + \frac{1}{2}\ln|t| + C$$

$$= -\frac{\cos\frac{x}{2}}{2\sin\frac{x}{2}} + \frac{1}{2}\ln\left|\tan\frac{x}{2}\right| + C.$$

万能替换虽然对一般的三角函数的有理式总是适用的，但是有时比较麻烦. 因此，在一个具体问题面前，如果可以用其他方法求出不定积分，则不一定要用这种替换，如下面各例.

例 7 求不定积分 $\int \frac{\sin x \cos x}{1+\sin^2 x}\mathrm{d}x$.

解 此题中被积函数可写成 $f(\sin x)\cos x$ 的形式，这时很自然想到做变量替换 $t=\sin x$，于是 $\mathrm{d}t=\cos x\mathrm{d}x$，并有

$$\int \frac{\sin x \cos x}{1+\sin^2 x}\mathrm{d}x = \int \frac{t\mathrm{d}t}{1+t^2} = \frac{1}{2}\ln(1+t^2) + C$$

$$= \frac{1}{2}\ln(1+\sin^2 x) + C.$$

例 8 求不定积分 $\int \frac{\cos x\mathrm{d}x}{\sin x + \cos x}$ $(\cos x \neq 0)$.

解 将被积函数的分子、分母除以 $\cos x$，并令 $t=\tan x$，则有

$$\int \frac{\cos x\mathrm{d}x}{\sin x + \cos x} = \int \frac{\mathrm{d}x}{1+\tan x} = \int \frac{1}{1+t} \cdot \frac{\mathrm{d}t}{1+t^2}$$

$$= \frac{1}{2}\int\left(\frac{1}{1+t} - \frac{t-1}{1+t^2}\right)\mathrm{d}t$$

$$= \frac{1}{2}\left(\ln|1+t| - \frac{1}{2}\ln(1+t^2) + \arctan t\right) + C$$

$$= \frac{1}{2}(\ln|1+\tan x| - \ln|\sec x| + x) + C$$

$$= \frac{1}{2}(\ln|\cos x + \sin x| + x) + C.$$

例 9　求不定积分 $\int \sin^4 x \cos^2 x \, dx$.

解　注意到被积函数的因子都是 $\sin x$ 或 $\cos x$ 的偶次方幂,我们可以利用倍角公式降低其方幂次数. 于是,我们有

$$\begin{aligned}\int \sin^4 x \cos^2 x \, dx &= \int \left(\frac{1-\cos 2x}{2}\right)^2 \frac{1+\cos 2x}{2} dx \\ &= \frac{1}{8}\int (\cos^3 2x - \cos^2 2x - \cos 2x + 1) dx \\ &= \frac{1}{16}\int (1-\sin^2 2x) d(\sin 2x) - \frac{1}{8}\int \frac{1+\cos 4x}{2} dx \\ &\quad + \frac{1}{8}\int (1-\cos 2x) dx \\ &= \frac{1}{16}\left(x - \frac{1}{3}\sin^3 2x - \frac{1}{4}\sin 4x\right) + C.\end{aligned}$$

3. 某些根式的不定积分

除了三角函数的有理式的不定积分之外,某些特殊形式无理式的不定积分也能经过变量替换,使被积函数变成新变量的有理式,从而求出其不定积分.

设 $R(x,y)$ 为 x,y 的有理式,我们考虑不定积分

$$\int R(x, \sqrt[n]{ax+b}) dx,$$

其中 a,b 为常数,且 $a \neq 0$. 这个不定积分的被积函数可以通过变量替换 $t=\sqrt[n]{ax+b}$ 而有理化. 这时 $x=\frac{t^n-b}{a}$,因而 $dx=\frac{n t^{n-1}}{a}dt$,于是

$$\int R(x, \sqrt[n]{ax+b}) dx = \int R\left(\frac{t^n-b}{a}, t\right)\frac{n t^{n-1}}{a} dt.$$

上式右端的被积函数是 t 的有理式.

例 10　求不定积分 $\int \frac{dx}{3x+\sqrt[3]{3x+2}}$.

解　令 $t=\sqrt[3]{3x+2}$,这时 $x=\frac{1}{3}(t^3-2)$,$dx=t^2 dt$,并有

$$\int \frac{dx}{3x+\sqrt[3]{3x+2}} = \int \frac{t^2 dt}{t^3+t-2}.$$

这样,原来的不定积分变成 t 的有理式的不定积分. 由于

$$\frac{t^2}{t^3+t-2}=\frac{1}{4}\left(\frac{1}{t-1}+\frac{3t+2}{t^2+t+2}\right),$$

根据前面的不定积分公式,我们得到

$$\int\frac{t^2\,\mathrm{d}t}{t^3+t-2}=\frac{1}{4}\ln|t-1|+\frac{3}{8}\ln(t^2+t+2)$$
$$+\frac{1}{4\sqrt{7}}\arctan\frac{2t+1}{\sqrt{7}}+C.$$

将 $t=\sqrt[3]{3x+2}$ 代入上式即得到最终结果:

$$\int\frac{\mathrm{d}x}{3x+\sqrt[3]{3x+2}}=\frac{1}{4}\ln|\sqrt[3]{3x+2}-1|$$
$$+\frac{3}{8}\ln(\sqrt[3]{(3x+2)^2}+\sqrt[3]{3x+2}+2)$$
$$+\frac{1}{4\sqrt{7}}\arctan\frac{2\sqrt[3]{3x+2}+1}{\sqrt{7}}+C.$$

更一般地,对于形如

$$\int R\left(x,\sqrt[n]{\frac{ax+b}{cx+d}}\right)\mathrm{d}x$$

的不定积分(a,b,c,d 为常数且 $a,c\neq 0$),可用类似于上面的方法,通过变量替换 $t=\sqrt[n]{\dfrac{ax+b}{cx+d}}$ 将被积函数有理化.

例 11 求不定积分 $\int x\sqrt{\dfrac{x-1}{x+1}}\,\mathrm{d}x$.

解 令 $t=\sqrt{\dfrac{x-1}{x+1}}$,这时 $x=\dfrac{1+t^2}{1-t^2}$,$\mathrm{d}x=\dfrac{4t}{(1-t^2)^2}\mathrm{d}t$,并有

$$\int x\sqrt{\frac{x-1}{x+1}}\,\mathrm{d}x=\int\frac{1+t^2}{1-t^2}\cdot t\cdot\frac{4t}{(1-t^2)^2}\mathrm{d}t=\int\frac{4t^2(1+t^2)}{(1-t^2)^3}\mathrm{d}t.$$

这样,原来的不定积分变成 t 的有理式的不定积分. 以下便可以按照已知的方法求出关于 t 的原函数,然后以 $t=\sqrt{\dfrac{x-1}{x+1}}$ 代入即可(请读者自行完成).

求不定积分的方法还有许多,我们不能在这里一一介绍. 我们应指出:在计算机技术高度发达的今天,一些功能强大的数学软件包,不仅仅能进行各种数值计算,而且能进行某些逻辑符号演算,其中包括微分运算及积分运算.

但是,对于初学者而言,基本积分表、换元法、分部积分法以及有理化方法还应掌握,因为求不定积分是解微分方程和求定积分的基础,我们总不能对一些非常基本的不定积分也要查书或求助于计算机吧.

习　题　3.3

求下列不定积分:

1. $\int \frac{x-1}{x^2+6x+8}\mathrm{d}x$.

2. $\int \frac{3x^4+x^2+1}{x^2+x-6}\mathrm{d}x$.

3. $\int \frac{2x^2-5}{x^4-5x^2+6}\mathrm{d}x$.

4. $\int \frac{\mathrm{d}x}{(x-1)^2(x-2)}$.

5. $\int \frac{x^2}{1-x^4}\mathrm{d}x$.

6. $\int \frac{\mathrm{d}x}{x^3+1}$.

7. $\int \frac{\mathrm{d}x}{1+x^4}$.

8. $\int \frac{x^3+x^2+2}{(x^2+2)^2}\mathrm{d}x$.

9. $\int \frac{\mathrm{e}^x}{\mathrm{e}^{2x}+3\mathrm{e}^x+2}\mathrm{d}x$.

10. $\int \frac{\cos x}{\sin^2 x+\sin x-6}\mathrm{d}x$.

11. $\int \frac{x^3}{x^4+x^2+2}\mathrm{d}x$.

12. $\int \frac{\mathrm{d}x}{(x+2)(x^2-2x+2)}$.

13. $\int \frac{\mathrm{d}x}{2+\sin x}$.

14. $\int \frac{\mathrm{d}x}{1+\sin x+\cos x}$.

15. $\int \cot^4 x\,\mathrm{d}x$.

16. $\int \sec^4 x\,\mathrm{d}x$.

17. $\int \frac{\cos x}{5-3\cos x}\mathrm{d}x$.

18. $\int \frac{\cos^3 x}{\sin x+\cos x}\mathrm{d}x$.

19. $\int \sin^5 x\cos^2 x\,\mathrm{d}x$.

20. $\int \sin^6 x\,\mathrm{d}x$.

21. $\int \sin^2 x\cos^4 x\,\mathrm{d}x$.

22. $\int \frac{\mathrm{d}x}{\sin x+2\cos x}$.

23. $\int \frac{\sin x\cos x}{\sin^2 x+\cos^4 x}\mathrm{d}x$.

24. $\int \frac{\mathrm{d}x}{\sin^4 x}$.

25. $\int \sqrt{\frac{1-x}{1+x}}\,\mathrm{d}x$.

26. $\int \frac{1-\sqrt{x-1}}{1+\sqrt[3]{x-1}}\mathrm{d}x$.

27. $\int \frac{\sqrt{x+1}+\sqrt{x-1}}{\sqrt{x+1}-\sqrt{x-1}}\mathrm{d}x$.

28. $\int \frac{\mathrm{d}x}{\sqrt[3]{(x+1)^2(x-1)^4}}$.

29. $\int \frac{x}{\sqrt{x^2-x+3}}\mathrm{d}x$.

30. $\int \frac{x}{\left(1+x^{\frac{1}{3}}\right)^{\frac{1}{2}}}\mathrm{d}x$.

31. $\int \frac{\sqrt{x}}{\sqrt[4]{x^3}+1}\mathrm{d}x$.

32. $\int \frac{2x+3}{\sqrt{x^2+x}}\mathrm{d}x$.

33. $\int \frac{2+x}{\sqrt{4x^2-4x+5}}\mathrm{d}x$.　　34. $\int \sqrt{5-2x+x^2}\,\mathrm{d}x$.

§4 定积分的分部积分法与换元法

牛顿-莱布尼茨公式建立了定积分与原函数之间的联系：

$$\int_a^b f(x)\mathrm{d}x = F(x)\Big|_a^b,$$

其中 $F(x)$是 $f(x)$的一个原函数. 因此,从原则上说,只要求出被积函数的一个原函数,即可计算出定积分的值. 但是,求出原函数有时并非易事,甚至不可能. 所以,我们有必要直接讨论有关定积分计算的一些基本方法.

1. 定积分的分部积分法

不定积分的分部积分公式是

$$\int u(x)v'(x)\mathrm{d}x = u(x)v(x) - \int v(x)u'(x)\mathrm{d}x.$$

由此及牛顿-莱布尼茨公式立即推出定积分的分部积分公式.

定理 1 设函数 $u(x)$及 $v(x)$在区间$[a,b]$上可导且其导数在$[a,b]$上连续,则我们有

$$\int_a^b u(x)v'(x)\mathrm{d}x = u(x)v(x)\Big|_a^b - \int_a^b v(x)u'(x)\mathrm{d}x. \tag{3.1}$$

通常称(3.1)式为**定积分的分部积分公式**,它给出了**定积分的分部积分法**. 定积分的分部积分公式也可以写成如下形式：

$$\int_a^b u(x)\mathrm{d}(v(x)) = u(x)v(x)\Big|_a^b - \int_a^b v(x)\mathrm{d}(u(x)).$$

例 1 求定积分 $\int_1^2 x\ln x\,\mathrm{d}x$.

解 我们将所求的定积分写成如下形式：

$$\int_1^2 x\ln x\,\mathrm{d}x = \frac{1}{2}\int_1^2 \ln x\,\mathrm{d}(x^2).$$

由定积分的分部积分公式得

$$\begin{aligned}\int_1^2 x\ln x\,\mathrm{d}x &= \frac{1}{2}x^2\ln x\Big|_1^2 - \frac{1}{2}\int_1^2 x^2\mathrm{d}(\ln x) = 2\ln 2 - \frac{1}{2}\int_1^2 x\,\mathrm{d}x \\ &= 2\ln 2 - \frac{1}{4}x^2\Big|_1^2 = 2\ln 2 - \frac{3}{4}.\end{aligned}$$

这个例题当然也可以先用不定积分的分部积分公式求得原函数：

$$\int x\ln x\,\mathrm{d}x=\frac{1}{2}x^2\ln x-\frac{1}{4}x^2+C;$$

再用牛顿-莱布尼茨公式，得

$$\int_1^2 x\ln x\,\mathrm{d}x=\left(\frac{1}{2}x^2\ln x-\frac{1}{4}x^2\right)\Big|_1^2=2\ln 2-\frac{3}{4}.$$

这两种方法本质上是一样的，但前者似乎较简捷.

利用定积分的分部积分法有时不能一步得出结果，但它可能导出某个递推公式，从而推出所求的定积分值. 下面是一个典型的例子.

例 2　求定积分

$$I_n=\int_0^{\frac{\pi}{2}}\sin^n x\,\mathrm{d}x\quad(n\text{ 为整数且 }n\geqslant 2).$$

解　将 I_n 写成

$$I_n=-\int_0^{\frac{\pi}{2}}\sin^{n-1}x\,\mathrm{d}(\cos x),$$

则由定积分的分部积分公式得

$$\begin{aligned}I_n&=-(\sin^{n-1}x\cos x)\Big|_0^{\frac{\pi}{2}}+\int_0^{\frac{\pi}{2}}\cos x\,\mathrm{d}(\sin^{n-1}x)\\&=(n-1)\int_0^{\frac{\pi}{2}}\sin^{n-2}x\cos^2 x\,\mathrm{d}x\\&=(n-1)\int_0^{\frac{\pi}{2}}\sin^{n-2}x(1-\sin^2 x)\,\mathrm{d}x\\&=(n-1)I_{n-2}-(n-1)I_n.\end{aligned}$$

这样，我们得递推公式

$$I_n=\frac{n-1}{n}I_{n-2}.$$

每用一次这个递推公式，I_n 的下标就减少 2，故最后可能达到 I_0 或 I_1，依照 n 的奇偶性而定：

$$\left.\begin{aligned}I_{2k}&=\frac{2k-1}{2k}\cdot\frac{2k-3}{2k-2}\cdot\cdots\cdot\frac{1}{2}I_0,\\I_{2k+1}&=\frac{2k}{2k+1}\cdot\frac{2k-2}{2k-1}\cdot\cdots\cdot\frac{2}{3}I_1\end{aligned}\right.\quad(k=1,2,\cdots),$$

其中

$$I_0=\int_0^{\frac{\pi}{2}}(\sin x)^0\,\mathrm{d}x=\frac{\pi}{2},\quad I_1=\int_0^{\frac{\pi}{2}}\sin x\,\mathrm{d}x=1.$$

上面的结果可简写成

$$\left.\begin{aligned}\int_0^{\frac{\pi}{2}} \sin^{2k} x\,\mathrm{d}x &= \frac{(2k-1)!!}{(2k)!!}\cdot\frac{\pi}{2},\\ \int_0^{\frac{\pi}{2}} \sin^{2k+1} x\,\mathrm{d}x &= \frac{(2k)!!}{(2k+1)!!}\end{aligned}\right\}\quad (k=1,2,\cdots).$$

这里 $n!!$ 表示不超过 n 的“二进阶乘”,如

$$8!!=8\times6\times4\times2,\quad 7!!=7\times5\times3\times1.$$

今后在应用中要用到例 2 所讨论的定积分.

2. 定积分的换元法

设 $F(x)$是函数 $f(x)$的一个原函数,又假定函数 $x=\varphi(t)$在区间$[\alpha,\beta]$上有连续的导数且使得 $F(\varphi(t))$有意义,则 $F(\varphi(t))$是 $f(\varphi(t))\varphi'(t)$的一个原函数. 于是,由微积分基本定理可知

$$\int_\alpha^\beta f(\varphi(t))\varphi'(t)\,\mathrm{d}t = F(\varphi(t))\Big|_\alpha^\beta = F(\varphi(\beta))-F(\varphi(\alpha)).$$

若令 $a=\varphi(\alpha)$,$b=\varphi(\beta)$,则有

$$F(\varphi(\beta))-F(\varphi(\alpha))=F(b)-F(a)=\int_a^b f(x)\,\mathrm{d}x.$$

这样,我们得到

$$\int_a^b f(x)\,\mathrm{d}x=\int_\alpha^\beta f(\varphi(t))\varphi'(t)\,\mathrm{d}t,$$

其中 $a=\varphi(\alpha)$,$b=\varphi(\beta)$.

上述讨论实际上证明了下述定理:

定理 2 设函数 $f(x)$在区间$[A,B]$上连续,又设函数 $\varphi(t)$在区间$[\alpha,\beta]$上有连续的导数,并且当 t 在$[\alpha,\beta]$中变动时,$\varphi(t)$在$[A,B]$中变动,假定

$$\varphi(\alpha)=a,\quad \varphi(\beta)=b,\quad a,b\in[A,B], \tag{3.2}$$

则

$$\int_a^b f(x)\,\mathrm{d}x=\int_\alpha^\beta f(\varphi(t))\varphi'(t)\,\mathrm{d}t.$$

(3.2)式就是**定积分的换元公式**,相应的方法称为**定积分的换元法**. 这里我们指出:利用公式(3.2)求定积分时并不要求 $\varphi(t)$有反函数,这一点和求不定积分的换元法有所不同. 在求不定积分时,如果将积分变量 x 通过 $x=\varphi(t)$而换成 t,在求出关于 t 的原函数后,还应该将 t 反解为 x 的函数

(因为我们要求的是关于 x 的原函数). 但是,在求定积分时,这一步可以不要了,而只需相应地改变其积分上、下限就可以了. 因此,在定积分的换元法中,可以不要求 $\varphi(t)$ 有反函数.

对于初学者来说,正确地写出换元后的积分上、下限是十分重要的. 当所做的变量替换为 $x=\varphi(t)$ 时,t 的积分下限 α 应与 x 的积分下限 a 对应,即 $a=\varphi(\alpha)$;t 的积分上限 β 应与 x 的积分上限 b 对应,即 $b=\varphi(\beta)$. 也就是说,在应用公式(3.2)时,只需考虑积分上、下限各自的对应关系:$a=\varphi(\alpha)$,$b=\varphi(\beta)$,而无须考虑 α,β 中谁大谁小. 这是因为,定理 2 证明的基础是牛顿-莱布尼茨公式,而这一公式并不限定积分上限大于积分下限.

例 3　求定积分 $\int_0^1 \frac{\sqrt{x}}{1+\sqrt{x}}\mathrm{d}x$.

解　令 $\sqrt{x}=t$,这时 $x=t^2\ (t\geqslant 0)$,$\mathrm{d}x=2t\,\mathrm{d}t$,又 $t=0,1$ 分别与 $x=0,1$ 对应,故有

$$\begin{aligned}\int_0^1 \frac{\sqrt{x}}{1+\sqrt{x}}\mathrm{d}x &= \int_0^1 \frac{2t^2\,\mathrm{d}t}{1+t} = 2\int_0^1\left(t-1+\frac{1}{t+1}\right)\mathrm{d}t \\ &= 2\left(\frac{t^2}{2}-t+\ln(1+t)\right)\Big|_0^1 \\ &= 2\ln 2-1.\end{aligned}$$

对于例 3 中的定积分,相当于定理 2 中 $\varphi(t)=t^2$,$a=0$,$b=1$. 做换元后积分下限 α 应满足 $\varphi(\alpha)=0$,因此 $\alpha=0$;积分上限 β 应满足 $\varphi(\beta)=1$,这时 β 可取 1 或 -1,但是在上述变换中令 $t=\sqrt{x}$,因而 t 应该取非负值,故 -1 不合要求.

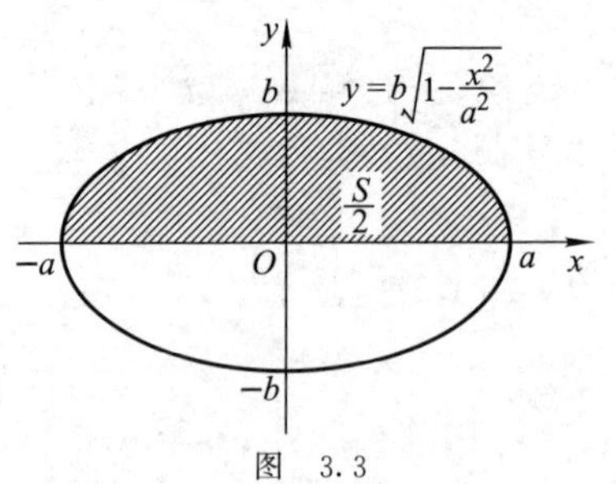

图　3.3

例 4　计算椭圆(见图 3.3)

$$\frac{x^2}{a^2}+\frac{y^2}{b^2}\leqslant 1\quad (a,b>0)$$

的面积 S.

解　显然,所要求的面积可以写成定积分:

$$S=2\int_{-a}^{a} b\sqrt{1-\frac{x^2}{a^2}}\,\mathrm{d}x.$$

令 $x=a\sin t\ \left(-\frac{\pi}{2}\leqslant t\leqslant\frac{\pi}{2}\right)$,则有

$$S=2b\int_{-\frac{\pi}{2}}^{\frac{\pi}{2}}\cos t\cdot a\cos t\,\mathrm{d}t=2ab\int_{-\frac{\pi}{2}}^{\frac{\pi}{2}}\cos^2 t\,\mathrm{d}t$$

$$=2ab\int_{-\frac{\pi}{2}}^{\frac{\pi}{2}}\frac{1}{2}(1+\cos 2t)\,\mathrm{d}t$$

$$=ab\left(t+\frac{\sin 2t}{2}\right)\Big|_{-\frac{\pi}{2}}^{\frac{\pi}{2}}=ab\pi.$$

例 4 证明了椭圆的面积公式

$$S=ab\pi.$$

这表明,椭圆的面积等于两个半轴之积乘以 π. 当椭圆的两个半轴相等时,椭圆就化成圆,而这时上述公式恰好就是圆的面积公式.

例 5 证明:$\int_0^{\frac{\pi}{2}}\cos^n x\,\mathrm{d}x=\int_0^{\frac{\pi}{2}}\sin^n x\,\mathrm{d}x$.

证 令 $x=\frac{\pi}{2}-t\ \left(0\leqslant t\leqslant\frac{\pi}{2}\right)$,则有

$$\int_0^{\frac{\pi}{2}}\cos^n x\,\mathrm{d}x=\int_{\frac{\pi}{2}}^{0}\sin^n t\cdot(-\mathrm{d}t)=\int_0^{\frac{\pi}{2}}\sin^n t\,\mathrm{d}t=\int_0^{\frac{\pi}{2}}\sin^n x\,\mathrm{d}x.$$

证毕.

由例 5 可知,例 2 中关于定积分 $\int_0^{\frac{\pi}{2}}\sin^n x\,\mathrm{d}x$ 的记号及递推公式对于定积分 $\int_0^{\frac{\pi}{2}}\cos^n x\,\mathrm{d}x$ 也适用.

例 6 求定积分 $\int_0^a x^4\sqrt{a^2-x^2}\,\mathrm{d}x\ (a>0)$.

解 令 $x=a\cos t\ \left(0\leqslant t\leqslant\frac{\pi}{2}\right)$,注意到 $t=0$ 时 $x=a$,$t=\frac{\pi}{2}$ 时 $x=0$,根据积分上、下限的对应原则,在积分变量换成 t 后,积分上限为 0,而积分下限为 $\frac{\pi}{2}$(注意:这里积分下限比积分上限大),故有

$$\int_0^a x^4\sqrt{a^2-x^2}\,\mathrm{d}x=\int_{\frac{\pi}{2}}^{0}a^4\cos^4 t\cdot a\sin t\cdot(-a\sin t)\,\mathrm{d}t$$

$$=a^6\int_0^{\frac{\pi}{2}}\cos^4 t(1-\cos^2 t)\,\mathrm{d}t$$

$$=a^6(I_4-I_6)=\frac{\pi}{32}a^6.$$

这里用到了递推公式

$$I_n=\int_0^{\frac{\pi}{2}}\cos^n x\,\mathrm{d}x=\int_0^{\frac{\pi}{2}}\sin^n x\,\mathrm{d}x=\frac{n-1}{n}I_{n-2}.$$

做适当的变量替换往往成为某些定积分计算的关键,下面就是一个有趣的例子,但该例技巧性很强,没有一般意义.

例 7　求定积分 $\int_{-\frac{\pi}{2}}^{\frac{\pi}{2}}\frac{\sin^2 x}{1+\mathrm{e}^x}\mathrm{d}x$.

解　首先,将原定积分做如下变形:

$$\int_{-\frac{\pi}{2}}^{\frac{\pi}{2}}\frac{\sin^2 x}{1+\mathrm{e}^x}\mathrm{d}x=\int_{-\frac{\pi}{2}}^{0}\frac{\sin^2 x}{1+\mathrm{e}^x}\mathrm{d}x+\int_0^{\frac{\pi}{2}}\frac{\sin^2 x}{1+\mathrm{e}^x}\mathrm{d}x.$$

对上式右端的第一个定积分做变量替换 $x=-t$,我们有

$$\begin{aligned}\int_{-\frac{\pi}{2}}^{0}\frac{\sin^2 x}{1+\mathrm{e}^x}\mathrm{d}x&=-\int_{\frac{\pi}{2}}^{0}\frac{\sin^2 t}{1+\mathrm{e}^{-t}}\mathrm{d}t=\int_0^{\frac{\pi}{2}}\frac{\mathrm{e}^t}{1+\mathrm{e}^t}\sin^2 t\,\mathrm{d}t\\&=\int_0^{\frac{\pi}{2}}\frac{\mathrm{e}^x}{1+\mathrm{e}^x}\sin^2 x\,\mathrm{d}x.\end{aligned}$$

于是,我们得到

$$\begin{aligned}\int_{-\frac{\pi}{2}}^{\frac{\pi}{2}}\frac{\sin^2 t}{1+\mathrm{e}^t}\mathrm{d}t&=\int_0^{\frac{\pi}{2}}\left(\frac{1}{1+\mathrm{e}^x}+\frac{\mathrm{e}^x}{1+\mathrm{e}^x}\right)\sin^2 x\,\mathrm{d}x\\&=\int_0^{\frac{\pi}{2}}\sin^2 x\,\mathrm{d}x=\frac{\pi}{4}.\end{aligned}$$

3. 偶函数、奇函数及周期函数的定积分

现在我们通过定积分的换元法导出奇函数、偶函数及周期函数的定积分的一些特殊性质. 为此,先回顾一下这些函数的定义.

一个定义在对称区间$[-a,a]$上的函数 $f(x)$,若满足

$$f(x)=f(-x),\quad \forall x\in[-a,a],$$

则称之为**偶函数**;若满足

$$f(x)=-f(-x),\quad \forall x\in[-a,a],$$

则称之为**奇函数**. 大家熟知的余弦函数 $\cos x$ 是偶函数,而正弦函数 $\sin x$ 是奇函数. 从函数的图形看,偶函数关于 y 轴对称,而奇函数关于原点对称.

命题 1　设 $f(x)$为区间$[-a,a]$上的偶函数,而 $g(x)$为区间$[-a,a]$

上的奇函数,并假定它们都是可积的,则有

$$\int_{-a}^{a} f(x)\mathrm{d}x = 2\int_{0}^{a} f(x)\mathrm{d}x, \quad \int_{-a}^{a} g(x)\mathrm{d}x = 0.$$

这个结论的几何意义是十分明显的(见图 3.4 与图 3.5).

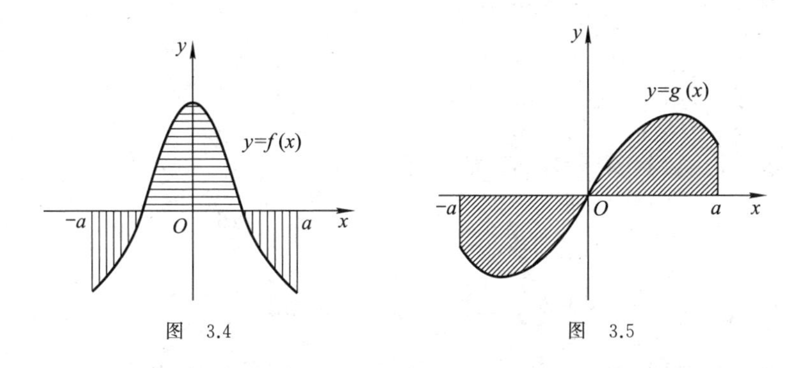

图 3.4 图 3.5

这个结论的证明也是容易的. 事实上,

$$\int_{-a}^{a} f(x)\mathrm{d}x = \int_{0}^{a} f(x)\mathrm{d}x + \int_{-a}^{0} f(x)\mathrm{d}x.$$

因 $f(x)$是偶函数,$f(-x)=f(x)$,故对上式右端的第二个定积分做变量替换 $x=-t$ 后有

$$\int_{-a}^{0} f(x)\mathrm{d}x = \int_{a}^{0} f(-t)\mathrm{d}(-t) = \int_{0}^{a} f(-t)\mathrm{d}t = \int_{0}^{a} f(t)\mathrm{d}t.$$

于是,我们得到

$$\int_{-a}^{a} f(x)\mathrm{d}x = 2\int_{0}^{a} f(x)\mathrm{d}x.$$

注意到 $g(x)=-g(-x)$,对 $g(x)$重复上述对 $f(x)$的做法并注意到

$$\begin{aligned}\int_{-a}^{0} g(x)\mathrm{d}x &= -\int_{a}^{0} g(-t)\mathrm{d}t = -\int_{0}^{a} g(t)\mathrm{d}t \\ &= -\int_{0}^{a} g(x)\mathrm{d}x,\end{aligned}$$

我们可得到

$$\int_{-a}^{a} g(x)\mathrm{d}x = 0.$$

命题 1 告诉了我们下述结论:

在以原点为中心的对称区间上对奇函数积分,其积分值为零;在这样的区间上对偶函数积分,其积分值等于在右半区间上积分值的两倍.

利用这一结论在计算某些定积分时可简化计算.

例 8　求定积分 $\int_{-\pi}^{\pi}\frac{\sin x}{\sqrt{1+x^4}}\mathrm{d}x$.

解　因为 $\frac{\sin x}{\sqrt{1+x^4}}$ 是奇函数,所以 $\int_{-\pi}^{\pi}\frac{\sin x}{\sqrt{1+x^4}}\mathrm{d}x=0$.

例 9　求定积分 $\int_{-\frac{\pi}{2}}^{\frac{\pi}{2}}\cos^5 x\,\mathrm{d}x$.

解　注意到 $\cos^5 x$ 为偶函数,我们有

$$\int_{-\frac{\pi}{2}}^{\frac{\pi}{2}}\cos^5 x\,\mathrm{d}x=2\int_0^{\frac{\pi}{2}}\cos^5 x\,\mathrm{d}x=\frac{16}{15}.$$

例 10　求定积分 $\int_{-2}^{2}(x\sin^4 x+x^3-x^4)\mathrm{d}x$.

解　注意到 $x\sin^4 x$ 和 x^3 是奇函数,而 x^4 是偶函数,则

$$\begin{aligned}\int_{-2}^{2}(x\sin^4 x+x^3-x^4)\mathrm{d}x&=\int_{-2}^{2}x\sin^4 x\,\mathrm{d}x+\int_{-2}^{2}x^3\mathrm{d}x-\int_{-2}^{2}x^4\mathrm{d}x\\&=-2\int_0^2 x^4\mathrm{d}x=-\frac{2}{5}x^5\Big|_0^2=-\frac{64}{5}.\end{aligned}$$

设函数 $f(x)$ 在区间 $(-\infty,+\infty)$ 上有定义. 若存在一个数 $T\neq 0$,使得对于一切 $x\in(-\infty,+\infty)$,都有

$$f(x+T)=f(x),$$

则称 $f(x)$ 是一个**周期函数**,而称 T 为 $f(x)$ 的**周期**.

若 $f(x)$ 是一个以 T 为周期的函数,则对于任意整数 $n\neq 0$,nT 也是 $f(x)$ 的周期. 可见,一个周期函数总有无穷多个周期. 假若周期函数的周期中有最小的正周期,则称之为**最小周期**. 例如,$\sin x$ 以 2π 为其最小周期. 但是,并非所有周期函数都有最小正周期. 比如,狄利克雷函数 $\mathrm{D}(x)$ 以任意正的有理数为其周期,而所有正的有理数组成的集合无最小元素.

顺便指出:周期函数 $y=f(x)$ 可以不要求在区间 $(-\infty,+\infty)$ 上有定义,而只要其在定义域 X 内满足如下条件即可:

$$\forall x\in X\Longrightarrow x+T\in X,$$

其中 T 是 $f(x)$ 的周期. 为了方便,今后我们总是假定周期函数在区间 $(-\infty,+\infty)$ 上有定义.

命题 2　设 $f(x)$ 是区间 $(-\infty,+\infty)$ 上的连续函数,并且以 T 为周期,则对于任意实数 a,如下公式成立:

$$\int_0^T f(x)\mathrm{d}x = \int_a^{a+T} f(x)\mathrm{d}x.$$

图 3.6 可帮助我们理解及证明这个命题. 为了证明上式，只要证明函数 $f(x)$从 0 到 a 的积分等于它从 T 到 $T+a$ 的积分就可以了，即只要证明等式 $\int_0^a f(x)\mathrm{d}x = \int_T^{a+T} f(x)\mathrm{d}x$ (见图 3.6)成立即可.

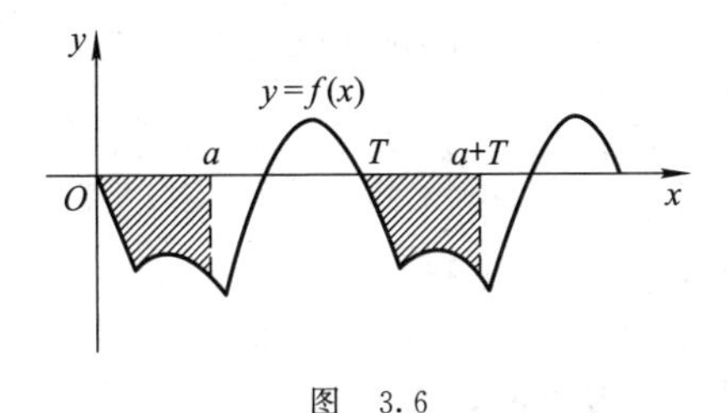

图 3.6

证 我们先将定积分分为两部分：

$$\int_a^{a+T} f(x)\mathrm{d}x = \int_a^T f(x)\mathrm{d}x + \int_T^{T+a} f(x)\mathrm{d}x.$$

对上式右端的第二个定积分做变量替换 $t=x-T$，我们得到

$$\int_T^{T+a} f(x)\mathrm{d}x = \int_0^a f(t+T)\mathrm{d}t = \int_0^a f(t)\mathrm{d}t,$$

这里我们用到了函数 $f(x)$的周期性. 于是

$$\begin{aligned}\int_a^{a+T} f(x)\mathrm{d}x &= \int_a^T f(x)\mathrm{d}x + \int_0^a f(t)\mathrm{d}t \\ &= \int_0^T f(x)\mathrm{d}x.\end{aligned}$$

证毕.

这个命题告诉我们：对于以 T 为周期的函数，在任意一个长度为 T 的区间上积分，其积分值都相等.

例 11 求定积分 $\int_1^{1+\pi} |\cos x|\mathrm{d}x$.

解 $|\cos x|$以 π 为周期. 利用命题 2，得到

$$\begin{aligned}\int_1^{1+\pi} |\cos x|\mathrm{d}x &= \int_0^\pi |\cos x|\mathrm{d}x = \int_{0-\frac{\pi}{2}}^{\pi-\frac{\pi}{2}} |\cos x|\mathrm{d}x \\ &= \int_{-\frac{\pi}{2}}^{\frac{\pi}{2}} \cos x\mathrm{d}x = \sin x\Big|_{-\frac{\pi}{2}}^{\frac{\pi}{2}} = 2.\end{aligned}$$

设 $f(x)$是区间$(-\infty,+\infty)$上的连续函数，且以 T 为周期. 对于任意

实数 a,b,利用命题 2,还可以推出如下公式:

$$\int_{a+T}^{b+T} f(x)\mathrm{d}x = \int_a^b f(x)\mathrm{d}x.$$

事实上,

$$\begin{aligned}\int_{a+T}^{b+T} f(x)\mathrm{d}x &= \int_{a+T}^{a} f(x)\mathrm{d}x + \int_a^b f(x)\mathrm{d}x + \int_b^{b+T} f(x)\mathrm{d}x \\ &= -\int_0^T f(x)\mathrm{d}x + \int_a^b f(x)\mathrm{d}x + \int_0^T f(x)\mathrm{d}x \\ &= \int_a^b f(x)\mathrm{d}x.\end{aligned}$$

例 12　求定积分 $\int_{\frac{\pi}{2}}^{\pi} |\sin 2x|\mathrm{d}x$.

解　$|\sin 2x|$ 以 $\frac{\pi}{2}$ 为周期,于是

$$\begin{aligned}\int_{\frac{\pi}{2}}^{\pi} |\sin 2x|\mathrm{d}x &= \int_{0+\frac{\pi}{2}}^{\frac{\pi}{2}+\frac{\pi}{2}} |\sin 2x|\mathrm{d}x = \int_0^{\frac{\pi}{2}} \sin 2x\mathrm{d}x \\ &= -\frac{1}{2}\cos 2x\Big|_0^{\frac{\pi}{2}} = 1.\end{aligned}$$

例 13　求定积分 $\int_0^n (x-[x])\mathrm{d}x$,其中 n 为正整数,而 $[x]$ 为不超过 x 的最大整数.

解　显然,被积函数 $x-[x]$ 是以 1 为周期的函数. 根据命题 2,我们有

$$\int_0^n (x-[x])\mathrm{d}x = n\int_0^1 (x-[x])\mathrm{d}x.$$

注意到当 $0 \leqslant x < 1$ 时,$[x]=0$,于是我们得到

$$\int_0^n (x-[x])\mathrm{d}x = n\int_0^1 x\mathrm{d}x = \frac{n}{2}.$$

习　题　3.4

求下列定积分:

1. $\int_{-1}^{1} \frac{x\mathrm{d}x}{\sqrt{5-4x}}$.
2. $\int_0^{\ln 2} x\mathrm{e}^{-x}\mathrm{d}x$.
3. $\int_0^1 x^2\sqrt{1-x^2}\mathrm{d}x$.
4. $\int_0^{\pi} x\sin x\mathrm{d}x$.
5. $\int_0^4 \sqrt{x^2+9}\mathrm{d}x$.
6. $\int_0^{\frac{1}{2}} \frac{x^2}{\sqrt{1-x^2}}\mathrm{d}x$.

7. $\int_0^1 \sqrt{4-x^2}\,\mathrm{d}x$.

8. $\int_0^3 x\sqrt[3]{1-x^2}\,\mathrm{d}x$.

9. $\int_{-\frac{\pi}{2}}^{\frac{\pi}{2}} \sqrt{\cos x-\cos^3 x}\,\mathrm{d}x$.

10. $\int_0^{\frac{\pi}{2}} \cos^n 2x\,\mathrm{d}x$（$n$ 为正整数）.

11. $\int_0^a (a^2-x^2)^{\frac{n}{2}}\,\mathrm{d}x$（$a$ 为常数，n 为正整数）.

12. $\int_0^{\frac{\pi}{2}} \sin^{11} x\,\mathrm{d}x$.

13. $\int_0^{\pi} \sin^6 \frac{x}{2}\,\mathrm{d}x$.

14. $\int_0^{\pi} (x\sin x)^2\,\mathrm{d}x$.

15. $\int_0^{\frac{\pi}{4}} \tan^4 x\,\mathrm{d}x$.

16. $\int_0^1 \arcsin x\,\mathrm{d}x$.

17. $\int_0^{\pi} \ln(x+\sqrt{x^2+a^2})\,\mathrm{d}x$.

18. 设函数 $f(x)$ 在区间$[a,b]$上连续，证明：

$$\int_a^b f(x)\,\mathrm{d}x=(b-a)\int_0^1 f(a+(b-a)x)\,\mathrm{d}x.$$

19. 证明：$\int_0^a x^3 f(x^2)\,\mathrm{d}x=\frac{1}{2}\int_0^{a^2} xf(x)\,\mathrm{d}x$（$a$ 为常数）.

20. 证明：$\int_0^1 x^m(1-x)^n\,\mathrm{d}x=\int_0^1 x^n(1-x)^m\,\mathrm{d}x$（$n,m$ 为常数）.

21. 利用定积分的分部积分公式证明：若函数 $f(x)$ 连续，则

$$\int_0^x\left(\int_0^t f(x)\,\mathrm{d}x\right)\mathrm{d}t=\int_0^x f(t)(x-t)\,\mathrm{d}t.$$

22. 利用定积分的换元法证明：

$$\int_0^{\pi} xf(\sin x)\,\mathrm{d}x=\pi\int_0^{\frac{\pi}{2}} f(\sin x)\,\mathrm{d}x.$$

23. 利用上题的结果，求定积分 $\int_0^{\pi}\frac{x\sin x}{1+\cos^2 x}\,\mathrm{d}x$.

24. 设函数 $f(x)$在区间$(-\infty,+\infty)$上连续，且以 T 为周期，证明：

(1) 函数

$$F(x)=\frac{x}{T}\int_0^T f(t)\,\mathrm{d}t-\int_0^x f(t)\,\mathrm{d}t$$

也以 T 为周期；

(2) $\lim\limits_{x\to+\infty}\frac{1}{x}\int_0^x f(t)\,\mathrm{d}t=\frac{1}{T}\int_0^T f(t)\,\mathrm{d}t$.

25. 设 $f(x)$是以 T 为周期的连续函数，$f(x_0)\neq 0$，且 $\int_0^T f(x)\,\mathrm{d}x=0$，证明：$f(x)$在区间$(x_0,x_0+T)$内至少有两个根.

26. 求定积分 $\int_0^{2m\pi}\frac{\mathrm{d}x}{\sin^4 x+\cos^4 x}$，其中 m 为正整数.

§5　定积分的若干应用

除了我们所熟知的可利用定积分来计算曲边梯形的面积、变力所做的功之外，定积分还有许多其他应用.

1. 曲线的弧长

设平面上给定一条曲线弧 $\overset{\frown}{AB}$，它的参数方程为

$$\begin{cases} x = x(t), \\ y = y(t), \end{cases} \quad \alpha \leqslant t \leqslant \beta, \tag{3.3}$$

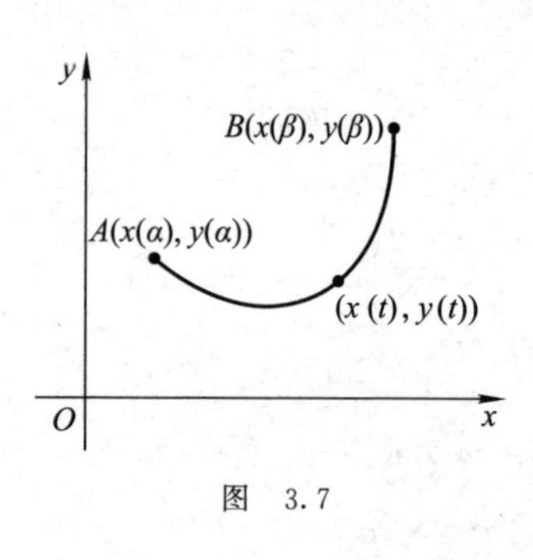

图　3.7

并且 $t=\alpha$ 对应于端点 A，$t=\beta$ 对应于端点 B（见图 3.7）.

我们假定函数 $x(t)$ 及 $y(t)$ 有连续的导数 $x'(t)$ 及 $y'(t)$. 这时，曲线弧 $\overset{\frown}{AB}$ 上的切线可连续变动. 通常把满足这种条件的曲线（弧）称为**光滑曲线（弧）**. 光滑曲线（弧）总是可以计算弧长的.

我们将区间 $[\alpha,\beta]$ 分成 n 份，分点为

$$\alpha = t_0 < t_1 < \cdots < t_n = \beta,$$

那么在曲线弧 $\overset{\frown}{AB}$ 上也有相应的点：$M_i = (x(t_i), y(t_i))$，$i=0,1,\cdots,n$. 记 $\Delta s_i\,(i=1,2,\cdots,n)$ 为曲线弧 $\overset{\frown}{M_{i-1}M_i}$ 的长度. 当分点充分密时，Δs_i 近似于弦 $M_{i-1}M_i$ 的长度：

$$\Delta s_i \approx \sqrt{(x(t_i)-x(t_{i-1}))^2 + (y(t_i)-y(t_{i-1}))^2}.$$

而当 t_{i-1} 与 t_i 充分接近时，有

$$x(t_i)-x(t_{i-1}) \approx x'(t_{i-1})(t_i - t_{i-1}),$$
$$y(t_i)-y(t_{i-1}) \approx y'(t_{i-1})(t_i - t_{i-1}),$$

故
$$\Delta s_i \approx \sqrt{(x'(t_{i-1}))^2 + (y'(t_{i-1}))^2}\ \Delta t_i,$$

其中 $\Delta t_i = t_i - t_{i-1}$. 令 $\lambda = \max\{\Delta t_i \mid i=1,2,\cdots,n\}$，那么当 $\lambda \to 0$ 时，曲线弧 $\overset{\frown}{AB}$ 上的分点所形成弦 $M_{i-1}M_i\,(i=1,2,\cdots,n)$ 的长度的最大值也趋向于零. 这样，我们有理由将曲线弧 $\overset{\frown}{AB}$ 的长度 s 看作下列极限：

$$\lim_{\lambda\to 0}\sum_{i=1}^{n}\sqrt{(x'(t_{i-1}))^2 + (y'(t_{i-1}))^2}\ \Delta t_i,$$

即

$$s=\int_{\alpha}^{\beta}\sqrt{(x'(t))^2+(y'(t))^2}\ \mathrm{d}t.$$

当曲线弧 $\overset{\frown}{AB}$ 不是由参数方程给出,而是由方程 $y=f(x)\ (a\leqslant x\leqslant b)$ 给出时,x 本身可以替代上述的 t 作为参数:

$$\begin{cases}x=t,\\ y=f(t),\end{cases}\quad a\leqslant t\leqslant b.$$

这样,其弧长公式应为

$$s=\int_{a}^{b}\sqrt{1+(f'(x))^2}\ \mathrm{d}x.$$

当曲线弧 $\overset{\frown}{AB}$ 由极坐标方程

$$r=r(\theta)\quad(\alpha\leqslant\theta\leqslant\beta)$$

给出时,可将 θ 作为参数而得参数方程

$$\begin{cases}x(\theta)=r(\theta)\cos\theta,\\ y(\theta)=r(\theta)\sin\theta,\end{cases}\quad \alpha\leqslant\theta\leqslant\beta.$$

这时

$$\begin{cases}x'(\theta)=r'(\theta)\cos\theta-r(\theta)\sin\theta,\\ y'(\theta)=r'(\theta)\sin\theta+r(\theta)\cos\theta,\end{cases}$$

由此可得

$$(x'(\theta))^2+(y'(\theta))^2=r^2(\theta)+(r'(\theta))^2,$$

于是弧长公式是

$$s=\int_{\alpha}^{\beta}\sqrt{r^2(\theta)+(r'(\theta))^2}\,\mathrm{d}\theta.$$

当曲线弧 $\overset{\frown}{AB}$ 由参数方程(3.3)给出时,从点 A 至点$(x(t),y(t))$的弧长为 t 的函数

$$s(t)=\int_{\alpha}^{t}\sqrt{(x'(t))^2+(y'(t))^2}\ \mathrm{d}t.$$

$s(t)$对 t 的导数为

$$\frac{\mathrm{d}s}{\mathrm{d}t}=\sqrt{(x'(t))^2+(y'(t))^2},$$

其微分(称为**弧微分**)为

$$\mathrm{d}s=\sqrt{(x'(t))^2+(y'(t))^2}\ \mathrm{d}t.$$

这就是所谓的参数方程下的**弧微分公式**.

当曲线弧 $\overset{\frown}{AB}$ 由方程 $y=f(x)(a\leqslant x\leqslant b)$给出时,其弧微分是

$$ds = \sqrt{1 + (f'(x))^2}\,dx.$$

当曲线弧 $\widehat{AB}$ 由极坐标方程 $r = r(\theta)(\alpha \leqslant \theta \leqslant \beta)$ 给出时，其弧微分是

$$ds = \sqrt{r^2(\theta) + (r'(\theta))^2}\,d\theta.$$

思考题　请给出弧微分公式的几何解释.

例 1　设想在 Oxy 平面上有一个半径为 R 的圆盘，在其边缘上固定一点 A. 设开始时点 A 与原点重合，且圆盘与 x 轴相切于该点，当圆盘沿 x 轴滚动时，点 A 的轨迹称为**旋轮线**（见图 3.8）. 求这条旋轮线第一拱（自开始至点 A 再次遇到 x 轴）的弧长.

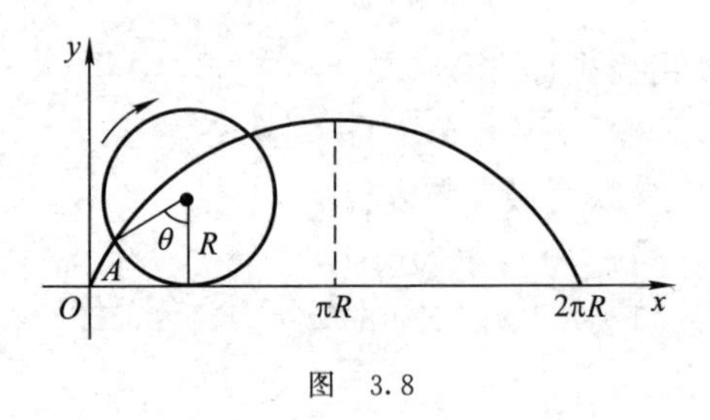

图　3.8

解　很容易看出这条旋轮线的方程为

$$\begin{cases} x = R(\theta - \sin\theta), \\ y = R(1 - \cos\theta) \end{cases} \quad (\theta \geqslant 0),$$

其中参数 θ 的几何意义如图 3.8 所示，第一拱所对应的参数范围应为 $0 \leqslant \theta \leqslant 2\pi$，因此所求的弧长应为

$$\begin{aligned} s &= \int_0^{2\pi} \sqrt{R^2(1 - \cos\theta)^2 + R^2\sin^2\theta}\ d\theta \\ &= R\int_0^{2\pi} \sqrt{2(1 - \cos\theta)}\ d\theta \\ &= 2R\int_0^{2\pi} \left| \sin\frac{\theta}{2} \right| d\theta. \end{aligned}$$

注意到当 θ 自 0 变到 2π 时，$\sin\dfrac{\theta}{2} \geqslant 0$，故

$$s = 2R\int_0^{2\pi} \sin\frac{\theta}{2} d\theta = 4R\int_0^{\pi} \sin t\,dt = 8R.$$

例 2　求椭圆周

$$\frac{x^2}{a^2} + \frac{y^2}{b^2} = 1 \quad (a \geqslant b > 0)$$

的周长.

解 该椭圆周落在第一、第二象限的部分可用如下函数表示：

$$y=\frac{b}{a}\sqrt{a^2-x^2} \quad (-a\leqslant x\leqslant a).$$

这时弧微分应为

$$\mathrm{d}s=\sqrt{1+(y')^2}\,\mathrm{d}x=\sqrt{1+\frac{\frac{b^2}{a^2}x^2}{a^2-x^2}}\,\mathrm{d}x=\sqrt{\frac{a^2+\left(\frac{b^2}{a^2}-1\right)x^2}{a^2-x^2}}\,\mathrm{d}x,$$

故该椭圆周的周长应为

$$s=2\int_{-a}^{a}\sqrt{\frac{a^2+cx^2}{a^2-x^2}}\,\mathrm{d}x \quad \left(c=\frac{b^2}{a^2}-1\right).$$

当 $a=b$ 时，该椭圆周退化为圆周，这时 $c=0$，$a=b$ 是圆的半径，并有

$$s=2\int_{-a}^{a}\frac{a\,\mathrm{d}x}{\sqrt{a^2-x^2}}=2a\int_{-a}^{a}\frac{\mathrm{d}\left(\frac{x}{a}\right)}{\sqrt{1-\left(\frac{x}{a}\right)^2}}=2a\arcsin\frac{x}{a}\Big|_{-a}^{a}=2\pi a.$$

这就是通常的圆周长公式.

但是，当 $a\neq b$ 时，事情就复杂了：这时，$c\neq 0$，不定积分

$$\int\sqrt{\frac{a^2+cx^2}{a^2-x^2}}\,\mathrm{d}x$$

的原函数不是初等函数，这是已经证明了的事实. 这个不定积分称为**椭圆积分**. 无论是在应用上还是在数学基础理论研究上，椭圆积分都有重要价值.

2. 旋转体的体积

设 $y=f(x)$ 是区间 $[a,b]$ 上的一个非负连续函数，那么它的图形与直线 $x=a$，$x=b$ 及 x 轴围成一个曲边梯形. 设想将这个曲边梯形绕 x 轴旋转一周，则得到一个旋转体. 日常见到的许多瓷器及玻璃制品都是旋转体. 我们的问题是：如何计算这个旋转体的体积与侧面积？

我们先讨论如何求这个旋转体的体积.

将区间 $[a,b]$ 用分点

$$a=x_0<x_1<x_2<\cdots<x_{n-1}<x_n=b$$

分成 n 个小区间 $[x_{i-1},x_i]$，$i=1,2,\cdots,n$. 过各分点作垂直于 x 轴的平面，这时就将该旋转体分作 n 块薄片，令 $\Delta V_i\,(i=1,2,\cdots,n)$ 表示第 i 块薄片的

体积(见图 3.9).

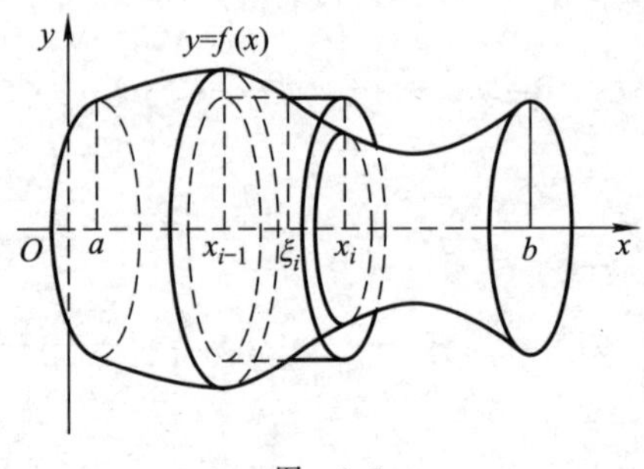

图　3.9

在每个小区间$[x_{i-1},x_i]$中取一点ξ_i,我们用高度为Δx_i,底面半径为$f(\xi_i)$的小圆柱体的体积来作为ΔV_i的近似值,即

$$\Delta V_i \approx \pi(f(\xi_i))^2\Delta x_i,$$

那么所求的体积为

$$V=\sum_{i=1}^{n}\Delta V_i \approx \pi\sum_{i=1}^{n}(f(\xi_i))^2\Delta x_i.$$

与前面一样,我们令$\lambda=\max\{\Delta x_i \mid i=1,2,\cdots,n\}$. 当$\lambda\to 0$时,我们认为上述作为近似值的和式的极限就是所求的体积,于是

$$V=\pi\int_a^b f^2(x)\mathrm{d}x.$$

例 3　设区域D由椭圆周$4(x-4)^2+9y^2=9$所围成,求D绕下列直线旋转一周所形成旋转体的体积:

(1) x轴;　(2) y轴;　(3) 直线$x=1$.

解　(1) 这时应首先根据椭圆周的方程将y解为x的函数:

$$y=\pm\sqrt{1-\frac{4}{9}(x-4)^2}\quad\left(\frac{5}{2}\leqslant x\leqslant\frac{11}{2}\right)$$

(根据题意,根式前取正号或负号均可). 所以,所求的旋转体体积为

$$V_1=\pi\int_{\frac{5}{2}}^{\frac{11}{2}}\left[1-\frac{4}{9}(x-4)^2\right]\mathrm{d}x=\pi\left[x-\frac{4}{27}(x-4)^3\right]\Bigg|_{\frac{5}{2}}^{\frac{11}{2}}=2\pi.$$

(2) 这时D旋转所形成的旋转体是一个椭圆环体,其体积V_2可视为右半椭圆周

$$x=4+\frac{3}{2}\sqrt{1-y^2}\quad(-1\leqslant y\leqslant 1)$$

与左半椭圆周

$$x = 4 - \frac{3}{2}\sqrt{1-y^2} \quad (-1 \leqslant y \leqslant 1)$$

分别绕 y 轴旋转所形成的旋转体体积之差,因此

$$\begin{aligned} V_2 &= \pi\int_{-1}^{1}\left[\left(4+\frac{3}{2}\sqrt{1-y^2}\right)^2 - \left(4-\frac{3}{2}\sqrt{1-y^2}\right)^2\right]\mathrm{d}y \\ &= 24\pi\int_{-1}^{1}\sqrt{1-y^2}\,\mathrm{d}y = 12\pi^2. \end{aligned}$$

(3) 这时情形与(2)类似,所求的旋转体体积为

$$\begin{aligned} V_3 &= \pi\int_{-1}^{1}\left[\left(4+\frac{3}{2}\sqrt{1-y^2}-1\right)^2 - \left(4-\frac{3}{2}\sqrt{1-y^2}-1\right)^2\right]\mathrm{d}y \\ &= 18\pi\int_{-1}^{1}\sqrt{1-y^2}\,\mathrm{d}y = 9\pi^2. \end{aligned}$$

如果一个立体不是旋转体,但是它位于过点 $x=a$,$x=b$ 且垂直于 x 轴的两个平面之间,并且已知过点 $x(a\leqslant x\leqslant b)$且垂直于 x 轴的截面面积为 $A(x)$,那么使用类似于前面求旋转体体积的方法,可以求得这个截面面积已知的立体的体积 V.

分割区间$[a,b]$:

$$a < x_0 < x_1 < \cdots < x_{n-1} < x_n = b.$$

过各分点作垂直于 x 轴的截面,将此立体分作 n 块薄片,$\Delta V_i\,(i=1,2,\cdots,n)$表示第 i 块的体积. 在每个小区间$[x_{i-1},x_i]$中任取一点 ξ_i,则 ΔV_i 近似等于底面面积为 $A(\xi_i)$,高为 Δx_i 的小柱体体积,即 $\Delta V_i \approx A(\xi_i)\Delta x_i$,从而

$$V = \sum_{i=1}^{n}\Delta V_i \approx \sum_{i=1}^{n}A(\xi_i)\Delta x_i.$$

这样,所求的立体体积为

$$V = \int_a^b A(x)\,\mathrm{d}x.$$

例 4 空间一个物体 Ω 放置在 Oxy 平面上,其底座所占的区域是曲线 $y=\sin x\,(0\leqslant x\leqslant\pi)$和 x 轴围成的图形[图 3.10(a)],垂直于 x 轴的横截面都是等边三角形[图 3.10(b)],求 Ω 的体积.

解 对于 $x\in[0,\pi]$,过点 x 且垂直于 x 轴的截面是边长为 $\sin x$ 的等边三角形,其面积为

$$A(x) = \frac{1}{2}\cdot\sin x\cdot\frac{\sqrt{3}}{2}\sin x = \frac{\sqrt{3}}{4}\sin^2 x,$$

则 Ω 的体积为

$$V=\int_0^{\pi}\frac{\sqrt{3}}{4}\sin^2 x\,\mathrm{d}x=\frac{\sqrt{3}}{8}\int_0^{\pi}(1-\cos 2x)\,\mathrm{d}x=\frac{\sqrt{3}}{8}\pi.$$

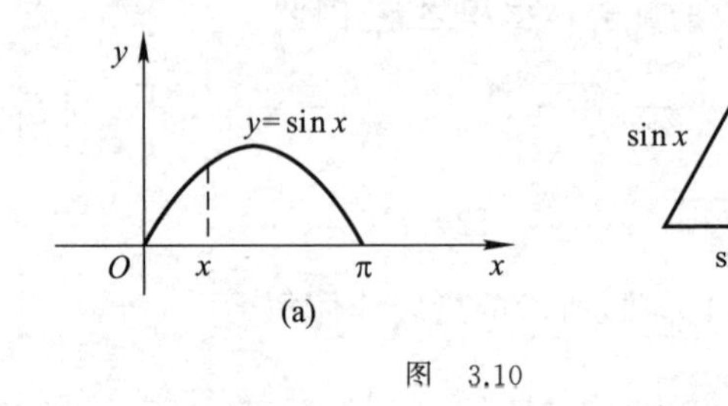

图 3.10

3. 旋转体的侧面积

现在我们讨论旋转体侧面积的求法. 我们依然假定旋转体是由曲线弧

$$\Gamma: y=f(x)\quad (a\leqslant x\leqslant b, f(x)>0)$$

与直线 $x=a, x=b$ 及 x 轴所围成曲边梯形绕 x 轴旋转一周而形成的. 为了计算这个旋转体的侧面积,我们需要假定函数 $y=f(x)$ 有连续导数 $f'(x)$.

对区间 $[a,b]$ 进行分割:

$$T: x_0=a<x_1<\cdots<x_{n-1}<x_n=b,$$

并考虑其中一个小区间 $[x_{i-1},x_i]$ 及其所对应的小曲线弧:

$$\Gamma_i: y=f(x)\quad (x_{i-1}\leqslant x\leqslant x_i).$$

我们记 F 为该旋转体的侧面积,而 ΔF_i 为小曲线弧 Γ_i 相应的部分侧面积. 那么,显然 $F=\sum\limits_{i=1}^{n}\Delta F_i$. 又记 Δs_i 为小曲线弧 Γ_i 的长度,那么很容易看出

$$\Delta F_i\approx 2\pi f(x_{i-1})\Delta s_i.$$

因为

$$\Delta s_i\approx \mathrm{d}s\big|_{x=x_{i-1}}=\sqrt{1+(f'(x_{i-1}))^2}\,\Delta x_i,$$

所以

$$\Delta F_i\approx 2\pi f(x_{i-1})\sqrt{1+(f'(x_{i-1}))^2}\,\Delta x_i.$$

因此,我们得到

$$F\approx\sum_{i=1}^{n}2\pi f(x_{i-1})\sqrt{1+(f'(x_{i-1}))^2}\,\Delta x_i.$$

这样,我们有理由认为该旋转体的侧面积为

$$F=2\pi\int_a^b f(x)\sqrt{1+(f'(x))^2}\,\mathrm{d}x.$$

同理可以证明:当曲线弧 Γ 由参数方程

$$\begin{cases}x=x(t),\\ y=y(t)\end{cases}\quad(\alpha\leqslant t\leqslant\beta,\ y(t)>0)$$

给出时,该旋转体的侧面积公式是

$$F=2\pi\int_\alpha^\beta y(t)\sqrt{(x'(t))^2+(y'(t))^2}\,\mathrm{d}t.$$

请读者自己导出曲线弧 Γ 由极坐标方程 $r=r(\theta)(\alpha\leqslant\theta\leqslant\beta)$ 给出时旋转体的侧面积公式.

例 5 求抛物线弧段

$$y^2=4(4-x)\quad\left(-1\leqslant x\leqslant\frac{7}{2}\right)$$

绕 x 轴旋转一周所形成旋转体的侧面积.

解 我们首先从抛物线弧段的方程中将 y 解出,使之成为 x 的函数:

$$y=\pm2\sqrt{4-x}\quad\left(-1\leqslant x\leqslant\frac{7}{2}\right),$$

其中符号"±"代表着抛物线的上、下两支. 根据旋转体的侧面积公式中 $y>0$ 的要求,我们取正号. 这时,经过简单计算得到

$$y'=-\frac{1}{\sqrt{4-x}}\quad 与\quad \sqrt{1+(y')^2}=\sqrt{\frac{5-x}{4-x}}.$$

于是,所求的侧面积为

$$\begin{aligned}F&=2\pi\int_{-1}^{\frac{7}{2}}2\sqrt{4-x}\cdot\sqrt{\frac{5-x}{4-x}}\,\mathrm{d}x\\&=4\pi\int_{-1}^{\frac{7}{2}}\sqrt{5-x}\,\mathrm{d}x=14\sqrt{6}\,\pi.\end{aligned}$$

在前面的讨论中,为了利用定积分来求某些量,我们多次重复分割、近似代替、求和、取极限的过程,以求得积分表达式. 其实,我们不必每次都重复这些步骤,而可直接使用所谓的微元法. 事实上,在上述四个步骤中,关键一步是"近似代替",即寻求适当的表达式 $q(x)$,使所求量 Q 的部分量为

$$\Delta Q=q(x)\Delta x+o(\Delta x)\quad(\Delta x\to0),$$

即 $\mathrm{d}Q=q(x)\mathrm{d}x$. 由此,便得所求量 Q 的积分表达式

$$Q=\int_a^b \mathrm{d}Q=\int_a^b q(x)\mathrm{d}x.$$

可见,只要能先求出 $\mathrm{d}Q$ 的表达式 $q(x)\mathrm{d}x$,便立即可写出所求量 Q 的积分表达式.

现在以求由曲线弧 $y=f(x)(a\leqslant x\leqslant b)$ 与直线 $x=a$, $x=b$ 及 x 轴所围成曲边梯形绕 x 轴旋转一周而形成的旋转体侧面积为例,说明微元法的步骤.

我们考虑一点 $x\in[a,b]$ 及其增量 $\Delta x=\mathrm{d}x>0$,并假定 $x+\mathrm{d}x\in[a,b]$. 当自变量由 x 变到 $x+\mathrm{d}x$ 时,相应的侧面积增量是 ΔF,它的线性主要部分 $\mathrm{d}F$ 可以认为是由长度为 $\mathrm{d}s$(从 x 到 $x+\mathrm{d}x$ 时曲线 $y=f(x)$ 的弧微分)的小线段绕 x 轴旋转一周所得到小圆柱面的面积. 注意到这一小线段与 x 轴的距离为 $f(x)$,即得到

$$\mathrm{d}F=2\pi f(x)\mathrm{d}s=2\pi f(x)\sqrt{1+(f'(x))^2}\,\mathrm{d}x.$$

由此可见

$$F=2\pi\int_a^b f(x)\sqrt{1+(f'(x))^2}\,\mathrm{d}x.$$

这种方法的特点在于先求出所求量 Q 对应于小区间 $[x,x+\mathrm{d}x]$ 的微分表达式,再通过积分给出所求量 Q 的积分表达式. 在这一过程中将增量一律代以相应的微分,故把这种方法称为**微元法**.

4. 曲线弧的质心与转动惯量

考虑平面上的一条光滑曲线弧 $\overset{\frown}{AB}$,其参数方程是

$$\begin{cases}x=x(t),\\ y=y(t)\end{cases}\quad(\alpha\leqslant t\leqslant\beta),$$

其中 $t=\alpha$ 对应于端点 A, $t=\beta$ 对应于端点 B. 假设在这条曲线弧上布满着质量,在点 $(x(t),y(t))$ 处的密度(线密度)为 $\rho(t)$,试求这条有质量的曲线弧关于 x 轴与 y 轴的静力矩、质心坐标以及关于 x 轴与 y 轴的转动惯量.

取定这条曲线弧上一点 $(x(t),y(t))$,并考虑从 t 到 $t+\mathrm{d}t$ 的一个微小变动,这时在这条曲线弧上有相应的一段小弧,其弧微分为 $\mathrm{d}s$. 这段小弧所承载的质量近似为 $\rho(t)\mathrm{d}s$,设想质量 $\rho(t)\mathrm{d}s$ 全部集中于点 $(x(t),y(t))$. 这时,这段小弧关于 x 轴与 y 轴的静力矩分别是

$$\mathrm{d}M_x=y(t)\rho(t)\mathrm{d}s,\quad \mathrm{d}M_y=x(t)\rho(t)\mathrm{d}s.$$

注意到弧微分的表达式

$$\mathrm{d}s=\sqrt{(x'(t))^2+(y'(t))^2}\,\mathrm{d}t,$$

把全部小弧关于 x 轴与 y 轴的静力矩分别“加”在一起，即得曲线弧 $\overset{\frown}{AB}$ 关于 x 轴与 y 轴的静力矩，它们分别是

$$M_x=\int_\alpha^\beta y(t)\rho(t)\sqrt{(x'(t))^2+(y'(t))^2}\,\mathrm{d}t,$$

$$M_y=\int_\alpha^\beta x(t)\rho(t)\sqrt{(x'(t))^2+(y'(t))^2}\,\mathrm{d}t.$$

类似地，这条曲线弧的质量应为

$$M=\int_\alpha^\beta \rho(t)\sqrt{(x'(t))^2+(y'(t))^2}\,\mathrm{d}t.$$

这样，我们就得到这条曲线弧的质心坐标 (X,Y)：

$$X=\frac{M_y}{M}=\frac{1}{M}\int_\alpha^\beta x(t)\rho(t)\sqrt{(x'(t))^2+(y'(t))^2}\,\mathrm{d}t,$$

$$Y=\frac{M_x}{M}=\frac{1}{M}\int_\alpha^\beta y(t)\rho(t)\sqrt{(x'(t))^2+(y'(t))^2}\,\mathrm{d}t.$$

一个质量为 m 的质点关于一条固定轴的转动惯量为 $J=mr^2$，其中 r 是该质点到这条固定轴的距离. 设想在点 $(x(t),y(t))$ 处集中了质量 $\rho\mathrm{d}s$，那么该点关于 x 轴与 y 轴的转动惯量分别是

$$\mathrm{d}J_x=y^2(t)\rho(t)\mathrm{d}s,\quad \mathrm{d}J_y=x^2(t)\rho(t)\mathrm{d}s.$$

因此，这条曲线弧关于 x 轴与 y 轴的转动惯量分别是

$$J_x=\int_\alpha^\beta y^2(t)\rho(t)\sqrt{(x'(t))^2+(y'(t))^2}\,\mathrm{d}t,$$

$$J_y=\int_\alpha^\beta x^2(t)\rho(t)\sqrt{(x'(t))^2+(y'(t))^2}\,\mathrm{d}t.$$

观察曲线弧 $\overset{\frown}{AB}$ 关于 x 轴的静力矩 M_x 的积分表达式，我们会发现它与以 $\overset{\frown}{AB}$ 为曲边的曲边梯形绕 x 轴旋转一周所形成旋转体的侧面积 F 有一定联系.

我们假定线密度 $\rho(t)\equiv\rho$（ρ 为常数），且设 $\alpha\leqslant t\leqslant\beta$ 时 $y(t)>0$，则

$$M_x=\rho\int_\alpha^\beta y(t)\mathrm{d}s=\frac{\rho}{2\pi}F.$$

因此，静力矩 M_x 恰好就是侧面积 F 乘以 ρ 再除以 2π.

另外，由于 $\rho(t)\equiv\rho$，所以 $\overset{\frown}{AB}$ 的质量为

$$M=\rho\int_{\alpha}^{\beta}\mathrm{d}s=\rho\,l,$$

其中 l 为 $\widehat{AB}$ 的弧长. 于是, $\widehat{AB}$ 的质心的 y 坐标是

$$Y=\frac{M_x}{M}=\frac{\rho F/2\pi}{\rho\,l}=\frac{F}{2\pi l},$$

从而

$$F=2\pi lY.$$

由此,我们得到下述结论:

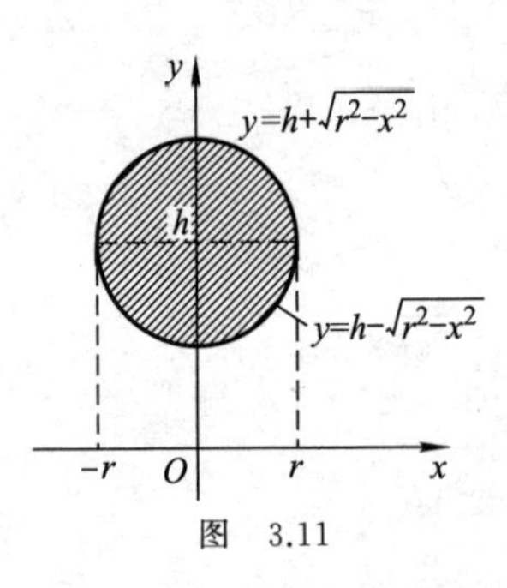

图　3.11

平面上一条质量分布均匀的曲线弧绕一条不通过它的直线轴旋转一周所形成旋转面的面积恰好等于它的质心绕同一轴旋转所得圆周长乘以曲线弧长.

人们称此结论为**古鲁丁**(Guldin)**定理**.

例 6　求由圆周 $x^2+(y-h)^2=r^2(h>r>0)$(见图 3.11)绕 x 轴旋转一周所形成圆环面的面积.

解　这里圆周长为 $l=2\pi r$,质心的坐标为$(0,h)$. 由古鲁丁定理可得该圆环面的面积

$$F=2\pi l\cdot h=4\pi^2 rh.$$

5. 平面极坐标下图形的面积

我们假定曲线弧 $\widehat{AB}$ 由下面的极坐标方程给出:

$$r=r(\theta)\quad(\alpha\leqslant\theta\leqslant\beta,r(\theta)>0).$$

现在我们讨论曲线段 $\widehat{AB}$ 与两条射线 $\theta=\alpha$ 与 $\theta=\beta$ 所围成曲边扇形的面积 S 的求法(见图 3.12).

在区间$[\alpha,\beta]$中任取一点 θ,并考虑一个微元 $\mathrm{d}\theta>0$. 对应于$[\theta,\theta+\mathrm{d}\theta]$,在 $\widehat{AB}$ 上有一段小弧,其弧长近似为 $\mathrm{d}s=r(\theta)\mathrm{d}\theta$. 这段小弧与极点形成一个以 $\mathrm{d}\theta$ 为圆心角的小曲边扇形,其面积近似为 $\mathrm{d}S=\frac{1}{2}r(\theta)\mathrm{d}s$,即

$$\mathrm{d}S=\frac{1}{2}r^2(\theta)\mathrm{d}\theta.$$

于是,所求的面积为

$$S=\frac{1}{2}\int_{\alpha}^{\beta}r^2(\theta)\mathrm{d}\theta.$$

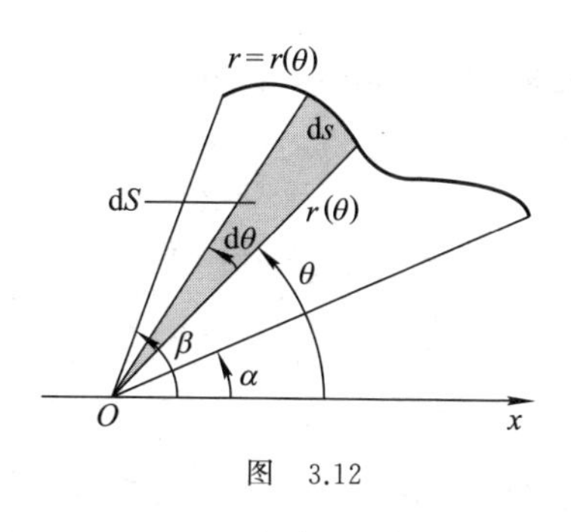

图 3.12

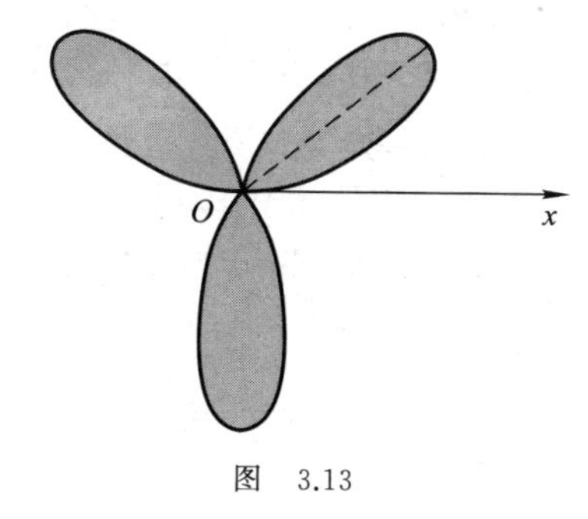

图 3.13

例 7 求三叶玫瑰线

$$r(\theta)=a\sin 3\theta \quad (0\leqslant\theta\leqslant 2\pi)$$

所围成图形的面积(见图 3.13).

解 由所围成图形的对称性可知,所求的面积等于 $0\leqslant\theta\leqslant\frac{\pi}{6}$ 时对应面积的 6 倍. 故所求的面积为

$$S=6\cdot\frac{1}{2}\int_0^{\frac{\pi}{6}}a^2\sin^2 3\theta\mathrm{d}\theta=\frac{\pi}{4}a^2.$$

定积分的应用还有许多,我们不可能一一列举,读者在学习其他学科时将会感受到这一点.

习 题 3.5

求由下列曲线或直线所围成图形的面积:

1. $y=x^2$ 与 $x=y^2$.

2. $y=x,y=1$ 与 $y=\frac{x^2}{4}$.

3. $y^2=2x+1$ 与 $x-y=1$.

4. $y=0$ 与 $\begin{cases}x=a(t-\sin t),\\ y=a(1-\cos t),\end{cases}$ $0\leqslant t\leqslant 2\pi\ (a>0)$.

5. $y=x^2-4$ 与 $y=-x^2-2x$.

6. $x^2+y^2=8$ 与 $y=\frac{1}{2}x^2$(分上、下两部分).

7. $y=4-x^2$ 与 $y=-x+2$.

8. 求由双纽线

$$r^2=a^2\cos 2\varphi \quad (a>0)$$

所围成图形的面积 A.

求由下列曲线或直线所围成图形绕 x 轴旋转一周而形成旋转体的体积：

9. $x^{\frac{2}{3}}+y^{\frac{2}{3}}=a^{\frac{2}{3}}\ (a>0)$.

10. $y=e^x-1, x=\ln 3, y=0$.

求由下列曲线或直线所围成图形绕 y 轴旋转一周而形成旋转体的体积：

11. $ay^2=x^3, x=0, y=b\ (a,b>0)$.

12. $x=\dfrac{\sqrt{8\ln y}}{y}, x=0, y=e$.

13. 设函数 $f(x)$ 在区间 $[a,b]\ (a>0)$ 上连续且不取负值，试用微元法推导：由曲线 $y=f(x)$ 与直线 $x=a, x=b$ 及 x 轴所围成图形绕 y 轴旋转一周而形成旋转体的体积为

$$V=2\pi\int_a^b xf(x)\,dx.$$

14. 求由曲线 $y=e^x$ 与直线 $x=1, x=2$ 及 x 轴所围成图形绕 y 轴旋转一周而形成旋转体的体积.

15. 证明：半径为 a，高为 h 的球缺体积为

$$V=\pi h^2\left(a-\frac{h}{3}\right).$$

16. 求曲线 $y=\dfrac{x^3}{6}+\dfrac{1}{2x}$ 在 $x=1$ 到 $x=3$ 之间一段的弧长.

17. 求曲线 $r=a\sin^3\dfrac{\theta}{3}\ (a>0)$ 的全长.

18. 求星形线 $x=a\cos^3 t, y=a\sin^3 t\ (a>0)$ 的全长.

19. 求心形线 $r=a(1+\cos\theta)$ 的全长.

20. 试证：双纽线 $r^2=2a^2\cos 2\theta\ (a>0)$ 的全长 L 可表示为

$$L=4\sqrt{2}a\int_0^1\frac{dx}{\sqrt{1-x^4}}.$$

21. 求由抛物线 $y=1+\dfrac{x^2}{4}$ 与直线 $x=0, x=2$ 所围成图形绕 x 轴旋转一周所形成旋转体的侧面积.

22. 求由椭圆周 $\dfrac{x^2}{a^2}+\dfrac{y^2}{b^2}=1\ (0<b<a)$ 分别绕长、短轴旋转一周所形成椭球面的面积.

23. 计算圆弧 $x^2+y^2=a^2\ (a-h\leqslant y\leqslant a, 0<h<a)$ 绕 y 轴旋转一周所得球冠的面积.

24. 求心形线 $r=a(1+\cos\theta)\ (a>0)$ 绕极轴旋转一周所形成旋转面的面积.

25. 有一根长 10 m 的细棒，已知距其左端 x（单位：m）处的线密度是 $\rho(x)=$

$7+0.2x$(单位：kg/m),求这一细棒的质量.

26. 求半径为 a 的均匀半圆周的质心坐标.

27. 有一根均匀细杆,长为 l,质量为 M,试计算这一细杆关于其上距离一端 $\frac{l}{5}$ 的点处的转动惯量.

28. 有一个均匀圆盘,半径为 a,质量为 M,试求它对于通过其圆心且与盘面垂直的轴的转动惯量 I.

29. 有一个均匀的圆锥形陀螺,质量为 M,底半径为 a,高为 h,试求此陀螺关于其对称轴的转动惯量.

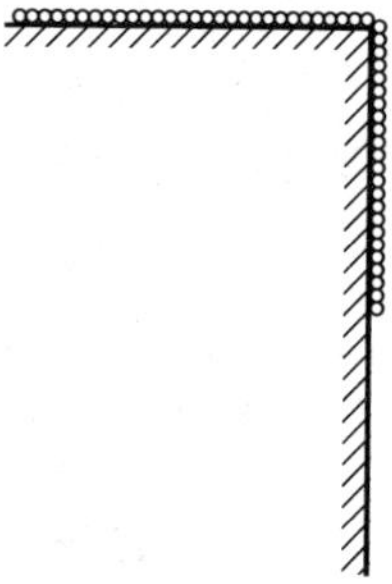

图 3.14

30. 楼顶上有一条绳索,其一头沿墙壁下垂(见图 3.14). 该绳索的密度为 2 kg/m. 若该绳索下垂部分长 5 m,求将下垂部分全部拉到楼顶上所需做的功.

31. 设函数 $f(x)$ 在区间 $[a,b]$ 上连续、非负. 将由曲线 $y=f(x)$ 与直线 $x=a$, $x=b$ 及 x 轴所围成的曲边梯形垂直放置于水中,使 y 轴与水平面相齐(见图 3.15),求水对此曲边梯形一侧的压力.

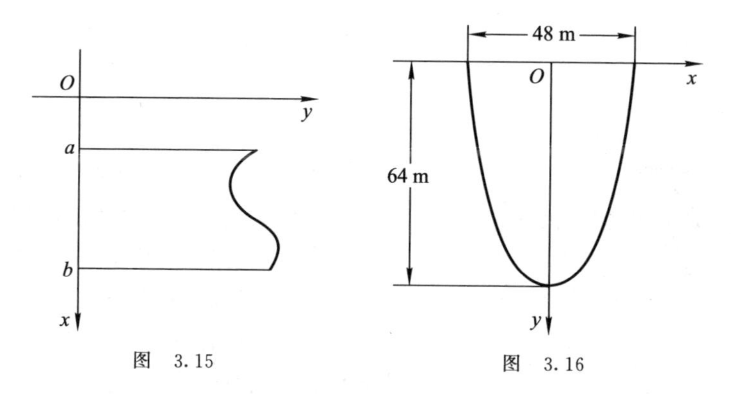

图 3.15　　图 3.16

32. 一个水闸门的边界线为一条抛物线,沿水平面的宽度为 48 m,最低点在水面之下 64 m 处(见图 3.16). 求水对闸门的压力.

*§6 定积分的近似计算[①]

前面所讲的定积分的计算基本上是以牛顿-莱布尼茨公式为基础的. 也就是说,要求出被积函数的原函数之后才能计算出定积分的值. 但是,我

① 一些计算软件已经为定积分的近似计算提供了强大的工具,因此本节的内容实用价值不大. 在学时不足时,本节可以略去.

们已经知道，可以"积出来"的不定积分只是其中的一部分，而"积不出来"的不定积分也相当多. 因此，单靠牛顿-莱布尼茨公式是不行的，对定积分建立有效的近似计算方法是十分必要的.

定积分的近似计算已经被许多人深入地研究过，有许多方法正在被广泛地应用着. 最简单的方法有矩形法、梯形法与辛普森(Simpson)法. 本节的主要目的是介绍这三种方法.

1. 矩形法

设函数 $y=f(x)$在区间$[a,b]$上连续，令

$$\Delta x=\frac{b-a}{n},\quad x_i=a+i\Delta x,\quad y_i=f(x_i)\quad (i=1,2,\cdots,n),$$

则我们有积分和

$$\sigma_n=\sum_{i=1}^{n}f(x_i)\Delta x=\frac{b-a}{n}\sum_{i=1}^{n}y_i,$$

并有

$$\int_a^b f(x)\mathrm{d}x\approx\frac{b-a}{n}\sum_{i=1}^{n}y_i.$$

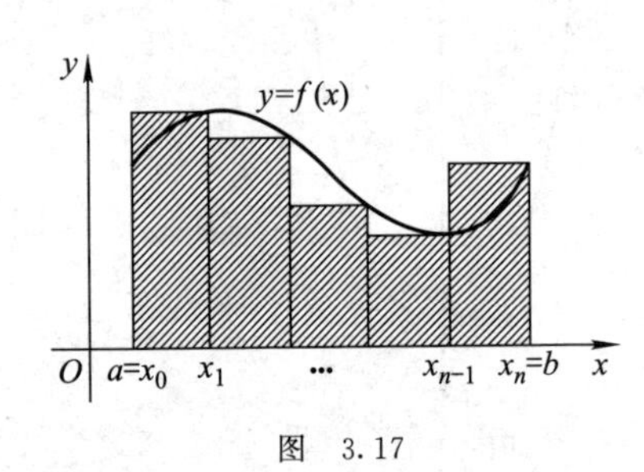

图　3.17

这种近似计算定积分 $\int_a^b f(x)\mathrm{d}x$ 的方法称为**矩形法**. 上式就是**矩形法公式**. 矩形法的基本想法是：用小矩形来近似替代分割后的小曲边梯形(见图 3.17).

当然，也可以将小区间$[x_{i-1},x_i]$$(i=1,2,\cdots,n)$上的函数值取在左端点上，这时**矩形法公式**是

$$\int_a^b f(x)\mathrm{d}x\approx\frac{b-a}{n}\sum_{i=1}^{n}y_{i-1}.$$

这两种取法的效果是一样的.

设

$$R_n=\int_a^b f(x)\mathrm{d}x-\frac{b-a}{n}\sum_{i=1}^{n}y_i,$$

即 R_n 是用σ_n 来近似替代定积分 $\int_a^b f(x)\mathrm{d}x$ 时的误差. 可以证明

$$|R_n|\leqslant\frac{(b-a)^2}{2n}M,$$

其中 M 是 $|f'(x)|$ 在 $[a,b]$ 上的最大值，此时要求 $f'(x)$ 在 $[a,b]$ 上连续.

2. 梯形法

梯形法是对矩形法的一种改进，它的基本想法是：用小梯形来近似替代小曲边梯形（见图 3.18）. 在与前面同样的假设下，**梯形法公式**是

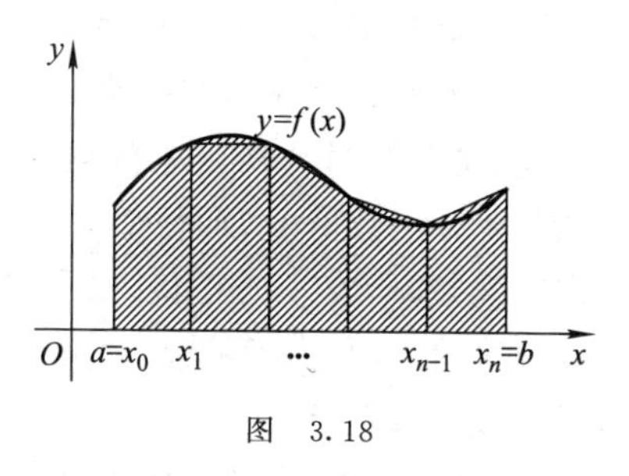

图 3.18

$$\int_a^b f(x)\mathrm{d}x \approx \frac{b-a}{n}\sum_{i=1}^{n}\frac{y_{i-1}+y_i}{2}$$

$$=\frac{b-a}{n}\left(\frac{y_0+y_n}{2}+\sum_{i=1}^{n-1}y_i\right).$$

比较梯形法与矩形法的公式可以发现，两者在公式上相差甚少，只是将矩形法中的 y_0（或 y_n）换成 $\dfrac{y_0+y_n}{2}$.

设被积函数 $f(x)$ 在区间 $[a,b]$ 上有连续二阶导数 $f''(x)$，则梯形法公式的误差为

$$R_n=\int_a^b f(x)\mathrm{d}x-\frac{b-a}{n}\left(\frac{y_0+y_n}{2}+\sum_{i=1}^{n-1}y_i\right),$$

它满足

$$|R_n|\leqslant\frac{(b-a)^3}{12n^2}M,$$

其中 M 为 $|f''(x)|$ 在 $[a,b]$ 上的上界.

可见，当 $n\to\infty$ 时，这里的误差是以与 $\dfrac{1}{n^2}$ 等价的速度趋向于零的，而矩形法公式的误差则是以与 $\dfrac{1}{n}$ 等价的速度趋向于零的. 在这个意义上，梯形法一般说来较矩形法优越.

例 利用梯形法求定积分

$$\int_{\frac{\pi}{4}}^{\frac{\pi}{2}}\frac{\sin x}{x}\mathrm{d}x$$

的近似值，精确到第 3 位小数.

我们打算结合这个例子介绍近似计算中若干常用的术语，比如公式误差、计算误差及有效数字等. 这些知识是进行数值计算时必不可少的.

在做近似计算时有两种误差：公式误差与计算误差.**公式误差**，是指近似公式本身带来的误差.前面所说的 R_n 就是公式误差.而所谓的**计算误差**，就是计算过程所带来的误差.例如，在使用矩形法或梯形法时不可避免地要计算函数值 y_i，而每个 y_i 在大多数情况下要用近似值表示.如果每个 y_i 都有误差，所有 y_i 相加时积累的误差可能很大.因此，计算误差是一个要认真对待的问题，为了保证预定的精度，在设计近似计算方案时必须兼顾公式误差与计算误差.

通常人们说一个数的近似值在小数点后有 n 位有效数字(或者说精确至小数点后第 n 位)，是指近似值的误差小于 0.5×10^{-n}.比如，3.1416 是 π 的近似值，它在小数点后有 4 位有效数字.通常，为了得到一个数的近似值，总是在小数点后某一位做四舍五入.如果这种四舍五入是在小数点后第 $n+1$ 位做的，那么这个近似值在小数点后有 n 位有效数字.这里应当提醒读者的是：对小数点后有 n 位有效数字的两个近似值进行运算时，一般其结果中小数点后的有效数字不再是 n 位的(其误差有可能大于 0.5×10^{-n}).

现在我们回到原来的问题上.题目要求我们对给定的定积分做近似计算，精确到第 3 位小数.这实际上就是要求公式误差与计算误差的和不超过 5×10^{-4}.

解 我们先讨论公式误差.

设 $f(x)=\dfrac{\sin x}{x}$，则

$$f''(x)=\frac{2\sin x-x^2\sin x-2x\cos x}{x^3}.$$

可以证明，上式右端的分子在区间 $\left[\dfrac{\pi}{4},\dfrac{\pi}{2}\right]$ 上递减且恒为负值，故可估算出分子的绝对值小于 0.47，从而

$$|f''(x)|\leqslant0.47\times\frac{1}{|x^3|}<0.47\times2.065<1.$$

于是，公式误差 R_n 满足

$$|R_n|\leqslant\frac{\left(\dfrac{\pi}{2}-\dfrac{\pi}{4}\right)^3}{12n^2}\times1\leqslant\frac{0.042}{n^2}.$$

当取 $n=20$ 时，$|R_n|<1.1\times10^{-4}$.

现在取 $n=20$.公式误差占去 1.1×10^{-4}，故计算误差应不超过 $3.9\times$

10^{-4}.

如何估计计算误差并不是一件很简单的事. 现在我们对 21 个函数值做近似,然后相加,假如每个函数值的近似值的小数点后 m 位是有效的,即误差小于 $5\times10^{-m-1}$,那么最保守的计算误差估计为

$$21\times5\times10^{-m-1}=1.05\times10^{-m+1}.$$

因此,为了确保达到题目要求的精度,应当取 $m=5$,即保证每个函数值要有 5 位有效数字即可.

我们说这种估计计算误差的方式是保守的,是因为它假定了每个近似值的误差都有相同的符号. 然而,近似值是由精确值在一定位数后四舍五入而来的,误差可正可负,21 个函数值的近似值的误差都是正或负的可能性较小. 因此,上述估计是基于这种最坏可能的基础上的,是十分保守的. 非保守的误差估计涉及统计学知识,我们无法在这里讨论. 事实上,在这个题目中取 $m=4$,就有相当把握保证计算误差在限定范围之内.

当取 $m=4$ 时,所给定积分的近似值为 0.6114,这里我们省去了全部计算过程.

3. 辛普森法

辛普森法又称为抛物线法. 前面两种方法的特点是: 在小曲边梯形中,以直代曲(以线段去替代曲线弧). 这样做误差自然较大. 而**辛普森法**是用抛物线弧去替代曲线弧的.

为了讨论这一方法,我们先来讨论以抛物线弧为曲边的曲边梯形面积.

设 $y=Ax^2+Bx+C$ 是一条通过三点 (x_0,y_0), (x_1,y_1), (x_2,y_2)(其中 $x_0<x_1<x_2$)的抛物线,也即

$$y_0=Ax_0^2+Bx_0+C,$$
$$y_1=Ax_1^2+Bx_1+C,$$
$$y_2=Ax_2^2+Bx_2+C.$$

现在进一步假定 $x_1=\frac{1}{2}(x_0+x_2)$. 可以证明

$$\int_{x_0}^{x_2}(Ax^2+Bx+C)\mathrm{d}x=\frac{x_2-x_0}{6}(y_0+4y_1+y_2).$$

事实上,我们有

$$\int_{x_0}^{x_2}(Ax^2+Bx+C)\mathrm{d}x$$

$$
\begin{aligned}
&=\frac{1}{3}A(x_2^3-x_0^3)+\frac{1}{2}B(x_2^2-x_0^2)+C(x_2-x_0)\\
&=(x_2-x_0)\left[\frac{A}{3}(x_2^2+x_2x_0+x_0^2)+\frac{B}{2}(x_2+x_0)+C\right]\\
&=\frac{x_2-x_0}{6}[y_2+y_0+A(x_2+x_0)^2+2B(x_2+x_0)+4C]\\
&=\frac{x_2-x_0}{6}(y_2+y_0+4y_1).
\end{aligned}
$$

设 $y=f(x)$ 是给定在区间 $[a,b]$ 上的连续函数. 我们将 $[a,b]$ 分作 $2n$ 等份:

$$a=x_0<x_1<\cdots<x_{2n-1}<x_{2n}=b.$$

令 $y_i=f(x_i)$, 并记

$$M_i=(x_i,y_i)\quad (i=0,1,\cdots,2n).$$

通过点 M_{2k}, M_{2k+1} 及 M_{2k+2} 作抛物线

$$y=A_kx^2+B_kx+C_k,$$

并用

$$\int_{x_{2k}}^{x_{2k+2}}(A_kx^2+B_kx+C_k)\mathrm{d}x$$

去近似替代 $f(x)$ 在 $[x_{2k},x_{2k+2}]$ 上的定积分, 即得

$$\int_{x_{2k}}^{x_{2k+2}}f(x)\mathrm{d}x\approx\frac{x_{2k+2}-x_{2k}}{6}(y_{2k}+4y_{2k+1}+y_{2k+2}),$$

也即

$$\int_{x_{2k}}^{x_{2k+2}}f(x)\mathrm{d}x\approx\frac{b-a}{6n}(y_{2k}+4y_{2k+1}+y_{2k+2}).$$

将上述近似公式自 $k=0$ 加到 $k=n-1$, 即得

$$
\begin{aligned}
\int_a^b f(x)\mathrm{d}x&=\int_{x_0}^{x_{2n}}f(x)\mathrm{d}x\\
&\approx\frac{b-a}{6n}\left(\sum_{k=0}^{n-1}y_{2k}+4\sum_{k=0}^{n-1}y_{2k+1}+\sum_{k=0}^{n-1}y_{2k+2}\right)\\
&=\frac{b-a}{6n}\left(y_0+y_{2n}+2\sum_{k=1}^{n-1}y_{2k}+4\sum_{k=0}^{n-1}y_{2k+1}\right).
\end{aligned}
$$

这就是**辛普森法公式**.

令 R_n 是辛普森法公式的误差, 已经证明了这个误差有如下估计:

$$|R_n|\leqslant\frac{(b-a)^5}{180\cdot(2n)^4}M,$$

其中 M 是 $f(x)$ 的四阶导数 $f^{(4)}(x)$ 的绝对值在 $[a,b]$ 上的上界. 显然，当 n 较大时，这个误差小于矩形法公式和梯形法公式的误差.

这里关于辛普森法不打算给出具体的例子.

定积分的近似计算还有另外一层应用价值，那就是：在某些实际问题中无法得到被积函数的表达式，而只能测得被积函数在某些点处的值，在这种情况下，应用定积分的近似计算则是势在必行的.

例如，为了测定一条河的水流量，除去测量水的流速之外，重要的是计算河床在某点处的横截面积. 但是，我们不可能将横截面上各点处的水深写成其到岸边距离的函数，而只能测得若干点处水深的值，比如每隔 10 m 测量一次水深. 利用测得的这些数据和定积分的计算公式，我们就可以求得河床横截面积的近似值.

习　题　3.6

1. 利用定积分近似计算 π 的值：

(1) 证明公式 $\frac{\pi}{4}=\int_0^1 \frac{\mathrm{d}x}{1+x^2}$.

(2) 令 $f(x)=\frac{1}{1+x^2}$，给出 $|f'(x)|$ 在区间 $[0,1]$ 上的上界.

(3) 在使用矩形法近似计算定积分 $\int_0^1 \frac{\mathrm{d}x}{1+x^2}$ 时，欲使公式误差小于 5×10^{-5}，应取分点个数 n 大于多少？

(4) 用计算机计算 π，精确至小数点后 4 位.（如用计算器计算可降低为精确至小数点后 1 位.）

2. 自河的一岸开始沿河的横截方向每隔 5 m 测量一次水深，一直到河对岸，依次得到如下 21 个数据(单位：m)：

0, 0.9, 1.2, 3.5, 2.8, 4.6, 8.8, 7.5, 9.6, 12.1, 13.8,

20.1, 18.2, 15.6, 11.9, 9.2, 7.6, 5.3, 4.5, 2.7, 0.

假定河宽 100 m，试用辛普森法计算河床的横截面积.

第三章总练习题

1. 为什么运用牛顿-莱布尼茨公式于下列定积分会得到不正确结果：

(1) $\int_{-1}^1 \frac{\mathrm{d}}{\mathrm{d}x}\left(\mathrm{e}^{\frac{1}{x}}\right)\mathrm{d}x$；　　(2) $\int_0^{2\pi} \frac{\mathrm{d}(\tan x)}{2+\tan^2 x}$.

2. 证明：奇连续函数的原函数之一为偶函数，而偶连续函数的原函数之一为奇函数.

3. 设 $f(x)$是一个分段函数：

$$f(x)=\begin{cases}\sin x, & x\geqslant 0,\\ x^3, & x<0,\end{cases}$$

求定积分 $\int_a^b f(x)\mathrm{d}x$，其中 $a<0,b>0$.

4. 求导数 $\dfrac{\mathrm{d}}{\mathrm{d}x}\int_0^1 \sin(x+t)\mathrm{d}t$.

5. 证明：

$$\lim_{h\to 0}\int_0^1 f(x+ht)\mathrm{d}t = f(x),$$

其中 $f(x)$是区间$(-\infty,+\infty)$上的连续函数.

6. 求极限 $\lim\limits_{n\to\infty}\int_0^1 (1-x^2)^n\mathrm{d}x$.

7. 求不定积分

$$\int \frac{\sin x+\cos x}{2\sin x-3\cos x}\mathrm{d}x.$$

若用万能替换，则比较烦琐. 现提示下列步骤：

(1) 设 A 与 B 是两个待定常数，使得

$$\sin x+\cos x=A(2\sin x-3\cos x)+B(2\sin x-3\cos x)',$$

求出 A 及 B；

(2) 将上式代入所求不定积分的被积函数中，求出该不定积分.

思考题　上述方法是否有一般性？试说明它适用于一切三角函数一次有理式的不定积分：

$$\int \frac{a\cos x+b\sin x}{c\cos x+d\sin x}\mathrm{d}x,$$

其中 a,b,c,d 为常数且 $c^2+d^2\neq 0$.

8. 通过适当的有理化方法或变量替换求下列不定积分：

(1) $\int \sqrt{\mathrm{e}^x-2}\,\mathrm{d}x$；　　(2) $\int \dfrac{x\,\mathrm{e}^x}{\sqrt{\mathrm{e}^x-2}}\mathrm{d}x$；

(3) $\int \sqrt{\dfrac{x}{1-x\sqrt{x}}}\,\mathrm{d}x$；　　(4) $\int \dfrac{\mathrm{d}x}{1+\sqrt{x}+\sqrt{1+x}}$.

9. 设 $R(X,Y)$为 X,Y 的有理式，且有

$$R(-\sin x,-\cos x)=R(\sin x,\cos x).$$

这时，令 $t=\tan x$ 即可将 $R(\sin x,\cos x)$的不定积分有理化. 试求不定积分

$$\int \frac{\mathrm{d}x}{\sin^4 x+\cos^4 x}.$$

10. 设函数 $f(x)$以 T 为周期，令

$$g(x)=f(x)-\frac{1}{T}\int_0^T f(x)\mathrm{d}x,$$

证明：函数 $h(x)=\int_0^x g(t)\mathrm{d}t$ 也以 T 为周期.

11. 设函数 $f(x)$在区间$[a,b]$上连续,且 $\int_a^b f(x)\mathrm{d}x=0$,证明：在区间$(a,b)$内至少存在一点 c,使得 $f(c)=0$.

12. 设函数 $f(x)$在区间 $[a,b]$上连续,且 $\int_a^b f^2(x)\mathrm{d}x=0$,证明：

$$f(x)\equiv 0,\quad x\in[a,b].$$

13. 设函数 $f(x)$在区间$(-\infty,+\infty)$上可积,证明：

(1) 对于任意实数 a,有

$$\int_0^a f(x)\mathrm{d}x=\int_0^a f(a-x)\mathrm{d}x;$$

(2) $\int_0^\pi \frac{x\sin x}{1+\cos^2 x}\mathrm{d}x=\frac{\pi^2}{4}$;

(3) $\int_0^{\frac{\pi}{2}} \frac{\sin^2 x}{\cos x+\sin x}\mathrm{d}x=\frac{1}{\sqrt{2}}\ln(1+\sqrt{2})$.

14. 一个质点做直线运动,其加速度为 $a(t)=2t-3$ (单位：$\mathrm{m/s^2}$). 若 $t=0$ s 时位移为 $x=0$ m 且速度 $v=-4$ m/s,求：

(1) 该质点改变运动方向的时刻;

(2) 前 5 s 内该质点所走的总路程.

15. 一名运动员按直线跑完 100 m 共用了 10.2 s. 已知他在跑前 25 m 时,以等加速度进行,然后保持匀速跑完了剩余路程,求他在跑头 25 m 时的加速度.

16. (1) 利用定积分的几何意义,证明不等式：

$$\frac{1}{n+1}<\ln\frac{n+1}{n}<\frac{1}{n}\quad(n=1,2,\cdots);$$

(2) 令

$$\begin{aligned}x_n&=1+\frac{1}{2}+\cdots+\frac{1}{n-1}-\ln n,\\ y_n&=1+\frac{1}{2}+\cdots+\frac{1}{n-1}+\frac{1}{n}-\ln n\end{aligned}\quad(n=2,3,\cdots),$$

证明：序列$\{x_n\}$单调递增,而序列$\{y_n\}$单调递减;

(3) 证明：极限

$$\lim_{n\to\infty}\left(1+\frac{1}{2}+\cdots+\frac{1}{n}-\ln n\right)$$

存在.(已经知道此极限值为 0.577 215 664 9…,被称为欧拉常数.)

17. 证明：当 $x>0$ 时,

$$\int_x^1 \frac{1}{1+t^2}\mathrm{d}t = \int_1^{\frac{1}{x}} \frac{1}{1+t^2}\mathrm{d}t.$$

18. 设函数 $f(x)$ 在区间 $(-\infty,+\infty)$ 的任一闭子区间上可积，且对于一切实数 x，均有

$$f(2-x)=-f(x).$$

求常数 $a\,(a\neq 2)$，使得 $\int_a^2 f(x)\mathrm{d}x = 0$.

19. 利用定积分的性质，证明不等式：

$$\ln(1+x)\leqslant \arctan x,\quad 0\leqslant x\leqslant 1.$$

20. (1) 设函数 $f(x)$ 在区间 $[0,a]$ 上可积，证明：

$$\int_0^a \frac{f(x)}{f(x)+f(a-x)}\mathrm{d}x = \frac{a}{2};$$

(2) 利用(1)中的结果，求下列定积分：

$$\int_0^2 \frac{x^2}{x^2-2x+2}\mathrm{d}x,\quad \int_0^{\frac{\pi}{2}} \frac{\sin x}{\sin x+\cos x}\mathrm{d}x.$$

21. 设函数 $f(x)=\int_{\sin x}^{\tan x}(1+xt^2)\mathrm{d}t$，求导数 $\dfrac{\mathrm{d}f}{\mathrm{d}x}$.

22. 求定积分 $I=\int_0^{\frac{\pi}{2}}\cos^2 3\theta\,\mathrm{d}\theta$.

23. 求定积分 $I=\int_0^{2\pi}\left|\sin x-\cos x\right|\mathrm{d}x$.

24. 设 $0<x_0<x_1$，求定积分

$$I=\int_{x_0}^{x_1}\sqrt{(x-x_0)(x_1-x)}\,\mathrm{d}x.$$

25. 求由下列曲线与直线所围成图形的面积：

(1) 曲线 $y=x^2-6x+8$ 与直线 $y=2x-7$；

(2) 曲线 $y=x^4+x^3+16x-4$ 与直线 $y=x^4+6x^2+8x-4$；

(3) 曲线 $y^2=x-1$ 与直线 $y=x-3$；

(4) 曲线 $y=\sin x$，$y=\cos x$ 与直线 $x=\dfrac{\pi}{2}$.

26. 设图形 σ 由曲线 $y=\cos x$ 与直线 $y=1$，$x=\dfrac{\pi}{2}$ 所围成，σ 绕 x 轴旋转一周所得旋转体的体积为 V. 试用两种形式不同的定积分表示体积 V，并求 V 的值.

27. 求下列定积分：

(1) $\displaystyle\int_{\sqrt{2}}^2 \frac{\mathrm{d}u}{u\sqrt{u^2-1}}$；　　(2) $\displaystyle\int_{-200}^{200}(91x^{21}-80x^{33}+5580x^{97}+1)\mathrm{d}x$.

28. 设函数 $f(x)$ 在区间 $[0,7]$ 上可积，且已知

$$\int_0^2 f(x)\mathrm{d}x = 5,\quad \int_2^5 f(x)\mathrm{d}x = 6,\quad \int_0^7 f(x)\mathrm{d}x = 3.$$

(1) 求定积分 $\int_0^5 f(x)\mathrm{d}x$；　　　(2) 求定积分 $\int_5^7 f(x)\mathrm{d}x$；

(3) 证明：在区间(5,7)内至少存在一点 c，使得 $f(c)<0$.

29. 设函数 $f(x)=\sin x$，$h(x)=\dfrac{1}{x^2}$，$g(x)=\begin{cases}1, & -\pi\leqslant x\leqslant 2,\\ 2, & 2<x\leqslant\pi,\end{cases}$ 试求下列定积分的值或表达式：

(1) $\int_{-\frac{\pi}{2}}^{\frac{\pi}{2}} f(x)g(x)\mathrm{d}x$；　(2) $\int_1^3 g(x)h(x)\mathrm{d}x$；　(3) $\int_{\frac{\pi}{2}}^{x} f(t)g(t)\mathrm{d}t$，$0\leqslant x\leqslant\pi$.

30. 设函数 $f(x)$在区间$[a,b]$$(a>0)$上连续且严格递增，$g(y)$是 $f(x)$的反函数，利用定积分的几何意义证明如下公式：

$$\int_a^b f(x)\mathrm{d}x = bf(b)-af(a)-\int_{f(a)}^{f(b)} g(y)\mathrm{d}y,$$

并作图解释这一公式.

31. (1) 设函数 $\varphi(x)$在区间$[0,+\infty)$上连续且严格递增，又设当 $x\to+\infty$ 时，$\varphi(x)\to+\infty$，且 $\varphi(0)=0$，证明：对于任意实数 $a,B\geqslant 0$，如下不等式成立：

$$aB\leqslant\int_0^a \varphi(x)\mathrm{d}x+\int_0^B \varphi^{-1}(y)\mathrm{d}y,$$

其中 $\varphi^{-1}(y)$是 $\varphi(x)$的反函数.

(2) 利用(1)中的不等式，对于任意实数 $a,b\geqslant 0$ 及 $p,q\geqslant 1$ 且 $\dfrac{1}{p}+\dfrac{1}{q}=1$，证明如下**闵科夫斯基**(Minkowski)**不等式**成立：

$$ab\leqslant\frac{a^p}{p}+\frac{b^q}{q}.$$

32. 设 $a>0$，求 a 的值，使由曲线 $y=1+\sqrt{x}\,\mathrm{e}^{x^2}$ 与直线 $y=1$，$x=a$ 所围成图形绕直线 $y=1$ 旋转一周而得旋转体的体积等于 2π.

33. 作由极坐标方程

$$r=1+\sin 2\theta$$

所确定的函数的图形，并求它所围成图形的面积.

第四章　微分中值定理与泰勒公式

从前面几章中我们看到，微积分的概念及其基本定理有效地解决了物理学及几何学中的许多问题. 本章将进一步讨论微积分在研究函数性态方面的应用，其核心内容是微分中值定理与泰勒(Taylor)公式. 微分中值定理建立了导数与函数值之间的联系，使我们得以根据导数某些性质去推断函数的性态；而泰勒公式则告诉我们，一个函数可以由一个多项式来近似替代. 两者增进了我们对函数性质的理解，并有重要的应用价值.

作为微分中值定理及泰勒公式的应用，本章还将讨论未定式的极限、极值问题、函数作图、曲线的曲率等内容.

§1　微分中值定理

微分中值定理是微分学中的重要定理，它建立了导数与函数值之间的联系. 在第二章中，我们曾提到一个简单而基本的命题：一个区间中导数恒等于零的函数必为常数. 假若不用微分中值定理，这一结论的证明将是麻烦的.

微分中值定理的一种特殊形式是罗尔(Rolle)中值定理.

定理1 (罗尔中值定理)　设函数 $f(x)$ 在闭区间 $[a,b]$ 上连续，并且 $f(a)=f(b)$，又设 $f(x)$ 在开区间 (a,b) 内可导，则必存在一点 $c\in(a,b)$，使得

$$f'(c)=0.$$

证　若 $f(x)$ 是常数函数，则 (a,b) 中任意一点 x 均满足 $f'(x)=0$，故 (a,b) 中任意一点都可取作为 c. 这时，定理的结论显然成立.

现在假定 $f(x)$ 不是常数函数，这时 $f(a)=f(b)$ 不可能既是 $f(x)$ 的最大值，又是 $f(x)$ 的最小值. 因此，$f(x)$ 的最大值和最小值中必定至少有一个在 (a,b) 内达到. 为了确定起见，假定最大值在 (a,b) 内达到. 也就是说，存在一点 $c\in(a,b)$，使得 $f(c)$ 是 $f(x)$ 在 $[a,b]$ 上的最大值：

$$f(x)\leqslant f(c),\quad \forall x\in[a,b].$$

利用 $f(x)$ 在点 c 处的可导性，可知极限

$$\lim_{x\to c}\frac{f(x)-f(c)}{x-c}$$

存在，并等于 $f'(c)$. 注意到 $f(x)\leqslant f(c)$，可以看出，比式 $\dfrac{f(x)-f(c)}{x-c}$ 的右极限

$$\lim_{x\to c+0}\frac{f(x)-f(c)}{x-c}\leqslant 0,$$

左极限

$$\lim_{x\to c-0}\frac{f(x)-f(c)}{x-c}\geqslant 0.$$

而上述比式极限的存在性要求右极限与左极限相等，于是

$$f'(c)=\lim_{x\to c}\frac{f(x)-f(c)}{x-c}=0.$$

当 $f(x)$ 的最小值在 (a,b) 内达到时，讨论完全类似. 证毕.

关于罗尔中值定理的证明，我们要强调的是，它本质上依赖于闭区间上的连续函数有最大值与最小值这一定理.

罗尔中值定理的几何意义是：一条可微曲线弧（连续且除端点外处处有不垂直于 x 轴的切线的曲线弧），如果两个端点的连线平行于 x 轴，则在该曲线弧上非端点处有一点，使得过该点的切线也平行于 x 轴（见图 4.1）.

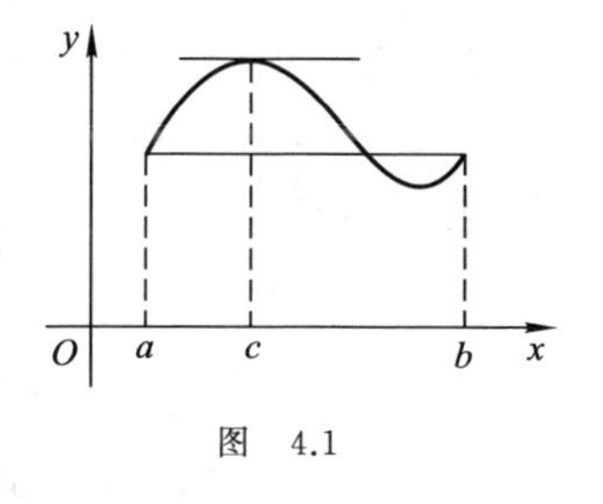

图 4.1

显然，这是一条关于曲线弧的几何性质的命题. 任何几何性质应该与坐标轴的选取无关. 换句话说，要求端点连线平行于 x 轴不是本质的. 如果我们放弃这个条件，会自然想到应该成立下列命题：在一条可微曲线弧上一定存在一点（非端点），使得过该点的切线平行于两个端点的连线.

这一几何命题翻译成分析学的语言就是我们所说的微分中值定理.

定理 2（微分中值定理） 设函数 $f(x)$ 在闭区间 $[a,b]$ 上连续，在开区间 (a,b) 内可导，则必存在一点 $c\in(a,b)$，使得

$$f'(c)=\frac{f(b)-f(a)}{b-a}. \tag{4.1}$$

从几何上看，$\dfrac{f(b)-f(a)}{b-a}$ 是函数 $f(x)(a\leqslant x\leqslant b)$ 所代表曲线弧的两个端点 $(a,f(a))$ 与 $(b,f(b))$ 连线的斜率. $f'(c)$ 等于这个值，表明该曲线

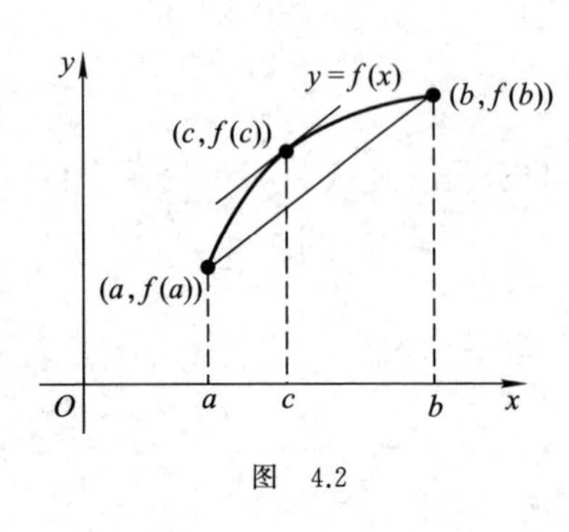

图　4.2

弧上点$(c,f(c))$处的切线平行于两个端点的连线(见图 4.2).

证　令

$$g(x)=f(x)-\frac{f(b)-f(a)}{b-a}(x-a).$$

很容易验证：函数 $g(x)$在$[a,b]$上连续，在(a,b)内可导，并且

$$g(a)=g(b).$$

于是，对 $g(x)$应用罗尔中值定理就得到：存在一点 $c\in(a,b)$，使得 $g'(c)=0$，即

$$f'(c)-\frac{f(b)-f(a)}{b-a}=0.$$

证毕.

应该指出，在微分中值定理中，点 c 不一定是唯一的. 微分中值定理又称为**拉格朗日**(Lagrange)**中值定理**. 公式(4.1) 称为**微分中值公式**.

例 1　设函数 $f(x)=x^3-x^2-x+1$，写出 $f(x)$在区间$[-1,2]$上的微分中值公式，并求出其中的 c.

解　$f'(x)=3x^2-2x-1$. 对 $f(x)$在区间$[-1,2]$上应用拉格朗日中值定理，得到

$$\frac{f(2)-f(-1)}{2-(-1)}=f'(c).$$

即 $\frac{3-0}{3}=3c^2-2c-1$，也即 $3c^2-2c-2=0$，解得 $c=\frac{2\pm\sqrt{4+24}}{6}=\frac{1\pm\sqrt{7}}{3}$. 可见，有两个 c 值：

$$c_1=\frac{1-\sqrt{7}}{3},\quad c_2=\frac{1+\sqrt{7}}{3}.$$

这两个值都在$(-1,2)$中.

微分中值公式还有另外两种表达形式. 若用 x_0 与 x 分别替代 a 与 b (或 b 与 a)，则该公式可写成如下形式：

$$f(x)=f(x_0)+f'(c)(x-x_0),$$

其中 $x_0,x\in[a,b]$，c 介于 x_0 与 x 之间，依赖于 x_0 与 x 的选取. 有时公式(4.1)也写成

$$f(x_0+\Delta x)=f(x_0)+f'(x_0+\theta\Delta x)\Delta x,$$

其中 θ 是大于 0 而小于 1 的一个数，依赖于 x_0 与 Δx 的选取.

公式(4.1)写成上述两种形式更便于应用. 应当注意，在这两种形式中 x 可以大于 x_0，也可以小于 x_0，而 Δx 可正可负.

推论 设函数 $f(x)$ 在区间 (A,B) 内可导，并且其导数 $f'(x)$ 在 (A,B) 内处处为零，则 $f(x)$ 在 (A,B) 内为常数函数.

证 在 (A,B) 内任意取定一点 a. 对于任意的 $x\in(A,B)$，$x\neq a$，我们在区间 $[a,x]$(或 $[x,a]$)上应用拉格朗日中值定理即得

$$f(x)=f(a)+f'(c)(x-a),$$

其中 c 是介于 a 与 x 之间的一点. 根据假定 $f'(c)=0$，有 $f(x)=f(a)$. 由于 x 是 (A,B) 内任意的点，这表明 $f(x)$ 是一个常数函数. 证毕.

这就补充证明了前两章中反复应用过的一个命题. 这一命题在讨论不定积分以及微积分基本定理时是一个重要依据.

思考题 试用质点运动的瞬时速度与位移函数的关系来说明罗尔中值定理与拉格朗日中值定理的物理意义.

拉格朗日中值定理在研究函数的性质上有重要的作用，它是一个“桥梁”，建立了函数的导数与增量之间的联系. 比如，若函数 $f(x)$ 在一个区间内的导数 $f'(x)$ 总是严格大于零的，则由拉格朗日中值定理可知，对于该区间上的任意两点 $x_1,x_2,x_1>x_2$，有

$$f(x_1)-f(x_2)=f'(c)(x_1-x_2)>0,$$

即 $f(x_1)>f(x_2)$. 也就是说，$f(x)$ 在这个区间上是严格递增的. 完全类似地，由 $f(x)$ 的导数 $f'(x)$ 处处严格小于零可以推出 $f(x)$ 是严格递减的.

由上述论证中可以看出，如果将条件放宽到 $f'(x)\geqslant 0$(或 $\leqslant 0$)，那么结论也就相应地改成递增(或递减)，不再是严格递增(或严格递减).

这样，我们证明了下述定理：

定理 3 设函数 $f(x)$ 在闭区间 $[a,b]$ 上连续，在开区间 (a,b) 内可导. 若

$$f'(x)>0\ (\text{或}\geqslant 0),\quad \forall x\in(a,b),$$

则 $f(x)$ 在 $[a,b]$ 上严格递增(或递增)；若

$$f'(x)<0\ (\text{或}\leqslant 0),\quad \forall x\in(a,b),$$

则 $f(x)$ 在 $[a,b]$ 上严格递减(或递减).

这个定理的几何意义也是十分清楚的，见图 4.3 与图 4.4.

如果在函数 $f(x)$ 所代表曲线的切线上标出一个箭头，使切线的方向指向自变量增加的方向，那么我们就会发现：当导数 $f'(x)$ 大于零时，切线

指向右上方；而当导数 $f'(x)$ 小于零时，切线指向右下方. 切线总是指向右上方时，意味着相应的函数递增；而切线总是指向右下方时，意味着相应的函数递减.

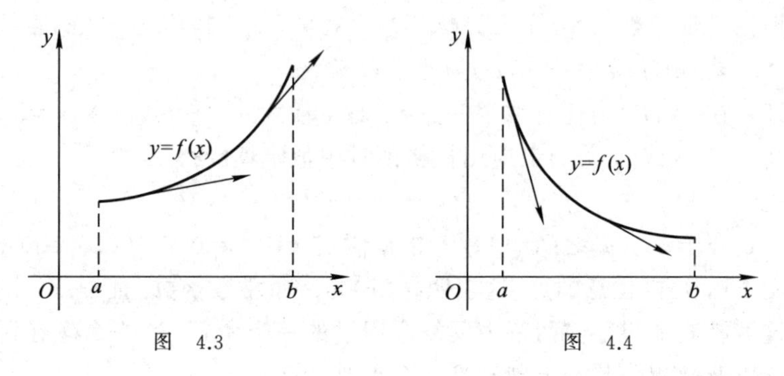

图　4.3　　　　图　4.4

我们还应提醒读者注意，定理 3 的逆命题不一定成立. 事实上，严格递增函数的导数未必处处大于零. 比如，$y=x^3$ 是严格递增的，但在点 $x=0$ 处的导数为零.

定理 3 为研究函数的单调性区间提供了有效的办法.

例 2　设函数 $f(x)=x^3-3x^2+1$，求 $f(x)$ 的单调性区间.

解　由于 $f'(x)=3x^2-6x=3x(x-2)$，故只在点 $x=0$ 及 $x=2$ 处导数为零；在区间 $(-\infty,0)$ 中，$f'(x)>0$，$f(x)$ 是严格递增的；在区间 $(0,2)$ 中，$f'(x)<0$，$f(x)$ 是严格递减的；在区间 $(2,+\infty)$ 中，$f'(x)>0$，$f(x)$ 是严格递增的.

微分中值定理和积分中值定理的另一个应用是证明不等式.

例 3　证明不等式：

$$\frac{x}{1+x}<\ln(1+x)<x,\quad \forall\, x>0.$$

证　对于任意取定的 $x>0$，我们对函数 $\ln(1+x)$ 在区间 $[0,x]$ 上应用微分中值定理 $\left(\text{或者对积分} \int_0^x \frac{\mathrm{d}t}{1+t} \text{ 应用积分中值定理}\right)$ 可知，存在 c $(0<c<x)$，使得

$$\ln(1+x)-\ln 1=\frac{1}{1+c}\,x.$$

将 c 分别以其上界和下界代入，就得到

$$\frac{x}{1+x}<\ln(1+x)<x.$$

例 4 证明不等式：$e^x>1+x, x\neq 0$.

证 令 $f(x)=e^x-1-x$，则 $f(x)$ 在 $(-\infty,+\infty)$ 可导，并且

$$f'(x)=e^x-1.$$

在 $(0,+\infty)$ 中，$f'(x)>0$，$f(x)$ 是严格递增的，则

$$f(x)>f(0),\quad x\in(0,+\infty);$$

在 $(-\infty,0)$ 中，$f'(x)<0$，$f(x)$ 是严格递减的，则

$$f(x)>f(0),\quad x\in(-\infty,0).$$

而 $f(0)=0$，于是对于任意的 $x\neq 0$，有

$$f(x)>0,\quad 即\quad e^x>1+x.$$

历史的注记

拉格朗日是法国著名数学家，他所完成的《分析力学》是牛顿《自然哲学的数学原理》之后的又一部经典力学著作，其中运用变分原理与分析方法建立了完整的力学体系. 他在数学的众多分支领域有杰出贡献，被认为是对分析学产生全面影响的数学家之一.

习 题 4.1

1. 验证函数 $f(x)=x^3-3x^2+2x$ 在区间 $[0,1]$ 及 $[1,2]$ 上满足罗尔中值定理的条件，并分别求出导数 $f'(x)$ 为零的点.

2. 讨论下列函数 $f(x)$ 在区间 $[-1,1]$ 上是否满足罗尔中值定理的条件，若满足，求 $c\in(-1,1)$，使 $f'(c)=0$：

(1) $f(x)=(1+x)^m(1-x)^n$，其中 m,n 为正整数；

(2) $f(x)=1-\sqrt[3]{x^2}$.

3. 写出函数 $f(x)=\ln x$ 在区间 $[1,e]$ 上的微分中值公式，并求出其中的 c.

4. 应用拉格朗日中值定理证明下列不等式：

(1) $|\sin x-\sin y|\leqslant|x-y|$；

(2) $|\tan y-\tan x|\geqslant|y-x|,\ x,y\in\left(-\frac{\pi}{2},\frac{\pi}{2}\right)$；

(3) $\frac{b-a}{b}<\ln\frac{b}{a}<\frac{b-a}{a},\ 0<a<b$.

5. 证明：多项式 $P(x)=(x^2-1)(x^2-4)$ 的导数的三个根都是实根；并指出它们的范围.

6. 设 $c_1, c_2, \cdots, c_n$ 为任意实数，证明：函数 $f(x)=c_1\cos x+c_2\cos 2x+\cdots+c_n\cos nx$ 在区间$(0,\pi)$内必有根.

7. 设函数 $f(x)$与 $g(x)$在区间(a,b)内可微，$g(x)\neq 0$，且

$$\begin{vmatrix} f(x) & g(x) \\ f'(x) & g'(x) \end{vmatrix} \equiv 0, \quad \forall x\in(a,b),$$

证明：存在常数 k，使得 $f(x)=kg(x)$，$\forall x\in(a,b)$.

8. 设函数 $f(x)$在区间$(-\infty,+\infty)$上可微，且

$$f'(x)\equiv k, \quad -\infty<x<+\infty,$$

证明：$f(x)=kx+b(-\infty<x<+\infty)$，其中 k,b 为常数.

9. 证明下列等式：

(1) $\arcsin x+\arccos x=\dfrac{\pi}{2}$，$-1\leqslant x\leqslant 1$；

(2) $\arctan x=\arcsin\dfrac{x}{\sqrt{1+x^2}}$，$-\infty<x<+\infty$.

10. 证明不等式：

$$\frac{2}{\pi}x<\sin x<x, \quad 0<x<\frac{\pi}{2}.$$

11. 设函数 $f(x)$在区间(a,b)内可微，证明：对于任意一点 $x_0\in(a,b)$，证明：若极限$\lim\limits_{x\to x_0} f'(x)$存在，则 $\lim\limits_{x\to x_0} f'(x)=f'(x_0)$.

*12. [达布(Darboux)中值定理] 设函数 $f(x)$在区间(A,B)内可导，又设$[a,b]\subset(A,B)$，且 $f'(a)<f'(b)$，证明：对于任意给定的 $\eta(f'(a)<\eta<f'(b))$，都存在一点 $c\in(a,b)$，使得

$$f'(c)=\eta.$$

§2 柯西中值定理与洛必达法则

柯西中值定理是拉格朗日中值定理的一种推广. 这种推广的主要意义在于给出求未定式极限的洛必达(L'Hospital)法则.

定理 1（柯西中值定理） 设函数 $f(x)$与 $g(x)$在闭区间$[a,b]$上连续，在开区间(a,b)内可导，并且 $g'(x)\neq 0$，则必存在一点 $c\in(a,b)$，使得

$$\frac{f(b)-f(a)}{g(b)-g(a)}=\frac{f'(c)}{g'(c)}.$$

很容易会想到这个结论是分别对 $f(x)$及 $g(x)$使用拉格朗日中值定理后相除的结果. 其实，这是不对的，因为拉格朗日中值定理中的中间点 c 与函数及区间有关，对 $f(x)$及 $g(x)$分别使用拉格朗日中值定理时所得的

中间点可能不是同一点,而现在定理中要求的是同一点.

证 证明与拉格朗日中值定理的证明相类似,也是考虑一个辅助函数.为此先指出:由定理的条件 $g'(x)\neq 0$ 及罗尔中值定理立即推出 $g(a)\neq g(b)$. 现在我们作辅助函数

$$h(x)=f(x)-\frac{f(b)-f(a)}{g(b)-g(a)}(g(x)-g(a)),$$

则容易验证 $h(x)$在$[a,b]$上连续,在(a,b)内可导,且 $h(a)=h(b)$(均等于 $f(a)$). 也就是说,$h(x)$满足罗尔中值定理的条件. 对 $h(x)$应用罗尔中值定理可知,存在一点 $c\in(a,b)$,使得 $h'(c)=0$,即

$$f'(c)-\frac{f(b)-f(a)}{g(b)-g(a)}g'(c)=0.$$

这就证明了我们的定理. 证毕.

柯西中值定理的几何意义与拉格朗日中值定理的几何意义完全相同,它们都表明:在一条平面可微曲线弧上有一点,该点处的切线平行于两个端点的连线. 它们的差别在于:拉格朗日中值定理中的曲线弧是由 $y=f(x)$给出的,而柯西中值定理中的曲线弧是由参数方程

$$\begin{cases} x=g(t), \\ y=f(t) \end{cases} \quad (a\leqslant t\leqslant b)$$

给出的. 事实上,在柯西中值定理的条件下,这个参数方程所代表曲线弧的端点连线在 Oxy 平面上的斜率是

$$\frac{f(b)-f(a)}{g(b)-g(a)},$$

而该曲线弧在点 $t=c$ 处的切线斜率是

$$\frac{\mathrm{d}y}{\mathrm{d}x}=\frac{f'(c)}{g'(c)}.$$

柯西中值定理的一个重要应用是给出了求未定式极限的洛必达法则.

现在我们先来解释什么是未定式. 我们考虑两个函数 $f(x)$及 $g(x)$. 设它们在一点 a 附近有定义(点 a 可除外),当 $x\to a$ 时,极限 $\lim\limits_{x\to a}f(x)$和 $\lim\limits_{x\to a}g(x)$存在. 若 $\lim\limits_{x\to a}g(x)\neq 0$,比式 $\dfrac{f(x)}{g(x)}$ 当 $x\to a$ 时有极限

$$\lim_{x\to a}\frac{f(x)}{g(x)}=\frac{\lim\limits_{x\to a}f(x)}{\lim\limits_{x\to a}g(x)}.$$

这时求极限是毫无困难的. 若 $\lim\limits_{x\to a}g(x)=0$,而 $\lim\limits_{x\to a}f(x)\neq 0$,则比式

$$\frac{f(x)}{g(x)}\to\infty \quad (x\to a).$$

这时结论也是清楚的. 最困难的是 $\lim\limits_{x\to a}g(x)=0$ 与 $\lim\limits_{x\to a}f(x)=0$ 同时发生的情况. 在这种情况下,当 $x\to a$ 时,比式 $\dfrac{f(x)}{g(x)}$ 的变化趋势有多种可能性:可能有极限,如 $\lim\limits_{x\to 0}\dfrac{\sin x}{x}=1$;也可能没有极限,如

$$\frac{x\sin\dfrac{1}{x}}{x}=\sin\frac{1}{x} \quad (x\to 0);$$

甚至有可能趋向于 ∞,如

$$\frac{x^2+\sin^2 x}{x^3}\to\infty \quad (x\to 0).$$

正因为如此,当 $\lim\limits_{x\to a}g(x)=\lim\limits_{x\to a}f(x)=0$ 时,我们称 $\lim\limits_{x\to a}\dfrac{f(x)}{g(x)}$ 是 $\dfrac{0}{0}$ **型未定式**.

洛必达法则为处理 $\dfrac{0}{0}$ 型未定式以及其他类型未定式提供了一种途径.

定理 2 (洛必达法则)　设函数 $f(x)$ 及 $g(x)$ 在点 a 的一个空心邻域内有定义,在该空心邻域内可导,并且 $g'(x)\neq 0$. 假若

$$\lim_{x\to a}f(x)=\lim_{x\to a}g(x)=0,$$

并且当 $x\to a$ 时,$\dfrac{f'(x)}{g'(x)}$ 的极限存在,则当 $x\to a$ 时,$\dfrac{f(x)}{g(x)}$ 的极限存在,并且

$$\lim_{x\to a}\frac{f(x)}{g(x)}=\lim_{x\to a}\frac{f'(x)}{g'(x)}.$$

证　我们补充定义 $f(a)=g(a)=0$. 于是,由定理所给的条件,这时 $f(x)$ 和 $g(x)$ 在点 a 的一个邻域内(包含点 a 在内)连续. 设 x 是在该邻域内任意取定的一点,$x\neq a$. 在区间 $[a,x]$ 或 $[x,a]$ 上应用柯西中值定理可知,存在介于 a 与 x 之间的一点,记为 c_x,使得

$$\frac{f(x)}{g(x)}=\frac{f(x)-f(a)}{g(x)-g(a)}=\frac{f'(c_x)}{g'(c_x)}.$$

因 c_x 介于 a 与 x 之间,故当 $x\to a$ 时,c_x 也趋向于 a. 令 $x\to a$,并对上式取极限,即有

$$\lim_{x\to a}\frac{f(x)}{g(x)}=\lim_{c_x\to a}\frac{f'(c_x)}{g'(c_x)}=\lim_{x\to a}\frac{f'(x)}{g'(x)}.$$

证毕.

例 1 求极限 $\lim\limits_{x\to 0}\dfrac{\ln(1+x)-x}{x^2}$.

解 显然,这是一个 $\dfrac{0}{0}$ 型未定式,应用洛必达法则有

$$\lim_{x\to 0}\frac{\ln(1+x)-x}{x^2}=\lim_{x\to 0}\frac{\dfrac{1}{1+x}-1}{2x}=\frac{1}{2}\lim_{x\to 0}\frac{-1}{1+x}=-\frac{1}{2}.$$

这里提醒读者:可以按现在的次序书写式子,但心中应该明白这里的推理步骤是反过来的.严格地讲,是因为极限 $\lim\limits_{x\to 0}\dfrac{\dfrac{1}{1+x}-1}{2x}$ 存在,才肯定了极限 $\lim\limits_{x\to 0}\dfrac{\ln(1+x)-x}{x^2}$ 存在并等于 $-\dfrac{1}{2}$.

在应用洛必达法则时应当注意两件事:首先要验证所讨论的极限是否是未定式.如果不是未定式,就不能用洛必达法则.其次,当 $\dfrac{f'(x)}{g'(x)}$ 的极限不存在时,不能断定 $\dfrac{f(x)}{g(x)}$ 的极限也不存在.例如,对于

$$f(x)=x^2\sin\frac{1}{x},\quad g(x)=x,$$

显然,当 $x\to 0$ 时,$\dfrac{f(x)}{g(x)}\to 0$,但是

$$\frac{f'(x)}{g'(x)}=2x\sin\frac{1}{x}-\cos\frac{1}{x}$$

当 $x\to 0$ 时没有极限.

有些未定式,对其使用一次洛必达法则后还是未定式,这时就需使用多次洛必达法则.

例 2 求极限 $\lim\limits_{x\to 0}\dfrac{\mathrm{e}^x-1-x-\dfrac{1}{2}x^2}{x^3}$.

解 这是一个 $\dfrac{0}{0}$ 型未定式,分子与分母求导数后仍是 $\dfrac{0}{0}$ 型未定式,

继续对分子与分母求导数后才归结为非未定式并存在极限,故

$$\lim_{x\to 0}\frac{\mathrm{e}^x-1-x-\frac{1}{2}x^2}{x^3}=\lim_{x\to 0}\frac{\mathrm{e}^x-1-x}{3x^2}$$

$$=\lim_{x\to 0}\frac{\mathrm{e}^x-1}{6x}=\lim_{x\to 0}\frac{\mathrm{e}^x}{6}=\frac{1}{6}.$$

与关于例 1 的说明类似,这里的推理步骤与式子的书写次序相反:由于上式中第四个极限存在,才肯定了第三个极限存在并有等式关系,这样依次反推上去,直至肯定第一个极限存在并等于最后一个极限.

显然,洛必达法则对于其他极限过程,如 $x\to a+0$ 或 $x\to a-0$,也是成立的. 这是不需重新证明的,前面所做的证明完全适用于这两种情况.

例 3　求极限 $\lim\limits_{x\to 0+0}\dfrac{\sqrt{x}-\sin\sqrt{x}}{x^{\frac{3}{2}}}$.

解　这是一个 $\dfrac{0}{0}$ 型未定式. 应用洛必达法则,有

$$\lim_{x\to 0+0}\frac{\sqrt{x}-\sin\sqrt{x}}{x^{\frac{3}{2}}}=\lim_{x\to 0+0}\frac{\frac{1}{2\sqrt{x}}-\cos\sqrt{x}\cdot\frac{1}{2\sqrt{x}}}{\frac{3}{2}\sqrt{x}}=\lim_{x\to 0+0}\frac{1-\cos\sqrt{x}}{3x}.$$

这仍然是一个 $\dfrac{0}{0}$ 型未定式. 再使用一次洛必达法则,得到

$$\lim_{x\to 0+0}\frac{1-\cos\sqrt{x}}{3x}=\lim_{x\to 0+0}\frac{\sin\sqrt{x}\cdot\frac{1}{2\sqrt{x}}}{3}=\frac{1}{6}\lim_{x\to 0+0}\frac{\sin\sqrt{x}}{\sqrt{x}}=\frac{1}{6}.$$

故

$$\lim_{x\to 0+0}\frac{\sqrt{x}-\sin\sqrt{x}}{x^{\frac{3}{2}}}=\frac{1}{6}.$$

对于 $x\to\infty$(或 $x\to+\infty$,$x\to-\infty$)的极限过程,洛必达法则仍然成立,但定理的叙述与证明需要改写. 下面仅以 $x\to\infty$ 的情况为例给出定理的证明.

定理 3　设函数 $f(x)$及 $g(x)$在 $\mathbf{R}\backslash[-A,A]$内可导,并且 $g'(x)\neq 0$,其中 $A>0$. 假若 $\lim\limits_{x\to\infty}f(x)=\lim\limits_{x\to\infty}g(x)=0$,并且极限

$$\lim_{x\to\infty}\frac{f'(x)}{g'(x)}$$

存在，则当 $x\to\infty$ 时，$\dfrac{f(x)}{g(x)}$ 的极限存在，并且

$$\lim_{x\to\infty}\frac{f(x)}{g(x)}=\lim_{x\to\infty}\frac{f'(x)}{g'(x)}.$$

证 令 $F(x)=f\left(\dfrac{1}{x}\right)$，$G(x)=g\left(\dfrac{1}{x}\right)$，那么函数 $F(x)$ 与 $G(x)$ 在 $(-\delta,\delta)\setminus\{0\}$ 中有定义且可导，其中 $\delta=\dfrac{1}{A}$. 在点 $x=0$ 处补充定义 $F(0)=0$，$G(0)=0$. 根据 $\lim\limits_{x\to\infty}f(x)=\lim\limits_{x\to\infty}g(x)=0$ 可知，$F(x)$ 及 $G(x)$ 在 $(-\delta,\delta)$ 内连续. 此外，假设中极限 $\lim\limits_{x\to\infty}\dfrac{f'(x)}{g'(x)}$ 的存在性蕴含着极限 $\lim\limits_{x\to0}\dfrac{F'(x)}{G'(x)}$ 存在，并且

$$\lim_{x\to0}\frac{F'(x)}{G'(x)}=\lim_{x\to\infty}\frac{f'(x)}{g'(x)}.$$

对 $F(x)$ 与 $G(x)$ 应用定理 2，得到

$$\lim_{x\to0}\frac{F(x)}{G(x)}=\lim_{x\to0}\frac{F'(x)}{G'(x)},$$

即

$$\lim_{x\to\infty}\frac{f(x)}{g(x)}=\lim_{x\to\infty}\frac{f'(x)}{g'(x)}.$$

证毕.

对于 $x\to+\infty$ 或 $x\to-\infty$ 的情况，定理 3 的结论依然成立.

例 4 求极限 $\lim\limits_{x\to+\infty}\dfrac{\ln\left(1+\dfrac{1}{x}\right)}{\operatorname{arccot}x}$.

解 这是一个 $\dfrac{0}{0}$ 型未定式. 应用洛必达法则，有

$$\lim_{x\to+\infty}\frac{\ln\left(1+\dfrac{1}{x}\right)}{\operatorname{arccot}x}=\lim_{x\to+\infty}\frac{-\dfrac{1}{x^2}\Big/\left(1+\dfrac{1}{x}\right)}{-\dfrac{1}{1+x^2}}$$

$$=\lim_{x\to+\infty}\frac{1+x^2}{x^2+x}=1.$$

除了 $\dfrac{0}{0}$ 型未定式之外，还有 $\dfrac{\infty}{\infty}$ 型未定式. 顾名思义，所谓的 $\dfrac{\infty}{\infty}$ 型未

定式,就是分子与分母都趋向于无穷大的比式的极限.

对于 $\frac{\infty}{\infty}$ 型未定式,同样有洛必达法则. 现在仅以 $x\to a$ 的极限过程为例,叙述如下:

定理 4　设函数 $f(x)$ 及 $g(x)$ 在点 a 的一个空心邻域 $(a-\delta,a+\delta)\setminus\{a\}$ 内可导,并且 $g'(x)\neq 0$. 假若 $\lim\limits_{x\to a}f(x)=\infty$, $\lim\limits_{x\to a}g(x)=\infty$,并且极限

$$\lim_{x\to a}\frac{f'(x)}{g'(x)}$$

存在,则当 $x\to a$ 时,$\frac{f(x)}{g(x)}$ 的极限存在,并且

$$\lim_{x\to a}\frac{f(x)}{g(x)}=\lim_{x\to a}\frac{f'(x)}{g'(x)}.$$

证明较长,这里从略.

对于所有其他类型的极限过程($x\to a+0$, $x\to a-0$, $x\to\infty$, $x\to+\infty$ 或 $x\to-\infty$),定理 4 给出的 $\frac{\infty}{\infty}$ 型未定式的洛必达法则都是成立的,这里不再一一叙述.

例 5　求极限 $\lim\limits_{x\to 1-0}\dfrac{\ln\left(\tan\frac{\pi}{2}x\right)}{\ln(1-x)}$.

解　这是一个 $\frac{\infty}{\infty}$ 型未定式,利用洛必达法则,得到

$$\begin{aligned}\lim_{x\to 1-0}\frac{\ln\left(\tan\frac{\pi}{2}x\right)}{\ln(1-x)}&=\lim_{x\to 1-0}\frac{\dfrac{1}{\tan\frac{\pi}{2}x}\cdot\sec^2\dfrac{\pi}{2}x\cdot\dfrac{\pi}{2}}{\dfrac{-1}{1-x}}\\&=\lim_{x\to 1-0}\frac{-\pi(1-x)}{2\sin\frac{\pi}{2}x\cos\frac{\pi}{2}x}\\&=\lim_{x\to 1-0}\frac{-1}{\sin\frac{\pi}{2}x}\cdot\frac{\frac{\pi}{2}(1-x)}{\sin\frac{\pi}{2}(1-x)}=-1.\end{aligned}$$

例 6　求极限 $\lim\limits_{x\to+\infty}\dfrac{\ln x}{x^{\alpha}}$ $(\alpha>0)$.

解 利用洛必达法则,得到

$$\lim_{x\to+\infty}\frac{\ln x}{x^{\alpha}}=\lim_{x\to+\infty}\frac{\frac{1}{x}}{\alpha x^{\alpha-1}}=\lim_{x\to+\infty}\frac{1}{\alpha x^{\alpha}}=0.$$

例 7 证明:$\lim\limits_{x\to+\infty}\dfrac{P(x)}{\mathrm{e}^x}=0$,其中 $P(x)$ 为 x 的一个 n 次多项式,$n>1$.

证 设 $P(x)=a_0x^n+\cdots+a_n$,则 $P(x)$ 的 n 阶导数 $P^{(n)}(x)=a_0n!$ 是一个常数. 而 e^x 的 n 阶导数仍是它本身. 由

$$\lim_{x\to+\infty}\frac{P^{(n)}(x)}{\mathrm{e}^x}=0,$$

根据洛必达法则推出

$$\lim_{x\to+\infty}\frac{P^{(n-1)}(x)}{\mathrm{e}^x}=\lim_{x\to+\infty}\frac{P^{(n)}(x)}{\mathrm{e}^x}=0.$$

所以,反复运用洛必达法则,最后即推出

$$\lim_{x\to+\infty}\frac{P(x)}{\mathrm{e}^x}=\lim_{x\to+\infty}\frac{P'(x)}{\mathrm{e}^x}=\cdots=\lim_{x\to+\infty}\frac{P^{(n)}(x)}{\mathrm{e}^x}=0.$$

证毕.

这里应该指出:在这个例子中每使用一次洛必达法则,都应当说明所讨论的极限是一个 $\dfrac{\infty}{\infty}$ 型未定式. 事实上,这是很容易说明的:分母 e^x 总是无穷大量,而分子 $P^{(k)}(x)$ 是一个 $n-k(1\leqslant k<n)$ 次多项式,对于每个小于 n 的 k,$P^{(k)}(x)$ 当 $x\to+\infty$ 时也是一个无穷大量.

除了 $\dfrac{0}{0}$ 型与 $\dfrac{\infty}{\infty}$ 型未定式之外,尚有许多其他类型的未定式,如 $0\cdot\infty$ 型、$\infty-\infty$ 型、0^0 型、∞^0 型及 1^{∞} 型. 处理这些类型未定式的原则是设法经过变形后化成 $\dfrac{0}{0}$ 型或 $\dfrac{\infty}{\infty}$ 型未定式,再使用洛必达法则.

例 8 求极限 $\lim\limits_{x\to0+0}x^x$.

解 这是一个 0^0 型未定式,通过取对数:

$$\ln x^x=x\ln x=\frac{\ln x}{\frac{1}{x}},$$

可将它化成 $\dfrac{\infty}{\infty}$ 型未定式. 使用洛必达法则后得

$$\lim_{x\to 0+0}\ln x^x=\lim_{x\to 0+0}\frac{1}{-\frac{1}{x}}=0.$$

由指数函数的连续性得到

$$\lim_{x\to 0+0}x^x=\lim_{x\to 0+0}e^{x\ln x}=e^{\lim\limits_{x\to 0+0}x\ln x}=1.$$

例 8 的解答过程证明了

$$\lim_{x\to 0+0}x\ln x=0.$$

类似地,还可以证明

$$\lim_{x\to 0+0}x^\alpha\ln x=0\quad(\alpha>0).$$

例 9　求极限 $\lim\limits_{x\to 1}\left(\frac{1}{\ln x}-\frac{1}{x-1}\right)$.

解　这是一个 $\infty-\infty$ 型未定式,通过通分:

$$\frac{1}{\ln x}-\frac{1}{x-1}=\frac{x-1-\ln x}{(x-1)\ln x},$$

可将它归结为 $\frac{0}{0}$ 型未定式. 使用洛必达法则即得

$$\lim_{x\to 1}\left(\frac{1}{\ln x}-\frac{1}{x-1}\right)=\lim_{x\to 1}\frac{x-1-\ln x}{(x-1)\ln x}=\lim_{x\to 1}\frac{1-\frac{1}{x}}{\ln x+\frac{x-1}{x}}$$

$$=\lim_{x\to 1}\frac{x-1}{x\ln x+x-1}$$

$$=\lim_{x\to 1}\frac{1}{\ln x+2}=\frac{1}{2}.$$

例 10　求极限 $\lim\limits_{x\to 0+0}\left(\frac{\sin x}{x}\right)^{\frac{1}{x^2}}$.

解　这是一个 1^∞ 型未定式. 设 $y=\left(\frac{\sin x}{x}\right)^{\frac{1}{x^2}}$,通过取对数化成$\frac{0}{0}$ 型未定式:

$$\ln y=\frac{1}{x^2}\ln\frac{\sin x}{x}=\frac{\ln(\sin x)-\ln x}{x^2}.$$

使用洛必达法则,得到

$$\lim_{x\to 0+0}\ln y=\lim_{x\to 0+0}\frac{\dfrac{\cos x}{\sin x}-\dfrac{1}{x}}{2x}=\lim_{x\to 0+0}\frac{x\cos x-\sin x}{2x^2\sin x}.$$

这仍是 $\dfrac{0}{0}$ 型未定式,适当化简并再次使用洛必达法则:

$$\lim_{x\to 0+0}\ln y=\lim_{x\to 0+0}\frac{x\cos x-\sin x}{2x^3}\cdot\frac{x}{\sin x}=\lim_{x\to 0+0}\frac{x\cos x-\sin x}{2x^3}$$

$$=\lim_{x\to 0+0}\frac{\cos x-x\sin x-\cos x}{6x^2}=-\frac{1}{6}\lim_{x\to 0+0}\frac{\sin x}{x}=-\frac{1}{6}.$$

由指数函数的连续性得到

$$\lim_{x\to 0+0}\left(\frac{\sin x}{x}\right)^{\frac{1}{x^2}}=\lim_{x\to 0+0}\mathrm{e}^{\ln y}=\mathrm{e}^{-\frac{1}{6}}.$$

例 11 求极限 $\lim\limits_{x\to\frac{\pi}{2}-0}(\tan x)^{\cos x}$.

解 这是一个 ∞^0 型未定式. 设 $y=(\tan x)^{\cos x}$,则

$$\ln y=\cos x\ln(\tan x)=\frac{\ln(\tan x)}{\sec x},$$

从而问题化为求极限 $\lim\limits_{x\to\frac{\pi}{2}-0}\dfrac{\ln(\tan x)}{\sec x}$. 这是一个 $\dfrac{\infty}{\infty}$ 型未定式. 使用洛必达法则即得

$$\lim_{x\to\frac{\pi}{2}-0}\frac{\ln(\tan x)}{\sec x}=\lim_{x\to\frac{\pi}{2}-0}\frac{\dfrac{1}{\tan x}\sec^2 x}{\sec x\tan x}=\lim_{x\to\frac{\pi}{2}-0}\frac{\cos x}{\sin^2 x}=0.$$

根据指数函数的连续性,得到

$$\lim_{x\to\frac{\pi}{2}-0}(\tan x)^{\cos x}=\lim_{x\to\frac{\pi}{2}-0}\mathrm{e}^{\ln y}=1.$$

习 题 4.2

用洛必达法则求下列极限:

1. $\lim\limits_{x\to 0}\dfrac{2^x-1}{3^x-1}$.

2. $\lim\limits_{x\to 0}\dfrac{\cos x-1}{x-\ln(1+x)}$.

3. $\lim\limits_{x\to 0}\left(\dfrac{1}{\ln(x+\sqrt{1+x^2})}-\dfrac{1}{\ln(1+x)}\right)$.

4. $\lim\limits_{x\to\frac{\pi}{2}}\dfrac{\tan 3x}{\tan x}$.

5. $\lim\limits_{x\to 0}\dfrac{\ln(\cos ax)}{\ln(\cos bx)}$.

6. $\lim\limits_{x\to 0+0}x^{\alpha}\ln x$ $(\alpha>0)$.

7. $\lim\limits_{x\to 0}\dfrac{e^{-\frac{1}{x^2}}}{x^{100}}$.

8. $\lim\limits_{x\to\frac{\pi}{2}-0}(\tan x)^{2x-\pi}$.

9. $\lim\limits_{x\to\infty}\left(a^{\frac{1}{x}}-1\right)x\ (a>0)$.

10. $\lim\limits_{y\to 0}\dfrac{y-\arcsin y}{\sin^3 y}$.

11. $\lim\limits_{y\to 1}\left(\dfrac{y}{y-1}-\dfrac{1}{\ln y}\right)$.

12. $\lim\limits_{x\to 0}\dfrac{1-x^2-e^{-x^2}}{x\sin^3 x}$.

13. $\lim\limits_{x\to 0}\left(\dfrac{\arctan x}{x}\right)^{\frac{1}{x^2}}$.

14. $\lim\limits_{x\to+\infty}\left(\dfrac{\pi}{2}-\arctan x\right)^{\frac{1}{\ln x}}$.

15. $\lim\limits_{x\to 0}\dfrac{\tan x-x}{x-\sin x}$.

16. $\lim\limits_{x\to 0}\dfrac{\operatorname{ch}x-\cos x}{x^2}$.

17. $\lim\limits_{x\to 1}\dfrac{x^x-x}{\ln x-x+1}$.

18. $\lim\limits_{x\to+\infty}\left(\dfrac{2}{\pi}\arctan x\right)^x$.

§3　泰勒公式

洛必达法则的另一个重要应用是证明泰勒公式，而泰勒公式在研究函数性质上无疑是一个极重要的公式.

在第一章中曾证明过，当函数 $f(x)$ 在一点 x_0 处可导时，我们有

$$f(x)=f(x_0)+f'(x_0)(x-x_0)+o(x-x_0)\quad (x\to x_0).$$

这就是说，当 x 充分靠近 x_0 时，$f(x)$ 的值可以由一个线性函数 $f(x_0)+f'(x_0)(x-x_0)$ 近似代替，其误差是比 $x-x_0$ 高阶的无穷小量.

这一结论启发我们：用 $x-x_0$ 的高次多项式去逼近函数值 $f(x)$，可能得到更高的精确度. 自然，这有可能要求 $f(x)$ 有更强的条件，比如高阶导数的存在性.

我们先来看如何用 $x-x_0$ 的二次多项式来逼近 $f(x)$. 这时，我们假定 $f(x)$ 在点 x_0 处有二阶导数. 也就是说，$f'(x)$ 在点 x_0 附近有定义且在点 x_0 处可导. 于是，将上面的结论应用于 $f'(x)$，我们有

$$f'(x)=f'(x_0)+f''(x_0)(x-x_0)+o(x-x_0)\quad (x\to x_0).$$

为了得到关于 $f(x)$ 的近似式，设想将上式中的自变量 x 换成 t，然后对 t 自 x_0 到 x 积分，就得到

$$f(x)=f(x_0)+f'(x_0)(x-x_0)+\frac{1}{2}f''(x_0)(x-x_0)^2 + \int_{x_0}^{x}o(t-x_0)\mathrm{d}t.$$

应当说明,这里的推导是不严格的,所以它不是证明,而只是为了发现 $x-x_0$ 的高次多项式的逼近形式所做的探索.我们有理由希望上式中的积分项是 $o((x-x_0)^2)$.于是,逼近 $f(x)$的二次多项式很可能就是

$$f(x_0)+f'(x_0)(x-x_0)+\frac{1}{2}f''(x_0)(x-x_0)^2,$$

即下式成立:

$$f(x)=f(x_0)+f'(x_0)(x-x_0)+\frac{1}{2}f''(x_0)(x-x_0)^2 + o((x-x_0)^2) \quad (x\to x_0).$$

下面我们证明上式确实成立.令

$$T_2(x)=f(x_0)+f'(x_0)(x-x_0)+\frac{1}{2}f''(x_0)(x-x_0)^2.$$

要证明上述公式成立,实际上就是要证明

$$\lim_{x\to x_0}\frac{f(x)-T_2(x)}{(x-x_0)^2}=0.$$

上式左端恰好是一个 $\frac{0}{0}$ 型未定式.分子与分母分别求导数之后得到

$$\frac{f'(x)-f'(x_0)-f''(x_0)(x-x_0)}{2(x-x_0)}=\frac{f'(x)-f'(x_0)}{2(x-x_0)}-\frac{1}{2}f''(x_0).$$

当 $x\to x_0$ 时,由 $f(x)$在点 x_0 处二阶导数的存在性可知上式趋向于零.于是,利用洛必达法则就证明了

$$\lim_{x\to x_0}\frac{f(x)-T_2(x)}{(x-x_0)^2}=\lim_{x\to x_0}\frac{f'(x)-T_2'(x)}{2(x-x_0)}=0.$$

现在我们有理由猜想,当 $f(x)$在点 x_0 处有 n 阶导数时,下面的结果成立:

$$f(x)=T_n(x)+o((x-x_0)^n) \quad (x\to x_0),$$

其中

$$T_n(x)=f(x_0)+\frac{f'(x_0)}{1!}(x-x_0)+\cdots+\frac{1}{n!}f^{(n)}(x_0)(x-x_0)^n.$$

这个多项式称为**(n 阶)泰勒多项式**.

定理 1 设函数 $f(x)$在点 x_0 的某个邻域内有定义,并在点 x_0 处有 n $(n\geqslant 1)$阶导数,则 $f(x)$在点 x_0 附近有如下展开式:

$$f(x)=f(x_0)+\frac{f'(x_0)}{1!}(x-x_0)+\cdots+\frac{1}{n!}f^{(n)}(x_0)(x-x_0)^n + o((x-x_0)^n) \quad (x\to x_0).$$

此式称为 $f(x)$ 在点 x_0 处的**(n 阶)泰勒公式**,其中 $o((x-x_0)^n)$ 称为**余项**.

证 连续使用 $n-1$ 次洛必达法则,我们有

$$\lim_{x\to x_0}\frac{f(x)-T_n(x)}{(x-x_0)^n}=\lim_{x\to x_0}\frac{f'(x)-T_n'(x)}{n(x-x_0)^{n-1}}=\cdots$$

$$=\lim_{x\to x_0}\frac{f^{(n-1)}(x)-T_n^{(n-1)}(x)}{n!(x-x_0)}$$

$$=\lim_{x\to x_0}\left[\frac{f^{(n-1)}(x)-f^{(n-1)}(x_0)}{n!(x-x_0)}-\frac{1}{n!}f^{(n)}(x_0)\right]=0,$$

这里最后一步用到 $f(x)$ 在点 x_0 处 n 阶导数的存在性. 证毕.

因为上述这种形式的泰勒公式只告诉我们当 $x\to x_0$ 时函数的性态,所以这样的泰勒公式也称为**局部泰勒公式**,其余项 $o((x-x_0)^n)$ 通常称为**佩亚诺**(Peano)**余项**.

函数 $f(x)$ 在点 $x_0=0$ 处的泰勒公式称为**麦克劳林**(Maclaurin)**公式**.

现在我们给出一些常见初等函数的局部泰勒公式.

例 1 求函数 $y=\mathrm{e}^x$ 在点 $x=0$ 处的泰勒公式.

解 很明显,$y=\mathrm{e}^x$ 的任意阶导数在点 $x=0$ 处的值都是 1,故有

$$\mathrm{e}^x=1+\frac{x}{1!}+\frac{1}{2!}x^2+\cdots+\frac{1}{n!}x^n+o(x^n)\quad(x\to 0).$$

例 2 求函数 $y=\sin x$ 在点 $x=0$ 处的泰勒公式.

解 问题的关键在于求出 $y=\sin x$ 在点 $x=0$ 处的 n 阶导数. 为此,我们将 $(\sin x)'=\cos x$ 写成 $(\sin x)'=\sin\left(\frac{\pi}{2}+x\right)$. 于是,对于一般正整数 n,有

$$(\sin x)^{(n)}=\sin\left(\frac{n\pi}{2}+x\right).$$

这样,我们有

$$(\sin x)^{(2k)}\big|_{x=0}=0,\quad k=1,2,\cdots;$$

$$(\sin x)^{(2k+1)}\big|_{x=0}=(-1)^k,\quad k=0,1,\cdots.$$

这就是说,正弦函数在点 $x=0$ 处的泰勒公式中 x 的偶次方幂系数均为零,而 x 的奇次方幂系数的符号正负相间:

$$\sin x=x-\frac{1}{3!}x^3+\frac{1}{5!}x^5-\cdots+\frac{(-1)^k}{(2k+1)!}x^{2k+1}$$

$$+o(x^{2k+1})\quad(x\to 0).$$

或者认为展开式结束于偶数项：

$$\sin x = x - \frac{1}{3!}x^3 + \frac{1}{5!}x^5 - \cdots + \frac{(-1)^k}{(2k+1)!}x^{2k+1} + o(x^{2k+2}) \quad (x \to 0).$$

例 3 求函数 $y=\cos x$ 在点 $x=0$ 处的泰勒公式.

解 因 $(\cos x)'=-\sin x$，故当 $n>1$ 时，有

$$(\cos x)^{(n)} = -(\sin x)^{(n-1)} = -\sin\left(\frac{n-1}{2}\pi + x\right).$$

由此可以归纳出

$$(\cos x)^{(2k+1)}\big|_{x=0} = 0, \quad k=0,1,\cdots;$$
$$(\cos x)^{(2k)}\big|_{x=0} = (-1)^k, \quad k=1,2,\cdots.$$

于是，$y=\cos x$ 在点 $x=0$ 处的泰勒公式为

$$\cos x = 1 - \frac{1}{2!}x^2 + \frac{1}{4!}x^4 - \cdots + \frac{(-1)^k}{(2k)!}x^{2k} + o(x^{2k+1}) \quad (x \to 0).$$

例 4 函数 $y=(1+x)^\alpha$（α 为常数）在点 $x=0$ 处的泰勒公式为

$$(1+x)^\alpha = 1 + \frac{\alpha}{1!}x + \frac{\alpha(\alpha-1)}{2!}x^2 + \cdots + \frac{\alpha(\alpha-1)\cdots(\alpha-n+1)}{n!}x^n + o(x^n) \quad (x \to 0).$$

这一公式的验证留给读者.

我们要指出：这一公式在形式上很像牛顿二项展开式，但这里 α 不一定是整数，也不一定是有理数，它可以是任意实数.

当 α 是正整数 m 时，如果展开的阶数 n 等于 m，那么这时上述公式恰好是 $(1+x)^m$ 的牛顿二项展开式，因此这一公式是牛顿二项展开式的推广.

例 5 证明：函数 $y=\ln(1+x)$ 在点 $x=0$ 处的泰勒公式为

$$\ln(1+x) = x - \frac{x^2}{2} + \frac{x^3}{3} - \cdots + (-1)^{n-1}\frac{x^n}{n} + o(x^n) \quad (x \to 0).$$

证 为了证明这个公式，我们应求出 $\ln(1+x)$ 在点 $x=0$ 处的 n 阶导数. 直接套用第二章中的结果（或用数学归纳法证明）

$$(\ln(1+x))^{(n)} = (-1)^{n-1}\frac{(n-1)!}{(1+x)^n},$$

并求出它在点 $x=0$ 处的值：

$$(\ln(1+x))^{(n)}\big|_{x=0} = (-1)^{n-1}(n-1)!;$$

然后代入一般形式的泰勒公式即得所要证明的公式. 证毕.

上例另外一个证明方法是：考虑等式

$$\frac{1}{1+t}=1-t+t^{2}-\cdots+(-1)^{n-1}t^{n-1}+\frac{(-1)^{n}t^{n}}{1+t}.$$

将上式对 t 自 0 到 x 积分，即得

$$\ln(1+x)=x-\frac{x^{2}}{2}+\frac{x^{3}}{3}-\cdots+(-1)^{n-1}\frac{x^{n}}{n}+\int_{0}^{x}\frac{(-t)^{n}}{1+t}\mathrm{d}t.$$

现在只要证明上式最后一项当 $x\to 0$ 时是 $o(x^{n})$就可以了.

事实上，当 $x>0$ 时，有

$$\left|\int_{0}^{x}\frac{(-t)^{n}}{1+t}\mathrm{d}t\right|=\int_{0}^{x}\frac{t^{n}}{1+t}\mathrm{d}t<\int_{0}^{x}t^{n}\mathrm{d}x=\frac{1}{n+1}x^{n+1}.$$

当 $x<0$ 时，由换元法可得

$$\int_{0}^{x}\frac{(-t)^{n}}{1+t}\mathrm{d}t=-\int_{0}^{|x|}\frac{t^{n}}{1-t}\mathrm{d}t.$$

这时，不妨假定$|x|<\frac{1}{2}$，于是有

$$\left|\int_{0}^{x}\frac{(-t)^{n}}{1+t}\mathrm{d}t\right|=\int_{0}^{|x|}\frac{t^{n}}{1-t}\mathrm{d}t<2\int_{0}^{|x|}t^{n}\mathrm{d}t=2\cdot\frac{1}{n+1}|x|^{n+1}.$$

总之，不论 x 是正数还是负数，当$|x|<\frac{1}{2}$ 时，总有

$$\left|\int_{0}^{x}\frac{(-t)^{n}}{1+t}\mathrm{d}t\right|\leqslant 2\int_{0}^{|x|}|t|^{n}\mathrm{d}t=\frac{2}{n+1}|x|^{n+1}.$$

因此，当 $x\to 0$ 时，这个积分是比 x^{n} 高阶的无穷小量，即 $o(x^{n})$. 这样，我们同样证明了

$$\ln(1+x)=x-\frac{x^{2}}{2}+\frac{x^{3}}{3}-\cdots+(-1)^{n-1}\frac{x^{n}}{n}+o(x^{n})\quad(x\to 0).$$

但是，这里有一个问题：如果没有前面第一种方法，那么我们如何来断言我们按第二种方法所证明的等式恰好就是泰勒公式呢？

这里实际上提出了一个一般问题：设函数 $f(x)$在点 $x=x_{0}$ 处有 n 阶导数. 假定我们已知下列公式成立：

$$\begin{aligned}f(x)=&A_{0}+A_{1}(x-x_{0})+\cdots+A_{n}(x-x_{0})^{n}\\&+o((x-x_{0})^{n})\quad(x\to x_{0}),\end{aligned}$$

其中 $A_{0},A_{1},\cdots,A_{n}$ 为常数. 我们要问：这个公式是否一定是 $f(x)$在点 x_{0} 处的泰勒公式？也就是问：这个公式右端的多项式是否一定是泰勒多项式？

问题的答案是肯定的. 事实上,令 $x \to x_0$,对上式取极限即得

$$A_0 = \lim_{x \to x_0} f(x) = f(x_0).$$

这样,当 $x \neq x_0$ 时,有

$$\frac{f(x)-f(x_0)}{x-x_0} = A_1 + A_2(x-x_0) + \cdots + A_n(x-x_0)^{n-1} + o((x-x_0)^{n-1}).$$

再令 $x \to x_0$,对上式取极限即得

$$f'(x_0) = A_1.$$

为了确定 A_2,我们需用洛必达法则:

$$\begin{aligned} A_2 &= \lim_{x \to x_0} \frac{f(x)-f(x_0)-f'(x_0)(x-x_0)}{(x-x_0)^2} \\ &= \lim_{x \to x_0} \frac{f'(x)-f'(x_0)}{2(x-x_0)} = \frac{1}{2} f''(x_0). \end{aligned}$$

依次类推,最后可以通过 $n-1$ 次洛必达法则证明

$$A_n = \frac{1}{n!} f^{(n)}(x_0).$$

这样,我们证明了如下定理:

定理 2 设函数 $f(x)$ 在点 x_0 附近有定义,并且在点 x_0 处的 n 阶导数存在. 假如有 $n+1$ 个常数 $A_0, A_1, \cdots, A_n$,使得下式成立:

$$f(x) = A_0 + A_1(x-x_0) + \cdots + A_n(x-x_0)^n + o((x-x_0)^n) \quad (x \to x_0),$$

则有

$$A_k = \frac{1}{k!} f^{(k)}(x_0), \quad k = 0, 1, \cdots, n,$$

其中 $f^{(0)}(x_0) = f(x_0)$.

这就是说,不管你是用怎样的办法证明了 $f(x)$ 可以用 $x-x_0$ 的某个 n 次多项式逼近,其误差当 $x \to x_0$ 时是比 $(x-x_0)^n$ 高阶的无穷小量,那么这个 $x-x_0$ 的 n 次多项式加上 $o((x-x_0)^n)$ 就一定是 $f(x)$ 在点 x_0 处的泰勒公式.

这个定理也称作**局部泰勒展开式的唯一性定理**.

有了这一结论,在求某个函数的局部泰勒公式时,我们就不一定要通过求函数在某点处的各阶导数来求,而可以用其他变通的方法了.

例 6 求函数 $y = \mathrm{e}^{-x^2}$ 在点 $x = 0$ 处的泰勒公式.

解　我们已知 $y=\mathrm{e}^x$ 在点 $x=0$ 处的泰勒公式,将 $-x^2$ 替代 x 代入 e^x 在点 $x=0$ 处的泰勒公式中即得

$$\begin{aligned}\mathrm{e}^{-x^2}&=1+(-x^2)+\frac{1}{2!}(-x^2)^2+\cdots+\frac{1}{n!}(-x^2)^n\\&\quad+o((x^2)^n)\quad(x^2\to 0)\\&=1-x^2+\frac{1}{2!}x^4-\cdots+\frac{(-1)^n}{n!}x^{2n}+o(x^{2n})\quad(x\to 0).\end{aligned}$$

局部泰勒公式为求 $\dfrac{0}{0}$ 型未定式极限提供了方便,使我们不必使用洛必达法则而求得未定式极限.

例 7　求极限

$$\lim_{x\to 0}\frac{\mathrm{e}^x-1-x-\dfrac{x}{2}\sin x}{\sin x-x\cos x}.$$

解　粗略地估计知此式分子与分母都是 x 的三阶无穷小量.于是,我们首先将分子与分母展开至 x^3 项:

$$\begin{aligned}&\mathrm{e}^x-1-x-\frac{x}{2}\sin x\\&\quad=1+x+\frac{x^2}{2}+\frac{x^3}{6}+o(x^3)-1-x-\frac{x}{2}\left(x-\frac{1}{6}x^3+o(x^3)\right)\\&\quad=\frac{1}{6}x^3+\frac{1}{12}x^4+o(x^4)+o(x^3)\\&\quad=\frac{1}{6}x^3+o(x^3),\end{aligned}$$

$$\begin{aligned}\sin x-x\cos x&=x-\frac{1}{6}x^3+o(x^3)-x\left(1-\frac{1}{2}x^2+o(x^3)\right)\\&=\frac{1}{3}x^3+o(x^3).\end{aligned}$$

所以,我们有

$$\frac{\mathrm{e}^x-1-x-\dfrac{x}{2}\sin x}{\sin x-x\cos x}=\frac{\dfrac{1}{6}x^3+o(x^3)}{\dfrac{1}{3}x^3+o(x^3)},$$

从而得到

$$\lim_{x\to0}\frac{e^x-1-x-\dfrac{x}{2}\sin x}{\sin x-x\cos x}=\frac{1}{2}.$$

在这个题目中,我们用到了下述事实:

$$xo(x^3)=o(x^4) \quad 与 \quad o(x^4)+o(x^3)=o(x^3).$$

请读者根据高阶无穷小量的定义自己证明,并希望读者能熟练运用类似的关系式.

局部泰勒公式也可以用来处理其他类型的未定式.

例 8 设 m 为整数且 $m>1$,求极限

$$\lim_{x\to\infty}\left[(x^m+x^{m-1})^{\frac{1}{m}}-(x^m-x^{m-1})^{\frac{1}{m}}\right].$$

解 将 $(x^m+x^{m-1})^{\frac{1}{m}}$ 写成 $x\left(1+\dfrac{1}{x}\right)^{\frac{1}{m}}$,并注意到当 $x\to\infty$ 时,$\dfrac{1}{x}\to0$. 由 $(1+x)^\alpha$ 的局部泰勒公式有

$$\left(1+\frac{1}{x}\right)^{\frac{1}{m}}=1+\frac{1}{m}\cdot\frac{1}{x}+o\left(\frac{1}{x}\right) \quad (x\to\infty),$$

因此

$$x\left(1+\frac{1}{x}\right)^{\frac{1}{m}}=x+\frac{1}{m}+o(1) \quad (x\to\infty),$$

其中 $o(1)$ 代表一个无穷小量 $(x\to\infty)$. 这里我们用到 $xo\left(\dfrac{1}{x}\right)=o(1)$,这一点读者可以由高阶无穷小量的定义验证.

类似地,我们有

$$(x^m-x^{m-1})^{\frac{1}{m}}=x\left(1-\frac{1}{x}\right)^{\frac{1}{m}}=x-\frac{1}{m}+o(1) \quad (x\to\infty).$$

这样,最后得到

$$\lim_{x\to\infty}\left[(x^m+x^{m-1})^{\frac{1}{m}}-(x^m-x^{m-1})^{\frac{1}{m}}\right]=\frac{2}{m}.$$

上式我们用到 $o(1)-o(1)=o(1)$. 这是因为,两个无穷小量之差是一个无穷小量.

思考题 求极限

$$\lim_{n\to\infty}n\left[\left(1+\frac{1}{n}\right)^n-e\right].$$

$\left[提示:\left(1+\dfrac{1}{n}\right)^n=e^{n\ln\left(1+\frac{1}{n}\right)}.\right]$

无论是求 $\frac{0}{0}$ 型未定式极限还是估计一个无穷小量的阶数,都需要熟记常见的基本初等函数的局部泰勒公式,尤其是下列一些公式:

(1) $e^x=1+x+\frac{1}{2!}x^2+\cdots+\frac{1}{n!}x^n+o(x^n)\ (x\to 0)$;

(2) $\sin x=x-\frac{1}{3!}x^3+\cdots+(-1)^{n-1}\frac{x^{2n-1}}{(2n-1)!}+o(x^{2n})\ (x\to 0)$;

(3) $\cos x=1-\frac{1}{2!}x^2+\cdots+(-1)^n\frac{x^{2n}}{(2n)!}+o(x^{2n+1})\ (x\to 0)$;

(4) $$(1+x)^\alpha=1+\alpha x+\frac{\alpha(\alpha-1)}{2!}x^2+\cdots+\frac{\alpha(\alpha-1)\cdots(\alpha-n+1)}{n!}x^n+o(x^n)\ (x\to 0);$$

(5) $\ln(1+x)=x-\frac{x^2}{2}+\frac{x^3}{3}-\cdots+(-1)^{n-1}\frac{x^n}{n}+o(x^n)\ (x\to 0)$.

一般来说,在点 $x=0$ 处的泰勒公式中,“o”中 x 的方幂次数与泰勒多项式的次数相同. 但对于 $\sin x$ 及 $\cos x$,在点 $x=0$ 处的泰勒公式中,“o”中 x 的方幂次数却比泰勒多项式的次数高一次. 这是因为,在这两个泰勒多项式中,与“o”中 x 同方幂的系数为零的缘故.

例 9　求函数 $f(x)=\cos 2x\cdot\ln(1+x)$ 在点 $x=0$ 处的泰勒公式,至 x^4 项.

解
$$\begin{aligned}f(x)&=\left[1-\frac{1}{2!}(2x)^2+o(x^3)\right]\left(x-\frac{1}{2}x^2+\frac{1}{3}x^3-\frac{1}{4}x^4+o(x^4)\right)\\&=x-\frac{1}{2}x^2+\frac{1}{3}x^3-\frac{1}{4}x^4+o(x^4)\\&\quad-\frac{1}{2!}(2x)^2\left(x-\frac{1}{2}x^2+o(x^2)\right)+o(x^3)(x+o(x))\\&=x-\frac{1}{2}x^2+\frac{1}{3}x^3-\frac{1}{4}x^4-\frac{1}{2!}(2x)^2x\\&\quad+\frac{1}{2!}(2x)^2\cdot\frac{1}{2}x^2+o(x^4)\\&=x-\frac{1}{2}x^2-\frac{5}{3}x^3+\frac{3}{4}x^4+o(x^4).\end{aligned}$$

局部泰勒公式还可以用来求复杂函数的高阶导数.

例 10　设函数 $f(x)=e^{\cos x}$,求 $f^{(4)}(0)$.

解 $f(x)$可化为$e^{\cos x}=e\cdot e^{\cos x-1}$. 当$x\to 0$时,$\cos x-1\to 0$.

先利用$\cos x$在点$x=0$处的泰勒公式得到

$$\cos x-1=-\frac{1}{2!}x^2+\frac{1}{4!}x^4+o(x^4),$$

再代入e^x的局部泰勒公式得到

$$\begin{aligned}e^{\cos x}&=e\cdot e^{-\frac{1}{2!}x^2+\frac{1}{4!}x^4+o(x^4)}\\&=e\left[1+\left(-\frac{1}{2!}x^2+\frac{1}{4!}x^4+o(x^4)\right)\right.\\&\quad\left.+\frac{1}{2!}\left(-\frac{1}{2!}x^2+o(x^2)\right)^2+o(x^4)\right]\\&=e-\frac{e}{2}x^2+\frac{e}{6}x^4+o(x^4).\end{aligned}$$

根据局部泰勒展开式的唯一性,有$\frac{f^{(4)}(0)}{4!}=\frac{e}{6}$. 由此得到$f^{(4)}(0)=4e$.

历史的注记

泰勒是英国数学家:18世纪早期英国牛顿学派的代表人物之一. 1715年,他正式公布了其重要发现,后人称之为泰勒公式. 当时,这一公式是用流数的形式写出的,用现代的形式写出即为

$$f(x+h)=f(x)+\frac{h}{1!}f'(x)+\frac{h^2}{2!}f''(x)+\cdots.$$

他当时的证明是不严谨的,也没有顾及公式中无穷和的数学含义. 在泰勒看来,任意一个一元函数都能展开成一个幂级数.

§4 关于泰勒公式的余项

在上一节所证明的泰勒公式

$$f(x)=f(x_0)+\frac{f'(x_0)}{1!}(x-x_0)+\cdots+\frac{f^{(n)}(x_0)}{n!}(x-x_0)^n$$
$$+o((x-x_0)^n)\quad(x\to x_0)$$

中,误差项$o((x-x_0)^n)$只告诉我们它是当$x\to x_0$时比$(x-x_0)^n$高阶的无穷小量,但并没有具体地告诉我们,对于给定的一个x,它的数值有多大. 因此,我们自然希望对于泰勒公式中的误差项有一个具体的估计式或更为

明显的表达式.

拉格朗日中值定理告诉我们：

$$f(x)=f(x_0)+f'(\xi)(x-x_0),$$

其中 ξ 是介于 x_0 与 x 之间的某一点. 这个公式可以看作在 $n=0$ 时对误差项有明显表达式的一个泰勒公式. 从这一种特殊情况出发,我们似乎有理由猜想如下公式成立：

$$f(x)=f(x_0)+\frac{f'(x_0)}{1!}(x-x_0)+\cdots+\frac{f^{(n)}(x_0)}{n!}(x-x_0)^n + \frac{f^{(n+1)}(\xi)}{(n+1)!}(x-x_0)^{n+1},$$

其中 ξ 是介于 x_0 与 x 之间的某一点.

事实上,这一公式是成立的.

因这一公式是拉格朗日中值定理的推广,故其中的余项称为**拉格朗日余项**,而整个公式称为**带拉格朗日余项的泰勒公式**.

定理　设函数 $f(x)$ 在区间 (a,b) 内有 $n+1$ 阶导数,则对于 (a,b) 中任意取定的一点 x_0 及任意的 $x\in(a,b)$,有

$$f(x)=f(x_0)+\frac{f'(x_0)}{1!}(x-x_0)+\cdots+\frac{f^{(n)}(x_0)}{n!}(x-x_0)^n + \frac{f^{(n+1)}(\xi)}{(n+1)!}(x-x_0)^{n+1},$$

其中 ξ 是介于 x_0 与 x 之间的某一点.

证　假如 $x=x_0$,则上述公式显然成立. 因此,不妨设 $x\neq x_0$. 我们令

$$F(t)=f(t)-f(x_0)-\frac{f'(x_0)}{1!}(t-x_0)-\cdots-\frac{f^{(n)}(x_0)}{n!}(t-x_0)^n,$$

$$G(t)=(t-x_0)^{n+1},$$

其中 $x_0\leqslant t\leqslant x$ 或 $x\leqslant t\leqslant x_0$. 很容易验证

$$F(x_0)=G(x_0)=0,$$

$$F^{(k)}(x_0)=G^{(k)}(x_0)=0,\quad k=1,2,\cdots,n.$$

由柯西中值定理有

$$\frac{F(x)}{G(x)}=\frac{F(x)-F(x_0)}{G(x)-G(x_0)}=\frac{F'(x_1)}{G'(x_1)},$$

其中 x_1 是介于 x_0 与 x 之间的某一点. 注意到 $F'(x_0)=G'(x_0)=0$,再次

应用柯西中值定理有

$$\frac{F'(x_1)}{G'(x_1)}=\frac{F'(x_1)-F'(x_0)}{G'(x_1)-G'(x_0)}=\frac{F''(x_2)}{G''(x_2)},$$

其中 x_2 是介于 x_0 与 x_1 之间的某一点，即介于 x_0 与 x 之间的某一点. 如此下去，共使用 $n+1$ 次柯西中值定理，最后得到

$$\frac{F(x)}{G(x)}=\frac{F^{(n+1)}(x_{n+1})}{G^{(n+1)}(x_{n+1})},$$

其中 x_{n+1}是介于 x_0 与 x 之间的某一点. 另外，不难看出

$$F^{(n+1)}(t)=f^{(n+1)}(t),\quad G^{(n+1)}(t)=(n+1)!,$$

故我们得到

$$\frac{F(x)}{G(x)}=\frac{f^{(n+1)}(x_{n+1})}{(n+1)!},$$

即

$$F(x)=\frac{f^{(n+1)}(x_{n+1})}{(n+1)!}(x-x_0)^{n+1}.$$

将 x_{n+1} 换成 ξ，上式就是要证的公式. 证毕.

这一定理在函数值的计算方面有重要意义. 事实上，迄今为止，各种初等函数的数值表，如三角函数表、对数函数表等，都是根据带拉格朗日余项或其他形式余项的泰勒公式计算来的.

拉格朗日余项为泰勒公式的误差提供了估计. 设 M 是 $|f^{(n+1)}(t)|$ 在区间 $[x_0,x]$ 或 $[x,x_0]$ 上的一个上界，那么对于泰勒公式的误差

$$R_n(x)=f(x)-f(x_0)-\frac{f'(x_0)}{1!}(x-x_0)-\cdots-\frac{f^{(n)}(x_0)}{n!}(x-x_0)^n,$$

有如下估计式：

$$|R_n(x)|\leqslant\frac{M}{(n+1)!}|x-x_0|^{n+1}.$$

例　设 $-\frac{\pi}{4}<x<\frac{\pi}{4}$，在使用带拉格朗日余项的泰勒公式计算 $\sin x$ 时，为了使误差小于 5×10^{-7}，应在其泰勒公式中取多少项？

解　因 $(\sin x)^{(n)}=\sin\left(x+\frac{n}{2}\pi\right)$，故 $\sin x$ 的带拉格朗日余项的泰勒公式应为

$$\sin x=x-\frac{x^3}{3!}+\cdots+(-1)^{n-1}\frac{x^{2n-1}}{(2n-1)!}+(-1)^n\frac{\cos\xi}{(2n+1)!}x^{2n+1},$$

其误差小于

$$\frac{|x|^{2n+1}}{(2n+1)!} \leqslant \frac{\left(\frac{\pi}{4}\right)^{2n+1}}{(2n+1)!} \leqslant \frac{1}{(2n+1)!}.$$

为了使误差小于 5×10^{-7}，取 $n=5$ 即可，因为

$$\frac{1}{11!}<3\times10^{-8}.$$

下面是几个常见初等函数的带拉格朗日余项的泰勒公式：

(1) $\mathrm{e}^x=1+x+\dfrac{x^2}{2!}+\cdots+\dfrac{x^n}{n!}+\dfrac{\mathrm{e}^{\xi}}{(n+1)!}x^{n+1}\ (-\infty<x<+\infty)$；

(2) $$\sin x=x-\frac{x^3}{3!}+\cdots+(-1)^{n-1}\frac{x^{2n-1}}{(2n-1)!}+(-1)^n\frac{\cos\xi}{(2n+1)!}x^{2n+1}\ (-\infty<x<+\infty);$$

(3) $$\cos x=1-\frac{x^2}{2!}+\cdots+(-1)^n\frac{x^{2n}}{(2n)!}+(-1)^{n+1}\frac{\cos\xi}{(2n+2)!}x^{2n+2}\ (-\infty<x<+\infty);$$

(4) $$(1+x)^\alpha=1+\alpha x+\frac{\alpha(\alpha-1)}{2!}x^2+\cdots+\frac{\alpha(\alpha-1)\cdots(\alpha-n+1)}{n!}x^n+\frac{\alpha(\alpha-1)\cdots(\alpha-n)}{(n+1)!}(1+\xi)^{\alpha-n-1}x^{n+1}\ (-1<x<+\infty);$$

(5) $$\ln(1+x)=x-\frac{x^2}{2}+\frac{x^3}{3}-\cdots+(-1)^{n-1}\frac{x^n}{n}+(-1)^n\frac{x^{n+1}}{(n+1)(1+\xi)^{n+1}}\ (-1<x<+\infty).$$

在以上各式中，ξ 是介于 0 与 x 之间的数.

应该指出：在上述公式中，$(1+x)^\alpha$ 及 $\ln(1+x)$的拉格朗日余项相对而言较大. 换句话说，当我们在泰勒公式中取相同项数时，e^x，$\sin x$ 及 $\cos x$ 的拉格朗日余项一般较小，而$(1+x)^\alpha$ 与 $\ln(1+x)$的拉格朗日余项较大.

泰勒公式对某些函数会失去意义，例如函数

$$f(x)=\begin{cases}\mathrm{e}^{-\frac{1}{x^2}}, & x\neq0,\\ 0, & x=0.\end{cases}$$

首先，我们验证函数 $f(x)$在点 $x=0$ 处的导数 $f'(0)=0$. 事实上，

$$\lim_{\Delta x\to 0}\frac{\Delta y}{\Delta x}=\lim_{\Delta x\to 0}\frac{f(0+\Delta x)-f(0)}{\Delta x}=\lim_{\Delta x\to 0}\frac{\mathrm{e}^{-\frac{1}{(\Delta x)^2}}}{\Delta x},$$

而洛必达法则无法直接应用于这一个 $\frac{0}{0}$ 型未定式,需要将它做一点变形:

$$\lim_{\Delta x\to 0}\frac{\Delta y}{\Delta x}=\lim_{\Delta x\to 0}\frac{\frac{1}{\Delta x}}{\mathrm{e}^{\frac{1}{(\Delta x)^2}}}=\lim_{t\to\infty}\frac{t}{\mathrm{e}^{t^2}},$$

其中 $t=\frac{1}{\Delta x}$,当 $\Delta x\to 0$ 时,$t\to\infty$. 利用洛必达法则,很容易证明

$$f'(0)=\lim_{\Delta x\to 0}\frac{\Delta y}{\Delta x}=\lim_{t\to\infty}\frac{t}{\mathrm{e}^{t^2}}=0.$$

因此,我们证明了

$$f'(x)=\begin{cases}\frac{2}{x^3}\mathrm{e}^{-\frac{1}{x^2}}, & x\neq 0,\\ 0, & x=0.\end{cases}$$

其次,用类似于上面的方法,可以证明 $f''(0)=0$,并且可以一般地证明 $f(x)$在点 $x=0$ 处的各阶导数都等于零,即

$$f^{(n)}(0)=0,\quad n=1,2,\cdots.$$

因此,对于任意的正整数 n,$f(x)$在点 $x=0$ 处的带拉格朗日余项的泰勒公式是

$$f(x)=0+\frac{f^{(n+1)}(\xi)}{(n+1)!}x^{n+1}.$$

这里的拉格朗日余项就是函数本身,这在函数值计算上没有告诉我们任何事情. 这个极端的例子表明,泰勒公式对于函数值的计算也不是万能的.

思考题 试比较局部泰勒公式与带拉格朗日余项的泰勒公式在意义上与应用上的差别.

习 题 4.4

1. 求下列函数在点 $x=0$ 处的泰勒公式:

(1) $\mathrm{sh}x$; (2) $\frac{1}{2}\ln\frac{1-x}{1+x}$; (3) $\sin^2 x$;

(4) $\frac{x^2+2x-1}{x-1}$; (5) $\cos x^3$.

2. 求下列函数在点 $x=0$ 处的泰勒公式,至所指定的阶数:

(1) $e^x\sin x$，四阶；　　(2) $\sqrt{1+x}\cos x$，四阶；

(3) $\sqrt{1-2x+x^3}-\sqrt{1-3x+x^2}$，三阶.

3. 求下列函数在点 $x=0$ 处的泰勒公式：

(1) $\arctan x$；　　(2) $\arcsin x$.

4. 利用泰勒公式求下列极限：

(1) $\lim\limits_{x\to 0}\dfrac{1-x^2-e^{-x^2}}{x\sin^3 2x}$；　　(2) $\lim\limits_{x\to 0}\left(\dfrac{1}{x}-\dfrac{1}{e^x-1}\right)$；

(3) $\lim\limits_{x\to 0}\left(\dfrac{1}{x}-\dfrac{\cos x}{\sin x}\right)\dfrac{1}{\sin x}$.

5. 当 x 较小时，可用 $\sin a+x\cos a$ 近似代替 $\sin(a+x)$，其中 a 为常数. 试证其误差不超过 $\dfrac{1}{2}|x|^2$.

6. 设 $0<x\leqslant\dfrac{1}{3}$，试证：按公式

$$e^x=1+x+\frac{1}{2}x^2+\frac{1}{6}x^3$$

计算 e^x 的近似值时，误差不超过 8×10^{-4}.

§5　极值问题

所谓的**极值问题**，就是寻求一个给定函数在一定范围内的极值或最值的问题.

历史上各式各样的极值问题曾经是数学发展的重要源泉之一，而某些极值问题的研究与微分学的发展有直接的联系.

现在我们利用微分学的知识来讨论极值问题. 我们先引入一些术语.

我们称一点 x_0 是函数 $f(x)$ 的**极值点**，如果该函数在点 x_0 附近有定义且存在一个邻域 $U_\delta(x_0)$，使得

$$f(x)\leqslant f(x_0),\quad \forall x\in U_\delta(x_0)$$

或

$$f(x)\geqslant f(x_0),\quad \forall x\in U_\delta(x_0).$$

在前一种情况下，称 $f(x_0)$ 为**极大值**，x_0 为**极大值点**；而在后一种情况下，称 $f(x_0)$ 为**极小值**，x_0 为**极小值点**. 极大值与极小值统称为**极值**.

过去，我们曾谈论过一个闭区间 $[a,b]$ 上的连续函数的最大值与最小值. 应该指出：极大值或极小值只是函数在一个局部范围内的最大值或最

小值，在整个区间上它们未必是最大值或最小值. 反过来，一个函数在闭区间上的最大值或最小值也未必一定是极大值或极小值，比如若一个函数的最大值或最小值不是在定义区间的内点达到，而是在端点达到，这时它就一定不是极大值或极小值，因为这时不存在极值点所要求的邻域. 但是，无论如何，如果函数的最大值或最小值在定义区间内达到，则它必为极大值或极小值.

由上面的讨论可看出：寻求一个函数在一个闭区间上的最大值或最小值，只要我们找出它在区间内的全部极值点，再将这些点所对应的函数值与函数在端点处的值加以比较就够了.

下面的定理给出了极值点的必要条件.

定理 1 设函数 $f(x)$ 在区间 (a,b) 上有定义. 若 $x_0\in(a,b)$ 是 $f(x)$ 的极值点，并且 $f(x)$ 在点 x_0 处可导，则 $f'(x_0)=0$.

证 不失一般性，我们假定 x_0 是 $f(x)$ 的极大值点. 这时，存在点 x_0 的一个邻域 $U_\delta(x_0)\subset(a,b)$，使得 $f(x)\leqslant f(x_0)$，$\forall x\in U_\delta(x_0)$. 这样，我们有

$$\lim_{x\to x_0+0}\frac{f(x)-f(x_0)}{x-x_0}\leqslant 0$$

和

$$\lim_{x\to x_0-0}\frac{f(x)-f(x_0)}{x-x_0}\geqslant 0.$$

$f(x)$ 在点 x_0 处的可导性蕴含着上述两个极限相等并且都等于 $f'(x_0)$，于是推出 $f'(x_0)=0$. 证毕.

定理 1 称为**费马**(Fermat)**定理**. 这个定理告诉我们：对于可导函数而言，极值点的必要条件是函数在该点处的导数为零. 其几何意义是：一条平面可微曲线弧上极值点所对应点处的切线与 x 轴平行，如图 4.5 中 A，B，C 三点处的切线.

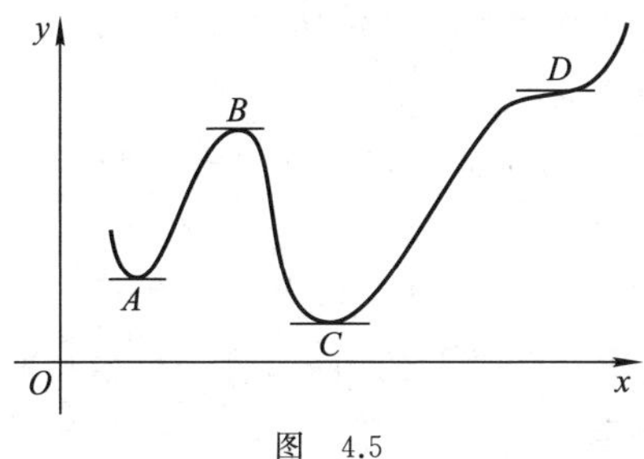

图 4.5

然而,我们应当注意,使导数等于零的点不一定就是极值点. 请观察图 4.5 中的点 D.

通常将导数等于零的点称为**驻点**. 这是一个老的名字,可能从物理学上得来:如果将考虑的函数看作一个运动物体的位移函数,那么导数等于零意味着其瞬时速度为零,似乎在这一瞬间运动着的物体停驻于原处.

人们也将导数等于零的点称作**稳定点**或**临界点**,因为在许多现象中这种点对应的是某种稳定状态或临界状态. 在本教材中,今后我们将导数等于零的点称为稳定点.

根据上面的讨论,对于一个可导函数,**极值点要在稳定点中寻求**. 但是要注意,**稳定点不一定都是极值点**.

为了确定一个稳定点是否是极值点,一般要考虑在稳定点左侧及右侧附近函数的性态. 比如,若在稳定点左侧附近函数递增(或等价地说,其导数是非负的),而在稳定点右侧附近函数递减(导数是非正的),这时稳定点一定是极大值点.

例 1 求出函数 $f(x)=x^3-6x^2-15x+4$ 的极大值点与极小值点.

解 因 $f'(x)=3x^2-12x-15=3(x+1)(x-5)$,故 $f(x)$ 的稳定点是 $x=-1$ 及 $x=5$,并且有 $f'(x)>0, \forall x<-1$; $f'(x)<0, \forall x\in(-1,5)$; $f'(x)>0, \forall x>5$. 因此,$x=-1$ 为极大值点,$x=5$ 为极小值点.

把上述讨论列成表 4.1 将更清晰.

表 4.1

x	$(-\infty,-1)$	-1	$(-1,5)$	5	$(5,+\infty)$
$f'(x)$	$+$	0	$-$	0	$+$
$f(x)$	↗	极大值	↘	极小值	↗

一般来说,若导数在一个稳定点的两侧附近改变其符号,则该稳定点为极值点.

考查函数在稳定点处的二阶导数的符号也是确定稳定点是否是极值点的一个方法.

定理 2 设函数 $f(x)$ 在区间 (a,b) 内有一阶导数,$x_0\in(a,b)$ 是它的一个稳定点,并且 $f(x)$ 在点 x_0 处有二阶导数. 若 $f''(x_0)<0$,则 x_0 为极大值点;若 $f''(x_0)>0$,则 x_0 为极小值点.

证 我们只讨论 $f''(x_0)>0$ 的情况,另一种情况的讨论完全类似.

因 $f'(x_0)=0$,并且

$$0<f''(x_0)=\lim_{x\to x_0}\frac{f'(x)-f'(x_0)}{x-x_0}=\lim_{x\to x_0}\frac{f'(x)}{x-x_0},$$

故有正数 δ，使得 $U_\delta(x_0)\subset(a,b)$，并且

$$\frac{f'(x)}{x-x_0}>0,\quad \forall x\in U_\delta(x_0)\setminus\{x_0\}.$$

也就是说，在点 x_0 的两侧附近 $f'(x)$ 与 $x-x_0$ 的符号相同. 于是，$f'(x)$ 在点 x_0 的左侧附近为负的，而在点 x_0 的右侧附近为正的. 因此，$f(x_0)$ 为极小值. 证毕.

仍以例 1 中的函数为例. 因 $f''(x)=6x-12$，故 $f''(-1)=-18<0$，$f''(5)=18>0$. 因此，由定理 2 再次证实 $x=-1$ 为极大值点，$x=5$ 为极小值点.

定理 2 的另外一种证明方法是应用局部泰勒公式. 设 $f'(x_0)=0$，$f''(x_0)>0$，那么

$$\begin{aligned}f(x)&=f(x_0)+\frac{1}{2}f''(x_0)(x-x_0)^2+o((x-x_0)^2)\\&=f(x_0)+\left(\frac{1}{2}f''(x_0)+\alpha(x)\right)(x-x_0)^2\quad(x\to x_0),\end{aligned}$$

其中 $\alpha(x)$ 是一个无穷小量($x\to x_0$). 因此，当 x 充分靠近 x_0 时，$|\alpha(x)|<\frac{1}{2}f''(x_0)$，从而 $\frac{1}{2}f''(x_0)+\alpha(x)$ 与 $f''(x_0)$ 同号. 于是，由 $f''(x_0)>0$ 得

$$\left(\frac{1}{2}f''(x_0)+\alpha(x)\right)(x-x_0)^2\geqslant 0.$$

由此推出，当 x 充分靠近 x_0 时，$f(x)\geqslant f(x_0)$.

这个证明的好处在于它可以推广到更一般的情况，得到如下结论：

设函数 $f(x)$ 在点 x_0 处有 $2n$ 阶导数，并且

$$f'(x_0)=\cdots=f^{(2n-1)}(x_0)=0.$$

若 $f^{(2n)}(x_0)>0$，则 x_0 为极小值点；若 $f^{(2n)}(x_0)<0$，则 x_0 为极大值点.

这个证明还启示我们：当稳定点处的二阶导数为零时，可以考查其三阶导数(如果它存在的话). 如果稳定点处的三阶导数不等于零，则稳定点必不是极值点. 我们建议读者自己证明这一结论，并把它推广到一般情况：

若函数 $f(x)$ 在稳定点 x_0 处的前 $2n$ 阶导数为零，而 $2n+1$ 阶导数不为零，则 x_0 必不是极值点.

根据费马定理，若函数在极值点处可导，则极值点一定是稳定点. 另外，函数的不可导点也可能是极值点.

例 2　求函数 $f(x)=x^{\frac{2}{3}}$ 的极值点.

解　$f(x)$在区间$(-\infty,+\infty)$上连续,且

$$f'(x)=\frac{2}{3}x^{-\frac{1}{3}},\quad x\neq 0.$$

$f(x)$在点 $x=0$ 处不可导. 对于任意的 $x\in(-\infty,0)$,有 $f'(x)<0$;对于任意的 $x\in(0,+\infty)$,有 $f'(x)>0$. 所以,$f(x)$在区间$(-\infty,0]$内递减,在区间$[0,+\infty)$内递增,进而得出

$$f(x)>f(0),\quad x\neq 0,$$

即 $x=0$ 是 $f(x)$的极小值点.

例 3　研究函数 $f(x)=x^3\mathrm{e}^{-x}$ 的极值点.

解　我们有 $f'(x)=(3x^2-x^3)\mathrm{e}^{-x}$,故 $f(x)$的所有稳定点为 $x=0$ 及 $x=3$. 容易算得

$$f''(x)=(x^3-6x^2+6x)\mathrm{e}^{-x},$$

于是 $f''(0)=0$,$f''(3)=-9\mathrm{e}^{-3}<0$. 根据定理 2,$x=3$ 是极大值点. 由于 $f''(0)=0$,故不能判断 $x=0$ 是否是极值点. 我们求 $f(x)$的三阶导数. 经过计算得

$$f'''(x)=(-x^3+9x^2-18x+6)\mathrm{e}^{-x},$$

因此 $f'''(0)=6>0$. 可见,$x=0$ 不是极值点.

很多实际问题不是要寻求函数的极大值或极小值,而是要寻求函数在一个闭区间上的最大值或最小值. 为了解决求最大值或最小值的问题,一般来说,这需要求出区间内部的全部极值点,然后将它们的函数值与区间端点处的函数值加以比较,从中挑选出最大者或最小者,即为最大值或最小值.

尽管原则上一般应该如此,但是在有些实际问题中会出现下述情况:区间内部只有一个极值点. 在这种特殊情况下,可以肯定这个极值点必为最值点,而且如果它是极大值点或极小值点,则它对应的函数值必定是整个区间上的最大值或最小值. 为什么? 请读者自行说明.

例 4　求函数 $f(x)=(x-1)\sqrt[3]{x^2}$ 在区间$[-1,1]$上的最大值和最小值.

解　我们有

$$f'(x)=x^{\frac{2}{3}}+(x-1)\cdot\frac{2}{3}x^{-\frac{1}{3}}=\frac{5x-2}{3x^{\frac{1}{3}}}.$$

可见，$f(x)$的稳定点是 $x=\frac{2}{5}$，不可导点是 $x=0$. $x=-1$ 和 $x=1$ 是区间端点. $f(x)$在上述各点处的值为

$$f\left(\frac{2}{5}\right)=-\frac{3}{5}\sqrt[3]{\frac{4}{25}},\quad f(0)=0,\quad f(-1)=-2,\quad f(1)=0,$$

从中选出最大值 0，故 0 是 $f(x)$在$[-1,1]$上的最大值，最大值点为 $x=0$ 和 $x=1$；从中选出最小值-2，故-2 是 $f(x)$在$[-1,1]$上的最小值，最小值点为 $x=-1$.

例 5（光的折射定律） 设有甲、乙两种介质，其交界面为一平面. 假设光自甲介质中的点 A 发出经过两种介质的交界面而到达乙介质中的点 B. 从物理学上我们知道，光所走的路径一定满足折射定律：

$$\frac{\sin\alpha_0}{\sin\beta_0}=\frac{v_1}{v_2},$$

其中 α_0 是光的入射角，而 β_0 是折射角，v_1 与 v_2 分别为光在甲、乙两种介质中的速度. 证明：光所走的路径是时间最少的路径.

我们考虑垂直于甲、乙两种介质交界面且包含 A,B 两点的平面，并在此平面上取定直角坐标系，使点 A 落在 y 轴上，而 x 轴在交界面上（见图 4.6）. 假定点 A 至交界面的距离为 a，而点 B 至交界面的距离为 b，点 B 在 x 轴上的垂足 C 至原点 O 的距离为 d.

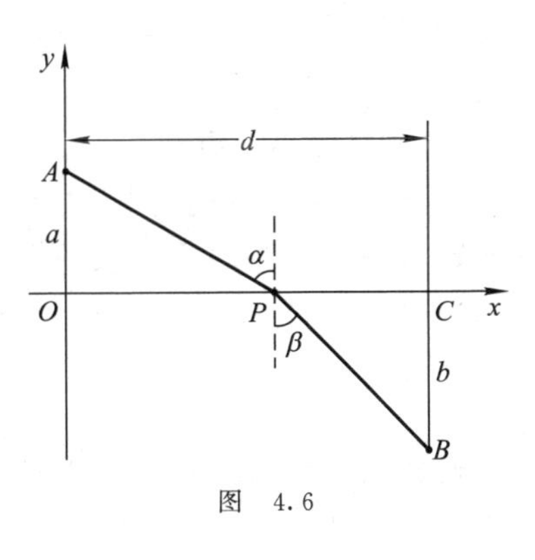

图 4.6

现在我们假定光从点 $P(x,0)$处进入乙介质，其入射角与折射角分别为 α 与 β，这时光在甲介质中所走过的路程为 $\sqrt{a^2+x^2}$，而在乙介质中所走过的路程为 $\sqrt{b^2+(d-x)^2}$，从而光自点 A 至点 B 所需的时间为

$$T(x)=\frac{\sqrt{a^2+x^2}}{v_1}+\frac{\sqrt{b^2+(d-x)^2}}{v_2}.$$

这里 $T(x)$是在整个实轴上有定义的可导函数，并且当 $x\to+\infty$ 或 $x\to-\infty$ 时，$T(x)\to+\infty$. 因此，$T(x)$至少有一个极小值点，从而又推出它至少有一个稳定点，即 $T'(x)=0$ 至少有一个实根.

对 $T(x)$求一阶与二阶导数，我们有

$$T'(x)=\frac{x}{v_1\sqrt{a^2+x^2}}-\frac{d-x}{v_2\sqrt{b^2+(d-x)^2}}$$

和

$$T''(x)=\frac{a^2}{v_1(\sqrt{a^2+x^2})^3}+\frac{b^2}{v_2[\sqrt{b^2+(d-x)^2}]^3}.$$

由 $T'(0)<0, T'(d)>0$ 以及 $T'(x)$ 的连续性，可看出在 $[0,d]$ 上必有 $T'(x)=0$ 的根. 又注意到 $T''(x)>0$，可知 $T'(x)=0$ 至多有一个实根(回顾罗尔中值定理).

这样，存在唯一的点 x_0，使得 $T'(x_0)=0$，即

$$\frac{x_0}{v_1\sqrt{a^2+x_0^2}}=\frac{d-x_0}{v_2\sqrt{b^2+(d-x_0)^2}},$$

并且不难看出 x_0 是 $T(x)$ 的极小值点. 设光在点 x_0 处的入射角为 α_0，折射角为 β_0，则上式可写成

$$\frac{\sin\alpha_0}{v_1}=\frac{\sin\beta_0}{v_2}.$$

这恰好是折射定律的结论. 这样，我们就证明了光所走的路径是时间最少的路径.

例 6 (最小二乘法) 最小二乘法是一个有广泛应用的有关数据处理的方法. 假设我们要测定某个量的值，共做了 n 次试验，测得的数据分别是 $a_1, a_2, \cdots, a_n$. 到底应该取一个怎样的值来代表我们要测定的量呢？一个简单而有效的方法是：找这样一个值 x_0，它使得平方和函数

$$f(x)=\sum_{i=1}^{n}(x-a_i)^2$$

达到最小. 用这样的 x_0 作为我们要测定量的值，则有较大的把握使误差较小.

现在我们的问题不是讨论最后一句话的合理性(这要用数理统计的知识说明)，而是讨论怎样求出这样的 x_0.

上述函数 $f(x)$ 在整个实轴上有定义，并且当 $x\to+\infty$ 或 $x\to-\infty$ 时，$f(x)\to+\infty$. 因此，它有极小值. 另外，它的稳定点很容易由

$$f'(x)=2\sum_{i=1}^{n}(x-a_i)=0$$

求出，并且不难看出只有一个稳定点：

$$x_0=\frac{1}{n}(a_1+a_2+\cdots+a_n).$$

前面我们已经说明这个函数至少有一个极小值点,因此这唯一的稳定点只能是极小值点,并且它对应的极小值也就是该函数的最小值. 故由上式确定的 x_0 即为我们所求的值.

以上我们利用求平方和函数最小值的方法,来确定要测定量的估计值 x_0. 这种方法称为**最小二乘法**. 从讨论结果看出,用最小二乘法所确定的 x_0,恰好就是所测得的 n 个数据的算术平均值.

历史的注记

费马是法国著名数学家,他先是学习法律的,后以地方议会的议员为其职业. 他利用公职之余钻研数学,并在数论、解析几何、概率论等方面有重大贡献. 他的著名猜想"方程

$$x^n + y^n = z^n \quad (n > 2)$$

无整数解"成了各国数学家努力研究的课题,且直到 20 世纪 90 年代,即在他去世三百多年后才得以证明. 特别应该指出的是,费马是微积分的先驱. 他在微积分创立之前,就提出了求极值点的方法,其中实际上给出了求曲线切线的方法. 此外,他与笛卡儿差不多同时得到了解析几何的基本观念. 他淡泊名利,很少发表自己的著作. 他的许多论述都写在读过的书页的空白处或给友人的信中. 他去世后,他的儿子将这些遗作汇集成两大卷书出版.

习 题 4.5

1. 求下列函数的单调性区间与极值点:

(1) $y=3x^5-5x^3$; (2) $y=\frac{1}{x^2}-\frac{1}{x}$;

(3) $y=\frac{2x}{1+x^2}$; (4) $y=\frac{1}{x}\ln^2 x$.

2. 求函数 $f(x)=2x^3-9x^2+12x+2$ 在区间 $[-1,3]$ 上的最大值与最小值,并指明最大值点与最小值点.

3. 将周长为 $2p$ 的等腰三角形绕其底边旋转一周,求使所得旋转体体积最大的等腰三角形的底边长.

4. 求出常数 l 与 k 的值,使函数

$$f(x) = x^3 + lx^2 + kx$$

在点 $x=-1$ 处有极值 2,并求出在这样的 l 与 k 之下 $f(x)$ 的所有极值点以及在区间 $[0,3]$ 上的最小值和最大值.

5. 设一盏电灯可以沿垂直线段 OB 移动，OA 是一条水平线段，长度为 a，问：该电灯距离点 O 多高时，点 A 有最大的照度$\left(见图 4.7，照度 J=K\dfrac{\sin\varphi}{r^2}，其中 K 为常数\right)$.

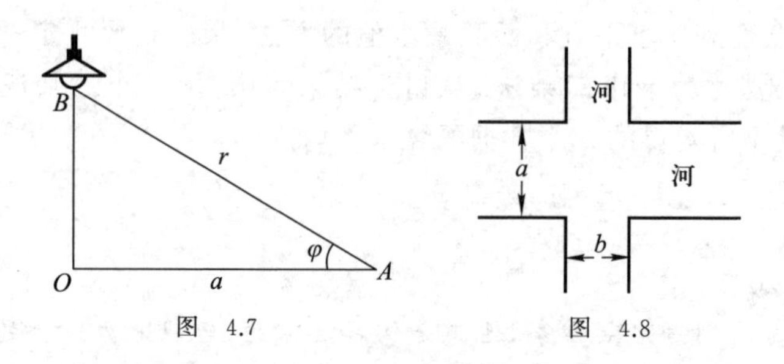

图 4.7　　　　图 4.8

6. 两条宽分别为 a 及 b 的河垂直相交，若一艘船能从一条河转入另一条河，问：该船的最大长度是多少(见图 4.8)？

7. 在半径为 a 的球内作一个内接圆锥体，要使圆锥体的体积最大，问：圆锥体的高及底半径应是多少？

8. 在半径为 a 的半球外作一个外切圆锥体，问：圆锥体的高及底半径取多少才能使圆锥体的体积最小？

9. 在曲线 $y^2=4x$ 上求出到点(18,0)的距离最短的点.

10. 试求内接于一个已知圆锥体且有最大体积的圆柱体的高.

11. 试求内接于椭圆周 $\dfrac{x^2}{a^2}+\dfrac{y^2}{b^2}=1(a,b>0)$且底边平行于 x 轴的最大等腰三角形的面积.

12. 设点 A 自直角坐标系 Oxy 的原点 O 开始，以速度 8 m/min 沿 y 轴向正向匀速前进，而点 B 在 x 轴正向距离原点 50 m 处，同时沿 x 轴向原点做匀速运动，速度为 6 m/min，问：何时点 A 与 B 相距最近？最近的距离是多少？

§6　函数的凸凹性与函数作图

我们已经知道函数的一阶导函数的正负号与函数的单调性相关，自然希望知道函数的二阶导数的正负号反映函数怎样的性质.

我们先看一个很简单的例子. 函数 $y=ax^2(a\neq0)$的二阶导数 $y''=2a$ 是一个常数. 若 $a>0$，则 $y=ax^2$ 的图形是一条向下凸的抛物线；若 $a<0$，则 $y=ax^2$ 的图形是一条向上凸的抛物线. 这个例子启示我们：函数的二阶导数的正负号可能与函数图形的凸凹性有一定的关系.

1. 函数的凸凹性

我们先来定义函数的凸凹性.

设函数 $f(x)$ 在区间 (a,b) 内可导. 我们称 $f(x)$ 在 (a,b) 上是一个**向上凸**(简称**凸**)的函数,如果对于每一点 $x_0\in(a,b)$,都有

$$f(x)<f(x_0)+f'(x_0)(x-x_0),\quad \forall x\in(a,b),x\neq x_0;$$

我们称 $f(x)$ 在 (a,b) 上是一个**向下凸**(也称**向上凹**,简称**凹**)的函数,如果对于每一点 $x_0\in(a,b)$,都有

$$f(x)>f(x_0)+f'(x_0)(x-x_0),\quad \forall x\in(a,b),x\neq x_0.$$

现在我们来解释上述不等式的几何意义.

注意到

$$y=f(x_0)+f'(x_0)(x-x_0)$$

是曲线 $y=f(x)$ 的过点 $(x_0,f(x_0))$ 的切线方程,立刻就发现:向上凸的条件是要求曲线 $y=f(x)$ 总是要在它的切线的下方,而向下凸的条件则是要求曲线 $y=f(x)$ 总是落在切线的上方. 这恰好与我们从几何直观上了解的凸与凹是一致的(见图 4.9 与图 4.10).

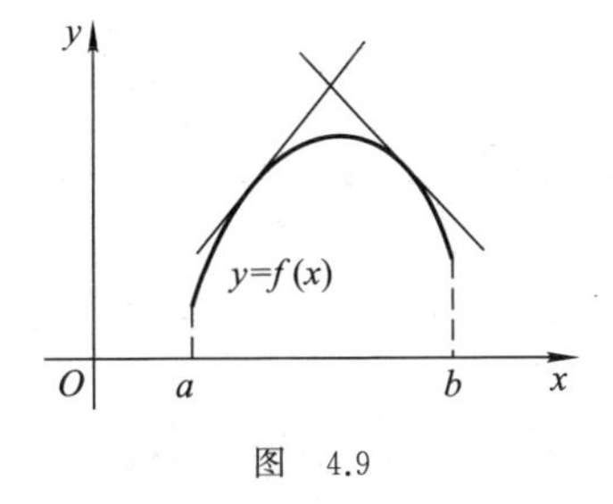

图 4.9

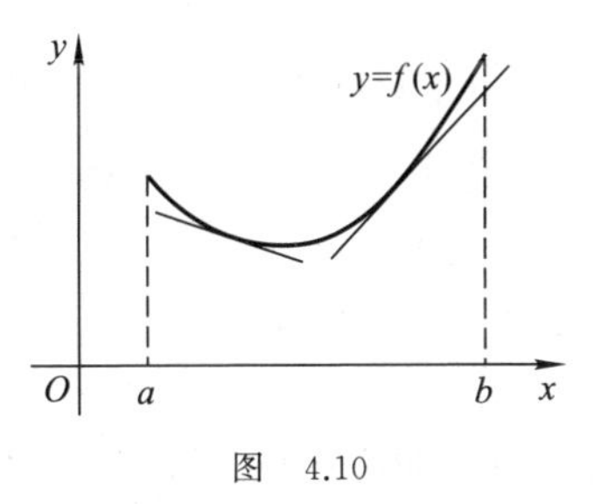

图 4.10

定理 1 设函数 $f(x)$ 在区间 (a,b) 内有二阶导数. 若对于每一点 $x\in(a,b)$,都有 $f''(x)>0$,则 $f(x)$ 在 (a,b) 上是向下凸的;若对于每一点 $x\in(a,b)$,都有 $f''(x)<0$,则 $f(x)$ 在 (a,b) 上是向上凸的.

证 设 $x_0\in(a,b)$ 为任意一点. 对于任意一点 $x\in(a,b)$,$x\neq x_0$,由带拉格朗日余项的泰勒公式有

$$f(x)=f(x_0)+f'(x_0)(x-x_0)+\frac{1}{2!}f''(\xi)(x-x_0)^2,$$

其中 ξ 是介于 x_0 与 x 之间的某一点. 若 $f''(x)$ 在 (a,b) 内总是正的,则

$$f(x)>f(x_0)+f'(x_0)(x-x_0),$$

即 $f(x)$是向下凸的. 若 $f''(x)$在(a,b)内总是负的,则

$$f(x)<f(x_0)+f'(x_0)(x-x_0),$$

即 $f(x)$是向上凸的. 证毕.

例 1　设函数 $y=ax^3+bx^2+cx+d$ $(a,b,c,d$ 为常数且 $a>0)$,研究这个函数的凸凹性区间.

解　很容易计算得 $y''=6ax+2b$. 于是,当 $x>-\dfrac{b}{3a}$时,$y''>0$;当 $x<-\dfrac{b}{3a}$ 时,$y''<0$. 可见,这个函数在区间$\left(-\infty,-\dfrac{b}{3a}\right)$上向上凸,而在区间$\left(-\dfrac{b}{3a},+\infty\right)$上向下凸,见图 4.11.

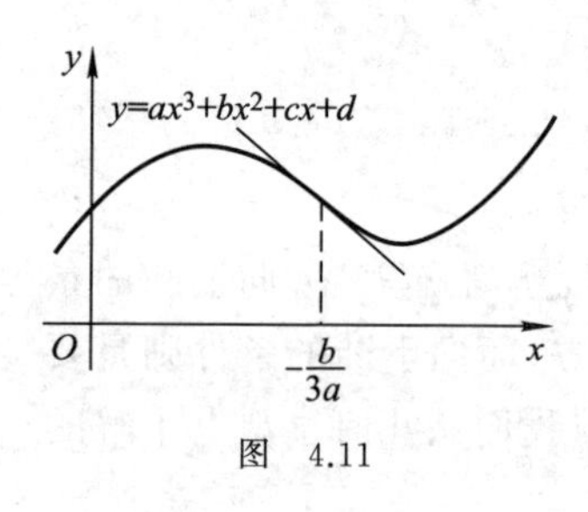

图　4.11

这个例子中,在点 $x=-\dfrac{b}{3a}$ 的两侧,函数的凸凹性恰好相反,且对应点处函数曲线(函数的图形)的切线穿过函数曲线,并将函数曲线分作两部分,而这两部分各自落在切线的一侧.

若函数 $f(x)$在某一点 x_0 的两侧附近的凸凹性相反,则称该点为**拐点**. 上例中点 $x=-\dfrac{b}{3a}$ 就是一个拐点.

对于有连续二阶导数的函数而言,拐点的必要条件是该函数在此点处的二阶导数为零.

定理 2　设函数 $f(x)$在区间(a,b)内有连续的二阶导数. 若点 $c\in(a,b)$是 $f(x)$的拐点,则 $f''(c)=0$.

证　用反证法. 设 $f''(c)\neq0$,不妨设 $f''(c)>0$. 由 $f''(x)$的连续性,必存在 c 的一个邻域$U_\delta(c)$,使得

$$f''(x)>0,\quad \forall x\in U_\delta(c).$$

于是,由定理 1 知,$f(x)$在整个 $U_\delta(c)$内都是向下凸的,不论 x 是在 c 的左侧附近还是在右侧附近. 这与 c 是拐点矛盾. 证毕.

二阶导数为零仅是拐点的必要条件,不是充分条件. 例如,函数 $y=x^4$ 在点 $x=0$ 处的二阶导数为零,但 $x=0$ 并不是拐点. 要判断一个二阶导数为零的点是否是拐点,还需要进一步分析.

思考题　设函数 $f(x)$在区间(a,b)内有连续的三阶导数. 若存在一点 $c\in(a,b)$,使得 $f''(c)=0$ 且 $f'''(c)\neq0$,则 c 必为 $f(x)$的拐点. 试证明这一结论.

2. 函数作图

给定一个函数的表达式，描绘出它的图形对我们直观地了解该函数的性态当然是十分重要的. 过去，我们没有别的作图方法，只有描点法，即计算若干函数值，得到平面上的若干点，然后将它们连成曲线. 一般来说，要得到较准确的图形，需要相当多的函数值才可以，工作量较大. 现在，利用前面有关函数的单调性、极值点、凸凹性、拐点的讨论，就能较准确地把握函数的特征，作出函数的图形.

函数作图的一般步骤如下：

(1) 考查函数的定义域及其在定义域内的连续性、可导性. 如果有间断点、不可导点，要将这些点(一般来说，这是一些孤立点)处的函数值计算出来(如果存在的话)，并描出相应的点. 在间断点处还要弄清它的间断性类别以及左、右极限，以便把握函数在间断点附近的性态.

(2) 求出函数的导数，然后找出函数的稳定点、单调性区间及极值点.

(3) 求出函数的二阶导数，然后确定函数的凸凹性区间及拐点.

(4) 当定义域不是有穷区间时，需要研究 $x\to+\infty$(或 $x\to-\infty$)时函数值的变化趋势，特别是要考虑函数有无渐近线. 如果有渐近线，应当将其渐近线画出.

这里，我们需要讲一下渐近线的概念.

为了明确起见，我们讨论 $x\to+\infty$ 的情况. 至于 $x\to-\infty$ 的情况，完全类似.

设函数 $f(x)$ 定义在区间 $(c,+\infty)$ 上，我们称直线 $y=ax+b$ 是曲线 $y=f(x)$ 当 $x\to+\infty$ 时的一条**渐近线**，如果当 $x\to+\infty$ 时，点 $(x,f(x))$ 到直线 $y=ax+b$ 的距离趋向于零，如图 4.12 所示.

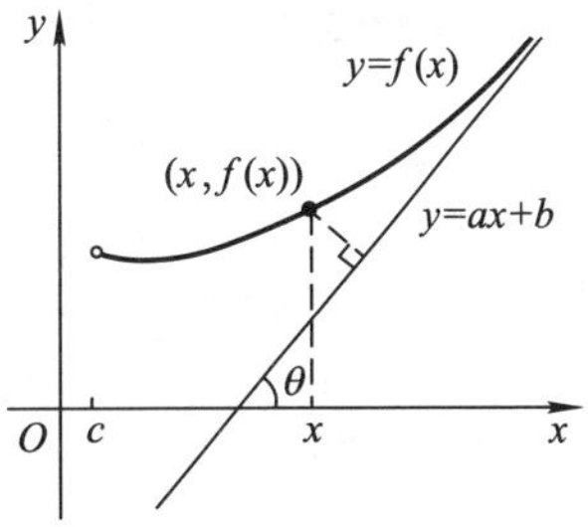

图 4.12

定理 3 设函数 $f(x)$ 在区间 $(c,+\infty)$ 上有定义，则直线 $y=ax+b$ 是曲线 $y=f(x)$ 当 $x\to+\infty$ 时的渐近线的充要条件是

$$a=\lim_{x\to+\infty}\frac{f(x)}{x},\quad b=\lim_{x\to+\infty}(f(x)-ax).$$

证 *必要性* 设直线 $y=ax+b$ 是曲线 $y=f(x)$ 当 $x\to+\infty$ 时的渐近线，又设点 $(x,f(x))$ 到直线 $y=ax+b$ 的距离为 $d(x)$，则 $d(x)\to0(x\to+\infty)$. 由

图 4.12 可看出

$$d(x)=|f(x)-ax-b|\cos\theta,$$

其中 θ 为渐近线 $y=ax+b$ 与 x 轴正向的夹角. 条件 $d(x)\to 0(x\to+\infty)$ 意味着

$$\lim_{x\to+\infty}(f(x)-ax-b)=0,$$

即有 $b=\lim\limits_{x\to+\infty}(f(x)-ax)$. 由此可得

$$\lim_{x\to+\infty}\left(\frac{f(x)}{x}-a\right)=\lim_{x\to+\infty}\frac{f(x)-ax}{x}=0,$$

即

$$a=\lim_{x\to+\infty}\frac{f(x)}{x}.$$

充分性　条件 $\lim\limits_{x\to+\infty}(f(x)-ax)=b$ 蕴含着 $\lim\limits_{x\to+\infty}(f(x)-ax-b)=0$, 而后者意味着 $d(x)\to 0(x\to+\infty)$. 证毕.

一个特殊情况是 $a=0$,这时有 $\lim\limits_{x\to+\infty}f(x)=b$. 此时,我们称渐近线 $y=b$ 为**水平渐近线**. 当 $a\neq 0$ 时,也称渐近线 $y=ax+b$ 为**斜渐近线**.

另外,还有一种情况是前面定义所没有包含的:若当 $x\to c$(或 $x\to c+0, x\to c-0$)时,$f(x)\to+\infty$ 或 $f(x)\to-\infty$,则我们称 $x=c$ 是曲线 $y=f(x)$的一条**垂直渐近线**.

例 2　求曲线 $y=f(x)=\dfrac{x^3+x+1}{(x+1)^2}$ 的渐近线.

解　由

$$\lim_{x\to+\infty}\frac{f(x)}{x}=\lim_{x\to+\infty}\frac{x^3+x+1}{x(x+1)^2}=1,$$

$$\begin{aligned}\lim_{x\to+\infty}(f(x)-x)&=\lim_{x\to+\infty}\left[\frac{x^3+x+1}{(x+1)^2}-x\right]\\&=\lim_{x\to+\infty}\frac{-2x^2+1}{(x+1)^2}=-2\end{aligned}$$

立即得到曲线 $y=f(x)$的斜渐近线 $y=x-2$.

又因为 $\lim\limits_{x\to-1}f(x)=-\infty$,所以 $x=-1$ 是曲线 $y=f(x)$的垂直渐近线.

当然,并非所有函数的图形当 $x\to+\infty$ 时都一定有渐近线. 例如,曲线 $y=e^x$ 当 $x\to+\infty$ 时就没有渐近线. 对于一般的函数 $f(x)$,由定理 3 可看出,若当 $x\to+\infty$ 时,$\dfrac{f(x)}{x}$ 没有极限,或者虽然 $\dfrac{f(x)}{x}$ 以 a 为极限,但

$f(x)-ax$ 没有极限,都表明曲线 $y=f(x)$ 当 $x\to+\infty$ 时没有渐近线.

下面是一个有关函数作图的例子.

例 3 试作函数 $y=f(x)=\dfrac{x^2}{x-1}$ 的简图.

解 这个函数在点 $x=1$ 处没有定义,且

$$\lim_{x\to1+0}f(x)=+\infty,$$

$$\lim_{x\to1-0}f(x)=-\infty.$$

因此,$x=1$ 是这个函数的图形的一条垂直渐近线.

另外,不难计算得

$$y'=\frac{x(x-2)}{(x-1)^2}.$$

于是,这个函数有稳定点 $x=0$ 及 $x=2$. 求二阶导数得

$$y''=\frac{2}{(x-1)^3}.$$

可见,这个函数在 $x>1$ 时向下凸,而在 $x<1$ 时向上凸.

综上,可列出表 4.2.

表 4.2

x	$(-\infty,0)$	0	$(0,1)$	$(1,2)$	2	$(2,+\infty)$
y'	+	0	−	−	0	+
y''	−	−	−	+	+	+
y	↗上凸	极大值	↘上凸	↘下凸	极小值	↗下凸

为了准确起见,再计算若干点处的函数值,以描出函数图形上的一些点,比如可用表 4.3 列出的特殊点的函数值描点.

表 4.3

x	-2	-1	0	$\frac{1}{2}$	2	3
y	$-\frac{4}{3}$	$-\frac{1}{2}$	0	$-\frac{1}{2}$	4	$\frac{9}{2}$

最后,讨论这个函数的图形的斜渐近线.

由于

$$\lim_{x\to\infty}\frac{f(x)}{x}=\lim_{x\to\infty}\frac{x^2}{x(x-1)}=1,$$

$$\lim_{x\to\infty}(f(x)-x)=\lim_{x\to\infty}\frac{x}{x-1}=1,$$

根据定理 3,当 $x\to\pm\infty$ 时,这个函数的图形的斜渐近线均为

$$y=x+1.$$

根据上面这些讨论便可以描绘出这个函数的图形(见图 4.13).

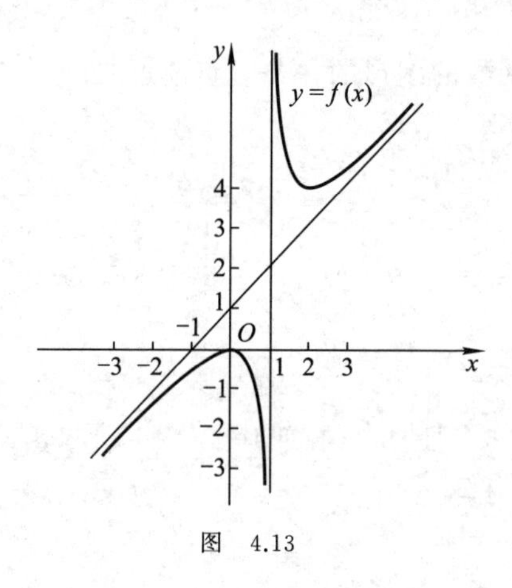

图 4.13

习 题 4.6

1. 求函数 $f(x)=x\mathrm{e}^{-x^2}$ 的凸凹性区间及拐点.

2. 作出下列函数的图形:

(1) $y=x^2-\frac{1}{3}x^3$; (2) $y=x^2\mathrm{e}^{-x}$; (3) $y=x+\frac{1}{x}$;

(4) $y=\frac{(x+1)^3}{(x-1)^2}$; (5) $y=\frac{\ln x}{x}\ (x>0)$.

3. 设函数 $f(x)$在区间(a,b)内有二阶导数 $f''(x)$,并且在(a,b)内向上凸,证明:

$$f''(x)\leqslant 0,\quad \forall x\in(a,b).$$

*§7 曲线的曲率

我们已经知道函数二阶导数的正负号与函数图形的凸凹性有关. 现在我们要进一步指出:函数的一阶与二阶导数的绝对值,可决定函数图形的弯曲程度. 这个弯曲程度就是所谓的曲率.

怎样定义曲线的曲率呢？先看一个简单的例子．设想一个人开着汽车沿一条公路行驶．当公路笔直时，他感觉不到前进方向的变化．但当公路拐弯时，他感觉到了前进方向的变化，而且公路弯度越大，前进方向变化也就越大．这里汽车前进的方向实际上就是公路作为曲线时的切线方向．可见，一条曲线的弯曲程度应该根据它在单位长度内切线方向的变化大小来确定．在图 4.14 和图 4.15 中，两条长度相等但切线方向变化大小（由 $\Delta\theta$ 刻画）不同的曲线弧，其弯曲程度也就不同．

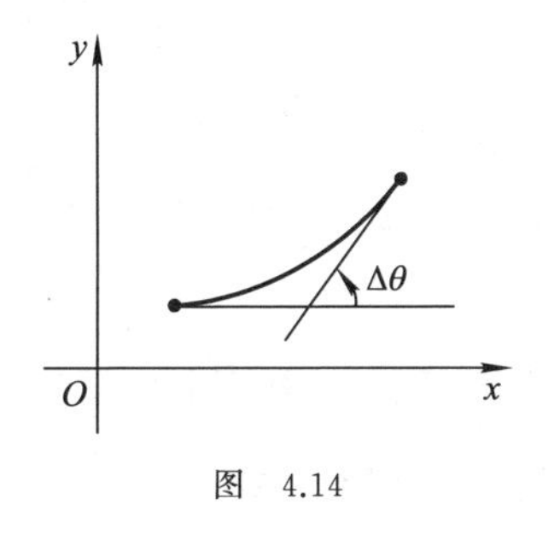

图 4.14

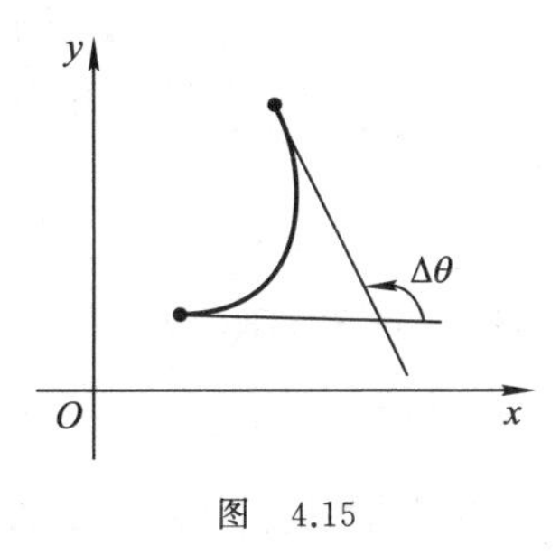

图 4.15

设 $f(x)$ 是定义在区间 $[a,b]$ 上的连续函数，并且在区间 (a,b) 内有二阶导数．这时，对于任意一点 $x\in(a,b)$，曲线 $y=f(x)$ 上点 $(x,f(x))$ 处的切线与 x 轴正向的夹角为

$$\theta(x)=\arctan f'(x).$$

任意固定一点 $x_0\in(a,b)$，并考虑一个增量 Δx，那么点 $(x_0,f(x_0))$ 处的切线与点 $(x_0+\Delta x,f(x_0+\Delta x))$ 处的切线之间方向角的变化应当是（见图 4.16）

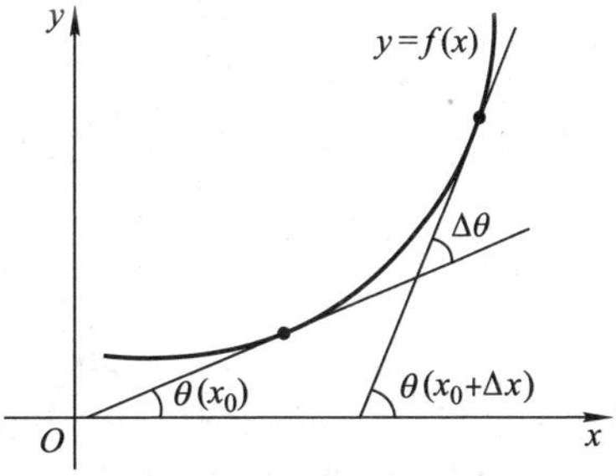

图 4.16

$$\begin{aligned}\Delta\theta&=\theta(x_0+\Delta x)-\theta(x_0)\\&=\arctan f'(x_0+\Delta x)-\arctan f'(x_0).\end{aligned}$$

另外，从点 $(x_0,f(x_0))$ 到点 $(x_0+\Delta x,f(x_0+\Delta x))$ 的曲线弧的长度是

$$|\Delta s|=\left|\int_{x_0}^{x_0+\Delta x}\sqrt{1+(f'(x))^2}\,\mathrm{d}x\right|.$$

这样，我们应该将极限

$$K=\lim_{\Delta x\to 0}\frac{|\Delta\theta|}{|\Delta s|}$$

作为曲线 $y=f(x)$ 在点 $(x_0,f(x_0))$ 处的曲率的定义．

现在我们来计算这个极限. 显然,我们有

$$\lim_{\Delta x\to 0}\frac{\Delta\theta}{\Delta x}=\theta'(x_0)=\frac{f''(x_0)}{1+(f'(x_0))^2}$$

和

$$\lim_{\Delta x\to 0}\frac{\Delta s}{\Delta x}=\sqrt{1+(f'(x_0))^2}.$$

于是,我们得到

$$K=\lim_{\Delta x\to 0}\frac{|\Delta\theta|}{|\Delta s|}=\lim_{\Delta x\to 0}\frac{\left|\frac{\Delta\theta}{\Delta x}\right|}{\left|\frac{\Delta s}{\Delta x}\right|}=\frac{|f''(x_0)|}{\left[\sqrt{1+(f'(x_0))^2}\right]^3}.$$

这就是曲线 $y=f(x)$ 在点 $(x_0,f(x_0))$ 处的**曲率公式**.

例 1 任何直线的曲率为零.

例 2 设曲线 $y=\sqrt{R^2-x^2}$(上半圆周,$R>0$),则该曲线上每一点处的曲率为 $\frac{1}{R}$. 换句话说,半径为 R 的圆周上每一点处的曲率是半径的倒数 $\frac{1}{R}$.

事实上,我们有

$$y'=\frac{-x}{\sqrt{R^2-x^2}},\quad y''=\frac{-R^2}{\left(\sqrt{R^2-x^2}\right)^3};$$

$$1+y'^2=\frac{R^2}{R^2-x^2},\quad \left(\sqrt{1+y'^2}\right)^3=\frac{R^3}{\left(\sqrt{R^2-x^2}\right)^3}.$$

这样,根据曲率公式可知

$$K=\frac{|y''|}{\left(\sqrt{1+y'^2}\right)^3}=\frac{1}{R}.$$

例 3 设平面上一条曲线由下面的参数方程给出:

$$\begin{cases}x=x(t),\\ y=y(t)\end{cases}\quad(\alpha\leqslant t\leqslant\beta),$$

其中 $x(t)$ 及 $y(t)$ 在区间 (α,β) 内均有二阶导数. 试给出这条曲线在点 $(x(t_0),y(t_0))$ 处的曲率公式.

解 根据前面的讨论,关键在于给出该曲线上任一点处的切线与 x 轴正向的夹角的表达式. 在参数方程的情况下,点 $(x(t),y(t))$ 处的切线与 x 轴正向的夹角 θ 应为

$$\theta=\theta(t)=\arctan\frac{y'(t)}{x'(t)}.$$

这里用 $\dfrac{y'(t)}{x'(t)}$ 替代了之前的 $\dfrac{\mathrm{d}y}{\mathrm{d}x}$,这当然是再自然不过的了.

该曲线上从点$(x(t_0),y(t_0))$到点$(x(t_0+\Delta t),y(t_0+\Delta t))$的弧长为

$$|\Delta s|=\left|\int_{t_0}^{t_0+\Delta t}\sqrt{(x'(t))^2+(y'(t))^2}\,\mathrm{d}t\right|.$$

因此,在点$(x(t_0),y(t_0))$处的曲率应该是

$$\lim_{\Delta t\to 0}\frac{|\Delta\theta|}{|\Delta s|}=\frac{|\theta'(t_0)|}{\sqrt{(x'(t_0))^2+(y'(t_0))^2}}.$$

通过计算,我们有

$$\theta'(t_0)=\frac{y''(t_0)x'(t_0)-y'(t_0)x''(t_0)}{(x'(t_0))^2+(y'(t_0))^2}.$$

于是,在点$(x(t_0),y(t_0))$处的**曲率公式**为

$$K=\frac{|y''(t_0)x'(t_0)-y'(t_0)x''(t_0)|}{\left[\sqrt{(x'(t_0))^2+(y'(t_0))^2}\right]^3}.$$

例 4 求出椭圆周

$$\begin{cases}x=a\cos\theta,\\ y=b\sin\theta\end{cases}\quad(0\leqslant\theta\leqslant 2\pi,0<b\leqslant a)$$

在任意一点$(x(\theta),y(\theta))$处的曲率.

解 根据曲率公式(4.1),该椭圆周在任意一点$(x(\theta),y(\theta))$处的曲率为

$$\begin{aligned}K&=\frac{|(-b\sin\theta)(-a\sin\theta)-(b\cos\theta)(-a\cos\theta)|}{(a^2\sin^2\theta+b^2\cos^2\theta)^{\frac{3}{2}}}\\&=\frac{ab}{[b^2+(a^2-b^2)\sin^2\theta]^{\frac{3}{2}}}.\end{aligned}$$

前面我们已经看到,半径为 R 的圆周的曲率是半径的倒数 $\dfrac{1}{R}$. 鉴于此,对于一般曲线,如果它上某点处的曲率为 $K(K\neq 0)$,则称 $\dfrac{1}{K}$ 为曲线在该点处的**曲率半径**. 这就是说,曲线在该点处的弯曲程度就恰如半径为 $\dfrac{1}{K}$ 的圆周一样.

为了把这种形象化的说法进一步明确,我们引入曲率圆与曲率圆心的概念. 在曲线上给定点处作切线的垂线,此垂线称作**法线**. 在法线上曲线凹进去的一侧确定一点,使它到曲线上给定点的距离等于曲率半径. 这时,以

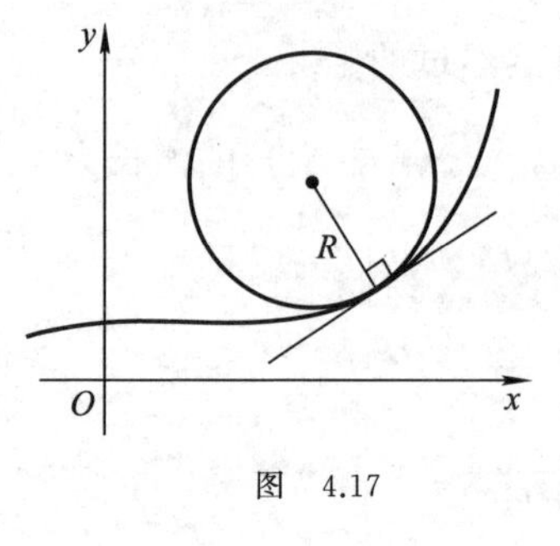

图　4.17

这个点为圆心，曲率半径为半径作一个圆，则该圆与曲线在给定点处有共同的切线，并有共同的曲率(见图 4.17). 在给定点附近看，曲线的弯曲状态十分接近于这个圆的弯曲状态. 这个圆及其圆心分别称为曲线的**曲率圆**及**曲率圆心**. 通过计算，可以推导出过曲线 $y=f(x)$ 上给定点(x_0,y_0)的曲率圆的圆心(α,β)的坐标公式为

$$\alpha=x_0-\left.\frac{y'(1+y'^2)}{y''}\right|_{x=x_0},$$

$$\beta=y_0+\left.\frac{1+y'^2}{y''}\right|_{x=x_0}.$$

曲率圆及曲率圆心的概念在某些工程设计中有应用.

习　题　4.7

1. 求下列曲线在指定点处的曲率：

(1) $y=3x^3-x+1$，在点$\left(-\frac{1}{3},\frac{11}{9}\right)$处；　　(2) $y=\frac{x^2}{x-1}$，在点$\left(3,\frac{9}{2}\right)$处；

(3) $x(t)=a(t-\sin t)$，$y(t)=a(1-\cos t)(a>0)$，在 $t=\frac{\pi}{2}$ 对应的点处.

2. 求曲线 $y=2x^2+1$ 上点$(0,1)$处的曲率圆方程.

3. 问：曲线 $y=2x^2-4x+3$ 上哪一点处曲率最大？试对其做几何解释.

第四章总练习题

1. 设函数 $f(x)$在区间$[x_0-h,x_0+h]$ $(h>0)$上可导，证明：存在 $\theta(0<\theta<1)$，使得

$$f(x_0+h)-f(x_0-h)=(f'(x_0+\theta h)+f'(x_0-\theta h))h.$$

2. 证明：当 $x\geqslant 0$ 时，等式

$$\sqrt{x+1}-\sqrt{x}=\frac{1}{2\sqrt{x+\theta(x)}}$$

中的 $\theta(x)$满足 $\frac{1}{4}\leqslant\theta(x)\leqslant\frac{1}{2}$，并且

$$\lim_{x\to 0}\theta(x)=\frac{1}{4},\quad \lim_{x\to+\infty}\theta(x)=\frac{1}{2}.$$

3. 设函数

$$f(x)=\begin{cases}\dfrac{3-x^2}{2}, & 0\leqslant x\leqslant 1,\\[2mm] \dfrac{1}{x}, & 1<x<+\infty,\end{cases}$$

求 $f(x)$在闭区间$[0,2]$上的微分中值定理中的中间值 c.

4. 在区间$[-1,1]$上,柯西中值定理对于函数 $f(x)=x^2$ 与 $g(x)=x^3$ 是否成立?请说明理由.

5. 设函数 $f(x)$在闭区间$[a,b]$上连续,在开区间(a,b)内有二阶导数,并且

$$f''(x)\neq 0,\quad \forall x\in(a,b),$$

又 $f(a)=f(b)=0$,证明:当 $x\in(a,b)$时,$f(x)\neq 0$.

6. 设函数 $f(x)$在闭区间$[a,b]$上有二阶导数,且 $f(a)=f(b)=0$,又存在 $c\in(a,b)$,使得 $f(c)>0$,证明:在开区间(a,b)内至少存在一点 x_0,使得 $f''(x_0)<0$.

7. 证明:方程

$$\frac{a_0}{n+1}+\frac{a_1}{n}+\frac{a_2}{n-1}+\cdots+\frac{a_{n-1}}{2}+\frac{a_n}{1}=a_0x^n+a_1x^{n-1}+a_2x^{n-2}+\cdots+a_{n-1}x+a_n$$

在 0 与 1 之间有一个根.

8. 设函数 $f(x)$在区间(a,b)内可导,但无界,证明:$f'(x)$在(a,b)内也无界. 逆命题是否成立? 试举例说明.

9. 设函数 $f(x)$在区间$[a,b]$上有 n 个根(一个 k 重根算作 k 个根),且 $f^{(n-1)}(x)$存在,证明:$f^{(n-1)}(x)$在$[a,b]$上至少有一个根. [注意:若 $f(x)$可表示成 $f(x)=(x-x_0)^kg(x)$,且 $g(x_0)\neq 0$,则称 x_0 为 $f(x)$的 k 重根].

10. 证明:勒让德(Legendre)多项式

$$P_n(x)=\frac{1}{2^n\cdot n!}\cdot\frac{\mathrm{d}^n}{\mathrm{d}x^n}(x^2-1)^n$$

在区间$(-1,1)$内有 n 个根.

11. 设函数 $f(x)$在区间$(-\infty,+\infty)$内可导,且

$$\lim_{x\to+\infty}f(x)=\lim_{x\to-\infty}f(x),$$

证明:必存在一点 $c\in(-\infty,+\infty)$,使得 $f'(c)=0$.

12. 设函数 $f(x)$在区间$(x_0,+\infty)$内可导,且 $\lim\limits_{x\to+\infty}f'(x)=0$,证明:

$$\lim_{x\to+\infty}\frac{f(x)}{x}=0.$$

13. 设函数 $f(x)$在区间$[a,+\infty)$内连续,并且当 $x>a$ 时,$f'(x)>l>0$,其中 l 为常数,证明:若 $f(a)<0$,则方程 $f(x)=0$ 在区间$\left(a,a-\dfrac{f(a)}{l}\right)$内有唯一的根.

14. 设函数 $f(x)$在区间$(-\infty,+\infty)$内可导,并且 $\lim\limits_{x\to\infty}f'(x)=0$,令

$$g(x)=f(x+1)-f(x),$$

证明：$\lim\limits_{x\to\infty} g(x)=0$.

15. 称函数 $f(x)$ 在区间 $[a,b]$ 上满足李普希茨条件，如果存在常数 $L>0$，使得对于任意的 $x_1,x_2\in[a,b]$，都有

$$|f(x_2)-f(x_1)|\leqslant L|x_2-x_1|.$$

(1) 证明：若 $f'(x)$ 在 $[a,b]$ 上连续，则 $f(x)$ 在 $[a,b]$ 上满足李普希茨条件.

(2) 在(1)中所述命题的逆命题是否成立?

(3) 举出一个在 $[a,b]$ 上连续但不满足李普希茨条件的函数.

16. 设函数 $F(x)$ 在区间 $[a,b]$ 上可导，且其导数 $F'(x)=f(x)$ 在 $[a,b]$ 上可积，证明：

$$\int_a^b f(x)\mathrm{d}x = F(b)-F(a).$$

17. 若多项式 $P(x)-a$ 与 $P(x)-b$ 的全部根都是单实根，证明：对于任意实数 $c\in(a,b)$，多项式 $P(x)-c$ 的根也全都是单实根.

18. 设函数 $f(x)$ 在区间 $(-\infty,+\infty)$ 内可导，且 a,b 是 $f(x)=0$ 的两个实根，证明：方程 $f(x)+f'(x)=0$ 在 (a,b) 内至少有一个根.

19. 试决定常数 A 的范围，使方程

$$3x^4-8x^3-6x^2+24x+A=0$$

有四个不相等的实根.

20. 设函数 $f(x)=1-x+\dfrac{x^2}{2}-\dfrac{x^3}{3}+\cdots+(-1)^n\dfrac{x^n}{n}$，证明：方程 $f(x)=0$ 当 n 为奇数时有一个实根，当 n 为偶数时无实根.

21. 设函数 $u(x)$ 与 $v(x)$ 以及它们的导数 $u'(x)$ 与 $v'(x)$ 在区间 $[a,b]$ 上都连续，并且 $uv'-u'v$ 在 $[a,b]$ 上恒不等于零，证明：在 $u(x)$ 的相邻两个根之间必有 $v(x)$ 的一个根；反之也对，即 $u(x)$ 与 $v(x)$ 的根互相交错地出现. 试举出满足上述条件的 $u(x)$ 与 $v(x)$.

22. 证明：当 $x>0$ 时，函数 $f(x)=\dfrac{\arctan x}{\operatorname{th}x}$ 递增，且 $\arctan x<\dfrac{\pi}{2}\operatorname{th}x$，这里 $\operatorname{th}x=\dfrac{\operatorname{sh}x}{\operatorname{ch}x}$ 是双曲正切函数.

23. 证明：当 $0<x<\dfrac{\pi}{2}$ 时，有 $\dfrac{x}{\sin x}<\dfrac{\tan x}{x}$.

24. 证明下列不等式：

(1) $x-\dfrac{x^2}{2}<\ln(1+x)<x,\ x>0$；　　(2) $x-\dfrac{x^3}{6}<\sin x<x,\ x>0$.

25. 设 $x_n=(1+q)(1+q^2)\cdots(1+q^n)$，其中常数 $q\in[0,1)$，证明：序列 $\{x_n\}$ 有极限.

26. 求函数 $f(x)=\tan x$ 在点 $x=\frac{\pi}{4}$ 处的三阶泰勒多项式,并由此估计 $\tan 50°$ 的值.

27. 设 $0<a<b$,证明:

$$(1+a)\ln(1+a)+(1+b)\ln(1+b)<(1+a+b)\ln(1+a+b).$$

28. 设三个常数 a,b,c 满足

$$a<b<c,\quad a+b+c=2,\quad ab+bc+ca=1,$$

证明:

$$0<a<\frac{1}{3},\quad \frac{1}{3}<b<1,\quad 1<c<\frac{4}{3}.$$

29. 设函数 $f(x)$ 的二阶导数 $f''(x)$ 在区间 $[a,b]$ 上连续,并且对于每一点 $x\in[a,b]$,$f''(x)$ 与 $f(x)$ 同号,证明:若有两点 $c,d\in[a,b]$,使得 $f(c)=f(d)=0$,则

$$f(x)\equiv 0,\quad \forall x\in[c,d].$$

30. 求多项式 $P_3(x)=2x^3-7x^2+13x-9$ 在点 $x=1$ 处的泰勒公式.

31. 设 $P_n(x)$ 是一个 n 次多项式.

(1) 证明:$P_n(x)$ 在任意一点 x_0 处的泰勒公式为

$$P_n(x)=P_n(x_0)+P_n'(x_0)(x-x_0)+\cdots+\frac{1}{n!}P_n^{(n)}(x_0)(x-x_0)^n.$$

(2) 若存在一个实数 a,使得 $P_n(a)>0$,$P_n^{(k)}(a)\geqslant 0\,(k=1,2,\cdots,n)$,证明:$P_n(x)$ 的所有实根都不超过 a.

32. 设函数 $f(x)$ 在区间 $(0,+\infty)$ 内有二阶导数,又知对于一切 $x>0$,有

$$|f(x)|\leqslant A,\quad |f''(x)|\leqslant B,$$

其中 A,B 为常数,证明:$|f'(x)|\leqslant 2\sqrt{AB}$,$x\in(0,+\infty)$.

第五章　向量代数与空间解析几何

向量也称为矢量，它是在几何学、物理学和力学中经常要用到的一个基本工具. 在本章中，首先我们介绍向量的概念及其各种运算；然后，我们讨论空间解析几何，其中主要包括空间直线、空间平面、二次曲面及其分类. 本章的某些内容是学习多元微积分的预备知识.

§1　向量代数

在物理学中，我们遇到过像力、速度和位移这样一些量，它们与普通的量(标量)不同，不仅有大小，而且有方向. 这种既有大小又有方向的量称为**向量**. 通常用有向线段 $\overrightarrow{AB}$ 表示一个向量：线段 AB 的长度表示向量的**大小**，记作 $|\overrightarrow{AB}|$，称为向量的**模**；点 A 到点 B 的方向表示向量的方向，其中 A 叫**起始点**，B 叫**终点**.

一般来说，向量与起始点有关. 但是，现在我们所讨论的向量是**自由向量**. 也就是说，我们并不关心其起始点，而只关心其大小与方向. 两个向量如果大小与方向相同，则认为它们是同一向量. 或者说，一个向量可以自由地平行移动至任何位置. 特别地，当两个向量彼此平行时，我们可通过平行移动使它们具有相同的起始点，这时它们必落在同一直线上. 因此，彼此平行的两个向量称为**共线向量**.

除了用有向线段表示向量外，我们还用黑体英文字母表示向量，例如 $\boldsymbol{a},\boldsymbol{b},\boldsymbol{c},\cdots$. 这时，它们的模分别记作 $|\boldsymbol{a}|,|\boldsymbol{b}|,|\boldsymbol{c}|,\cdots$. 与向量 $\boldsymbol{a}$ 大小相同而方向相反的向量记作 $-\boldsymbol{a}$，称为 $\boldsymbol{a}$ 的**反向量**.

模为 1 的向量称为**单位向量**. 设 $\boldsymbol{a}$ 是任意一个向量. 我们将沿向量 $\boldsymbol{a}$ 的方向的单位向量记作 $\boldsymbol{a}^0$. 显然，在平面上或空间中，单位向量有无穷多个.

现在我们引进零向量的概念. **零向量**是模为零的向量，它的起始点与终点重合在一点. 零向量可以以任何方向作为其方向. 零向量用黑体的 $\boldsymbol{0}$ 表示.

下面我们来定义向量的各种运算.

任意给定两个非零向量 $\boldsymbol{a}$ 和 $\boldsymbol{b}$，我们可以定义其**加法**运算：首先，通过

平行移动使 $\boldsymbol{a}$ 与 $\boldsymbol{b}$ 有共同起始点;然后,按照平行四边形法则,以 $\boldsymbol{a},\boldsymbol{b}$ 为相邻两边作平行四边形,将平行四边形的对角线所形成的与 $\boldsymbol{a},\boldsymbol{b}$ 同起始点的向量定义为**和向量**,并记作 $\boldsymbol{a}+\boldsymbol{b}$(见图 5.1). 这与按照三角形法则(将 $\boldsymbol{b}$ 的起始点移至 $\boldsymbol{a}$ 的终点,$\boldsymbol{a}+\boldsymbol{b}$ 就是自 $\boldsymbol{a}$ 的起始点至 $\boldsymbol{b}$ 的终点所决定的向量)所得的结果是完全一致的(见图 5.2).

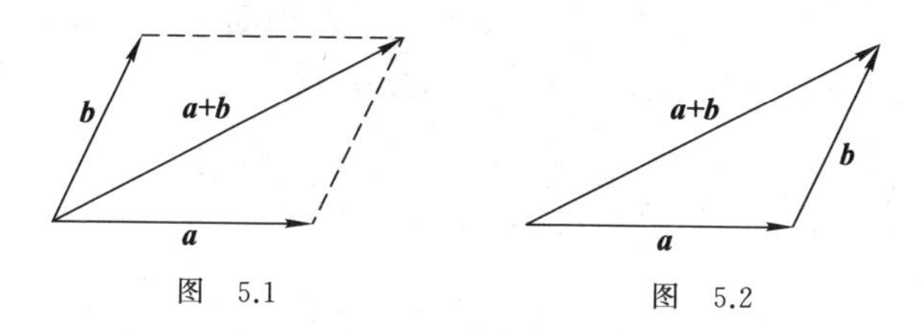

图 5.1　　　　图 5.2

零向量 $\mathbf{0}$ 与任何向量 $\boldsymbol{a}$ 相加,其和 $\mathbf{0}+\boldsymbol{a}$ 与 $\boldsymbol{a}+\mathbf{0}$ 均定义为 $\boldsymbol{a}$.

显然,这样定义的**加法运算满足交换律与结合律**:

$$\boldsymbol{a}+\boldsymbol{b}=\boldsymbol{b}+\boldsymbol{a};$$

$$(\boldsymbol{a}+\boldsymbol{b})+\boldsymbol{c}=\boldsymbol{a}+(\boldsymbol{b}+\boldsymbol{c}).$$

根据三角形中两边之和大于第三边的事实,不难验证如下不等式对于任意两个向量 $\boldsymbol{a}$ 与 $\boldsymbol{b}$ 成立:

$$|\boldsymbol{a}+\boldsymbol{b}|\leqslant|\boldsymbol{a}|+|\boldsymbol{b}| \quad (\text{称为}\textbf{三角不等式}).$$

现在我们来定义一个向量 $\boldsymbol{a}$ 与一个实数 λ 的**数乘运算**:$\lambda\boldsymbol{a}$ 是这样的一个向量,其模为 $|\lambda||\boldsymbol{a}|$,而其方向当 $\lambda>0$ 时与 $\boldsymbol{a}$ 一致,当 $\lambda<0$ 时与 $\boldsymbol{a}$ 相反. 同时,我们约定 $\lambda\mathbf{0}=\mathbf{0}$.

显然,一个非零向量 $\boldsymbol{a}$ 所确定的单位向量为 $\boldsymbol{a}^0=\dfrac{\boldsymbol{a}}{|\boldsymbol{a}|}$.

我们约定 $\boldsymbol{a}-\boldsymbol{b}=\boldsymbol{a}+(-\boldsymbol{b})$. 这样,向量之间就有了**减法运算**.

数乘运算显然满足下列规律:

$$\lambda(\boldsymbol{a}+\boldsymbol{b})=\lambda\boldsymbol{a}+\lambda\boldsymbol{b},$$

$$(\lambda\mu)\boldsymbol{a}=\lambda(\mu\boldsymbol{a}),$$

$$(\lambda+\mu)\boldsymbol{a}=\lambda\boldsymbol{a}+\mu\boldsymbol{a},$$

其中 λ,μ 为任意实数.

显然,若对于两个向量 $\boldsymbol{a}$ 与 $\boldsymbol{b}$,存在一个实数 λ,使得

$$\boldsymbol{a}=\lambda\boldsymbol{b} \quad \text{或} \quad \boldsymbol{b}=\lambda\boldsymbol{a},$$

则 $\boldsymbol{a}$ 与 $\boldsymbol{b}$ 共线.

我们约定,零向量与任何向量均共线.

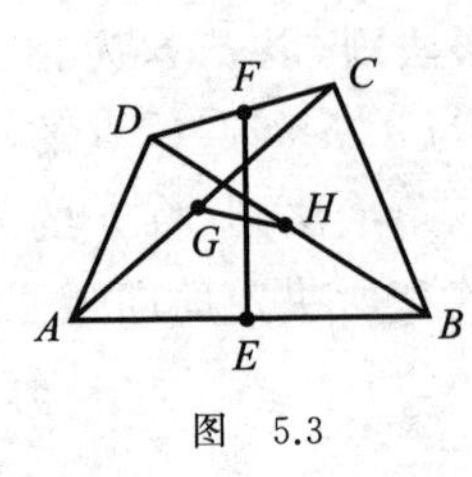

图　5.3

例　设 $ABCD$ 是一个四边形，E,F 分别为边 AB,CD 的中点，G,H 分别为对角线 AC,BD 的中点（见图 5.3），证明：

(1) $\overrightarrow{AD}+\overrightarrow{BC}=2\overrightarrow{EF}$；

(2) $\overrightarrow{AB}+\overrightarrow{AD}+\overrightarrow{CB}+\overrightarrow{CD}=4\overrightarrow{GH}$.

证　(1) 按照三角形法则，有

$$\overrightarrow{EF}=\overrightarrow{EA}+\overrightarrow{AD}+\overrightarrow{DF},$$

并且

$$\overrightarrow{EF}=\overrightarrow{EB}+\overrightarrow{BC}+\overrightarrow{CF}.$$

上两式相加，得到

$$\begin{aligned}2\overrightarrow{EF}&=\overrightarrow{EA}+\overrightarrow{AD}+\overrightarrow{DF}+\overrightarrow{EB}+\overrightarrow{BC}+\overrightarrow{CF}\\&=\overrightarrow{AD}+\overrightarrow{BC}+\overrightarrow{EA}+\overrightarrow{EB}+\overrightarrow{CF}+\overrightarrow{DF}.\end{aligned}$$

因为 E,F 分别为 AB,CD 的中点，所以

$$\overrightarrow{EA}=\frac{1}{2}\overrightarrow{BA},\quad \overrightarrow{EB}=\frac{1}{2}\overrightarrow{AB}=-\frac{1}{2}\overrightarrow{BA},$$

$$\overrightarrow{CF}=\frac{1}{2}\overrightarrow{CD},\quad \overrightarrow{DF}=\frac{1}{2}\overrightarrow{DC}=-\frac{1}{2}\overrightarrow{CD}.$$

从而

$$2\overrightarrow{EF}=\overrightarrow{AD}+\overrightarrow{BC}.$$

(2) 按照三角形法则，有

$$\begin{aligned}\overrightarrow{GH}&=\overrightarrow{GA}+\overrightarrow{AB}+\overrightarrow{BH},\\\overrightarrow{GH}&=\overrightarrow{GA}+\overrightarrow{AD}+\overrightarrow{DH},\\\overrightarrow{GH}&=\overrightarrow{GC}+\overrightarrow{CB}+\overrightarrow{BH},\\\overrightarrow{GH}&=\overrightarrow{GC}+\overrightarrow{CD}+\overrightarrow{DH}.\end{aligned}$$

上面四式相加，得到

$$4\overrightarrow{GH}=\overrightarrow{AB}+\overrightarrow{AD}+\overrightarrow{CB}+\overrightarrow{CD}+2(\overrightarrow{GA}+\overrightarrow{GC}+\overrightarrow{BH}+\overrightarrow{DH}).$$

由于 G,H 分别为 AC,BD 的中点，因此

$$\overrightarrow{GA}=\frac{1}{2}\overrightarrow{CA},\quad \overrightarrow{GC}=\frac{1}{2}\overrightarrow{AC}=-\frac{1}{2}\overrightarrow{CA},$$

$$\overrightarrow{BH}=\frac{1}{2}\overrightarrow{BD},\quad \overrightarrow{DH}=\frac{1}{2}\overrightarrow{DB}=-\frac{1}{2}\overrightarrow{BD}.$$

于是

$$4\overrightarrow{GH}=\overrightarrow{AB}+\overrightarrow{AD}+\overrightarrow{CB}+\overrightarrow{CD}.$$

现在我们来定义两个向量之间的内积.

设 $\boldsymbol{a}$ 与 $\boldsymbol{b}$ 是两个非零向量,$\langle \boldsymbol{a},\boldsymbol{b}\rangle$是它们之间的夹角. 为了确定起见,我们约定$\langle \boldsymbol{a},\boldsymbol{b}\rangle$是 $\boldsymbol{a}$ 与 $\boldsymbol{b}$ 所夹的大于或等于零且小于或等于 π 的角. 我们定义 $\boldsymbol{a}$ 与 $\boldsymbol{b}$ 的**内积**是

$$\boldsymbol{a}\cdot\boldsymbol{b}=|\boldsymbol{a}||\boldsymbol{b}|\cos\langle \boldsymbol{a},\boldsymbol{b}\rangle.$$

这种运算称为向量的**点乘运算**. 这里定义的内积也称作**数量积**.

当两个向量 $\boldsymbol{a}$ 与 $\boldsymbol{b}$ 中有一个为零向量时,我们定义它们的内积为零.

在物理学中,一个恒力 $\boldsymbol{F}$ 沿位移 $\boldsymbol{s}$ 所做的功就是 $\boldsymbol{F}\cdot\boldsymbol{s}$.

根据点乘运算的定义,可以验证点乘运算满足下列规律(其中 λ 为任意实数):

(1) $\boldsymbol{a}\cdot\boldsymbol{b}=\boldsymbol{b}\cdot\boldsymbol{a}$ (交换律);

(2) $(\lambda\boldsymbol{a})\cdot\boldsymbol{b}=\lambda(\boldsymbol{a}\cdot\boldsymbol{b})$ (与数乘的结合律);

(3) $(\boldsymbol{a}+\boldsymbol{b})\cdot\boldsymbol{c}=\boldsymbol{a}\cdot\boldsymbol{c}+\boldsymbol{b}\cdot\boldsymbol{c}$ (分配律).

向量点乘运算的引入为描述两个向量之间的垂直关系带来了方便:

$$\boldsymbol{a} \text{ 与 } \boldsymbol{b} \text{ 垂直} \Longleftrightarrow \boldsymbol{a}\cdot\boldsymbol{b}=0,$$

这里我们约定零向量与任何向量垂直.

向量之间的乘法运算除去点乘运算之外,尚有叉乘运算. 两个向量点乘运算的结果是一个数量,而现在要定义的叉乘运算却不同:两个向量叉乘运算的结果是一个新向量.

设 $\boldsymbol{a}$ 与 $\boldsymbol{b}$ 是两个不共线的向量,我们定义 $\boldsymbol{a}$ 与 $\boldsymbol{b}$ 的**叉乘运算**如下:$\boldsymbol{a}\times\boldsymbol{b}$ 是一个向量,它垂直于 $\boldsymbol{a}$ 与 $\boldsymbol{b}$ 所决定的平面,其方向根据右手系法则决定,即用右手的四指从 $\boldsymbol{a}$ 握向 $\boldsymbol{b}$ 时拇指的方向作为 $\boldsymbol{a}\times\boldsymbol{b}$ 的方向(见图 5.4),其大小由下式决定:

$$|\boldsymbol{a}\times\boldsymbol{b}|=|\boldsymbol{a}||\boldsymbol{b}|\sin\langle \boldsymbol{a},\boldsymbol{b}\rangle.$$

若 $\boldsymbol{a}$ 与 $\boldsymbol{b}$ 共线,则我们约定 $\boldsymbol{a}\times\boldsymbol{b}=\boldsymbol{0}$. 我们称 $\boldsymbol{a}\times\boldsymbol{b}$ 为 $\boldsymbol{a}$ 与 $\boldsymbol{b}$ 的**外积**.

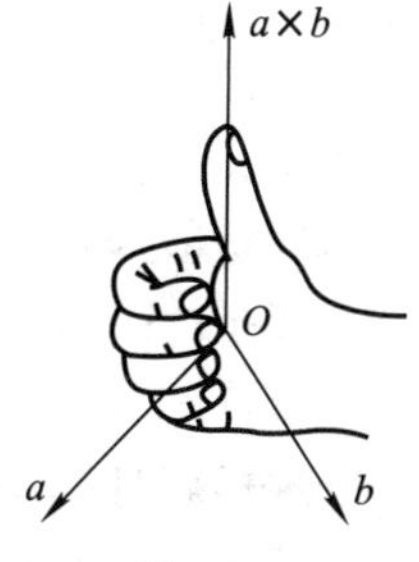

图 5.4

显然,根据叉乘运算的定义,不论 $\boldsymbol{a}$ 与 $\boldsymbol{b}$ 是否共线,$|\boldsymbol{a}\times\boldsymbol{b}|$总等于$|\boldsymbol{a}||\boldsymbol{b}|\sin\langle \boldsymbol{a},\boldsymbol{b}\rangle$(因为当 $\boldsymbol{a}$ 与 $\boldsymbol{b}$ 共线时,$\langle \boldsymbol{a},\boldsymbol{b}\rangle$是 0 或 π). 当 $\boldsymbol{a}$ 与 $\boldsymbol{b}$ 不共线时,$\boldsymbol{a}\times\boldsymbol{b}$ 的模$|\boldsymbol{a}\times\boldsymbol{b}|$恰好是以 $\boldsymbol{a}$ 与 $\boldsymbol{b}$ 为邻边的平行四边形的面积.

叉乘运算满足以下规律(其中 λ 为任意实数):

(1) $\boldsymbol{a}\times\boldsymbol{b}=-\boldsymbol{b}\times\boldsymbol{a}$ (反交换律);

(2) $\lambda(\boldsymbol{a}\times\boldsymbol{b})=(\lambda\boldsymbol{a})\times\boldsymbol{b}=\boldsymbol{a}\times(\lambda\boldsymbol{b})$　(与数乘的结合律)；

(3) $(\boldsymbol{a}+\boldsymbol{b})\times\boldsymbol{c}=\boldsymbol{a}\times\boldsymbol{c}+\boldsymbol{b}\times\boldsymbol{c}$　(分配律).

证明从略.

我们已经看到向量点乘运算的引入为描述向量之间的垂直关系带来方便,现在向量叉乘运算的引入则为描述向量共线带来了方便：

$$\boldsymbol{a}\text{ 与 }\boldsymbol{b}\text{ 共线 }\Longleftrightarrow \boldsymbol{a}\times\boldsymbol{b}=\boldsymbol{0}.$$

显然,向量的叉乘运算不满足交换律. 不仅如此,这种乘法运算还不满足结合律,即一般等式$(\boldsymbol{a}\times\boldsymbol{b})\times\boldsymbol{c}=\boldsymbol{a}\times(\boldsymbol{b}\times\boldsymbol{c})$不成立(试举出这样的例子).

设 $\boldsymbol{a},\boldsymbol{b},\boldsymbol{c}$ 为任意的三个向量,那么

$$\boldsymbol{a}\cdot(\boldsymbol{b}\times\boldsymbol{c})$$

是一个实数,称之为 $\boldsymbol{a},\boldsymbol{b},\boldsymbol{c}$ 的**混合积**. 这种先做叉乘再做点乘的运算称为**混合积运算**.

若三个非零向量 $\boldsymbol{a},\boldsymbol{b},\boldsymbol{c}$ 不共面,则以它们为棱构成一个平行六面体,$|\boldsymbol{b}\times\boldsymbol{c}|$是这个平行六面体的底面积,$\boldsymbol{a}$ 在 $\boldsymbol{b}\times\boldsymbol{c}$ 上的投影向量的模恰好就是这个平行六面体的高. 因此,$|\boldsymbol{a}\cdot(\boldsymbol{b}\times\boldsymbol{c})|$恰好等于这个平行六面体的体积(见图 5.5).

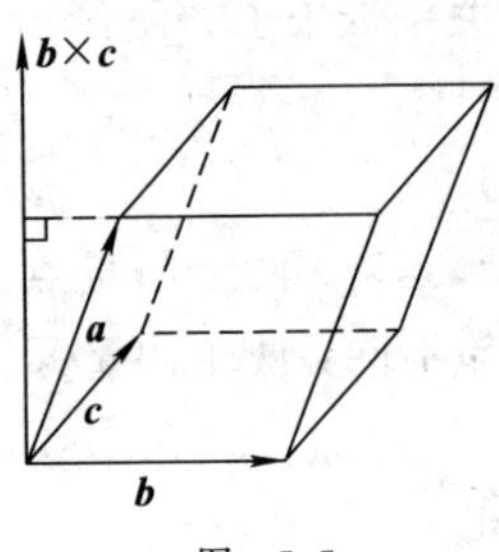

图　5.5

混合积运算具有下列性质：

$$\boldsymbol{a}\cdot(\boldsymbol{b}\times\boldsymbol{c})=\boldsymbol{b}\cdot(\boldsymbol{c}\times\boldsymbol{a}).$$

事实上,当 $\boldsymbol{a},\boldsymbol{b},\boldsymbol{c}$ 非零时,$\boldsymbol{a}\cdot(\boldsymbol{b}\times\boldsymbol{c})$,$\boldsymbol{b}\cdot(\boldsymbol{c}\times\boldsymbol{a})$的绝对值均代表同一平行六面体的体积,故只要说明它们的正负号相同就行了. 根据前面的讨论可知,$\boldsymbol{a}\cdot(\boldsymbol{b}\times\boldsymbol{c})$是正的还是负的取决于 $\boldsymbol{a}$ 在 $\boldsymbol{b}\times\boldsymbol{c}$ 上的投影向量与 $\boldsymbol{b}\times\boldsymbol{c}$ 的方向是否一致. 换句话说,这取决于 $\boldsymbol{b},\boldsymbol{c},\boldsymbol{a}$ 的次序是否构成右手系. 而 $\boldsymbol{b},\boldsymbol{c},\boldsymbol{a}$ 是否构成右手系与 $\boldsymbol{c},\boldsymbol{a},\boldsymbol{b}$ 是否构成右手系是一致的. 这样就证明了上述性质.

根据“三个非零向量的混合积的绝对值是这三个向量形成的平行六面体的体积”这一性质,我们有

$$\boldsymbol{a},\boldsymbol{b},\boldsymbol{c}\text{ 共面}\Longleftrightarrow\boldsymbol{a}\cdot(\boldsymbol{b}\times\boldsymbol{c})=0.$$

习　题　5.1

1. 设平行四边形 $ABCD$ 中 $\overrightarrow{AB}=\boldsymbol{a}$,$\overrightarrow{AD}=\boldsymbol{b}$,试用 $\boldsymbol{a}$ 和 $\boldsymbol{b}$ 表示向量 $\overrightarrow{AC}$,$\overrightarrow{DB}$,$\overrightarrow{MA}$,其中 M 为该平行四边形对角线的交点.

2. 设 M 为线段 AB 的中点,O 为空间中任意一点,证明:

$$\overrightarrow{OM}=\frac{1}{2}(\overrightarrow{OA}+\overrightarrow{OB}).$$

3. 设 M 为$\triangle ABC$ 的重心,O 为空间中任意一点,证明:

$$\overrightarrow{OM}=\frac{1}{3}(\overrightarrow{OA}+\overrightarrow{OB}+\overrightarrow{OC}).$$

4. 设平行四边形 $ABCD$ 的对角线交点为 M,O 为空间中任意一点,证明:

$$\overrightarrow{OM}=\frac{1}{4}(\overrightarrow{OA}+\overrightarrow{OB}+\overrightarrow{OC}+\overrightarrow{OD}).$$

5. 给定向量 $\boldsymbol{a}$,记 $\boldsymbol{a}\cdot\boldsymbol{a}$ 为 $\boldsymbol{a}^2$,即 $\boldsymbol{a}^2=\boldsymbol{a}\cdot\boldsymbol{a}$. 对于任意三个向量 $\boldsymbol{a},\boldsymbol{b},\boldsymbol{c}$,判断下列各式是否总成立?

(1) $(\boldsymbol{a}\cdot\boldsymbol{b})\boldsymbol{c}=(\boldsymbol{b}\cdot\boldsymbol{c})\boldsymbol{a}$;

(2) $(\boldsymbol{a}\cdot\boldsymbol{b})^2=\boldsymbol{a}^2\cdot\boldsymbol{b}^2$;

(3) $\boldsymbol{a}\cdot(\boldsymbol{b}\times\boldsymbol{c})=(\boldsymbol{c}\times\boldsymbol{a})\cdot\boldsymbol{b}$.

6. 利用向量证明:三角形两边中点的连线平行于第三边,并且其长度等于第三边长度的一半.

7. 利用向量证明:

(1) 菱形的对角线互相垂直,且平分顶角.

(2) 勾股定理.

8. 对于任意两个向量 $\boldsymbol{a},\boldsymbol{b}$,证明:

$$(\boldsymbol{a}\times\boldsymbol{b})^2+(\boldsymbol{a}\cdot\boldsymbol{b})^2=|\boldsymbol{a}|^2|\boldsymbol{b}|^2.$$

9. 试用向量 $\overrightarrow{AB}$ 与 $\overrightarrow{AC}$ 表示$\triangle ABC$ 的面积.

10. 设 $\boldsymbol{a},\boldsymbol{b}$ 为任意两个向量,证明:

$$(\boldsymbol{a}+\boldsymbol{b})^2+(\boldsymbol{a}-\boldsymbol{b})^2=2(\boldsymbol{a}^2+\boldsymbol{b}^2).$$

当 $\boldsymbol{a}\neq\boldsymbol{0},\boldsymbol{b}\neq\boldsymbol{0}$ 且 $\boldsymbol{a}\neq\boldsymbol{b}$ 时,说明上式的几何意义.

11. 对于任意两个向量 $\boldsymbol{a},\boldsymbol{b}$,证明:

$$(\boldsymbol{a}\times\boldsymbol{b})^2\leqslant\boldsymbol{a}^2\boldsymbol{b}^2.$$

问:等号成立的充要条件是什么?

§2 向量的空间坐标

像在平面上一样,我们可以在空间中引进直角坐标系. 做法如下:在空间中取定一点 O,过该点作三条相互垂直的直线,并在三条直线上取定相同的单位长度和各自的方向,使它们成为三条数轴. 然后,按右手系法则将这三条数轴分别称作 x 轴、y 轴及 z 轴:将右手握着 z 轴,使拇指指向 z 轴的正向,这时其他手指的指向是从 x 轴的正向到 y 轴的正向(见图 5.6). 这样,我们就在空间中建立了一个直角坐标系,记为 $Oxyz$. 点 O 称为**坐标原**

点(简称**原点**);x 轴、y 轴、z 轴分别称为**横轴**、**纵轴**、**立轴**,它们统称为**坐标轴**. 每两条坐标轴决定一个平面,称作**坐标平面**,其中 x 轴与 y 轴决定的坐标平面称为 Oxy 平面,相应地还有 Oyz 平面和 Ozx 平面. 三个坐标平面将空间分作八部分,每一部分称作一个**卦限**,如图 5.7 所示. 在空间中建立了直角坐标系之后,空间中的每一点就可以用三个有序的实数表示. 设 P 为空间中任意一点,过点 P 作三个平面分别垂直于三条坐标轴,它们与 x 轴、y 轴、z 轴分别交于点 A,B,C(见图 5.8),点 A,B,C 在各自坐标轴上的坐标依次是 x,y,z. 那么,我们称(x,y,z)为点 P 的**坐标**,其中 x,y,z 分别称作点 P 的**横坐标**、**纵坐标**、**立坐标**. 这样,我们便把空间中的每一点都对应于一个由三个实数构成的有序数组.

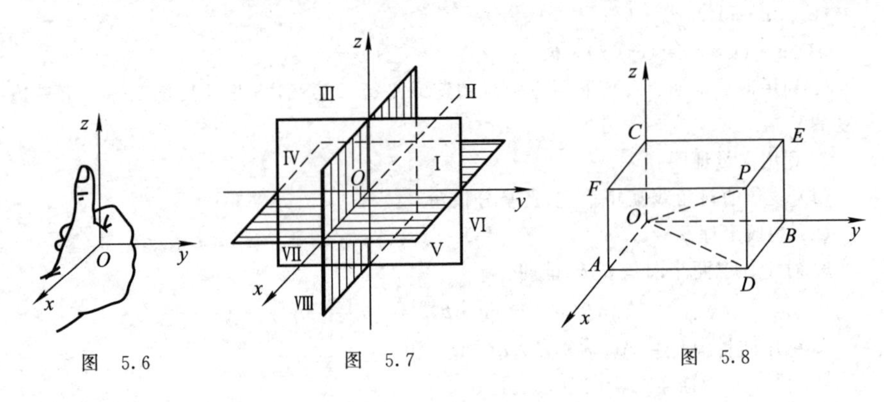

图 5.6　　图 5.7　　图 5.8

反过来,对于任意给定的由三个实数构成的有序数组(x,y,z),我们一定能唯一确定空间中的点 P,它以(x,y,z)为其坐标. 确定点 P 的方法是:过 x 轴、y 轴、z 轴上坐标依次为 x,y,z 的三个点 A,B,C 分别作平面垂直于各自的坐标轴,则这三个平面的交点即为点 P(见图 5.8).

我们把全体由三个实数构成的有序数组记为 $\mathbf{R}^3$,即

$$\mathbf{R}^3=\{(x,y,z)\mid x,y,z\in\mathbf{R}\}.$$

这样,根据前面的说明,空间中的全体点便与 $\mathbf{R}^3$ 建立了一一对应. 通常我们将空间中的全体点与 $\mathbf{R}^3$ 等同起来.

平面直角坐标系 Oxy 使得平面上的全体点与 $\mathbf{R}^2=\{(x,y)\mid x,y\in\mathbf{R}\}$ 建立了一一对应. 因此,我们通常把平面上的全体点与 $\mathbf{R}^2$ 等同起来,这正像我们过去把 $\mathbf{R}$ 与数轴等同起来一样.

如果我们把空间中的每个点 P 对应于一个向量 $\overrightarrow{OP}$,这样就对空间中

的点集合与空间中的全体向量建立了一个一一对应：

$$P \mapsto \overrightarrow{OP}.$$

于是，我们可以将点 P 的坐标 (x,y,z) 作为向量 $\overrightarrow{OP}$ 的坐标.

现在我们来解释向量 $\overrightarrow{OP}$ 的坐标 (x,y,z) 的意义. 为此，我们分别在 x 轴、y 轴、z 轴上取定单位向量 $\boldsymbol{i},\boldsymbol{j},\boldsymbol{k}$，使其方向恰与各自坐标轴的正向相同. 称 $\boldsymbol{i},\boldsymbol{j},\boldsymbol{k}$ 为**坐标向量.** 这时，根据点 P 的坐标的定义不难看出，$x\boldsymbol{i}+y\boldsymbol{j}$ 是向量 $\overrightarrow{OP}$ 在 Oxy 平面上的投影向量，而 $x\boldsymbol{i}+y\boldsymbol{j}+z\boldsymbol{k}$ 则恰好是 $\overrightarrow{OP}$（见图 5.9）：

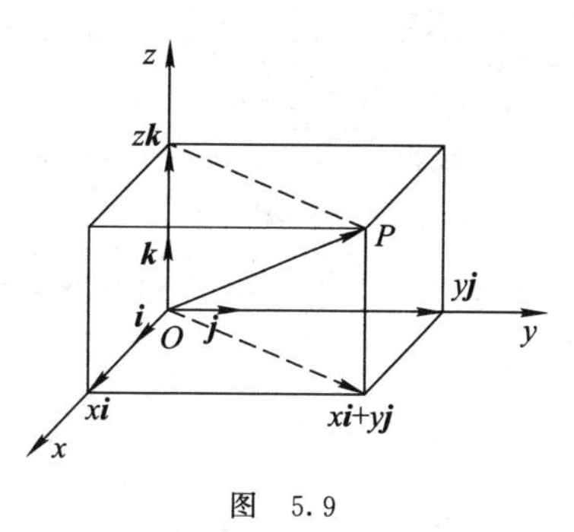

图　5.9

$$\overrightarrow{OP}=x\boldsymbol{i}+y\boldsymbol{j}+z\boldsymbol{k}.$$

反过来，若 $\overrightarrow{OP}$ 可以表示成

$$\overrightarrow{OP}=x\boldsymbol{i}+y\boldsymbol{j}+z\boldsymbol{k},$$

则 $\overrightarrow{OP}$ 的坐标一定是 (x,y,z). 事实上，取一点 P'，使其坐标为 (x,y,z)，那么 $\overrightarrow{OP'}$ 的坐标为 (x,y,z)，且根据前面的讨论有

$$\overrightarrow{OP'}=x\boldsymbol{i}+y\boldsymbol{j}+z\boldsymbol{k}.$$

于是 $\overrightarrow{OP}-\overrightarrow{OP'}=\boldsymbol{0}$，即 $\overrightarrow{OP}=\overrightarrow{OP'}$. 这样，点 P 与 P' 重合，从而 (x,y,z) 也是点 P 的坐标，它也就是 $\overrightarrow{OP}$ 的坐标.

对于空间中任意一个向量 $\boldsymbol{a}$，$\boldsymbol{a}$ 的坐标就是将 $\boldsymbol{a}$ 平行移动，当其起始点与原点重合时 $\boldsymbol{a}$ 的终点的坐标.

根据前面的讨论，向量 $\boldsymbol{a}$ 的坐标为 (x,y,z) 的充要条件是 $\boldsymbol{a}$ 可以表示成

$$\boldsymbol{a}=x\boldsymbol{i}+y\boldsymbol{j}+z\boldsymbol{k}.$$

这个式子称为 $\boldsymbol{a}$ 关于三个坐标向量的**分解式.**

今后，我们把向量 $\boldsymbol{a}$ 与其坐标 (x,y,z) 等同起来，写成

$$\boldsymbol{a}=(x,y,z).$$

下面我们给出向量运算的坐标表示.

设向量 $\boldsymbol{a}_1=(x_1,y_1,z_1)$，$\boldsymbol{a}_2=(x_2,y_2,z_2)$，则有

$$\boldsymbol{a}_1+\boldsymbol{a}_2=(x_1+x_2,y_1+y_2,z_1+z_2).$$

事实上，因 $\boldsymbol{a}_1=x_1\boldsymbol{i}+y_1\boldsymbol{j}+z_1\boldsymbol{k}$，$\boldsymbol{a}_2=x_2\boldsymbol{i}+y_2\boldsymbol{j}+z_2\boldsymbol{k}$，故由向量加法运算的法则有

$$\boldsymbol{a}_1+\boldsymbol{a}_2=(x_1+x_2)\boldsymbol{i}+(y_1+y_2)\boldsymbol{j}+(z_1+z_2)\boldsymbol{k}.$$

可见,$(x_1+x_2,y_1+y_2,z_1+z_2)$是$\boldsymbol{a}_1+\boldsymbol{a}_2$的坐标.

另外,若向量$\boldsymbol{a}=(x,y,z)$,则对于任意实数λ,有

$$\lambda\boldsymbol{a}=(\lambda x,\lambda y,\lambda z).$$

证明是显然的.

接下来我们考虑内积的坐标表示.

设向量$\boldsymbol{a}_1=(x_1,y_1,z_1)$,$\boldsymbol{a}_2=(x_2,y_2,z_2)$,即

$$\boldsymbol{a}_1=x_1\boldsymbol{i}+y_1\boldsymbol{j}+z_1\boldsymbol{k},\quad \boldsymbol{a}_2=x_2\boldsymbol{i}+y_2\boldsymbol{j}+z_2\boldsymbol{k}.$$

注意到点乘运算的法则以及$\boldsymbol{i}\cdot\boldsymbol{i}=\boldsymbol{j}\cdot\boldsymbol{j}=\boldsymbol{k}\cdot\boldsymbol{k}=1$,$\boldsymbol{i}\cdot\boldsymbol{j}=\boldsymbol{j}\cdot\boldsymbol{k}=\boldsymbol{k}\cdot\boldsymbol{i}=0$,即得

$$\begin{aligned}\boldsymbol{a}_1\cdot\boldsymbol{a}_2&=(x_1\boldsymbol{i}+y_1\boldsymbol{j}+z_1\boldsymbol{k})\cdot(x_2\boldsymbol{i}+y_2\boldsymbol{j}+z_2\boldsymbol{k})\\&=x_1x_2+y_1y_2+z_1z_2.\end{aligned}$$

这就是说,两个向量的内积是它们的对应坐标分量的乘积之和.

内积的坐标表示有很多用途. 设向量$\boldsymbol{a}=(x,y,z)$. 由定义有$\boldsymbol{a}\cdot\boldsymbol{a}=|\boldsymbol{a}|^2\cos\langle\boldsymbol{a},\boldsymbol{a}\rangle=|\boldsymbol{a}|^2$. 若记$\boldsymbol{a}\cdot\boldsymbol{a}=\boldsymbol{a}^2$,则有

$$\boldsymbol{a}^2=|\boldsymbol{a}|^2.$$

由上式可得

$$|\boldsymbol{a}|=\sqrt{\boldsymbol{a}\cdot\boldsymbol{a}}=\sqrt{x^2+y^2+z^2}.$$

若$\boldsymbol{a}\neq\boldsymbol{0}$,由此可推出沿$\boldsymbol{a}$方向的单位向量$\boldsymbol{a}^0$的坐标表示:

$$\boldsymbol{a}^0=\frac{1}{|\boldsymbol{a}|}\boldsymbol{a}=\frac{1}{\sqrt{x^2+y^2+z^2}}(x,y,z).$$

例 1　设点P_1的坐标为(x_1,y_1,z_1),而点P_2的坐标为(x_2,y_2,z_2),证明:点P_1到点P_2的距离为

$$\sqrt{(x_2-x_1)^2+(y_2-y_1)^2+(z_2-z_1)^2}.$$

证　因为$\overrightarrow{P_1P_2}=\overrightarrow{OP_2}-\overrightarrow{OP_1}$,所以向量$\overrightarrow{P_1P_2}$的坐标等于向量$\overrightarrow{OP_2}-\overrightarrow{OP_1}$的坐标,即$(x_2-x_1,y_2-y_1,z_2-z_1)$,因而$\overrightarrow{P_1P_2}$的模为

$$\begin{aligned}|\overrightarrow{P_1P_2}|&=\sqrt{\overrightarrow{P_1P_2}\cdot\overrightarrow{P_1P_2}}\\&=\sqrt{(x_2-x_1)^2+(y_2-y_1)^2+(z_2-z_1)^2},\end{aligned}$$

$|\overrightarrow{P_1P_2}|$也就是点$P_1$到点$P_2$的距离. 证毕.

例 2　已知空间中有三点$A(1,0,1)$,$B(0,1,1)$,$C(1,-1,1)$,求$\overrightarrow{AB}$与$\overrightarrow{AC}$之间的夹角.

解　由已知条件可计算出$\overrightarrow{AB}=(-1,1,0)$,$\overrightarrow{AC}=(0,-1,0)$. 设$\theta=$

$\langle\overrightarrow{AB},\overrightarrow{AC}\rangle$，那么

$$\cos\theta=\frac{\overrightarrow{AB}\cdot\overrightarrow{AC}}{|\overrightarrow{AB}||\overrightarrow{AC}|}.$$

而 $\overrightarrow{AB}\cdot\overrightarrow{AC}=-1$，$|\overrightarrow{AB}|=\sqrt{2}$，$|\overrightarrow{AC}|=1$，故 $\cos\theta=-\frac{\sqrt{2}}{2}$，$\theta=\frac{3\pi}{4}$.

现在我们讨论外积的坐标表示.

为此，我们介绍行列式的概念. 形如

$$\begin{vmatrix} x & y \\ x_1 & y_1 \end{vmatrix}$$

的数学式称为**二阶行列式**，我们规定它的值等于 xy_1-yx_1，即

$$\begin{vmatrix} x & y \\ x_1 & y_1 \end{vmatrix}=xy_1-yx_1.$$

三阶行列式是指

$$\begin{vmatrix} x & y & z \\ x_1 & y_1 & z_1 \\ x_2 & y_2 & z_2 \end{vmatrix},$$

它的值定义为

$$\begin{vmatrix} x & y & z \\ x_1 & y_1 & z_1 \\ x_2 & y_2 & z_2 \end{vmatrix}=x\begin{vmatrix} y_1 & z_1 \\ y_2 & z_2 \end{vmatrix}-y\begin{vmatrix} x_1 & z_1 \\ x_2 & z_2 \end{vmatrix}+z\begin{vmatrix} x_1 & y_1 \\ x_2 & y_2 \end{vmatrix}.$$

对于行列式，在线性代数中有专门详细的讨论，现在我们只要求读者记住二阶与三阶行列式的上述计算公式.

设向量 $\boldsymbol{a}_1=(x_1,y_1,z_1)$，$\boldsymbol{a}_2=(x_2,y_2,z_2)$，这时

$$\boldsymbol{a}_1\times\boldsymbol{a}_2=(x_1\boldsymbol{i}+y_1\boldsymbol{j}+z_1\boldsymbol{k})\times(x_2\boldsymbol{i}+y_2\boldsymbol{j}+z_2\boldsymbol{k}).$$

注意到叉乘运算的法则以及

$$\boldsymbol{i}\times\boldsymbol{i}=\boldsymbol{j}\times\boldsymbol{j}=\boldsymbol{k}\times\boldsymbol{k}=\boldsymbol{0},$$

$$\boldsymbol{i}\times\boldsymbol{j}=\boldsymbol{k},\quad \boldsymbol{j}\times\boldsymbol{k}=\boldsymbol{i},\quad \boldsymbol{k}\times\boldsymbol{i}=\boldsymbol{j},$$

我们有

$$\boldsymbol{a}_1\times\boldsymbol{a}_2=(y_1z_2-z_1y_2)\boldsymbol{i}+(z_1x_2-x_1z_2)\boldsymbol{j}+(x_1y_2-y_1x_2)\boldsymbol{k}. \tag{5.1}$$

将这一公式形式地写成行列式更便于记忆：

$$\boldsymbol{a}_1\times\boldsymbol{a}_2=\begin{vmatrix} \boldsymbol{i} & \boldsymbol{j} & \boldsymbol{k} \\ x_1 & y_1 & z_1 \\ x_2 & y_2 & z_2 \end{vmatrix}. \tag{5.2}$$

将此行列式中的三个坐标向量 $\boldsymbol{i},\boldsymbol{j},\boldsymbol{k}$ 形式地代替上述三阶行列式定义中的 x,y,z，就是已证得的公式(5.1).

例 3　设向量 $\boldsymbol{a}=(1,0,2)$，$\boldsymbol{b}=(2,-1,1)$，求一个单位向量 $\boldsymbol{c}$，使它同时垂直于 $\boldsymbol{a}$ 与 $\boldsymbol{b}$，且 $\boldsymbol{a},\boldsymbol{b},\boldsymbol{c}$ 构成右手系.

解　显然，所求的向量为

$$\boldsymbol{c}=\frac{\boldsymbol{a}\times\boldsymbol{b}}{|\boldsymbol{a}\times\boldsymbol{b}|}.$$

根据公式(5.2)，有

$$\boldsymbol{a}\times\boldsymbol{b}=\begin{vmatrix}\boldsymbol{i} & \boldsymbol{j} & \boldsymbol{k}\\ 1 & 0 & 2\\ 2 & -1 & 1\end{vmatrix}=2\boldsymbol{i}+3\boldsymbol{j}-\boldsymbol{k}=(2,3,-1).$$

由此计算出 $|\boldsymbol{a}\times\boldsymbol{b}|=\sqrt{14}$，故

$$\boldsymbol{c}=\left(\frac{2}{\sqrt{14}},\frac{3}{\sqrt{14}},\frac{-1}{\sqrt{14}}\right).$$

外积的坐标表示公式为判断两个向量是否共线提供了方法.

例 4　设向量 $\boldsymbol{a}=(5,6,0)$，$\boldsymbol{b}=(1,2,3)$，问：$\boldsymbol{a}$ 与 $\boldsymbol{b}$ 是否共线？

解　因为

$$\boldsymbol{a}\times\boldsymbol{b}=\begin{vmatrix}\boldsymbol{i} & \boldsymbol{j} & \boldsymbol{k}\\ 5 & 6 & 0\\ 1 & 2 & 3\end{vmatrix}=18\boldsymbol{i}-15\boldsymbol{j}+4\boldsymbol{k}\neq\boldsymbol{0},$$

所以 $\boldsymbol{a}$ 与 $\boldsymbol{b}$ 不共线.

有了上述外积的坐标表示公式之后，混合积的坐标表示公式就十分容易得到了.

设向量 $\boldsymbol{a}=(x_1,y_1,z_1)$，$\boldsymbol{b}=(x_2,y_2,z_2)$，$\boldsymbol{c}=(x_3,y_3,z_3)$，则混合积 $\boldsymbol{c}\cdot(\boldsymbol{a}\times\boldsymbol{b})$ 应该等于 $\boldsymbol{c}$ 与 $\boldsymbol{a}\times\boldsymbol{b}$ 的对应坐标乘积之和. 于是

$$\begin{aligned}\boldsymbol{c}\cdot(\boldsymbol{a}\times\boldsymbol{b})&=(y_1z_2-z_1y_2)x_3+(z_1x_2-x_1z_2)y_3+(x_1y_2-y_1x_2)z_3\\&=\begin{vmatrix}x_3 & y_3 & z_3\\ x_1 & y_1 & z_1\\ x_2 & y_2 & z_2\end{vmatrix}.\end{aligned}$$

这就是三个向量 $\boldsymbol{a},\boldsymbol{b},\boldsymbol{c}$ 混合积的坐标表示公式. 若 $\boldsymbol{a},\boldsymbol{b},\boldsymbol{c}$ 为三个不共面的非零向量，则上式右端的绝对值是以 $\boldsymbol{a},\boldsymbol{b},\boldsymbol{c}$ 为棱的平行六面体的体积(当 $\boldsymbol{a},\boldsymbol{b},\boldsymbol{c}$ 构成右手系时，上述行列式为正的).

例 5　判断下列三个向量是否共面：

$$\boldsymbol{a}=(3,0,5),\quad \boldsymbol{b}=(1,2,3),\quad \boldsymbol{c}=(5,4,11).$$

解 计算混合积 $\boldsymbol{a}\cdot(\boldsymbol{b}\times\boldsymbol{c})$ 可得

$$\boldsymbol{a}\cdot(\boldsymbol{b}\times\boldsymbol{c})=\begin{vmatrix}3 & 0 & 5\\ 1 & 2 & 3\\ 5 & 4 & 11\end{vmatrix}=0,$$

可见 $\boldsymbol{a},\boldsymbol{b},\boldsymbol{c}$ 是共面的.

在结束本节前,我们要介绍一个以后会常用的概念——**方向余弦**.

设 $\boldsymbol{a}$ 是一个非零向量,它与 x 轴、y 轴、z 轴正向的夹角分别为 α,β,γ $(\alpha,\beta,\gamma\in[0,\pi])$,我们称 α,β,γ 为 $\boldsymbol{a}$ 的**方向角**,而称 $\cos\alpha,\cos\beta,\cos\gamma$ 为 $\boldsymbol{a}$ 的**方向余弦**.

显然,根据向量的方向余弦与点乘运算的定义,我们有

$$\cos\alpha=\frac{\boldsymbol{a}\cdot\boldsymbol{i}}{|\boldsymbol{a}|},\quad \cos\beta=\frac{\boldsymbol{a}\cdot\boldsymbol{j}}{|\boldsymbol{a}|},\quad \cos\gamma=\frac{\boldsymbol{a}\cdot\boldsymbol{k}}{|\boldsymbol{a}|}.$$

于是,若向量 $\boldsymbol{a}$ 的坐标为 (x,y,z),则

$$\cos\alpha=\frac{x}{\sqrt{x^2+y^2+z^2}},\quad \cos\beta=\frac{y}{\sqrt{x^2+y^2+z^2}},\quad \cos\gamma=\frac{z}{\sqrt{x^2+y^2+z^2}}.$$

可见,一个向量的三个方向余弦的平方和为 1:

$$\cos^2\alpha+\cos^2\beta+\cos^2\gamma=1.$$

由此还不难看出,向量

$$\cos\alpha\,\boldsymbol{i}+\cos\beta\,\boldsymbol{j}+\cos\gamma\,\boldsymbol{k}$$

就是单位向量

$$\boldsymbol{a}^0=\frac{\boldsymbol{a}}{|\boldsymbol{a}|}.$$

换句话说,$\boldsymbol{a}$ 的方向余弦 $\cos\alpha,\cos\beta,\cos\gamma$ 实际上就是单位向量 $\boldsymbol{a}^0=\dfrac{\boldsymbol{a}}{|\boldsymbol{a}|}$ 的坐标分量.

习 题 5.2

1. 写出点 (x,y,z) 分别到 x 轴、y 轴、z 轴、Oxy 平面、Oyz 平面及原点的距离.

2. 已知三点 $A=(-1,2,1)$,$B=(3,0,1)$,$C=(2,1,2)$,求向量 $\overrightarrow{AB},\overrightarrow{BA},\overrightarrow{AC},\overrightarrow{BC}$ 的坐标与模.

3. 设向量 $\boldsymbol{a}=(3,-2,2)$,$\boldsymbol{b}=(1,3,2)$,$\boldsymbol{c}=(8,6,-2)$,求向量 $3\boldsymbol{a}-2\boldsymbol{b}+\frac{1}{2}\boldsymbol{c}$ 的坐标.

4. 设向量 $\boldsymbol{a}=(2,5,1)$，$\boldsymbol{b}=(1,-2,7)$，分别求沿 $\boldsymbol{a}$ 和 $\boldsymbol{b}$ 方向的单位向量，并求常数 k，使向量 $k\boldsymbol{a}+\boldsymbol{b}$ 与 Oxy 平面平行.

5. 设两点 A，B 的坐标分别为 (x_1,y_1,z_1) 和 (x_2,y_2,z_2)，求 A，B 连线的中点 C 的坐标.

6. 设向量 $\boldsymbol{a}=(1,-2,3)$，$\boldsymbol{b}=(5,2,-1)$，求：

(1) $2\boldsymbol{a}\cdot 3\boldsymbol{b}$；　(2) $\boldsymbol{a}\cdot\boldsymbol{i}$；　(3) $\cos\langle\boldsymbol{a},\boldsymbol{b}\rangle$.

7. 设 $|\boldsymbol{a}|=1$，$|\boldsymbol{b}|=3$，$|\boldsymbol{c}|=2$，$|\boldsymbol{a}+\boldsymbol{b}+\boldsymbol{c}|=\sqrt{17+6\sqrt{3}}$，并且 $\boldsymbol{a}\perp\boldsymbol{c}$，$\langle\boldsymbol{a},\boldsymbol{b}\rangle=\dfrac{\pi}{3}$，求 $\langle\boldsymbol{b},\boldsymbol{c}\rangle$.

8. 设 $|\boldsymbol{a}|=2$，$|\boldsymbol{b}|=6$，试求常数 k，使 $\boldsymbol{a}+k\boldsymbol{b}\perp\boldsymbol{a}-k\boldsymbol{b}$.

9. 设向量 $\boldsymbol{a}=(1,-2,1)$，$\boldsymbol{b}=(1,-1,3)$，$\boldsymbol{c}=(2,5,-3)$，求：

(1) $\boldsymbol{a}\times\boldsymbol{b}$；　(2) $\boldsymbol{c}\times\boldsymbol{j}$；　(3) $(\boldsymbol{a}\times\boldsymbol{b})\cdot\boldsymbol{c}$；

(4) $(\boldsymbol{a}\times\boldsymbol{b})\times\boldsymbol{c}$；　(5) $\boldsymbol{a}\times(\boldsymbol{b}\times\boldsymbol{c})$.

10. 已知在平行四边形 $ABCD$ 中，$\overrightarrow{AB}=(2,1,0)$，$\overrightarrow{AD}=(0,-1,2)$，求该平行四边形两对角线的夹角 $\langle\overrightarrow{AC},\overrightarrow{BD}\rangle$.

11. 已知三点 $A(3,4,1)$，$B(2,3,0)$，$C(3,5,1)$，求 $\triangle ABC$ 的面积.

12. 证明：向量 $\boldsymbol{a}=(3,4,5)$，$\boldsymbol{b}=(1,2,2)$，$\boldsymbol{c}=(9,14,16)$ 是共面的.

13. 已知 $|\boldsymbol{a}|=1$，$|\boldsymbol{b}|=5$，$\boldsymbol{a}\cdot\boldsymbol{b}=-3$，求 $|\boldsymbol{a}\times\boldsymbol{b}|$.

14. 设向量 $\boldsymbol{a}$ 的方向余弦为 $\cos\alpha$，$\cos\beta$，$\cos\gamma$，在下列各情况下，指出 $\boldsymbol{a}$ 的方向特征：

(1) $\cos\alpha=0$，$\cos\beta\neq 0$，$\cos\gamma\neq 0$；

(2) $\cos\alpha=\cos\beta=0$，$\cos\gamma\neq 0$；

(3) $\cos\alpha=\cos\beta=\cos\gamma$.

15. 设 $|\boldsymbol{a}|=\sqrt{2}$，向量 $\boldsymbol{a}$ 的三个方向角 α，β，γ 满足 $\alpha=\beta=\dfrac{1}{2}\gamma$，求 $\boldsymbol{a}$ 的坐标.

16. 设 $\boldsymbol{a}$，$\boldsymbol{b}$ 为两个非零向量，并且

$$(7\boldsymbol{a}-5\boldsymbol{b})\perp(\boldsymbol{a}+3\boldsymbol{b}),\quad (\boldsymbol{a}-4\boldsymbol{b})\perp(7\boldsymbol{a}-2\boldsymbol{b}),$$

求 $\cos\langle\boldsymbol{a},\boldsymbol{b}\rangle$.

§3　空间中平面与直线的方程

假定我们在空间中取定了直角坐标系 $Oxyz$ 及相应的三个坐标向量 $\boldsymbol{i}$，$\boldsymbol{j}$，$\boldsymbol{k}$. 现在我们来讨论空间中平面与直线所满足的方程.

1. 平面的方程

根据已知条件的不同，平面方程可有多种不同的形式，常见的有下述几种.

设给定一个平面，其法向量 $\boldsymbol{n}$（垂直于平面的向量）的坐标为 (A,B,C)（A,B,C 不全为零），又假定该平面上一点 P_0 的坐标为 (x_0,y_0,z_0)，则该平面上任意一点 $P(x,y,z)$ 都使得 $\overrightarrow{P_0P}$ 与 $\boldsymbol{n}$ 垂直，即满足

$$\boldsymbol{n}\cdot\overrightarrow{P_0P}=0,$$

也即

$$A(x-x_0)+B(y-y_0)+C(z-z_0)=0.$$

反过来，对于空间中任何一点 $P(x,y,z)$，如果它满足这个方程，则它一定在给定的平面上.

这个方程是由平面的一个法向量及平面上一个已知点的坐标确定的，故通常称之为平面的**点法式方程**. 这个方程可以化成

$$Ax+By+Cz+D=0$$

的形式，其中 $D=-Ax_0-By_0-Cz_0$ 是常数，x,y,z 的系数 A,B,C 依次是法向量的三个坐标分量.

例 1 已知一个平面的法向量为 $(2,3,4)$，该平面上一点的坐标为 $(1,1,1)$，则该平面的方程是

$$2(x-1)+3(y-1)+4(z-1)=0,$$

即

$$2x+3y+4z-9=0.$$

有了平面的点法式方程，我们便可很容易计算出一点至一个平面的距离.

例 2 已知一个平面的方程为

$$Ax+By+Cz+D=0\quad(A^2+B^2+C^2\neq0).$$

求点 $P_1(x_1,y_1,z_1)$ 到该平面的距离 d.

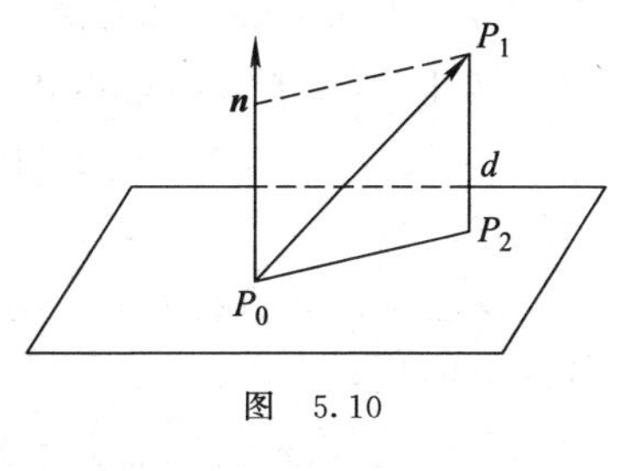

图 5.10

解 设点 P_1 到该平面的垂足为点 P_2，那么所求的距离 d 即为点 P_1 到点 P_2 的距离. 又设 $P_0(x_0,y_0,z_0)$ 为该平面上任意一点，则 $D=-Ax_0-By_0-Cz_0$. 显然，由图 5.10 可知 $d=|\overrightarrow{P_0P_1}||\cos\langle\boldsymbol{n},\overrightarrow{P_0P_1}\rangle|$，于是

$$\begin{aligned}d&=\frac{|\overrightarrow{P_0P_1}\cdot\boldsymbol{n}|}{|\boldsymbol{n}|}\\&=\frac{|A(x_1-x_0)+B(y_1-y_0)+C(z_1-z_0)|}{\sqrt{A^2+B^2+C^2}}\\&=\frac{|Ax_1+By_1+Cz_1+D|}{\sqrt{A^2+B^2+C^2}}.\end{aligned}$$

上面的讨论使我们看到,空间中一个平面的方程是一个关于 x,y,z 的线性方程(三元一次方程)

$$Ax+By+Cz+D=0,$$

其中系数 A,B,C 不全为零,它们恰是该平面法向量的三个坐标分量.

反过来,任意给定这样一个方程,它必是某个平面的方程. 事实上,对于任意给定的这样一个方程,我们很容易找到它的一个解 (x_0,y_0,z_0),也就是找到一点 (x_0,y_0,z_0),满足

$$Ax_0+By_0+Cz_0+D=0$$

$\left(\text{比如,当 } A\neq 0 \text{ 时,}\left(-\frac{D}{A},0,0\right)\text{即为一个解}\right)$. 这样,$Ax+By+Cz+D=0$ 的解都满足方程

$$A(x-x_0)+B(y-y_0)+C(z-z_0)=0.$$

因此,$Ax+By+Cz+D=0$ 是由点 (x_0,y_0,z_0) 及法向量 (A,B,C) 所决定平面的方程.

以上说明,空间中的平面与三元一次方程有一一对应的关系,今后我们将三元一次方程 $Ax+By+Cz+D=0$ 称为平面的**一般方程**.

例 3　将平面的一般方程 $3x+4y+6z=1$ 化成点法式方程.

解　先在平面上任意选定一点,比如 $(-3,1,1)$.

这样,所给的方程可以化成

$$3(x+3)+4(y-1)+6(z-1)=0.$$

这里法向量为 $\boldsymbol{n}=(3,4,6)$.

除去点法式方程及一般方程之外,还有其他形式的平面方程. 比如,已知三点的坐标:

$$P_1(x_1,y_1,z_1),\quad P_2(x_2,y_2,z_2),\quad P_3(x_3,y_3,z_3),$$

且由这三点可决定一个平面,其方程就是所谓的平面三点式方程.

要想使这三点能够唯一地决定一个平面,其必要条件是这三点不在一条直线上. 换句话说,向量 $\overrightarrow{P_1P_2}$ 与 $\overrightarrow{P_1P_3}$ 不共线,即 $\overrightarrow{P_1P_2}\times\overrightarrow{P_1P_3}\neq\mathbf{0}$.

现在我们假定给定的三点满足这样的条件,则这三点所决定的平面以 $\overrightarrow{P_1P_2}\times\overrightarrow{P_1P_3}$ 为其法向量. 一点 $P(x,y,z)$ 在这三点所决定的平面上,当且仅当 $\overrightarrow{P_1P}$ 垂直于 $\overrightarrow{P_1P_2}\times\overrightarrow{P_1P_3}$,即

$$\overrightarrow{P_1P}\cdot(\overrightarrow{P_1P_2}\times\overrightarrow{P_1P_3})=0.$$

把这个混合积写成坐标形式,即

$$\begin{vmatrix} x-x_1 & y-y_1 & z-z_1 \\ x_2-x_1 & y_2-y_1 & z_2-z_1 \\ x_3-x_1 & y_3-y_1 & z_3-z_1 \end{vmatrix}=0.$$

这个方程称为平面的**三点式方程**. 将此行列式按照第一行展开,即得到一个关于 x,y,z 的线性方程.

例 4 已知三点 $P_1(0,0,1)$,$P_2(1,1,0)$,$P_3(1,0,1)$,求过这三点的平面方程.

解 所求的平面方程是

$$\begin{vmatrix} x-0 & y-0 & z-1 \\ 1 & 1 & -1 \\ 1 & 0 & 0 \end{vmatrix}=0,$$

即

$$y+z-1=0.$$

已知一个平面的方程

$$Ax+By+Cz+D=0,$$

如何在空间中确定它的位置? 这是一个很基本的问题. 下面我们讨论这个问题.

当 A,B,C 中有两个为零时,比如 $A=B=0$,这时平面的一般方程变成

$$Cz+D=0.$$

它的解是 $z=-\dfrac{D}{C}$. 更确切地说,作为三元一次方程,它的解是

$$\left(x,y,-\frac{D}{C}\right),$$

其中 x,y 可取任意值. 它在空间中代表一个平行于 Oxy 平面的平面,且在 z 轴上的截距为 $-\dfrac{D}{C}$.

当 A,B,C 中只有一个为零时,比如 $A=0$,这意味着法向量 (A,B,C) 与 x 轴垂直,这时平面的一般方程变成

$$By+Cz+D=0. \tag{5.3}$$

我们在 Oyz 平面上画出直线 $By+Cz+D=0$,然后将此直线沿平行于 x 轴的方向移动,即得到方程(5.3)所表示的平面.

例 5 方程 $2y+z-1=0$ 表示的平面如图 5.11 所示.

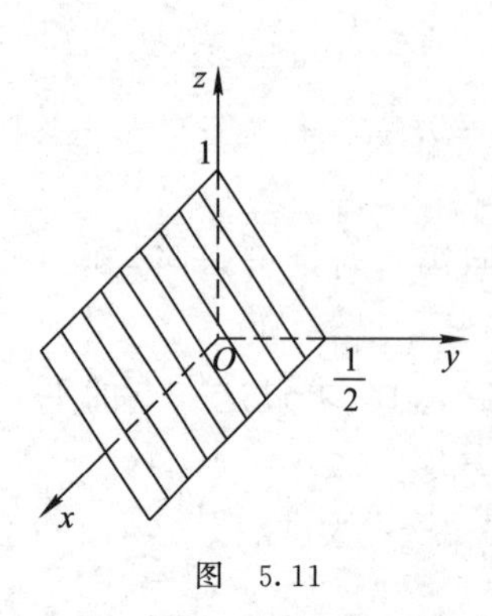

图　5.11

当三个系数 A,B,C 均不为零时，我们可求出平面 $Ax+By+Cz+D=0$ 在三条坐标轴上的截距. 事实上，该平面在 x 轴、y 轴、z 轴上的截距分别是 $-\frac{D}{A},-\frac{D}{B},-\frac{D}{C}$. 如果 $D\neq 0$，则三个截距均不为零，而这时平面方程可写成

$$\frac{x}{-\frac{D}{A}}+\frac{y}{-\frac{D}{B}}+\frac{z}{-\frac{D}{C}}=1.$$

这个方程称为平面的**截距式方程**，从中可看出各截距与三个一次项系数的关系. 在三条坐标轴上的截距知道了，平面在空间中的位置也就容易想象了. 若 $D=0$，则表明平面通过原点. 在这种情况下，为了确定平面的位置，最好画出平面与两个坐标平面(比如 Oxy 平面及 Oyz 平面)的交线. 根据这两条交线即可确定平面的位置.

例 6　方程 $x+2y+z-1=0$ 表示的平面在 x 轴、y 轴、z 轴上的截距分别是 $1,\frac{1}{2},1$. 该平面在第一卦限内的部分如图 5.12 所示.

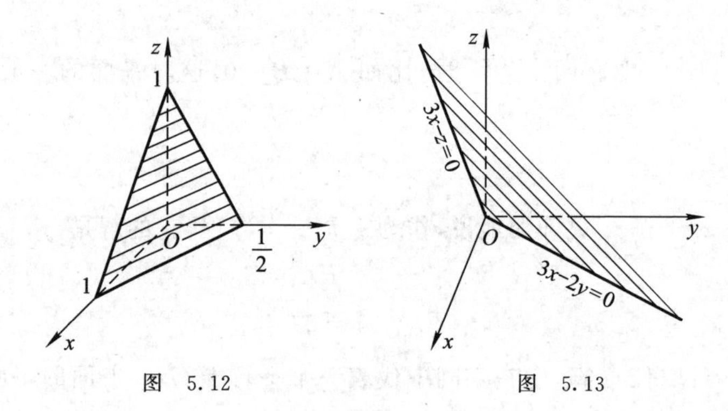

图　5.12　　　　图　5.13

例 7　方程 $3x-2y-z=0$ 表示的平面通过原点，它与 Oxy 平面(平面 $z=0$)的交线是

$$3x-2y=0,\quad z=0.$$

而它与 Ozx 平面的交线是

$$3x-z=0,\quad y=0.$$

在 Oxy 平面上画出直线 $3x-2y=0$，并在 Ozx 平面上画出直线 $3x-z=0$，这时所讨论的平面就是通过这两条直线的平面，如图 5.13 所示.

下面我们将讨论如何根据两个平面的方程来确定这两个平面之间的位置关系以及它们相交时的夹角.

我们知道三元一次方程

$$Ax+By+Cz+D=0$$

所代表平面的法向量是(A,B,C). 由此可见,两个不同平面

$$A_1x+B_1y+C_1z+D_1=0,$$
$$A_2x+B_2y+C_2z+D_2=0$$

平行的充要条件是向量(A_1,B_1,C_1)与(A_2,B_2,C_2)共线,即存在一个实数λ,使得$\lambda(A_1,B_1,C_1)=(A_2,B_2,C_2)$. 换句话说,这两个平面平行的充要条件是 A_1,B_1,C_1 与 A_2,B_2,C_2 成比例.

两个平面

$$A_1x+B_1y+C_1z+D_1=0,$$
$$A_2x+B_2y+C_2z+D_2=0$$

之间的**夹角**就是它们的法向量 $\boldsymbol{n}_1=(A_1,B_1,C_1)$与 $\boldsymbol{n}_2=(A_2,B_2,C_2)$之间的夹角. 设这个夹角为 θ,那么

$$\cos\theta=\frac{\boldsymbol{n}_1\cdot\boldsymbol{n}_2}{|\boldsymbol{n}_1||\boldsymbol{n}_2|},$$

即

$$\cos\theta=\frac{A_1A_2+B_1B_2+C_1C_2}{\sqrt{A_1^2+B_1^2+C_1^2}\sqrt{A_2^2+B_2^2+C_2^2}}.$$

由此立即推出,上述两个平面相互垂直的充要条件是

$$A_1A_2+B_1B_2+C_1C_2=0.$$

最后,我们指出:上述两个平面重合的充要条件是 A_1,B_1,C_1,D_1 与 A_2,B_2,C_2,D_2 成比例. 证明留给读者完成.

例 8 试确定常数 l 与 k,使平面

$$x+ly+kz=1$$

与平面 $x+y-z=8$ 垂直,且过点$\left(1,1,-\frac{2}{3}\right)$.

解 两个平面相互垂直要求其法向量相互垂直,由此有

$$1+l-k=0.$$

点$\left(1,1,-\frac{2}{3}\right)$在平面 $x+ly+kz=1$ 上,则要求

$$1+l-\frac{2}{3}k=1.$$

联立上面得到的两个关于 l 与 k 的方程，解得 $l=2,k=3$.

2. 直线的方程

现在我们转入讨论空间中直线的方程.

我们知道，在 Oxy 平面上一条直线的方程是关于 x,y 的一个一次方程. 但是，到了空间的情形，一条直线的方程就要通过两个平面方程来描述.

事实上，直线总可以看成两个不平行平面的交线. 用方程的语言来说，一条直线上的点 (x,y,z) 应当满足一个联立方程

$$\begin{cases} A_1x+B_1y+C_1z+D_1=0, \\ A_2x+B_2y+C_2z+D_2=0, \end{cases}$$

其中 A_1,B_1,C_1 与 A_2,B_2,C_2 不成比例. 反过来，这个联立方程的解 (x,y,z) 均在两个方程所代表平面的交线上.

例 9　联立方程

$$\begin{cases} x-3=0, \\ y-4=0 \end{cases}$$

的解是 $(3,4,z)$，其图形是平面 $x-3=0$ 与 $y-4=0$ 的交线 l，它平行于 z 轴，如图 5.14 所示.

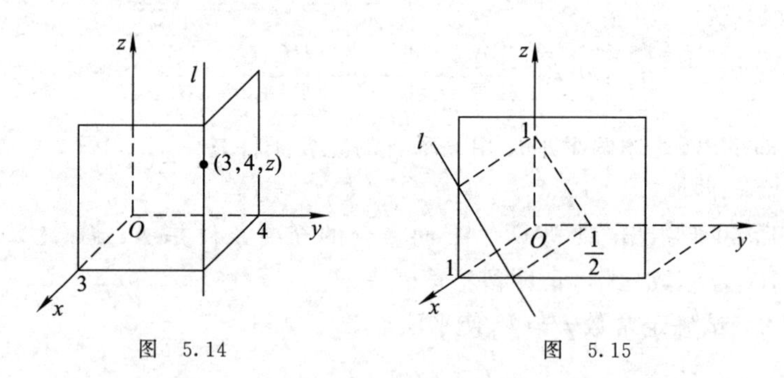

图　5.14　　　图　5.15

例 10　联立方程

$$\begin{cases} x-1=0, \\ 2y+z-1=0 \end{cases}$$

代表平面 $x-1=0$ 与 $2y+z-1=0$ 的交线 l（见图 5.15）.

形如 x,y,z 的一次联立方程的直线方程称作直线的**一般方程**或**两面式方程**.

除了一般方程之外，直线尚有参数方程与标准方程.

假如已知一点 $P_0(x_0,y_0,z_0)$，又已知一个非零向量 $\boldsymbol{e}=(a,b,c)$，那么过点 P_0 且方向与 $\boldsymbol{e}$ 平行的直线上任意一点 $P(x,y,z)$ 都使得向量 $\overrightarrow{P_0P}$ 与 $\boldsymbol{e}$ 共线，即存在一个实数 t，使得

$$\overrightarrow{P_0P}=t\boldsymbol{e}\quad(-\infty<t<+\infty),$$

写成坐标形式即有

$$\begin{cases}x-x_0=ta,\\ y-y_0=tb,\\ z-z_0=tc\end{cases}\quad(-\infty<t<+\infty),$$

这里 t 是一个参数. 反过来，对于每个实数 t，由这组方程所决定的 (x,y,z) 必定在过点 P_0 且方向与 $\boldsymbol{e}$ 平行的直线上. 这组方程称为直线的**参数方程**，其中非零向量 $\boldsymbol{e}=(a,b,c)$ 称为直线的**方向向量**.

从参数方程出发，消去参数 t，又可将直线的方程写成

$$\frac{x-x_0}{a}=\frac{y-y_0}{b}=\frac{z-z_0}{c}.$$

上式通常称为直线的**标准方程**.

上述直线的标准方程只是一个形式上的写法，当分母中的 a,b,c 均不为零时，它代表联立方程

$$\begin{cases}a(y-y_0)-b(x-x_0)=0,\\ a(z-z_0)-c(x-x_0)=0;\end{cases}$$

当 $a=0$ 而 b,c 不为零时，我们约定它代表联立方程

$$\begin{cases}x-x_0=0,\\ b(z-z_0)-c(y-y_0)=0;\end{cases}$$

当 $a=b=0$ 时，我们约定它代表联立方程

$$\begin{cases}x-x_0=0,\\ y-y_0=0.\end{cases}$$

其他情况做类似的相应约定.

这样的约定显然是合理的. 以最后一种情况为例，当 $a=b=0$ 时，意味着直线的方向平行于向量 $(0,0,c)$，即平行于 z 轴，因此过点 (x_0,y_0,z_0) 且方向平行于向量 (a,b,c) 的直线应该是平面 $x-x_0=0$ 与 $y-y_0=0$ 的交线.

上述说明同时告诉我们如何将一条直线的标准方程化成其一般方程.

反过来，如果已知一条直线的一般方程

$$\begin{cases} A_1x+B_1y+C_1z+D_1=0, \\ A_2x+B_2y+C_2z+D_2=0, \end{cases}$$

其中 A_1,B_1,C_1 与 A_2,B_2,C_2 不成比例，那么如何确定其标准方程呢？

为了求出这条直线的标准方程，首先要求出这个联立方程的一个解 (x_0,y_0,z_0). 通常这是容易的. 其次，要确定这条直线的方向. 作为两个平面的交线，这条直线一定同时垂直于这两个平面各自的法线. 因此，这条直线的方向向量为

$$\boldsymbol{n}_1\times\boldsymbol{n}_2=(A_1,B_1,C_1)\times(A_2,B_2,C_2).$$

最后，根据这条直线上的一个已知点 $P_0(x_0,y_0,z_0)$ 和方向向量 $\boldsymbol{n}_1\times\boldsymbol{n}_2$ 就可得出这条直线的标准方程.

例 11　将直线的一般方程

$$\begin{cases} x-y+z-1=0, \\ 2x+y-3z=0 \end{cases}$$

化成标准方程.

解　显然，所给的联立方程有解 $\left(\dfrac{1}{3},-\dfrac{2}{3},0\right)$，而该直线的方向向量为

$$(1,-1,1)\times(2,1,-3)=(2,5,3),$$

于是该直线的标准方程为

$$\frac{x-\dfrac{1}{3}}{2}=\frac{y+\dfrac{2}{3}}{5}=\frac{z}{3}.$$

在结束这一节时我们指出：这一节中公式较多，但都无须死记硬背，重要的是理解平面方程中系数的几何意义，特别是要知道平面方程

$$Ax+By+Cz+D=0$$

中前三个系数 A,B,C 组成的向量 (A,B,C) 是平面的法向量. 这一节中的许多公式都是根据这一事实再利用点乘与叉乘运算得到的.

习　题　5.3

1. 指出下列平面位置的特点：

(1) $5x-3z+1=0$；　　(2) $x+2y-7z=0$；

(3) $y+5=0$；　　(4) $2y-9z=0$；

(5) $x-y-5=0$；　　(6) $x=0$.

2. 求满足下列条件的平面方程：

(1) 平行于 y 轴且过两点 $(1,-5,1),(3,2,-2)$；

(2) 平行于 Ozx 平面且过点(5,2,−8);

(3) 垂直于平面 $x-4y+5z=1$ 且过两点(−2,7,3),(0,0,0);

(4) 垂直于 Oyz 平面且过两点(5,−4,3),(−2,1,8).

3. 求过三点 $A(2,4,8)$,$B(-3,1,5)$,$C(6,-2,7)$的平面方程.

4. 设一个平面在各坐标轴上的截距都不等于零并相等,且过点(5,−7,4),求此平面的方程.

5. 已知两点 $A(2,-1,-2)$,$B(8,7,5)$,求过点 B 且与线段 AB 垂直的平面.

6. 求过点 (2,0,−3)且与两个平面 $2x-2y+4z+7=0$,$3x+y-2z+5=0$ 垂直的平面方程.

7. 求过 x 轴且与平面 $9x-4y-2z+3=0$ 垂直的平面方程.

8. 求过直线

$$l_1:\begin{cases}x+2z-4=0,\\3y-z+8=0\end{cases}$$

且与直线

$$l_2:\begin{cases}x-y-4=0,\\y-z-6=0\end{cases}$$

平行的平面方程.

9. 求两条直线

$$l_1:\frac{x+3}{3}=\frac{y+1}{2}=\frac{z-2}{4}\quad 与\quad l_2:\begin{cases}x=3t+8,\\y=t+1,\\z=2t+6\end{cases}$$

的交点坐标,并求过这两条直线的平面方程.

10. 求过两条直线 $l_1:\dfrac{x-1}{2}=\dfrac{y+1}{-1}=\dfrac{z+1}{1}$ 与 $l_2:\dfrac{x+2}{-4}=\dfrac{y-2}{2}=\dfrac{z}{-2}$ 的平面方程.

11. 证明:两条直线 $l_1:\dfrac{x-1}{-1}=\dfrac{y}{2}=\dfrac{z+1}{1}$ 与 $l_2:\dfrac{x+2}{0}=\dfrac{y-1}{1}=\dfrac{z-2}{-2}$ 是异面直线.

12. 将下列直线方程化为标准方程及参数方程:

(1) $\begin{cases}2x+y-z+1=0,\\3x-y+2z-8=0;\end{cases}$ (2) $\begin{cases}x-3z+5=0,\\y-2z+8=0.\end{cases}$

13. 求过点(3,2,−5)及 x 轴的平面与平面 $3x-y-7z+9=0$ 的交线方程.

14. 当 D 为何值时,直线$\begin{cases}3x-y+2z-6=0,\\x+4y-z+D=0\end{cases}$与 z 轴相交?

15. 求过直线$\begin{cases}x-2z-4=0,\\3y-z+8=0\end{cases}$且与直线$\begin{cases}x-y-4=0,\\z-y+6=0\end{cases}$平行的平面方程.

16. 求点(1,2,3)到直线 $\dfrac{x}{1}=\dfrac{y-4}{-3}=\dfrac{z-3}{-2}$ 的距离.

17. 求点(2,1,3)到平面 $2x-2y+z-3=0$ 的距离与投影.

18. 求两条平行直线

$$\frac{x-1}{1}=\frac{y+1}{-2}=\frac{z}{3} \quad 与 \quad \frac{x}{1}=\frac{y+1}{-2}=\frac{z-1}{3}$$

之间的距离.

19. 求过点 $A(2,1,3)$ 并与直线 $\frac{x+1}{3}=\frac{y-1}{2}=\frac{z}{-1}$ 垂直相交的直线方程.

20. 求两个平行平面

$$3x+6y-2z-7=0 \quad 与 \quad 3x+6y-2z+14=0$$

之间的距离.

§4　二次曲面

在上一节中,我们已经看到一个三元一次方程在空间中代表一个平面. 在本节中,我们要讨论一个三元二次方程所代表的曲面. 这种曲面称为**二次曲面**.

三元二次方程的一般形式是

$$Ax^2+By^2+Cz^2+Dxy+Eyz+Fzx+Gx+Hy+Iz+J=0,$$

其中 $A,B,\cdots,J$ 是常数,且 A,B,C 不全为零. 在空间中取定一个直角坐标系 $Oxyz$ 之后,任意给定这样的一个方程,除去个别情况之外,满足这个方程的全体点 (x,y,z) 形成一个曲面.

从几何或代数上可以证明,对于任意给定的一个三元二次方程,通过一个适当的坐标变换,一般可将它化成 9 种典型方程之一. 下面分别介绍这 9 种典型方程及它们所表示的曲面.

(1) **椭圆锥面**: $\frac{x^2}{a^2}+\frac{y^2}{b^2}-\frac{z^2}{c^2}=0\,(a,b,c>0)$.

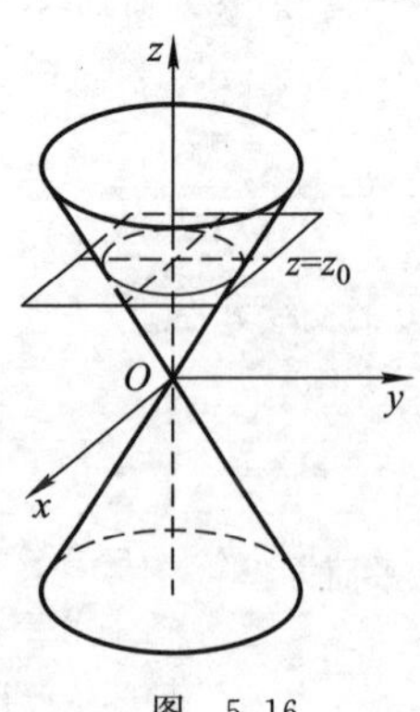

图　5.16

显然,这个曲面与平行于 Oxy 平面的平面 $z=z_0$ $(z_0\neq 0)$ 相截的截痕是一个椭圆周:

$$\begin{cases}\frac{x^2}{a^2}+\frac{y^2}{b^2}=\frac{z_0^2}{c^2},\\ z=z_0.\end{cases}$$

而这个椭圆周的两个半轴分别是 $\frac{a}{c}|z_0|$ 与 $\frac{b}{c}|z_0|$. 也就是说,该椭圆周的半轴与 $|z_0|$ 成正比(见图 5.16). 另外,这个曲面与 Oyz 平面相截的截痕是两条直线:

$$\begin{cases}\dfrac{y}{b}=\dfrac{z}{c},\\ x=0,\end{cases}\quad \begin{cases}\dfrac{y}{b}=-\dfrac{z}{c},\\ x=0;\end{cases}$$

而与 Ozx 平面相截的截痕也是两条直线：

$$\begin{cases}\dfrac{x}{a}=\dfrac{z}{c},\\ y=0,\end{cases}\quad \begin{cases}\dfrac{x}{a}=-\dfrac{z}{c},\\ y=0.\end{cases}$$

我们之所以称这个曲面为椭圆锥面，是因为这个曲面由一束过原点的直线所组成. 事实上，若点(x_0,y_0,z_0)(不是原点)在该曲面上，则由原点与点(x_0,y_0,z_0)所决定的直线均在该曲面上(请读者自行验证).

(2) **椭球面**：$\dfrac{x^2}{a^2}+\dfrac{y^2}{b^2}+\dfrac{z^2}{c^2}=1(a,b,c>0)$.

这个曲面是可以装在长立方体

$$\{(x,y,z)\mid |x|\leqslant a,|y|\leqslant b,|z|\leqslant c\}$$

内的，而且与 x 轴、y 轴、z 轴交点的相应坐标分量分别是 $\pm a,\pm b,\pm c$(见图 5.17).

用平行于 Oxy 平面的平面 $z=z_0$ $(0\leqslant|z_0|<c)$去截这个曲面，得到的截痕是一个椭圆周：

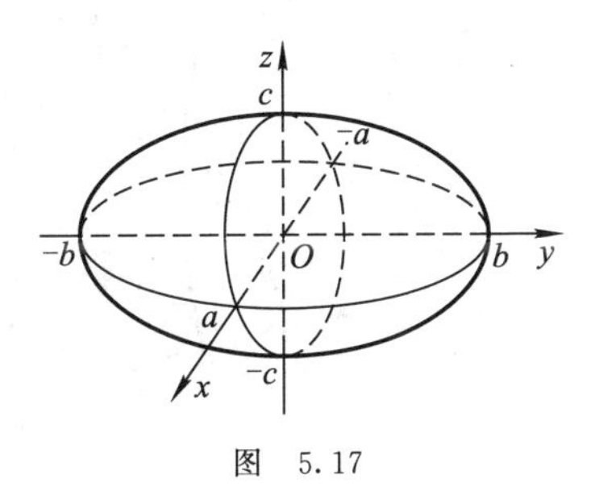

图 5.17

$$\begin{cases}\dfrac{x^2}{a^2}+\dfrac{y^2}{b^2}=1-\dfrac{z_0^2}{c^2},\\ z=z_0.\end{cases}$$

若用平行于其他坐标平面的平面去截这个曲面，结果类似.

椭球面的参数方程为

$$\begin{cases}x=a\sin\varphi\cos\theta,\\ y=b\sin\varphi\sin\theta,\\ z=c\cos\varphi,\end{cases}$$

其中 $0\leqslant\theta<2\pi,0\leqslant\varphi\leqslant\pi$.

当 $a=b=c=R$ 时，椭球面变成球面

$$x^2+y^2+z^2=R^2.$$

(3) **单叶双曲面**：$\dfrac{x^2}{a^2}+\dfrac{y^2}{b^2}-\dfrac{z^2}{c^2}=1(a,b,c>0)$.

用平面 $z=z_0$ 去截这个曲面，则截痕是一个椭圆周：

$$\begin{cases}\dfrac{x^2}{a^2}+\dfrac{y^2}{b^2}=1+\dfrac{z_0^2}{c^2},\\ z=z_0,\end{cases}$$

其两个半轴分别为 $a\sqrt{1+\dfrac{z_0^2}{c^2}}$ 与 $b\sqrt{1+\dfrac{z_0^2}{c^2}}$，它们随着 z_0 趋向于无穷大而趋向于正无穷大(见图 5.18).

用平面 $x=x_0$ 或 $y=y_0$ 去截这个曲面，截痕是双曲线($|x_0|\neq a$，$|y_0|\neq b$ 时)，或者是两条直线($|x_0|=a$ 或 $|y_0|=b$ 时).

我们之所以称这个曲面为单叶双曲面，是因为它是连在一起的一个曲面. 而下面将要讨论的双叶双曲面是彼此不连通的两个曲面.

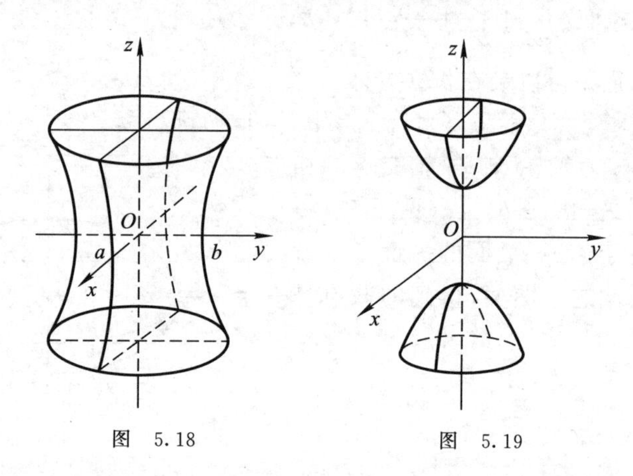

图　5.18　　　　图　5.19

(4) **双叶双曲面**：$\dfrac{x^2}{a^2}+\dfrac{y^2}{b^2}-\dfrac{z^2}{c^2}=-1(a,b,c>0)$.

显然，当 $|z|<c$ 时，这个曲面的方程无解. 因此，在平面 $z=c$ 与 $z=-c$ 之间没有这个曲面上的点；而在这两个平面上，各只有这个曲面上的一个点. 用平面 $z=z_0(|z_0|>c)$ 去截这个曲面时，截痕是一个椭圆周：

$$\begin{cases}\dfrac{x^2}{a^2}+\dfrac{y^2}{b^2}=\dfrac{z_0^2}{c^2}-1,\\ z=z_0.\end{cases}$$

可见，这个曲面由上、下两部分组成.

若用平面 $x=x_0$ 或 $y=y_0$ 去截这个曲面，则截痕总是双曲线(见图 5.19).

(5) **椭圆柱面**：$\frac{x^2}{a^2}+\frac{y^2}{b^2}=1(a,b>0)$.

这个曲面在 Oxy 平面上的投影是一个椭圆周. 若(x_0,y_0)满足上述方程,则对于任意的 z,点(x_0,y_0,z)均在这个曲面上,因此过点$(x_0,y_0,0)$且平行于 z 轴的直线落在这个曲面上. 这个曲面也可以看作由平行于 z 轴的动直线沿 Oxy 平面上的一个椭圆周平行移动的结果(见图 5.20).

一般来说,由平行于某给定方向的动直线沿着给定的曲线移动所得到的曲面称作**柱面**,其中动直线称作**母线**,给定的曲线称作**准线**. 上述椭圆柱面的准线为椭圆周,其母线平行于 z 轴.

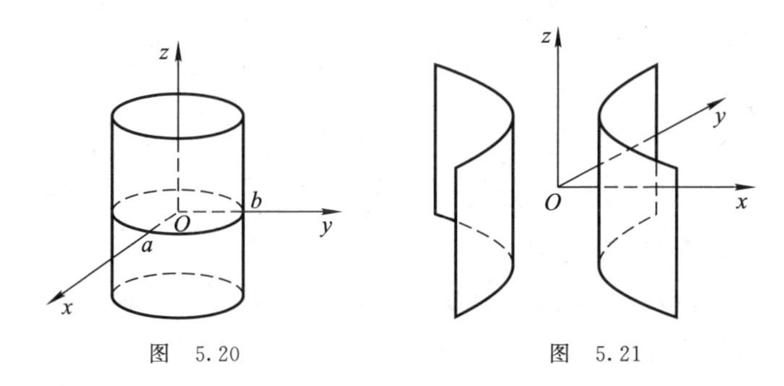

图 5.20　　　　图 5.21

(6) **双曲柱面**：$\frac{x^2}{a^2}-\frac{y^2}{b^2}=1(a,b>0)$.

这个曲面是以 Oxy 平面上的双曲线

$$\begin{cases}\frac{x^2}{a^2}-\frac{y^2}{b^2}=1,\\ z=0\end{cases}$$

为准线的柱面,其母线平行于 z 轴(见图 5.21).

(7) **椭圆抛物面**：$\frac{x^2}{a^2}+\frac{y^2}{b^2}-z=0(a,b>0)$.

当 $z<0$ 时,这个曲面的方程无解,故这个曲面只在 $z\geqslant 0$ 时存在. 对于任意的 $z_0>0$,这个曲面与平面 $z=z_0$ 相截的截痕是一个椭圆周,而这个曲面与任意平面 $x=x_0$ 或 $y=y_0$ 相截,其截痕是抛物线,如图 5.22 所示.

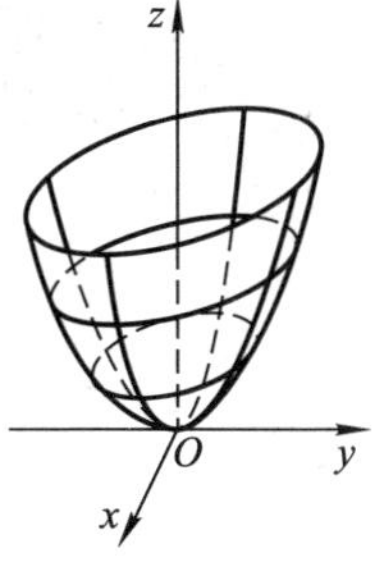

图 5.22

(8) **双曲抛物面**：$\frac{x^2}{a^2}-\frac{y^2}{b^2}-z=0(a,b>0)$.

用任意一个平行于 Oxy 平面的平面 $z=z_0(z_0\neq 0)$ 去截这个曲面时，截痕都是双曲线：

$$\begin{cases}\dfrac{x^2}{a^2}-\dfrac{y^2}{b^2}=z_0,\\ z=z_0.\end{cases}$$

不过，当 $z_0>0$ 或 $z_0<0$ 时，该双曲线的实轴平行于 x 轴或 y 轴：当 $z_0>0$ 时，上述双曲线的方程可化为

$$\begin{cases}\dfrac{x^2}{(a\sqrt{z_0})^2}-\dfrac{y^2}{(b\sqrt{z_0})^2}=1,\\ z=z_0,\end{cases}$$

这时该双曲线在 Oxy 平面上的投影以 x 轴为实轴；当 $z_0<0$ 时，上述双曲线的方程为

$$\begin{cases}-\dfrac{x^2}{(a\sqrt{-z_0})^2}+\dfrac{y^2}{(b\sqrt{-z_0})^2}=1,\\ z=z_0,\end{cases}$$

这时该双曲线在 Oxy 平面上的投影以 y 轴为实轴. 这个曲面与平面 $z=0$ 的交线恰是两条直线.

用平行于 Ozx 平面的平面 $y=y_0$ 和平行于 Oyz 平面的平面 $x=x_0$ 去截这个曲面时，截痕均是抛物线，且前者的截痕是抛物线 $\begin{cases}z=\dfrac{x^2}{a^2}-\dfrac{y_0^2}{b^2},\\ y=y_0\end{cases}$（开口向上），后者的截痕是抛物线 $\begin{cases}z=\dfrac{x_0^2}{a^2}-\dfrac{y^2}{b^2},\\ x=x_0\end{cases}$（开口向下）.

双曲抛物面形如一个马鞍，因此有时也称之为**马鞍面**（见图 5.23）.

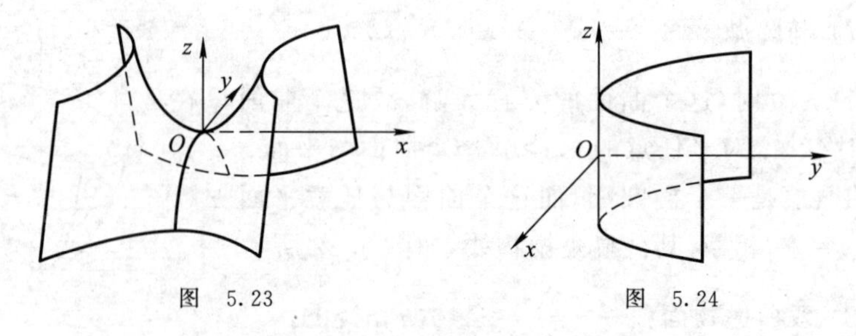

图 5.23　　　　图 5.24

(9) **抛物柱面**：$\frac{x^2}{a^2}-y=0(a>0)$.

这是一个以 Oxy 平面上的抛物线

$$\begin{cases} y=\frac{x^2}{a^2}, \\ z=0 \end{cases}$$

为准线的柱面，其母线平行于 z 轴，见图 5.24.

习　题　5.4

1. 求椭球面

$$2x^2+3y^2+4z^2-4x-6y+16z+16=0$$

的中心坐标及三个半轴.

2. 说出下列曲面的名称，并画出略图：

(1) $8x^2+11y^2+24z^2=1$；　(2) $4x^2-9y^2-14z^2=-25$；

(3) $2x^2+9y^2-16z^2=-9$；　(4) $x^2-y^2=2x$；

(5) $2y^2+z^2=x$；　(6) $z=xy$.

3. 求下列曲面的参数方程：

(1) $(x-1)^2+(y+1)^2+(z-3)^2=R^2\ (R>0)$；

(2) $x^2+\frac{y^2}{9}+\frac{z^2}{4}=1$；　(3) $\frac{x^2}{4}+\frac{y^2}{9}-\frac{z^2}{16}=1$；

(4) $z=\frac{x^2}{a^2}-\frac{y^2}{b^2}\ (a,b>0)$；　(5) $z=\frac{x^2}{a^2}+\frac{y^2}{b^2}\ (a,b>0)$.

§5　空间曲线的切线与弧长

本节讨论一般的空间曲线，其主要工具是向量及微分学.

假定在空间中取定了直角坐标系 $Oxyz$ 及相应的坐标向量 $\boldsymbol{i},\boldsymbol{j},\boldsymbol{k}$，这时空间中任何一点 $P(x,y,z)$ 与原点 O 连线构成的向量为

$$\overrightarrow{OP}=x\boldsymbol{i}+y\boldsymbol{j}+z\boldsymbol{k}.$$

为了方便起见，我们将 $\overrightarrow{OP}$ 记作 $\boldsymbol{r}$，即有

$$\boldsymbol{r}=x\boldsymbol{i}+y\boldsymbol{j}+z\boldsymbol{k}.$$

今后，我们将这个向量 $\boldsymbol{r}$ 看作点 $P(x,y,z)$ 的向量表示.

什么是空间曲线？一般来说，空间曲线是指区间 $[a,b]$ 到空间 $\mathbf{R}^3$ 的一个连续映射的像. 这里所谓的 $[a,b]$ 到 $\mathbf{R}^3$ 的连续映射

$$\gamma:[a,b]\to\mathbf{R}^3,$$
$$t\mapsto(x(t),y(t),z(t)),$$

是指对于每一点 $t\in[a,b]$，都有唯一确定的点，记作 $(x(t),y(t),z(t))$，与之相对应；并且当 t 在 $[a,b]$ 上连续变动时，像点 $(x(t),y(t),z(t))$ 也连续变动. 更确切地说，$x=x(t)$，$y=y(t)$，$z=z(t)$ 是 $[a,b]$ 上的三个连续函数. 点 a 与 b 所对应的点 $(x(a),y(a),z(a))$ 与 $(x(b),y(b),z(b))$ 都称作空间曲线的端点.

当我们将 t 看作时间时，那么空间曲线就可以理解为一个质点在空间中运动的轨迹(见图 5.25).

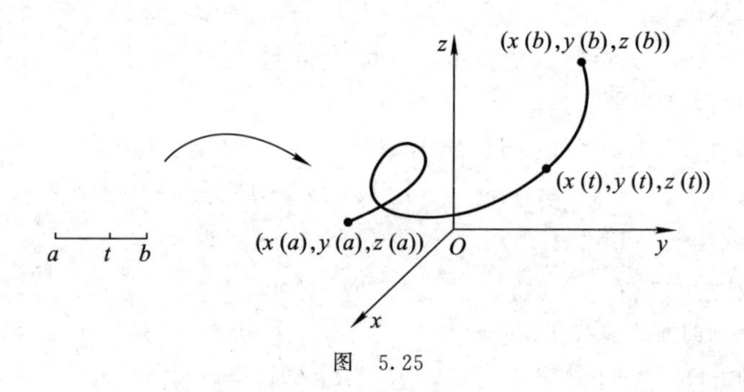

图　5.25

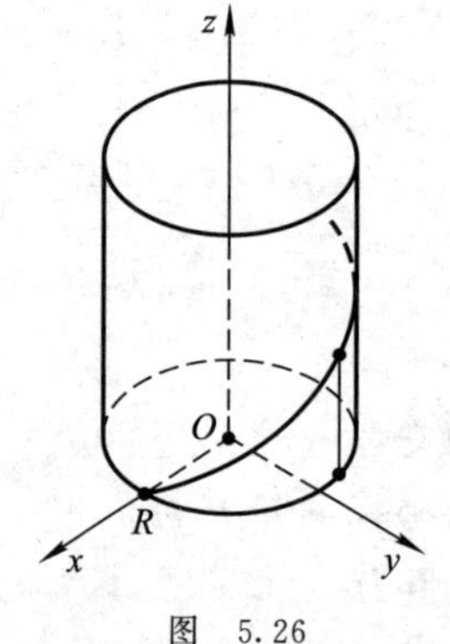

图　5.26

一条空间曲线可以用坐标形式的方程给出：

$$\begin{cases}x=x(t),\\ y=y(t), & a\leqslant t\leqslant b,\\ z=z(t),\end{cases}$$

称之为该曲线的**参数方程**，其中 t 称为**参数**. 比如

$$\begin{cases}x=R\cos t,\\ y=R\sin t, & 0\leqslant t\leqslant 2\pi,\\ z=bt,\end{cases}$$

显然它表示柱面 $x^2+y^2=R^2$ 上的一条曲线，其中 R，b 为常数且 $R>0$(见图 5.26).

参数 t 也可以在一个开区间 (a,b) 上变动，这时一般不能谈论曲线的端点.

既然空间中的点 $P(x,y,z)$ 可以由向量 $\boldsymbol{r}=\overrightarrow{OP}$ 表示，那么一条空间曲线

$$\begin{cases} x=x(t), \\ y=y(t), \quad a\leqslant t\leqslant b, \\ z=z(t), \end{cases}$$

就可以由一个向量函数 $\boldsymbol{r}=\boldsymbol{r}(t)(a\leqslant t\leqslant b)$ 表示，其中

$$\boldsymbol{r}(t)=x(t)\boldsymbol{i}+y(t)\boldsymbol{j}+z(t)\boldsymbol{k}, \quad a\leqslant t\leqslant b.$$

这就是空间曲线的向量表示.

我们称空间曲线

$$\begin{cases} x=x(t), \\ y=y(t), \quad a\leqslant t\leqslant b \\ z=z(t) \end{cases}$$

是一条**光滑曲线**，如果 $x(t),y(t),z(t)$ 在区间 $[a,b]$ 上有连续的导数，并且对于每一点 $t\in[a,b]$，$x'(t),y'(t),z'(t)$ 不同时为零.

这里要求 $x'(t),y'(t),z'(t)$ 不同时为零，实际上就相当于要求曲线在每一点都有切线，而 $x'(t),y'(t),z'(t)$ 的连续性则表明曲线的切线随参数 t 而连续变动.

事实上，我们知道切线是割线的极限位置. 过一点 $\boldsymbol{r}(t)$ 的切线的方向应当是

$$\begin{aligned} &\lim_{\Delta t\to 0}\frac{\boldsymbol{r}(t+\Delta t)-\boldsymbol{r}(t)}{\Delta t} \\ &\quad=\lim_{\Delta t\to 0}\frac{x(t+\Delta t)-x(t)}{\Delta t}\boldsymbol{i}+\lim_{\Delta t\to 0}\frac{y(t+\Delta t)-y(t)}{\Delta t}\boldsymbol{j} \\ &\qquad+\lim_{\Delta t\to 0}\frac{z(t+\Delta t)-z(t)}{\Delta t}\boldsymbol{k} \\ &\quad=x'(t)\boldsymbol{i}+y'(t)\boldsymbol{j}+z'(t)\boldsymbol{k}. \end{aligned}$$

可见，$x'(t),y'(t),z'(t)$ 不同时为零的假定保证了极限

$$\lim_{\Delta t\to 0}\frac{\boldsymbol{r}(t+\Delta t)-\boldsymbol{r}(t)}{\Delta t} \tag{5.4}$$

不退化成一个零向量，从而在点 $\boldsymbol{r}(t)$ 处有确定的切线方向.

今后，我们将极限(5.4)记作 $\boldsymbol{r}'(t)$（见图 5.27），并假定空间曲线 $\boldsymbol{r}=\boldsymbol{r}(t)$ 是光滑曲线.

现在我们讨论光滑曲线的切线方程及弧长的计算公式.

光滑曲线 $\boldsymbol{r}=\boldsymbol{r}(t)(a\leqslant t\leqslant b)$ 在点 $\boldsymbol{r}(t_0)$ 处的切线方程是

$$\boldsymbol{r}=\boldsymbol{r}(t_0)+u\boldsymbol{r}'(t_0),$$

写成参数方程的形式为

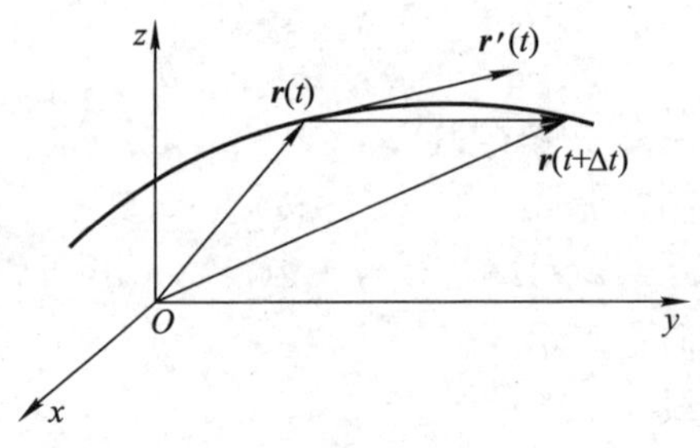

图　5.27

$$\begin{cases} x=x(t_0)+ux'(t_0), \\ y=y(t_0)+uy'(t_0), \\ z=z(t_0)+uz'(t_0), \end{cases}$$

其中 $u\in(-\infty,+\infty)$是参数. 由此易得该曲线在点 $\boldsymbol{r}(t_0)$处的切线方程的标准形式是

$$\frac{x-x(t_0)}{x'(t_0)}=\frac{y-y(t_0)}{y'(t_0)}=\frac{z-z(t_0)}{z'(t_0)}.$$

显然,当 $\Delta t>0$ 且充分小时,$\boldsymbol{r}(t_0+\Delta t)-\boldsymbol{r}(t_0)$的方向与 $\boldsymbol{r}'(t_0)$的方向接近于一致. 因此,$\boldsymbol{r}'(t_0)$作为曲线 $\boldsymbol{r}=\boldsymbol{r}(t)(a\leqslant t\leqslant b)$在点 $\boldsymbol{r}(t_0)$处的切线方向,它指向参数 t 增加的方向.

过点 $\boldsymbol{r}(t_0)=(x(t_0),y(t_0),z(t_0))$且与该点处的切向量 $\boldsymbol{r}'(t_0)$垂直的平面称作曲线 $\boldsymbol{r}=\boldsymbol{r}(t)(a\leqslant t\leqslant b)$在该点处的**法平面**. 这个法平面的方程是

$$x'(t_0)(x-x(t_0))+y'(t_0)(y-y(t_0))+z'(t_0)(z-z(t_0))=0.$$

例 1　求曲线

$$\begin{cases} x=a\cos t, \\ y=a\sin t, \\ z=bt \end{cases}\quad (a,b>0;0\leqslant t\leqslant 2\pi)$$

在$\left(0,a,\frac{b\pi}{2}\right)$处的切线方程及法平面方程.

解　点$\left(0,a,\frac{b\pi}{2}\right)$对应于 $t=\frac{\pi}{2}$. 在该点处,切向量为$(-a,0,b)$,于是切线方程为

$$\frac{x-0}{-a}=\frac{y-a}{0}=\frac{z-\frac{b\pi}{2}}{b},$$

而法平面方程为

$$-a(x-0)+b\left(z-\frac{\pi b}{2}\right)=0.$$

光滑曲线总是可以谈论弧长的. 设 $\boldsymbol{r}=\boldsymbol{r}(t)(a\leqslant t\leqslant b)$是一条光滑曲线. 这条曲线的弧长 s 应当是用折线逼近曲线时折线长度的极限,即

$$s=\lim_{\lambda\to 0}\sum_{i=1}^{n}|\boldsymbol{r}(t_i)-\boldsymbol{r}(t_{i-1})|,$$

其中 $a=t_0<t_1<\cdots<t_{n-1}<t_n=b$ 是对区间$[a,b]$的任意一种分割,$\lambda=\max\{t_i-t_{i-1}\mid i=1,2,\cdots,n\}$. 显然,有

$$\begin{aligned}
&|\boldsymbol{r}(t_i)-\boldsymbol{r}(t_{i-1})|\\
&=\sqrt{(x(t_i)-x(t_{i-1}))^2+(y(t_i)-y(t_{i-1}))^2+(z(t_i)-z(t_{i-1}))^2}\\
&\approx\sqrt{(x'(t_{i-1}))^2+(y'(t_{i-1}))^2+(z'(t_{i-1}))^2}\ (t_i-t_{i-1})\\
&=|\boldsymbol{r}'(t_{i-1})|\Delta t_i,
\end{aligned}$$

所以

$$\sum_{i=1}^{n}|\boldsymbol{r}(t_i)-\boldsymbol{r}(t_{i-1})|\approx\sum_{i=1}^{n}|\boldsymbol{r}'(t_{i-1})|\Delta t_i.$$

可以严格证明,在曲线光滑的条件下上式两个和式有相同的极限. 于是,我们得到曲线弧长的计算公式

$$s=\int_a^b|\boldsymbol{r}'(t)|\mathrm{d}t\quad 或\quad s=\int_a^b\sqrt{(x'(t))^2+(y'(t))^2+(z'(t))^2}\,\mathrm{d}t.$$

如果不是计算整条曲线的弧长,而是计算自端点 $\boldsymbol{r}(a)$到点 $\boldsymbol{r}(t)$的弧长 $s(t)$,那么

$$s(t)=\int_a^t|\boldsymbol{r}'(t)|\mathrm{d}t=\int_a^t\sqrt{(x'(t))^2+(y'(t))^2+(z'(t))^2}\,\mathrm{d}t.$$

由$|\boldsymbol{r}'(t)|$的连续性可知,函数 $s=s(t)$对 t 是可微的,且

$$\mathrm{d}s=|\boldsymbol{r}'(t)|\mathrm{d}t\quad 或\quad \mathrm{d}s=\sqrt{(x'(t))^2+(y'(t))^2+(z'(t))^2}\,\mathrm{d}t.$$

这就是所谓的**弧微分公式**,它是平面曲线弧微分公式的推广.

例 2 求曲线

$$\begin{cases}x=a\cos t,\\ y=a\sin t,\quad (a>0,b>0,0\leqslant t\leqslant\pi)\\ z=bt\end{cases}$$

的弧长 s.

解 根据曲线弧长的计算公式,我们有

$$s = \int_0^{\pi} \sqrt{a^2 \sin^2 t + a^2 \cos^2 t + b^2}\,\mathrm{d}t = \pi\sqrt{a^2 + b^2}.$$

习　题　5.5

1. 求下列曲线在指定点 P_0 处的切线方程及法平面方程：

(1) $x=t, y=t^2, z=t^3$，点 P_0 为(1,1,1)；

(2) 曲面 $z=x^2$ 与 $y=x$ 的交线，点 P_0 为(2,2,4)；

(3) 柱面 $x^2+y^2=R^2(R>0)$ 与平面 $z=x+y$ 的交线，点 P_0 为 $(R,0,R)$.

2. 求出螺旋线

$$\begin{cases} x = R\cos t, \\ y = R\sin t, \quad (R, b > 0; 0 \leqslant t \leqslant 2\pi) \\ z = bt \end{cases}$$

在任意一点处的切线的方向余弦，并证明该螺旋线上任意一点处的切线与 z 轴正向的夹角为常数.

3. 设 $\boldsymbol{a}=\boldsymbol{a}(t), \boldsymbol{b}=\boldsymbol{b}(t)(\alpha<t<\beta)$ 是两个可导的向量函数，证明：

$$\frac{\mathrm{d}}{\mathrm{d}t}(\boldsymbol{a}(t) \cdot \boldsymbol{b}(t)) = \boldsymbol{a}'(t) \cdot \boldsymbol{b}(t) + \boldsymbol{a}(t) \cdot \boldsymbol{b}'(t).$$

4. 设 $\boldsymbol{r}=\boldsymbol{r}(t)(\alpha<t<\beta)$ 是一条光滑曲线，且 $|\boldsymbol{r}(t)|=c$（c 为常数），证明：该曲线与其切线垂直，即

$$\boldsymbol{r}(t) \cdot \boldsymbol{r}'(t) = 0 \quad (\alpha < t < \beta).$$

第五章总练习题

1. 设 $\boldsymbol{a}, \boldsymbol{b}$ 为两个非零向量，指出下列结论成立的充要条件：

(1) $|\boldsymbol{a}+\boldsymbol{b}|=|\boldsymbol{a}-\boldsymbol{b}|$；　　(2) $|\boldsymbol{a}+\boldsymbol{b}|=|\boldsymbol{a}|-|\boldsymbol{b}|$；

(3) $\boldsymbol{a}+\boldsymbol{b}$ 与 $\boldsymbol{a}-\boldsymbol{b}$ 共线.

2. 设 $\boldsymbol{a}, \boldsymbol{b}, \boldsymbol{c}$ 为三个非零向量，判断下列等式是否成立：

(1) $(\boldsymbol{a} \cdot \boldsymbol{b})\boldsymbol{c}=\boldsymbol{a}(\boldsymbol{b} \cdot \boldsymbol{c})$；　　(2) $(\boldsymbol{a} \cdot \boldsymbol{b})^2=\boldsymbol{a}^2 \cdot \boldsymbol{b}^2$；

(3) $\boldsymbol{a} \cdot (\boldsymbol{b} \times \boldsymbol{c})=(\boldsymbol{a} \times \boldsymbol{b}) \cdot \boldsymbol{c}$.

3. 设 $\boldsymbol{a}, \boldsymbol{b}$ 为两个非零向量，且 $7\boldsymbol{a}-5\boldsymbol{b}$ 与 $\boldsymbol{a}+3\boldsymbol{b}$ 垂直，$\boldsymbol{a}-4\boldsymbol{b}$ 与 $7\boldsymbol{a}-2\boldsymbol{b}$ 垂直，求 $\boldsymbol{a}^2-\boldsymbol{b}^2$.

4. 利用向量的运算证明如下几何命题：

射影定理：考虑直角三角形 ABC，其中 $\angle A$ 为直角，AD 是斜边上的高，则

$$AD^2=BD \cdot CD, \quad AB^2=BD \cdot BC, \quad AC^2=CD \cdot CB.$$

5. 已知三点 A, B, C 的坐标分别为(1,0,0),(1,1,0),(1,1,1). 若四边形 $ACDB$ 是一个平行四边形，求点 D 的坐标.

6. 设 $\boldsymbol{a},\boldsymbol{b}$ 为两个非零向量,证明:

$$(\boldsymbol{a}\times\boldsymbol{b})^2=\boldsymbol{a}^2\boldsymbol{b}^2-(\boldsymbol{a}\cdot\boldsymbol{b})^2.$$

7. 设有直线

$$L_1:\frac{x-1}{-1}=\frac{y}{2}=\frac{z+1}{1} \quad 与 \quad L_2:\frac{x+2}{0}=\frac{y-1}{1}=\frac{z-2}{-2},$$

求平行于直线 L_1,L_2 且与它们等距的平面方程.

8. 设直线 L 过点 P_0 且其方向向量为 $\boldsymbol{v}$,证明:直线 L 外一点 P_1 到直线 L 的距离 d 可表示为

$$d=\frac{|\overrightarrow{P_0P_1}\times\boldsymbol{v}|}{|\boldsymbol{v}|}.$$

9. 设直线 L_1,L_2 分别过点 P_1,P_2,且它们的方向向量分别为 $\boldsymbol{v}_1,\boldsymbol{v}_2$,证明:直线 L_1 与 L_2 共面的充要条件是

$$\overrightarrow{P_1P_2}\cdot(\boldsymbol{v}_1\times\boldsymbol{v}_2)=0.$$

10. 设直线 L_1,L_2 分别过点 P_1,P_2,且它们的方向向量分别为 $\boldsymbol{v}_1,\boldsymbol{v}_2$. 直线 L_1 与 L_2 之间的距离 d 定义为

$$d=\min_{\substack{Q_1\in L_1\\ Q_2\in L_2}}|\overrightarrow{Q_1Q_2}|.$$

证明:(1) 当直线 L_1 与 L_2 平行时,它们之间的距离可表示为

$$d=\frac{|\overrightarrow{P_1P_2}\times\boldsymbol{v}_1|}{|\boldsymbol{v}_1|};$$

(2) 当直线 L_1 与 L_2 为异面直线时,它们之间的距离可表示为

$$d=\frac{|\overrightarrow{P_1P_2}\cdot(\boldsymbol{v}_1\times\boldsymbol{v}_2)|}{|\boldsymbol{v}_1\times\boldsymbol{v}_2|}.$$

11. 设直线 L 的方程为

$$\begin{cases}A_1x+B_1y+C_1z+D_1=0,\\ A_2x+B_2y+C_2z+D_2=0,\end{cases}$$

证明:(1) 对于任意两个不全为零的实数 λ_1,λ_2,方程

$$\lambda_1(A_1x+B_1y+C_1z+D_1)+\lambda_2(A_2x+B_2y+C_2z+D_2)=0$$

表示一个过直线 L 的平面;

(2) 任意给定一个过直线 L 的平面 π,必存在两个不全为零的实数 λ_1,λ_2,使得平面 π 的方程为

$$\lambda_1(A_1x+B_1y+C_1z+D_1)+\lambda_2(A_2x+B_2y+C_2z+D_2)=0.$$

解释:过一条直线的全体平面组成的集合称为**平面束**. 以上(1),(2)两个结论说明,过直线 L 的平面束可表示为

$$\lambda_1(A_1x+B_1y+C_1z+D_1)+\lambda_2(A_2x+B_2y+C_2z+D_2)=0,$$

其中 λ_1,λ_2 为不同时为零的任意实数. 该方程称为过直线 L 的**平面束方程**.

12. 试求过直线

$$L_1:\begin{cases}x-2z-4=0,\\3y-z+8=0\end{cases}$$

且与直线

$$L_2: x-1=y+1=z-3$$

平行的平面方程.

13. 直线 $\dfrac{x}{1}=\dfrac{y-1}{0}=\dfrac{z}{1}$ 绕 z 轴旋转一周,求所得旋转曲面的方程.

14. 求双曲线

$$\begin{cases}\dfrac{y^2}{b^2}-\dfrac{z^2}{c^2}=1 \quad (b,c>0),\\x=0\end{cases}$$

绕 z 轴旋转一周所得旋转曲面的方程.

15. 求曲线

$$\begin{cases}x^2+y^2+z^2=1,\\z^2=2y\end{cases}$$

在 Oxy 平面上的投影曲线的方程.

第六章　多元函数微分学

在前面几章中,我们讨论了含有一个自变量的函数的微积分,即一元函数微积分. 但是,许多问题中所涉及的函数是含有多于一个自变量的函数,即多元函数. 因此,将一元函数微分学与积分学推广到多元函数的情形是十分必要的,也是十分自然的. 本章中我们先讨论多元函数微分学,而将多元函数积分学留到下一章.

多元函数微分学是以一元函数微分学为基础的,两者之间既有许多类似之处,又在某些地方有实质性差别. 对于这一点,读者应当在学习中特别留意.

虽然一元函数微分学与多元函数微分学有某些实质性差别,但二元函数微分学与三元及三元以上函数微分学并无实质性差别. 因此,为了简单起见,在本章的大部分叙述中以讨论二元函数为主. 对于含有更多个自变量的多元函数的情况,我们相信读者自己能够得出相应的结论.

§1　多 元 函 数

1. 多元函数的概念

多元函数就是含有两个及两个以上自变量的函数. 例如,三角形一边的长度 c 是另外两边的长度 a 与 b 及其夹角 θ 的函数:

$$c=\sqrt{a^2+b^2-2ab\cos\theta};$$

而一定质量理想气体的压强 p 是其体积 V 及温度 T 的函数:

$$p=k\frac{T}{V}\quad (k\text{ 为常数}).$$

这里 c 是三个自变量的函数,而 p 是两个自变量的函数.

为了描述多个自变量,我们需要将它们按照一定次序加以排列而形成一个有序数组的形式. 例如,在前面的例子中,自变量形成的有序数组分别是 (a,b,θ) 与 (T,V).

对二元函数和三元函数可做一个几何上的解释:我们将两个自变量所

形成的有序数组,如上面的(T,V),看作平面上的一个点;而将三个自变量所形成的有序数组,如上面的(a,b,θ),看作空间中的一个点. 当一个二元函数的两个自变量在一定的允许范围内变化时,相应的有序数组对应于平面上的某个点集合. 在这种看法下,一个二元函数实质上就是平面上某个点集合 D 到实数集 $\mathbf{R}$ 的一个映射(见图 6.1). 同样,一个三元函数实质上就是空间中某个点集合 Ω 到实数集 $\mathbf{R}$ 的一个映射.

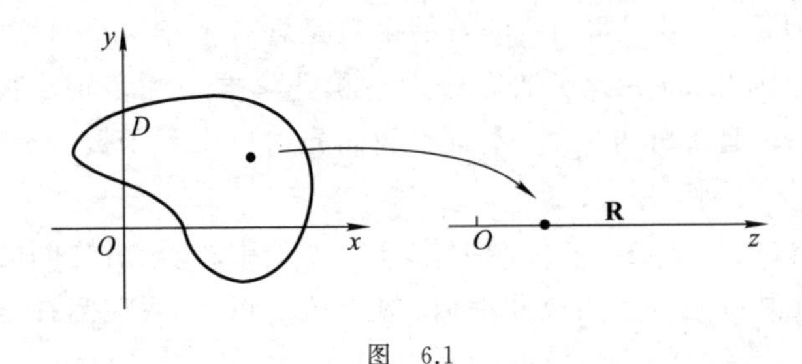

图　6.1

今后,我们将全体二元有序实数组(x,y)所组成的集合记作 $\mathbf{R}^2$,即

$$\mathbf{R}^2=\{(x,y)\mid x,y\in\mathbf{R}\}.$$

同时,我们将全体三元有序实数组(x,y,z)所组成的集合记作 $\mathbf{R}^3$,即

$$\mathbf{R}^3=\{(x,y,z)\mid x,y,z\in\mathbf{R}\}.$$

过去,我们把实数集 $\mathbf{R}$ 与具有坐标的直线(数轴)上的全体点等同起来. 今后,我们将把 $\mathbf{R}^2$ 和 $\mathbf{R}^3$ 分别与具有坐标的平面和空间中的全体点等同起来.

在各种实际问题中,我们还会遇到自变量多于三个的函数. 比如,许多物理量不仅依赖于物体在空间中的位置(这需要用三个变量来描述),而且还依赖于时间,像这样的物理量则是一个含有四个自变量的函数,称为四元函数.

一般来说,为了描述 n 元函数的自变量,需要考虑 n 元有序实数组

$$(x_1,\cdots,x_n)$$

以及由全体这种数组所组成的集合

$$\mathbf{R}^n=\{(x_1,\cdots,x_n)\mid x_j\in\mathbf{R},j=1,\cdots,n\}.$$

我们把每个这样的数组$(x_1,\cdots,x_n)$称作 $\mathbf{R}^n$ 中的一个**点**.

现在我们给出多元函数的正式定义.

定义 1　设有一个集合 $D\subset\mathbf{R}^n$. 若对于 D 中每一点$(x_1,\cdots,x_n)$,按照一定的法则 f,都有唯一确定的数 $u\in\mathbf{R}$ 与之相对应,则称 f 是定义在 D 上

的一个 n 元**函数**(简称**函数**). 这里 D 称为 f 的**定义域**. 与点$(x_1,\cdots,x_n)$相对应的数 u 称为 f 在点$(x_1,\cdots,x_n)$处的**值**,并记为$f(x_1,\cdots,x_n)$. 全体函数值组成的集合

$$f(D)=\{f(x_1,\cdots,x_n)\mid(x_1,\cdots,x_n)\in D\}$$

称为 f 的**值域**.

通常把$(x_1,\cdots,x_n)$称作函数 f 的**自变量**,而把 u 称作函数 f 的**因变量**. 这时,我们也称 u 是$(x_1,\cdots,x_n)$的函数,记作

$$u=f(x_1,\cdots,x_n).$$

显然,在前面关于三角形边长的例子中,c 作为(a,b,θ)的函数,其定义域为

$$\{(a,b,\theta)\mid a,b>0;0<\theta<\pi\},$$

而其值域则是$(0,+\infty)$.

因为习惯上将 $\mathbf{R}^2$ 中的点用(x,y)表示,而 $\mathbf{R}^3$ 中的点用(x,y,z)表示,所以我们分别用 $z=f(x,y)$与 $u=f(x,y,z)$表示通常的二元函数与三元函数.

像一元函数情形一样,多元函数在很多情况下是由一个表达式给出,这时函数的定义域 D 是一切使得表达式有意义的点$(x_1,\cdots,x_n)$所组成的集合.

前面定义多元函数时,n 元函数是作为 $\mathbf{R}^n$ 中的一个集合 D 到 $\mathbf{R}$ 的映射给出的. 但是,二元函数可以有更为直观的几何解释,这就是函数图形的概念.

我们已经熟悉将一个一元函数 $y=f(x)$视作平面上的一个图形. 更确切地说,将它视作平面上一切满足 $y=f(x)$的点(x,y)组成的集合.

对于二元函数 $z=f(x,y)$,也可以有类似的解释. 在取定直角坐标系 $Oxyz$ 的空间中,集合

$$\{(x,y,z)\mid z=f(x,y),(x,y)\in D\}$$

称为函数 $z=f(x,y)$的**图形**,这里 D 是该函数的定义域.

例 1 函数 $z=\sqrt{r^2-(x^2+y^2)}$ 的定义域为

$$D=\{(x,y)\mid x^2+y^2\leqslant r^2\}.$$

它是 Oxy 平面上的一个圆盘(圆周及其内部),其圆心为原点,半径为 r. 这个函数的图形则是位于 Oxy 平面上方的半个球面(见图 6.2).

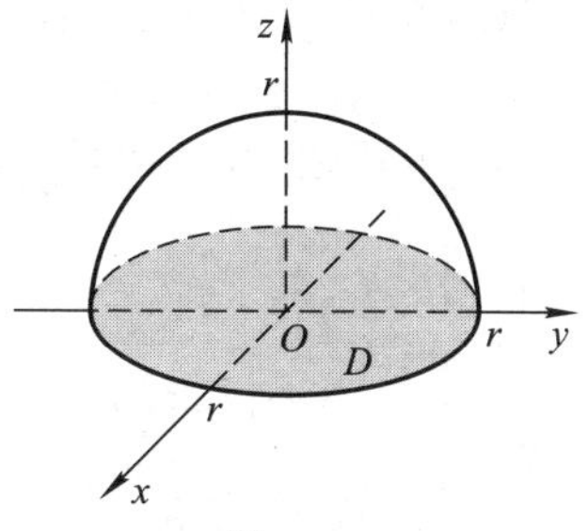

图 6.2

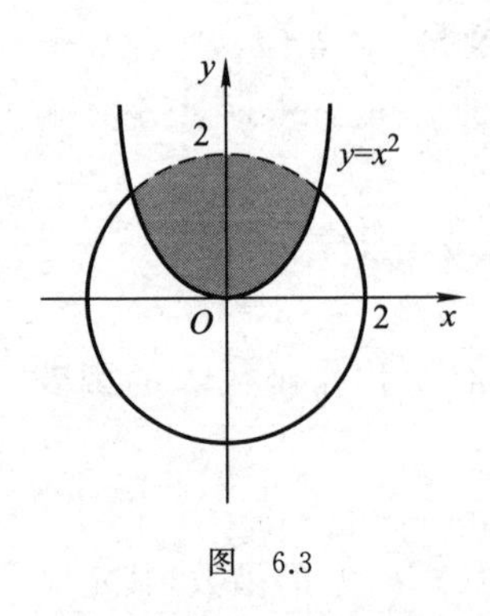

图　6.3

例 2　函数

$$z=\sqrt{y-x^2}+\ln(4-(x^2+y^2))$$

的定义域是一切满足

$$\begin{cases} y \geqslant x^2, \\ x^2+y^2<4 \end{cases}$$

的点(x,y)组成的集合. 在 Oxy 平面上,这个集合中的点位于抛物线 $y=x^2$ 上或其上方且在圆周 $x^2+y^2=4$ 的内部,如图 6.3 中阴影部分所示. 这个函数的图形是空间中的一个曲面,它在 Oxy 平面上的投影恰是图 6.3 中阴影部分.

我们同样可以定义 $n(n\geqslant 3)$元函数的图形概念. 但是,n 元函数的图形需要借助于$n+1$ 维空间,故这时函数的图形就只能想象而不能画出了,这对于我们研究 n 元函数而言并无实际用途.

2. $\mathbf{R}^n$ 中的集合到 $\mathbf{R}^m$ 的映射

上面讨论的 n 元函数实质上就是 $\mathbf{R}^n$ 中一个集合到 $\mathbf{R}$ 的映射. 这个概念的一般化就是 $\mathbf{R}^n$ 中的一个集合到 $\mathbf{R}^m$ 的映射. 这种映射在数学或物理学中是经常用到的.

我们先看两个例子.

例 3　考虑平面曲线的参数方程

$$\begin{cases} x=\varphi(t), \\ y=\psi(t) \end{cases} \quad (\alpha \leqslant t \leqslant \beta),$$

其中 $\varphi(t)$与 $\psi(t)$是区间$[\alpha,\beta]$上的连续函数. 这实质上是 $\mathbf{R}$ 中的$[\alpha,\beta]$到 $\mathbf{R}^2$ 的一个映射. 我们把这一映射用符号 $\boldsymbol{f}$ 表示:$\boldsymbol{f}:[\alpha,\beta]\to\mathbf{R}^2$. 但是,这时与函数不同,对于每个 $t\in[\alpha,\beta]$,$\boldsymbol{f}(t)$不再是一个值,而应是 $\mathbf{R}^2$ 中一个点. 因此,$\boldsymbol{f}(t)$应由两个坐标刻画,即

$$\boldsymbol{f}(t)=(\varphi(t),\psi(t)).$$

例 4　考虑平面上的坐标变换

$$\begin{cases} u=x\cos\alpha-y\sin\alpha, \\ v=x\sin\alpha+y\cos\alpha, \end{cases}$$

其中 α 为一个固定的常数. 映射 $(x,y)\mapsto(u,v)$ 是 $\mathbf{R}^2$ 到 $\mathbf{R}^2$ 的一个映射,这里 u 与 v 是两个二元函数.

设 D 为 $\mathbf{R}^n$ 中的一个集合,又设 $\boldsymbol{f}$ 是 $D\to\mathbf{R}^m$ 的一个映射,则对于 D 中

的每一点$(x_1,\cdots,x_n)$，在 $\mathbf{R}^m$ 中都有唯一确定的点$(y_1,\cdots,y_m)$与之相对应. 这里 $y_j(j=1,2,\cdots,m)$都是由$(x_1,\cdots,x_n)$所确定的，所以 $y_j(j=1,2,\cdots,m)$是$(x_1,\cdots,x_n)$的函数，设其为 $f_j(x_1,\cdots,x_n)$. 这样一来，上述映射 $\boldsymbol{f}$: $D\to\mathbf{R}^m$ 相当于m 个n 元函数：

$$\begin{cases} y_1=f_1(x_1,\cdots,x_n), \\ y_2=f_2(x_1,\cdots,x_n) \\ \cdots\cdots \\ y_m=f_m(x_1,\cdots,x_n). \end{cases}$$

因此，$\mathbf{R}^n$ 中的一个集合到 $\mathbf{R}^m$ 的映射可用m 个有序的n 元函数表示，其中第 $j(j=1,2,\cdots,m)$个 n 元函数 f_j 称作映射的**第 j 个分量**.

不仅坐标变换是这类映射，而且只要我们在讨论问题时需要引用若干新变量去替换若干旧变量，这时新、旧变量之间就形成了一种对应关系，这种对应关系一般来说就是 $\mathbf{R}^n$ 中的一个集合到 $\mathbf{R}^m$ 的映射，这里 n 是旧变量的个数，而 m 是新变量的个数.

3. $\mathbf{R}^n$中的距离、邻域及开集

回顾一元函数极限的定义，立即发现邻域的概念在其中占有重要地位. 因此，要想对于 n 元函数建立极限概念，首先应该在 $\mathbf{R}^n$ 中建立邻域的概念.

我们回顾一下，数轴 $\mathbf{R}$ 上邻域概念的建立是基于数轴 $\mathbf{R}$ 上两点之间的距离的. 因此，要在 $\mathbf{R}^n$ 中建立邻域的概念，办法之一是先在 $\mathbf{R}^n$ 中建立距离的概念. 我们知道，在数轴 $\mathbf{R}$ 上点 x 到 x_0 的距离为

$$|x-x_0|=\sqrt{(x-x_0)^2},$$

在平面 $\mathbf{R}^2$ 中点 $P(x,y)$到点 $P_0(x_0,y_0)$的距离为

$$\sqrt{(x-x_0)^2+(y-y_0)^2},$$

而在空间 $\mathbf{R}^3$ 中点 $P(x,y,z)$到点 $P_0(x_0,y_0,z_0)$的距离为

$$\sqrt{(x-x_0)^2+(y-y_0)^2+(z-z_0)^2}.$$

因此，很自然地将 $\mathbf{R}^n$ 中的点$P(x_1,\cdots,x_n)$到点 $P_0(x_1^0,\cdots,x_n^0)$的距离定义为

$$\sqrt{\sum_{j=1}^{n}(x_j-x_j^0)^2}.$$

若将 $\mathbf{R}^n$ 中的两点P 与Q 的距离记作$d(P,Q)$，那么它满足下列条件：

(1) $d(P,Q)\geqslant 0$，当且仅当 $P=Q$ 时等号成立；

(2) $d(P,Q)=d(Q,P)$;

(3) $d(P,Q)\leqslant d(P,R)+d(R,Q)$, $\forall R\in\mathbf{R}^n$.

前面两条性质显然成立,而第三条性质的证明也不困难,留给读者自行证明(参见习题 6.1 中的第 4 题). 第三条中的不等式称作**三角不等式**,在空间 $\mathbf{R}^3$ 中它的几何解释就是三角形的两边之和大于第三边.

在 $\mathbf{R}^n$ 中定义了距离之后,我们就可以在 $\mathbf{R}^n$ 中定义一点的邻域了.

定义 2　设 $P_0\in\mathbf{R}^n$ 为给定的一点,r 是给定的正数. 我们定义点 P_0 的 r **邻域**(简称**邻域**)是集合

$$U_r(P_0)=\{P\in\mathbf{R}^n \mid d(P_0,P)<r\}.$$

当 $n=1$ 时,点 $P_0\in\mathbf{R}$ 的 r 邻域是以该点为中点,r 为半径的开区间. 当 $n=2$ 时,点 $P_0\in\mathbf{R}^2$ 的 r 邻域是以 P_0 为中心,r 为半径的圆的内部(不包含边界),通常也称**开圆**. 当 $n=3$ 时,点 $P_0\in\mathbf{R}^3$ 的 r 邻域就是以点 P_0 为中心,r 为半径的球的内部(不包含球面),通常也称**开球**. 在不强调 r 的时候,也用 $U(P_0)$ 表示点 P_0 的某个邻域.

在一元函数微积分中,我们遇到的函数大多数都定义在一个区间上,而区间是数轴上的"一段". 但在多元函数微积分中函数的定义域较复杂些. 我们将用区域的概念来替代过去的开区间.

现在我们来定义开集及区域的概念.

设 $E\subset\mathbf{R}^n$ 是一个给定的集合. 根据集合 E,我们将 $\mathbf{R}^n$ 中的点分作三类: E 的内点、外点与边界点. 一点 $P\in\mathbf{R}^n$ 称为 E 的**内点**,如果存在一个正数 r,使得点 P 的 r 邻域整个包含于 E:

$$U_r(P)\subset E.$$

一点 $P\in\mathbf{R}^n$ 称为 E 的**外点**,如果存在一个正数 r,使得点 P 的 r 邻域与 E 不交:

$$U_r(P)\cap E=\varnothing,$$

这里 $\varnothing$ 表示空集. 既非内点又非外点的点称为 E 的**边界点**. 一点 $P\in\mathbf{R}^n$ 是 E 的边界点,当且仅当对于任意的正数 r,点 P 的 r 邻域 $U_r(P)$ 中既有 E 中的点,又有不属于 E 中的点.

今后,我们用 ∂E 表示 E 的全体边界点组成的集合,称为 E 的**边界**.

例 5　设集合 R 是平面 $\mathbf{R}^2$ 上一个矩形的内部:

$$R=\{(x,y)\mid -a<x<a,\ -b<y<b\},$$

其中 a,b 是正的常数,则原点 $(0,0)$ 是 R 的一个内点,点 (a,b) 是 R 的一个边界点,点 $(2a,2b)$ 是 R 的一个外点. 更一般地说,这个矩形内的每一点都

是 R 的内点，它的四条边上的每一点都是 R 的边界点，而它之外(不含边)任意一点都是 R 的外点.

例 6 设 R_1 是一个矩形的内部及其四条边：

$$R_1=\{(x,y)\mid -a\leqslant x\leqslant a,-b\leqslant y\leqslant b\},$$

其中 a,b 是正的常数. 显然，R_1 与例 5 中的 R 有相同的内点、外点及边界点. R_1 区别于 R 的地方是 R_1 包含其全部边界点.

根据定义很容易看出，一个集合 E 的全部内点都属于 E，而 E 的全部外点都不属于 E；对于 E 的一个边界点，则有两种可能性：或者属于 E，或者不属于 E.

一个集合 E 称为**开集**，如果它的每一点都是内点.

显然，平面上任意一个矩形的内部，任意一个圆的内部都是平面 $\mathbf{R}^2$ 中的开集.

集合 E 是开集的充要条件是 E 中没有边界点.

一个集合 E 称为**闭集**，如果它包含着它的全部边界点. 例如，例 6 中的 R_1 就是一个闭集.

开集与闭集恰好是两种极端情况，前者不包含任何边界点，而后者包含其全部边界点. 显然，有些集合介于两者之间：包含部分但非全部边界点，例如

$$R_2=\{(x,y)\mid -a<x\leqslant a,-b\leqslant y<b\}$$

(建议读者自己画出这个集合的图形). 平面 $\mathbf{R}^2$ 中这样的集合既不是开集，也不是闭集.

设 E 是 $\mathbf{R}^n$ 中的一个开集. 我们说 E 是**连通**的，如果 E 中任意两点都可以用一条落在 E 中的曲线相连接.

$\mathbf{R}^n$ 中连通的非空开集称为 $\mathbf{R}^n$ 中的**区域**.

在例 5 中，集合 R 是平面 $\mathbf{R}^2$ 中一个区域.

集合 $E=\{(x,y)\mid x^2+y^2<1$ 或 $x^2+y^2>2\}$ 虽然是开集，但不是连通的，因而不是区域.

开区间 (a,b) 是数轴 $\mathbf{R}$ 中的一个区域. 可见，$\mathbf{R}^n$ 中区域的概念是数轴 $\mathbf{R}$ 上开区间的推广.

设 G 是一个区域，那么集合 $G\cup\partial G$ 是一个闭集. 今后，我们记集合 $G\cup\partial G$ 为 $\overline{G}$，并称之为**闭区域**.

例 6 中的集合 R_1 就是平面 $\mathbf{R}^2$ 中的一个闭区域.

集合 $E\subset\mathbf{R}^n$ 称为**有界集合**，如果存在一个正数 ρ，使得 E 包含于以原

点为中心,ρ 为半径的球内. 如果不存在这样正数 ρ,则称 E 为**无界集合**.

区域及闭区域有可能是无界的. 如平面 $\mathbf{R}^2$ 中的带形区域

$$S=\{(x,y)\mid 0<y<1\}$$

及其相应的闭区域

$$\overline{S}=\{(x,y)\mid 0\leqslant y\leqslant 1\}$$

都是无界的.

在研究多元函数微积分时,我们对于区域有特殊的兴趣,它相当于数轴 $\mathbf{R}$ 上的开区间;我们也对有界闭区域有特殊的兴趣,尤其在讨论连续函数的性质时,它相当于数轴 $\mathbf{R}$ 上的闭区间.

习 题 6.1

1. 确定下列函数的定义域并画出其图形:

(1) $z=(x^2+y^2-2x)^{\frac{1}{2}}+\ln(4-x^2-y^2)$;

(2) $z=(x^2-y^2)^{-1}$;

(3) $z=\ln(y-x^2)+\ln(1-y)$;

(4) $z=\arcsin\dfrac{x}{a}+\arccos\dfrac{y}{b}\ (a,b>0)$;

(5) $z=\sqrt{1-x^2-y^2}+\ln(x+y)$;

(6) $z=\arcsin(x^2+y^2)+\sqrt{xy}$.

2. 下列集合中哪些是平面 $\mathbf{R}^2$ 中的开集、区域、有界区域、有界闭区域?

(1) $E_1=\{(x,y)\mid x,y>0\}$;

(2) $E_2=\{(x,y)\mid |x|<1,|y-1|<2\}$;

(3) $E_3=\{(x,y)\mid y\geqslant x^2,x\geqslant y^2\}$;

(4) $E_4=\left\{(x,y)\,\middle|\, y\neq \sin\dfrac{1}{x}\text{且 }x\neq 0\right\}$.

思考题 E_4 的边界是什么?

3. 设 $\mathbf{Q}$ 是实数集 $\mathbf{R}$ 中的全体有理数组成的集合,证明: $\mathbf{Q}$ 的边界为 $\mathbf{R}$,即 $\partial\mathbf{Q}=\mathbf{R}$.

4. 像在空间 $\mathbf{R}^3$ 中一样,我们把 $\mathbf{R}^n$ 中的每一点 $(x_1,\cdots,x_n)$ 同时也视作一个向量,并定义两个向量 $\boldsymbol{\alpha}=(x_1,\cdots,x_n)$ 与 $\boldsymbol{\beta}=(y_1,\cdots,y_n)$ 的加法运算

$$\boldsymbol{\alpha}+\boldsymbol{\beta}=(x_1+y_1,\cdots,x_n+y_n),$$

以及数乘运算

$$\lambda\boldsymbol{\alpha}=(\lambda x_1,\cdots,\lambda x_n),\quad \forall\lambda\in\mathbf{R}.$$

此外,我们也可以定义两个向量的内积:

$$\boldsymbol{\alpha}\cdot\boldsymbol{\beta}=x_1y_1+\cdots+x_ny_n,$$

并规定

$$\sqrt{\boldsymbol{\alpha}\cdot\boldsymbol{\alpha}}=|\boldsymbol{\alpha}|$$

作为向量 $\boldsymbol{\alpha}$ 的模. 试证:

(1) $|\boldsymbol{\alpha}\cdot\boldsymbol{\beta}|\leqslant|\boldsymbol{\alpha}||\boldsymbol{\beta}|$, $\forall\,\boldsymbol{\alpha},\boldsymbol{\beta}\in\mathbf{R}^n$.

(2) $|\boldsymbol{\alpha}-\boldsymbol{\beta}|\leqslant|\boldsymbol{\alpha}-\boldsymbol{\gamma}|+|\boldsymbol{\gamma}-\boldsymbol{\beta}|$, $\forall\,\boldsymbol{\alpha},\boldsymbol{\beta},\boldsymbol{\gamma}\in\mathbf{R}^n$.

(3) 将点 $P(x_1,\cdots,x_n)$及 $Q(y_1,\cdots,y_n)$分别看成向量 $\boldsymbol{\alpha}$ 及 $\boldsymbol{\beta}$,则点 P 到点 Q 的距离为

$$d(P,Q)=|\boldsymbol{\alpha}-\boldsymbol{\beta}|.$$

由此,可由(2)中的不等式导出三角不等式.

当我们把 $\mathbf{R}^n$ 看成一个向量空间并定义了上述加法和数乘运算以及内积后,$\mathbf{R}^n$ 则被称为**欧氏空间**,或更确切地说,被称为 n **维欧氏空间**.

§2 多元函数的极限

本节及下面几节的叙述主要以二元函数为例,但其中的定义与定理可以很自然地推广到一般多元函数的情况.

1. 二元函数极限的概念

二元函数的极限与一元函数的极限有许多类似之处,但也有其复杂之处.

像一元函数的情况一样,一个二元函数在一点处的极限,就是指当动点任意接近于该点时,动点的函数值所趋向的值.

有关一元函数极限的主要定理,如关于极限的四则运算、不等式的定理以及夹逼定理,对二元函数情形都成立. 二元函数的极限与一元函数的极限相比,其复杂之处在于动点以更高的"自由度"趋向于一个定点,不像一元函数情形中那样动点只沿 x 轴至多从左、右两侧趋向于定点.

现在我们给出二元函数极限的定义.

定义 1 设函数 $f(x,y)$在点(x_0,y_0)的某个空心邻域内有定义. 若有一个常数 A,对于任意给定的 $\varepsilon>0$,都存在一个 $\delta>0$,使得当

$$0<\sqrt{(x-x_0)^2+(y-y_0)^2}<\delta$$

时,就有$|f(x,y)-A|<\varepsilon$,则称当点(x,y)趋向于点(x_0,y_0)(记作$(x,y)\to(x_0,y_0)$)时,$f(x,y)$**以 A 为极限**,记作 $\lim\limits_{(x,y)\to(x_0,y_0)}f(x,y)=A$, 有时也写成 $\lim\limits_{\substack{x\to x_0\\ y\to y_0}}f(x,y)=A$.

这里点(x_0,y_0)的**空心邻域**是指它的邻域挖去点(x_0,y_0)后所成的集合.

记给定点(x_0,y_0)为P_0,而记动点(x,y)为P. 那么,定义1中关于不等式的叙述可以改用邻域的叙述：对于任意给定的$\varepsilon>0$,都存在一个$\delta>0$,使得当点P在点P_0的空心δ邻域内时,$f(P)$落在点A的ε邻域内. 换句话说,

$$f(U_\delta(P_0)\setminus\{P_0\})\subset U_\varepsilon(A).$$

在定义1中,我们用

$$0<\sqrt{(x-x_0)^2+(y-y_0)^2}<\delta$$

来刻画点(x,y)充分靠近点(x_0,y_0). 用上述不等式与用如下不等式来定义极限是等价的：

$$|x-x_0|<\delta,\quad |y-y_0|<\delta,\quad 且\quad (x,y)\neq(x_0,y_0).$$

也就是说,下面的定义2与定义1等价.

定义2 设函数$f(x,y)$在点(x_0,y_0)的某个空心邻域内有定义. 若存在一个常数A,对于任意给定的$\varepsilon>0$,都存在一个$\delta>0$,使得当

$$|x-x_0|<\delta,\quad |y-y_0|<\delta,\quad 且\quad (x,y)\neq(x_0,y_0)$$

时,就有

$$|f(x,y)-A|<\varepsilon,$$

则称当$(x,y)\to(x_0,y_0)$时,$f(x,y)$以A为极限.

定义1与定义2的等价性证明如下：

定义2 $\Longrightarrow$ 定义1：设$f(x,y)$在定义2的意义下以A为极限,那么对于任意给定的$\varepsilon>0$,都存在一个$\delta>0$,使得当

$$|x-x_0|<\delta,\quad |y-y_0|<\delta,\quad 且\quad (x,y)\neq(x_0,y_0)$$

时,就有$|f(x,y)-A|<\varepsilon$. 这样的δ一定满足定义1中的要求,因为当

$$\sqrt{(x-x_0)^2+(y-y_0)^2}<\delta$$

时,必有$|x-x_0|<\delta$与$|y-y_0|<\delta$(见图6.4). 这样,我们有

$$|f(x,y)-A|<\varepsilon,\quad 只要\quad 0<\sqrt{(x-x_0)^2+(y-y_0)^2}<\delta.$$

可见,在定义1的意义下,$f(x,y)$也以A为极限.

定义1 $\Longrightarrow$ 定义2：假定$f(x,y)$按照定义1当$(x,y)\to(x_0,y_0)$时以A为极限,那么对于任意给定的$\varepsilon>0$,都存在一个$\rho>0$,使得当$0<\sqrt{(x-x_0)^2+(y-y_0)^2}<\rho$时,就有

$$|f(x,y)-A|<\varepsilon.$$

取 $\delta=\dfrac{\rho}{\sqrt{2}}$,则当 $|x-x_0|<\delta$,$|y-y_0|<\delta$,且 $(x,y)\neq(x_0,y_0)$ 时,就有(见图 6.5)

$$0<\sqrt{(x-x_0)^2+(y-y_0)^2}<\rho,$$

从而推出 $|f(x,y)-A|<\varepsilon$. 这表明,$f(x,y)$ 依照定义 2 也以 A 为极限. 证毕.

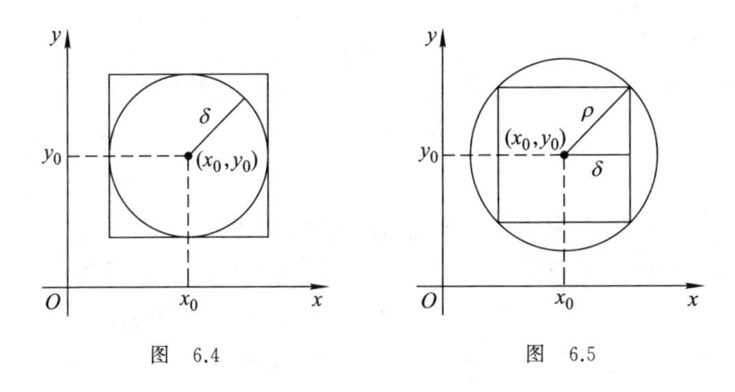

图 6.4　　图 6.5

在有些情况下,可能使用定义 1 较为方便;而在另外一些情况下,可能使用定义 2 较为方便. 在讨论具体问题时使用哪种定义,这要视问题中所涉及函数的表达式而定.

例 1　设函数 $f(x,y)=x^2+\sin y$,证明:当 $(x,y)\to(3,0)$ 时,$f(x,y)$ 的极限为 9.

证　我们知道

$$|f(x,y)-9|\leqslant|x^2-9|+|\sin y|\leqslant|x+3|\,|x-3|+|y|.$$

这样,当 $|x-3|<1$ 时,有 $|x+3|\,|x-3|<7|x-3|$. 于是,对于任意给定的 $\varepsilon>0$,取 $\delta=\min\left\{1,\dfrac{\varepsilon}{8}\right\}$,则当 $|x-3|<\delta$,$|y-0|<\delta$ 时,便有

$$|f(x,y)-9|<\frac{7}{8}\varepsilon+\frac{1}{8}\varepsilon=\varepsilon.$$

这就证明了我们的结论. 证毕.

例 2　考虑函数 $f(x,y)=\dfrac{x\sin y}{\sqrt{x^2+y^2}}$,证明:

$$\lim_{(x,y)\to(0,0)} f(x,y)=0.$$

证　根据不等式

$$|x\sin y| \leqslant |xy| \leqslant \frac{1}{2}(x^2+y^2),$$

我们有

$$|f(x,y)-0| \leqslant \frac{1}{2}\sqrt{x^2+y^2}.$$

因此,对于任意给定的 $\varepsilon>0$,取 $\delta=2\varepsilon$,则当 $0<\sqrt{(x-0)^2+(y-0)^2}<\delta$ 时,便有

$$|f(x,y)-0|<\varepsilon.$$

这就证明了当 $(x,y)\to(0,0)$ 时,$f(x,y)$ 以零为极限,即

$$\lim_{(x,y)\to(0,0)} f(x,y)=0.$$

证毕.

注意我们在例 1 中用了定义 2,而在例 2 中用了定义 1.

尽管二元函数极限的定义与一元函数极限的定义非常类似,但是我们要特别指出:点 $P(x,y)$ 趋向于点 $P_0(x_0,y_0)$ 的方式很多,点 P 可以沿直线趋向于点 P_0,也可以沿折线趋向于点 P_0,甚至还可以沿任意一条曲线趋向于点 P_0. 我们称当 $(x,y)\to(x_0,y_0)$ 时,$f(x,y)$ 以 A 为极限是指:不论点 (x,y) 沿什么路径趋向于点 (x_0,y_0),$f(x,y)$ 都要与同一给定的常数 A 充分靠近. 这样,二元函数的极限将比一元函数的极限显得复杂.

根据二元函数极限的定义,要求点 P 沿任何路径趋向于点 P_0 时,$f(x,y)$ 都趋向于同一常数. 这就从反面提供了证明二元函数极限不存在的一个方法:**只要能指出两条不同的路径,当点 P 沿这两条路径趋向于点 P_0 时,$f(x,y)$ 趋向于不同的常数,我们就可以断言当 $P\to P_0$ 时,$f(x,y)$ 没有极限.**

例 3　问:当 $(x,y)\to(0,0)$ 时,函数

$$f(x,y)=\frac{|x|}{\sqrt{x^2+y^2}}$$

是否有极限?

解　令 $y=kx$,其中 k 是任意固定的常数. 显然,当 $x\to 0$ 时,$y\to 0$. 换句话说,我们考虑点 (x,y) 沿直线 $y=kx$ 趋向于点 $(0,0)$. 在这种限制下,有

$$f(x,y)=\frac{|x|}{\sqrt{x^2+k^2x^2}}=\frac{1}{\sqrt{1+k^2}}.$$

这样一来,我们看出,当点 (x,y) 沿直线 $y=kx$ 趋向于点 $(0,0)$ 时,$f(x,y)$

以 $\dfrac{1}{\sqrt{1+k^2}}$ 为极限. 因此,沿不同斜率的直线趋向于点(0,0)时,$f(x,y)$趋向于不同的常数. 由此推出,当$(x,y)\to(0,0)$时,$f(x,y)$没有极限.

思考题 若当(x,y)沿任何直线 $y=kx$ 趋向于点(0,0)时,$f(x,y)$都趋向于同一常数,能否断定当$(x,y)\to(0,0)$时,$f(x,y)$有极限? 请研究下面的例子:设函数

$$f(x,y)=\frac{x^4y^4}{(x^2+y^4)^3},$$

证明:当动点(x,y)沿任何直线 $y=kx$ 趋向于点(0,0)时,$f(x,y)$都趋向于零;而当点(x,y)沿曲线 $y=\sqrt{x}$ 趋向于点(0,0)时,$f(x,y)$趋向于 $\dfrac{1}{8}$.

2. 二元函数极限的运算法则与基本性质

与一元函数的极限类似,二元函数的极限也有四则运算法则,见定理1.

定理 1 设函数 $f(x,y)$及 $g(x,y)$在点(x_0,y_0)的一个空心邻域内有定义. 若 $\lim\limits_{(x,y)\to(x_0,y_0)} f(x,y)=A$, $\lim\limits_{(x,y)\to(x_0,y_0)} g(x,y)=B$,则

(1) $\lim\limits_{(x,y)\to(x_0,y_0)} (f(x,y)\pm g(x,y))=A\pm B$;

(2) $\lim\limits_{(x,y)\to(x_0,y_0)} f(x,y)g(x,y)=AB$;

(3) 当 $B\neq 0$ 时, $\lim\limits_{(x,y)\to(x_0,y_0)} \dfrac{f(x,y)}{g(x,y)}=\dfrac{A}{B}$.

证明完全类似于一元函数的情况,故从略.

例 4 求极限 $\lim\limits_{(x,y)\to(1,2)} \dfrac{2x^2+y}{xy}$.

解 利用一元函数的极限容易知道

$$\lim_{(x,y)\to(1,2)} x=1,\quad \lim_{(x,y)\to(1,2)} y=2.$$

根据定理1,有

$$\lim_{(x,y)\to(1,2)} \frac{2x^2+y}{xy}=\frac{2\times 1^2+2}{1\times 2}=2.$$

定理 2 若在点(x_0,y_0)的一个空心邻域内,函数 $f(x,y)$及 $g(x,y)$有定义,$f(x,y)\geqslant g(x,y)$,并且当$(x,y)\to(x_0,y_0)$时,$f(x,y)$与 $g(x,y)$分别以 A 与 B 为极限,则 $A\geqslant B$,即

$$\lim_{(x,y)\to(x_0,y_0)} f(x,y)\geqslant \lim_{(x,y)\to(x_0,y_0)} g(x,y).$$

这个定理告诉我们：像一元函数的情况一样，较大函数的极限大于或等于较小函数的极限.

定理 3　设函数 $f(x,y)$，$g(x,y)$及 $h(x,y)$在点(x_0,y_0)的一个空心邻域内有定义，并且成立不等式

$$f(x,y)\leqslant h(x,y)\leqslant g(x,y).$$

若当$(x,y)\to(x_0,y_0)$时，$f(x,y)$与 $g(x,y)$都有极限，并且极限值都是 A，则 $h(x,y)$也有极限，并且

$$\lim_{(x,y)\to(x_0,y_0)} h(x,y)=A.$$

这个定理是一元函数的"夹逼定理"的推广.

例 5　求极限 $\lim\limits_{(x,y)\to(0,0)} \dfrac{\sin(x^3+y^4)}{x^2+y^2}$.

解　对于任意的$(x,y)\neq(0,0)$，有

$$0\leqslant\left|\frac{\sin(x^3+y^4)}{x^2+y^2}\right|\leqslant\frac{|x^3+y^4|}{x^2+y^2}\leqslant\frac{x^2}{x^2+y^2}|x|+\frac{y^2}{x^2+y^2}|y^2|$$

$$\leqslant|x|+|y^2|,$$

而 $\lim\limits_{(x,y)\to(0,0)}|x|=0$，$\lim\limits_{(x,y)\to(0,0)}|y^2|=0$，利用定理 3 得到

$$\lim_{(x,y)\to(0,0)}\left|\frac{\sin(x^3+y^4)}{x^2+y^2}\right|=0$$

完全类似于一元函数的情况，由此可以推出

$$\lim_{(x,y)\to(0,0)}\frac{\sin(x^3+y^4)}{x^2+y^2}=0.$$

多元函数的复合函数要比一元函数的复合函数复杂些. 对于二元函数而言，至少有如下三种复合情况：

(1) f 是(x,y)的函数，而 x 与 y 分别是自变量 t 的函数，比如 $x=g(t)$，$y=h(t)$，这时复合函数 $f(g(t),h(t))$是一个一元函数；

(2) f 是(x,y)的函数，而 x 与 y 分别是自变量(u,v)的函数，比如 $x=g(u,v)$，$y=h(u,v)$，这时复合函数 $f(g(u,v),h(u,v))$是一个二元函数[当然，x 与 y 也可能是 $n(n\geqslant3)$元函数，这时复合函数便是一个 n 元函数]；

(3) f 是 u 的函数，而 u 是(x,y)的函数，比如 $u=g(x,y)$，这时复合函数 $f(g(x,y))$仍是一个二元函数.

可见，二元函数复合的结果中，自变量个数可能与原来函数的中间变量个数不同. 因此，二元函数的复合函数的极限定理在叙述上要比一元函数

的情形复杂些.

这里,我们只叙述上述第(2),(3)种情况下复合函数的极限定理. 至于第(1)种情况及其他情况,读者可以举一反三得到相应的结论.

定理 4 设函数 $x=g(u,v)$ 及 $y=h(u,v)$ 在点 (u_0,v_0) 的一个空心邻域内有定义,并且有极限

$$x_0=\lim_{(u,v)\to(u_0,v_0)} g(u,v),\quad y_0=\lim_{(u,v)\to(u_0,v_0)} h(u,v),$$

又设函数 $f(x,y)$ 在点 (x_0,y_0) 的一个空心邻域内有定义,使得当 (u,v) 在点 (u_0,v_0) 的一个空心邻域内时,复合函数 $f(g(u,v),h(u,v))$ 有定义,并且当 $(x,y)\to(x_0,y_0)$ 时,$f(x,y)$ 的极限为 A,则当 $(u,v)\to(u_0,v_0)$ 时,复合函数 $f(g(u,v),h(u,v))$ 也有极限,并且等于 A,即

$$\lim_{(u,v)\to(u_0,v_0)} f(g(u,v),h(u,v))=\lim_{(x,y)\to(x_0,y_0)} f(x,y).$$

定理 5 设 $z=f(u)$ 是定义在点 u_0 的一个空心邻域内的一元函数,并且有极限

$$A=\lim_{u\to u_0} f(u),$$

又设 $u=g(x,y)$ 是定义在点 (x_0,y_0) 的一个空心邻域内的二元函数,并且

$$\lim_{(x,y)\to(x_0,y_0)} g(x,y)=u_0,$$

则

$$\lim_{(x,y)\to(x_0,y_0)} f(g(x,y))=A.$$

我们略去这两个定理的证明.

例 6 证明:

$$\lim_{(x,y)\to(0,0)}(1+x^2+y^2)^{\frac{1}{x^2+y^2}}=\mathrm{e}.$$

证 令 $u=x^2+y^2$,则

$$(1+x^2+y^2)^{\frac{1}{x^2+y^2}}=(1+u)^{\frac{1}{u}}.$$

于是,由定理 5 及 $\lim\limits_{u\to 0}(1+u)^{\frac{1}{u}}=\mathrm{e}$ 立即推出

$$\lim_{(x,y)\to(0,0)}(1+x^2+y^2)^{\frac{1}{x^2+y^2}}=\mathrm{e}.$$

证毕.

例 7 求极限

$$\lim_{(u,v)\to(0,0)}\left(\frac{\sin 2(u^2+v^2)}{u^2+v^2}\right)^{\frac{u\sin v}{\sqrt{u^2+v^2}}}.$$

解 令

$$x(u,v)=\frac{\sin2(u^2+v^2)}{u^2+v^2},\quad y(u,v)=\frac{u\sin v}{\sqrt{u^2+v^2}},$$

则由定理 5 及例 2 可知

$$\lim_{(u,v)\to(0,0)}x(u,v)=2,\qquad \lim_{(u,v)\to(0,0)}y(u,v)=0.$$

那么,由定理 4 我们得到

$$\lim_{(u,v)\to(0,0)}\left(\frac{\sin2(u^2+v^2)}{u^2+v^2}\right)^{\frac{u\sin v}{\sqrt{u^2+v^2}}}=\lim_{(x,y)\to(2,0)}x^y=2^0=1.$$

*3. 累次极限与全面极限①

这一段内容是关于二元函数极限概念的一个附注.

一个二元函数 $f(x,y)$ 当其中的 y 任意固定时就成为一个一元函数(自变量 x 的函数),这时自然可以对 x 取极限. 我们假定对于任意固定的 y,下列极限存在:

$$\lim_{x\to x_0}f(x,y)=g(y)$$

(这个极限一般来说依赖于被固定的 y,故将它记为 $g(y)$). 如果当 $y\to y_0$ 时,$g(y)$也有极限,那么我们称

$$\lim_{y\to y_0}g(y)=\lim_{y\to y_0}\lim_{x\to x_0}f(x,y)$$

是 $f(x,y)$的**累次极限**. 比如函数 $f(x,y)=x\sin(x+y)$,这时

$$\lim_{x\to\pi}f(x,y)=\pi\sin(\pi+y),$$

并且

$$\lim_{y\to1}\lim_{x\to\pi}f(x,y)=\lim_{y\to1}\pi\sin(\pi+y)=\pi\sin(\pi+1).$$

与上面完全类似,可以考虑累次极限

$$\lim_{x\to x_0}\lim_{y\to y_0}f(x,y).$$

这样,对二元函数而言可以有两种累次极限.

为了与累次极限相区别,我们将前面定义的当$(x,y)\to(x_0,y_0)$时的函数极限称为**全面极限**.

例 8　函数

$$f(x,y)=\frac{xy}{x^2+y^2}$$

---

① 在学时不足的条件下,这一段内容可以省略.

的两个累次极限 $\lim\limits_{y\to0}\lim\limits_{x\to0}f(x,y)$及 $\lim\limits_{x\to0}\lim\limits_{y\to0}f(x,y)$显然都是零.

但是,当$(x,y)\to(0,0)$时,上述函数的全面极限并不存在(考虑沿不同斜率的直线趋向于原点即可).

一般来说,累次极限与全面极限之间没有什么必然联系:全面极限存在并不意味着累次极限存在;反过来,两个累次极限都存在且相等也不能保证全面极限存在. 例如,对于函数

$$f(x,y)=\begin{cases}(x+y)\sin\dfrac{1}{x}, & x\neq0,\\ 0, & x=0,\end{cases}$$

当$(x,y)\to(0,0)$时,其全面极限为零,但它的累次极限 $\lim\limits_{y\to0}\lim\limits_{x\to0}f(x,y)$并不存在. 另外,函数

$$f(x,y)=\frac{|xy|^{\frac{1}{2}}}{\sqrt{x^2+y^2}}$$

的两个累次极限 $\lim\limits_{x\to0}\lim\limits_{y\to0}f(x,y)$与 $\lim\limits_{y\to0}\lim\limits_{x\to0}f(x,y)$都存在且是零. 但是,当$(x,y)\to(0,0)$时,该函数的全面极限并不存在(证明方法与例 3 相同).

总之,累次极限与全面极限是两个不同的概念. 在求全面极限时不可用累次极限来替代,那样做可能导致错误结果.

习 题 6.2

1. 求下列极限:

(1) $\lim\limits_{(x,y)\to(0,0)}\dfrac{3x^2-y^2+5}{x^2+y^2+2}$;　　(2) $\lim\limits_{(x,y)\to(0,0)}\dfrac{\sin(x^3+y^4)}{x^2+y^2}$;

(3) $\lim\limits_{(x,y)\to(0,0)}(x^2+y^2)\sin\dfrac{1}{x^2+y^2}$;　　(4) $\lim\limits_{(x,y)\to(0,1)}\dfrac{x^3+(y-1)^3}{x^2+(y-1)^2}$;

(5) $\lim\limits_{(x,y)\to(1,1)}\dfrac{xy-y-2x+2}{x-1}$;　　(6) $\lim\limits_{(x,y,z)\to(1,-2,0)}\ln\sqrt{x^2+y^2+z^2}$.

2. 证明:当$(x,y)\to(0,0)$时,下列函数没有极限:

(1) $f(x,y)=\dfrac{x^4-y^2}{x^4+y^2}$;　　(2) $f(x,y)=\begin{cases}\dfrac{x+y}{x-y}, & y\neq x,\\ 0, & y=x.\end{cases}$

3. 讨论当$(x,y)\to(0,0)$时,下列函数是否有极限,若有极限,求出其值:

(1) $f(x,y)=(x+2y)\ln(x^2+y^2)$;

(2) $f(x,y)=\dfrac{1-\cos(x^2+y^2)}{(x^2+y^2)x^2y^2}$;

(3) $f(x,y)=(x^2+y^2)^{x^2y^2}$;

(4) $f(x,y)=\dfrac{P_n(x,y)}{\rho^{n-1}}$,其中 $n\geqslant 1,\rho=\sqrt{x^2+y^2}$,$P_n(x,y)$ 为 x,y 的 n 次齐次式(所谓的 x,y 的 n 次齐次式,是指这样的 x,y 的多项式,其中任意一项都是 x 与 y 的方幂之积,且 x 与 y 的次数之和为 n).

*4. 求下列函数的累次极限 $\lim\limits_{x\to 0}\lim\limits_{y\to 0}f(x,y)$ 及 $\lim\limits_{y\to 0}\lim\limits_{x\to 0}f(x,y)$:

(1) $f(x,y)=\dfrac{|x|-|y|}{|x|+|y|}$;　　(2) $f(x,y)=\dfrac{y^3+\sin x^2}{x^2+y^2}$;

(3) $f(x,y)=(1+x)^{\frac{y}{x}}\ (x\neq 0)$, $f(0,y)\equiv 1$.

§3　多元函数的连续性

1. 二元函数连续性的定义

我们只给出二元函数连续性的定义,至于一般多元函数连续性的定义完全与二元函数的情形类似.

定义 1　设函数 $f(x,y)$ 在点 (x_0,y_0) 的一个邻域内有定义. 若当 $(x,y)\to(x_0,y_0)$ 时, $f(x,y)$ 有极限,并且其极限等于函数值 $f(x_0,y_0)$,即

$$\lim_{(x,y)\to(x_0,y_0)} f(x,y)=f(x_0,y_0),$$

则称 $f(x,y)$ **在点 (x_0,y_0) 处连续**.

函数 $f(x,y)$ 在点 (x_0,y_0) 处的连续性也可以用 ε-δ 说法严格叙述:若对于任意给定的 $\varepsilon>0$,都存在一个 $\delta>0$,使得当 $\sqrt{(x-x_0)^2+(y-y_0)^2}<\delta$ 时,就有 $|f(x,y)-f(x_0,y_0)|<\varepsilon$,则称 $f(x,y)$ 在点 (x_0,y_0) 处连续.

显然,像在前一节讨论极限时那样,上述定义中的不等式

$$\sqrt{(x-x_0)^2+(y-y_0)^2}<\delta$$

可以换成

$$|x-x_0|<\delta,\quad |y-y_0|<\delta,$$

它们所定义的连续性是彼此等价的.

如果函数 $f(x,y)$ 在区域 D 内有定义且在 D 内每一点处都连续,则称 $f(x,y)$ **在区域 D 内连续**.

例 1　证明:函数 $f(x,y)=\sin(x+y)+|x+y+1|$ 在 $\mathbf{R}^2$ 中任意一点处连续.

证　设 (x_0,y_0) 是 $\mathbf{R}^2$ 中任意给定的一点. 那么,对于任意一点 $(x,y)\in\mathbf{R}^2$,我们有

$$
\begin{aligned}
&|\sin(x+y)-\sin(x_0+y_0)| \\
&\quad \leqslant 2\left|\sin\frac{(x+y)-(x_0+y_0)}{2}\cos\frac{(x+y)+(x_0+y_0)}{2}\right| \\
&\quad \leqslant |(x+y)-(x_0+y_0)| \leqslant |x-x_0|+|y-y_0|,
\end{aligned}
$$

而

$$
\begin{aligned}
&\big||x+y+1|-|x_0+y_0+1|\big| \\
&\quad \leqslant |(x+y+1)-(x_0+y_0+1)| \\
&\quad \leqslant |x-x_0|+|y-y_0|,
\end{aligned}
$$

故有

$$|f(x,y)-f(x_0,y_0)| \leqslant 2|x-x_0|+2|y-y_0|.$$

对于任意给定的 $\varepsilon>0$,取 $\delta=\dfrac{\varepsilon}{4}$,则当

$$|x-x_0|<\delta, \quad |y-y_0|<\delta$$

时,便有

$$|f(x,y)-f(x_0,y_0)|<\varepsilon.$$

根据函数 $f(x,y)$在点(x_0,y_0)处连续的等价定义,可知 $f(x,y)$在 $\mathbf{R}^2$ 中任意一点(x_0,y_0)处连续. 证毕.

例 2 设函数

$$
f(x,y)=\begin{cases}\dfrac{x^2y^2}{x^4+y^4}, & (x,y)\neq(0,0), \\ 0, & (x,y)=(0,0).\end{cases}
$$

问: $f(x,y)$在何处连续?

解 设(x_0,y_0)是任意给定的一点. 当$(x_0,y_0)\neq(0,0)$时,$x_0^4+y_0^4\neq 0$,并很容易直接证明

$$\lim_{(x,y)\to(x_0,y_0)}(x^4+y^4)=x_0^4+y_0^4,$$

$$\lim_{(x,y)\to(x_0,y_0)}x^2y^2=x_0^2y_0^2.$$

应用极限的四则运算法则,我们有

$$\lim_{(x,y)\to(x_0,y_0)}f(x,y)=\frac{x_0^2y_0^2}{x_0^4+y_0^4}=f(x_0,y_0).$$

因此,$f(x,y)$在点(x_0,y_0)处连续. 当$(x_0,y_0)=(0,0)$时,可以按照类似于上一节例 3 的方法证明 $f(x,y)$的极限不存在. 事实上,当点(x,y)沿直线 $y=kx$ (k 为常数)趋向于点$(0,0)$时,

$$f(x,y) \to \frac{k^2}{1+k^4}.$$

当 k 取不同值时,上述极限的值也不同.可见,$f(x,y)$在点$(0,0)$处不连续.

2. 关于二元函数连续性的几个定理

我们知道,对于一元函数,四则运算及复合运算均保持函数的连续性.在多元函数中,这些结论依然成立.

下面两个定理完全可以由上一节中相应的定理推出.

定理 1 设两个二元函数 $f(x,y)$及 $g(x,y)$在一点(x_0,y_0)处连续,则函数 $f(x,y)\pm g(x,y)$及 $f(x,y)g(x,y)$在点(x_0,y_0)处也连续.此外,若 $g(x_0,y_0)\neq 0$,则函数 $\dfrac{f(x,y)}{g(x,y)}$ 在点(x_0,y_0)处连续.

定理 2 设函数 $z=f(x,y)$在点(x_0,y_0)附近有定义且在点(x_0,y_0)处连续,又设函数 $u=g(z)$在点 $z_0=f(x_0,y_0)$附近有定义且在点 z_0 处连续,则复合函数 $u=g(f(x,y))$在点(x_0,y_0)处连续.

有了这两个定理,在讨论函数的连续性时就方便多了,尤其是对于常见的初等函数而言,就可免去直接从定义证明之苦.

现在我们定义什么是二元初等函数.

我们说一个函数是**二元初等函数**,如果它是从自变量 x 与 y 出发进行有限次四则运算或者复合以一元初等函数的结果.类似地,可定义三元及三元以上初等函数.

例如,在前面的例子中 $z=\sin(x+y)+|x+y+1|$ 可以看成 $t=x+y$ 复合以 $\sin t$,再加上$|x+y+1|$的结果,因而是 x 与 y 的二元初等函数.

根据一元初等函数的连续性以及定理 1 与定理 2,我们有下面的定理:

定理 3 二元初等函数在其有定义的区域内是连续的.

根据定理 3,今后我们在讨论二元初等函数 $f(x,y)$的极限时,只要点(x_0,y_0)在 $f(x,y)$的有定义的区域内,那么当$(x,y)\to(x_0,y_0)$时,$f(x,y)$的极限值就是 $f(x_0,y_0)$,比如

$$\lim_{(x,y)\to(0,1)} \frac{\cos(x^2+y^2)\arctan(x^3+y^3)}{(x^2+y^2)^{\frac{3}{2}}} = \cos 1 \cdot \arctan 1 = \frac{\pi}{4}\cos 1.$$

3. 映射的连续性

定义 2 设 $\boldsymbol{f}: D\to \mathbf{R}^m$ 是 $\mathbf{R}^n$ 中的区域 D 到 $\mathbf{R}^m$ 的一个映射,又设 P_0

是区域 D 中的一点. 我们称 $\boldsymbol{f}: D \to \mathbf{R}^m$ **在点 P_0 处连续**，如果对于任意给定的 $\varepsilon>0$，都存在一个 $\delta>0$，使得

$$\boldsymbol{f}(U_\delta(P_0)) \subset U_\varepsilon(\boldsymbol{f}(P_0)).$$

如果 $\boldsymbol{f}$ 在区域 D 中每一点处都连续，则称 **$\boldsymbol{f}$ 在 D 内连续**.

映射 $\boldsymbol{f}: D\to\mathbf{R}^m$ 在点 P_0 处连续，是指对于任意给定的 $\varepsilon>0$，都存在一个 $\delta>0$，使得当 $d(P,P_0)<\delta$ 时，就有

$$d(\boldsymbol{f}(P), \boldsymbol{f}(P_0)) < \varepsilon,$$

这里前一个 d 表示 $\mathbf{R}^n$ 中两点之间的距离，而后一个 d 表示 $\mathbf{R}^m$ 中两点之间的距离.

当 $m=1$ 时，上述映射就是一个函数，与已经定义过的多元函数连续性完全一致. 但当 $m>1$ 时，上述映射 $\boldsymbol{f}: D\to\mathbf{R}^m$ 就要用 m 个函数来表示才成. 设 $f_j(j=1,2,\cdots,m)$是映射 $\boldsymbol{f}$ 的第 j 个分量，上述定义中的条件即可写成

$$\sqrt{\sum_{j=1}^{m}(f_j(P)-f_j(P_0))^2} < \varepsilon, \quad 只要\ d(P,P_0)<\delta.$$

映射 $\boldsymbol{f}: D\to\mathbf{R}^m$ 的连续性也可以由 $\boldsymbol{f}$ 的每个分量 f_j 的连续性来刻画. 很容易证明如下命题：

若映射 $\boldsymbol{f}$ 在点 P_0 处连续，则对于任意给定的 $\varepsilon>0$，都存在一个$\delta>0$，使得当 $d(P,P_0)<\delta$ 时，就有

$$|f_j(P)-f_j(P_0)| < \varepsilon, \quad j=1,2,\cdots,m.$$

这就是说，若 $\boldsymbol{f}$ 在点 P_0 处连续，则它的每个分量 f_j 在点 P_0 处也连续.

这个命题的逆命题也成立，请读者自己证明.

总之，映射 $\boldsymbol{f}: D\to\mathbf{R}^m$ 在点 $P_0\in D$ 处连续的充要条件是 $\boldsymbol{f}$ 的每个分量 f_j 在点 P_0 处都连续.

例 3 考虑映射

$$\boldsymbol{f}: \mathbf{R}^2 \to \mathbf{R}^2,$$
$$(x,y) \mapsto (u,v),$$

其中 $u=\sin x+\cos y$，$v=\mathrm{e}^x\sin y$. 这里 $\boldsymbol{f}$ 的第一个分量就是$u=f_1(x,y)=\sin x+\cos y$，而第二个分量是 $v=f_2(x,y)=\mathrm{e}^x\sin y$. 这两个分量都是$(x,y)$的连续函数，因而映射 $\boldsymbol{f}$ 在 $\mathbf{R}^2$ 上是连续的.

4. 有界闭区域上连续函数的性质

在第一章中,我们指出了在闭区间上连续的一元函数有一些重要的性质. 现在我们指出：对于在有界闭区域上连续的多元函数,这些性质同样成立.

设 D 是 $\mathbf{R}^n(n\geqslant 2)$ 中的一个区域,则 $\overline{D}$ 是一个闭区域. 假定函数 f 在 $\overline{D}$ 上有定义,怎样才称 f 在 $\overline{D}$ 上连续呢?

现在我们先来定义 f 在边界点处的连续性. 设 P_0 是 D 的一个边界点,这时点 P_0 的任意一个邻域都有 D 中的点,也有非 D 中的点. 因此,f 在点 P_0 的任何一个小邻域中都不全是有定义的. 考虑到这一点,我们需要对原来连续性的定义做一定的修改.

我们称 **f 在 $\overline{D}$ 的边界点 P_0 处连续**,如果对于任意给定的 $\varepsilon>0$,都存在一个 $\delta>0$,使得当 $P\in U_\delta(P_0)\cap\overline{D}$ 时,便有

$$|f(P)-f(P_0)|<\varepsilon,$$

即

$$f(U_\delta(P_0)\cap\overline{D})\subset U_\varepsilon(f(P_0)).$$

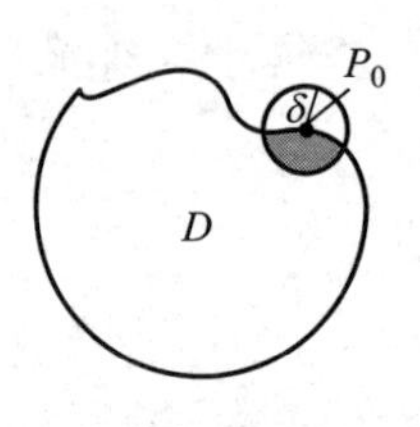

图　6.6

换句话说,这要求当 P 落在集合 $U_\delta(P_0)\cap\overline{D}$ 中时,$f(P)$ 与 $f(P_0)$ 之差的绝对值小于 ε. 图 6.6 中阴影部分表示了集合 $U_\delta(P_0)\cap\overline{D}$.

我们称函数 $f:\overline{D}\to\mathbf{R}$ **在闭区域 $\overline{D}$ 上连续**,如果 f 在 $\overline{D}$ 上每一点处都连续.

有了多元函数在闭区域上连续的定义后,就可以叙述我们的定理了.

定理 4 (有界性定理)　设函数 f 在有界闭区域 $\overline{D}$ 上连续,则 f 在 $\overline{D}$ 上有界,即存在常数 $M>0$,使得

$$|f(P)|\leqslant M,\quad \forall P\in\overline{D}.$$

定理 5 (最大值与最小值定理)　若函数 f 在有界闭区域 $\overline{D}$ 上连续,则 f 在 $\overline{D}$ 上达到最大值与最小值,即存在点 $P_1,P_2\in\overline{D}$,使得

$$f(P)\leqslant f(P_1),\quad f(P_2)\leqslant f(P),\quad \forall P\in\overline{D}.$$

定理 6 (介值定理)　设函数 f 在闭区域 $\overline{D}$ 上连续,并假定 M 与 m 分别是 f 在 $\overline{D}$ 上的最大值与最小值,则对于任意的 $\eta(m\leqslant\eta\leqslant M)$,一定有一点 $P_0\in\overline{D}$,使得 $f(P_0)=\eta$.

习　题　6.3

1. 下列函数在哪些点处连续?

(1) $z=\dfrac{1}{x^2+y^2}$;　　(2) $z=\dfrac{1}{\sin x}+\dfrac{1}{\cos y}$;　　(3) $z=\dfrac{y^2+x}{y^2-2x}$.

2. 设 $\overline{D}$ 是 Oxy 平面上的有界闭区域,$P_0(x_0,y_0)$是 D 的外点,证明:在 $\overline{D}$ 内一定存在与点 P_0 的距离最长的点,也存在与点 P_0 的距离最短的点.

3. 设函数 $f(x,y)$在区域 D 内连续,点$(x_i,y_i)\in D$ $(i=1,2,\cdots,n)$,证明:在 D 内存在一点(ξ,η),使得

$$f(\xi,\eta)=\frac{1}{n}(f(x_1,y_1)+f(x_2,y_2)+\cdots+f(x_n,y_n)).$$

4. 已知二元函数 $u=f(x,y)$在点(x_0,y_0)处连续,证明:一元函数 $u=f(x,y_0)$在点 x_0 处连续.

5. 设函数 $f(x,y)$在区域$\{(x,y)\mid x^2+y^2<1\}$内连续,又设 $x=\varphi(t)$及 $y=\psi(t)$是区间$[0,1]$上的连续函数,并且 $\varphi^2(t)+\psi^2(t)<1$,试证:

$$g(t)=f(x(t),y(t))$$

是$[0,1]$上的连续函数.

6. 举出一个例子,说明存在函数 $f(x,y)$,它在区域$\{(x,y)\mid x^2+y^2<1\}$内连续,但在该区域内是无界的.

§4　偏导数与全微分

1. 一阶偏导数的定义

考虑一个二元函数 $z=f(x,y)$. 当我们将自变量 y 固定时,$z=f(x,y)$就是 x 的一个一元函数. 这时,我们自然可以考虑它的导数. 这样求得的对 x 的导数称作 $z=f(x,y)$关于 x 的偏导数. 类似地,可以考虑 $z=f(x,y)$关于 y 的偏导数.

我们知道导数是由因变量的增量与自变量的增量之比的极限定义的. 因此,偏导数的正式定义可用极限给出.

定义 1　设函数 $z=f(x,y)$在点(x_0,y_0)的某个邻域内有定义,将 y 固定为 y_0. 若极限

$$\lim_{\Delta x\to 0}\frac{f(x_0+\Delta x,y_0)-f(x_0,y_0)}{\Delta x}$$

存在,则称该极限值为 $z=f(x,y)$在点(x_0,y_0)处关于 x 的**(一阶)偏导**

数,记作

$$f_x(x_0,y_0),\quad \frac{\partial f(x_0,y_0)}{\partial x},\quad \left.\frac{\partial z}{\partial x}\right|_{(x_0,y_0)} \quad 或\quad z_x\big|_{(x_0,y_0)}.$$

类似地,若 $\lim\limits_{\Delta y\to 0}\dfrac{f(x_0,y_0+\Delta y)-f(x_0,y_0)}{\Delta y}$ 存在,则称它为 $z=f(x,y)$ 在点 (x_0,y_0) 处关于 y 的**(一阶)偏导数**,记作

$$f_y(x_0,y_0),\quad \frac{\partial f(x_0,y_0)}{\partial y},\quad \left.\frac{\partial z}{\partial y}\right|_{(x_0,y_0)} \quad 或\quad z_y\big|_{(x_0,y_0)}.$$

有时也称偏导数为**偏微商**.

从上述定义可以看出: $f_x(x_0,y_0)$ 就是 $f(x,y_0)$ 作为 x 的一元函数在点 x_0 处的导数,而 $f_y(x_0,y_0)$ 是 $f(x_0,y)$ 作为 y 的一元函数在点 y_0 处的导数.

在上述讨论中,我们使用了 x_0 或 y_0 表示 x 或 y 的某个固定值,使它们区别于变动中的 x 或 y. 这在定义偏导数的过程中是必不可少的. 但在建立了偏导数的概念之后,若计算函数 $z=f(x,y)$ 在点 (x,y) 的偏导数 $f_x(x,y)\left(或写作\ \dfrac{\partial f}{\partial x}\right)$,只需我们在心中记住,应将 $f(x,y)$ 的表达式中的 y 看作常数;而在计算 $f_y(x,y)\left(或写作\ \dfrac{\partial f}{\partial y}\right)$ 时,应将 $f(x,y)$ 的表达式中的 x 看作常数.

例 1 设函数 $f(x,y)=x^2+y^2+xy+\mathrm{e}^x\cos y$,求 $\dfrac{\partial f}{\partial x}$ 及 $\dfrac{\partial f}{\partial y}$.

解 根据前面的说明,求 $\dfrac{\partial f}{\partial x}$ 时应将 $f(x,y)$ 的表达式中的 y 视作常数. 那么,我们有

$$\frac{\partial f}{\partial x}=2x+y+\mathrm{e}^x\cos y.$$

求 $\dfrac{\partial f}{\partial y}$ 时,应将 $f(x,y)$ 的表达式中的 x 视作常数,可得到

$$\frac{\partial f}{\partial y}=2y+x-\mathrm{e}^x\sin y.$$

例 2 设函数 $f(x,y)=x^y\ (x,y>0)$,求 $\dfrac{\partial f}{\partial x}$ 与 $\dfrac{\partial f}{\partial y}$.

解 当我们把 y 视作常数时,x^y 是 x 的幂函数,因此得到

$$\frac{\partial f}{\partial x}=yx^{y-1}.$$

当我们把 x 看作常数时,x^y 是 y 的指数函数,因此有

$$\frac{\partial f}{\partial y}=x^y\ln x.$$

由前面两个例子可以看出:我们在计算一个二元初等函数的偏导数时,有一元函数的导数公式就足够了,无须添加新公式,关键是要弄清楚将哪一个变量视作常数,哪一个变量视作变量.

例 3 设函数 $z=f(x,y)=x\ln(x^2+y^2)$,求 $\left.\frac{\partial z}{\partial x}\right|_{(1,2)}$.

解 此题有两种求解方法.

方法一 先将 $y=2$ 代入该函数的表达式,得到

$$z=f(x,2)=x\ln(x^2+4);$$

然后,将 $f(x,2)$ 作为 x 的一元函数求导数,即得到

$$\begin{aligned}\left.\frac{\partial z}{\partial x}\right|_{(1,2)}&=\left.\frac{\mathrm{d}}{\mathrm{d}x}f(x,2)\right|_{x=1}\\&=\left.\left(\ln(x^2+4)+\frac{2x^2}{x^2+4}\right)\right|_{x=1}\\&=\ln 5+\frac{2}{5}.\end{aligned}$$

方法二 求出 $\frac{\partial z}{\partial x}$ 在任意一点 (x,y) 处的表达式,再用 $x=1$ 及 $y=2$ 代入. 事实上,很容易计算得

$$\frac{\partial z}{\partial x}=\ln(x^2+y^2)+x\cdot\frac{2x}{x^2+y^2}.$$

这样,就有

$$\left.\frac{\partial z}{\partial x}\right|_{(1,2)}=\ln 5+\frac{2}{5}.$$

很难说这两种方法中哪一个更简便些. 如果在一个具体题目中先代入某个自变量的值会化简表达式,这时利用第一种方法就会简便些. 下面的例子就说明了这一点.

例 4 设函数 $z=\arctan\frac{(x-2)y+y^2}{xy+(x-2)^2y^3}$,求 $\left.\frac{\partial z}{\partial y}\right|_{(2,0)}$.

解 我们先求得 $z(2,y)=\arctan\frac{y}{2}$,于是

$$\left.\frac{\partial z}{\partial y}\right|_{(2,0)}=\left.\frac{\mathrm{d}z(2,y)}{\mathrm{d}y}\right|_{y=0}=\left.\frac{\frac{1}{2}}{1+\frac{y^2}{4}}\right|_{y=0}=\frac{1}{2}.$$

二元函数偏导数的概念很容易推广到 $n(n\geqslant 3)$ 元函数上. 例如,一个三元函数 $u=u(x,y,z)$ 关于 x 的偏导数就是固定自变量 y 与 z 后,u 作为 x 的一元函数的导数,其他偏导数可类推得到.

例 5 设函数

$$f(x,y)=\begin{cases}\dfrac{xy}{x^2+y^2}, & (x,y)\neq(0,0),\\ 0, & (x,y)=(0,0),\end{cases}$$

求 $f_x(x,y)$ 和 $f_y(x,y)$.

解 对于任意的 $(x,y)\neq(0,0)$,有

$$f_x(x,y)=\frac{y(x^2+y^2)-xy\cdot 2x}{(x^2+y^2)^2}=\frac{y^3-x^2y}{(x^2+y^2)^2},$$

$$f_y(x,y)=\frac{x(x^2+y^2)-xy\cdot 2y}{(x^2+y^2)^2}=\frac{x^3-xy^2}{(x^2+y^2)^2}.$$

在点 $(0,0)$ 处,根据偏导数的定义,有

$$f_x(0,0)=\lim_{\Delta x\to 0}\frac{f(0+\Delta x,0)-f(0,0)}{\Delta x}=0,$$

$$f_y(0,0)=\lim_{\Delta y\to 0}\frac{f(0,0+\Delta y)-f(0,0)}{\Delta y}=0.$$

例 6 设函数 $u=(x^2+y^2)z^2+\sin x^2$,求 $\dfrac{\partial u}{\partial x}$,$\dfrac{\partial u}{\partial y}$ 及 $\dfrac{\partial u}{\partial z}$.

解 先求 $\dfrac{\partial u}{\partial x}$,这时应将函数表达式中的 y 与 z 均视作常数,于是

$$\frac{\partial u}{\partial x}=2xz^2+2x\cos x^2.$$

类似地,我们得到

$$\frac{\partial u}{\partial y}=2yz^2,\quad \frac{\partial u}{\partial z}=2z(x^2+y^2).$$

偏导数的几何意义 由于 $f_x(x_0,y_0)=\left.\dfrac{\mathrm{d}f(x,y_0)}{\mathrm{d}x}\right|_{x=x_0}$,所以对于连续函数 $f(x,y)$,在几何上,$f_x(x_0,y_0)$ 的表示平面曲线

$$l_1:\begin{cases}z=f(x,y),\\ y=y_0\end{cases}$$

在点 $x=x_0$ 处的切线关于 x 轴的斜率(见图 6.7). 同理,$f_y(x_0,y_0)$表示平面曲线

$$l_2:\begin{cases}z=f(x,y),\\ x=x_0\end{cases}$$

在点 $y=y_0$ 处的切线关于 y 轴的斜率.

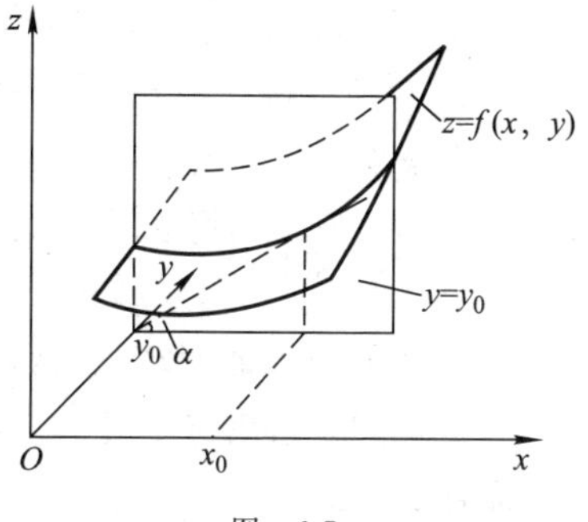

图 6.7

这里 l_1 实际上是曲面 $z=f(x,y)$与平面 $y=y_0$ 的交线,而 l_2 是曲面 $z=f(x,y)$与平面 $x=x_0$ 的交线. 因此,$f_x(x_0,y_0)$与 $f_y(x_0,y_0)$是曲面 $z=f(x,y)$在点(x_0,y_0)处分别沿着 x 轴方向与 y 轴方向的切线斜率.

我们知道,对于一元函数 $y=f(x)$,若它在一点 x_0 处有导数,则意味它在该点处一定是连续的. 对于二元函数,它在一点(x_0,y_0)处关于 x 与 y 的偏导数都存在时,不能推出它在该点处连续. 例如,对于函数 $\mathrm{sgn}(xy)$(其中 sgn 为符号函数),当 $x=0$ 或 $y=0$ 时,$\mathrm{sgn}(xy)\equiv 0$,因而 $\mathrm{sgn}(xy)$在点$(0,0)$处的两个偏导数都存在并等于零,但是它在点$(0,0)$处并不连续.

2. 高阶偏导数

设函数 $z=f(x,y)$在区域 D 内有偏导数 $f_x(x,y)$与 $f_y(x,y)$. 若这两个偏导函数在 D 内也有偏导数,这就导出 $z=f(x,y)$的二阶偏导数. $z=f(x,y)$的二阶偏导数有四个,分别记作

$$f_{xx}(x,y),\frac{\partial^2 f}{\partial x^2},\frac{\partial^2 z}{\partial x^2}\text{ 或 }z_{xx};\quad f_{xy}(x,y),\frac{\partial^2 f}{\partial x\partial y},\frac{\partial^2 z}{\partial x\partial y}\text{ 或 }z_{xy};$$

$$f_{yx}(x,y),\frac{\partial^2 f}{\partial y\partial x},\frac{\partial^2 z}{\partial y\partial x}\text{ 或 }z_{yx};\quad f_{yy}(x,y),\frac{\partial^2 f}{\partial y^2},\frac{\partial^2 z}{\partial y^2}\text{ 或 }z_{yy},$$

这里 $f_{xy}(x,y)$及 $f_{yx}(x,y)$称作**二阶混合偏导数**.

对于二阶混合偏导数有个记法问题. 根据通常的习惯,$f_{xy}(x,y)$ $\left(\text{或 }\frac{\partial^2 f}{\partial x\partial y}\right)$表示先对 x 求偏导数,再对 y 求偏导数,即

$$f_{xy}(x,y)=\frac{\partial}{\partial y}\left(\frac{\partial f}{\partial x}\right);$$

而 $f_{yx}(x,y)$则是先对 y 求偏导数,再对 x 求偏导数,即

$$f_{yx}(x,y)=\frac{\partial}{\partial x}\left(\frac{\partial f}{\partial y}\right).$$

在某些情况下,两个二阶混合偏导数可能不相等(见习题6.4中的第16题).二阶混合偏导数相等是有条件的.

定理1 若函数 $f(x,y)$ 的两个二阶混合偏导数 $f_{yx}(x,y)$ 和 $f_{xy}(x,y)$ 在区域 D 内连续,则在该区域内这两个二阶混合偏导数必相等,即

$$f_{xy}(x,y)=f_{yx}(x,y),\quad \forall(x,y)\in D.$$

这个定理的证明较长,故略去.

重要的是读者应该记住:两个二阶混合偏导数在一个区域内连续可以保证它们彼此相等.

例7 设函数 $z=y\mathrm{e}^{xy}$,求该函数的二阶偏导数.

解 $z_x=y^2\mathrm{e}^{xy},\quad z_y=(1+xy)\mathrm{e}^{xy},\quad z_{xx}=y^3\mathrm{e}^{xy},$

$z_{xy}=(2y+xy^2)\mathrm{e}^{xy},$

$z_{yx}=[y+(1+xy)y]\mathrm{e}^{xy}=(2y+xy^2)\mathrm{e}^{xy},$

$z_{yy}=[x+x(1+xy)]\mathrm{e}^{xy}=(2x+x^2y)\mathrm{e}^{xy}.$

在本例中,我们看到 $z_{xy}=z_{yx}$,即两个二阶混合偏导数相等.这是必然的,因为 z_{xy} 与 z_{yx} 是 (x,y) 的连续函数.

定义了二阶偏导数之后,自然可以考虑二阶偏导数的偏导数,即得到三阶偏导数.一个二元函数 $f(x,y)$ 有四个二阶偏导数,而每个二阶偏导数又可以分别对 x 与 y 求偏导数,因此一共有八个三阶偏导数.这里我们就不一一写出了.以此类推,我们可以定义各阶偏导数.

今后,我们用 $C^n(D)$ 表示区域 D 内全体函数 $f(x,y)$ 组成的集合,其中 $f(x,y)$ 在 D 内有 n 阶偏导数且每个 n 阶偏导数都在 D 内连续.有了这个记号之后,由定理1便可以推出:

若 $f(x,y)\in C^2(D)$,则在 D 内有

$$f_{xy}(x,y)=f_{yx}(x,y).$$

例8 证明:函数 $z=\ln\sqrt{x^2+y^2}$ 满足平面拉普拉斯(Laplace)方程

$$\frac{\partial^2 z}{\partial x^2}+\frac{\partial^2 z}{\partial y^2}=0.$$

证 我们有

$$\frac{\partial z}{\partial x}=\frac{x}{x^2+y^2},\quad \frac{\partial^2 z}{\partial x^2}=\frac{(x^2+y^2)-x\cdot 2x}{(x^2+y^2)^2}=\frac{y^2-x^2}{(x^2+y^2)^2}.$$

由函数关于自变量的对称性可知

$$\frac{\partial^2 z}{\partial y^2}=\frac{x^2-y^2}{(x^2+y^2)^2}.$$

于是

$$\frac{\partial^2 z}{\partial x^2}+\frac{\partial^2 z}{\partial y^2}=0.$$

证毕.

一个含有未知函数偏导数的方程称作**偏微分方程**. 显然,上述拉普拉斯方程是一个偏微分方程. 诸多物理现象可以通过拉普拉斯方程来描述.

例 8 告诉我们: $z=\ln\sqrt{x^2+y^2}$ 是平面拉普拉斯方程的一个解.

例 9 证明: 函数 $u=\dfrac{1}{\sqrt{x^2+y^2+z^2}}$ 满足空间拉普拉斯方程

$$\frac{\partial^2 u}{\partial x^2}+\frac{\partial^2 u}{\partial y^2}+\frac{\partial^2 u}{\partial z^2}=0.$$

证 可求出

$$\frac{\partial u}{\partial x}=-\frac{x}{(x^2+y^2+z^2)^{\frac{3}{2}}},$$

$$\frac{\partial^2 u}{\partial x^2}=-\frac{1}{(x^2+y^2+z^2)^{\frac{3}{2}}}+\frac{3x^2}{(x^2+y^2+z^2)^{\frac{5}{2}}}.$$

由函数关于自变量的对称性可知

$$\frac{\partial^2 u}{\partial y^2}=-\frac{1}{(x^2+y^2+z^2)^{\frac{3}{2}}}+\frac{3y^2}{(x^2+y^2+z^2)^{\frac{5}{2}}},$$

$$\frac{\partial^2 u}{\partial z^2}=-\frac{1}{(x^2+y^2+z^2)^{\frac{3}{2}}}+\frac{3z^2}{(x^2+y^2+z^2)^{\frac{5}{2}}}.$$

于是,不难得出

$$\frac{\partial^2 u}{\partial x^2}+\frac{\partial^2 u}{\partial y^2}+\frac{\partial^2 u}{\partial z^2}=0.$$

证毕.

若引进算子符号

$$\Delta=\frac{\partial^2}{\partial x^2}+\frac{\partial^2}{\partial y^2}+\frac{\partial^2}{\partial z^2},$$

则例 9 中的方程可写成 $\Delta u=0$. Δ 称为**拉普拉斯算子**,它只是一种运算符号.

例 10 设函数 $f(x,y,z,w)=z\mathrm{e}^{w^2+x^2+y^2}$,求 $\dfrac{\partial^2 f}{\partial x\partial w}$,$\dfrac{\partial^2 f}{\partial w\partial z}$ 及 $\dfrac{\partial^2 f}{\partial z\partial x}$.

解 先求一阶偏导数:

$$\frac{\partial f}{\partial x}=z\mathrm{e}^{w^2+x^2+y^2}\cdot 2x=2xz\mathrm{e}^{w^2+x^2+y^2},$$

$$\frac{\partial f}{\partial w}=z\mathrm{e}^{w^2+x^2+y^2}\cdot 2w=2wz\mathrm{e}^{w^2+x^2+y^2},$$

$$\frac{\partial f}{\partial z}=\mathrm{e}^{w^2+x^2+y^2};$$

再求二阶偏导数：

$$\frac{\partial^2 f}{\partial x\partial w}=\frac{\partial}{\partial w}(2xz\mathrm{e}^{w^2+x^2+y^2})=2xz\mathrm{e}^{w^2+x^2+y^2}\cdot 2w=4xzw\mathrm{e}^{w^2+x^2+y^2},$$

$$\frac{\partial^2 f}{\partial w\partial z}=\frac{\partial}{\partial z}(2wz\mathrm{e}^{w^2+x^2+y^2})=2w\mathrm{e}^{w^2+x^2+y^2},$$

$$\frac{\partial^2 f}{\partial z\partial x}=\frac{\partial}{\partial x}(\mathrm{e}^{w^2+x^2+y^2})=2x\mathrm{e}^{w^2+x^2+y^2}.$$

3. 全微分

多元函数的全微分是一元函数的微分的推广. 对于一元函数，当我们考虑函数增量的近似表达式时，微分是函数增量的线性主要部分. 对于二元函数 $z=f(x,y)$，当自变量 x,y 分别有增量 $\Delta x,\Delta y$ 时，函数 z 的增量(称为**全增量**)为

$$\Delta z=f(x+\Delta x,y+\Delta y)-f(x,y).$$

一般来说，全增量 Δz 的表达式是比较复杂的. 例如，对于函数 $z=xy^2$，它在点(x_0,y_0)处的全增量为

$$\Delta z=y_0^2\Delta x+2x_0y_0\Delta y+x_0(\Delta y)^2+2y_0\Delta x\Delta y+\Delta x(\Delta y)^2,$$

共有五项. 但是，除了前面两项是 Δx 与 Δy 的线性函数之外，后面三项是 Δx 与 Δy 的二次以上的多项式，当 Δx 与 Δy 很小时，后三项比前两项要小得多. 若令 $\rho=\sqrt{(\Delta x)^2+(\Delta y)^2}$，并注意到 $\Delta x\to 0$ 且 $\Delta y\to 0$ 的充要条件是 $\rho\to 0$，则上面的全增量可表示为

$$\Delta z=y_0^2\Delta x+2x_0y_0\Delta y+o(\rho),\quad \rho\to 0.$$

因而，可用前面两项近似代替 Δz，即

$$\Delta z\approx y_0^2\Delta x+2x_0y_0\Delta y,$$

也即 Δz 可用 Δx 与 Δy 的一个线性函数近似代替.

对于一般的二元函数，我们也希望能用 Δx 与 Δy 的一个线性函数来近似代替其全增量. 为此，我们引进全微分的概念.

定义 2　设函数 $z=f(x,y)$ 在点(x_0,y_0)的某个邻域内有定义. 若

$z=f(x,y)$ 的全增量 $\Delta z=f(x_0+\Delta x,y_0+\Delta y)-f(x_0,y_0)$ 可写成

$$\Delta z=A\Delta x+B\Delta y+o(\rho),\quad \rho\to 0,$$

其中常数 A,B 只与点(x_0,y_0)有关而与自变量的增量 $\Delta x,\Delta y$ 无关,$\rho=\sqrt{(\Delta x)^2+(\Delta y)^2}$,则称 $z=f(x,y)$**在点**(x_0,y_0)**处可微**,并称 $A\Delta x+B\Delta y$ 为 $z=f(x,y)$**在点**(x_0,y_0)**处的全微分**,记作 $\mathrm{d}z$,即

$$\mathrm{d}z=A\Delta x+B\Delta y. \tag{6.1}$$

由上述定义看出:全微分 $\mathrm{d}z$ 是 Δx 与 Δy 的线性函数;当 $\rho\to 0$ 时,$\mathrm{d}z$ 与 Δz 的差是$o(\rho)$. 因此,z 的全微分 $\mathrm{d}z$ 是全增量 Δz 的线性主要部分.

当函数 $z=f(x,y)$在区域 D 内每一点处都可微时,称 $z=f(x,y)$**在** D **内可微**.

设函数 $z=f(x,y)$在点(x_0,y_0)处可微. 那么,由

$$\Delta z=A\Delta x+B\Delta y+o(\rho)$$

立即推出,当$(\Delta x,\Delta y)\to(0,0)$时,$\Delta z\to 0$,即

$$\lim_{(\Delta x,\Delta y)\to(0,0)} f(x_0+\Delta x,y_0+\Delta y)=f(x_0,y_0).$$

这表明,$z=f(x,y)$在点(x_0,y_0)处连续. 因而,我们有如下定理:

定理 2 若函数 $f(x,y)$在点(x_0,y_0)处可微,则 $f(x,y)$在点(x_0,y_0)处必连续.

在一元函数中,可微意味着可导. 那么,在多元函数中,可微是否意味着偏导数存在呢? 回答是肯定的.

定理 3 若函数 $z=f(x,y)$在点(x_0,y_0)处可微,则它在点(x_0,y_0)处的两个偏导数存在,且 $f_x(x_0,y_0)=A$,$f_y(x_0,y_0)=B$,其中 A,B 是(6.1)式中的两个常数.

证 已知 $z=f(x,y)$在点(x_0,y_0)处可微,即存在常数 A 与 B,使得 $\Delta f=A\Delta x+B\Delta y+o(\rho)$,$\rho\to 0$. 令 $\Delta y=0$,这时 $\rho=|\Delta x|$,并有

$$f(x_0+\Delta x,y_0)-f(x_0,y_0)=A\Delta x+o(|\Delta x|),\quad \Delta x\to 0.$$

由此得

$$\frac{f(x_0+\Delta x,y_0)-f(x_0,y_0)}{\Delta x}=A+\frac{o(|\Delta x|)}{\Delta x},\quad \Delta x\to 0.$$

取极限得

$$\lim_{\Delta x\to 0}\frac{f(x_0+\Delta x,y_0)-f(x_0,y_0)}{\Delta x}=A.$$

上式意味着 $z=f(x,y)$在点(x_0,y_0)处关于 x 的偏导数存在且等于A,即

$$f_x(x_0,y_0)=A.$$

同理可证 $f_y(x_0,y_0)=B$. 证毕.

根据定理 3,若函数 $z=f(x,y)$ 在点 (x_0,y_0) 处可微,则它在点 (x_0,y_0) 处的全微分可写成

$$\mathrm{d}z=f_x(x_0,y_0)\Delta x+f_y(x_0,y_0)\Delta y;$$

若 $z=f(x,y)$ 在区域 D 内可微,则它在 D 内任意一点 (x,y) 处的全微分可写成

$$\mathrm{d}z=f_x(x,y)\Delta x+f_y(x,y)\Delta y.$$

与一元函数的微分类似,二元函数自变量的全微分就等于其各自的增量,即 $\mathrm{d}x=\Delta x,\mathrm{d}y=\Delta y$. 这样,全微分公式又可写成

$$\mathrm{d}z=f_x(x,y)\mathrm{d}x+f_y(x,y)\mathrm{d}y$$

或

$$\mathrm{d}f=\frac{\partial f}{\partial x}\mathrm{d}x+\frac{\partial f}{\partial y}\mathrm{d}y.$$

这样,定理 3 不仅证明了二元函数可微的必要条件是偏导数存在,而且还给出了计算全微分的公式.

现在一个自然的问题是:由偏导数存在是否可以推出可微?答案是否定的. 事实上,我们在前面已经看出,函数的偏导数存在并不意味着函数在所考虑的点处连续. 比如,对于函数

$$f(x,y)=\begin{cases}\dfrac{xy}{x^2+y^2}, & (x,y)\neq(0,0),\\ 0, & (x,y)=(0,0),\end{cases}$$

我们知道它在点 $(0,0)$ 处的偏导数存在,但它在点 $(0,0)$ 处并不连续. 另外,连续是可微的必要条件. 由此可见,这个函数在点 $(0,0)$ 处不可微.

偏导数存在但不可微的例子表明,一元函数与多元函数在可导与可微的关系上有某种实质性差异.

既然偏导数存在尚不能保证可微,我们自然希望知道在怎样的条件下才能保证函数的可微性. 下面的定理对此给出了回答.

定理 4 (可微的充分条件) 若函数 $z=f(x,y)$ 的偏导数 $f_x(x,y)$ 与 $f_y(x,y)$ 在点 (x_0,y_0) 的某个邻域内存在,并且这两个偏导数在点 (x_0,y_0) 处连续,则 $z=f(x,y)$ 在点 (x_0,y_0) 处可微.

证 考虑全增量并利用拉格朗日中值定理,我们有

$$\begin{aligned}\Delta z&=f(x_0+\Delta x,y_0+\Delta y)-f(x_0,y_0)\\&=f(x_0+\Delta x,y_0+\Delta y)-f(x_0,y_0+\Delta y)\end{aligned}$$

$$+ f(x_0, y_0+\Delta y) - f(x_0, y_0)$$

$$= f_x(x_0+\theta_1\Delta x, y_0+\Delta y)\Delta x$$

$$+ f_y(x_0, y_0+\theta_2\Delta y)\Delta y \quad (0<\theta_1, \theta_2<1).$$

由于 $f_x(x,y), f_y(x,y)$ 在点 (x_0, y_0) 处连续,可以有

$$f_x(x_0+\theta_1\Delta x, y_0+\Delta y) = f_x(x_0, y_0) + \alpha_1,$$

$$f_y(x_0, y_0+\theta_2\Delta y) = f_y(x_0, y_0) + \alpha_2,$$

其中 $\alpha_1 \to 0, \alpha_2 \to 0 [\rho = \sqrt{(\Delta x)^2 + (\Delta y)^2} \to 0]$. 将上面两式代入 Δz 的表达式,得

$$\Delta z = f_x(x_0, y_0)\Delta x + f_y(x_0, y_0)\Delta y + \alpha_1\Delta x + \alpha_2\Delta y.$$

再证当 $\rho \to 0$ 时, $\alpha_1\Delta x + \alpha_2\Delta y = o(\rho)$. 事实上,有

$$0 \leqslant \left|\frac{\alpha_1\Delta x + \alpha_2\Delta y}{\rho}\right| \leqslant |\alpha_1|\left|\frac{\Delta x}{\rho}\right| + |\alpha_2|\left|\frac{\Delta y}{\rho}\right| \leqslant |\alpha_1| + |\alpha_2|,$$

于是由夹逼定理立得

$$\lim_{\rho\to 0}\frac{\alpha_1\Delta x + \alpha_2\Delta y}{\rho} = 0,$$

即当 $\rho \to 0$ 时, $\alpha_1\Delta x + \alpha_2\Delta y = o(\rho)$. 因此

$$\Delta z = f_x(x_0, y_0)\Delta x + f_y(x_0, y_0)\Delta y + o(\rho), \quad \rho \to 0.$$

这就证明了 $z = f(x,y)$ 在点 (x_0, y_0) 处可微. 证毕.

推论 若 D 是 $\mathbf{R}^2$ 中的一个区域,而 $f(x,y) \in C^1(D)$,即 $f(x,y)$ 在 D 中有连续的一阶偏导数,则 $f(x,y)$ 在 D 内可微.

类似地,我们可以定义 $n(n\geqslant 3)$ 元函数的可微性,并且可以证明有相应于定理 2~定理 4 的结论及推论成立.

我们遇到的多元函数大多数是多元初等函数. 一个多元初等函数的偏导数若存在的话,也是多元初等函数,而多元初等函数在其有定义的区域内是连续的. 所以,**对于多元初等函数而言,在其有定的区域内只要偏导数存在就一定可微.**

例 11 设函数 $z = x^y (x, y > 0)$,求 $\mathrm{d}z$.

解 $\mathrm{d}z = \frac{\partial z}{\partial x}\mathrm{d}x + \frac{\partial z}{\partial y}\mathrm{d}y = yx^{y-1}\mathrm{d}x + x^y \ln x \mathrm{d}y.$

例 12 设函数 $z = \mathrm{e}^x\cos(x^2+y^2)$,求 $\mathrm{d}z$.

解

$$\begin{aligned}\mathrm{d}z &= \frac{\partial z}{\partial x}\mathrm{d}x + \frac{\partial z}{\partial y}\mathrm{d}y \\ &= (\mathrm{e}^x\cos(x^2+y^2) - 2x\mathrm{e}^x\sin(x^2+y^2))\mathrm{d}x \\ &\quad - 2y\mathrm{e}^x\sin(x^2+y^2)\mathrm{d}y.\end{aligned}$$

例 13 已知函数 $z(x,y)$ 的全微分为

$$dz=(6xy-y^2)dx+(3x^2-2xy)dy,$$

求 $z(x,y)$ 的表达式.

解 由已知及全微分的公式有

$$\frac{\partial z}{\partial x}=6xy-y^2,\quad \frac{\partial z}{\partial y}=3x^2-2xy.$$

从 $\dfrac{\partial z}{\partial x}=6xy-y^2$ 可推出

$$z(x,y)=3x^2y-xy^2+\phi(y),$$

其中 $\phi(y)$ 是关于 y 的一元函数. 再求关于 y 的偏导数,得到

$$\frac{\partial z}{\partial y}=3x^2-2xy+\phi'(y),$$

而 $\dfrac{\partial z}{\partial y}=3x^2-2xy$,则 $\phi'(y)=0$,即 $\phi(y)=C$,其中 C 是任意常数. 于是

$$z(x,y)=3x^2y-xy^2+C.$$

二元函数全微分的概念和全部结论,都可推广到三元及三元以上函数上. 特别地,对于区域 $\Omega\subset\mathbf{R}^3$ 中处处可微的三元函数 $u=u(x,y,z)$,它的全微分公式为

$$du=\frac{\partial u}{\partial x}dx+\frac{\partial u}{\partial y}dy+\frac{\partial u}{\partial z}dz.$$

例 14 求函数 $u=\left(\dfrac{y}{x}\right)^z$ 在点 $(1,2,-1)$ 处的全微分.

解 该函数的偏导数为

$$\frac{\partial u}{\partial x}=z\left(\frac{y}{x}\right)^{z-1}\left(-\frac{y}{x^2}\right),\quad \frac{\partial u}{\partial y}=z\left(\frac{y}{x}\right)^{z-1}\frac{1}{x},$$

$$\frac{\partial u}{\partial z}=\left(\frac{y}{x}\right)^z\ln\frac{y}{x},$$

它们在点 $(1,2,-1)$ 的某个邻域内都连续,故该函数在点 $(1,2,-1)$ 处可微. 另外,有

$$\left.\frac{\partial u}{\partial x}\right|_{(1,2,-1)}=\frac{1}{2},\quad \left.\frac{\partial u}{\partial y}\right|_{(1,2,-1)}=-\frac{1}{4},\quad \left.\frac{\partial u}{\partial z}\right|_{(1,2,-1)}=\frac{1}{2}\ln 2,$$

所以我们得到

$$du\big|_{(1,2,-1)}=\frac{1}{2}dx-\frac{1}{4}dy+\frac{1}{2}\ln 2dz.$$

习 题 6.4

1. 求下列函数的一阶偏导数：

(1) $z=\ln(x+\sqrt{x^2+y^2})$；

(2) $z=\dfrac{x}{\sqrt{x^2+y^2}}$；

(3) $z=x^{xy}$；

(4) $z=\dfrac{xy}{x-y}$；

(5) $z=\arcsin(x\sqrt{y})$；

(6) $z=xe^{-xy}$；

(7) $u=\dfrac{y}{x}+\dfrac{z}{y}-\dfrac{x}{z}$；

(8) $u=(xy)^z$.

2. 求下列函数在指定点处的偏导数：

(1) $z=\dfrac{x\cos(y-1)-(y-1)\cos x}{1+\sin x+\sin(y-1)}$，求 $\left.\dfrac{\partial z}{\partial x}\right|_{(0,1)}$ 及 $\left.\dfrac{\partial z}{\partial y}\right|_{(0,1)}$；

(2) $z=\dfrac{2y}{y+\cos x}$，求 $\left.\dfrac{\partial z}{\partial x}\right|_{\left(\frac{\pi}{2},1\right)}$ 及 $\left.\dfrac{\partial z}{\partial y}\right|_{\left(\frac{\pi}{2},1\right)}$；

(3) $f(x,y,z)=\ln(xy+z)$，求 $f_x(2,1,0)$，$f_y(2,1,0)$ 及 $f_z(2,1,0)$.

3. 证明：函数

$$f(x,y)=\begin{cases}\dfrac{x^2+y^2}{|x|+|y|}, & (x,y)\neq(0,0),\\ 0, & (x,y)=(0,0)\end{cases}$$

在点(0,0)处连续，但 $f_x(0,0)$ 不存在.

4. 设函数 $z=\sqrt{x}\sin\dfrac{y}{x}$，证明：

$$x\frac{\partial z}{\partial x}+y\frac{\partial z}{\partial y}=\frac{z}{2}.$$

5. 求下列函数的二阶混合偏导数 f_{xy}：

(1) $f(x,y)=\ln(2x+3y)$；

(2) $f(x,y)=y\sin x+e^x$；

(3) $f(x,y)=x+xy^2+4x^3-\ln(x^2+1)$；

(4) $f(x,y)=x\ln xy$.

6. 设函数 $u=e^{-3y}\cos 3x$，证明：u 满足平面拉普拉斯方程

$$\Delta u\equiv\frac{\partial^2 u}{\partial x^2}+\frac{\partial^2 u}{\partial y^2}=0.$$

7. 证明：函数

$$u(x,t)=e^{x+ct}+4\cos(3x+3ct)$$

满足波动方程

$$\frac{\partial^2 u}{\partial t^2}=c^2\frac{\partial^2 u}{\partial x^2},$$

其中 c 为非零常数.

8. 设函数 $u=u(x,y)$ 及 $v=v(x,y)$ 在区域 D 内有连续的二阶偏导数,且满足方程组

$$\frac{\partial u}{\partial x}=\frac{\partial v}{\partial y},\quad \frac{\partial u}{\partial y}=-\frac{\partial v}{\partial x}.$$

证明:$u(x,y)$ 及 $v(x,y)$ 在 D 内满足拉普拉斯方程

$$\Delta u=0,\quad \Delta v=0,$$

其中 $\Delta=\frac{\partial^2}{\partial x^2}+\frac{\partial^2}{\partial y^2}$.

9. 已知函数 $z(x,y)$ 满足

$$\frac{\partial z}{\partial x}=-\sin y+\frac{1}{1-xy}\quad 及\quad z(0,y)=2\sin y+y^2,$$

试求 $z(x,y)$ 的表达式.

10. 求下列函数的全微分:

(1) $z=\mathrm{e}^{\frac{y}{x}}$;　　(2) $z=\frac{x+y}{x-y}$;

(3) $z=\arctan\frac{y}{x}+\arctan\frac{x}{y}$;　　(4) $u=\sqrt{x^2+y^2+z^2}$.

11. 已知函数 $z=f(x,y)$ 的全微分为

$$\mathrm{d}z=(4x^3+10xy^3-3y^4)\mathrm{d}x+(15x^2y^2-12xy^3+5y^4)\mathrm{d}y,$$

求 $f(x,y)$ 的表达式.

12. 设函数 $z=z(x,y)$ 的全微分为

$$\mathrm{d}z=\left(x-\frac{y}{x^2+y^2}\right)\mathrm{d}x+\left(y+\frac{x}{x^2+y^2}\right)\mathrm{d}y,$$

求 $z(x,y)$ 的表达式.

13. 设函数 $z=f(x,y)$ 在区域 D:$(x-x_0)^2+(y-y_0)^2<R^2$ 内满足

$$\frac{\partial f}{\partial x}=0,\quad \frac{\partial f}{\partial y}=0.$$

证明:$z=f(x,y)$ 在区域 D 内恒等于常数.

14. 证明:函数 $f(x,y)=\sqrt{|xy|}$ 在点(0,0)处连续,$f_x(0,0)$,$f_y(0,0)$ 存在,但 $f(x,y)$ 在点(0,0)处不可微.

15. 设 $P(x,y)\mathrm{d}x+Q(x,y)\mathrm{d}y$ 在区域 D 内是某个函数 $u(x,y)$ 的全微分,且 $P(x,y),Q(x,y)\in C^1(D)$,证明:

$$\frac{\partial P}{\partial y}=\frac{\partial Q}{\partial x}.$$

16. 设函数

$$f(x,y)=\begin{cases}\dfrac{(x^2-y^2)xy}{x^2+y^2}, & (x,y)\neq(0,0),\\ 0, & (x,y)=(0,0).\end{cases}$$

(1) 计算 $f_x(0,y)$ $(y\neq0)$；

(2) 根据偏导数的定义证明：$f_x(0,0)=0$；

(3) 在上述结果的基础上证明：$f_{xy}(0,0)=-1$；

(4) 重复上述步骤于 $f_y(x,0)$，并证明：$f_{yx}(0,0)=1$.

注：此题表明二阶混合偏导数可以不相等.

17. 设函数 $z=x\ln(xy)$，求 $\dfrac{\partial^3 z}{\partial x^3}$ 及 $\dfrac{\partial^3 z}{\partial x\partial y^2}$.

§5 复合函数微分法·一阶全微分的形式不变性与高阶微分

1. 复合函数微分法

在讨论多元复合函数的极限时，我们已经知道多元函数的复合有多种多样的形式. 现在我们仅就一种较典型的复合形式，给出求偏导数的公式，其他情况可以类推得到结果.

定理 1 设函数 $u=\varphi(x,y)$ 和 $v=\psi(x,y)$ 在点 (x,y) 处关于 x 与 y 的偏导数存在，又设函数 $z=f(u,v)$ 在相应的点 (u,v) 处关于 u 与 v 的偏导数存在且连续，则复合函数 $z=f(\varphi(x,y),\psi(x,y))$ 在点 (x,y) 处关于 x 与 y 的偏导数也存在，并且有公式

$$\frac{\partial z}{\partial x}=\frac{\partial f}{\partial u}\cdot\frac{\partial u}{\partial x}+\frac{\partial f}{\partial v}\cdot\frac{\partial v}{\partial x},$$

$$\frac{\partial z}{\partial y}=\frac{\partial f}{\partial u}\cdot\frac{\partial u}{\partial y}+\frac{\partial f}{\partial v}\cdot\frac{\partial v}{\partial y}.$$

这两个公式称为求复合函数偏导数的**链规则或锁链法则**.

证[①] 设 (x,y) 为给定的点，(u,v) 为其相应的点，即 $u=\varphi(x,y)$，$v=\psi(x,y)$. 由于 $z=f(u,v)$ 在点 (u,v) 处可微，故

$$\Delta z=\frac{\partial f}{\partial u}\Delta u+\frac{\partial f}{\partial v}\Delta v+\alpha\sqrt{(\Delta u)^2+(\Delta v)^2},\tag{6.2}$$

其中 $\alpha=\alpha(\Delta u,\Delta v)\to0$ $(\Delta u\to0,\Delta v\to0)$. 上述关系对于一切可能的增量 Δu 及 Δv 均成立，特别地，对于由 Δx 引起的增量

① 此处证明可以不在课堂上讲授，将重点放在链规则的使用上.

$$\Delta u = \varphi(x+\Delta x, y) - \varphi(x, y),$$
$$\Delta v = \psi(x+\Delta x, y) - \psi(x, y)$$

也是成立的(这种增量称为**偏增量**). 当 Δu 与 Δv 是这种偏增量时,它们作为 Δx 的函数满足 $\Delta u \to 0, \Delta v \to 0\ (\Delta x \to 0)$,从而 $\alpha(\Delta u, \Delta v) \to 0 (\Delta x \to 0)$. 而且,这时

$$\begin{aligned}\Delta z &= f(u+\Delta u, v+\Delta v) - f(u, v) \\ &= f(\varphi(x+\Delta x, y), \psi(x+\Delta x, y)) - f(\varphi(x, y), \psi(x, y))\end{aligned}$$

恰好是复合函数 $f(\varphi(x,y),\psi(x,y))$ 由 Δx 引起的偏增量. 因此,如果极限 $\lim\limits_{\Delta x \to 0} \dfrac{\Delta z}{\Delta x}$ 存在,则它必是该复合函数关于 x 的偏导数 $\dfrac{\partial z}{\partial x}$.

另外,由(6.2)式可得

$$\frac{\Delta z}{\Delta x} = \frac{\partial f}{\partial u} \cdot \frac{\Delta u}{\Delta x} + \frac{\partial f}{\partial v} \cdot \frac{\Delta v}{\Delta x} + \alpha \frac{\sqrt{(\Delta u)^2 + (\Delta v)^2}}{\Delta x},$$

并且当 $\Delta x \to 0$ 时,有

$$\frac{\Delta u}{\Delta x} \to \frac{\partial u}{\partial x}, \quad \frac{\Delta v}{\Delta x} \to \frac{\partial v}{\partial x}.$$

所以,为了证明链规则中的第一个公式,只要证明 $\alpha \dfrac{\sqrt{(\Delta u)^2+(\Delta v)^2}}{\Delta x} \to 0$ $(\Delta x \to 0)$即可. 事实上,其绝对值满足

$$\left| \alpha \frac{\sqrt{(\Delta u)^2 + (\Delta v)^2}}{\Delta x} \right| \to 0 \cdot \sqrt{\left(\frac{\partial u}{\partial x}\right)^2 + \left(\frac{\partial v}{\partial x}\right)^2} = 0 \quad (\Delta x \to 0),$$

故其本身当 $\Delta x \to 0$ 时也趋向于零.

总之,我们证明了

$$\frac{\partial z}{\partial x} = \frac{\partial f}{\partial u} \cdot \frac{\partial u}{\partial x} + \frac{\partial f}{\partial v} \cdot \frac{\partial v}{\partial x}.$$

考虑 Δy 引起的 u, v 及 z 的偏增量,通过与上面类似的讨论可以证明

$$\frac{\partial z}{\partial y} = \frac{\partial f}{\partial u} \cdot \frac{\partial u}{\partial y} + \frac{\partial f}{\partial v} \cdot \frac{\partial v}{\partial y}.$$

证毕.

为了便于大家记忆链规则中的两个公式,我们用图 6.8 表示在链规则中变量之间的关系.

在许多问题中,常常需要引入变量替换. 链规则的意义在于告诉我们如何在变量替换后计算偏导数.

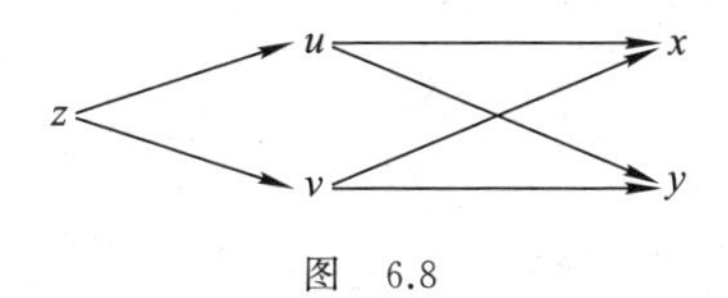

图 6.8

在使用链规则时,在不致混淆的条件下,$\dfrac{\partial f}{\partial u}$ 及 $\dfrac{\partial f}{\partial v}$ 也可以分别用 $\dfrac{\partial z}{\partial u}$ 及 $\dfrac{\partial z}{\partial v}$ 表示.

例 1 设函数 $z=e^{xy}\sin(x+y)$,求 $\dfrac{\partial z}{\partial x}$ 及 $\dfrac{\partial z}{\partial y}$.

解 令 $u=xy, v=x+y$,这时 $z=e^u\sin v$. 根据链规则,我们有

$$\begin{aligned}\frac{\partial z}{\partial x}&=\frac{\partial z}{\partial u}\cdot\frac{\partial u}{\partial x}+\frac{\partial z}{\partial v}\cdot\frac{\partial v}{\partial x}=e^u\sin v\cdot y+e^u\cos v\cdot 1\\&=e^{xy}(y\sin(x+y)+\cos(x+y)),\\\frac{\partial z}{\partial y}&=\frac{\partial z}{\partial u}\cdot\frac{\partial u}{\partial y}+\frac{\partial z}{\partial v}\cdot\frac{\partial v}{\partial y}=e^u\sin v\cdot x+e^u\cos v\cdot 1\\&=e^{xy}(x\sin(x+y)+\cos(x+y)).\end{aligned}$$

例 2 设函数 $z=f(u,v)=v\ln u$,其中 $u=x^2+y^2, v=\dfrac{y}{x}$,求 $\dfrac{\partial z}{\partial x}$ 及 $\dfrac{\partial z}{\partial y}$.

解 根据链规则,我们有

$$\begin{aligned}\frac{\partial z}{\partial x}&=\frac{v}{u}\cdot 2x-\ln u\cdot\frac{y}{x^2}\\&=\frac{2y}{(x^2+y^2)}-\frac{y}{x^2}\ln(x^2+y^2),\\\frac{\partial z}{\partial y}&=\frac{v}{u}\cdot 2y+\ln u\cdot\frac{1}{x}\\&=\frac{2y^2}{x(x^2+y^2)}+\frac{1}{x}\ln(x^2+y^2).\end{aligned}$$

例 3 设函数 $z=f(x,y)$有连续的一阶偏导数,且 $x=r\cos\theta, y=r\sin\theta$,求 $\dfrac{\partial z}{\partial r}$ 及 $\dfrac{\partial z}{\partial \theta}$,并证明:

$$\left(\frac{\partial z}{\partial r}\right)^2+\frac{1}{r^2}\left(\frac{\partial z}{\partial \theta}\right)^2=\left(\frac{\partial z}{\partial x}\right)^2+\left(\frac{\partial z}{\partial y}\right)^2.$$

解　由链规则,我们得到

$$\frac{\partial z}{\partial r}=\frac{\partial z}{\partial x}\cdot\frac{\partial x}{\partial r}+\frac{\partial z}{\partial y}\cdot\frac{\partial y}{\partial r}=\cos\theta\frac{\partial z}{\partial x}+\sin\theta\frac{\partial z}{\partial y},$$

$$\frac{\partial z}{\partial \theta}=\frac{\partial z}{\partial x}\cdot\frac{\partial x}{\partial \theta}+\frac{\partial z}{\partial y}\cdot\frac{\partial y}{\partial \theta}=-r\sin\theta\frac{\partial z}{\partial x}+r\cos\theta\frac{\partial z}{\partial y},$$

所以

$$\begin{aligned}\left(\frac{\partial z}{\partial r}\right)^2+\left(\frac{1}{r}\cdot\frac{\partial z}{\partial \theta}\right)^2&=\left(\cos\theta\frac{\partial z}{\partial x}+\sin\theta\frac{\partial z}{\partial y}\right)^2\\&\quad+\left(-\sin\theta\frac{\partial z}{\partial x}+\cos\theta\frac{\partial z}{\partial y}\right)^2\\&=\left(\frac{\partial z}{\partial x}\right)^2+\left(\frac{\partial z}{\partial y}\right)^2.\end{aligned}$$

在上述讨论中,中间变量 u,v 及自变量 x,y 的个数都是两个. 其实,链规则不限于这种情况. 比如,

$$z=f(u,v),\quad u=\varphi(x),\quad v=\psi(x);$$

又如,中间变量的个数可以是三个,而自变量的个数是两个,即

$$z=f(u,v,w),\quad u=u(x,y),\quad v=v(x,y),\quad w=w(x,y).$$

诸如此类,有各种可能性,链规则也随之有各种相应的形式.

对于 $z=f(u,v)$,而 u 及 v 均是 x 的函数的情况,复合函数 $z=f(\varphi(x),\psi(x))$是 x 的一元函数. 这时,链规则是

$$\frac{\mathrm{d}z}{\mathrm{d}x}=\frac{\partial f}{\partial u}\cdot\frac{\mathrm{d}u}{\mathrm{d}x}+\frac{\partial f}{\partial v}\cdot\frac{\mathrm{d}v}{\mathrm{d}x}=\frac{\partial f}{\partial u}\varphi'(x)+\frac{\partial f}{\partial v}\psi'(x).$$

这个公式成立的条件是 $f(u,v)$可微,而 $\varphi'(x)$及 $\psi'(x)$存在. 至于 $z=f(u,v,w)$,而 u,v 及 w 均是(x,y)的函数的情况,链规则就变成

$$\frac{\partial z}{\partial x}=\frac{\partial f}{\partial u}\cdot\frac{\partial u}{\partial x}+\frac{\partial f}{\partial v}\cdot\frac{\partial v}{\partial x}+\frac{\partial f}{\partial w}\cdot\frac{\partial w}{\partial x},$$

$$\frac{\partial z}{\partial y}=\frac{\partial f}{\partial u}\cdot\frac{\partial u}{\partial y}+\frac{\partial f}{\partial v}\cdot\frac{\partial v}{\partial y}+\frac{\partial f}{\partial w}\cdot\frac{\partial w}{\partial y}.$$

可用图解的方式表示这种链规则中变量之间的关系,如图 6.9 所示. 同样,

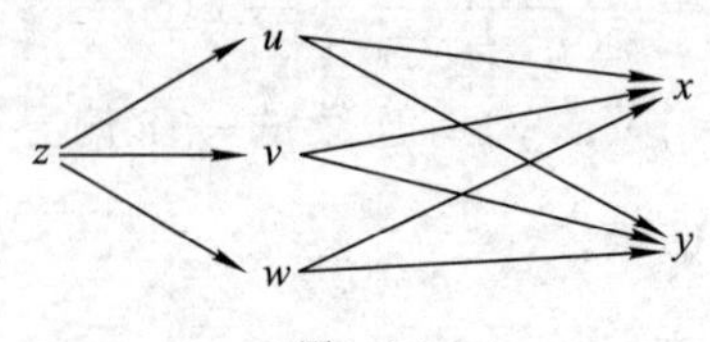

图　6.9

使用这种链规则要求 $f(u,v,w)$ 的可微性以及中间变量(作为自变量的函数)的偏导数的存在性.

读者很容易把链规则推广到任意多个中间变量以及任意多个自变量的情况. 一般来说,若一个复合函数

$$z=f(u_1(x_1,\cdots,x_n),u_2(x_1,\cdots,x_n),\cdots,u_m(x_1,\cdots,x_n))$$

有 m 个中间变量,n 个自变量,则这个函数就有 n 个一阶偏导数,且每个一阶偏导数为 m 项之和.

例 4 设函数 $z=uv+vw+uw$,其中 $u=x^2,v=1-x^2,w=1-x$,求 $\dfrac{\mathrm{d}z}{\mathrm{d}x}$.

解 根据链规则,我们有

$$\begin{aligned}\frac{\mathrm{d}z}{\mathrm{d}x}&=(v+w)\cdot 2x+(u+w)\cdot(-2x)+(v+u)\cdot(-1)\\&=-4x^3+2x-1.\end{aligned}$$

例 5 设函数 $u=\phi(x)$ 及 $v=\psi(x)$ 在区间 (α,β) 内可微,且 $\phi(x)$, $\psi(x)>0$,求 $\dfrac{\mathrm{d}}{\mathrm{d}x}\phi(x)^{\psi(x)}$.

解 设 $f(u,v)=u^v(u,v>0)$,则

$$f_u(u,v)=vu^{v-1},\quad f_v(u,v)=u^v\ln u.$$

由于 $\phi(x)^{\psi(x)}=f(\phi(x),\psi(x))$,所以根据链规则可得

$$\begin{aligned}\frac{\mathrm{d}}{\mathrm{d}x}\phi(x)^{\psi(x)}&=vu^{v-1}\phi'(x)+u^v\ln u\cdot\psi'(x)\\&=\psi(x)\phi(x)^{\psi(x)-1}\phi'(x)+\phi(x)^{\psi(x)}\ln\phi(x)\cdot\psi'(x).\end{aligned}$$

按照一元复合函数的求导方法,则可先将 $\phi(x)^{\psi(x)}$ 写成 $\mathrm{e}^{\psi(x)\ln\phi(x)}$,再求导数. 这种方法所得结果与上例是一致的.

例 6 设函数 $z=f(u,v,w)$,其中 $u=\mathrm{e}^x,v=xy,w=y\sin x$,求 $\dfrac{\partial z}{\partial x}$ 及 $\dfrac{\partial z}{\partial y}$.

解 根据链规则,我们有

$$\frac{\partial z}{\partial x}=\frac{\partial f}{\partial u}\mathrm{e}^x+\frac{\partial f}{\partial v}y+\frac{\partial f}{\partial w}y\cos x,$$

$$\frac{\partial z}{\partial y}=\frac{\partial f}{\partial u}\cdot 0+\frac{\partial f}{\partial v}x+\frac{\partial f}{\partial w}\sin x=\frac{\partial f}{\partial v}x+\frac{\partial f}{\partial w}\sin x.$$

还有一种情况也值得提及：$z=f(x,y,w)$，而 w 又是 (x,y) 的函数，即 $w=w(x,y)$. 这里 x,y 既是中间变量，又是自变量. 在求复合函数

$$z=f(x,y,w(x,y))$$

作为 (x,y) 的函数的偏导数时，仍然可用链规则，即

$$\frac{\partial z}{\partial x}=\frac{\partial f}{\partial x}\cdot 1+\frac{\partial f}{\partial y}\cdot 0+\frac{\partial f}{\partial w}\cdot\frac{\partial w}{\partial x}=\frac{\partial f}{\partial x}+\frac{\partial f}{\partial w}\cdot\frac{\partial w}{\partial x},$$

$$\frac{\partial z}{\partial y}=\frac{\partial f}{\partial x}\cdot 0+\frac{\partial f}{\partial y}\cdot 1+\frac{\partial f}{\partial w}\cdot\frac{\partial w}{\partial y}=\frac{\partial f}{\partial y}+\frac{\partial f}{\partial w}\cdot\frac{\partial w}{\partial y}.$$

这里应当指出：$\frac{\partial f}{\partial x}$ 及 $\frac{\partial f}{\partial y}$ 是指 f 作为 (x,y,w) 的函数时的偏导数，即 f 分别关于其第一个变量 x 及第二个变量 y 的偏导数，而 $\frac{\partial z}{\partial x}$ 及 $\frac{\partial z}{\partial y}$ 则是复合函数 $z=f(x,y,w(x,y))$ 分别关于自变量 x 及 y 的偏导数. 在这种情况下，$\frac{\partial z}{\partial x}$ 就不能再写成 $\frac{\partial f}{\partial x}$，否则会引起混淆.

例 7 设函数 $z=f(x,y,w)$ 在 $\mathbf{R}^3$ 中有连续的一阶偏导数，求复合函数 $z=f(x,y,x^2y)$ 的偏导数 $\frac{\partial z}{\partial x}$ 及 $\frac{\partial z}{\partial y}$.

解 令 $w=x^2y$，则

$$\frac{\partial z}{\partial x}=\frac{\partial f}{\partial x}+\frac{\partial f}{\partial w}\cdot 2xy,$$

$$\frac{\partial z}{\partial y}=\frac{\partial f}{\partial y}+\frac{\partial f}{\partial w}x^2.$$

在有些书中约定用 f_1',f_2',f_3' 分别表示 f 关于其第一、二、三个变量的偏导数；用 f_{12}'' 表示先对其第一个变量求偏导数，然后对其第二个变量求偏导数；以此类推. 这种约定有其方便之处，特别是在题目中没有给出 f 的变量名称的时候，例如 $z=f(x^2,xy,x^2+y^2)$，这时

$$\frac{\partial z}{\partial x}=f_1'\cdot 2x+f_2'\cdot y+f_3'\cdot 2x=2x(f_1'+f_3')+yf_2',$$

$$\frac{\partial z}{\partial y}=f_1'\cdot 0+f_2'\cdot x+f_3'\cdot 2y=xf_2'+2yf_3'.$$

2. 一阶全微分的形式不变性

与一元函数的一阶微分的形式不变性类似，多元函数也有一阶全微分的形式不变性.

定理 2 设函数 $z=f(u,v)$，$u=u(x,y)$，$v=v(x,y)$ 都有连续的一阶偏导数，则复合函数

$$z=f(u(x,y),v(x,y))$$

在点 (x,y) 处的全微分仍可表示为

$$\mathrm{d}z=f_u\mathrm{d}u+f_v\mathrm{d}v.$$

证 由所给条件及链规则可知，复合函数 $z=f(u(x,y),v(x,y))$ 在点 (x,y) 处有连续的一阶偏导数，因而在点 (x,y) 处可微，并且有

$$\begin{aligned}
\mathrm{d}z&=\frac{\partial z}{\partial x}\mathrm{d}x+\frac{\partial z}{\partial y}\mathrm{d}y\\
&=\left(f_u\frac{\partial u}{\partial x}+f_v\frac{\partial v}{\partial x}\right)\mathrm{d}x+\left(f_u\frac{\partial u}{\partial y}+f_v\frac{\partial v}{\partial y}\right)\mathrm{d}y\\
&=f_u\left(\frac{\partial u}{\partial x}\mathrm{d}x+\frac{\partial u}{\partial y}\mathrm{d}y\right)+f_v\left(\frac{\partial v}{\partial x}\mathrm{d}x+\frac{\partial v}{\partial y}\mathrm{d}y\right)\\
&=f_u\mathrm{d}u+f_v\mathrm{d}v.
\end{aligned}$$

证毕.

我们已经知道，当 u,v 是自变量时，函数 $z=f(u,v)$ 的全微分为

$$\mathrm{d}z=f_u\mathrm{d}u+f_v\mathrm{d}v.$$

所以，定理 2 表明，不论 u,v 是中间变量，还是自变量，全微分 $\mathrm{d}z$ 都可表示成相同的形式. 这就是所谓的**一阶全微分的形式不变性**.

作为一阶全微分的形式不变性的应用，我们给出下列公式：

(1) $\mathrm{d}(u\pm v)=\mathrm{d}u\pm\mathrm{d}v$；

(2) $\mathrm{d}(cu)=c\,\mathrm{d}u$（$c$ 为常数）；

(3) $\mathrm{d}(uv)=v\mathrm{d}u+u\mathrm{d}v$；

(4) $\mathrm{d}\left(\dfrac{u}{v}\right)=\dfrac{v\mathrm{d}u-u\mathrm{d}v}{v^2}$ $(v\neq0)$；

(5) $\mathrm{d}(f(u))=f'(u)\mathrm{d}u$，

其中 u,v 是 (x,y) 的可微函数，f 是一元可微函数.

这些公式的证明是容易的. 事实上，分别令 $z=F(u,v)=u\pm v,cu,uv,\dfrac{u}{v}$ 或 $f(u)$，立即推出 u,v 为自变量时上述公式成立. 再根据一阶全微分的形式不变性，它们对 u,v 是可微函数的情况也成立.

一阶全微分的形式不变性及上述全微分公式为全微分的计算提供了一种新途径.

例 8 设函数 $u=\sin(x^2+y^2)+\mathrm{e}^{xz}$，求该函数在点 $(1,0,1)$ 处的全微

分 $\mathrm{d}u$.

解　由一阶全微分的形式不变性,我们有

$$\begin{aligned}\mathrm{d}u &= \cos(x^2+y^2)\mathrm{d}(x^2+y^2)+\mathrm{e}^{xz}\mathrm{d}(xz)\\ &= \cos(x^2+y^2)(2x\mathrm{d}x+2y\mathrm{d}y)+\mathrm{e}^{xz}(z\mathrm{d}x+x\mathrm{d}z).\end{aligned}$$

将 $x=1,y=0,z=1$ 代入上式,我们得到

$$\begin{aligned}\mathrm{d}u &= \cos 1\cdot 2\mathrm{d}x+\mathrm{e}(\mathrm{d}x+\mathrm{d}z)\\ &= (2\cos 1+\mathrm{e})\mathrm{d}x+\mathrm{e}\mathrm{d}z.\end{aligned}$$

3. 高阶微分

函数 $f(x,y)$的全微分

$$\mathrm{d}f=f_x(x,y)\mathrm{d}x+f_y(x,y)\mathrm{d}y$$

当(x,y)变动时是(x,y)与 $\mathrm{d}x,\mathrm{d}y$ 的函数,而当 $\mathrm{d}x$ 与 $\mathrm{d}y$ 固定时便是(x,y)的函数,因此当 $f_x(x,y),f_y(x,y)$都可微时,又可以对它求全微分:

$$\begin{aligned}\mathrm{d}(\mathrm{d}f) &= \frac{\partial}{\partial x}(f_x(x,y)\mathrm{d}x+f_y(x,y)\mathrm{d}y)\mathrm{d}x\\ &\quad+\frac{\partial}{\partial y}(f_x(x,y)\mathrm{d}x+f_y(x,y)\mathrm{d}y)\mathrm{d}y\\ &= f_{xx}(x,y)\mathrm{d}x^2+f_{yx}(x,y)\mathrm{d}y\mathrm{d}x\\ &\quad+f_{xy}(x,y)\mathrm{d}x\mathrm{d}y+f_{yy}(x,y)\mathrm{d}y^2,\end{aligned}$$

这里 $\mathrm{d}x^2=(\mathrm{d}x)^2,\mathrm{d}y^2=(\mathrm{d}y)^2$,这是大家通用的习惯记法. 要注意 $\mathrm{d}x^2$ 不是 x^2 的微分,$\mathrm{d}y^2$ 也不是 y^2 的微分. $\mathrm{d}(\mathrm{d}f)$称作 $f(x,y)$的**二阶微分**,记作 d^2f.

如果 $f(x,y)$的二阶混合偏导数连续,则 $f_{xy}(x,y)=f_{yx}(x,y)$. 于是,在 $f(x,y)$的二阶偏导数连续的条件下,我们有如下公式:

$$\mathrm{d}^2f=f_{xx}(x,y)\mathrm{d}x^2+2f_{xy}(x,y)\mathrm{d}x\mathrm{d}y+f_{yy}(x,y)\mathrm{d}y^2.$$

观察上式发现,可以将 d^2f 写成

$$\mathrm{d}^2f=\left(\mathrm{d}x\frac{\partial}{\partial x}+\mathrm{d}y\frac{\partial}{\partial y}\right)^2f,$$

这里$\left(\mathrm{d}x\dfrac{\partial}{\partial x}+\mathrm{d}y\dfrac{\partial}{\partial y}\right)^2$ 可按照牛顿二项展开式展开为

$$\mathrm{d}x^2\frac{\partial^2}{\partial x^2}+2\mathrm{d}x\mathrm{d}y\frac{\partial^2}{\partial x\partial y}+\mathrm{d}y^2\frac{\partial^2}{\partial y^2}.$$

把这个算子作用于 $f(x,y)$ 就等于 $\mathrm{d}^2 f$.

同理,若 $\mathrm{d}^2 f$ 作为 (x,y) 的函数可微,则 $\mathrm{d}^2 f$ 的微分 $\mathrm{d}(\mathrm{d}^2 f)$ 便是 $f(x,y)$ 的**三阶微分**,记作 $\mathrm{d}^3 f$. 不难验证

$$\mathrm{d}^3 f=\left(\mathrm{d}x\frac{\partial}{\partial x}+\mathrm{d}y\frac{\partial}{\partial y}\right)^3 f.$$

一般地,当 $f(x,y)\in C^n(D)$ 时,$f(x,y)$ 在区域 D 内的 n 阶微分为

$$\mathrm{d}^n f=\left(\mathrm{d}x\frac{\partial}{\partial x}+\mathrm{d}y\frac{\partial}{\partial y}\right)^n f.$$

二阶及二阶以上微分称为**高阶微分**. 高阶微分的上述公式只对 x,y 作为自变量成立,高阶微分不具有形式不变性. 这一点与一元函数的情况是一致的.

高阶微分的概念将在多元函数的泰勒公式中得到应用.

例 9 设函数 $f(x,y)=\mathrm{e}^x y^2$,求 $\mathrm{d}^3 f$.

解 根据高阶微分公式,我们有

$$\begin{aligned}\mathrm{d}^3 f&=\left(\mathrm{d}x\frac{\partial}{\partial x}+\mathrm{d}y\frac{\partial}{\partial y}\right)^3 f\\&=\frac{\partial^3 f}{\partial x^3}\mathrm{d}x^3+3\frac{\partial^3 f}{\partial x^2\partial y}\mathrm{d}x^2\mathrm{d}y+3\frac{\partial^3 f}{\partial x\partial y^2}\mathrm{d}x\mathrm{d}y^2+\frac{\partial^3 f}{\partial y^3}\mathrm{d}y^3.\end{aligned}$$

注意到

$$\frac{\partial^3 f}{\partial x^3}=\mathrm{e}^x y^2,\quad \frac{\partial^3 f}{\partial x^2\partial y}=2\mathrm{e}^x y,\quad \frac{\partial^3 f}{\partial x\partial y^2}=2\mathrm{e}^x,\quad \frac{\partial^3 f}{\partial y^3}=0,$$

所以

$$\mathrm{d}^3 f=\mathrm{e}^x y^2\mathrm{d}x^3+6\mathrm{e}^x y\mathrm{d}x^2\mathrm{d}y+6\mathrm{e}^x\mathrm{d}x\mathrm{d}y^2.$$

例 10 设函数 $f(x,y,z)=xy^2+z^3-xyz$,求 $\mathrm{d}^2 f$.

解 先求出所有一阶偏导数和二阶偏导数:

$f_x(x,y,z)=y^2-yz,\quad f_y(x,y,z)=2xy-xz,$

$f_z(x,y,z)=3z^2-xy,\quad f_{xx}(x,y,z)=0,$

$f_{xy}(x,y,z)=2y-z,\quad f_{xz}(x,y,z)=-y,\quad f_{yy}(x,y,z)=2x,$

$f_{yz}(x,y,z)=-x,\quad f_{zz}(x,y,z)=6z.$

对三元函数来说,也有类似于二元函数的高阶微分公式,于是

$$\begin{aligned}\mathrm{d}^2 f&=\left(\mathrm{d}x\frac{\partial}{\partial x}+\mathrm{d}y\frac{\partial}{\partial y}+\mathrm{d}z\frac{\partial}{\partial z}\right)^2 f\\&=f_{xx}\mathrm{d}x^2+f_{yy}\mathrm{d}y^2+f_{zz}\mathrm{d}z^2\\&\quad+2f_{xy}\mathrm{d}x\mathrm{d}y+2f_{yz}\mathrm{d}y\mathrm{d}z+2f_{xz}\mathrm{d}x\mathrm{d}z\end{aligned}$$

$$=2x\mathrm{d}y^2+6z\mathrm{d}z^2+2(2y-z)\mathrm{d}x\mathrm{d}y-2x\mathrm{d}y\mathrm{d}z-2y\mathrm{d}x\mathrm{d}z.$$

习　题　6.5

在下面的习题中，一律假定所出现的函数 f 和 F 有连续的一阶偏导数或导数.

1. 求下列复合函数的偏导数或导数：

(1) $z=\sqrt{u^2+v^2}$，其中 $u=xy, v=y^2$；

(2) $z=\dfrac{u^2}{v}$，其中 $u=ye^x, v=x\ln y$；

(3) $z=f(u,v)$，其中 $u=\sqrt{xy}, v=x+y$；

(4) $z=f\left(xy,\dfrac{x}{y}\right)$；

(5) $z=f(x^2-y^2, e^{xy})$.

2. 设函数 $u=f(x+y+z, x^2+y^2+z^2)$，求

$$\Delta u=\frac{\partial^2 u}{\partial x^2}+\frac{\partial^2 u}{\partial y^2}+\frac{\partial^2 u}{\partial z^2}.$$

3. 设函数 $u=f(\xi,\eta)$，其中 $\xi=e^x\cos y, \eta=e^x\sin y$，求 $\dfrac{\partial^2 u}{\partial x^2}$ 与 $\dfrac{\partial^2 u}{\partial y^2}$.

4. 设函数 $z=x^n f\left(\dfrac{y}{x^2}\right)$，其中函数 f 可微，证明：z 满足方程

$$x\frac{\partial z}{\partial x}+2y\frac{\partial z}{\partial y}=nz.$$

5. 设函数 $z=\dfrac{y}{F(x^2-y^2)}$，证明：

$$\frac{1}{x}\cdot\frac{\partial z}{\partial x}+\frac{1}{y}\cdot\frac{\partial z}{\partial y}=\frac{z}{y^2}.$$

6. 设函数 $u(x,y)$ 有连续的二阶偏导数且满足拉普拉斯方程

$$\frac{\partial^2 u}{\partial x^2}+\frac{\partial^2 u}{\partial y^2}=0,$$

证明：做变量替换

$$x=e^s\cos t,\quad y=e^s\sin t$$

后，u 依然满足关于 s,t 的拉普拉斯方程

$$\frac{\partial^2 u}{\partial s^2}+\frac{\partial^2 u}{\partial t^2}=0.$$

7. 验证下列各式：

(1) $y\dfrac{\partial u}{\partial x}-x\dfrac{\partial u}{\partial y}=0$，其中 $u=F(x^2+y^2)$；

(2) $\dfrac{\partial u}{\partial t}+c\dfrac{\partial u}{\partial x}=0$，其中 $u=F(x-ct)$，c 为常数.

8. 若函数 $f(x,y,z)$ 满足关系式

$$f(tx,ty,tz)=t^n f(x,y,z),$$

其中 t 为任意实数，则称 $f(x,y,z)$ 为 n **次齐次函数**. 证明：任意一个可微的 n 次齐次函数均满足方程

$$xf_x+yf_y+zf_z=nf(x,y,z).$$

9. 设函数 $f(x,y)$ 在一个平面区域 D 内有定义. 假定 D 有这样的性质，对于其中任意一点 (x_0,y_0)，D 与直线 $y=y_0$ 的交集是一个开区间. 又设 $f(x,y)$ 在 D 内有连续的一阶偏导数. 若 $f(x,y)$ 关于 x 的偏导数恒为零，即

$$\frac{\partial f}{\partial x}=0,\quad \forall (x,y)\in D,$$

证明：$f(x,y)$ 可以表示成 y 的函数，即存在一个函数 $F(y)$，使得

$$f(x,y)=F(y),\quad \forall (x,y)\in D.$$

10. 设函数 $f(x,y)$ 在全平面上有定义，有连续的一阶偏导数，并且满足方程

$$xf_x(x,y)+yf_y(x,y)=0,$$

证明：存在一个函数 $F(\theta)$，使得 $f(r\cos\theta,r\sin\theta)=F(\theta)$.

11. 设函数 $f(x,y)$ 在全平面上有定义，有连续的一阶偏导数，并且满足方程

$$yf_x(x,y)-xf_y(x,y)=0,$$

证明：存在一个函数 $G(r)$，使得 $f(r\cos\theta,r\sin\theta)=G(r)$.

§6 方向导数与梯度

1. 方向导数

我们知道，偏导数 $\frac{\partial f}{\partial x}$ 与 $\frac{\partial f}{\partial y}$ 实际上就是函数 $f(x,y)$ 沿相应的坐标轴正向的变化率. 坐标轴的正向仅是两个特殊的方向而已，有时需考虑函数沿其他方向的变化率. 这就导致方向导数概念的引入.

定义 设函数 $z=f(x,y)$ 在点 $P_0(x_0,y_0)$ 的一个邻域内有定义，又设 $\boldsymbol{l}$ 是给定的一个方向，其方向余弦为 $(\cos\alpha,\cos\beta)$. 若极限

$$\lim_{t\to 0}\frac{f(x_0+t\cos\alpha,y_0+t\cos\beta)-f(x_0,y_0)}{t}$$

存在，则称此极限值为 $z=f(x,y)$ 在点 P_0 处沿方向 $\boldsymbol{l}$ 的**方向导数**，记作

$$\left.\frac{\partial z}{\partial \boldsymbol{l}}\right|_{(x_0,y_0)}\quad \left.\frac{\partial f}{\partial \boldsymbol{l}}\right|_{(x_0,y_0)}\quad \left.\frac{\partial z}{\partial \boldsymbol{l}}\right|_{P_0}\quad 或\quad \left.\frac{\partial f}{\partial \boldsymbol{l}}\right|_{P_0}.$$

下面我们对方向导数的意义做进一步解释.

过点 $P_0(x_0,y_0)$ 沿给定的方向 $\boldsymbol{l}$ 作一条直线 L，则直线 L 的参数方程为

$$\begin{cases} x=x_0+t\cos\alpha, \\ y=y_0+t\cos\beta \end{cases} \quad (-\infty<t<+\infty),$$

其中 t 为参数. 对于任意的 t，相应的点 $(x_0+t\cos\alpha, y_0+t\cos\beta)$ 记为 P_t，那么上述定义中的极限便可写成

$$\lim_{t\to 0}\frac{f(P_t)-f(P_0)}{t}.$$

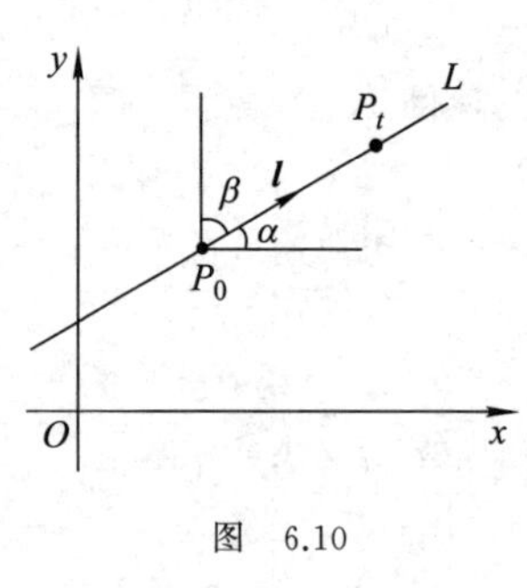

图　6.10

另外，我们应该注意到 t 实际上是点 P_0 到点 P_t 的有向距离：当 $\overrightarrow{P_0P_t}$ 的方向与方向 $\boldsymbol{l}$ 一致时，$t>0$，并且点 P_0 到点 P_t 的距离就是 t；而当 $\overrightarrow{P_0P_t}$ 的方向与方向 $\boldsymbol{l}$ 相反时，$t<0$，并且点 P_0 到点 P_t 的距离是 $-t$（见图 6.10).

总之，我们看到上述定义中的极限实际上就是函数 $z=f(x,y)$ 沿给定的方向 $\boldsymbol{l}$ 的变化率.

方向导数是偏导数概念的推广. 当 $\alpha=0,\beta=\dfrac{\pi}{2}$ 时，$\dfrac{\partial f}{\partial \boldsymbol{l}}=\dfrac{\partial f}{\partial x}$；而当 $\alpha=\dfrac{\pi}{2},\beta=0$ 时，$\dfrac{\partial f}{\partial \boldsymbol{l}}=\dfrac{\partial f}{\partial y}$. 这从上述定义中看得十分清楚.

下面的定理给出了方向导数存在的一个充分条件及它的计算公式.

定理　若函数 $f(x,y)$ 在点 $P_0(x_0,y_0)$ 处可微，则 $f(x,y)$ 在该点处沿任意一个方向 $\boldsymbol{l}$ 的方向导数均存在，并且

$$\left.\frac{\partial f}{\partial \boldsymbol{l}}\right|_{P_0}=f_x(x_0,y_0)\cos\alpha+f_y(x_0,y_0)\cos\beta.$$

其中 $\cos\alpha,\cos\beta$ 为方向 $\boldsymbol{l}$ 的方向余弦.

证　在方向 $\boldsymbol{l}$ 上任取一点 $P_t(x_0+t\cos\alpha, y_0+t\sin\alpha)$. 因函数 $f(x,y)$ 在点 (x_0,y_0) 处可微，故该函数的增量可表示为

$$\begin{aligned} f(P_t)-f(P_0)&=f(x_0+t\cos\alpha, y_0+t\cos\beta)-f(x_0,y_0) \\ &=f_x(x_0,y_0)t\cos\alpha+f_y(x_0,y_0)t\cos\beta+o(\rho), \end{aligned}$$

其中 ρ 是点 P_t 与 P_0 之间的距离. 显然 $\rho=|t|$. 因此，$o(\rho)$ 等于 $o(|t|)$. 于是，我们有

$$\left.\frac{\partial f}{\partial \boldsymbol{l}}\right|_{P_0}=\lim_{t\to 0}\frac{f(x_0+t\cos\alpha,y_0+t\cos\beta)-f(x_0,y_0)}{t}$$

$$=f_x(x_0,y_0)\cos\alpha+f_y(x_0,y_0)\cos\beta.$$

证毕.

上述定理告诉我们：在函数可微的条件下，方向导数可以通过偏导数来计算.

例 1 设函数 $f(x,y)$ 在点 $P_0(2,4)$ 处可微，且

$$f_x(2,4)=-3,\quad f_y(2,4)=8.$$

求 $f(x,y)$ 在点 P_0 处沿从点 P_0 到点 $P(5,0)$ 方向的方向导数.

解 因为 $\overrightarrow{P_0P}=(3,-4)$，所以 $\overrightarrow{P_0P}$ 的方向余弦为

$$\cos\alpha=\frac{3}{5},\quad \cos\beta=-\frac{4}{5}.$$

根据上述定理，$f(x,y)$ 在点 P_0 处沿从点 P_0 到点 P 方向，即方向 $\boldsymbol{l}=\overrightarrow{P_0P}$ 的方向导数为

$$\left.\frac{\partial f}{\partial \boldsymbol{l}}\right|_{(2,4)}=f_x(2,4)\cos\alpha+f_y(2,4)\cos\beta$$

$$=(-3)\times\frac{3}{5}+8\times\left(-\frac{4}{5}\right)=-\frac{41}{5}.$$

例 2 求函数 $f(x,y)=x^3y$ 在点 $P_0(1,2)$ 处沿从点 P_0 到点 $P(1+\sqrt{3},3)$ 方向的方向导数.

解 首先，计算 $f(x,y)$ 在点 P_0 处的偏导数：

$$\left.\frac{\partial f}{\partial x}\right|_{(1,2)}=3x^2y\Big|_{(1,2)}=6,\quad \left.\frac{\partial f}{\partial y}\right|_{(1,2)}=1.$$

其次，计算从点 P_0 到点 P 方向 $\boldsymbol{l}=\overrightarrow{P_0P}$ 的方向余弦 $\cos\alpha,\cos\beta$. 因为 $\overrightarrow{P_0P}=(\sqrt{3},1)$，所以

$$(\cos\alpha,\cos\beta)=\left(\frac{\sqrt{3}}{2},\frac{1}{2}\right).$$

于是，我们得到在点 P_0 处沿方向 $\boldsymbol{l}=\overrightarrow{P_0P}$ 的方向导数为

$$\left.\frac{\partial f}{\partial \boldsymbol{l}}\right|_{(1,2)}=6\times\frac{\sqrt{3}}{2}+1\times\frac{1}{2}=3\sqrt{3}+\frac{1}{2}.$$

由上述定义或定理很容易看出：当两个方向 $\boldsymbol{l}_1$ 与 $\boldsymbol{l}_2$ 恰好相反时，函数 $f(x,y)$ 沿这两个方向的方向导数相差一个负号，即

$$\frac{\partial f}{\partial \boldsymbol{l}_1}=-\frac{\partial f}{\partial \boldsymbol{l}_2}.$$

对于三元函数 $u=f(x,y,z)$，可类似地定义它在点 $P_0(x_0,y_0,z_0)$ 处沿某一方向 $\boldsymbol{l}$ 的方向导数. 若方向 $\boldsymbol{l}$ 的方向余弦为 $\cos\alpha,\cos\beta,\cos\gamma$，并且 $f(x,y,z)$ 在点 P_0 处可微，则有计算公式

$$\left.\frac{\partial u}{\partial \boldsymbol{l}}\right|_{P_0}=f_x(x_0,y_0,z_0)\cos\alpha+f_y(x_0,y_0,z_0)\cos\beta$$
$$+f_z(x_0,y_0,z_0)\cos\gamma.$$

例 3　设函数 $u=xy+yz+zx$，又设向量 $\boldsymbol{l}$ 的坐标为(1,3,1)，求函数 u 在点(1,1,1)处沿 $\boldsymbol{l}$ 方向的方向导数 $\left.\frac{\partial u}{\partial \boldsymbol{l}}\right|_{(1,1,1)}$.

解　先求 $\boldsymbol{l}$ 的方向余弦 $\cos\alpha,\cos\beta,\cos\gamma$. 根据方向余弦的定义，有

$$(\cos\alpha,\cos\beta,\cos\gamma)=\frac{\boldsymbol{l}}{|\boldsymbol{l}|}=\left(\frac{1}{\sqrt{11}},\frac{3}{\sqrt{11}},\frac{1}{\sqrt{11}}\right).$$

这样，我们得到

$$\left.\frac{\partial u}{\partial \boldsymbol{l}}\right|_{(1,1,1)}=\left.\frac{\partial u}{\partial x}\right|_{(1,1,1)}\cos\alpha+\left.\frac{\partial u}{\partial y}\right|_{(1,1,1)}\cos\beta+\left.\frac{\partial u}{\partial z}\right|_{(1,1,1)}\cos\gamma$$
$$=2\times\frac{1}{\sqrt{11}}+2\times\frac{3}{\sqrt{11}}+2\times\frac{1}{\sqrt{11}}=\frac{10}{\sqrt{11}}.$$

2. 梯度

函数在一点处沿某一方向的方向导数，反映了函数沿该方向的变化率，方向不同，变化率一般也不同. 我们自然提出这样一个问题：在同一点处的所有方向导数中，是否有最大值？若有，沿怎样的方向取得最大值？下面来讨论这个问题.

设函数 $f(x,y)$ 在点 $P_0(x_0,y_0)$ 处有连续的一阶偏导数. 由本节中的定理我们可知，$f(x,y)$ 在点 P_0 处沿任意一个方向 $\boldsymbol{l}$ 的方向导数都存在，且可表示为

$$\left.\frac{\partial f}{\partial \boldsymbol{l}}\right|_{P_0}=f_x(x_0,y_0)\cos\alpha+f_y(x_0,y_0)\cos\beta, \tag{6.3}$$

其中 $\cos\alpha,\cos\beta$ 是方向 $\boldsymbol{l}$ 的方向余弦. 我们引入向量

$$\boldsymbol{g}=(f_x(x_0,y_0),f_y(x_0,y_0)),$$

并取方向 $\boldsymbol{l}$ 的单位向量

$$\boldsymbol{l}^0=(\cos\alpha,\cos\beta).$$

这时,(6.3)式可表示成

$$\left.\frac{\partial f}{\partial \boldsymbol{l}}\right|_{P_0}=\boldsymbol{g}\cdot\boldsymbol{l}^0.$$

这里当点 P_0 给定后 $\boldsymbol{g}$ 为一个固定向量,但 $\boldsymbol{l}^0$ 是随 $\boldsymbol{l}$ 变化而变化的.我们将上式改写为如下形式:

$$\left.\frac{\partial f}{\partial \boldsymbol{l}}\right|_{P_0}=|\boldsymbol{g}||\boldsymbol{l}^0|\cos\langle\boldsymbol{g},\boldsymbol{l}^0\rangle=|\boldsymbol{g}|\cos\langle\boldsymbol{g},\boldsymbol{l}^0\rangle,$$

其中 $\langle\boldsymbol{g},\boldsymbol{l}^0\rangle$ 表示向量 $\boldsymbol{g}$ 与 $\boldsymbol{l}^0$ 之间的夹角.

很明显,当 $\langle\boldsymbol{g},\boldsymbol{l}^0\rangle=0$ 时,$\left.\frac{\partial f}{\partial \boldsymbol{l}}\right|_{P_0}$ 达到最大值 $|\boldsymbol{g}|$.这就是说,当方向 $\boldsymbol{l}$ 与向量 $\boldsymbol{g}$ 的方向一致时,函数沿方向 $\boldsymbol{l}$ 的方向导数最大,且其最大值为 $|\boldsymbol{g}|$.

可见,$\boldsymbol{g}=(f_x(x_0,y_0),f_y(x_0,y_0))$ 这个向量很特殊:沿着它的方向时方向导数达到最大.今后,我们将它称为 $f(x,y)$ 在点 P_0 处的**梯度**,记作

$$\mathbf{grad}f|_{P_0}.$$

我们用下面一段话来概括前面的讨论:

函数 $z=f(x,y)$ 在点 $P_0(x_0,y_0)$ 处的梯度 $\mathbf{grad}f|_{P_0}$ 是这样一个向量,它的方向是使方向导数达到最大值的方向,它的模就是方向导数的最大值.在直角坐标系中,有

$$\left.\mathbf{grad}f\right|_{P_0}=(f_x(x_0,y_0),\ f_y(x_0,y_0))$$

由公式 $\left.\frac{\partial f}{\partial \boldsymbol{l}}\right|_{P_0}=|\boldsymbol{g}|\cos\langle\boldsymbol{g},\boldsymbol{l}^0\rangle$ 还可以看出:当 $\langle\boldsymbol{g},\boldsymbol{l}^0\rangle=\pi$ 时,即向量 $\boldsymbol{l}^0$ 与 $\boldsymbol{g}$ 反向时,$\left.\frac{\partial f}{\partial \boldsymbol{l}}\right|_{P_0}$ 达到最小,其最小值为 $-|\boldsymbol{g}|$.由此可见,在点 P_0 处,函数沿 $-\mathbf{grad}f|_{P_0}$ 方向的方向导数达到最小,并且其方向导数的值是 $-|\boldsymbol{g}|$.换句话说,负梯度的方向是函数值减少最快的方向.

梯度的概念可以推广到 $n(n\geqslant 3)$ 元函数中去.比如,对于三元可微函数 $f(x,y,z)$,它在一点 $P_0(x_0,y_0,z_0)$ 处的梯度是

$$\mathbf{grad}f|_{P_0}=(f_x(x_0,y_0,z_0),f_y(x_0,y_0,z_0),f_z(x_0,y_0,z_0)).$$

例 4 设函数 $f(x,y,z)=xyz$,求 $\mathbf{grad}f|_{(1,2,3)}$.

解 根据梯度的计算公式,我们有

$$\mathbf{grad}f=(yz,zx,xy),$$

因此

$$\mathbf{grad} f\,\big|_{(1,2,3)}=(6,3,2).$$

在物理学中,一个最简单的典型例子是点电荷所产生的电势 V 的梯度恰好是其电场强度 $\boldsymbol{E}$ 的负值,即

$$\mathbf{grad}\, V=-\boldsymbol{E}.$$

事实上,设电荷 q 放在原点,则在点 (x,y,z) 处的电势为

$$V=\frac{q}{4\pi\varepsilon}\cdot\frac{1}{\sqrt{x^2+y^2+z^2}},$$

其中 ε 为介电常量. 简单的计算表明

$$\begin{aligned}\mathbf{grad}\, V&=(V_x,V_y,V_z)\\&=\frac{q}{4\pi\varepsilon}\cdot\frac{-1}{(\sqrt{x^2+y^2+z^2})^3}(x,y,z).\end{aligned}$$

而上式最后的结果恰好是点 (x,y,z) 处的电场强度 $\boldsymbol{E}$ 的负值.

$\mathbf{grad}\, V=-\boldsymbol{E}$ 告诉了我们这样一个事实:沿着与电场强度相反的方向,电势增加最快.

将来在讨论场论时读者会进一步看到梯度这一概念在场论中的意义. 现在我们列出有关梯度计算的一些运算法则及公式,以供读者在必要时查阅:

(1) $\mathbf{grad}(u\pm v)=\mathbf{grad}\, u\pm\mathbf{grad}\, v$;

(2) $\mathbf{grad}(uv)=v\ \mathbf{grad}\, u+u\ \mathbf{grad}\, v$;

(3) $\mathbf{grad}\,\dfrac{u}{v}=\dfrac{1}{v^2}(v\ \mathbf{grad}\, u-u\ \mathbf{grad}\, v)$, $v\neq 0$;

(4) $\mathbf{grad}(f(u,v))=\dfrac{\partial f}{\partial u}\mathbf{grad}\, u+\dfrac{\partial f}{\partial v}\mathbf{grad}\, v$,其中 f 有连续的一阶偏导数.

这些公式的证明并不难,读者不妨自己试着证明其中的一两个. 这些公式并不是最基本的数学公式,无须特别记忆它们.

在结束本节时,我们要强调指出:**一个函数 f 经过梯度运算之后得到的梯度 $\mathbf{grad}\, f$ 是一个向量**. 因此,上述公式(1)至(4)均是向量等式,也就是说,等式之两端都是向量. 此外,在上述公式中的

$$v\ \mathbf{grad}\, u \quad 及 \quad \frac{\partial f}{\partial u}\mathbf{grad}\, u$$

等均理解为向量 $\mathbf{grad}\, u$ 与数的乘积.

习　题　6.6

1. 求函数 $f(x,y)=x^2-xy+y^2$ 在点 $P_0(2+\sqrt{3},1+2\sqrt{3})$处沿极角为 θ 的方向 $\boldsymbol{l}$ 的方向导数. 问：当 θ 取何值时,对应的方向导数 (1) 达到最大值?(2) 达到最小值?(3) 等于零?

2. 求函数 $f(x,y)=x^3-3x^2y+3xy^2+2$ 在点 $P_0(3,1)$处沿从点 P_0 到点 $P(6,5)$ 方向的方向导数.

3. 求函数 $f(x,y)=\ln(x+y)$在点$(1,2)$处沿抛物线 $y=2x^2$ 在该点处的切线方向的方向导数.

4. 求函数 $u(x,y,z)=xy+yz+zx$ 在点 $P_0(2,1,3)$处沿与各坐标轴构成等角的方向的方向导数.

5. 求函数 $z=f(x,y)=x^2+2xy+y^2$ 在点$(1,2)$处的梯度.

6. 求函数 $z=f(x,y)=\arctan\dfrac{y}{x}$ 在点(x_0,y_0)处的梯度,并求沿向量(x_0,y_0)方向的方向导数.

7. 求函数 $z=f(x,y)=\ln\dfrac{y}{x}$ 分别在点 $A\left(\dfrac{1}{3},\dfrac{1}{10}\right)$及 $B\left(1,\dfrac{1}{6}\right)$处的两个梯度之间的夹角余弦.

8. 求函数 $f(x,y)=x(x-2y)+x^2y^2$ 在点$(1,1)$处沿向量$(\cos\alpha,\cos\beta)$方向的方向导数,并求 $f(x,y)$在该点处最大与最小的方向导数,并且指出这时各沿什么方向.

9. 证明：函数 $f(x,y)=\dfrac{y}{x^2}$ 在椭圆周 $x^2+2y^2=1$ 上任意一点处沿椭圆周法方向的方向导数等于零.

§7　多元函数的微分中值定理与泰勒公式

1. 二元函数的微分中值定理

我们知道,一元函数的微分中值定理及泰勒公式在研究函数性态上起着重要作用. 这些定理与公式同样可以推广到多元函数的情况,并用来研究多元函数的性态.

定理 1　设函数 $z=f(x,y)$在区域 D 内有连续的一阶偏导数,又假定 D 中有两个点 $P_0(x_0,y_0)$与 $P_1(x_0+\Delta x,y_0+\Delta y)$,并且点 P_0 到点 P_1 的线段 $P_0P_1\subset D$,则存在 $\theta(0<\theta<1)$,使得

$$f(x_0+\Delta x,y_0+\Delta y)=f(x_0,y_0)+\frac{\partial f}{\partial x}(x_0+\theta\Delta x,y_0+\theta\Delta y)\Delta x$$

$$+\frac{\partial f}{\partial y}(x_0+\theta\Delta x, y_0+\theta\Delta y)\Delta y.$$

这就是**二元函数的拉格朗日中值公式**.

证 考虑点 $P_t(x_0+t\Delta x, y_0+t\Delta y)$. 显然,当 $0\leqslant t\leqslant 1$ 时,点 P_t 落在点 P_0 与 P_1 的连线上(见图 6.11). 根据定理的假定可知,$f(x,y)$在 D 内可微,并且 $\varphi(t)=f(x_0+t\Delta x, y_0+t\Delta y)$是 $t(0\leqslant t\leqslant 1)$的可微函数. 由链规则得

$$\frac{\mathrm{d}\varphi}{\mathrm{d}t}=\frac{\partial f}{\partial x}(x_0+t\Delta x, y_0+t\Delta y)\Delta x+\frac{\partial f}{\partial y}(x_0+t\Delta x, y_0+t\Delta y)\Delta y.$$

另外,由一元函数的拉格朗日中值定理可以推出,存在一个 $\theta(0<\theta<1)$,使得

$$\varphi(1)-\varphi(0)=\varphi'(\theta),$$

即

$$\begin{aligned}&f(x_0+\Delta x, y_0+\Delta y)-f(x_0,y_0)\\&\quad=\frac{\partial f}{\partial x}(x_0+\theta\Delta x, y_0+\theta\Delta y)\Delta x+\frac{\partial f}{\partial y}(x_0+\theta\Delta x, y_0+\theta\Delta y)\Delta y.\end{aligned}$$

证毕.

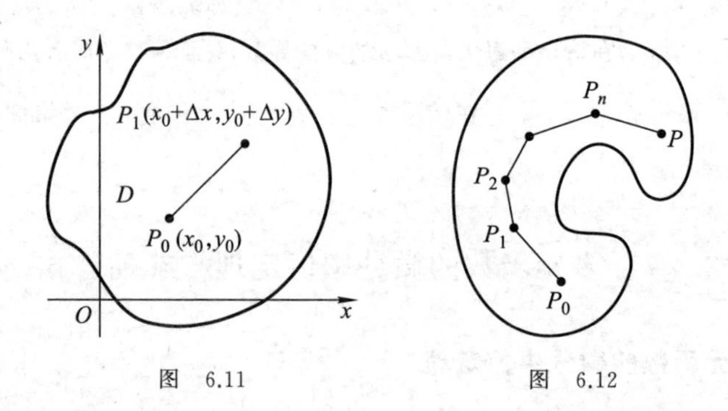

图 6.11　　图 6.12

推论 若函数 $z=f(x,y)$在区域 D 内有连续的一阶偏导数,并且满足 $\frac{\partial f}{\partial x}\equiv 0, \frac{\partial f}{\partial y}\equiv 0$,则 $f(x,y)$在 D 内为一个常数.

证 在 D 内任意取定一点 $P_0(x_0,y_0)$. 对于 D 内任意的点 $P(x,y)$,若点 P 与 P_0 之间的连线 P_0P 都在 D 内,由拉格朗日中值定理有

$$f(P)-f(P_0)=f_x(P_\theta)h+f_y(P_\theta)k=0,$$

其中 $h=x-x_0, k=y-y_0$, P_θ 为线段 P_0P 上的一点. 这样,$f(P)=$

$f(P_0)$. 若线段 P_0P 不全包含在 D 内,则必存在折线 $P_0P_1P_2\cdots P_nP\subset D$(见图 6.12). 于是,由上述讨论有

$$f(P)=f(P_n)=f(P_{n-1})=\cdots=f(P_1)=f(P_0).$$

总之,对于任意的 $P\in D$,我们证明了 $f(P)=f(P_0)$. 这就证明了$f(x,y)$在 D 内为一个常数. 证毕.

2. 二元函数的泰勒公式

二元函数的拉格朗日中值公式可以推广成带拉格朗日余项的泰勒公式,而这要借助于高阶微分的记号.

根据在§5 中的讨论,当给定 Δx 及 Δy 之后,函数 $f(x,y)$在一点(x,y)处的 k 阶微分可由下述公式计算:

$$\mathrm{d}^k f=\left(\Delta x\frac{\partial}{\partial x}+\Delta y\frac{\partial}{\partial y}\right)^k f.$$

利用这种记号,定理 1 中二元函数的拉格朗日中值公式可写成

$$f(x_0+\Delta x,y_0+\Delta y)=f(x_0,y_0)+\mathrm{d}f(x_0+\theta\Delta x,y_0+\theta\Delta y).$$

定理 2 设 $D\subset\mathbf{R}^2$ 为一个区域,而函数 $f(x,y)\in C^{n+1}(D)$,又设 $P_0(x_0,y_0)\in D$,$P_1(x_0+\Delta x,y_0+\Delta x)\in D$,并且点 P_0 与 P_1 之间的连线 $P_0P_1\subset D$,则有

$$\begin{aligned}f(x_0+\Delta x,y_0+\Delta y)=f(x_0,y_0)&+\frac{1}{1!}\mathrm{d}f(x_0,y_0)\\&+\frac{1}{2!}\mathrm{d}^2 f(x_0,y_0)+\cdots+\frac{1}{n!}\mathrm{d}^n f(x_0,y_0)\\&+\frac{1}{(n+1)!}\mathrm{d}^{n+1}f(x_0+\theta\Delta x,y_0+\theta\Delta y),\end{aligned}\tag{6.4}$$

其中 $\mathrm{d}^k f(k=1,2,\cdots,n+1)$是 $f(x,y)$的 k 阶微分,即

$$\mathrm{d}^k f=\left(\Delta x\frac{\partial}{\partial x}+\Delta y\frac{\partial}{\partial y}\right)^k f,\quad k=1,2,\cdots,n+1.$$

证 证明完全类似于定理 1. 令 $\varphi(t)=f(x_0+t\Delta x,y_0+t\Delta y)$,则由$\varphi(t)$的泰勒公式有

$$\varphi(1)=\varphi(0)+\frac{1}{1!}\varphi'(0)+\cdots+\frac{1}{n!}\varphi^{(n)}(0)+\frac{1}{(n+1)!}\varphi^{(n+1)}(\theta).$$

显然,由链规则有

$$\varphi'(t)=\left(\Delta x\frac{\partial}{\partial x}+\Delta y\frac{\partial}{\partial y}\right)f(x_0+t\Delta x,y_0+t\Delta y),$$

故 $\varphi'(0)=\mathrm{d}f(x_0,y_0)$，并且不难验证

$$\varphi''(t)=\left(\Delta x\frac{\partial}{\partial x}+\Delta y\frac{\partial}{\partial y}\right)^2 f(x_0+t\Delta x,y_0+t\Delta y),$$

即有 $\varphi''(0)=\mathrm{d}^2 f(x_0,y_0)$. 递推地得到

$$\varphi^{(k)}(0)=\mathrm{d}^k f(x_0,y_0),\quad k=1,2,\cdots,n,$$

而且有

$$\varphi^{(n+1)}(\theta)=\mathrm{d}^{n+1} f(x_0+\theta\Delta x,y_0+\theta\Delta y).$$

将这些结果代入 $\varphi(t)$ 的泰勒公式即得要证的结论. 证毕.

定理 2 在二元函数的数值计算上有重要应用价值. (6.4)式就是二元函数的**带拉格朗日余项的泰勒公式**，其中最后一项

$$R_n=\frac{1}{(n+1)!}\mathrm{d}^{n+1} f(x_0+\theta\Delta x,y_0+\theta\Delta y)$$

称为**拉格朗日余项**，它可以用 $n+1$ 阶偏导数来估计. 比如，若假定 $f(x,y)$ 的 $n+1$ 阶偏导数有界，即存在常数 $M>0$，使得

$$\left|\frac{\partial^{n+1} f}{\partial x^l\partial y^{n+1-l}}\right|\leqslant M,\quad l=0,1,\cdots,n+1,$$

那么我们有

$$|R_n|\leqslant\frac{M}{(n+1)!}(|\Delta x|+|\Delta y|)^{n+1}.$$

令 $\rho=\sqrt{(\Delta x)^2+(\Delta y)^2}$，即得到

$$\begin{aligned}|R_n|&\leqslant\frac{M}{(n+1)!}\rho^{n+1}\left(\frac{|\Delta x|}{\rho}+\frac{|\Delta y|}{\rho}\right)^{n+1}\\&\leqslant\frac{2^{n+1}M}{(n+1)!}\rho^{n+1}.\end{aligned}$$

当固定 $\Delta x,\Delta y$ 时，ρ 是一个常数，于是由上式不难看出

$$R_n\to 0\quad(n\to\infty).$$

这就是说，在上述条件下，当带拉格朗日余项的泰勒公式的项数充分增大时，其余项则可以任意小.

另外，当带拉格朗日余项的泰勒公式的项数 n 固定而令 $\rho=\sqrt{(\Delta x)^2+(\Delta y)^2}\to 0$ 时，有

$$R_n=o(\rho^n)\quad(\rho\to 0).$$

于是，我们便得到二元函数的**带佩亚诺余项的泰勒公式**：

$$f(x_0+\Delta x,y_0+\Delta y)=f(x_0,y_0)+\frac{1}{1!}\mathrm{d}f(x_0,y_0)+\frac{1}{2!}\mathrm{d}^2f(x_0,y_0)$$
$$+\cdots+\frac{1}{n!}\mathrm{d}^nf(x_0,y_0)+o(\rho^n),$$

其中 $\rho=\sqrt{(\Delta x)^2+(\Delta y)^2}\to 0$.

根据高阶微分的定义,不难看出

$$f(x_0,y_0)+\frac{1}{1!}\mathrm{d}f(x_0,y_0)+\frac{1}{2!}\mathrm{d}^2f(x_0,y_0)+\cdots+\frac{1}{n!}\mathrm{d}^nf(x_0,y_0)$$

是 Δx 与 Δy 的 n 次多项式,其系数是 $f(x,y)$ 在点 (x_0,y_0) 处的各阶偏导数. 这个多项式称作**(n 阶)泰勒多项式**. 比如,对于 $n=2$ 的情况,$f(x,y)$ 在点 (x_0,y_0) 处的泰勒多项式是

$$f(x_0,y_0)+f_x(x_0,y_0)\Delta x+f_y(x_0,y_0)\Delta y$$
$$+\frac{1}{2!}[f_{xx}(x_0,y_0)(\Delta x)^2+2f_{xy}(x_0,y_0)\Delta x\Delta y+f_{yy}(x_0,y_0)(\Delta y)^2].$$

例 1 求函数 $f(x,y)=\sin\left(\frac{\pi}{2}x^2y\right)$ 在点 $(1,1)$ 处的二阶泰勒多项式及带佩亚诺余项的泰勒公式.

解 先计算 $f(x,y)$ 在点 $(1,1)$ 处的函数值及一阶和二阶偏导数:

$$f(1,1)=1,\quad \left.\frac{\partial f}{\partial x}\right|_{(1,1)}=0,$$
$$\left.\frac{\partial f}{\partial y}\right|_{(1,1)}=0,\quad \left.\frac{\partial^2 f}{\partial x^2}\right|_{(1,1)}=-\pi^2,$$
$$\left.\frac{\partial^2 f}{\partial x\partial y}\right|_{(1,1)}=-\frac{\pi^2}{2},\quad \left.\frac{\partial^2 f}{\partial y^2}\right|_{(1,1)}=-\frac{\pi^2}{4}.$$

因此,若令 $\Delta x=x-1,\Delta y=y-1$,则有

$$f(1+\Delta x,1+\Delta y)=1-\frac{\pi^2}{2!}\left[(\Delta x)^2+\Delta x\Delta y+\frac{1}{4}(\Delta y)^2\right]+o(\rho^2),$$

即

$$\sin\left(\frac{\pi}{2}x^2y\right)=1-\frac{\pi^2}{2}\left[(x-1)^2+(x-1)(y-1)+\frac{1}{4}(y-1)^2\right]$$
$$+o((x-1)^2+(y-1)^2)\quad (x\to 1,y\to 1).$$

例 2 求函数 $f(x,y)=x^2y-xy^2$ 在点 $(2,1)$ 处的三阶泰勒公式.

解 先计算 $f(x,y)$ 的一阶、二阶和三阶偏导数:

$$f_x(x,y)=2xy-y^2,\quad f_y(x,y)=x^2-2xy,$$

$$f_{xx}(x,y)=2y,\quad f_{xy}(x,y)=2x-2y,\quad f_{yy}(x,y)=-2x,$$
$$f_{xxx}(x,y)=0,\quad f_{xxy}(x,y)=2,$$
$$f_{xyy}(x,y)=-2,\quad f_{yyy}(x,y)=0;$$

再求出 $f(x,y)$ 及其一阶、二阶和三阶偏导数在点(2,1)处的值：

$$f(2,1)=2,\quad f_x(2,1)=3,\quad f_y(2,1)=0,$$
$$f_{xx}(2,1)=2,\quad f_{xy}(2,1)=2,\quad f_{yy}(2,1)=-4.$$
$$f_{xxx}(x,1)=0,\quad f_{xxy}(2,1)=2,$$
$$f_{xyy}(2,1)=-2\quad f_{yyy}(2,1)=0.$$

所以

$$\begin{aligned}f(x,y)=&\ 2+3(x-2)+\frac{1}{2!}[2(x-2)^2+4(x-2)(y-1)-4(y-1)^2]\\&+\frac{1}{3!}[3\times2(x-2)^2(y-1)+3\times(-2)(x-2)(y-1)^2]\\=&\ 2+3(x-2)+(x-2)^2+2(x-2)(y-1)-2(y-1)^2\\&+(x-2)^2(y-1)-(x-2)(y-1)^2.\end{aligned}$$

像一元函数的情况一样，多元函数的泰勒多项式也有唯一性定理成立.

定理3　若 $P_n(\Delta x,\Delta y)$ 是 Δx 与 Δy 的 n 次多项式，并且有

$$f(x_0+\Delta x,y_0+\Delta y)=P_n(\Delta x,\Delta y)+o(\rho^n),$$

其中 $\rho=\sqrt{(\Delta x)^2+(\Delta y)^2}\to0$，则 $P_n(\Delta x,\Delta y)$ 是函数 $z=f(x,y)$ 在点 (x_0,y_0) 处的泰勒多项式.

因此，一个函数的泰勒多项式可由其他途径求得，而不一定非计算各阶偏导数不可.

例3　在点(0,0)的邻域内，将函数 $f(x,y)=\mathrm{e}^x\cos y$ 按带佩亚诺余项的泰勒公式展开至二次项.

解　已知

$$\mathrm{e}^x=1+x+\frac{1}{2}x^2+o(x^2),\quad x\to0,$$

$$\cos y=1-\frac{1}{2}y^2+o(y^2),\quad y\to0.$$

注意到当 $\rho\to0$ 时，$o(x^2)=o(\rho^2)$，$o(y^2)=o(\rho^2)$，并且 $o(x^2)o(y^2)=o(\rho^2)$，因而由上两式相乘可得

$$\mathrm{e}^x\cos y=1+x+\frac{1}{2}x^2-\frac{1}{2}y^2+o(\rho^2),\quad \rho\to0.$$

由泰勒多项式的唯一性知上式即为所求.

例 4　求函数 $f(x,y)=\mathrm{e}^{-x}\ln(1+x+y)$ 在点 $(0,0)$ 处的二阶带佩亚诺余项的泰勒公式,并利用此公式求 $f_{xx}(0,0)$ 及 $f_{xy}(0,0)$.

解　当 $x\to 0$ 时,有

$$\mathrm{e}^{-x}=1-x+\frac{1}{2!}x^2+o(x^2);$$

当 $(x,y)\to(0,0)$ 时,有

$$\ln(1+x+y)=(x+y)-\frac{1}{2}(x+y)^2+o((x+y)^2).$$

令 $\rho=\sqrt{x^2+y^2}$,注意到当 $\rho\to 0$ 时,$o(x^2)=o(\rho^2)$,$o((x+y)^2)=o(\rho^2)$,则

$$\begin{aligned}\mathrm{e}^{-x}\ln(1+x+y)&=\left(1-x+\frac{1}{2!}x^2+o(x^2)\right)\\&\quad\cdot\left[(x+y)-\frac{1}{2}(x+y)^2+o((x+y)^2)\right]\\&=(x+y)-\frac{1}{2}(x+y)^2-x(x+y)+o(\rho^2)\\&=x+y-\frac{3}{2}x^2-2xy-\frac{1}{2}y^2+o(\rho^2).\end{aligned}$$

由泰勒多项式的唯一性知上式即为所求.

根据上式有

$$\frac{1}{2!}f_{xx}(0,0)=-\frac{3}{2},\quad \frac{1}{2!}\cdot 2f_{xy}(0,0)=-2,$$

于是得到

$$f_{xx}(0,0)=-3,\quad f_{xy}(0,0)=-2.$$

习　题　6.7

1. 求函数 $f(x,y)=xy-y$ 在点 $(1,1)$ 处的二阶泰勒多项式.

2. 在点 $(0,0)$ 的邻域内,将下列函数展开成带佩亚诺余项的泰勒公式(到二阶):

(1) $f(x,y)=\dfrac{\cos x}{\cos y}$;　　(2) $f(x,y)=\ln(1+x+y)$;

(3) $f(x,y)=\sqrt{1-x^2-y^2}$;　　(4) $f(x,y)=\sin(x^2+y^2)$.

3. 在点 $(0,0)$ 的邻域内,将函数 $f(x,y)=\ln(1+x+y)$ 展开成带拉格朗日余项的泰勒公式(到一阶).

4. 利用泰勒公式证明:当 $|x|,|y|,|z|$ 充分小时,有近似公式

$$\cos(x+y+z)-\cos x\cos y\cos z\approx -(xy+yz+zx).$$

5. 设 D 是单位开圆，即 $D=\{(x,y)\mid x^2+y^2<1\}$，又设函数 $f(x,y)$ 在 D 内有连续的一阶偏导数，并且满足

$$xf_x(x,y)+yf_y(x,y)\equiv 0,\quad \forall (x,y)\in D,$$

证明：$f(x,y)$ 在 D 内是一个常数.

§8 隐函数存在定理

第二章曾涉及一些具体二元函数方程所确定隐函数的求导方法. 现在我们来讨论由一般二元函数方程所确定的隐函数的存在性及其可导性.

这里所谓的由一个二元函数方程 $F(x,y)=0$ 所确定的隐函数，是指这样的函数 $y=f(x)$，在其定义域内使得

$$F(x,f(x))\equiv 0.$$

问题的提法也不仅限于一个二元函数方程，还可以考虑一个三元及三元以上函数的方程，比如

$$F(x,y,z)=0.$$

这时，所确定的隐函数 $z=f(x,y)$ 是一个二元函数. 所谓的 $z=f(x,y)$ 是上述方程所确定的一个隐函数，是指在某个区域内，将 $z=f(x,y)$ 代入上述方程后，方程变成 x 与 y 的一个恒等式：

$$F(x,y,f(x,y))\equiv 0.$$

问题的提法还可以更为一般. 考虑多元函数方程组，比如

$$\begin{cases}F(x,y;u,v)=0,\\ G(x,y;u,v)=0.\end{cases}$$

如何确定一对函数 $u=u(x,y)$ 及 $v=v(x,y)$，使得它们满足上述方程组？如何计算这对函数的偏导数？这些都是本节要讨论的问题.

1. 一个方程的情况

定理 1 设函数 $F(x,y)$ 在点 $P_0(x_0,y_0)$ 的某个邻域内有定义，并且满足下列条件：

(1) $F(x_0,y_0)=0$；

(2) $F_x(x,y)$ 及 $F_y(x,y)$ 连续，并且 $F_y(x_0,y_0)\neq 0$，

则在点 x_0 的某个邻域 $(x_0-\delta,x_0+\delta)$ 内存在唯一的隐函数 $y=f(x)$，使得 $y_0=f(x_0)$ 及

$$F(x,f(x))\equiv 0,\quad \forall x\in(x_0-\delta,x_0+\delta),$$

并且 $y=f(x)$ 在 $(x_0-\delta,x_0+\delta)$ 内有连续的导数，其导数可由 $F_x(x,y)$ 及 $F_y(x,y)$ 表示为

$$f'(x)=-\frac{F_x(x,y)}{F_y(x,y)}\quad (y=f(x)).$$

我们略去定理的证明. 图 6.13 对于从直观上理解这个定理的实质及定理中条件的几何含义很有益处.

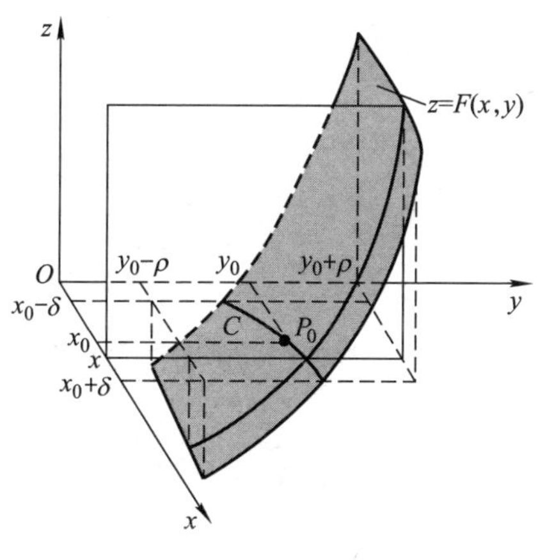

图 6.13

可以这样粗略地解释这个定理：我们将函数 $z=F(x,y)$ 看作空间中的一个曲面，该曲面与坐标平面 $z=0$ 有一个交点 $P_0(x_0,y_0,0)$. 定理中的条件 $F_y(x_0,y_0)\neq 0$ 及一阶偏导数的连续性保证了在点 (x_0,y_0) 附近 $F_y(x,y)$ 保持一个固定符号. 也就是说，它作为 y 的函数要么严格递增，要么严格递减. 就曲面 $z=F(x,y)$ 而言，它沿 y 增加的方向要么向上升，要么向下降(图 6.13 表示的是上升情况). 这时，曲面 $z=F(x,y)$ 与坐标平面 $z=0$ 必定相交于一条曲线 C，这条曲线就是我们要求的隐函数的图形.

条件 $F_y(x_0,y_0)\neq 0$ 对于从方程 $F(x,y)=0$ 中将 y 解成 x 的函数而言是十分重要的，它的重要性已从上述解释中看出. 其实，这也可以从一个具体例子中看出. 我们考虑一个线性方程

$$ax+by=0,$$

其中 a 与 b 为常数. 这时，我们的函数为 $F(x,y)=ax+by$. 要想从这个方程中将 y 解成 x 的函数，则要求 $b\neq 0$，而 b 恰好是 $F_y(x,y)$.

这个定理不仅证明了隐函数的存在性，还提供了隐函数的求导公式.

例 1　求方程

$$\frac{x^2}{a^2}+\frac{y^2}{b^2}=1 \quad (a,b>0)$$

在点$\left(\frac{a}{\sqrt{2}},\frac{b}{\sqrt{2}}\right)$附近所确定隐函数 $y=y(x)$的导数及 $y'\left(\frac{a}{\sqrt{2}}\right)$.

解　令 $F(x,y)=\frac{x^2}{a^2}+\frac{y^2}{b^2}-1$,则

$$F\left(\frac{a}{\sqrt{2}},\frac{b}{\sqrt{2}}\right)=0,$$

并且 $F_x(x,y)=\frac{2x}{a^2}$,$F_y(x,y)=\frac{2y}{b^2}$ 是连续函数. 又

$$F_y\left(\frac{a}{\sqrt{2}},\frac{b}{\sqrt{2}}\right)=\frac{\sqrt{2}}{b}\neq 0,$$

因此该方程在点$\left(\frac{a}{\sqrt{2}},\frac{b}{\sqrt{2}}\right)$附近所确定的隐函数是可微的,并且有

$$y'(x)=-\frac{F_x(x,y)}{F_y(x,y)}=-\frac{b^2x}{a^2y},$$

从而

$$y'\left(\frac{a}{\sqrt{2}}\right)=-\frac{b^2}{a^2}\cdot\frac{a/\sqrt{2}}{b/\sqrt{2}}=-\frac{b}{a}.$$

这便是椭圆周 $\frac{x^2}{a^2}+\frac{y^2}{b^2}=1$ 在点$\left(\frac{a}{\sqrt{2}},\frac{b}{\sqrt{2}}\right)$处的切线斜率.

定理 1 可以推广到三元及三元以上函数的情况. 比如,在三元函数的情况下,隐函数方程为

$$F(x,y,z)=0.$$

我们希望从这个方程中将变量 z 解成(x,y)的函数. 对此,有下面的定理.

定理 2　设函数 $F(x,y,z)$在点 $M_0(x_0,y_0,z_0)$的某个邻域内有连续的一阶偏导数,并且 $F(x_0,y_0,z_0)=0$,$F_z(x_0,y_0,z_0)\neq 0$,则在点(x_0,y_0)的某个邻域内,方程 $F(x,y,z)=0$ 确定唯一的隐函数 $z=z(x,y)$,满足 $F(x,y,z(x,y))\equiv 0$,$z(x_0,y_0)=z_0$,并且 $z(x,y)$有连续的一阶偏导数:

$$\frac{\partial z}{\partial x}=-\frac{F_x(x,y,z)}{F_z(x,y,z)},\quad \frac{\partial z}{\partial y}=-\frac{F_y(x,y,z)}{F_z(x,y,z)}.$$

定理的证明从略.

一般来说,我们无法给出隐函数的具体表达式,但其偏导数可以按定理 2 中提供的公式计算.

例 2 求由方程 $xy+yz+e^{xz}=3$ 所确定隐函数 $z(x,y)$ 的偏导数 $\frac{\partial z}{\partial x}$ 及 $\frac{\partial z}{\partial y}$.

解 *方法一* 直接套用公式. 令

$$F(x,y,z)=xy+yz+e^{xz}-3,$$

这时 $\frac{\partial F}{\partial z}=y+xe^{xz}$. 由此可见,当 $y+xe^{xz}\neq 0$ 时,对于满足方程 $F(x,y,z)=0$ 的点 (x,y,z),可以确定一个隐函数 $z=z(x,y)$. 由定理 2 可知

$$\frac{\partial z}{\partial x}=-\frac{F_x(x,y,z)}{F_z(x,y,z)}=-\frac{y+ze^{xz}}{y+xe^{xz}},$$

$$\frac{\partial z}{\partial y}=-\frac{F_y(x,y,z)}{F_z(x,y,z)}=-\frac{x+z}{y+xe^{xz}}.$$

方法二 在求隐函数 $z=z(x,y)$ 的偏导数时,也可以不套用现成的公式,而用另外一种方法求得: 在方程

$$xy+yz+e^{xz}=3$$

中将 z 视作 (x,y) 的函数,这时该方程变成关于 x,y 的恒等式. 对该方程两端关于 x 求偏导数(注意其中的 z 是 (x,y) 的函数),即得

$$y+yz_x+e^{xz}(z+xz_x)=0.$$

由此解出

$$\frac{\partial z}{\partial x}=-\frac{y+ze^{xz}}{y+xe^{xz}}.$$

同理,在所给的方程两端对 y 求偏导数,可解出

$$\frac{\partial z}{\partial y}=-\frac{x+z}{y+xe^{xz}}.$$

可见,所得结果与前面相同.

方法三 利用一阶全微分的形式不变性. 对所给方程两端求全微分,得到

$$d(xy)+d(yz)+de^{xz}=0,$$

即

$$y\,dx+x\,dy+z\,dy+y\,dz+e^{xz}(z\,dx+x\,dz)=0,$$

移项后得到 $z(x,y)$ 的全微分

$$\mathrm{d}z=-\frac{y+z\mathrm{e}^{xz}}{y+x\mathrm{e}^{xz}}\mathrm{d}x-\frac{x+z}{y+x\mathrm{e}^{xz}}\mathrm{d}y,$$

从而求出了 $z(x,y)$ 的偏导数：

$$\frac{\partial z}{\partial x}=-\frac{y+z\mathrm{e}^{xz}}{y+x\mathrm{e}^{xz}},\quad \frac{\partial z}{\partial y}=-\frac{x+z}{y+x\mathrm{e}^{xz}}.$$

例 3 求由方程

$$F(x-y,y-z)=0$$

所确定隐函数 $z=z(x,y)$ 的偏导数 $\frac{\partial z}{\partial x}$ 及 $\frac{\partial z}{\partial y}$.

解 这个例子的计算中有一个符号记法问题. 为了避免混淆，我们用 F_1' 表示 F 作为二元函数 $F(u,v)$ 时对其第一个自变量求偏导数，而用 F_2' 表示对其第二个自变量求偏导数. 在这种记法下，利用复合函数求导公式，我们有

$$F_x=F_1',\quad F_y=-F_1'+F_2',\quad F_z=-F_2'.$$

因此

$$\frac{\partial z}{\partial x}=\frac{F_1'}{F_2'},\quad \frac{\partial z}{\partial y}=\frac{-F_1'+F_2'}{F_2'}.$$

如果不引入 F_1' 及 F_2' 的记法，也可以通过引入中间变量 $u=x-y$ 及 $v=y-z$ 来求解. 这时，有

$$F_x=F_u,\quad F_y=-F_u+F_v,\quad F_z=-F_v.$$

例 4 设 $z(x,y)$ 是由方程 $\mathrm{e}^x\sin y+yz+\mathrm{e}^z+5=0$ 所确定的隐函数，求 $\frac{\partial z}{\partial x}$ 和 $\frac{\partial^2 z}{\partial x\partial y}$.

解 对所给的方程两端关于 x 求偏导数，其中 y 视作常数，z 视作 (x,y) 的函数，得到

$$\mathrm{e}^x\sin y+y\frac{\partial z}{\partial x}+\mathrm{e}^z\frac{\partial z}{\partial x}=0. \tag{6.5}$$

由此解出

$$\frac{\partial z}{\partial x}=-\frac{\mathrm{e}^x\sin y}{y+\mathrm{e}^z}.$$

对所给的方程两端再关于 y 求偏导数，其中 x 视作常数，z 视作 (x,y) 的函数，得到

$$\mathrm{e}^x\cos y+z+y\frac{\partial z}{\partial y}+\mathrm{e}^z\frac{\partial z}{\partial y}=0.$$

由此解出

$$\frac{\partial z}{\partial y}=-\frac{e^{x}\cos y+z}{y+e^{z}}.$$

对 $\frac{\partial z}{\partial x}=-\frac{e^{x}\sin y}{y+e^{z}}$ 两端关于 y 求偏导数,等号右端中的 z 视作(x,y)的函数,x 视作常数,得到

$$\frac{\partial^{2} z}{\partial x\partial y}=-\frac{e^{x}\cos y(y+e^{z})-e^{x}\sin y\left(1+e^{z}\frac{\partial z}{\partial y}\right)}{(y+e^{z})^{2}}.$$

将 $\frac{\partial z}{\partial y}=-\frac{e^{x}\cos y+z}{y+e^{z}}$ 代入上式,即得

$$\frac{\partial^{2} z}{\partial x\partial y}=-\frac{e^{x}\cos y(y+e^{z})^{2}-e^{x}\sin y(y+e^{z})+e^{z}\cdot e^{x}\sin y(e^{x}\cos y+z)}{(y+e^{z})^{3}}.$$

在求 $\frac{\partial^{2} z}{\partial x\partial y}$ 时,还可以采用下述方法:

方程(6.5)两端关于 y 求偏导数,其中 x 视作常数,z 和 $\frac{\partial z}{\partial x}$ 都视作(x,y)的函数,得到

$$e^{x}\cos y+\frac{\partial z}{\partial x}+y\frac{\partial^{2} z}{\partial x\partial y}+e^{z}\frac{\partial z}{\partial y}\cdot\frac{\partial z}{\partial x}+e^{z}\frac{\partial^{2} z}{\partial x\partial y}=0,$$

进而解得

$$\frac{\partial^{2} z}{\partial x\partial y}=-\frac{e^{x}\cos y+\frac{\partial z}{\partial x}+e^{z}\frac{\partial z}{\partial y}\cdot\frac{\partial z}{\partial x}}{y+e^{z}}.$$

将前面求得的 $\frac{\partial z}{\partial x}=-\frac{e^{x}\sin y}{y+e^{z}}$ 和 $\frac{\partial z}{\partial y}=-\frac{e^{x}\cos y+z}{y+e^{z}}$ 代入上式,化简后所得结果与前面相同.

2. 方程组的情况

以上讨论了由一个函数方程所确定的隐函数. 但是,有些实际问题要求我们讨论由多个函数方程所确定的隐函数. 比如,在什么条件下,由两个函数方程

$$\begin{cases}F(x,u,v)=0,\\G(x,u,v)=0\end{cases}$$

可确定隐函数 $u=u(x)$及 $v=v(x)$?

在前面的讨论中，要想由 $F(x,y)=0$ 将 y 解为 x 的函数，我们需要条件 $F_y(x,y)\neq 0$. 现在，在多个函数方程中，相当于 $F_y(x,y)\neq 0$ 的条件应当是什么？

在回答这个问题之前，先介绍线性代数中的一个知识点——关于二元线性方程组的**克拉默**(Cramer)**法则**：

对于二元线性方程组

$$\begin{cases} ax+by=e, \\ cx+dy=f, \end{cases} \tag{6.6}$$

其中 a,b,c,d,e,f 为常数，当其系数行列式

$$\Delta=\begin{vmatrix} a & b \\ c & d \end{vmatrix}=ad-bc\neq 0$$

时，它有唯一解，并且其解可表示为

$$x_0=\frac{\Delta_1}{\Delta},\quad y_0=\frac{\Delta_2}{\Delta},$$

其中

$$\Delta_1=\begin{vmatrix} e & b \\ f & d \end{vmatrix},\quad \Delta_2=\begin{vmatrix} a & e \\ c & f \end{vmatrix}.$$

上述克拉默法则告诉我们：系数行列式 $\Delta\neq 0$ 是二元线性方程组(6.6)有唯一解的一个充分条件. 不难证明这也是必要条件. 故二元线性方程组(6.6)有唯一解的充要条件是其系数行列式 $\Delta\neq 0$.

现在来回答上面提出的问题. 为此，不妨考查一下最简单的情况，因为简单情况常常给人以启迪. 设 $F(x,u,v)=ex+au+bv$，$G(x,u,v)=fx+cu+dv$，其中 a,b,c,d,e,f 为常数. 这时，我们的问题相当于解关于 u,v 的二元线性方程组

$$\begin{cases} au+bv=-ex, \\ cu+dv=-fx. \end{cases}$$

由线性代数的理论知，这个方程组有唯一解的充要条件是其系数行列式

$$\Delta=\begin{vmatrix} a & b \\ c & d \end{vmatrix}=ad-bc\neq 0.$$

注意到 $F_u=a$，$F_v=b$，$G_u=c$，$G_v=d$，由此我们猜想当 $F(x,u,v)$ 及 $G(x,u,v)$ 是一般函数时，需要如下条件：

$$\begin{vmatrix} F_u & F_v \\ G_u & G_v \end{vmatrix}\neq 0.$$

这个行列式称作函数 $F(x,u,v)$,$G(x,u,v)$关于 u,v 的**雅可比行列式**,记作

$$J=\frac{\mathrm{D}(F,G)}{\mathrm{D}(u,v)}=\begin{vmatrix} F_u & F_v \\ G_u & G_v \end{vmatrix}.$$

事实表明,由解二元线性方程组而得来的猜测是正确的. 我们有下面的定理.

定理 3 设函数 $F(x,u,v)$及 $G(x,u,v)$在一点(x_0,u_0,v_0)的某个邻域内有连续的一阶偏导数,并且 $F(x_0,u_0,v_0)=0$,$G(x_0,u_0,v_0)=0$,又设 $F(x,u,v)$,$G(x,u,v)$关于 u,v 的雅可比行列式 $J=\dfrac{\mathrm{D}(F,G)}{\mathrm{D}(u,v)}$在点$(x_0,u_0,v_0)$处不等于零,则在 x_0 的某个邻域内存在唯一的一对函数 $u=u(x)$及 $v=v(x)$,使得$u_0=u(x_0)$,$v_0=u(x_0)$,并且满足方程组

$$\begin{cases} F(x,u(x),v(x))\equiv 0, \\ G(x,u(x),v(x))\equiv 0. \end{cases}$$

此外,函数 $u=u(x)$及 $v=v(x)$是可微的,其导数可由如下方程组求出:

$$\begin{cases} \dfrac{\partial F}{\partial x}+\dfrac{\partial F}{\partial u}\cdot\dfrac{\mathrm{d}u}{\mathrm{d}x}+\dfrac{\partial F}{\partial v}\cdot\dfrac{\mathrm{d}v}{\mathrm{d}x}=0, \\ \dfrac{\partial G}{\partial x}+\dfrac{\partial G}{\partial u}\cdot\dfrac{\mathrm{d}u}{\mathrm{d}x}+\dfrac{\partial G}{\partial v}\cdot\dfrac{\mathrm{d}v}{\mathrm{d}x}=0. \end{cases} \tag{6.7}$$

定理的证明从略.

方程组(6.7)可看作以 u,v 的导数 $\dfrac{\mathrm{d}u}{\mathrm{d}x}$,$\dfrac{\mathrm{d}v}{\mathrm{d}x}$ 为未知量的一个线性方程组,其系数行列式恰好是函数 $F(x,u,v)$,$G(x,u,v)$关于 u,v 的雅可比行列式. 这个方程组无须记忆,但应该知道它是怎样得来的:它是将两个函数方程中的 u,v 视作 x 的函数,对方程两端求导数而得来的.

比定理 3 更为一般的是将其中的 x 换成多个自变量,此时解出的 u 及 v 则都是多元函数,而定理的条件与结论完全类似. 比如,我们考虑方程组

$$\begin{cases} F(x,y,u,v)=0, \\ G(x,y,u,v)=0. \end{cases}$$

除了要求点(x_0,y_0,u_0,v_0)满足这个方程组之外,同样还应要求函数 $F(x,y,u,v)$及 $G(x,y,u,v)$在该点的某个邻域内有连续的一阶偏导数,且 $F(x,y,u,v)$,$G(x,y,u,v)$关于 u,v 的雅可比行列式在该点处不等于零. 这时,在点(x_0,y_0)附近可以将 u,v 解为(x,y)的函数. 这些与定理 3 的

叙述都类似. 所不同的是,这时 u,v 有两个偏导数,它们分别由方程组

$$\begin{cases}\dfrac{\partial F}{\partial x}+\dfrac{\partial F}{\partial u}\cdot\dfrac{\partial u}{\partial x}+\dfrac{\partial F}{\partial v}\cdot\dfrac{\partial v}{\partial x}=0,\\ \dfrac{\partial G}{\partial x}+\dfrac{\partial G}{\partial u}\cdot\dfrac{\partial u}{\partial x}+\dfrac{\partial G}{\partial v}\cdot\dfrac{\partial v}{\partial x}=0\end{cases}$$

及

$$\begin{cases}\dfrac{\partial F}{\partial y}+\dfrac{\partial F}{\partial u}\cdot\dfrac{\partial u}{\partial y}+\dfrac{\partial F}{\partial v}\cdot\dfrac{\partial v}{\partial y}=0,\\ \dfrac{\partial G}{\partial y}+\dfrac{\partial G}{\partial u}\cdot\dfrac{\partial u}{\partial y}+\dfrac{\partial G}{\partial v}\cdot\dfrac{\partial v}{\partial y}=0\end{cases}$$

解出.

同样,上面两个方程组也无须专门记忆,只要知道它们是对恒等式

$$\begin{cases}F(x,y,u(x,y),v(x,y))\equiv 0,\\ G(x,y,u(x,y),v(x,y))\equiv 0\end{cases}$$

分别关于 x 与 y 求偏导数得来即可.

例 5　由方程组

$$\begin{cases}x^2+y^2-uv=0,\\ xy+u^2-v^2=0\end{cases}$$

能否确定 u 和 v 为 (x,y) 的函数? 在能确定隐函数的条件下,求 u_x,v_x,u_y 及 v_y.

解　令 $F(x,y,u,v)=x^2+y^2-uv$, $G(x,y,u,v)=xy+u^2-v^2$,则有

$$\frac{\mathrm{D}(F,G)}{\mathrm{D}(u,v)}=\begin{vmatrix}-v & -u\\ 2u & -2v\end{vmatrix}=2(u^2+v^2).$$

当 $(x,y)\neq(0,0)$ 时,满足所给方程组的 u,v 不同时为零,也就有 $\dfrac{\mathrm{D}(F,G)}{\mathrm{D}(u,v)}\neq 0$,从而在点 (x,y) 的某个邻域内能确定隐函数 $u=u(x,y)$ 及 $v=v(x,y)$.

为了求偏导数,先将所给方程组中的方程两端对 x 求偏导数(将其中的 u,v 看作 (x,y) 的函数),得到

$$\begin{cases}2x-u_xv-uv_x=0,\\ y+2uu_x-2vv_x=0.\end{cases}$$

由克拉默法则可得此方程组的解为

$$u_x=\frac{4xv-yu}{2(u^2+v^2)},\quad v_x=\frac{4xu+vy}{2(u^2+v^2)},\quad u^2+v^2\neq 0.$$

类似地,对所给方程组中的方程两端关于 y 求偏导数,得到

$$\begin{cases}2y-u_yv-uv_y=0,\\ x+2uu_y-2vv_y=0.\end{cases}$$

由这个方程组可解出

$$u_y=\frac{4yv-xu}{2(u^2+v^2)},\quad v_y=\frac{xv+4yu}{2(u^2+v^2)},\quad u^2+v^2\neq 0.$$

例 6 设 $u(x,y)$ 和 $v(x,y)$ 是由方程组 $\begin{cases}x=\mathrm{e}^u+v,\\ xy=\mathrm{e}^u+u\end{cases}$ 所确定的隐函数,求 u_x 和 u_{xx}.

解 对所给方程组中的方程两端关于 x 求偏导数,其中 y 视作常数,u 和 v 都视作 (x,y) 的函数,得到

$$\begin{cases}1=\mathrm{e}^u u_x+v_x,\\ y=\mathrm{e}^u u_x+u_x,\end{cases}\tag{6.8}$$

解得

$$u_x=\frac{y}{\mathrm{e}^u+1}.$$

对方程组(6.8)中的方程两端关于 x 求偏导数,其中 y 视作常数,u,v,u_x 和 v_x 都视作 (x,y) 的函数,得到

$$\begin{cases}0=\mathrm{e}^u u_x\cdot u_x+\mathrm{e}^u u_{xx}+v_{xx},\\ 0=\mathrm{e}^u u_x u_x+\mathrm{e}^u u_{xx}+u_{xx},\end{cases}$$

解得

$$u_{xx}=\frac{-\mathrm{e}^u u_x\cdot u_x}{\mathrm{e}^u+1}.$$

将 $u_x=\dfrac{y}{\mathrm{e}^u+1}$ 代入上式,即得

$$u_{xx}=-\frac{\mathrm{e}^u y^2}{(\mathrm{e}^u+1)^3}.$$

3. 逆映射的存在性定理

方程组的隐函数存在定理的一个重要应用就是给出逆映射的存在性定理.

我们考虑 Ouv 平面的一个区域到 Oxy 平面的映射:$(u,v)\mapsto(x,y)$,其中

$$\begin{cases}x=x(u,v),\\ y=y(u,v).\end{cases}\tag{6.9}$$

我们的问题是：在怎样的条件下，这个映射有逆映射存在？所谓的逆映射，实际上是指在一定的范围之内，对于给定的(x,y)，根据方程组(6.9)能求得相应唯一的(u,v). 如果令$F(x,y,u,v)=x-x(u,v)$，$G(x,y,u,v)=y-y(u,v)$，那么方程组(6.9)可以写成

$$\begin{cases}F(x,y,u,v)=0,\\G(x,y,u,v)=0.\end{cases}\tag{6.10}$$

而求逆映射的问题也归结为由方程组(6.10)将其中的u和v解成(x,y)的函数的问题. 根据隐函数存在定理，首先应当有一点(x_0,y_0,u_0,v_0)满足方程组(6.10)，即

$$\begin{cases}x_0-x(u_0,v_0)=0,\\y_0-y(u_0,v_0)=0.\end{cases}$$

其次，应当要求$F(x,y,u,v)$及$G(x,y,u,v)$在点(x_0,y_0,u_0,v_0)的某个邻域内有连续的一阶偏导数，且

$$\left.\frac{\mathrm{D}(F,G)}{\mathrm{D}(u,v)}\right|_{(x_0,y_0,u_0,v_0)}\neq0.$$

显然，只要$x(u,v)$及$y(u,v)$有连续的一阶偏导数就保证了$F(x,y,u,v)$及$G(x,y,u,v)$有连续的一阶偏导数. 根据$F(x,y,u,v)$与$G(x,y,u,v)$的定义，很容易看出

$$\frac{\mathrm{D}(F,G)}{\mathrm{D}(u,v)}=\frac{\mathrm{D}(x,y)}{\mathrm{D}(u,v)},$$

其中x和y分别表示函数$x(u,v)$和$y(u,v)$. 这样一来，只需

$$\left.\frac{\mathrm{D}(x,y)}{\mathrm{D}(u,v)}\right|_{(u_0,v_0)}\neq0$$

即可保证$\left.\frac{\mathrm{D}(F,G)}{\mathrm{D}(u,v)}\right|_{(x_0,y_0,u_0,v_0)}\neq0$. 在这些条件下，在点$(x_0,y_0)$的一个邻域内存在一对函数$u=u(x,y)$及$v=v(x,y)$，使得

$$u_0=u(x_0,y_0),\quad v_0=v(x_0,y_0),$$

并且它们所决定的映射$(x,y)\mapsto(u,v)$是函数对$x=x(u,v)$，$y=y(u,v)$所决定的映射$(u,v)\mapsto(x,y)$的逆映射.

这样，我们证明了如下定理：

定理 4　设函数$x=x(u,v)$及$y=y(u,v)$在点(u_0,v_0)的一个邻域内有连续的一阶偏导数，并且其雅可比行列式满足

$$\left.\frac{\mathrm{D}(x,y)}{\mathrm{D}(u,v)}\right|_{(u_0,v_0)}\neq0,$$

又设 $x_0=x(u_0,v_0)$，$y_0=y(u_0,v_0)$，则在点(x_0,y_0)的一个邻域内存在一对函数 $u=u(x,y)$及 $v=v(x,y)$，使得 $u_0=u(x_0,y_0)$，$v_0=v(x_0,y_0)$，并且映射 $(x,y)\mapsto(u(x,y),v(x,y))$是映射$(u,v)\mapsto(x(u,v),y(u,v))$的逆映射.

我们知道，逆映射的存在性意味着映射的一一性. 上述讨论使我们得出如下推论：

推论 若一个连续可微映射的雅可比行列式在一点处不等于零，则这个映射在该点附近是一一映射.

在一元函数微分学中我们知道，若一个函数有连续的导数且其导数在一点处不等于零，则这个函数在该点附近是严格单调的(从而是一一映射). 上述推论就是一元函数的这条性质的推广，而雅可比行列式相当于一元函数的导数.

在一元函数中，反函数在一点处的导数是原来函数在相应点处的导数的倒数. 对于映射的雅可比行列式，也有相同的性质，也就是说，

$$\left.\frac{\mathrm{D}(u,v)}{\mathrm{D}(x,y)}\right|_{(x_0,y_0)}=\left.\frac{1}{\dfrac{\mathrm{D}(x,y)}{\mathrm{D}(u,v)}}\right|_{(u_0,v_0)}.$$

事实上，若 $u=u(x,y)$，$v=v(x,y)$是 $x=x(u,v)$，$y=y(u,v)$的逆映射，则有

$$x\equiv x(u(x,y),v(x,y)),$$
$$y\equiv y(u(x,y),v(x,y)).$$

对这两个恒等式两端关于 x 求偏导数，即有

$$1=x_u u_x+x_v v_x,$$
$$0=y_u u_x+y_v v_x.$$

由此解出

$$u_x=\frac{y_v}{J},\quad v_x=-\frac{y_u}{J},$$

其中 $J=\dfrac{\mathrm{D}(x,y)}{\mathrm{D}(u,v)}$. 再对上述两个恒等式两端关于 y 求偏导数，又得

$$u_y=-\frac{x_v}{J},\quad v_y=\frac{x_u}{J}.$$

这样，我们有

$$\frac{\mathrm{D}(u,v)}{\mathrm{D}(x,y)}=\begin{vmatrix} u_x & u_y \\ v_x & v_y \end{vmatrix}=\frac{1}{J^2}\begin{vmatrix} y_v & -x_v \\ -y_u & x_u \end{vmatrix}=\frac{1}{J}.$$

例 7 证明：极坐标变换

$$\begin{cases} x=r\cos\theta, \\ y=r\sin\theta \end{cases}$$

的雅可比行列式满足

$$\frac{\mathrm{D}(x,y)}{\mathrm{D}(r,\theta)}=r.$$

证 根据雅可比行列式的定义，有

$$\frac{\mathrm{D}(x,y)}{\mathrm{D}(r,\theta)}=\begin{vmatrix} x_r & x_\theta \\ y_r & y_\theta \end{vmatrix}=\begin{vmatrix} \cos\theta & -r\sin\theta \\ \sin\theta & r\cos\theta \end{vmatrix}=r.$$

证毕.

例 8 设 $u=u(x,y)$ 及 $v=v(x,y)$ 是由方程组

$$\begin{cases} u^2-v=3x+y, \\ u-2v^2=x-2y \end{cases}$$

所确定的隐函数，求 $\frac{\partial u}{\partial x}$ 及 $\frac{\partial v}{\partial x}$.

解 将所给方程组中的两个方程左端的 u 及 v 视作 (x,y) 的函数，然后对这两个方程两端关于 x 求偏导数，即得

$$\begin{cases} 2uu_x-v_x=3, \\ u_x-4vv_x=1. \end{cases}$$

由此解出 $\frac{\partial u}{\partial x}$ 及 $\frac{\partial v}{\partial x}$：

$$\frac{\partial u}{\partial x}=\frac{1-12v}{1-8uv}, \quad \frac{\partial v}{\partial x}=\frac{2u-3}{1-8uv},$$

其中 $uv\neq\frac{1}{8}$.

上述关于逆映射的存在性定理及雅可比行列式的概念完全可以推广到 n 个变量的情况. 设区域 $D\subset\mathbf{R}^n$，$\boldsymbol{f}: D\to\mathbf{R}^n$ 是 D 到 $\mathbf{R}^n$ 的映射，其分量为 $u_j=u_j(x_1,\cdots,x_n)$，那么**映射 $\boldsymbol{f}$ 的雅可比行列式**定义为

$$J=\frac{\mathrm{D}(u_1,\cdots,u_n)}{\mathrm{D}(x_1,\cdots,x_n)}=\begin{vmatrix} \frac{\partial u_1}{\partial x_1} & \cdots & \frac{\partial u_1}{\partial x_n} \\ \vdots & & \vdots \\ \frac{\partial u_n}{\partial x_1} & \cdots & \frac{\partial u_n}{\partial x_n} \end{vmatrix}.$$

有了映射 $\boldsymbol{f}$ 的雅可比行列式概念，逆映射的存在性即可推广到 n 个变量的情况.

显然，线性变换

$$y_1=a_{11}x_1+a_{12}x_2+a_{13}x_3,$$
$$y_2=a_{21}x_1+a_{22}x_2+a_{23}x_3,$$
$$y_3=a_{31}x_1+a_{32}x_2+a_{33}x_3$$

的雅可比行列式就是系数行列式,其中 $a_{ij}(i,j=1,2,3)$为常数.

例 9 球坐标变换

$$\begin{cases} x=r\cos\theta\sin\varphi, \\ y=r\sin\theta\sin\varphi, \quad (0\leqslant\theta<2\pi,0\leqslant\varphi\leqslant\pi) \\ z=r\cos\varphi \end{cases}$$

的雅可比行列式为 $J=\dfrac{D(x,y,z)}{D(r,\varphi,\theta)}=r^2\sin\varphi$. 作为习题(见习题 6.8 中的第 6 题),请读者自行完成计算.

雅可比行列式有明显的几何意义,并在重积分的计算中扮演重要角色.

习 题 6.8

假定在本节习题中所涉及的函数 f 或 F 都有连续的一阶偏导数.

1. 求由下列方程所确定隐函数 $z=z(x,y)$的一阶偏导数:

(1) $x^3z+z^3x-2yz=0$; (2) $yz-\ln z=x+y$;

(3) $x+z-\varepsilon\sin z=y\ (0<\varepsilon<1)$; (4) $z^x=y^z$;

(5) $x\cos y+y\cos z+z\cos x=1$.

2. 设由方程 $f(xy^2,x+y)=0$ 所确定的隐函数为 $y=y(x)$,求 $\dfrac{dy}{dx}$.

3. 设 $z=z(x,y)$是由方程 $z+\cos xy=e^z$ 所确定的隐函数,求 $\dfrac{\partial z}{\partial x}$ 及 $\dfrac{\partial^2 z}{\partial x^2}$.

4. 设 $z=z(x,y)$是由方程 $F(x,x+y,x+y+z)=0$ 所确定的隐函数,求 $\dfrac{\partial z}{\partial x}$及$\dfrac{\partial z}{\partial y}$.

5. 设 $z=z(x,y)$是由方程 $F(x,y,z)=0$ 所确定的隐函数,利用一阶全微分的形式不变性证明:$dz=-\dfrac{F_x}{F_z}dx-\dfrac{F_y}{F_z}dy\ (F_z\neq0)$,并求由方程

$$F(x^2+y^2+z^2,xy-z^2)=0$$

所确定隐函数 $z=z(x,y)$的微分 dz.

6. 证明:球坐标变换的雅可比行列式为 $J=\dfrac{D(x,y,z)}{D(r,\varphi,\theta)}=r^2\sin\varphi$.

7. 设方程组$\begin{cases} x=u+v, \\ y=u^2+v^2, \\ z=u^3+v^3 \end{cases}$确定隐函数 $z=z(x,y)$,求当 $x=0,y=u=\dfrac{1}{2},v=-\dfrac{1}{2}$ 时 $\dfrac{\partial z}{\partial x}$ 与 $\dfrac{\partial z}{\partial y}$ 的值.

8. 设方程组

$$\begin{cases} xu + yv = 0, \\ uv - xy = 5 \end{cases}$$

确定一对隐函数 $u=u(x,y)$ 及 $v=v(x,y)$，求当 $x=1, y=-1, u=v=2$ 时 $\dfrac{\partial^2 u}{\partial x^2}$ 与 $\dfrac{\partial^2 v}{\partial x\partial y}$ 的值.

9. 设方程组 $\begin{cases} x^2+y^2=\dfrac{1}{2}z^2, \\ x+y+z=2 \end{cases}$ 确定一对隐函数 $x=x(z)$ 及 $y=y(z)$，求当 $x=1$，$y=-1, z=2$ 时 $\dfrac{\mathrm{d}x}{\mathrm{d}z}$ 与 $\dfrac{\mathrm{d}y}{\mathrm{d}z}$ 的值.

10. 设方程组 $\begin{cases} x=\cos\varphi\cos\theta, \\ y=\cos\varphi\sin\theta, \\ z=\sin\varphi \end{cases}$ 确定隐函数 $z=z(x,y)$，求 $\dfrac{\partial z}{\partial x}$.

11. 设函数 $u=u(x,y)$ 及 $v=v(x,y)$ 有连续的一阶偏导数，又设函数 $x=x(\xi,\eta)$ 及 $y=y(\xi,\eta)$ 也有连续的一阶偏导数，并且使复合函数 $u=u(x(\xi,\eta),y(\xi,\eta))$ 及 $v=v(x(\xi,\eta),y(\xi,\eta))$ 有定义，证明：

$$\frac{\mathrm{D}(u,v)}{\mathrm{D}(\xi,\eta)}=\frac{\mathrm{D}(u,v)}{\mathrm{D}(x,y)}\cdot\frac{\mathrm{D}(x,y)}{\mathrm{D}(\xi,\eta)}.$$

§9　极值问题

1. 二元函数极值问题

与一元函数的情况类似，对多元函数也可定义极值、极值点及稳定点等概念. 下面以二元函数为例介绍这些概念.

定义　设函数 $f(x,y)$ 在区域 D 内有定义，(x_0,y_0) 是 D 的内点. 若存在点 (x_0,y_0) 的一个邻域，使得对该邻域内任意一点 (x,y)，都有

$$f(x,y)\leqslant f(x_0,y_0)\quad(\text{或 } f(x,y)\geqslant f(x_0,y_0)),$$

则称 $f(x_0,y_0)$ 为 $f(x,y)$ 的一个**极大(或小)值**，并称 (x_0,y_0) 为**极大(或小)值点**. 极大值与极小值统称为**极值**，极大值点与极小值点统称为**极值点**.

例 1　函数 $f(x,y)=(x-1)^2+(y-2)^2$ 在点 $(1,2)$ 处的值为极小值，因为 $f(1,2)=0$，而在点 $(1,2)$ 邻近的其他点处，函数值大于零.

例 2　设函数 $f(x,y)=xy$，点 $(0,0)$ 不是 $f(x,y)$ 的极值点. 这是因为 $f(0,0)=0$，而在点 $(0,0)$ 的任何邻域内，总有使函数值大于零的点，也有使

函数值小于零的点.

这里应该提醒读者：像一元函数的情况一样，二元函数的极值概念是局部性的，它指的是在一点附近的最大值或最小值，而不是在二元函数的定义域中的最大值或最小值.

与一元函数类似，可以利用二元函数的偏导数来给出极值点的必要条件与充分条件.

定理 1（极值的必要条件） 若函数 $f(x,y)$ 在点 (x_0,y_0) 处达到极值，并且 $f_x(x_0,y_0)$ 与 $f_y(x_0,y_0)$ 存在，则必有

$$f_x(x_0,y_0)=0,\quad f_y(x_0,y_0)=0.$$

证 不妨设 $f(x_0,y_0)$ 为极大值. 由极大值的定义，对于点 (x_0,y_0) 的某一邻域内的一切点 (x,y)，都有

$$f(x,y)\leqslant f(x_0,y_0).$$

特别地，有

$$f(x,y_0)\leqslant f(x_0,y_0).$$

因此，x_0 是一元函数 $f(x,y_0)$ 的极大值点. 由一元函数极值点的必要条件有

$$\frac{\mathrm{d}}{\mathrm{d}x}f(x,y_0)\bigg|_{x_0}=0.$$

由偏导数的定义，上式意味着 $f_x(x_0,y_0)=0$.

同理可证 $f_y(x_0,y_0)=0$. 证毕.

若函数 $f(x,y)$ 在区域 D 内有偏导数，则根据定理 1，$f(x,y)$ 在 D 内的极值点必满足方程组

$$\begin{cases} f_x(x,y)=0,\\ f_y(x,y)=0. \end{cases}$$

我们称满足这个方程组的点为 $f(x,y)$ 的**稳定点**. 由定理 1 可知，当 $f(x,y)$ 在 D 内有偏导数时，其极值点必定是其稳定点. 但函数的稳定点未必是函数的极值点. 比如，在前面的例 2 中，$(0,0)$ 是稳定点，但不是极值点.

在一元函数的情形中，判别一个稳定点是否为极值点要借助于函数的二阶导数. 在多元函数的情形中，则要借助于二阶偏导数，但比一元函数的情形要复杂些.

定理 2（极值的充分条件） 设函数 $f(x,y)$ 在点 $P_0(x_0,y_0)$ 的一个邻域 $U(P_0)$ 内有连续的二阶偏导数，并且

$$f_x(x_0,y_0)=0,\quad f_y(x_0,y_0)=0.$$

令

$$A=\frac{\partial^2 f}{\partial x^2}(x_0,y_0),\quad B=\frac{\partial^2 f}{\partial x\partial y}(x_0,y_0),\quad C=\frac{\partial^2 f}{\partial y^2}(x_0,y_0).$$

若 $B^2<AC$，则当 $A>0$ 时，$f(x_0,y_0)$ 是极小值；而当 $A<0$ 时，$f(x_0,y_0)$ 是极大值.

证　设(x,y)为点 P_0 的邻域 $U(P_0)$ 内的任意一点，令 $x=x_0+\Delta x$，$y=x_0+\Delta y$. 根据泰勒公式，我们有

$$\begin{aligned}&f(x_0+\Delta x,y_0+\Delta y)\\&=f(x_0,y_0)+\frac{1}{2}\left[\frac{\partial^2 f}{\partial x^2}(P_\theta)(\Delta x)^2+2\frac{\partial^2 f}{\partial x\partial y}(P_\theta)\Delta x\Delta y+\frac{\partial^2 f}{\partial y^2}(P_\theta)(\Delta y)^2\right],\end{aligned}$$

其中 $P_\theta=(x_0+\theta\Delta x,y_0+\theta\Delta y)$，$0<\theta<1$. 为了简便起见，我们令

$$\widetilde{A}=\frac{\partial^2 f}{\partial x^2}(P_\theta),\quad \widetilde{B}=\frac{\partial^2 f}{\partial x\partial y}(P_\theta),\quad \widetilde{C}=\frac{\partial^2 f}{\partial y^2}(P_\theta),$$

那么

$$f(x_0+\Delta x,y_0+\Delta y)=f(x_0,y_0)+\frac{1}{2}[\widetilde{A}(\Delta x)^2+2\widetilde{B}\Delta x\Delta y+\widetilde{C}(\Delta y)^2].$$

可见，为了判别 $f(x_0,y_0)$是否是极值，需要研究二次三项式

$$\widetilde{A}(\Delta x)^2+2\widetilde{B}\Delta x\Delta y+\widetilde{C}(\Delta y)^2$$

对一切充分小的$|\Delta x|$与$|\Delta y|$（不全为零）是否恒正或恒负.

根据线性代数的知识，当 $b^2<ac$ 时，二次三项式

$$ax^2+2bxy+cy^2$$

对一切不全为零的 x,y 保持符号且其符号与 a 的符号相同. 这一结论可以由线性代数中二次型的理论得到，也可以由配方的方法直接证明. 事实上，当 $ac>b^2$ 时，$ac\neq 0$，这时

$$ax^2+2bxy+cy^2=\frac{1}{a}[(ax+by)^2+(ac-b^2)y^2].$$

当 x,y 不全为零时，上式右端方括号内的值总大于零.

根据二阶偏导数连续的假定，当 $\Delta x\to 0$，$\Delta y\to 0$ 时，$\widetilde{A}\to A$，$\widetilde{B}\to B$，且 $\widetilde{C}\to C$. 因此，当$|\Delta x|$与$|\Delta y|$充分小时，$\widetilde{A}$ 与 A 有相同符号，且 $\widetilde{B}^2<\widetilde{A}\widetilde{C}$.

当 $A>0$ 时，对于一切充分小（不全为零）的 Δx 与 Δy，有

$$\widetilde{A}(\Delta x)^2+2\widetilde{B}\Delta x\Delta y+\widetilde{C}(\Delta y)^2>0,$$

从而 $f(x_0+\Delta x,y_0+\Delta y)>f(x_0,y_0)$，即 $f(x_0,y_0)$是极小值.

当 $A<0$ 时，对于一切充分小（不全为零）的 Δx 及 Δy，有

$$\widetilde{A}(\Delta x)^2+2\widetilde{B}\Delta x\Delta y+\widetilde{C}(\Delta y)^2<0,$$

从而 $f(x_0+\Delta x,y_0+\Delta y)<f(x_0,y_0)$，即 $f(x_0,y_0)$ 是极大值. 证毕.

下面的定理讨论了 $B^2>AC$ 及 $B^2=AC$ 的情形.

定理 3 假定函数 $f(x,y)$ 在点 (x_0,y_0) 的一个邻域内有连续的二阶偏导数，并且 (x_0,y_0) 是其稳定点. 在定理 2 中的记号下，若 $B^2>AC$，则 $f(x_0,y_0)$ 一定不是极值；若 $B^2=AC$，则 $f(x_0,y_0)$ 可能是极值，也可能不是极值.

证 先证 $B^2>AC$ 的情况. 若 A,C 中至少有一个不等于零，不妨设 $A\neq 0$，则由

$$
\begin{aligned}
&f(x_0+\Delta x,y_0+\Delta y)\\
&\quad=f(x_0,y_0)+\frac{1}{2}[A(\Delta x)^2+2B\Delta x\Delta y+C(\Delta y)^2]+o(\rho^2),
\end{aligned}
$$

其中 $\rho=\sqrt{(\Delta x)^2+(\Delta y)^2}$，我们有

$$
\begin{aligned}
&f(x_0+\Delta x,y_0+\Delta y)\\
&\quad=f(x_0,y_0)+\frac{1}{2}\cdot\frac{1}{A}[(A\Delta x+B\Delta y)^2-(\Delta y)^2(B^2-AC)]+o(\rho^2).
\end{aligned}
$$

令 $\Delta x=-\frac{B}{A}\Delta y$，则

$$
o(\rho^2)=o\left(\left(1+\left(\frac{B}{A}\right)^2\right)(\Delta y)^2\right)=o((\Delta y)^2),
$$

并有

$$
\begin{aligned}
f\left(x_0-\frac{B}{A}\Delta y,y_0+\Delta y\right)&=f(x_0,y_0)-\frac{1}{2}\cdot\frac{B^2-AC}{A}(\Delta y)^2+o((\Delta y)^2)\\
&=f(x_0,y_0)-\left(\frac{1}{2}\cdot\frac{B^2-AC}{A}+o(1)\right)(\Delta y)^2,
\end{aligned}
$$

其中 $o(1)$ 代表一个无穷小量. 由此可见，当 Δy 充分小时，

$$
f\left(x_0-\frac{B}{A}\Delta y,y_0+\Delta y\right)-f(x_0,y_0)
$$

的符号与 $\dfrac{B^2-AC}{A}$ 的符号相反，即与 A 的符号相反.

另外，令 $\Delta y=0$，我们有

$$
\begin{aligned}
f(x_0+\Delta x,y_0)&=f(x_0,y_0)+\frac{1}{2}A(\Delta x)^2+o((\Delta x)^2)\\
&=f(x_0,y_0)+\left(\frac{1}{2}A+o(1)\right)(\Delta x)^2.
\end{aligned}
$$

可见,当 Δx 充分小时,$f(x_0+\Delta x,y_0)-f(x_0,y_0)$的符号与 A 的符号相同.

总之,$f(x,y)-f(x_0,y_0)$在点(x_0,y_0)的任何小邻域内总能取到相反的符号. 可见,$f(x_0,y_0)$不可能是极值.

对于 $C\neq 0$ 的情况,证明完全类似.

当 $A=C=0$ 时,$B\neq 0$,这时

$$f(x_0+\Delta x,y_0+\Delta y)-f(x_0,y_0)=B\Delta x\Delta y+o(\rho^2).$$

特别地,令 $\Delta y=\Delta x$,则有

$$f(x_0+\Delta x,y_0+\Delta x)-f(x_0,y_0)=B(\Delta x)^2+o((\Delta x)^2);$$

而令 $\Delta y=-\Delta x$,则有

$$f(x_0+\Delta x,y_0-\Delta x)-f(x_0,y_0)=-B(\Delta x)^2+o((\Delta x)^2).$$

这里,前一个等式告诉我们:当 Δx 充分小时,$f(x_0+\Delta x,y_0+\Delta x)-f(x_0,y_0)$与 B 有相同的符号;而后一个等式告诉我们:当 Δx 充分小时,$f(x_0+\Delta x,y_0-\Delta x)-f(x_0,y_0)$与 B 有相反的符号. 这就证明了 $f(x_0,y_0)$不是极值.

以上证明了,当 $B^2>AC$ 时,$f(x_0,y_0)$不是极值.

当 $B^2=AC$ 时,$f(x_0,y_0)$可能是极值,也可能不是极值. 这只要举出适当的例子就足够了:

函数 $f(x,y)=xy^2$ 及 $f(x,y)=(x+y)^2$ 在点$(0,0)$处都满足 $B^2=AC$,显然,$(0,0)$是 $f(x,y)=(x+y)^2$ 的极值点,但不是 $f(x,y)=xy^2$ 的极值点. 证毕.

我们用表 6.1 总结判别稳定点是否是极值点的方法.

表　6.1

条　　件		是否为极值点
$B^2<AC$	$A>0$	极小值点
	$A<0$	极大值点
$B^2>AC$		不是极值点
$B^2=AC$		未定

例 3　求函数 $f(x,y)=\dfrac{1}{3}(x^3+y^3)+xy$ 的稳定点,并判别其是否是极值点.

解　$f(x,y)$的稳定点应该满足方程组

$$\begin{cases} x^2+y=0, \\ y^2+x=0. \end{cases}$$

这个方程组有两个解，其对应的点为$(0,0)$及$(-1,-1)$，它们就是全体稳定点.

在点$(0,0)$处，$A=C=0,B=1,B^2>AC$. 可见，$(0,0)$不是极值点.

在点$(-1,-1)$处，$A=C=-2,B=1,B^2<AC$. 可见，$(-1,-1)$为极大值点.

例 4 求函数$f(x,y)=x^4+y^4-x^2-2xy-y^2$的稳定点，并判别它们是否是极值点.

解 $f(x,y)$的稳定点应该满足方程组

$$\begin{cases} f_x=4x^3-2x-2y=0, \\ f_y=4y^3-2x-2y=0. \end{cases}$$

这个方程组有三个解，其对应的点为$(0,0)$，$(1,1)$及$(-1,-1)$，这三个点就是所有稳定点.

下面我们来判别这三个稳定点是否是极值点. 很容易求得

$$f_{xx}=12x^2-2,\quad f_{xy}=-2,\quad f_{yy}=12y^2-2.$$

在点$(1,1)$处，$A=10>0,B=-2,C=10,B^2<AC$. 可见，$(1,1)$是极小值点.

在点$(-1,-1)$处，$A=10>0,B=-2,C=10,B^2<AC$，故$(-1,-1)$也是极小值点.

在点$(0,0)$处，$A=-2,B=-2,C=-2,B^2=AC$. 我们无法根据定理 2 去判断$(0,0)$是否为极值点，但是在$(0,0)$附近具体分析函数表达式的特征可发现：在直线$y=-x\ (0<x<1)$上，$f(x,-x)=2x^4>0$；而在直线$y=0\ (0<x<1)$上，$f(x,0)=x^4-x^2=x^2(x^2-1)<0$. 又由于$f(0,0)=0$，故$(0,0)$不是$f(x,y)$的极值点.

在一个稳定点(x_0,y_0)处，当$B^2=AC$时，一般不能断定该稳定点是否为极值点. 但是，在一个具体的问题中，可以考查函数值在过点(x_0,y_0)的两条直线(或曲线)上的变化，如果在这两条直线(或曲线)上，在点(x_0,y_0)的充分小邻域内，$f(x,y)-f(x_0,y_0)$的符号不相同，就可以判定(x_0,y_0)不是极值点.

2. 二元函数的最值问题

与一元函数类似，可以利用二元函数的极值来求它的最大值与最小值. 我们知道，当函数$f(x,y)$在闭区域D上连续时，它在D上就有最大值与最小值. 为了求最大(或小)值，应把所有的极大(或小)值与函数在区域边

界上的值做比较,其中最大(或小)者就是最大(或小)值. 但这种做法比较复杂. 在实际应用中,常遇到下列较简单的特殊情况: 一方面,根据实际问题的性质,可以断言 $f(x,y)$在 D 内必有最大(或小)值;另一方面,又能求出 $f(x,y)$在 D 内只有唯一的一个极值点(x_0,y_0). 在这种情况下,当 $f(x_0,y_0)$是极大(或小)值时,它也就是 $f(x,y)$在 D 上的最大(或小)值.

例 5 (最小二乘法) 已知变量 y 是变量 x 的函数,由实验测得当 x 取 n 个不同的值 $x_1,x_2,\cdots,x_n$ 时,对应的 y 值分别为 $y_1,y_2,\cdots,y_n$. 试据此求一个最佳线性近似公式:

$$y=ax+b,\quad a,b \text{ 为待定常数},$$

使利用这个近似公式算出的 y 值与实验所得值的误差平方和

$$u(a,b)=\sum_{i=1}^{n}(ax_i+b-y_i)^2$$

最小.

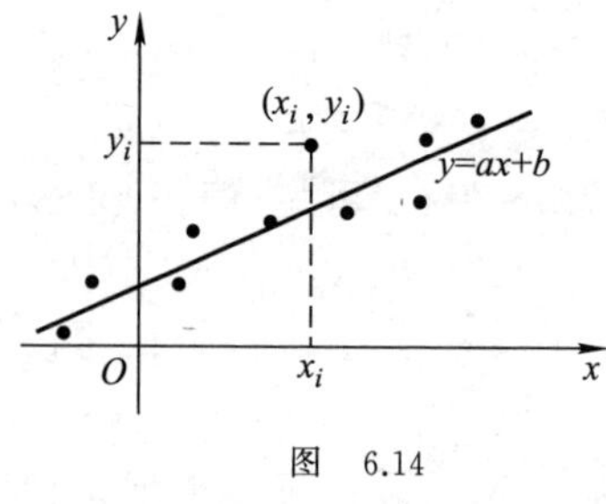

图 6.14

这里$(ax_i+b-y_i)^2$ 表示点(x_i,y_i)的纵坐标与直线 $y=ax+b$ 上 x_i 对应点的纵坐标之差的平方(见图 6.14). 如果所有数据均落在这条直线上,那么 $u(a,b)=0$. 因此,量 $u(a,b)$在一定程度上反映了数据组偏离直线 $y=ax+b$ 的大小.

解 该问题就是求二元函数 $u(a,b)$的最小值点. 因 $u(a,b)$在全平面上可微,故其极值点必是稳定点. 考虑方程组

$$\begin{cases}\dfrac{\partial u}{\partial a}=\displaystyle\sum_{i=1}^{n}2(ax_i+b-y_i)x_i=0,\\[2ex]\dfrac{\partial u}{\partial b}=\displaystyle\sum_{i=1}^{n}2(ax_i+b-y_i)=0,\end{cases}$$

即

$$\begin{cases}\left(\displaystyle\sum_{i=1}^{n}x_i^2\right)a+\left(\displaystyle\sum_{i=1}^{n}x_i\right)b=\displaystyle\sum_{i=1}^{n}x_iy_i,\\[2ex]\left(\displaystyle\sum_{i=1}^{n}x_i\right)a+nb=\displaystyle\sum_{i=1}^{n}y_i,\end{cases}$$

这里 a,b 为未知量. 用数学归纳法可证该方程组的系数行列式

$$n\sum_{i=1}^{n}x_i^2-\left(\sum_{i=1}^{n}x_i\right)^2=\sum_{\substack{i=1\\ i<j\leqslant n}}^{n-1}(x_i-x_j)^2\neq 0,$$

因而该方程组有唯一解(a_0,b_0)，即$u(a,b)$有唯一的稳定点.又

$$u_{aa}=2\sum_{i=1}^{n}x_i^2,\quad u_{ab}=2\sum_{i=1}^{n}x_i,\quad u_{bb}=2n.$$

于是，在点(a_0,b_0)处有

$$AC-B^2=4\sum_{\substack{i=1\\ i<j\leqslant n}}^{n-1}(x_i-x_j)^2>0,\quad A>0,$$

因而(a_0,b_0)是极小值点. 根据前面的讨论，它也就是最小值点. 于是，我们得到最佳线性近似公式

$$y=a_0x+b_0,$$

其中a_0,b_0为上述方程组的解.

3. 条件极值

在自变量满足一定约束条件下求函数极值的问题，称为**条件极值问题**. 比如，求函数

$$z=x^2+y^2$$

在约束条件$x+y=1$下的极小值，这就是一个条件极值问题. 显然，在这个具体问题中，我们可以从约束条件$x+y=1$中将y解成x的函数，然后代入函数的表达式中，将问题化作一个一元函数极值问题. 然而，一般来说，当约束条件较复杂时，将y解成x的函数在实际上未必总能做到. 有时即使能做到，其计算也可能很复杂. 因此，给出一种方法来避免这个过程是必要的.

下面我们介绍求条件极值的一种方法，此方法称为拉格朗日乘数法或λ乘子法. 使用这种方法可以避免从约束条件中求解隐函数的过程.

为了简便起见，我们先讨论二元函数的条件极值问题. 考虑函数

$$z=f(x,y)$$

在约束条件

$$\varphi(x,y)=0$$

下的极值. 设$f(x,y)$与$\varphi(x,y)$都有连续的一阶偏导数，并且$\varphi_y(x,y)\neq 0$. 设想由所给的约束条件确定出隐函数$y=y(x)$，将它代入函数的表达式得到

$$z=f(x,y(x)).$$

这样，条件极值问题就转化成求函数$z=f(x,y(x))$的普通极值问题. 现在，先求其稳定点，即求解方程

$$\frac{\mathrm{d}z}{\mathrm{d}x}=f_x+f_y y'(x)=0. \tag{6.11}$$

由隐函数求导公式知 $y'(x)=-\dfrac{\varphi_x}{\varphi_y}$. 代入(6.11)式,得到

$$f_x-f_y\frac{\varphi_x}{\varphi_y}=0,$$

即

$$\frac{f_x}{\varphi_x}=\frac{f_y}{\varphi_y}.$$

令 $\dfrac{f_y}{\varphi_y}=-\lambda$,则条件极值点必须满足方程组

$$\begin{cases}f_x+\lambda\varphi_x=0,\\ f_y+\lambda\varphi_y=0,\\ \varphi(x,y)=0.\end{cases}$$

为了便于记忆,引进辅助函数

$$F(x,y,\lambda)=f(x,y)+\lambda\varphi(x,y),$$

则上述方程组恰好就是三元函数 $F(x,y,\lambda)$的普通极值点必须满足的条件.

根据以上讨论可知,约束条件下的稳定点(x,y)及其相应的 λ 满足(x,y,λ)一定是 $F(x,y,\lambda)$的稳定点,因此条件极值问题形式上可归结为先求 $F(x,y,\lambda)$的稳定点,再判断稳定点是否为极值点的问题. 总结以上讨论,得到:

拉格朗日乘数法　为了求函数 $f(x,y)$在约束条件 $\varphi(x,y)=0$ 下的极值点,作辅助函数 $F(x,y,\lambda)=f(x,y)+\lambda\varphi(x,y)$. 解方程组

$$\begin{cases}F_x=f_x+\lambda\varphi_x=0,\\ F_y=f_y+\lambda\varphi_y=0,\\ F_\lambda=\varphi(x,y)=0.\end{cases}$$

设法消去 λ 而得到关于(x,y)的解,其便是约束条件下 $f(x,y)$的稳定点. 再判断所得的稳定点是否是条件极值点即可.

至于如何判断所得的稳定点是否是条件极值点,我们不讨论一般的方法,但在许多实际问题中往往可由问题本身的性质来判定.比如,在某些应用题中,我们可以根据实际问题的性质断言最大(或小)值一定存在,其稳定点却只有一个,这时我们即可断定该稳定点必为极大(或小)值点,也就是最

大(或小)值点.

类似地,要求三元函数 $f(x,y,z)$ 在约束条件 $\varphi(x,y,z)=0$ 下的极值,我们可令 $F(x,y,z,\lambda)=f(x,y,z)+\lambda\varphi(x,y,z)$,并由方程组

$$\begin{cases} F_x=f_x+\lambda\varphi_x=0, \\ F_y=f_y+\lambda\varphi_y=0, \\ F_z=f_z+\lambda\varphi_z=0, \\ F_\lambda=\varphi(x,y,z)=0 \end{cases}$$

求得稳定点.

例 6 求函数 $f(x,y,z)=xyz$ 在球面 $x^2+y^2+z^2=R^2(x,y,z>0;R>0)$ 上的最大值.

解 当 $x,y,z>0$ 时,$xyz>0$,且当 (x,y,z) 趋向于球面 $x^2+y^2+z^2=R^2$ 在第一卦限中的三条边界

$$\begin{cases} y^2+z^2=R^2, \\ x=0, \end{cases} \quad \begin{cases} z^2+x^2=R^2, \\ y=0 \end{cases} \quad \text{或} \quad \begin{cases} x^2+y^2=R^2, \\ z=0 \end{cases}$$

时,$f(x,y,z)\to 0$. 故 $f(x,y,z)$ 在球面内部必达到最大值.

令 $F(x,y,z)=xyz+\lambda(x^2+y^2+z^2-R^2)$,并解方程组

$$\begin{cases} F_x=yz+2x\lambda=0, \\ F_y=xz+2y\lambda=0, \\ F_z=xy+2z\lambda=0, \\ F_\lambda=x^2+y^2+z^2-R^2=0. \end{cases} \tag{6.12}$$

由方程组(6.12)的前三个方程得

$$\lambda=-\frac{yz}{2x}=-\frac{xz}{2y}=-\frac{xy}{2z}.$$

由此推得

$$x^2=y^2=z^2,$$

再代入方程组(6.12)中的第四个方程得 $3x^2=R^2$. 由此求得唯一稳定点

$$(x_0,y_0,z_0)=\left(\frac{R}{\sqrt{3}},\frac{R}{\sqrt{3}},\frac{R}{\sqrt{3}}\right).$$

我们已断定函数的最大值必在球面内部达到,故这唯一的稳定点就是最大值点,最大值为 $f\left(\frac{R}{\sqrt{3}},\frac{R}{\sqrt{3}},\frac{R}{\sqrt{3}}\right)=\frac{R^3}{3\sqrt{3}}$,即当 $x^2+y^2+z^2=R^2(x,y,z>0)$ 时,

$$xyz\leqslant\frac{R^3}{3\sqrt{3}}.$$

顺便指出,以 $R=\sqrt{x^2+y^2+z^2}$ 代入上式,得到

$$xyz \leqslant \left(\frac{x^2+y^2+z^2}{3}\right)^{\frac{3}{2}},$$

即

$$x^2y^2z^2 \leqslant \left(\frac{x^2+y^2+z^2}{3}\right)^3.$$

令 $x^2=a, y^2=b, z^2=c$,即得

$$\sqrt[3]{abc} \leqslant \frac{a+b+c}{3}.$$

上式说明,三个正数 a,b,c 的几何平均值小于或等于其算术平均值.

对于一般的有若干约束条件的多元函数条件极值问题,也有相应的**拉格朗日乘数法**:为了求函数 $f(x_1,\cdots,x_n)$在约束条件 $\varphi_1(x_1,\cdots,x_n)=0$, $\varphi_2(x_1,\cdots,x_n)=0,\cdots,\varphi_k(x_1,\cdots,x_n)=0$ 下的极值,我们作辅助函数

$$F(x_1,\cdots,x_n,\lambda_1,\cdots,\lambda_k)=f(x_1,\cdots,x_n)+\lambda_1\varphi_1(x_1,\cdots,x_n) +\cdots+\lambda_k\varphi_k(x_1,\cdots,x_n).$$

解方程组

$$\begin{cases} F_{x_1}=f_{x_1}+\lambda_1\dfrac{\partial\varphi_1}{\partial x_1}+\cdots+\lambda_k\dfrac{\partial\varphi_k}{\partial x_1}=0, \\ \cdots\cdots \\ F_{x_n}=f_{x_n}+\lambda_1\dfrac{\partial\varphi_1}{\partial x_n}+\cdots+\lambda_k\dfrac{\partial\varphi_k}{\partial x_n}=0, \\ F_{\lambda_1}=\varphi_1(x_1,\cdots,x_n)=0, \\ \cdots\cdots \\ F_{\lambda_k}=\varphi_k(x_1,\cdots,x_n)=0, \end{cases}$$

即可得约束条件下的稳定点. 再结合实际情况,可判断所得稳定点中哪些是条件极大值点,哪些是条件极小值点.

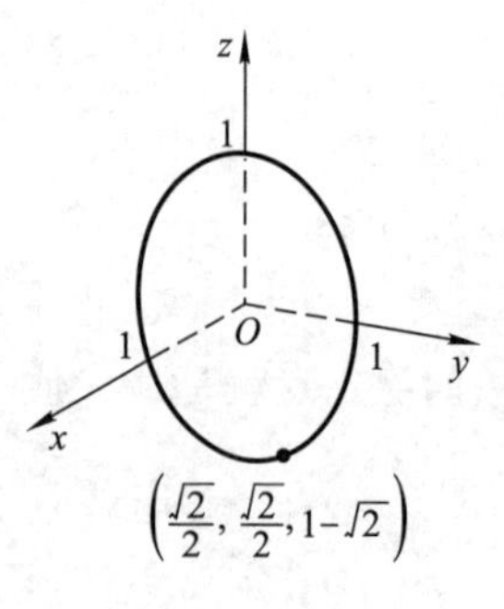

图 6.15

例 7 平面 $x+y+z=1$ 截圆柱面 $x^2+y^2=1$ 的截痕是一个椭圆周(见图 6.15). 求此椭圆周上离原点最近及最远的点.

解 空间中任意一点(x,y,z)到原点的距离为 $\sqrt{x^2+y^2+z^2}$. 该问题可化为求函数

$$f(x,y,z)=x^2+y^2+z^2$$

在约束条件

$$\begin{cases} x+y+z=1, \\ x^2+y^2=1 \end{cases}$$

下的最小值点及最大值点.

作辅助函数

$$F(x,y,z,\lambda_1,\lambda_2)= x^2+y^2+z^2+\lambda_1(x+y+z-1)+\lambda_2(x^2+y^2-1).$$

求解方程组

$$\begin{cases} F_x=2x+\lambda_1+2x\lambda_2=0, \\ F_y=2y+\lambda_1+2y\lambda_2=0, \\ F_z=2z+\lambda_1=0, \\ F_{\lambda_1}=x+y+z-1=0, \\ F_{\lambda_2}=x^2+y^2-1=0. \end{cases} \tag{6.13}$$

由方程组(6.13)的前三个方程可推出

$$\begin{cases} x(1+\lambda_2)=z, \\ y(1+\lambda_2)=z. \end{cases} \tag{6.14}$$

下面分两种情况求解：

(1) $\lambda_2=-1$.

这时，由方程组(6.14)可推出 $z=0$，再由方程组(6.13)的后两个方程即可推出 $x=1,y=0$ 或 $x=0,y=1$，从而求得两个稳定点

$$(1,0,0) \quad 及 \quad (0,1,0).$$

(2) $\lambda_2\neq-1$.

这时，由方程组(6.14)可推出

$$x=y\left(=\frac{z}{1+\lambda_2}\right),$$

再由方程组(6.13)的后两个方程可得两个稳定点

$$\left(\frac{\sqrt{2}}{2},\frac{\sqrt{2}}{2},1-\sqrt{2}\right) \quad 及 \quad \left(-\frac{\sqrt{2}}{2},-\frac{\sqrt{2}}{2},1+\sqrt{2}\right).$$

比较四个稳定点到原点的距离可判断：椭圆周上两个点(1,0,0)及(0,1,0)离原点最近，而点$\left(-\frac{\sqrt{2}}{2},-\frac{\sqrt{2}}{2},1+\sqrt{2}\right)$离原点最远.

习　题　6.9

1. 求下列函数的极值：

(1) $z=x^2(x-1)^2+y^2$；　(2) $z=2xy-5x^2-2y^2+4x+4y-1$；

(3) $z=6x^2-2x^3+3y^2+6xy+1$；　(4) $z=4xy-x^4-y^4+5$；

(5) $z=x^3y^2(6-x-y)\ (x,y>0)$.

2. 确定下列函数在所给约束条件下的最大值及最小值：

(1) $z=x^2+y^2$，当 $\frac{x}{2}+\frac{y}{3}=1$ 时；　(2) $z=3x+4y$，当 $x^2+y^2=1$ 时.

3. 在某一行星表面要安装一个无线电望远镜. 为了减少干扰，要将望远镜装在磁场最弱的位置. 设该行星为一个球体，半径为 6 单位长度. 若以球心为原点建立直角坐标系 $Oxyz$，则行星表面上点 (x,y,z) 处的磁场强度为

$$H(x,y,z)=6x-y^2+xz+60.$$

问：应将望远镜安装在何处？

4. 已知三角形的周长为 $2p$，问：怎样的三角形绕自己的一边旋转一周所得旋转体的体积最大？

5. 在两个平面 $y+2z=12$ 及 $x+y=6$ 的交线上求到原点距离最近的点.

6. 求椭球面 $x^2+y^2+\frac{z^2}{4}=1$ 与平面 $x+y+z=0$ 的交线上的点到原点的最长与最短距离.

7. 在已知圆锥体内作一个内接长方体，长方体的底面在圆锥体的底面上，求使体积最大的那个长方体的边长.

8. 当 n 个正数 $x_1,x_2,\cdots,x_n$ 的和等于常数 l 时，求它们的乘积的最大值；证明：n 个正数 $a_1,a_2,\cdots,a_n$ 的几何平均值小于或等于算术平均值，即

$$\sqrt[n]{a_1a_2\cdots a_n}\leqslant\frac{a_1+a_2+\cdots+a_n}{n}.$$

9. 在椭圆周 $\frac{x^2}{a^2}+\frac{y^2}{b^2}=1\ (a,b>0)$ 上哪些点处，其切线与坐标轴构成的三角形的面积最小？

10. 求函数 $f(x,y)=\frac{1}{2}(x^n+y^n)$ 在约束条件 $x+y=A\ (A>0)$ 下的最小值，并由此证明：

$$\frac{1}{2}(x^n+y^n)\geqslant\left(\frac{x+y}{2}\right)^n\quad(x,y>0).$$

*§10　曲面论初步

1. 曲面的基本概念

我们先讨论什么是曲面.

过去我们把曲面理解为定义在一个区域 D 上的二元连续函数 $z=f(x,y)$的图形. 更为一般些,是把曲面理解为一个满足一定条件的方程

$$F(x,y,z)=0$$

的解在空间中所形成的集合. 比如,方程

$$x^2+y^2+z^2-R^2=0$$

代表以原点为中心,R 为半径的球面. 前者称为曲面的显式表示,后者称为曲面的隐式表示. 无论是曲面的显式表示还是隐式表示,总是希望把曲面上点的坐标(x,y,z)中某一分量看作另外两个分量的函数. 这种看法虽然是自然的,但是也给我们带来了许多不便. 最一般的也是最方便的表示曲面的方法是参数表示法,即我们把一个曲面看作由两个自由参数所确定的空间中的点集合. 比如,球面的参数表示是

$$\begin{cases} x=R\sin\varphi\cos\theta, \\ y=R\sin\varphi\sin\theta, \\ z=R\cos\varphi, \end{cases}$$

其中 R 是正的常数,φ 与 θ 则是参数,$0\leqslant\varphi\leqslant\pi, 0\leqslant\theta<2\pi$.

一般来说,若在一个平面区域 D 上有三个连续函数 $x(u,v)$, $y(u,v)$ 及 $z(u,v)$,其中(u,v)在 D 中变动,那么由

$$\begin{cases} x=x(u,v), \\ y=y(u,v), \quad (u,v)\in D \\ z=z(u,v) \end{cases}$$

所确定的点(x,y,z)组成的集合称作一个**曲面**. 这个方程称作该曲面的**参数方程**,而(u,v)称为相应点的**参数**.

上述曲面的参数方程也可以用向量表示:

$$\boldsymbol{r}=\boldsymbol{r}(u,v)\equiv(x(u,v),y(u,v),z(u,v)).$$

从映射的观点来看,可以认为一个曲面是平面区域 D 到空间 $\mathbf{R}^3$ 中的一个连续映射的像(见图 6.16).

只要求上述映射 $(u,v)\mapsto(x,y,z)$ 连续还不足以保证映射的像是我们通常理解的曲面,比如它可能退化成一点或一条曲线. 为了保证曲面不至于退化,我们将要求参数与曲面上的点的对应是一一对应. 此外,我们还要求 $x=x(u,v)$, $y=y(u,v)$及 $z=z(u,v)$有连续的一阶偏导数,并且

$$\boldsymbol{r}_u=(x_u(u,v),y_u(u,v),z_u(u,v))$$

与

$$\boldsymbol{r}_v=(x_v(u,v),y_v(u,v),z_v(u,v))$$

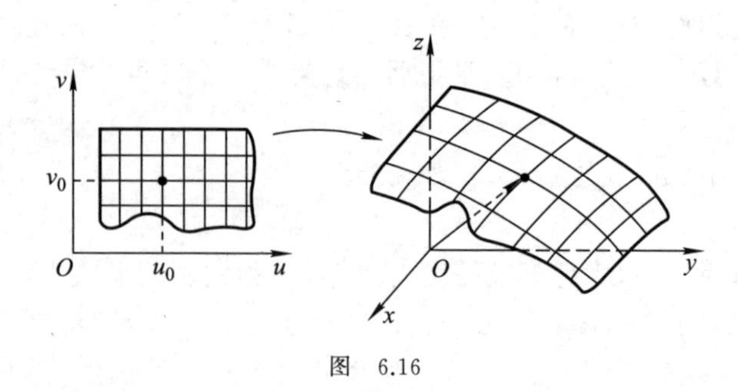

图　6.16

不共线，即

$$\boldsymbol{r}_u \times \boldsymbol{r}_v \neq \boldsymbol{0}.$$

后面这个条件实际上保证了曲面处处有切平面. 满足这个条件的光滑曲面，我们称之为**正则曲面**.

例 1　设 $F(x,y)$ 是区域 D 上一个有连续的一阶偏导数的函数，那么函数

$$z=F(x,y)$$

所表示的曲面处处有切平面.

事实上，这时该曲面可以认为是以 (x,y) 为参数的，其参数方程是

$$\begin{cases} x=x, \\ y=y, \\ z=F(x,y), \end{cases}$$

而其向量表示为

$$\boldsymbol{r}=\boldsymbol{r}(x,y) \equiv (x,y,F(x,y)),$$

故有

$$\boldsymbol{r}_x=(1,0,F_x(x,y)),$$

$$\boldsymbol{r}_y=(0,1,F_y(x,y)).$$

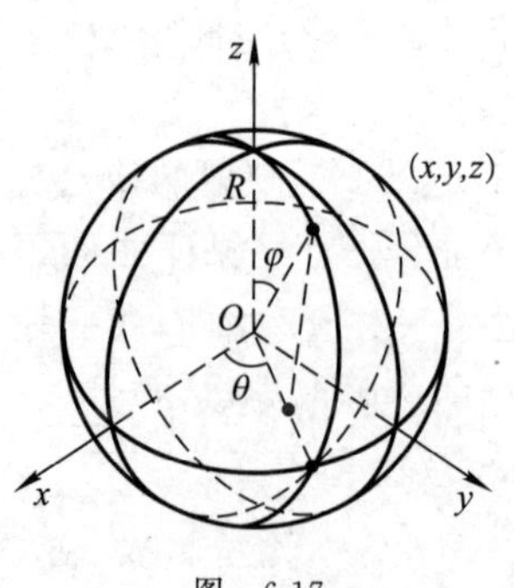

图　6.17

回顾叉乘运算的公式，我们有

$$\boldsymbol{r}_x \times \boldsymbol{r}_y=(-F_x,-F_y,1) \neq \boldsymbol{0}.$$

例 2　球面的通常参数表示是

$$\begin{cases} x=R\sin\varphi\cos\theta, \\ y=R\sin\varphi\sin\theta, \\ z=R\cos\varphi, \end{cases}$$

其中 R 为正的常数，$0 \leqslant \varphi \leqslant \pi$，$0 \leqslant \theta < 2\pi$（见图 6.17）. 在这样的参数表示下，球面上除两个极点

$(0,0,R)$与$(0,0,-R)$(分别对应于$\varphi=0,\pi$)外处处有切平面. 事实上,

$$\boldsymbol{r}_{\varphi}=(R\cos\varphi\cos\theta,R\cos\varphi\sin\theta,-R\sin\varphi),$$
$$\boldsymbol{r}_{\theta}=(-R\sin\varphi\sin\theta,R\sin\varphi\cos\theta,0),$$

于是

$$\boldsymbol{r}_{\varphi}\times\boldsymbol{r}_{\theta}=(R^2\sin^2\varphi\cos\theta,R^2\sin^2\varphi\sin\theta,R^2\cos\varphi\sin\varphi).$$

很容易验证,当$\varphi\neq0,\pi$时,$\boldsymbol{r}_{\varphi}\times\boldsymbol{r}_{\theta}\neq\boldsymbol{0}$.

2. 曲面的切平面与法向量

给定曲面S及其上一点P_0,若曲面S上通过点P_0的一切曲线在点P_0处的切线都在同一平面上,则称此平面为曲面S在点P_0处的**切平面**. 过点P_0而与切平面垂直的直线称为曲面S在点P_0处的**法线**. 该法线的方向称为曲面S在点P_0处的**法方向**. 所以,在点P_0处切平面的法向量也称为曲面S在该点处的**法向量**.

下面来求曲面S的切平面方程与法线方程.

设曲面S的方程为

$$F(x,y,z)=0,$$

$P_0(x_0,y_0,z_0)$是曲面S上一点. 假设函数$F(x,y,z)$在点P_0附近可微且F_x,F_y,F_z在点P_0处不全等于零.

命题 在上述假设下,向量

$$\boldsymbol{n}=(F_x(x_0,y_0,z_0),F_y(x_0,y_0,z_0),F_z(x_0,y_0,z_0))$$

与曲面S上过点P_0的一切曲线在点P_0处的切线垂直.

证 考虑曲面S上过点P_0的任意一条光滑曲线l,其参数方程为

$$l:\begin{cases}x=\varphi(t),\\ y=\psi(t), \quad \alpha\leqslant t\leqslant\beta.\\ z=\omega(t),\end{cases}$$

于是,有恒等式

$$F(\varphi(t),\psi(t),\omega(t))\equiv0,\quad \alpha\leqslant t\leqslant\beta.$$

又设点P_0对应于参数t_0,将上式两端在t_0处对t求导数,由复合函数求导公式得

$$F_x(x_0,y_0,z_0)\varphi'(t_0)+F_y(x_0,y_0,z_0)\psi'(t_0)+F_z(x_0,y_0,z_0)\omega'(t_0)=0,$$

即

$$\boldsymbol{n}\cdot(\varphi'(t_0),\psi'(t_0),\omega'(t_0))=0.$$

而$(\varphi'(t_0),\psi'(t_0),\omega'(t_0))$是曲线$l$在点$P_0$处的切向量. 上式说明,$\boldsymbol{n}$与曲线$l$在点$P_0$处的切线垂直. 由于$l$是曲面$S$上过点$P_0$的任意一条曲线,

于是命题得证. 证毕.

命题说明,曲面 S 上过点 P_0 的任意一条曲线在点 P_0 处的切线都与同一向量 $\boldsymbol{n}$ 垂直,因而所有这些切线就在同一平面上. 根据定义,此平面即为切平面. 命题还说明,$\boldsymbol{n}$ 就是切平面的法向量. 因而,曲面 S 在点 P_0 处的**切平面方程**为

$$\begin{aligned}F_x(x_0,y_0,z_0)(x-x_0)+F_y(x_0,y_0,z_0)(y-y_0)\\+F_z(x_0,y_0,z_0)(z-z_0)=0,\end{aligned}$$

法线方程为

$$\frac{x-x_0}{F_x(x_0,y_0,z_0)}=\frac{y-y_0}{F_y(x_0,y_0,z_0)}=\frac{z-z_0}{F_z(x_0,y_0,z_0)}.$$

当曲面 S 由显函数

$$z=f(x,y)$$

表示时,把函数表达式改写成隐函数方程得 $f(x,y)-z=0$,于是曲面 S 在点 $P_0(x_0,y_0,f(x_0,y_0))$处的法向量为

$$(f_x(x_0,y_0),f_y(x_0,y_0),-1),$$

从而曲面 S 在点 P_0 处的切平面方程为

$$f_x(x_0,y_0)(x-x_0)+f_y(x_0,y_0)(y-y_0)-(z-z_0)=0,$$

法线方程为

$$\frac{x-x_0}{f_x(x_0,y_0)}=\frac{y-y_0}{f_y(x_0,y_0)}=\frac{z-z_0}{-1}.$$

这里我们顺便说明一下全微分的几何意义. 上述切平面方程也可写成

$$z-z_0=f_x(x_0,y_0)(x-x_0)+f_y(x_0,y_0)(y-y_0).$$

令 $x-x_0=\Delta x,y-y_0=\Delta y$,即有

$$z-z_0=f_x(x_0,y_0)\Delta x+f_y(x_0,y_0)\Delta y=\mathrm{d}z\big|_{(x_0,y_0)}.$$

上式说明,当自变量 x,y 分别有增量 $\Delta x,\Delta y$ 时,函数的全微分就等于切平面上对应的立坐标 z 的增量. 这就是全微分的几何意义,见图 6.18.

设曲面 S 由参数方程

$$\begin{cases}x=x(u,v),\\y=y(u,v),\quad(u,v)\in D\\z=z(u,v),\end{cases}$$

给出,且当$(u,v)\in D$ 时,$\boldsymbol{r}_u\times\boldsymbol{r}_v\neq\boldsymbol{0}$;又设点$(u_0,v_0)\in D$ 对应于曲面上一点 $P_0(x_0,y_0,z_0)$,其中 $x_0=x(u_0,v_0),y_0=y(u_0,v_0),z_0=z(u_0,v_0)$. 为了求曲面 S 在点 $P_0(x_0,y_0,z_0)$处的法方向,考虑曲面 S 上过点 P_0 的两条

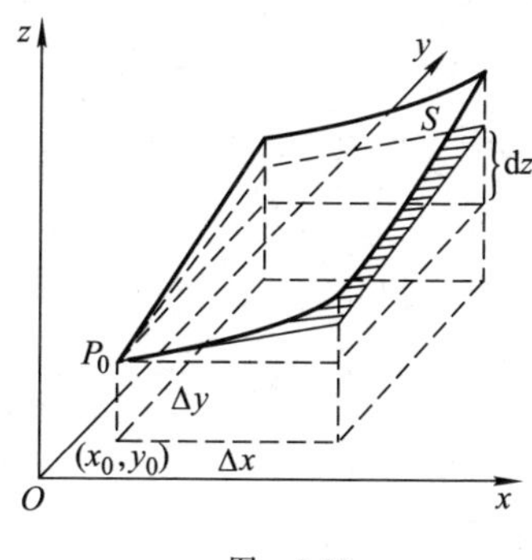

图 6.18

特殊曲线：

$$l_1:\begin{cases}x=x(u,v_0),\\y=y(u,v_0),\\z=z(u,v_0)\end{cases}\quad 及\quad l_2:\begin{cases}x=x(u_0,v),\\y=y(u_0,v),\\z=z(u_0,v).\end{cases}$$

我们把 l_1 与 l_2 称为参数曲线. 它们在点 P_0 处的切向量分别为 $\boldsymbol{r}_u=(x_u,y_u,z_u)|_{(u_0,v_0)}$ 及 $\boldsymbol{r}_v=(x_v,y_v,z_v)|_{(u_0,v_0)}$. 曲面 S 在点 P_0 处的法向量 $\boldsymbol{n}$ 与 $\boldsymbol{r}_u$ 及 $\boldsymbol{r}_v$ 都垂直(见图 6.19)，于是

$$\boldsymbol{n}=\boldsymbol{r}_u\times\boldsymbol{r}_v=\begin{vmatrix}\boldsymbol{i}&\boldsymbol{j}&\boldsymbol{k}\\x_u&y_u&z_u\\x_v&y_v&z_v\end{vmatrix}_{(u_0,v_0)}.$$

若用雅可比行列式来表示，曲面 S 在点 P_0 处的法向量为

$$\boldsymbol{n}=\left(\frac{\mathrm{D}(y,z)}{\mathrm{D}(u,v)},\frac{\mathrm{D}(z,x)}{\mathrm{D}(u,v)},\frac{\mathrm{D}(x,y)}{\mathrm{D}(u,v)}\right)\Bigg|_{(u_0,v_0)}.$$

曲面 S 在点 P_0 处的切平面方程为

$$(\boldsymbol{r}-\boldsymbol{r}_0)\cdot\boldsymbol{n}=0,$$

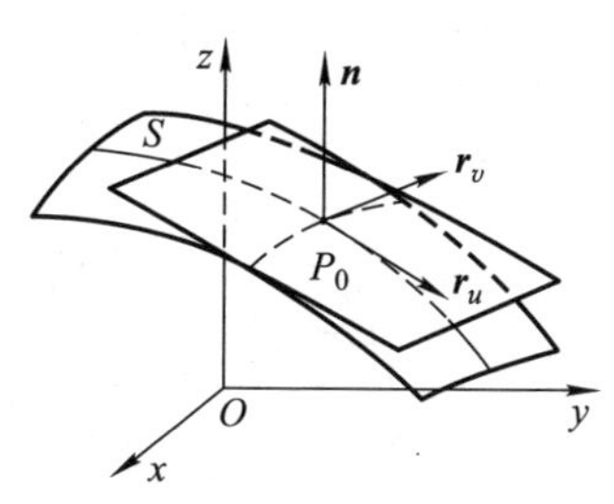

图 6.19

其中 $\boldsymbol{r}_0=(x_0,y_0,z_0)$表示定点，$\boldsymbol{r}=(x,y,z)$表示动点. 这一方程也可写成行列式形式：

$$\begin{vmatrix} x-x_0 & y-y_0 & z-z_0 \\ x_u & y_u & z_u \\ x_v & y_v & z_v \end{vmatrix}_{(u_0,v_0)}=0.$$

例 3　求球面 $x^2+y^2+z^2=R^2\,(R>0)$在点$\left(0,\frac{\sqrt{2}}{2}R,\frac{\sqrt{2}}{2}R\right)$处的切平面方程及法向量.

解　*方法一*　设 $F(x,y,z)=x^2+y^2+z^2-R^2=0$. 根据命题的结论，该球面在点$\left(0,\frac{\sqrt{2}}{2}R,\frac{\sqrt{2}}{2}R\right)$处的法向量为

$$\boldsymbol{n}=(F_x,F_y,F_z)\Big|_{\left(0,\frac{\sqrt{2}}{2}R,\frac{\sqrt{2}}{2}R\right)}=(2x,2y,2z)\Big|_{\left(0,\frac{\sqrt{2}}{2}R,\frac{\sqrt{2}}{2}R\right)}$$
$$=(0,\sqrt{2}R,\sqrt{2}R).$$

因此，所求的切平面方程为

$$\sqrt{2}R\left(y-\frac{\sqrt{2}}{2}R\right)+\sqrt{2}R\left(z-\frac{\sqrt{2}}{2}R\right)=0,$$

化简为

$$y+z-\sqrt{2}R=0.$$

方法二　我们采用例 2 中的球面参数表示：

$$\begin{cases} x=R\sin\varphi\cos\theta, \\ y=R\sin\varphi\sin\theta, \\ z=R\cos\varphi. \end{cases}$$

点$\left(0,\frac{\sqrt{2}}{2}R,\frac{\sqrt{2}}{2}R\right)$所对应的参数为 $\varphi=\frac{\pi}{4},\theta=\frac{\pi}{2}$. 根据例 2 中的结果，在该点处 $\boldsymbol{r}_\varphi=\left(0,\frac{\sqrt{2}}{2}R,-\frac{\sqrt{2}}{2}R\right)$，而 $\boldsymbol{r}_\theta=\left(-\frac{\sqrt{2}}{2}R,0,0\right)$. 这样，在该点处的切平面方程为

$$\begin{vmatrix} x & y-\frac{\sqrt{2}}{2}R & z-\frac{\sqrt{2}}{2}R \\ 0 & \frac{\sqrt{2}}{2}R & -\frac{\sqrt{2}}{2}R \\ -\frac{\sqrt{2}}{2}R & 0 & 0 \end{vmatrix}=0,$$

化简后得到 $y+z-\sqrt{2}R=0$；在该点处的法向量为

$$\boldsymbol{n}=\boldsymbol{r}_\varphi\times\boldsymbol{r}_\theta=\left(0,\frac{R^2}{2},\frac{R^2}{2}\right).$$

在许多场合下，我们常常要考虑曲面上一点处的单位法向量. 曲面 $\boldsymbol{r}=\boldsymbol{r}(u,v)$ 在一点 (u,v) 处的单位法向量是

$$\boldsymbol{n}_0=\frac{\boldsymbol{r}_u\times\boldsymbol{r}_v}{|\boldsymbol{r}_u\times\boldsymbol{r}_v|}.$$

习　题　6.10

1. 求下列曲面在指定点处的切平面方程：

(1) $\dfrac{x^2}{a^2}+\dfrac{y^2}{b^2}+\dfrac{z^2}{c^2}=1(a,b,c>0)$，在点 $\left(0,\dfrac{b}{\sqrt{2}},\dfrac{c}{\sqrt{2}}\right)$ 处；

(2) $z=x^2-y^2$，在点 $(2,1,3)$ 处；

(3) $x=\mathrm{ch}\rho\cos\theta,y=\mathrm{ch}\rho\sin\theta,z=\rho(\rho>0,0\leqslant\theta<2\pi)$，在 $\rho=1,\theta=\dfrac{\pi}{2}$ 对应的点处；

(4) $\mathrm{e}^z-2z+xy=3$，在点 $(2,1,0)$ 处.

2. 试证：曲面 $\sqrt{x}+\sqrt{y}+\sqrt{z}=\sqrt{a}\ (a>0)$ 上任意一点处的切平面在各坐标轴上的截距之和等于 a.

第六章总练习题

1. 若 $f\left(\dfrac{y}{x}\right)=\dfrac{x^3}{(x^2+y^2)^{\frac{3}{2}}}$，求函数 $f(x)$.

2. 设函数 $z(x,y)=\sqrt{y}+f(\sqrt{x}-1)$，并且当 $y=4$ 时，$z=x+1$，求函数 $f(x)$ 与 $z(x,y)$.

3. 已知当 $x\neq0$ 且 $x+y\neq0$ 时，$f\left(x+y,\dfrac{y}{x}\right)=x^2-y^2$，求函数 $f(x,y)$.

4. 设函数

$$f(x,y)=\begin{cases}\dfrac{xy}{x-y}, & x\neq y,\\ 0, & x=y,\end{cases}$$

讨论当 $(x,y)\to(0,0)$ 时，$f(x,y)$ 是否有极限.

*5. 设函数

$$f(x,y)=\frac{x^2y^2}{x^2y^2+(x-y)^2},$$

证明：累次极限

$$\lim_{x\to0}\lim_{y\to0}f(x,y)=\lim_{y\to0}\lim_{x\to0}f(x,y)=0,$$

但全面极限 $\lim\limits_{(x,y)\to(0,0)} f(x,y)$不存在.

6. 求下列函数的所有不连续点组成的集合：

(1) $f(x,y)=[y]\operatorname{sgn}x$，其中$[y]$表示 y 的整数部分；

(2) $f(x,y)=\operatorname{sgn}(x^2-y)$.

7. 设函数

$$f(x,y)=\begin{cases}\dfrac{xy^2}{x^2+y^4}, & (x,y)\neq(0,0),\\ 0, & (x,y)=(0,0),\end{cases}$$

证明：任意取定 $\alpha\in[0,2\pi]$，$f(x,y)$沿射线

$$x=t\cos\alpha,\quad y=t\sin\alpha\quad(0\leqslant t<+\infty)$$

在点(0,0)处连续，但 $f(x,y)$作为二元函数在点(0,0)处并不连续.

8. 设函数 $f(x,y)$在区域 D 上有定义，且 $f(x,y)$在此区域内对 x 连续，而对 y 满足李普希茨条件，即存在常数 $L>0$，使得对于任意的(x,y_1)，$(x,y_2)\in D$，都有

$$|f(x,y_1)-f(x,y_2)|\leqslant L|y_1-y_2|,$$

证明：$f(x,y)$在 D 内是连续的.

9. 当 $0<\sqrt{x^2+y^2}<1$ 时，证明下列不等式：

(1) $1-\dfrac{x^2y^2}{3}<\dfrac{\arctan(xy)}{xy}<1$，其中 $xy\neq0$；

(2) $2|xy|-\dfrac{x^2y^2}{6}<4-4\cos\sqrt{|xy|}<2|xy|$.

10. 求下列极限：

(1) $\lim\limits_{(x,y)\to(0,0)}\dfrac{\arctan(xy)}{xy}$，其中 $xy\neq0$；

(2) $\lim\limits_{(x,y)\to(0,0)}\dfrac{4-4\cos\sqrt{|xy|}}{|xy|}$，其中 $xy\neq0$；

(3) $\lim\limits_{(x,y)\to(0,0)}(2x^2-y^2)\sin\dfrac{1}{x^2+y^2}$.

11. 设 $f(x,y,z)$是 $n(n\geqslant2)$次齐次函数，即满足 $f(tx,ty,tz)=t^nf(x,y,z)$（t 为任意实数），并且有连续的二阶偏导数，证明：$f(x,y,z)$满足方程

$$\left(x\frac{\partial}{\partial x}+y\frac{\partial}{\partial y}+z\frac{\partial}{\partial z}\right)^2f(x,y,z)=n(n-1)f(x,y,z).$$

12. 设函数

$$f(x,y)=\begin{cases}(x^2+y^2)\sin\dfrac{1}{x^2+y^2}, & (x,y)\neq(0,0),\\ 0, & (x,y)=(0,0),\end{cases}$$

证明：

(1) 在点(0,0)的某个邻域内，$f_x(x,y)$与 $f_y(x,y)$存在，但这两个偏导数在点(0,0)处不连续；

(2) $f(x,y)$在点$(0,0)$处可微.

13. 设函数 $t=f(xyz)$，并且 f 三阶可导,证明：

$$\frac{\partial^3 t}{\partial x\partial y\partial z}=F(u),$$

其中 F 为某个一元函数,$u=xyz$;并求 F 的表达式.

14. 设函数 $z=\frac{y^2}{3x}+\varphi(xy)$,其中 φ 为可微函数,证明：

$$x^2\frac{\partial z}{\partial x}-xy\frac{\partial z}{\partial y}+y^2=0.$$

15. 设函数 $u=\varphi(x-at)+\psi(x+at)$,其中 φ 与 ψ 为可微函数,a 为常数,证明：

$$\frac{\partial^2 u}{\partial t^2}=a^2\frac{\partial^2 u}{\partial x^2}.$$

16. 设

$$\begin{cases} x=r\cos\theta, \\ y=r\sin\theta, \quad (r>0,0\leqslant\theta<2\pi,z>0), \\ z=z \end{cases}$$

求雅可比行列式

$$\frac{D(x,y,z)}{D(r,\theta,z)}=\begin{vmatrix} \frac{\partial x}{\partial r} & \frac{\partial x}{\partial \theta} & \frac{\partial x}{\partial z} \\ \frac{\partial y}{\partial r} & \frac{\partial y}{\partial \theta} & \frac{\partial y}{\partial z} \\ \frac{\partial z}{\partial r} & \frac{\partial z}{\partial \theta} & \frac{\partial z}{\partial z} \end{vmatrix}.$$

17. 设

$$\begin{cases} x=\rho\sin\varphi\cos\theta, \\ y=\rho\sin\varphi\sin\theta, \quad (\rho>0,0<\varphi<\pi,0\leqslant\theta<2\pi), \\ z=\rho\cos\varphi \end{cases}$$

求雅可比行列式

$$\frac{D(x,y,z)}{D(\rho,\varphi,\theta)}=\begin{vmatrix} \frac{\partial x}{\partial \rho} & \frac{\partial x}{\partial \varphi} & \frac{\partial x}{\partial \theta} \\ \frac{\partial y}{\partial \rho} & \frac{\partial y}{\partial \varphi} & \frac{\partial y}{\partial \theta} \\ \frac{\partial z}{\partial \rho} & \frac{\partial z}{\partial \varphi} & \frac{\partial z}{\partial \theta} \end{vmatrix}.$$

18. 向量函数 $\boldsymbol{r}(t)=(x(t),y(t),z(t))$的微分定义为

$$d(\boldsymbol{r}(t))=(d(x(t)),d(y(t)),d(z(t)))=(x'(t),y'(t),z'(t))dt.$$

(1) 设有两个向量函数

$$\boldsymbol{r}_i(t)=(x_i(t),y_i(t),z_i(t)),\quad i=1,2,$$

证明：

$$d(\boldsymbol{r}_1(t)\cdot\boldsymbol{r}_2(t))=\boldsymbol{r}_2(t)\cdot d(\boldsymbol{r}_1(t))+\boldsymbol{r}_1(t)\cdot d(\boldsymbol{r}_2(t)).$$

(2) 若向量函数 $\boldsymbol{r}(t)$ 的模恒为 1，即

$$|\boldsymbol{r}(t)|\equiv 1,$$

证明：

$$\boldsymbol{r}(t)\cdot \mathrm{d}(\boldsymbol{r}(t))\equiv 0.$$

解释上式的几何意义.

19. 对下列函数及所指定的点，求两个方向，使函数在指定点处沿其中一个方向增长得最快，而沿另一个方向减少得最快，并求函数沿这两个方向的方向导数：

(1) $f(x,y)=x^2+xy+y^2$，在点 $M_0(-1,1)$ 处；

(2) $f(x,y,z)=x\mathrm{e}^y+z^2$，在点 $M_0\left(1,\ln 2,\dfrac{1}{2}\right)$ 处.

20. 求函数 $f(x,y,z)=x^2+y^2+z^2$ 在曲线 $\boldsymbol{r}(t)=(\cos t,\sin t,t)$ 上下列各点处沿切线方向的方向导数：

(1) $t=\dfrac{\pi}{4}$ 对应的点； (2) $t=0$ 对应的点； (3) $t=-\dfrac{\pi}{4}$ 对应的点.

21. 设函数 $f(x,y)$ 在点(2,3)处沿 $\boldsymbol{i}+\boldsymbol{j}$ 方向的方向导数为 $2\sqrt{2}$，沿 $-2\boldsymbol{j}$ 方向的方向导数为 -3，其中 $\boldsymbol{i},\boldsymbol{j}$ 为坐标向量，求 $f(x,y)$ 在点(2,3)处沿 $2\boldsymbol{i}+\boldsymbol{j}$ 方向的方向导数.

22. 设函数 $z=f(x,y)$ 有连续的二阶偏导数，又设两个方向 $\boldsymbol{l}_1$ 与 $\boldsymbol{l}_2$ 的方向余弦分别为 $\cos\alpha_1,\cos\beta_1$ 与 $\cos\alpha_2,\cos\beta_2$，且 $\boldsymbol{l}_1$ 与 $\boldsymbol{l}_2$ 互相垂直，证明：

(1) $\left(\dfrac{\partial f}{\partial \boldsymbol{l}_1}\right)^2+\left(\dfrac{\partial f}{\partial \boldsymbol{l}_2}\right)^2=\left(\dfrac{\partial f}{\partial x}\right)^2+\left(\dfrac{\partial f}{\partial y}\right)^2$；

(2) $\dfrac{\partial^2 f}{\partial \boldsymbol{l}_1^2}+\dfrac{\partial^2 f}{\partial \boldsymbol{l}_2^2}=\dfrac{\partial^2 f}{\partial x^2}+\dfrac{\partial^2 f}{\partial y^2}$.

23. 设函数 $z=f(x,y)$ 可微，又已知 $\dfrac{\partial z}{\partial x}=x^2+y$，并且当 $y=x$ 时，$f(x,x)=x^2$，求 $f(x,y)$ 的表达式.

24. 设函数 $z=f(x,y)$ 满足 $\dfrac{\partial^2 z}{\partial x\partial y}=x+y+1$，并且 $f(x,0)=x^2$，$f(0,y)=2y$，求 $f(x,y)$ 的表达式.

25. 设 $f(x,y)$ 为可微分足够多次的函数，试按 h 的方幂将函数

$$F(h)=\frac{1}{4}(f(x+h,y)+f(x,y+h)+f(x-h,y)+f(x,y-h))-f(x,y)$$

展开，准确到 h^4 的项.

26. 设 $f(u,v)$ 为可微分足够多次的函数，试按 r 的方幂将函数

$$F(r)=\frac{1}{2\pi}\int_0^{2\pi} f(x+r\cos\varphi,y+r\sin\varphi)\mathrm{d}\varphi$$

展开，准确到 r^4 的项.

27. 在图 6.20 所示的并联电路中，总电阻 R 由下式确定：

$$\frac{1}{R}=\frac{1}{R_1}+\frac{1}{R_2}+\frac{1}{R_3}.$$

求 $\dfrac{\partial R}{\partial R_1}$ 在 $R_1=30\ \Omega, R_2=45\ \Omega, R_3=90\ \Omega$ 时的值.

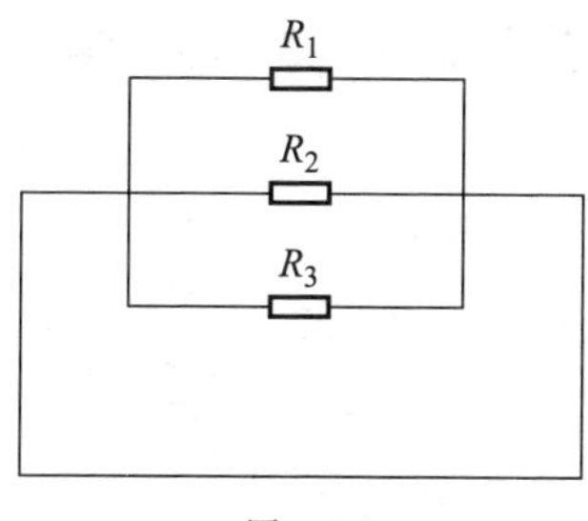

图 6.20

28. 设函数 $u=f(x,y,z)=xy^2z^3$，又有方程

$$x^2+y^2+z^2-3xyz=0.$$

(1) 当 $z=z(x,y)$ 是由上述方程所确定的隐函数时，求 $\left.\dfrac{\partial u}{\partial x}\right|_{(1,1,1)}$；

(2) 当 $y=y(z,x)$ 是由上述方程所确定的隐函数时，求 $\left.\dfrac{\partial u}{\partial x}\right|_{(1,1,1)}$.

29. 设函数 $z=z(x,y)$ 由方程

$$ax+by+cz=F(x^2+y^2+z^2)$$

确定，其中 F 为可微函数，a,b,c 为常数，证明：

$$(cy-bz)\frac{\partial z}{\partial x}+(az-cx)\frac{\partial z}{\partial y}=bx-ay.$$

30. 求函数 $f(x,y)=x^2+y^2$ 在两条坐标轴 $x=0, y=0$ 及直线 $2x+y=2$ 所围成三角形闭区域上的最大值与最小值.

31. 求函数

$$f(x,y)=x^2+xy+y^2-6x+2$$

在矩形闭区域 $0\leqslant x\leqslant 5, -3\leqslant y\leqslant 0$ 上的最大值与最小值.

32. 求函数 $z=\sin x+\cos y+\cos(x-y)$ $\left(0\leqslant x\leqslant\dfrac{\pi}{2}, 0\leqslant y\leqslant\dfrac{\pi}{2}\right)$的极值.

33. 利用条件极值求椭圆周 $5x^2+8xy+5y^2=9$ 的长、短半轴.

34. 已知曲面 S 的方程为

$$x^2+\frac{y^2}{4}+\frac{z^2}{2}=1,$$

平面 π 的方程为

$$2x+y+2z+6=0.$$

(1) 求曲面 S 的平行于平面 π 的切平面方程；

(2) 在曲面 S 上求到平面 π 的距离最短及最长的点，并求最短及最长的距离.

部分习题答案与提示

第 一 章

习 题 1.1

3. (1) $-1<x<2$；　　(2) $-\sqrt{5}<x<-1$ 或 $1<x<\sqrt{5}$.

5. (1) $x>-5.9$ 或 $x<-6.1$；　　(2) $x>a+l$ 或 $x<a-l$.

6. 提示：利用公式 $x^n-1=(x-1)(x^{n-1}+x^{n-2}+\cdots+1)$.

7. 提示：考虑集合 $A_n=\left\{\dfrac{m}{10^n}\,\middle|\, m\in\mathbf{Z}\right\}$，即

$$A_n=\left\{0,\pm\frac{1}{10^n},\pm\frac{2}{10^n},\cdots\right\},$$

其中 n 为正整数. 取 n 足够大，使得 $\dfrac{1}{10^n}<(b-a)$，证明 $(a,b)\cap A_n\neq\varnothing$.

8. 提示：考虑集合 $B_n=\left\{\sqrt{2}+\dfrac{m}{10^n}\,\middle|\, m\in\mathbf{Z}\right\}$，其中 n 为正整数. 说明 B_n 中的数是无理数，并证明当 $\dfrac{1}{10^n}<(b-a)$ 时，(a,b) 中有 B_n 中的数.

习 题 1.2

1. (1) $|x|>2$；　(2) $-1<x<1$；　(3) $1\leqslant x\leqslant 4$；

(4) $-\infty<x<-3$，　$\dfrac{1}{2}<x<+\infty$；

(5) $k\pi-\dfrac{\pi}{6}\leqslant x\leqslant k\pi+\dfrac{\pi}{6}$，$k=0,\pm1,\pm2,\cdots$.

2. (1) $(1,10)$；　(2) $(-\infty,\ln 2]$；　(3) $[0,2]$；　(4) $[-\sqrt{2},\sqrt{2}]$.

3. (1) $1,-5,5$；　(2) $0,\dfrac{\pi}{6},-\dfrac{\pi}{6}$；　(3) $\ln 4,0,-5$；　(4) $1,\dfrac{1}{2},2\sqrt{2},4$.

4. $\dfrac{2-x}{2+x},\dfrac{3+x}{1-x},\dfrac{4}{2-x},\dfrac{2x+1}{2x-1},\dfrac{2-x}{2+x}$.　　**5.** $3x^2+3x\Delta x+(\Delta x)^2$.

6. $\ln\ln x\,(x>\mathrm{e})$，$x^4\,(-\infty<x<+\infty)$，$\ln x^2\,(-\infty<x<+\infty,x\neq0)$，$(\ln x)^2\,(x>0)$.

7. $f(g(x))\equiv0$，$g(f(x))\equiv f(x)=\dfrac{1}{2}(|x|-x)\,(-\infty<x<+\infty)$.

9. (1) $y=x^4\,(-\infty<x<+\infty)$；　(2) $y=\begin{cases}x^2, & x\geqslant0,\\ -x, & x<0;\end{cases}$

(3) $y=\begin{cases}-x, & x>0,\\ x^2, & x\leqslant 0;\end{cases}$　　(4) $y=x^2\ (-\infty<x<+\infty)$.

10. (1) $y=x+\sqrt{4+x^2}\ (-\infty<x<+\infty)$.

(2) $y=\ln(x+\sqrt{1+x^2})\ (-\infty<x<+\infty)$. 提示：计算 $y+\sqrt{y^2+1}$.

(3) $y=\ln(x+\sqrt{x^2-1})\ (1\leqslant x<+\infty)$.

12. (1) 否；　(2) 是；　(3) 否；　(4) 是；　(5) 是；　(6) 否；　(7) 是.

14. 是. 提示：分两种情况讨论：$x^2\leqslant 1$ 与 $x^2>1$.

习　题　1.3

6. 提示：首先证明对于任意的 $\varepsilon>0$，$\lim\limits_{n\to\infty}\dfrac{n}{(1+\varepsilon)^n}=0$；其次，说明存在正整数 N，使得当 $n>N$ 时，$\dfrac{n}{(1+\varepsilon)^n}<1$.

7. (1) 0.　(2) $\dfrac{1}{4}$.　(3) 16.　(4) e^{-2}.

(5) 0. 提示：注意到 $\lim\limits_{n\to\infty}\left(1-\dfrac{1}{n}\right)^n=\mathrm{e}^{-1}$，再用夹逼定理.

(6) 1. 提示：注意到 $\lim\limits_{n\to\infty}\left(1-\dfrac{1}{n^2}\right)^{n^2}=\mathrm{e}^{-1}$，再用夹逼定理.

8. (1) 提示：$\dfrac{1}{n^2}\leqslant\dfrac{1}{n(n-1)}$，$n\geqslant 2$.

9. 提示：一方面，在讨论 $\left(1+\dfrac{1}{n}\right)^n$ 的有界性时已证明 $\left(1+\dfrac{1}{n}\right)^n\leqslant 1+1+\dfrac{1}{2!}+\cdots+\dfrac{1}{n!}$，于是 $\mathrm{e}\leqslant\lim\limits_{n\to\infty}\left(1+1+\dfrac{1}{2!}+\cdots+\dfrac{1}{n!}\right)$；另一方面，设法利用 $\left(1+\dfrac{1}{n}\right)^n$ 的牛顿二项展开式证明

$$\mathrm{e}\geqslant 1+1+\frac{1}{2!}+\cdots+\frac{1}{k!},$$

其中 k 为任意固定的正整数.

10. 提示：证明 $|x_n|\leqslant k^{n-1}|x_1|$.

习　题　1.4

3. (1) 1；　(2) $\dfrac{1}{2}$；　(3) $\dfrac{1}{2\sqrt{a}}$；　(4) $\dfrac{2}{3}$；　(5) $\dfrac{2}{3}$；　(6) $\left(\dfrac{3}{2}\right)^{10}$；

(7) 1；　(8) -1；　(9) $\dfrac{4}{3}$；　(10) n；　(11) 0；　(12) $\dfrac{a_m}{b_n}$；

(13) ∞,当 $m>n$ 时;$\dfrac{a_0}{b_0}$,当 $m=n$ 时;0,当 $m<n$ 时.

(14) 1;　(15) $\dfrac{5}{3}$;　(16) $\dfrac{1}{\sqrt{3}a}$.

4. (1) $\dfrac{\alpha}{\beta}$;　(2) 0;　(3) $\dfrac{1}{5}$;　(4) $\sqrt{2}$;　(5) $\cos a$;

(6) e^{-k};　(7) e^{-5};　(8) e.

习　题　1.5

3. 逆命题不成立,如狄利克雷函数.　**4.** (1) 1;　(2) $-\ln 2$.

5. (1) 1;　(2) $2^{\sqrt{2}}$;　(3) $e^{\frac{2}{3}}$;　(4) $\dfrac{\pi}{4}$;　(5) $\sqrt{\dfrac{3}{2}}$.

7. (1) $x=k$ $(k=0,\pm1,\pm2,\cdots)$为第一类间断点;

(2) $x=k\pi$ $(k=0,\pm1,\pm2,\cdots)$为第一类间断点;

(3) $x=1$ 为可去间断点,修改为 $f(1)=1$;

(4) $x=1$ 为第二类间断点;　(5) $x=2$ 为第一类间断点.

8. $h(x)$在点 x_0 处间断(用反证法可证);当 $f(x_0)\neq0$ 时,$\varphi(x)$在点 x_0 处间断(用反证法可证);当 $f(x_0)=0$ 时,$\varphi(x)$在点 x_0 处未必间断.

习　题　1.6

4. 提示:考虑函数 $F(x)=f(x)-x$,并讨论在区间$[0,1]$的端点处函数值的符号.

5. 提示:考虑函数 $F(x)=f(x+1)-f(x)$,其中 $x\in[0,1]$;并证明 $F(0)+F(1)=0$,即 $F(x)$在区间$[0,1]$的两个端点处的值要么同时为零,要么符号相反.

第一章总练习题

1. (1) $x\leqslant\dfrac{2}{5}$ 或 $x\geqslant\dfrac{14}{5}$;　(2) $0\leqslant x\leqslant15$;　(3) $x\geqslant\dfrac{1}{2}$.

2. $x=\begin{cases} y-2, & y\leqslant4. \\ \dfrac{y+2}{3}, & y>4. \end{cases}$　**3.** $x\geqslant-1, x\neq0$.

5. (1) 1,2,2,0;　(2) $f(x)=\begin{cases} -4/x, & x<-2, \\ 2, & -2\leqslant x<0, \\ 0, & x>0. \end{cases}$

(3) 无极限;　(4) 有极限.

6. (1) $-14,1,0$;　(2) 是;　(3) 否.

8. 提示:令 $a=1+\dfrac{1}{n+1}$, $b=1+\dfrac{1}{n}$,并利用上题的结论.

9. $\frac{1}{2}$. 提示：$1-\frac{1}{k^2}=\frac{k-1}{k}\cdot\frac{k+1}{k}$.

10. 双曲线 $xy=1$ 加上原点.

14. 提示：令 $y=x^{\frac{1}{n}}-1$，并利用 $\lim\limits_{y\to 0}(1+y)^{\frac{1}{y}}=\mathrm{e}$.

21. $l=0$ 时连续，$l\neq 0$ 时不连续.

23. (1) 0；　(2) 0；　(3) 5；　(4) e.

25. 提示：序列 $\{x_n\}$ 完全取决于 x_0 的选择. 当 $x_0=0$ 时，显然 $x_n=0\ (n=1,2,\cdots)$；当 $x_0>0$ 时，$x_n>0\ (n=1,2,\cdots)$，此时可以利用上题的结果. 请读者思考 $x_0<0$ 时如何处理.

第 二 章

习 题 2.1

2. (1) $3ax^2$；　(2) $\sqrt{\frac{p}{2x}}$；　(3) $5\cos 5x$.

3. (1) $x\ln 2-y+1=0$；　(2) $6x-y-7=0$.

4. $y'=\operatorname{sgn}y\cdot\sqrt{\frac{p}{2x}}$. 提示：证明 $\beta=2\alpha$，再利用入射角等于反射角的原理.

5. $(1,6)$，$4x-y+2=0$，$x+4y-25=0$.

6. (1) 是；　(3) 非.　**7.** $-\frac{1}{2}x^2+3x+\frac{1}{2}$.

8. (1) $24x^2+1$；　(2) $90x^2+36x-10$；　(3) $2x\tan x+(x^2-1)\sec^2 x$；

(4) $\frac{5x^2+12x+54}{(5x+6)^2}$；　(5) $\frac{2}{(1-x)^2}$；　(6) $\frac{-6x^2}{(x^3-1)^2}$；

(7) $(x-x^2)\mathrm{e}^{-x}$；　(8) $(1+x\ln 10)10^x$；

(9) $\left(1+\frac{1}{x}\right)\cos x-\left(x+\frac{1}{x^2}\right)\sin x$；　(10) $\mathrm{e}^x(\sin x+\cos x)$.

12. $P(x(t),y(t))=(\tan t,\tan^2 t)$，速度为 $\boldsymbol{v}(t)=(\sec^2 t,2\tan t\sec^2 t)$，加速度为 $\boldsymbol{a}=2\sec^2 t(\tan t,\sec^2 t+2\tan^2 t)$.

13. $f'(0+0)=0$，$f'(0-0)=1$.

习 题 2.2

2. (1) $2x,0,2x^2,2\sin x$；　(2) $4x^3,2\sin x\cos x$；

(3) $(f(g(x)))'=f'(g(x))g'(x)$.

3. (1) $-\frac{6x^2}{(x^3-1)^2}$；　(2) $\tan x\sec x$；　(3) $3\cos 3x-5\sin 5x$；

(4) $3\sin^2 x\cos 4x$；　(5) $\frac{\sin 2x\cos x^2+2x(1+\sin^2 x)\sin x^2}{\cos^2 x^2}$；

(6) $\tan^4 x$；　(7) $e^{ax}(a\sin bx+b\cos bx)$；

(8) $-5\dfrac{x}{\sqrt{1+x^2}}\cos^4(\sqrt{1+x^2})\sin(\sqrt{1+x^2})$；(9) $\dfrac{1}{\cos x}$；　(10) $\dfrac{1}{x^2-a^2}$.

4. (1) $\dfrac{1}{\sqrt{a^2-x^2}}$；　(2) $\dfrac{1}{a^2+x^2}$；　(3) $2x\arccos x-\dfrac{x^2}{\sqrt{1-x^2}}$；

(4) $-\dfrac{1}{1+x^2}$；　(5) $\sqrt{a^2-x^2}$；　(6) $\sqrt{a^2+x^2}$；

(7) $\dfrac{2\operatorname{sgn}(1-x^2)}{1+x^2}$, $x\neq\pm1$；　(8) $\dfrac{1}{a+b\cos x}$；

(9) $y\left[\dfrac{1}{2\sqrt{x}(1+\sqrt{x})}+\dfrac{1}{\sqrt{2x}(1+\sqrt{2x})}+\dfrac{3}{2\sqrt{3x}(1+\sqrt{3x})}\right]$；

(10) $\dfrac{4x+1}{2\sqrt{1+x+2x^2}}$；　(11) $\dfrac{x}{\sqrt{x^2+a^2}}$；　(12) $\dfrac{-x}{\sqrt{a^2-x^2}}$；

(13) $\dfrac{1}{\sqrt{x^2+a^2}}$；　(14) $y\left[\dfrac{1}{x-1}+\dfrac{2}{3x+1}-\dfrac{1}{3(2-x)}\right]$；

(15) $e^x(1+e^{e^x})$；　(16) $a^a x^{a^a-1}+ax^{a-1}a^{x^a}\ln a+a^{a^x}\cdot a^x(\ln a)^2$.

5. $\theta'(10)=\dfrac{1}{10}$ 弧度/s.　**6.** 16π m/s.

习　题　2.5

1. (1) 同阶；　(2) 二阶；　(3) 三阶.　**4.** (1) $\dfrac{\sqrt{2}}{2}\left(1+\dfrac{\pi}{4}\right)dx$；　(2) αdx.

5. (1) $\dfrac{-2}{(x+1)^2}dx$；　(2) $(1+x)e^x dx$.

6. $\Delta y=-\dfrac{1}{2001}$, $dy=-0.0005$.　**7.** 2.002.

8. (1) $-\left(\dfrac{y}{x}\right)^{\frac{1}{3}}$；　(2) $\dfrac{a-x}{y-b}$；　(3) $\dfrac{x+y}{x-y}$；　(4) $\dfrac{y\cos x+\sin(x-y)}{\sin(x-y)-\sin x}$.

9. (1) $\dfrac{9}{4}$；　(2) 0.

10. (1) $\dfrac{3}{2}(1+t)$, $t\neq1$；　(2) $\dfrac{e^t}{1+\ln t}$, $t\neq\dfrac{1}{e}$；　(3) $\operatorname{sgn}t$, $t\neq0$.

11. 切线方程：$\dfrac{x_0}{a^2}x+\dfrac{y_0}{b^2}y=1$,法线方程：$a^2y_0x-b^2x_0y=(a^2-b^2)x_0y_0$.

提示：只需证明线段 F_1M 与切线夹角的正切等于线段 F_2M 与切线夹角的正切即可,其中 F_1,F_2 分别为椭圆的两个焦点.

习　题　2.6

1. (1) $n!$；　(2) e^x；　(3) $\dfrac{(-1)^n n!}{(1+x)^{n+1}}$；　(4) $(-1)^n n!\left[\dfrac{1}{x^{n+1}}-\dfrac{1}{(x+1)^{n+1}}\right]$.

4. $y^{(6)}=-108\times 6!, y^{(7)}=0$.　**5.** λ 应是二次方程 $\lambda^2+p\lambda+q=0$ 的根.

6. 角速度为 $3t^2-4t+3$，角加速度为 $6t-4$.

7. $(n+k-1)(n+k-2)\cdots(n+1)n$.

8. $x^2\dfrac{-49!}{(1+x)^{50}}+100x\dfrac{48!}{(1+x)^{49}}+50\times 49\times\dfrac{-47!}{(1+x)^{48}}=\dfrac{-2\times 47!}{(1+x)^{50}}(x^2+50x+1225)$.

习　题　2.7

1. $2ax^{\frac{1}{2}}+\dfrac{b}{x}+\dfrac{9c}{5}x^{\frac{5}{3}}+C$.　**2.** $x+\dfrac{4}{3}x^{\frac{3}{2}}+\dfrac{1}{2}x^2+C$.

3. $a\tan t+C$.　**4.** $\tan t-t+C$.

5. $-\cot\varphi-\varphi+C$.　**6.** $x+2\arctan x+C$.

7. $6\sqrt{x}+4\arcsin x+C$.　**8.** $\tan x+x+C$.

9. $x+\dfrac{3}{4}x^{\frac{4}{3}}+\dfrac{3}{5}x^{\frac{5}{3}}+C$.　**10.** $\ln|x|-\dfrac{2}{x}-\dfrac{3}{2x^2}+C$.

11. $-3x^{-\frac{1}{3}}-3x^{\frac{2}{3}}+\dfrac{3}{5}x^{\frac{5}{3}}+C$.　**12.** $2\operatorname{sh}x-\operatorname{ch}x+C$.

13. $3x+\dfrac{1}{x}+\dfrac{2}{5}x^{\frac{5}{2}}+\dfrac{4}{3}x^{\frac{3}{2}}+2x^{\frac{1}{2}}+C$.　**14.** $\tan x-\cot x+C$.

15. $-\dfrac{2}{\ln 3}\left(\dfrac{1}{3}\right)^x-\dfrac{1}{9\ln 2}\left(\dfrac{1}{2}\right)^x+C$.　**16.** $-\dfrac{1}{x}-\arctan x+C$.

17. $y=\dfrac{1}{2}ax^2+be^{-x}+C_1x+C_2$.　**18.** $f(x)=\dfrac{x^3}{4}+1+\dfrac{C}{x}$, $x\neq 0$.

习　题　2.8

1. (1) $k(b-a)$；　(2) $\dfrac{1}{2}(b^2-a^2)$.　**2.** $\displaystyle\int_c^d\varphi(y)\,dy, bd-ac$.

3. $\displaystyle\sum_{i=1}^{n}\left(\frac{i-1}{n}\right)^2\frac{1}{n}, \frac{1}{3}$. 提示：利用公式 $1^2+2^2+\cdots+n^2=\dfrac{1}{6}n(n+1)(2n+1)$.

4. $\dfrac{2}{3}$. 提示：利用第 2 题和第 3 题.

6. (1) $\displaystyle\int_0^1 e^x\,dx>\int_0^1 e^{x^2}\,dx$；　(2) $\displaystyle\int_0^{\frac{\pi}{2}}x^2\,dx>\int_0^{\frac{\pi}{2}}\sin^2 x\,dx$；

(3) $\displaystyle\int_0^1\sqrt{1+x^2}\,dx>\int_0^1 x\,dx$.

习　题　2.9

1. (1) $\frac{2x}{1+x^4}$；　(2) $2x\sin(1+x^2)^2$；　(3) $-x^2\cos x$；　(4) $2xe^{-x^4}-e^{-x^2}$.

6. $e^x(1-\cos x+\sin x)$.

习　题　2.10

1. (1) $\frac{1}{4}$；(2) e^b-e^a；　(3) 0；　(4) ln2；　(5) $4+\frac{\pi^4}{4}$；　(6) $\frac{3}{2}$.

2. $\frac{25}{4}$,等式不成立.　**3.** (1) $1-\cos 1$；　(2) $\frac{1}{4}$；　(3) ln2.

4. (1) 1；　(2) 0；　(3) $\frac{1}{8}$；　(4) 4；　(5) 1.

第二章总练习题

1. 在$(-\infty,+\infty)$内连续,除 $x=3$ 外都可导.　**2.** $A=-\frac{9}{4},B=\frac{3}{4},C=\frac{41}{4},D=\frac{13}{4}$.

3. $2f(0)$.　**6.** $f'(x)=\begin{cases}2x, & x<-2 \text{ 或 } x>2,\\ -2x, & -2<x<2,\\ \text{不存在}, & x=\pm 2.\end{cases}$

7. $\frac{12}{(1-x)^4}$.　**9.** $f(x)$可导,且 $f'(0)=0$,$g(x)$不可导.

10. 提示:将不等式$\int_a^b (f(x)+tg(x))^2\mathrm{d}x\geqslant 0$左端的被积函数展开为参数 t 的二次三项式.

13. 提示:利用第 10 题的结果.

第　三　章

习　题　3.1

1. $\frac{1}{3}(1+2x)^{\frac{3}{2}}+C$.　**2.** $-\frac{3}{2(x^2+1)}+C$.　**3.** $\frac{1}{6}(2x^2+7)^{\frac{3}{2}}+C$.

4. $\frac{1}{5}(2x^{\frac{3}{2}}+1)^{\frac{5}{3}}+C$.　**5.** $-e^{\frac{1}{x}}+C$.　**6.** $\frac{1}{99(2-x)^{99}}+C$.

7. $\frac{1}{\sqrt{15}}\arctan\sqrt{\frac{5}{3}}x+C$.　**8.** $\frac{1}{\sqrt{3}}\arcsin\sqrt{\frac{3}{7}}x$.

9. $2\arctan\sqrt{x}+C$.　**10.** $\frac{1}{\sqrt{2}}\arctan\frac{e^x}{\sqrt{2}}+C$.

11. $\arcsin e^x+C$.　**12.** $\frac{1}{2}\ln\left|\frac{1-e^x}{1+e^x}\right|+C$.　**13.** $\frac{1}{2}(\ln\ln x)^2+C$.

14. $\tan\frac{x}{2}+C.$ **15.** $-\cot\left(\frac{x}{2}+\frac{\pi}{4}\right)+C.$

16. $-\frac{1}{5}(x^5+1)^{-1}+\frac{1}{5}(x^5+1)^{-2}-\frac{1}{15}(x^5+1)^{-3}+C.$

17. $\frac{1}{n}x^n+\frac{1}{n}\ln|x^n-1|+C.$ **18.** $\frac{1}{10}\ln\left|\frac{x^5}{x^5+2}\right|+C.$

19. $-\frac{1}{4}(\ln(x+2)-\ln x)^2+C.$ **20.** $e^{\arctan x}+\frac{1}{4}(\ln(1+x^2))^2+C.$

21. $-\frac{1}{8}\cos 4x+C.$ **22.** $\frac{2}{3}\sin^3\frac{x}{2}+C.$

23. $\frac{1}{2}\sin x-\frac{1}{22}\sin 11x+C.$ **24.** $-2\sqrt{1-x^2}-\arcsin x+C.$

25. $\frac{1}{3}(1-x^2)^{\frac{3}{2}}-2(1-x^2)^{\frac{1}{2}}+C.$ **26.** $\frac{x}{a^2\sqrt{a^2-x^2}}+C.$

27. 当 $x>a$ 时，$\sqrt{x^2-a^2}-a\arccos\frac{a}{x}+C$；

当 $x<-a$ 时，$\sqrt{x^2-a^2}+a\arccos\frac{a}{x}+C.$

28. $\frac{a^2}{2}\arcsin\frac{x}{a}-\frac{1}{2}x\sqrt{a^2-x^2}+C.$

29. $\frac{2}{3}\ln(\sqrt{1+e^{3x}}-1)-x+C.$ **30.** $\frac{1}{4}\ln(x^4+\sqrt{1+x^8})+C.$

31. $-\frac{(1+x^2)^{\frac{5}{2}}}{5x^5}+\frac{2(1+x^2)^{\frac{3}{2}}}{3x^3}-\frac{\sqrt{1+x^2}}{x}+C.$

32. $\frac{3}{5}(1+e^x)^{\frac{5}{3}}-\frac{3}{2}(1+e^x)^{\frac{2}{3}}+C.$ **33.** $\arcsin\frac{2x-1}{\sqrt{13}}+C.$

34. $\frac{29}{8}\arcsin\frac{2x-1}{\sqrt{29}}+\frac{2x-1}{4}\sqrt{7+x-x^2}+C.$

35. $2\sqrt{x-1}-2\ln(1+\sqrt{x-1})+C.$

习 题 3.2

1. $\frac{1}{2}x^2\ln x-\frac{1}{4}x^2+C.$ **2.** $\frac{1}{a^3}(a^2x^2-2ax+2)e^{ax}+C.$

3. $\frac{1}{4}\sin 2x-\frac{1}{2}x\cos 2x+C.$ **4.** $x\arcsin x+\sqrt{1-x^2}+C.$

5. $x\arctan x-\frac{1}{2}\ln(1+x^2)+C.$ **6.** $\frac{1}{13}(2\cos 3x+3\sin 3x)e^{2x}+C.$

7. $-\frac{1}{10}(\sin 3x+3\cos 3x)e^{-x}+C.$ **8.** $e^{ax}(a\sin bx-b\cos bx)(a^2+b^2)^{-1}+C.$

9. $\frac{1}{6}(3x\sqrt{1+9x^2}+\ln|3x+\sqrt{1+9x^2}|)+C$.　　**10.** $x\operatorname{sh}x-\operatorname{ch}x+C$.

11. $x\ln(x+\sqrt{1+x^2})-\sqrt{1+x^2}+C$.　　**12.** $x(\arccos x)^2-2\sqrt{1-x^2}\arccos x-2x+C$.

13. $\frac{1}{2}\left(\frac{1}{1-x^2}\arccos x+\frac{x}{\sqrt{1-x^2}}\right)+C$.　　**14.** $(x+1)\arctan\sqrt{x}-\sqrt{x}+C$.

15. $-\frac{1}{x}\arcsin x+\ln|1-\sqrt{1-x^2}|-\ln|x|+C$.

16. $\frac{1}{4}x^4\left[(\ln x)^2-\frac{1}{2}\ln x+\frac{1}{8}\right]+C$.　　**17.** $\frac{1}{9(1+x^2)^{\frac{3}{2}}}(2x^3+3x-3\arctan x)+C$.

18. $\frac{1}{2}x^2\ln(x+\sqrt{1+x^2})-\frac{1}{4}(x\sqrt{1+x^2}-\ln(x+\sqrt{1+x^2}))+C$.

习　题　3.3

1. $\frac{5}{2}\ln|x+4|-\frac{3}{2}\ln|x+2|+C$.

2. $x^3-\frac{3}{2}x^2+22x-\frac{253}{5}\ln|x+3|+\frac{53}{5}\ln|x-2|+C$.

3. $\frac{1}{2\sqrt{2}}\ln\left|\frac{x-\sqrt{2}}{x+\sqrt{2}}\right|+\frac{1}{2\sqrt{3}}\ln\left|\frac{x-\sqrt{3}}{x+\sqrt{3}}\right|+C$.

4. $\frac{1}{x-1}+\ln\left|\frac{x-2}{x-1}\right|+C$.　　**5.** $-\frac{1}{2}\left(\arctan x+\frac{1}{2}\ln\left|\frac{x-1}{x+1}\right|\right)+C$.

6. $\frac{1}{3}\left(\ln|x+1|-\frac{1}{2}\ln|x^2-x+1|+\sqrt{3}\arctan\frac{2x-1}{\sqrt{3}}\right)+C$.

7. $\frac{1}{4\sqrt{2}}\ln\frac{x^2+\sqrt{2}x+1}{x^2-\sqrt{2}x+1}+\frac{1}{2\sqrt{2}}\arctan(\sqrt{2}x+1)+\frac{1}{2\sqrt{2}}\arctan(\sqrt{2}x-1)+C$.

8. $\frac{1}{2}\ln(x^2+2)+\frac{1}{\sqrt{2}}\arctan\frac{x}{\sqrt{2}}+\frac{1}{x^2+2}+C$.

9. $\ln(1+e^x)-\ln(2+e^x)+C$.

10. $-\frac{1}{5}\ln|\sin x+3|+\frac{1}{5}\ln|\sin x-2|+C$.

11. $\frac{1}{4}\ln|x^4+x^2+2|-\frac{1}{2\sqrt{7}}\arctan\frac{2x^2+1}{\sqrt{7}}+C$.

12. $\frac{1}{10}\ln|x+2|-\frac{1}{20}\ln|x^2-2x+2|+\frac{3}{10}\arctan(x-1)+C$.

13. $\frac{2}{\sqrt{3}}\arctan\frac{1+2\tan\frac{x}{2}}{\sqrt{3}}+C$.　　**14.** $\ln\left|1+\tan\frac{x}{2}\right|+C$.

15. $-\frac{1}{3}\cot^3 x+\cot x+x+C$.　　**16.** $\tan x+\frac{1}{3}\tan^3 x+C$.

17. $-\frac{x}{3}+\frac{5}{6}\arctan\left(2\tan\frac{x}{2}\right)+C$.

18. $\frac{1}{4}\ln|1+\tan x|+\frac{1}{4}\ln|\cos x|+\frac{1}{2}x+\frac{1}{4}\cos^2 x+\frac{1}{4}\tan x\cos^2 x+C$.

19. $-\frac{1}{3}\cos^3 x+\frac{2}{5}\cos^5 x-\frac{1}{7}\cos^7 x+C$.

20. $\frac{1}{8}\left(\frac{5}{2}x-2\sin 2x+\frac{3}{8}\sin 4x+\frac{1}{6}\sin^3 2x\right)+C$.

21. $\frac{1}{16}x-\frac{1}{64}\sin 4x+\frac{1}{48}\sin^3 2x+C$.

22. $\frac{1}{\sqrt{5}}\ln\left|\frac{\sqrt{5}+2\tan\frac{x}{2}-1}{\sqrt{5}-2\tan\frac{x}{2}+1}\right|+C$.　　**23.** $\frac{1}{\sqrt{3}}\arctan\frac{2\sin^2 x-1}{\sqrt{3}}+C$.

24. $-\cot x-\frac{1}{3}\cot^3 x+C$.　　**25.** $\arcsin x+\sqrt{1-x^2}+C$.

26. $-\frac{6}{7}t^7+\frac{6}{5}t^5+\frac{3}{2}t^4-2t^3-3t^2+6t+3\ln(1+t^2)-6\arctan t+C$，其中 $t=\sqrt[6]{x-1}$.

27. $\frac{1}{2}x^2+\frac{x}{2}\sqrt{x^2-1}-\frac{1}{2}\ln|x+\sqrt{x^2-1}|+C$.

28. $-\frac{3}{2}\left(\frac{x+1}{x-1}\right)^{\frac{1}{3}}+C$.

29. $\sqrt{x^2-x+3}+\frac{1}{2}\ln\left|x-\frac{1}{2}+\sqrt{x^2-x+3}\right|+C$.

30. $\frac{6}{11}t^{11}-\frac{10}{3}t^9+\frac{60}{7}t^7-12t^5+10t^3-6t+C$，其中 $t=\left(1+x^{\frac{1}{3}}\right)^{\frac{1}{2}}$.

31. $\frac{4}{3}\left(x^{\frac{3}{4}}-\ln\left|1+x^{\frac{3}{4}}\right|\right)+C$.　　**32.** $2\sqrt{x^2+x}+2\ln\left|x+\frac{1}{2}+\sqrt{x^2+x}\right|+C$.

33. $\frac{1}{4}\sqrt{4x^2-4x+5}+\frac{5}{4}\ln|(2x-1)+\sqrt{4x^2-4x+5}|+C$.

34. $\frac{x-1}{2}\sqrt{5-2x+x^2}+2\ln|x-1+\sqrt{5-2x+x^2}|+C$.

习　题　3.4

1. $\frac{1}{6}$.　　**2.** $\frac{1}{2}(1-\ln 2)$.　　**3.** $\frac{\pi}{16}$.

4. π.　**5.** $10+\frac{9}{2}\ln 3$.　**6.** $\frac{1}{2}\left(\frac{\pi}{6}-\frac{\sqrt{3}}{4}\right)$.

7. $\frac{\pi}{3}+\frac{\sqrt{3}}{2}$.　**8.** $-\frac{45}{8}$.　**9.** $\frac{4}{3}$.

10. $\begin{cases} 0, & n\text{ 为奇数}, \\ I_n=\frac{(n-1)!!}{n!!}\cdot\frac{\pi}{2}, & n\text{ 为偶数}. \end{cases}$

11. 当 n 为奇数时,原式 $=a^{n+1}\frac{n!!}{(n+1)!!}\cdot\frac{\pi}{2}$;当 n 为偶数时,原式 $=a^{n+1}\frac{n!!}{(n+1)!!}$.

12. $\frac{256}{693}$.　**13.** $\frac{5}{16}\pi$.　**14.** $\frac{1}{2}\left(\frac{\pi^3}{3}-\frac{\pi}{2}\right)$.　**15.** $\frac{\pi}{4}-\frac{2}{3}$.

16. $\frac{\pi}{2}-1$.　**17.** $\pi\ln(\pi+\sqrt{\pi^2+a^2})+|a|-\sqrt{\pi^2+a^2}$.

23. $\frac{\pi^2}{4}$.　**26.** $2\sqrt{2}m\pi$.

习　题　3.5

1. $\frac{1}{3}$.　**2.** $\frac{5}{6}$.　**3.** $\frac{16}{3}$.　**4.** $3\pi a^2$.　**5.** 9.　**6.** $2\pi+\frac{4}{3}$; $6\pi-\frac{4}{3}$.

7. $\frac{9}{2}$.　**8.** a^2.　**9.** $\frac{32}{105}\pi a^3$.　**10.** $\pi\ln 3$.　**11.** $\frac{3}{7}\pi a^{\frac{2}{3}}b^{\frac{7}{3}}$.

12. $8\pi\left(1-\frac{2}{e}\right)$.　**14.** $2\pi e^2$.　**16.** $\frac{14}{3}$.　**17.** $\frac{3}{2}\pi a$.

18. $6a$.　**19.** $8a$.　**21.** $\frac{\pi}{2}(7\sqrt{2}+3\ln(1+\sqrt{2}))$.

22. $2\pi ab\left(\sqrt{1-\varepsilon^2}+\frac{\arcsin\varepsilon}{\varepsilon}\right)$; $2\pi a^2+\frac{2\pi b^2}{\varepsilon}\ln\left(\frac{a}{b}(1+\varepsilon)\right)$,其中 $\varepsilon=\frac{\sqrt{a^2-b^2}}{a}$ 是椭圆的离心率.

23. $2\pi ah$.　**24.** $\frac{32}{5}\pi a^2$.　**25.** 80 kg.

26. 当半圆周的方程为 $y=\sqrt{a^2-x^2}$ 时,质心坐标为 $\left(0,\frac{2}{\pi}a\right)$.

27. $\frac{13}{75}Ml^2$.　**28.** $\frac{1}{2}Ma^2$.　**29.** $\frac{3}{10}a^2M$.　**30.** 25×10 J.

31. $\int_a^b \rho g x f(x)\mathrm{d}x$,其中 ρ 为水的密度,$g=9.8\ \mathrm{m/s^2}$ 为重力加速度,压力单位为 N.

32. $52\,428.8\rho g$,其中 ρ 为水的密度,$g=9.8\ \mathrm{m/s^2}$ 为重力加速度,压力单位为 N.

习　题　3.6

1. (2) 2; (3) 2×10^4.　**2.** 804.67.

第三章总练习题

3. $1-\frac{a^4}{4}-\cos b$.

4. $\sin(1+x)-\sin x$. 提示：通过变量替换将其中的定积分化成变上限与变下限积分.

6. 0. 提示：$\int_0^1 (1-x^2)^n \mathrm{d}x = \int_0^{\frac{\pi}{2}} \cos^{2n+1} x \mathrm{d}x = I_{2n+1}$，并利用关于 I_n 的公式.

7. (1) $A=-\frac{1}{13}, B=\frac{5}{13}$；　(2) $-\frac{1}{13}x+\frac{5}{13}\ln|2\sin x-3\cos x|+C$.

8. (1) $2\sqrt{e^x-2}-2\sqrt{2}\arctan\frac{\sqrt{e^x-2}}{\sqrt{2}}+C$；

(2) $2(x-2)\sqrt{e^x-2}+4\sqrt{2}\arctan\frac{\sqrt{e^x-2}}{\sqrt{2}}+C$；

(3) $-\frac{4}{3}\sqrt{1-x\sqrt{x}}+C$；

(4) $\sqrt{x}+\frac{1}{2}x-\frac{1}{2}\sqrt{x(1+x)}-\frac{1}{4}\ln\left|\frac{\sqrt{x}+\sqrt{1+x}}{\sqrt{x}-\sqrt{1+x}}\right|+C$.

9. $\frac{1}{\sqrt{2}}\arctan\frac{\tan^2 x-1}{\sqrt{2}\tan x}+C$.　**14.** (1) 4 s；　(2) $\frac{43}{2}$ m.

15. $a\approx 3\ \mathrm{m/s^2}$.

16. 提示：考虑定积分 $\int_n^{n+1}\frac{1}{x}\mathrm{d}x$.

18. $a=0$.　**20.** (2) $2, \frac{\pi}{4}$.

21. $\frac{\tan^3 x-\sin^3 x}{3}+\sec^2 x(1+x\tan^2 x)-\cos x(1+x\sin^2 x)$.

22. $\frac{\pi}{4}$.　**23.** $4\sqrt{2}$.

24. $\frac{\pi}{8}(x_1-x_0)^2$. 提示：将被积函数变形：设 $a=\frac{x_1-x_0}{2}$，并令 $u=x-\frac{x_0+x_1}{2}$.

25. (1) $\frac{4}{3}$；　(2) 8；　(3) $\frac{9}{2}$；　(4) $1+\sqrt{2}$.

26. $V=\pi\int_0^{\frac{\pi}{2}}(1-\cos^2 x)\mathrm{d}x=\frac{\pi^2}{4}$；

$$V=2\pi\int_0^1 y\left(\frac{\pi}{2}-\arccos y\right)\mathrm{d}y=2\pi\int_0^1 y\arcsin y\,\mathrm{d}y=\frac{\pi^2}{4}.$$

27. (1) $\frac{\pi}{12}$；　(2) 400.

28. (1) 11；　(2) -8.

29. (1) 0；　(2) $\frac{5}{6}$；　(3) $\begin{cases} -\cos x, & 0\leqslant x\leqslant 2, \\ \cos 2-2\cos x, & 2<x\leqslant \pi. \end{cases}$

32. $\sqrt{\ln 3}$.　**33.** $\frac{3\pi}{2}$.

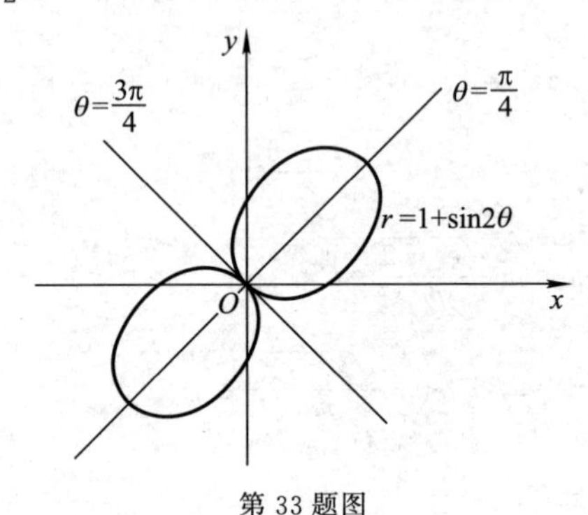

第 33 题图

第　四　章

习　题　4.1

1. $1\pm\frac{\sqrt{3}}{3}$.　**2.** (1) 满足，$c=\frac{m-n}{m+n}$；　(2) 不满足，$f(x)$在点 $x=0$ 处不可导.

3. $\frac{\ln e-\ln 1}{e-1}=\frac{1}{c}, c=e-1$.　**10.** 提示：考虑函数 $f(x)=\frac{\sin x}{x}$.

12. 提示：先证 $f'(a)<0, f'(b)>0, \eta=0$ 的情况成立.

习　题　4.2

1. $\frac{\ln 2}{\ln 3}$.　**2.** -1.　**3.** $-\frac{1}{2}$.　**4.** $\frac{1}{3}$.　**5.** $\frac{a^2}{b^2}$.　**6.** 0.　**7.** 0.

8. 1.　**9.** $\ln a$.　**10.** $-\frac{1}{6}$.　**11.** $\frac{1}{2}$.　**12.** $-\frac{1}{2}$.　**13.** $e^{-\frac{1}{3}}$.　**14.** e^{-1}.

15. 2.　**16.** 1.　**17.** -2.　**18.** $e^{-\frac{2}{\pi}}$.

习　题　4.4

1. (1) $x+\frac{x^3}{3!}+\frac{x^5}{5!}+\cdots+\frac{x^{2k+1}}{(2k+1)!}+o(x^{2k+2})$；

(2) $-\left(x+\frac{x^3}{3}+\frac{x^5}{5}+\cdots+\frac{x^{2k-1}}{2k-1}\right)+o(x^{2k})$；

(3) $\frac{1}{2}\left[\frac{(2x)^2}{2!}-\frac{(2x)^4}{4!}+\cdots+(-1)^{n+1}\frac{(2x)^{2n}}{(2n)!}\right]+o(x^{2n+1})$；

(4) $1-x-2x^2-2x^3-\cdots-2x^n+o(x^n)$；

(5) $1-\frac{1}{2!}x^6+\frac{1}{4!}x^{12}+\cdots+(-1)^n\frac{1}{(2n)!}x^{6n}+o(x^{6n+3})$.

2. (1) $x+x^2+\frac{1}{3}x^3+o(x^4)$； (2) $1+\frac{1}{2}x-\frac{5}{8}x^2-\frac{3}{16}x^3+\frac{25}{384}x^4+o(x^4)$；

(3) $\frac{x}{2}+\frac{x^2}{8}+\frac{15}{16}x^3+o(x^3)$.

3. (1) $x-\frac{x^3}{3}+\frac{x^5}{5}+\cdots+(-1)^n\frac{x^{2n+1}}{2n+1}+o(x^{2n+1})$；

(2) $x+\frac{1}{6}x^3+\frac{3}{40}x^5+\cdots+\frac{(2n-1)!!}{(2n+1)(2n)!!}x^{2n+1}+o(x^{2n+1})$.

4. (1) $-\frac{1}{16}$； (2) $\frac{1}{2}$； (3) $\frac{1}{3}$.

习 题 4.5

1. (1) 在$(-\infty,-1)$,$(1,+\infty)$内递增,在$(-1,1)$内递减;$x=-1$是极大值点,$x=1$是极小值点.

(2) 在$(-\infty,0)$,$(2,+\infty)$内递增,在$(0,2)$内递减;$x=2$是极小值点,无极大值点.

(3) 在$(-\infty,-1)$,$(1,+\infty)$内递减,在$(-1,1)$内递增;$x=-1$是极小值点,$x=1$是极大值点.

(4) 在$(0,1)$,$(e^2,+\infty)$内递减,在$(1,e^2)$内递增;$x=1$是极小值点,$x=e^2$是极大值点.

2. 最大值为11,最小值为-21,最大值点为$x=3$,最小值点为$x=-1$.

3. 底边长为$\frac{p}{2}$.

4. $l=0$,$k=-3$;$x=-1$为极大值点,$x=1$为极小值点;最小值为$f(1)=-2$,最大值为$f(3)=18$.

5. $h=\frac{a}{\sqrt{2}}$. **6.** $\left(a^{\frac{2}{3}}+b^{\frac{2}{3}}\right)^{\frac{3}{2}}$. **7.** $R=\frac{2\sqrt{2}a}{3}$,$h=\frac{4}{3}a$.

8. 圆锥底面半径为$\frac{\sqrt{6}}{2}a$,圆锥母线与底面的夹角为$\arctan\sqrt{2}$.

9. $(16,\pm 8)$. **10.** 圆柱高$=\frac{1}{3}\times$圆锥高. **11.** $\frac{3ab}{4}\sqrt{3}$.

12. 开始后 3 min 达到最近距离 40 m.

习 题 4.6

1. 在$\left(-\infty,-\frac{\sqrt{6}}{2}\right)$,$\left(0,\frac{\sqrt{6}}{2}\right)$内向上凸,在$\left(-\frac{\sqrt{6}}{2},0\right)$,$\left(\frac{\sqrt{6}}{2},+\infty\right)$内向下凸,$x=0,\pm\frac{\sqrt{6}}{2}$是拐点.

习　题　4.7

1. (1) 6；　(2) $\dfrac{16}{125}$；　(3) $\dfrac{1}{2\sqrt{2}a}$.　　**2.** $x^2+\left(y-\dfrac{5}{4}\right)^2=\dfrac{1}{16}$.

3. 点(1,1)处，该点是所给抛物线的顶点.

第四章总练习题

3. $\dfrac{1}{2}$ 或 $\sqrt{2}$.

7. 提示：设 $F(x)=\dfrac{a_0}{n+1}x^{n+1}+\dfrac{a_1}{n}x^n+\cdots+\dfrac{a_n-1}{2}x^2+\dfrac{a_n}{n}x-x\left(\dfrac{a_0}{n+1}+\dfrac{a_1}{n}+\cdots+\dfrac{a_n}{n}\right)$，则 $F(0)=F(1)=0$. 对 $F(x)$ 在 $[0,1]$ 上应用罗尔中值定理.

10. 提示：$(x^2-1)^n$ 在区间 $[-1,1]$ 上有 $2n$ 个根.

15. (2) 否，如 $f(x)=|x|, x\in[-1,1]$；　(3) $f(x)=\sqrt{x}, x\in[0,1]$.

19. $-13<A<-8$.　　**21.** $\cos x$ 与 $\sin x$.

26. $P_3(x)=1+2\left(x-\dfrac{\pi}{4}\right)+2\left(x-\dfrac{\pi}{4}\right)^2+\dfrac{8}{3}\left(x-\dfrac{\pi}{4}\right)^3$.

$\tan 50^\circ=\tan\left(\dfrac{\pi}{4}+\dfrac{\pi}{36}\right)\approx 1.1915$.

28. 提示：求一个多项式 $P(x)$，使 a,b,c 是 $P(x)=0$ 的三个根. 注意 $P(c)=0$，并利用 $P(x)$ 在点 $x=\dfrac{1}{3}$ 处的泰勒公式.

30. $2(x-1)^3-(x-1)^2+5(x-1)-1$.

32. 提示：利用泰勒公式

$$f(x+\Delta x)=f(x)+f'(x)\Delta x+\frac{1}{2}f''(x+\theta\Delta x)(\Delta x)^2 \quad (0<\theta<1).$$

第　五　章

习　题　5.1

1. $\overrightarrow{AC}=\boldsymbol{a}+\boldsymbol{b}, \overrightarrow{DB}=\boldsymbol{a}-\boldsymbol{b}, \overrightarrow{MA}=-\dfrac{1}{2}(\boldsymbol{a}+\boldsymbol{b})$.

5. (1) 不成立；　(2) 不成立；　(3) 成立.

9. $\dfrac{1}{2}|\overrightarrow{AB}\times\overrightarrow{AC}|$.

11. 提示：$\boldsymbol{a}^2=|\boldsymbol{a}|^2$.

习　题　5.2

1. $\sqrt{y^2+z^2}$, $\sqrt{z^2+x^2}$, $\sqrt{x^2+y^2}$, $|z|$, $|x|$, $\sqrt{x^2+y^2+z^2}$.

2. $\overrightarrow{AB}=(4,-2,0)$, $\overrightarrow{BA}=(-4,2,0)$, $\overrightarrow{AC}=(3,-1,1)$,
$\overrightarrow{BC}=(-1,1,1)$, $|\overrightarrow{AB}|=|\overrightarrow{BA}|=2\sqrt{5}$, $|\overrightarrow{AC}|=\sqrt{11}$, $|\overrightarrow{BC}|=\sqrt{3}$.

3. $(11,-9,1)$.　　4. $\boldsymbol{a}^0=\dfrac{1}{\sqrt{30}}(2,5,1)$, $\boldsymbol{b}^0=\dfrac{1}{3\sqrt{6}}(1,-2,7)$, $k=-7$.

5. $\dfrac{1}{2}(x_1+x_2,y_1+y_2,z_1+z_2)$.　　6. (1) -12；(2) 1；(3) $\pi-\arccos\dfrac{1}{\sqrt{105}}$.

7. $\dfrac{\pi}{6}$.　　8. $\pm\dfrac{1}{3}$.

9. (1) $(-5,-2,1)$；(2) $(3,0,2)$；(3) -23；
(4) $(1,-13,-21)$；(5) $(-23,-19,-15)$.

10. $\dfrac{\pi}{2}$.　　11. $\dfrac{\sqrt{2}}{2}$.　　13. 4.

14. (1) 与 Oyz 平面平行；(2) 与 z 轴平行；
(3) 与三条坐标轴正向的夹角都是 $\arccos\dfrac{\sqrt{3}}{3}$ 或 $\pi-\arccos\dfrac{\sqrt{3}}{3}$.

15. $(0,0,-\sqrt{2})$或$(1,1,0)$.　　16. $\dfrac{1}{2}$.

习　题　5.3

1. (1) 与 y 轴平行；(2) 过原点；(3) 与 Ozx 平面平行；
(4) 过 x 轴；(5) 与 z 轴平行；(6) Oyz 平面.

2. (1) $3x+2z-5=0$；(2) $y=2$；
(3) $47x+13y+z=0$；(4) $y-z+7=0$.

3. $15x+17y-42z+238=0$.　　4. $x+y+z-2=0$.

5. $6x+8y+7z-139=0$.　　6. $2y+z+3=0$.

7. $y-2z=0$.　　8. $2x-9y+7z-32=0$.

9. $\left(-8,-\dfrac{13}{3},-\dfrac{14}{3}\right)$, $2y-z+4=0$.　　10. $4x+5y-3z-2=0$.

12. (1) 过点$(0,6,7)$的标准方程为 $x=\dfrac{y-6}{-7}=\dfrac{z-7}{-5}$，参数方程为 $x=t$, $y=-7t+6$,
$z=-5t+7$ $(-\infty<t<+\infty)$.
(2) 过点$(7,0,4)$的标准方程为 $\dfrac{x-7}{3}=\dfrac{y}{2}=z-4$，参数方程为 $x=3t+7$, $y=2t$,
$z=t+4$ $(-\infty<t<+\infty)$.

13. $\dfrac{x+3}{11}=\dfrac{y}{-2}=\dfrac{z}{5}$.　　**14.** $D=3$.　　**15.** $2x+3y-5z=0$.

16. $\dfrac{\sqrt{6}}{2}$.　　**17.** $\dfrac{2}{3},\left(\dfrac{14}{9},\dfrac{13}{9},\dfrac{25}{9}\right)$.　**18.** $2\sqrt{\dfrac{3}{7}}$.

19. $\dfrac{x-2}{2}=\dfrac{y-1}{-1}=\dfrac{z-3}{4}$.　**20.** 3.

习　题　5.4

1. $(1,1,-2),\dfrac{\sqrt{10}}{2},\dfrac{\sqrt{15}}{3},\dfrac{\sqrt{5}}{2}$.

2. (1) 椭球面；　(2) 单叶双曲面；　(3) 双叶双曲面；

(4) 双曲柱面；　(5) 椭圆抛物面；

(6) 双曲抛物面. 提示：作 Oxy 平面的坐标变换 $x=x'+y',y=x'-y',z=z'$.

3. (1) $x=1+R\sin\varphi\cos\theta,y=-1+R\sin\varphi\sin\theta,z=3+R\cos\varphi,0\leqslant\varphi\leqslant\pi,0\leqslant\theta\leqslant2\pi$；

(2) $x=\sin\varphi\cos\theta,y=3\sin\varphi\sin\theta,z=2\cos\varphi,\varphi\in[0,\pi],\theta\in[0,2\pi]$；

(3) $x=2\sqrt{1+\dfrac{z^2}{16}}\cos\theta,y=3\sqrt{1+\dfrac{z^2}{16}}\sin\theta,z=z,\theta\in[0,2\pi],z\in(-\infty,+\infty)$；

(4) $x=a(u+v),y=b(u-v),z=4uv,u\in(-\infty,+\infty),v\in(-\infty,+\infty)$.

(5) $x=at\cos\theta,y=bt\sin\theta,z=t^2,\theta\in[0,2\pi),t\in[0,+\infty)$.

习　题　5.5

1. (1) $\dfrac{x-1}{1}=\dfrac{y-1}{2}=\dfrac{z-1}{3},x+2y+3z-6=0$；

(2) $\dfrac{x-2}{1}=\dfrac{y-2}{1}=\dfrac{z-4}{4},x+y+4z-20=0$；

(3) $\dfrac{x-R}{0}=\dfrac{y}{1}=\dfrac{z-R}{1},y+z-R=0$.

2. $\dfrac{1}{\sqrt{R^2+b^2}}(-R\sin t,R\cos t,b)$.

第五章总练习题

1. (1) $\boldsymbol{a}$ 与 $\boldsymbol{b}$ 垂直；(2) $\boldsymbol{a}$ 与 $\boldsymbol{b}$ 的方向相反且 $|\boldsymbol{a}|\geqslant|\boldsymbol{b}|$；(3) $\boldsymbol{a}$ 与 $\boldsymbol{b}$ 共线.

2. (1) 当 $\boldsymbol{a}$ 与 $\boldsymbol{c}$ 共线时,成立,否则不成立；

(2) 当 $\boldsymbol{a}$ 与 $\boldsymbol{b}$ 共线时,成立,否则不成立；　　(3) 成立.

3. 0.　**5.** (1,2,1).　**7.** $5x+2y+z+1=0$.　**12.** $2x+3y-5z=0$.

13. $x^2+y^2-z^2=1$. 提示：先写出曲线的参数方程：$x=t,y=1,z=t$；然后,从 $x^2+y^2=t^2+1$ 及 $z=t$ 中消去 t,即得所求的曲面方程.

14. $\dfrac{x^2+y^2}{b^2}-\dfrac{z^2}{c^2}=1$.　　**15.** $\begin{cases} x^2+(y+1)^2=2, \\ z=0, \end{cases}\quad y\geqslant 0$.

第 六 章

习 题 6.1

1. (1) $\{(x,y)\mid 2x\leqslant x^2+y^2<4\}$;　(2) $\{(x,y)\mid y\neq \pm x\}$;

(3) $\{(x,y)\mid x^2<y<1\}$;　(4) $\{(x,y)\mid |x|\leqslant a$ 且 $|y|\leqslant b\}$;

(5) $\{(x,y)\mid x^2+y^2\leqslant 1, y>-x\}$;　(6) $\{(x,y)\mid x^2+y^2\leqslant 1, xy\geqslant 0\}$.

2. (1) 区域;　(2) 有界区域;　(3) 有界闭区域;　(4) 开集.

4. 提示：考虑任意一个实数 λ. 由 $|\boldsymbol{\alpha}+\lambda\boldsymbol{\beta}|^2\geqslant 0$ 导出一个以 λ 为变量的二次三项式大于零,再利用二次三项式非负的条件即得.

习 题 6.2

1. (1) $\dfrac{5}{2}$;　(2) 0;　(3) 0;　(4) 0;　(5) -1;　(6) $\ln\sqrt{5}$.

3. (1) 0;　(2) 无极限;　(3) 1;　(4) 0.

4. (1) $1,-1$;　(2) $1,0$;　(3) $1,1$.

习 题 6.3

1. (1) $(x,y)\neq(0,0)$;

(2) $\left\{(x,y)\,\middle|\, x\neq k\pi \text{ 或 } y\neq \dfrac{\pi}{2}+k\pi, k=0,\pm1,\pm2,\cdots\right\}$;

(3) $\{(x,y)\mid y^2\neq 2x\}$.

6. $f(x,y)=\dfrac{1}{1-(x^2+y^2)}$.

习 题 6.4

1. (1) $\dfrac{\partial z}{\partial x}=\dfrac{1}{\sqrt{x^2+y^2}}$, $\dfrac{\partial z}{\partial y}=\dfrac{y}{\sqrt{x^2+y^2}\,(x+\sqrt{x^2+y^2})}$;

(2) $\dfrac{\partial z}{\partial x}=\dfrac{y^2}{(x^2+y^2)^{\frac{3}{2}}}$, $\dfrac{\partial z}{\partial y}=\dfrac{-xy}{(x^2+y^2)^{\frac{3}{2}}}$;

(3) $\dfrac{\partial z}{\partial x}=x^{x^y}\cdot x^{y-1}(y\ln x+1)$, $\dfrac{\partial z}{\partial y}=x^{x^y}\cdot x^y(\ln x)^2$;

(4) $\dfrac{\partial z}{\partial x}=\dfrac{-y^2}{(x-y)^2}$, $\dfrac{\partial z}{\partial y}=\dfrac{x^2}{(x-y)^2}$;　(5) $\dfrac{\partial z}{\partial x}=\dfrac{\sqrt{y}}{\sqrt{1-x^2y}}$, $\dfrac{\partial z}{\partial y}=\dfrac{x}{2\sqrt{y(1-x^2y)}}$;

(6) $\dfrac{\partial z}{\partial x}=(1-xy)\mathrm{e}^{-xy}$, $\dfrac{\partial z}{\partial y}=-x^2\mathrm{e}^{-xy}$;

(7) $\frac{\partial u}{\partial x}=-\frac{y}{x^2}-\frac{1}{z}$, $\frac{\partial u}{\partial y}=\frac{1}{x}-\frac{z}{y^2}$, $\frac{\partial u}{\partial z}=\frac{1}{y}+\frac{x}{z^2}$;

(8) $\frac{\partial u}{\partial x}=yz(xy)^{z-1}$, $\frac{\partial u}{\partial y}=xz(xy)^{z-1}$, $\frac{\partial u}{\partial z}=(xy)^z\ln xy$.

2. (1) $\left.\frac{\partial z}{\partial x}\right|_{(0,1)}=1$, $\left.\frac{\partial z}{\partial y}\right|_{(0,1)}=-1$;　(2) $\left.\frac{\partial z}{\partial x}\right|_{(\frac{\pi}{2},1)}=2$, $\left.\frac{\partial z}{\partial y}\right|_{(\frac{\pi}{2},1)}=0$;

(3) $f_x(2,1,0)=\frac{1}{2}, f_y(2,1,0)=1, f_z(2,1,0)=\frac{1}{2}$.

5. (1) $-\frac{6}{(2x+3y)^2}$;　(2) $\cos x$;　(3) $2y$;　(4) $\frac{1}{y}$.

9. $(2-x)\sin y-\frac{1}{y}\ln|1-xy|+y^2$.

10. (1) $-\frac{y}{x^2}e^{\frac{y}{x}}dx+\frac{1}{x}e^{\frac{y}{x}}dy$;　(2) $\frac{-2ydx+2xdy}{(x-y)^2}$;

(3) 0;　(4) $\frac{xdx+ydy+zdz}{\sqrt{x^2+y^2+z^2}}$.

11. $x^4+5x^2y^3-3xy^4+y^5+C$, C 为任意常数.

12. $\frac{1}{2}(x^2+y^2)+\arctan\frac{y}{x}+C$.

13. 提示：考虑区域 D 内任意一点(x,y)，显然点(x,y_0)也在 D 内，故

$$f(x,y)-f(x_0,y_0)=(f(x,y)-f(x,y_0))+(f(x,y_0)-f(x_0,y_0)).$$

再用一元函数的拉格朗日中值定理.

15. 提示：考虑 $P(x,y)$，$Q(x,y)$与 $u(x,y)$的关系.

16. (1) $f_x(0,y)=-y\ (y\neq0)$;　(4) $f_y(x,0)=x\ (x\neq0)$.

17. $-\frac{1}{x^2}, -\frac{1}{y^2}$.

习　题　6.5

1. (1) $\frac{\partial z}{\partial x}=\frac{x|y|}{\sqrt{x^2+y^2}}$, $\frac{\partial z}{\partial y}=\frac{\operatorname{sgn}y\cdot(x^2+2y^2)}{\sqrt{x^2+y^2}}$;

(2) $\frac{\partial z}{\partial x}=\frac{2u}{v}ye^x-\frac{u^2}{v^2}\ln y$, $\frac{\partial z}{\partial y}=\frac{2u}{v}e^x-\frac{u^2}{v^2}\cdot\frac{x}{y}$;

(3) $\frac{\partial z}{\partial x}=\frac{y}{2\sqrt{xy}}\cdot\frac{\partial f}{\partial u}+\frac{\partial f}{\partial v}$, $\frac{\partial z}{\partial y}=\frac{x}{2\sqrt{xy}}\cdot\frac{\partial f}{\partial u}+\frac{\partial f}{\partial v}$;

(4) $\frac{\partial z}{\partial x}=yf_1'+\frac{1}{y}f_2'$, $\frac{\partial z}{\partial y}=xf_1'-\frac{x}{y^2}f_2'$;

(5) $\frac{\partial z}{\partial x}=2xf_1'+ye^{xy}f_2'$, $\frac{\partial z}{\partial y}=-2yf_1'+xe^{xy}f_2'$.

2. $3f''_{11}+2(x+y+z)(f''_{12}+f''_{21})+4(x^2+y^2+z^2)f''_{22}+6f'_2$.

3. $\dfrac{\partial^2 u}{\partial x^2}=e^{2x}(f''_{11}\cos^2 y+f''_{12}\sin y\cos y+f''_{21}\sin y\cos y+f''_{22}\sin^2 y)$

$+e^x(f'_1\cos y+f'_2\sin y)$;

$\dfrac{\partial^2 u}{\partial y^2}=-e^x(f'_1\cos y+f'_2\sin y)+e^{2x}[f''_{11}\sin^2 y-\sin y\cos y(f''_{12}+f''_{21})+f''_{22}\cos^2 y]$.

习 题 6.6

1. $\left.\dfrac{\partial f}{\partial \boldsymbol{l}}\right|_{P_0}=6\cos\left(\dfrac{\pi}{3}-\theta\right)$. (1) $\theta=\dfrac{\pi}{3}$; (2) $\theta=\dfrac{4\pi}{3}$; (3) $\theta=\dfrac{5\pi}{6}$ 或 $\dfrac{11\pi}{6}$.

2. 0. **3.** $\dfrac{\pm 5}{3\sqrt{17}}$. **4.** $\pm 4\sqrt{3}$.

5. $\{6,6\}$. **6.** $\dfrac{1}{x_0^2+y_0^2}(-y_0,x_0)$, 0. **7.** $\dfrac{63}{\sqrt{109}\times\sqrt{37}}$.

8. $2\cos\alpha$;最大的方向导数为 2,沿方向$\{1,0\}$;最小的方向导数为-2,沿方向$\{-1,0\}$.

习 题 6.7

1. $(x-1)+(x-1)(y-1)$.

2. (1) $1-\dfrac{1}{2}(x^2-y^2)+o(\rho^2)$, $\rho\to 0$,其中 $\rho=\sqrt{x^2+y^2}$;

(2) $x+y-\dfrac{1}{2}(x^2+2xy+y^2)+o(\rho^2)$, $\rho\to 0$;

(3) $1-\dfrac{1}{2}x^2-\dfrac{1}{2}y^2+o(\rho^2)$, $\rho\to 0$; (4) $x^2+y^2+o(\rho^2)$, $\rho\to 0$.

3. $x+y-\dfrac{(x+y)^2}{2(1+\theta x+\theta y)^2}$.

5. 提示:利用二元函数的拉格朗日中值公式.

习 题 6.8

1. (1) $\dfrac{\partial z}{\partial x}=\dfrac{-(3x^2z+z^3)}{x^3+3xz^2-2y}$, $\dfrac{\partial z}{\partial y}=\dfrac{2z}{x^3+3xz^2-2y}$;

(2) $\dfrac{\partial z}{\partial x}=\dfrac{z}{yz-1}$, $\dfrac{\partial z}{\partial y}=\dfrac{z(1-z)}{yz-1}$; (3) $\dfrac{\partial z}{\partial x}=\dfrac{-1}{1-\varepsilon\cos z}$, $\dfrac{\partial z}{\partial y}=\dfrac{1}{1-\varepsilon\cos z}$;

(4) $\dfrac{\partial z}{\partial x}=\dfrac{z\ln z}{z\ln y-x}$, $\dfrac{\partial z}{\partial y}=\dfrac{z^2}{xy-zy\ln y}$; (5) $\dfrac{\partial z}{\partial x}=\dfrac{z\sin x-\cos y}{\cos x-y\sin z}$, $\dfrac{\partial z}{\partial y}=\dfrac{x\sin y-\cos z}{\cos x-y\sin z}$.

2. $\dfrac{-(y^2f'_1+f'_2)}{2xyf'_1+f'_2}$. **3.** $\dfrac{\partial z}{\partial x}=\dfrac{y\sin(xy)}{1-e^z}$, $\dfrac{\partial^2 z}{\partial x^2}=y^2\dfrac{[(1-e^z)^2\cos(xy)+e^z\sin^2(xy)]}{(1-e^z)^3}$.

4. $\frac{\partial z}{\partial x}=-\frac{F_1'+F_2'+F_3'}{F_3'}$, $\frac{\partial z}{\partial y}=-\frac{F_2'+F_3'}{F_3'}$.

5. $dz=\frac{(2xF_1'+yF_2')dx+(2yF_1'+xF_2')dy}{2z(F_2'-F_1')}$.

7. $\frac{\partial z}{\partial x}=\frac{3}{4},\frac{\partial z}{\partial y}=0$.　　**8.** $\frac{\partial^2 u}{\partial x^2}=\frac{55}{32}$, $\frac{\partial^2 v}{\partial x\partial y}=\frac{25}{32}$.　　**9.** $0,-1$.　　**10.** $z_x=-\frac{x}{z}$.

习　题　6.9

1. (1) $z(0,0)=0$,极小值;$z(1,0)=0$,极小值.

(2) $z\left(\frac{2}{3},\frac{4}{3}\right)=3$,极大值.　　(3) $z(0,0)=1$,极小值.

(4) $z(1,1)=z(-1,-1)=7$,极大值. (5) $z(3,2)=108$,极大值.

2. (1) 在点$\left(\frac{18}{13},\frac{12}{13}\right)$处有条件最小值 $\frac{36}{13}$,无条件最大值.

(2) $z\left(-\frac{3}{5},-\frac{4}{5}\right)=-5$,条件最小值;$z\left(\frac{3}{5},\frac{4}{5}\right)=5$,条件最大值.

3. $(-4,\pm 4,2)$.

4. 三边长分别为 $\frac{p}{2},\frac{3p}{4},\frac{3p}{4}$. 绕边长为 $\frac{p}{2}$ 的边旋转.　　**5.** $(2,4,4)$.

6. 在点$\left(\pm\frac{1}{\sqrt{3}},\pm\frac{1}{\sqrt{3}},\mp\frac{2}{\sqrt{3}}\right)$处达到最长距离 2,在点$\left(\pm\frac{1}{\sqrt{2}},\mp\frac{1}{\sqrt{2}},0\right)$处达到最短距离 1.

7. $x=y=\frac{\sqrt{2}R}{3}$, $z=\frac{h}{3}$.　　**8.** $\left(\frac{l}{n}\right)^n$.

9. $\left(\frac{a}{\sqrt{2}},\frac{b}{\sqrt{2}}\right),\frac{1}{\sqrt{2}}(a,-b),\frac{1}{\sqrt{2}}(-a,b),\frac{1}{\sqrt{2}}(-a,-b)$.　　**10.** $\left(\frac{A}{2}\right)^n$.

习　题　6.10

1. (1) $\frac{\sqrt{2}}{b}\left(y-\frac{b}{\sqrt{2}}\right)+\frac{\sqrt{2}}{c}\left(z-\frac{c}{\sqrt{2}}\right)=0$;

(2) $4(x-2)-2(y-1)-(z-3)=0$;

(3) $-\mathrm{ch}1(y-\mathrm{ch}1)+\mathrm{sh}1\,\mathrm{ch}1(z-1)=0$;

(4) $x+2y-z-4=0$.

第六章总练习题

1. $\frac{1}{(1+x^2)^{\frac{3}{2}}}$.　　**2.** $f(x)=x(x+2),z(x,y)=\sqrt{y}+x-1$.

3. $f(x,y)=\frac{x^2(1-y)}{1+y}\ (y\neq -1)$.

4. 无极限，因为当 $y=x-x^3$ 时，

$$f(x,x-x^3)=\frac{x^2-x^4}{x^3}=\frac{1-x^2}{x}\to+\infty\quad(x\to 0).$$

提示：考虑点(x,y)沿曲线 $y=x-x^3$ 趋向于点$(0,0)$的情况.

6. (1) $\{(x,y)\mid x=0,\forall y\in\mathbf{R}$ 或 $x\neq 0,y\in\mathbf{Z}\}$； (2) $\{(x,y)\mid y=x^2\}$.

9. 提示：令 $z=xy$，并利用不等式 $x-\frac{x^3}{6}<\sin x<x$.

10. (1) 1； (2) 2； (3) 0.

11. 提示：任意取定(x,y,z)，在等式 $f(tx,ty,tz)=t^n f(x,y,z)$两端对 t 求二阶导数，然后以 $t=1$ 代入.

13. $F(u)=f'(u)+3uf''(u)+u^2f'''(u)$.

16. r. **17.** $\rho^2\sin\varphi$.

18. 提示：$|\boldsymbol{r}(t)|^2=\boldsymbol{r}(t)\cdot\boldsymbol{r}(t)$.

19. (1) $(-1,1)$及$(1,-1)$，$\sqrt{2}$ 及$-\sqrt{2}$； (2) $(2,2,1)$及$(-2,-2,-1)$，3 及-3.

20. (1) $\frac{\sqrt{2}\pi}{4}$； (2) 0； (3) $-\frac{\sqrt{2}\pi}{4}$.

21. $\sqrt{5}$. 提示：由 $\cos^2\alpha_1+\cos^2\beta_1=1$，$\cos^2\alpha_2+\cos^2\beta_2=1$ 及 $\cos\alpha_1\cos\alpha_2+\cos\beta_1\cos\beta_2=0$ 可推出 $\cos^2\alpha_1+\cos^2\alpha_2=1$，由此又可推出 $\cos^2\beta_1=\cos^2\alpha_2$.

23. $f(x,y)=\frac{1}{3}x^3+xy-\frac{1}{3}y^3$.

24. $2y+x^2+xy+\frac{1}{2}xy(x+y)$.

25. $\frac{h^2}{4}(f_{xx}+f_{yy})+\frac{h^4}{48}(f_{xxxx}+f_{yyyy})+\cdots$.

26. $f(x,y)+\frac{r^2}{4}(f_{xx}+f_{yy})+\frac{r^4}{64}\left(f_{xxxx}+f_{yyyy}+\frac{1}{3}f_{xxyy}\right)+\cdots$.

27. $\frac{1}{4}$. **28.** (1) -2； (2) -1.

30. 最小值为 $f(0,0)=0$，最大值为 $f(0,2)=4$.

31. 最小值为 $f(4,-2)=-10$，最大值为 $f(0,-3)=11$.

32. $z\left(\frac{\pi}{3},\frac{\pi}{6}\right)=\frac{3\sqrt{3}}{2}$ 为极大值.

33. 长半轴为 3，短半轴为 1.

34. (1) $2x+y+2z-4=0$ 或 $2x+y+2z+4=0$；

(2) 点$\left(-\frac{1}{2},-1,-1\right)$到平面 π 的距离最短，点$\left(\frac{1}{2},1,1\right)$到平面 π 的距离最长，最短及最长距离分别为 $\frac{2}{3}$ 及 $\frac{10}{3}$.